姚舜 等 著

天然产物
与新型绿色溶剂

Natural Products
and Novel Green Solvents

U0222925

化学工业出版社

·北京·

内容简介

《天然产物与新型绿色溶剂》系统地介绍了当前在天然产物研究领域与离子液体和低共熔溶剂密切相关的基本概念、原理、理论、方法、工艺及其应用。主要内容包括天然产物研究现状及发展趋势、绿色化学与新型绿色溶剂概况，两种新型绿色溶剂（离子液体与低共熔溶剂）在天然产物提取、分离、分析、合成及衍生化、降解方向上的研究及应用现状、回收后处理工艺、综合开发利用实例等，基本涵盖了天然产物全部热点方向，同时对离子液体和低共熔溶剂的最新进展进行了较为全面的总结和梳理。

本书可作为化学、（中）药学、制药、精细化工、食品、新材料等领域相关专业的高年级本科生和研究生的参考书，也适合相关领域其他科研技术人员研究、开发绿色溶剂和有关技术参考。

图书在版编目（CIP）数据

天然产物与新型绿色溶剂 / 姚舜等著. -- 北京 ：化学工业出版社，2024. 12. -- ISBN 978-7-122-46521-4

Ⅰ．TQ413.2

中国国家版本馆 CIP 数据核字第 2024H2D541 号

责任编辑：马泽林　　　　　　　　　　　文字编辑：刘　莎　师明远
责任校对：田睿涵　　　　　　　　　　　装帧设计：刘丽华

出版发行：化学工业出版社（北京市东城区青年湖南街 13 号　邮政编码 100011）
印　　刷：北京云浩印刷有限责任公司
装　　订：三河市振勇印装有限公司
710mm×1000mm　1/16　印张 31½　字数 625 千字　2025 年 1 月北京第 1 版第 1 次印刷

购书咨询：010-64518888　　　　　　　　售后服务：010-64518899
网　　址：http://www.cip.com.cn

定　　价：129.00 元　　　　　　　　　　　　　　　　版权所有　违者必究

前言

天然产物泛指动物、植物和微生物体内的组成成分或其代谢产物，在我国的国民经济中占据着非常重要的地位，开发方向包括食品、药品、保健品、化妆品、清洁用品、医疗器械、精细化学品、功能材料、燃料能源等，发展前景广阔，市场价值巨大。另一方面，在全世界绿色低碳可持续发展的大时代背景下，以离子液体和低共熔溶剂为代表的新型环境友好型溶剂已成为当前各国纷纷抢占的科技制高点之一，相较于传统溶剂，它们在可设计性和多功能性方面更是具有无可比拟的优势，可以胜任天然产物研究开发中的各种任务，且成功的工业化案例不断涌现。更重要的是，当前学科交叉与彼此间的融合日益凸显，将两者相结合的专著则较为缺乏。本书编写的出发点即在于此，作为主要面向多个行业技术人员和学习者推出的专业书籍，力求体现该书的系统性、全面性、实用性和先进性等特点。同时，"化学与绿色化工"是四川大学"双一流"学科群之一，本书是在作者团队近二十年科研和多年教学实践基础上撰写而成，书中的较多素材直接取自作者已发表的系列文章或公开的专利，或参考与作者研究密切相关的科技文献及其专著，因而本书具有较强的参考价值。

本书由姚舜教授等著，四川大学宋航教授、梁冰教授、李延芳教授、黄文才副教授对本书的编写进行了指导并提出了宝贵意见；绵阳师范学院曹宇副教授，在读及已毕业的研究生唐洁、梁思薇、陈琛、李新路、江宛航、秦宇欣、李丹、刘瑞环、周高锦、冯雪婷、郭莹莹、张腾鹤、苏亚迪、高欣宇、何清、唐婧怡、郭章星、张薇、董冰、聂丽蓉、鲁晶、何艾、刘娜、汪雁、李福林、邓丽红、陈仕宇、李景行、滕娟、吴浩然、林敏、钱国飞、王丽涛、汤丹、李雪、杨莹莹、汪全义、李新盈、罗骥和留学生 Alula Yohannes、Sara Toufouki、Ali Ahmad 等也先后参与了部分相关工作，在此一并表示感谢。

本书中涉及作者的研究工作受到了国家自然科学基金（82273814、81673316、81373284、81102344）的持续资助，其他资助还包括四川省科技计划重点研发项目（2021YFG0276）、成都市重点研发支撑计划（2022-YF05-00910-SN）和四川大学-泸州科技创新平台建设项目（2022CDLZ-20）等，在本书即将付梓之际特表示衷心的感谢！

本书的出版得到了 2023 年度四川大学"研究生培养教育创新改革项目"专项资助（2023JCJS022），此外，国家自然科学基金（82273814）、四川省 2018~2020 年及 2021~2023 年"高等教育人才培养质量和教学改革"等项目也给予了支持，在此一并表示感谢！

由于知识和水平有限，加之时间仓促，书中疏漏在所难免，恳请广大读者指正。

著者

2024 年 7 月

目录

第4章

**新型绿色溶剂参与下
的天然产物分离**

142 ———

第5章

**新型绿色溶剂参与下
的天然产物分析**

224 ———

第6章
新型绿色溶剂参与下
的天然产物合成及衍
生化
318

第 **1** 章

天然产物概论

天然产物泛指从自然界中发现的、非人工合成的各类化学物质，具体是指动物、植物、昆虫、海洋生物、微生物和人体体内的内源性成分及其代谢产物，其中主要包括蛋白质、多肽、氨基酸、核酸、各种酶类、单糖、寡糖、多糖、糖蛋白、树脂、色素、木质素、维生素、脂肪、油脂、蜡、生物碱、挥发油、黄酮、糖苷类、萜类、苯丙素类、有机酸、酚酸类、醌类、内酯、甾体、抗生素类等不同类型的化学成分。这些对象普遍涉及医药、食品、保健、化工、材料、农业、环境和能源等多个产业领域，产值逾万亿元；从事相关研究和产品/技术开发的高等院校、科研院所及企业数量庞大，从业人员众多，正体现出巨大的发展潜力。我国幅员辽阔，物产丰富，发展天然产物相关产业具有得天独厚的优势，改革开放四十多年来也积累了良好的产学研基础，并能与国家的"一带一路"倡议有效结合，因此是当前"十四五"规划和 2035 远景目标中备受关注的经济增长点。从自然界获得上述产物乃至实现工业化生产，离不开提取、分离、化学/生物合成及转化这几个主要的技术手段，其中提取往往是第一步，高效且选择性强的技术一直是学术界和产业界关注的焦点；分离则是对组成复杂、成分众多的体系实现"去粗取精""提质增效"，而当天然产物累积周期长、含量低的问题严重影响其制备与生产时，化学/生物合成及转化则提供了另一条有效的解决途径。当前，传统的天然产物研究开发手段亟需更新升级，尤其是与其他学科实现融合创新，这样才能为其发展注入新的动能与活力。本书即是在此背景下展开全部论述。

1.1 提取技术现状及发展趋势

天然产物有效成分含量低、体系组成复杂，往往同时包括大分子和小分子、极性物和非极性物、目标成分和杂质等。提取是指利用适当的溶剂或（化学、物理、生物）方法，从天然原料中制取对象成分的过程；反映了相关物质在不同存在环境之间的迁移和传递过程。总体原则应保证目标成分能充分溶出，其他无关成分尽可能被保留于原料中，提取过程不能影响其结构，并应有利于简化后处理过程。传统的提取方法有压榨法、升华法、水蒸气蒸馏法、煎煮法、回流提取法、索氏提取法、浸渍法、渗漉法、酶提法。其中有使用溶剂的，也有不使用溶剂的；有需要加热的，也有在常温下进行的。这些方法可靠且易实现工业化，但也存在着一些普遍的问题，如提取率低、溶剂消耗大、杂质含量较高、生产周期长等。

由于提取仍然是获得天然产物的主要途径，从 20 世纪末起就一直是学术界和产业界共同关注的热点之一，在此领域的持续技术升级由此而来。普适性、可靠性、选择性、经济性和友好性被力求兼顾，各种手段也被纷纷用于强化传质以提高提取效率。其中微波辅助提取（microwave assisted extraction，MAE）就是利用波长在 1mm～1m 之间、频率在 300 ～300000MHz 之间的电磁波所具备的辐射作用及能量。这种高频的电磁波可高效穿透提取介质，到达天然产物物料的内部细胞；细胞内的主要成分是水，水分吸收微波后能使细胞内的温度迅速上升，当胞内温度升高导致压力超过细胞壁膨胀的能力时，细胞壁就会破裂，使胞内成分易于溶出。另一方面，微波产生的电磁场会加速目标物质向溶剂的扩散速率，从而缩短了提取所需的时间；同时还降低了提取时的温度，可以避免长时间的高温导致对象分子的转化与分解，最大限度地保证了产品的质量。

超声辅助提取（ultrasound assisted extraction，UAE）则是利用超声波（频率为 20kHz～50MHz 的电磁波）辐射压强产生的强烈空化效应、扰动效应、高加速度以及击碎和搅拌作用等多级效应，增大目标分子运动的频率以及速度，进而改善其在溶剂中的溶解性，提升提取效率。当此类机械波穿过介质时会产生膨胀以及压缩两个过程，在这两个过程中会产生并传递巨大的能量，给予介质极大的加速度。这种巨大的能量作用于液体时，在膨胀的过程中会形成负压；如果超声波能量足够强，那么膨胀过程就会在液相中生成小气泡，气泡破裂时会产生极大的瞬间压力，即空化作用；这样连续不断产生的小气泡破裂时产生的巨大压力会持续冲击物料颗粒的表面，使得表面及缝隙中的活性成分溶出和扩散。该方法操作简单易行、所需时间短，可在常温常压下操作，不受分子量大小、成分极性的限制。

超临界流体提取（supercritical fluid extraction，SFE）是利用处于临界温度、临界压力之上的超临界流体（supercritical fluid，SCF）所具有的特殊性能，从液体或固体原料中提取特定成分的一种常用技术。一般采用超临界状态下的二氧化碳作为萃取剂，其临界压力（7.387MPa）和临界温度（31.1℃）较低，操作条件较为温和。SCF 密度接近于液体，这就使得其对液体、固体物质的溶解能力与液体溶剂相当；同时其黏度却接近于普通气体，扩散系数比液体大 100 倍，从而使其运动速度和传质速率比液体溶剂提高很多。此外，它还具有很强的可压缩性，在临界点附近，温度和压力的微小变化会引起超临界流体密度的较大变化，由此可调节其对物质的溶解能力。提取完成后稍微提高体系温度或降低压力，就可以使 SCF 变成气态而与提取物分离。所选的超临界流体介质与对象成分的性质越相似，对它们的溶解能力就越强；同时还可以添

天然产物与新型绿色溶剂

加夹带剂（改性剂）提高其选择性和提取效率，可将高沸点、易热解、易挥发的物质在远低于其沸点的温度下提取出来。虽然工业化超临界设备的投资较高，技术风险较大，但与传统提取技术相比，在保证产品的纯天然特征、生产过程中不产生污染物排放以及能耗相对较低这几个方面优势较为明显。与本技术类似的还有亚临界流体提取法（sub-critical fluid extraction, SFE），即某些提取剂在温度高于其沸点但低于临界温度、压力低于其临界压力的条件下，会以亚临界流体形式存在；此时分子的扩散性能增强，传质速度加快，对天然产物中弱极性以及非极性物质的渗透性和溶解能力显著提高。

加速溶剂提取又称加压液体提取（pressurized liquid extraction, PLE），是一种在较高的温度（50～200℃）和压力（10.3～20.6MPa）下用有机溶剂对固体或半固体原料进行提取的技术。较高的温度能极大地减弱由范德华力、氢键、目标物分子和样品基质活性位置的偶极吸引所产生的相互作用力。液体的溶解能力远大于气体的溶解能力，因此增加体系压力可使溶剂温度高于其常压下的沸点。由于加速溶剂提取可能会在高温下进行，因此，目标天然产物是否会出现热降解是一个令人关注的问题。考虑到此时整个体系是在高压下完成快速传质的，所以高温时间一般少于10min，故热降解不甚明显。该方法突出的优点是溶剂用量少、快速、回收率高；10g样品一般仅需15mL溶剂，完成一次提取全过程一般仅需15min。如果不改变温度，只是单纯将操作压力提升到100MPa以上，则属于高静压提取技术（high hydrostatic pressure extraction, HHPE）；在保持高压状态一段时间（一般不超过1min）后通过瞬间释放压力破坏细胞结构，促进目标物溶出。与上述加压手段相反的则为真空提取技术（vacuum extraction, VE），即利用抽真空系统制造负压条件，借此可将水的沸点降低至60℃以下或将乙醇的沸点降低至50℃以下进行提取，从而提高热敏性成分的提取率。

半仿生提取（semi-bionic extraction, SBE）主要针对的是天然活性物质的提取；从生物药剂学的角度，模拟口服药物经胃肠道转运吸收的环境；具体是将提取液的酸碱度加以生理模仿，即采用接近胃液和肠液pH值的酸性水及碱性水依次以加热、超声或微波辅助方式进行连续提取，为经消化道吸收的目标成分提供了一种新的提取工艺。该法有效成分损失少、成本低、生产周期短，已显示出较大的优势和广泛的应用前景。在对其不断完善的过程中，提取温度被设定为近人体温度，并在提取液中加入拟人体消化酶活性物质，可使提取过程更接近天然产物在人体胃肠道的转运吸收过程，更能揭示真正发挥作用的物质基础。

上述几种问世较晚的提取方法现已在实验室和生产一线得到了不同程度的应用，不管规模大小，其效果都已被充分证实和肯定。当前，天然产物提取的最新进展体现于以下几个方面：

① 新型提取溶剂的不断研发，如以离子液体和低共熔溶剂为代表的创新绿色溶剂、生物基溶剂（生物柴油类/碳水化合物类/木质素类等）、天然萜类溶剂（如柠檬

烯/桉叶油/松节油等）、聚合物溶剂（如聚乙二醇/聚丙二醇/聚醚类等）；这些新型溶剂往往能在高效性、友好性和经济性方面实现一个可以接受的平衡，易于回收的特点则可以使其使用成本进一步降低。

② 提取溶剂的优选，这一方面正被不断升级的计算化学、机器学习乃至人工智能技术持续推动，从而大大减少了在确立工艺条件初期"试错法"所消耗的时间和试验工作，并可预测和指导合成实际所需的最佳溶剂。现有的基团贡献法（UNIFAC）、量子力学（QM）、定量构效关系（QSAR）、基于密度泛函（DFT）的热力学性质预测模型（COSMO）、人工神经网络（ANN）、分子动力学（MD）和对接计算（docking）均体现了各自的优势，其中 COSMO 较传统基团贡献法的优点在于模型普遍化参数少，可区分同分异构体，还可反映分子相互作用的邻近效应。随着越来越多（商业化）软件和相关数据库的涌现，研究者在遴选提取剂环节享受的便利日益凸显。此外，基于"相似相溶"理论的有机概念图（organic conception diagram, OCD）等手段的应用，也为不具备某些计算条件的技术开发人员提供了另一种选择。该法可通过目标天然成分的有机性值（O）与无机性值（I）确定其在有机概念图各性状区的分布，进而选择与之最为接近的溶剂（如人参皂苷 I/O 值平均为 1.723，与之最接近的为正丁醇 I/O 值，即 1.915）[1]。

③ 更多物理场的应用及其耦合；相比之下，电场、磁场、离心力场、光能量场与现有提取过程的融合亟待持续推进，并应尽快走出实验室迈向实际生产。一方面，这些物理场中溶剂的理化性质不同于常规状态，可加以利用；另一方面，体系接收不同类型的能量后传质效率亦可得到改善。其中，高压脉冲电场提取（high-voltage pulsed electric field extraction，HVPEFE）最为成熟，这种方法采用与容器绝缘的两个电极通过高压电流产生电脉冲使物料破壁从而促进物质溶出[2]。用该法处理原料时，原料受到相同大小且均匀分布的电场强度处理，适用于能溶于水、乙醇等溶剂的各种天然成分的提取；具有处理时间短、过程产热小、不破坏活性成分、污染小等优点。

④ 更多强化传质手段的应用，如使用机械化学辅助提取。该法是在高性能研磨设备球磨罐内将已初步粉碎的物料与低磨耗、硬度高、表面抛光度好的研磨球（如氧化锆）混合，借助高强度机械力作用对原材料进行充分的碾磨、剪切与挤压形成超微粉状态，使固态颗粒比表面积增加、促进细胞破壁与理化性质变化，从而有效促进目标成分的溶出，还可通过加入不同种类的固相助磨剂达到选择性提取目标成分的效果。

⑤ 无溶剂提取过程的出现及推广。此技术最早且最常见于天然油脂（含挥发油/精油）或动植物汁液的提取过程，往往采用碾压、挤榨、剪切、震荡、搅拌等破壁方法或微波、吸附等途径获得目标物。其中微波水扩散重力法（microwave hydrodiffusion and gravity，MHG）是将被提取的天然原料直接放在不需要添加水和溶剂的微波反应器里[3]；在微波辐照下，物料中的原位水被加热致使细胞膨胀，进而导致含油组织破裂；最后在大气压和地球引力作用下，油分和原位水一起从细胞内部转移到外部。

由于未使用任何溶剂，故此类方法的优点非常明显，只是提取对象较为有限，需要拓展。

1.2　分离技术现状及发展趋势

提取往往只是完成了第一环节，达成的效果只是将具有复杂化学组成的天然产物从原料中剥离。当对天然产物的研究、开发和生产需更进一步时，后续的富集分离过程就显得尤为重要了，相应环节所投入的时间和精力也居前位，如能有效提高分离效率对于加速推动整体研发进度具有非常重要的意义；已经固化的、大量有机溶剂和常规手段参与下的单元操作亟须持续创新。在此值得说明的是，本节所述的一些方法，既可用于对天然产物不同部位（即 1.1 中介绍的各大类成分）的制备，又可用于其中高纯度单体化合物的分离，还可用于对相关天然成分的分析（含前处理过程），故具有一定通用性；从本书后面涵盖的内容可以看出，分析也是天然产物研发中极为重要的一环，所以后续专设章节进行单独论述。

传统富集分离方法主要有蒸馏法、分馏法、液-液萃取法、固-液萃取法、沉淀法、盐析法、透析法、结晶法、升华法等。在当前基础研究及实际生产中应用较多的还包括分子蒸馏、多组分精馏、特殊（共沸/萃取/加盐）精馏、双水相及多相萃取、吸附与离子交换、膜分离、渗透汽化以及形成系列化的各类电泳法和色谱法（含相应的仪器设备）等。尤其在精细分离过程中，以硅胶、硅藻土、氧化铝、纤维素、活性炭、分子筛（无机类）和各类常规聚合物树脂、凝胶（有机类）为主要介质的一维/多维/多通道色谱技术仍是主流，这些填料的应用相对成熟，性能较为稳定，经济性可同时满足实验室及生产企业的要求。各种层出不穷的在线联用技术（如色谱-色谱、色谱-波谱、色谱-活性评价、色谱-波谱-活性评价等）让整个过程更加连续、功能更为全面。那些具有高度自动化、模块化和智能化的集成设备正强有力地推动着上述分离手段的不断更新及其进一步推广；同时，小型化、专用化、易于更换的芯片或立柱可完全集成到手持式或口袋大小的电池供电色谱系统中，微量样品插入仪器后在不到 1min 即可完成有效的分离；由机器人取代研究人员进行冗长复杂、操作要求高同时程序化的分离工作也已逐步成为现实。

目前在天然产物分离领域的应用研究较多，方法学上的原始创新较为不易。新的商品化分离设备凭借其强大功能往往能引发学术界和产业界的广泛兴趣，但其价格和使用成本也明显偏高，而且研发周期长。在没有更新的仪器出现时，实用型创新技术的源头又在何处？作为常常与分离打交道的天然产物研发人员，对于自身需求、对象特点和常用技术的优缺点都了如指掌，基于这一良好基础能否也积极参与到新型分离方法的开发中，从被动使用者变为主动研发者？除了突破分离效率，当前操作环节的友好性和绿色性是否存在改善空间？这些都是值得思考的问题。分离体系和分离介质是两个需要重点关注的方面。由此建立的创新分离技术更注重于使用时的高效简便、节能减排（低碳）、避免有毒有害物质的接触与产生等方面。简而言之，新型分离技术就是在原有分离基础上创新发展出节能、绿色、环保的新型分离方法。国内外学者为此开展了长期的探索，获得了一系列的显著成果。

固相萃取是一种富集分离天然产物的常见方法，多使用具有—NH$_2$、—CN、—OH、—C$_{4/8/18}$、—C$_6$H$_5$ 等表面基团的极性/非极性硅胶，以酸、碱基团为作用位点的离子型填料，以大孔树脂为代表的有机聚合物微球和以氧化铝、硅酸镁、活性炭等为代表的无机吸附剂等；吸附量多为 10～150mg/g。调查发现吗啡和尼古丁类生物碱在多层碳纳米管及常见天然吸附剂上的保留率明显高于活性炭（后者<40%）。常规离子交换及类似树脂则存在处理繁琐、易形变碎裂、交换及亲和作用难调控、功能基容量低（一般 3.5～5mg/g）且易饱和与脱落等问题，对其工艺进行改进及进一步修饰后可得到不同程度的改善。通过极性树脂 NKA-9 和 ADS-F8、半极性树脂 ADS-17 和 AB-8、非极性树脂 D101 和 ADS-5 之间的比较可以发现，AB-8 型树脂对侧柏黄酮部位的吸附效果最好，吸附量为 35mg/g[4]；对于枸杞总黄酮吸附效果最好的 AUKJ-1 和 BWKX-1 树脂混合使用后可将其含量从 0.97% 提高到 36.88%[5]；此外，经表面修饰后的 Fe$_3$O$_4$@SiO$_2$ 对异喹啉类生物碱吸附率为 22.2%～23.6%[6]。也有研究先将与黄酮结构相似的 4,4′-二羟基查耳酮修饰到壳聚糖上，再使之与硅胶交联，得到的 D-Chitosan@SiO$_2$ 对款冬总黄酮的吸附量为 52.31mg/g，含量是 18.9%～85.6%[7]。另外，商品化的聚合物萃取纤维（PA、PDMS、PDMS-DVB 等）常用于对挥发性天然产物的吸附[8]。分子印迹聚合物则是研究人员在提高分离选择性方面做出的重要努力，它对模板分子的立体结构具有记忆功能，功能性单体包括（甲基或异丙基）丙烯酰胺（后者具有温敏性）、甲基丙烯酸 4-乙烯基吡啶、3-氨基丙基三乙氧基硅烷等（也包括由它们组成的双单体），搭配合适的交联剂和载体而成。但目前结合位点尚不够均匀和密集，如以氧化石墨烯等比表面积大的材料为载体可提升到 10.04～20.66mg/g 的吸附水平[9]，富集两类黄酮成分还可采用双模板形式[10]；分离对象还包括手性化合物、血红蛋白和激素等。此外，各类磁性纳米颗粒、磁性硅胶、磁性碳纳米管、磁性聚吡咯和磁限进性材料也在近年屡见报道，它们被广泛以固-液萃取形式得以应用，磁性让分离过程的后处理环节变得较为轻松和容易。

围绕天然产物的新型色谱分离材料开发目前聚焦于五个方向：第一类是基质、配体与色谱柱，主要包括 Type C 大孔硅胶、聚合物和金属氧化物微球材料、具有大比表面积的各类有机骨架材料、石墨烯与碳点材料、杂化材料以及硅烷化试剂设计与合成等。第二类为快速分离材料，主要有快速色谱（fast chromatography，FC）、超高效液相色谱（ultra high performance liquid chromatography，UHPLC）和核壳材料、整体柱等。第三类为高选择性分离材料，主要是分子印迹、限进介质、极性修饰、混合模式和多功能型分离材料、拟生物亲和、金属离子亲和及过渡金属配位型分离材料等。第四类为微分离材料，如纳升色谱（Nano-LC）材料、固相微萃取、毛细管电色谱涂层、微流控芯片等。第五类为生物色谱分离材料，其中生物亲和材料如细胞膜固定相（cell membrane stationary phase，CMSP），即将细胞膜结合到硅胶表面，利用色谱学技术研究流动相中天然分子与细胞膜受体的亲和力及相互作用动力学。此外还可将靶蛋白、受体、酶等生物大分子固定到一定的载体上作为色谱的固定相，其中以 α-酸性糖蛋白和人血清白蛋白这两种载体蛋白为固定相的生物色谱研究较为热门。另外免疫亲和材料可用于分离重组人体生长激素的单克隆抗体亲和填料。此方向的研发目前最具生命力，材料自身的绿色性及其制备和使用过程的绿色性均在不断增强。

双水相萃取技术由于体系友好、条件温和、容易操作也常被用于单一天然分子或活性部位的分离。如 21%（NH$_4$）$_2$SO$_4$-22%乙醇-水体系曾成功从北五味子提取物中富集了五种木脂素，总含量从 0.98%上升到 4.49%[11]。聚乙二醇（PEG）具有良好的水溶性，无毒、无刺激性；使用 PEG 2000–硫酸铵-水体系可使没食子酰葡萄糖、鞣酸和黄酮苷三类化合物富集于聚合物相中，将大量的非目标物——蛋白质和多糖有效去除[12, 13]。在微波辅助条件下，由乙醇-Na$_2$HPO$_4$-水组成的体系对山豆根生物碱的提取时间为常规方法的 1/6；通过色谱分析发现原料中几种主要生物碱均如期出现在产物中，且共存杂质较少[14]。还有报道利用超声辅助提取法（乙醇-硫酸铵-水双水相体系）结合 D101 大孔树脂纯化制备得到纯度为 25.3%的花青素类活性成分[12]。值得注意的是，一方面双水相萃取法易受溶剂体系组成的限制，分离对象还需确保一定的水溶性，其极性不宜过低。另一方面，最佳的两相分离条件和萃取条件往往不一致，需要丰富经验和大量试验进行取舍。最后目标物往往存在于高沸点溶剂相（此相常含盐），不易回收；同时两相组成较萃取之前均发生了较大变化，较难循环使用；目前这些问题都在持续的改进中。

天然产物成分复杂且具有多元性，膜分离技术可根据对象化学结构及分子量水平的差异而选用具有不同传质特性的膜对某些部位实现"去粗存精"[15]。常用膜包括聚苯乙烯、纤维素醋酸酯、壳寡糖以及无机陶瓷等材质，截留分子量范围在 6000～10000。全过程不发生相变化、无污染、无残留、绿色环保，且无需加热，大大节省能耗；仅采用压力作为膜分离的动力，分离装置简单、操作简便、工艺参数易于控制，工序简化，流程短，生产周期明显缩短；透过液中杂质蛋白、鞣质、果胶含量大幅降低。现已成功应用于多糖、蛋白质、萜类、生物碱、氮苷、黄酮和花青素等活性部位的分离[16]，可采用物理浸渍、结构改性、表面修饰、分子印迹等技术对底膜进行改进以提高其选择性。但本技术存在自身 Trade-off 效应和 Robeson 极限，且膜材质的机械强度、承载能力和循环使用性尚需深度提升。受其应用形式所限，整体研究热度和进展稍不及前面几大方向。

1.3 化学/生物合成及转化技术现状及发展趋势

从天然产物中通过提取的手段制备目标成分，常常面临原料来源及组成复杂、生物体生长过程影响因素多、代谢物累积时间过长、含量过低等问题；如果直接提取和富集无法满足规模化生产的需求或难以突破产率及成本瓶颈时，通过化学及生物合成（转化）的手段进行制备就显得尤为重要；另外，天然产物本身不一定是最理想的开发利用对象，此时还需对其结构进行修饰和改造。从当前及今后相当长的一段时期来看，所有这些途径均应该同步发展且相辅相成，相关的基础及应用研究方兴未艾。

其实，自人类首次从自然界中分离出天然产物后，就一直在不断地尝试人工合成天然产物的新方法，分离对象从小分子到大分子，包括天然产物的半合成、全合成、生物合成或基因重组等路径。尿素首先从无机物中被成功合成（1828 年，Friedrich Wohler），推翻了当时的"生命力论"，从而拉开了天然产物合成的序幕。其后具有先驱性的代表工作包括但不限于葡萄糖的合成（1890 年，Emil Fischer，德国）、血红素的合成（1929 年，Hans Fischer，德国）、马钱子碱和维生素 B_{12} 的合成（1954 年、1973 年，Robert Burns Woodward，美国）、结晶牛胰岛素的合成（1965 年，王应睐等，中国）、酵母丙氨酸转移核糖核酸的合成（1982 年，王德宝等，中国）、青蒿素的合成（1984 年，周维善等，中国）、紫杉醇的合成（1994 年，Robert Holton、Kyriacos Nicolaou 等，美国）、海葵毒素的合成（1994 年，岸义人等，日本）、奎宁的合成（2001 年，Gilbert Stork 等，美国）以及河豚毒素的合成（2003 年，矶部稔等，日本）等。随着有机化学分析方法和理论研究的深入，科学家们不断挑战结构复杂的天然产物，特别是具有重要生理活性、由中环/桥环组成的多环体系，进而把天然产物合成推向了一个新的高峰。进入 21 世纪后，众多研究者不断创新合成手段，全力解决化学全合成步骤繁杂、工艺路线长、所用化学试剂种类多、部分反应条件苛刻、立体选择性差、不够安全环保、投入产出比不适合规模化制备等瓶颈问题，合成过程已进入系统化、程式化阶段。2014 年国内杨培东院士团队通过电化学方法把二氧化碳还原成甲醇和乙醇醛，然后再让甲醛和乙醇醛通过巴特勒夫反应生成糖。2017 年北京大学医学部叶立新教授团队也通过自身研发的预活化液相一釜合成策略首次人工合成阿拉伯半乳聚糖。2020 年，受到自动合成多核苷酸和多肽的启发，德国马普研究所的 Peter H. Seeberger 教授课题组在自动多糖合成装置中，通过 201 个步骤，仅用 188 小时就合成了 100 个链段长度的多糖。"仿生合成策略"、"后期多样化衍生策略"、"自分类反应网络合成策略"、"天然产物集群式合成策略"、"自组织一锅全合成策略"、天然产物合成逆合成分析（软件）乃至基于人工智能的自主设计+合成机器人等思路与技术正不断推进当前天然产物化学合成的持续发展[17]。

对于一些结构复杂的天然化合物，目前使用全合成方法较难获得，或者反应复杂、收率低、没有实际应用价值。使用天然及非天然易得的结构类似物或天然产物经结构改造获得中间体为原料，再经过若干步合成来制备有用天然产物及其衍生物的办法被称为天然产物的半合成或部分合成；这也是高效获取天然产物的常用方法。通过半合成还可以创造出无数有用的天然产物类似物，半合成的关键是找到一种廉价易得的中间体。例如 6-氨基青霉烷酸（6-APA）、7-氨基头孢烷酸（7-ACA）和 7-氨基去乙酰氧基头孢烷酸（7-ADCA）是传统抗生素三大母核，在药物中间体行业中地位重要；以这些中间体为起始原料经过数步反应便可以得到难以全合成的青霉素和头孢菌素。我国以及全球 6-APA 市场主要被少数国内企业占据，全球市场集中度高。此外，通过对天然产物进行衍生和优化，不仅可以调控目标产物的嗅味、熔/沸点、溶解度、稳定性、旋光性、结晶性、可塑性等基本理化特性，还可以增强其活性、选择性、生物利用度或经济性以及降低化合物的毒性等。根据天然产物的分子大小、复杂程度和应用所需，将采取不同的处置途径与方式。有时需对复杂和体积较大的分子做结构剖裂，去除冗余基团或原子；有时却是反其道而行，即在改造中令结构携带上本身所不具备的片段；其中的重要指导依据则是基于大量实验数据的构-效（或构-性）关系。反应类型主要涉及羟基化、环氧化、甲基化、异构化、酯化、水解、重排、醇和酮之间的氧化还原、脱氢反应等。从化工及材料领域的实例来看，纤维素醚和纤维素酯以及纤维素醚酯三大类衍生物已是拥有广阔市场的大宗原料类产品，可用来制造化学纤维、薄膜、片基、塑料、绝缘材料、涂层、浆料、聚合分散剂、食品添加剂和日用化工产品；从药物领域来看，直接以天然产物先导化合物上市的产品仅占 6%，而经过结构改造的天然分子占比达到 28%，成功的例子如从青蒿素到蒿甲醚，紫杉醇到多西紫杉醇，东莨菪碱到溴化异丙东莨菪碱，氯霉素到无味氯霉素、氯霉素琥珀酸单酯钠，红霉素到罗红霉素、阿奇霉素、克拉红霉素，可的松到醋酸氢化可的松、地塞米松、倍他米松、氟轻松等，睾酮到苯丙酸睾酮、诺龙等；这无疑也证明了衍生化的必要性。值得一提的是，2022 年诺贝尔化学奖得主 Karl Barry Sharpless 创造的"点击化学"（click chemistry）被誉为是迄今为止最强大的合成工具箱，可以有效地获取复杂天然产物的分子多样性和独特功能，方便地合成各种天然产物衍生物，以优化其缺点或构建天然产物分子库。

如上所述，天然产物的化学合成历史悠久，合成方法学及新反应和新试剂的发展极大地促进了其在天然产物中的应用；相比之下，天然产物的生物合成则是较晚出现的新兴技术。随着分子生物学技术的不断发展，已经可以实现在细菌或酵母中合成天然产物；科学家们将微生物改造为"细胞工厂"，通过一次发酵就可以合成结构复杂的天然产物，大大缩短了合成时间。一方面，可以特异性地遗传修饰天然产物的生物合成途径，以此获得基因重组株，生产所需的天然产物及其结构类似物；另一方面，将不同来源的天然产物生物合成基因进行重组，在微生物体内建立组合的新型代谢途径。通过对同源微生物细胞的遗传操作，完成次级代谢产物的高效合成，还可以将相关基因在异源微生物细胞里进行表达和调控。与传统的有机合成相比，生物合成选择性高、污染少、不使用有毒的有机试剂、原料易得便宜、对生产仪器要求低、容易进行批量化生产。总体来看，生物制造给天然产物的全合成带来了一场影响深远的变革。不仅可以弥补化学合成与结构改造的不足，提高天然产物的生产能力，其合成原理、反应类型及反应机制也可为有机合成研究领域提供灵感、开拓思路，从而催生出许多新颖的合成方法。生物合成元件（包括酶元件、启动子元件等）的挖掘、设计与改造，天然产物生物合成宿主的设计与改造，生物拼装过程的智能化、自动化、高效化，代谢途径工程、生物过程工程及基因工程研究均是此领域的当前热点。同时，利用生物悬浮细胞、固定化细胞（多糖或多聚物等载体）或生物反应器（如毛状根）作为催化系统进行的生物转化反应研究也在持续进行。此外，生物与化学交叉融合策略（化学-酶法）在近年逐渐引起普遍关注和广泛兴趣，已经成为天然产物及其衍生物合成的另一个新趋势。在此思路的指导下，沙弗拉霉素、青蒿素、鬼臼毒素、红藻酸等一个又一个活性物质被成功制备。除了小分子，包括蛋白质和多糖这样的大分子也完全适用。例如，先在大肠杆菌中分别合成胰岛素 A 链和 B 链，然后在体外用化学方法将两条链连接成胰岛素；又如，把自然界丰富的二氧化碳资源先用化学法转变为一个简单的含碳化合物，再通过生物转化合成为结构复杂的分子；这样的合成思路不仅可发挥化学催化速度快的优势，还充分发挥了生物催化可以合成复杂分子的优势。2022 年，在电能、氢能或光能协助下，国内学者已通过化学还原和酶（果糖二磷酸醛缩酶）催化的耦合，实现了不依赖植物光合作用的二氧化碳到淀粉的人工全合成，使工业化车间制造淀粉成为可能，为实现"双碳"目标和粮食安全战略提供了全新解决思路。英国伦敦大学学院的 Helen C. Hailes 教授课题组最近总结了从 2003 年到 2021 年间使用化学-酶法合成植物天然产物的主要案例[18]，感兴趣的读者可以查阅相关资料了解更多详情。

参考文献

[1] 马军刚, 张业旺, 曲蓓蓓, 等. 有机概念图在中药提取和剂型设计中应用[J]. 大连理工大学学报, 2001, 41（6）: 671-675.

[2] 唐守勇, 王文渊, 张芸兰, 等. 竹叶中黄酮和茶多酚的高压脉冲电场提取[J]. 中国食物与营养, 2014, 20（12）: 50-55.

[3] Chouhan K B S, Tandey R S, Kamal K M, et al. Critical analysis of microwave hydrodiffusion and gravity as a green tool for extraction of essential oils: Time to replace traditional distillation[J]. Trends in Food Science &Technology, 2019, 92: 12-21.

[4] Ren J, Zheng Y, Lin Z, et al. Macroporous resin purification and characterization of flavonoids from *Platycladus orientalis*（L.）Franco and their effects on macrophage inflammatory response[J]. Food & Function, 2017, 8: 86-95.

[5] Liu J, Meng J, Du J, et al. Preparative separation of flavonoids from *Goji berries* by mixed-mode macroporous adsorption resins and effect on α β-expressing and anti-aging genes[J]. Molecules, 2020, 25: 3511.

[6] Yang L, Tian J, Meng J, et al. Modification and characterization of Fe_3O_4 nanoparticles for use in adsorption of alkaloids[J]. Molecules, 2018, 23: 562.

[7] Han C C, Xu Y, Zhang X F, et al. Adsorption of flavonoids from *Tussilago farfara* by chitosan-graft-4,4'-dihydroxychalcone modified silica gel[J]. Science and Technology of Food Industry, 2016, 6: 250-254.

[8] 薛鹏, 杨立新, 曹英夕, 等. 水蒸气蒸馏及不同萃取纤维对白花蛇舌草挥发性成分分析[J]. 中国实验方剂学杂志, 2017, 23（6）: 85-90.

[9] Ma X, Lin H, He Y, et al. Magnetic molecularly imprinted polymers doped with graphene oxide for the selective recognition and extraction of four flavonoids from *Rhododendron* species[J]. Journal of Chromatography A, 2019, 1598: 39-48.

[10] Wang S S, Zhang Y, Li H, et al. Preparation, characterization and recognition behavior of quercetin-rutin bi-template molecula rly imprinted polymers[J]. China Journal of Applied Chemistry, 2015, 32: 1290-1298.

[11] Cheng Z Y, Cheng L Q, Song H Y, et al. Aqueous two-phase system for preliminary purification of lignans from fruits of *Schisandra chinensis* Baill[J]. Separation & Purification Technologies, 2016, 166: 16-25.

[12] Qin B, Liu X, Cui H, et al. Aqueous two phase assisted by ultrasound for the extraction of anthocyanins from *Lycium ruthenicum* Murr[J]. Preparative Biochemistry & Biotechnology, 2017, 47: 881-888.

[13] Xavier L, Freire M S, Vidal-Tato I, et al. Aqueous two-phase systems for the extraction of phenolic compounds from eucalyptus（*Eucalyptus globulus*）wood industrial wastes[J]. Journal of Chemical Technology and Biotechnology, 2015, 89: 1772-1778.

[14] Zhou S, Wu X, Huang Y, et al. Microwave-assisted aqueous two-phase extraction of alkaloids from *Radix Sophorae Tonkinensis* with an ethanol/Na_2HPO_4 system: Processoptimization, composition identification and quantification analysis[J]. Industrial Crops and Products, 2018, 122: 316-328.

[15] 丁菲, 李除夕, 周颖, 等. 基于"绿色设计"理念的中药制药膜分离工艺选择原则与方法[J]. 中草药, 2019, 50: 1759-1767.

[16] Castro-Muñoz R, Fíla V. Membrane-based technologies as an emerging tool for separating high-added-valuc compounds from natural products[J]. Trends in Food Science & Technology, 2018, 82: 8-20.

[17] 郑明月, 蒋华良. 高价值数据挖掘与人工智能技术加速创新药物研发[J]. 药学进展, 2021, 45（7）: 481-483.

[18] Rebecca R, Eve M C, Benjamin T, et al. Chemoenzymatic approaches to plant natural product inspired compounds[J]. Natural Product Reports, 2022, 39: 1375-1382.

第 2 章

新型绿色溶剂

2.1　绿色化学与新型绿色溶剂

在当前全球"碳达峰"与"碳中和"的时代背景下，绿色化、低碳化成为大势所趋。除了引发学术界的持续热度，近年来相关产业界的发展也呈现蓬勃向上的态势；根据 Psmarket Research 的调查报告，2020 年全球绿色化学品市场收入为 94.131 亿美元，预计 2020～2030 年复合年增长率为 8.9%，行业前景被普遍看好。紧跟世界发展前沿，我国也逐步加深了对绿色化学技术及相关介质的理解和重视。1995 年，"绿色化学与技术"院士咨询课题由中国科学院化学部确立。1997 年，在北京召开了以"可持续发展问题对科学的挑战——绿色化学"为主题的香山科学会议，同年"绿色化学"被《国家重点基础研究发展规划》列为重点支持方向之一。2006 年中国化学会绿色化学专业委员会正式成立，而中国化工学会也先后成立了超临界流体技术专业委员会、离子液体专业委员会、绿色制造专业委员会等分委员会。2018 年主题为"化学使生活更美好"的中法绿色化学（FC2GChem）学术交流会议以及绿色化学与可持续催化国际学术会议在武汉召开。2023 年，以"面向双碳目标与可持续发展的绿色化学"为主题的中国化学会首届全国绿色化学学术会议顺利召开。经过多年发展，现有绿色体系中陆续纳入了社会、政策、经济等多重元素，并与中国国情和发展特色紧密结合。目前正在核心科技的支撑下，沿着传统化学-绿色化学-循环经济化学-可持续性化学的轨迹进阶，并在多个领域突破了技术层面，跃至功能服务层面。

大量的与化学制造相关的污染问题不仅来源于原料和产品，而且源自制造过程中使用的物质，最常见的是在反应介质、提取、分离和配方中所用的溶剂。在传统的天然产物工业中，有机溶剂是最常用的介质，这主要是因为它们能较好地溶解各类对象。目前使用最广泛的是挥发性有机试剂，如石油醚、醇、芳香烃、卤代烃等。这些有机溶剂大多数有毒有害，其挥发可导致空气污染，诱导病变，同时排入水中会污染水质，寻求具有环境友好性的溶剂是解决这一问题的重要举措。传统的绿色溶剂主要包括水、天然油脂、超临界流体、亚临界流体等；一般可以为土壤生物或其他物质降解，半衰期短，很容易衰变成低毒、无毒的物质。其中，水是自然界最丰富的溶剂，廉价易获取且无毒无害，不污染环境；除了这些优点外，对于一些应用过程而言，只需简单的操作就能将产物与溶剂分离，比如过滤或者相分离。又因为水无毒无危害，在后处理过程中没有溶剂残留的问题，另外水也容易除去。人们先后以其为溶剂开发了各类水相反应、双水相萃取等绿色技术，但需要注意的是，一方面其功能有限，其次世界淡水资源正面临着越来越紧张的局面，这种"丰富且廉价"的溶剂也将越用越少。

天然油脂的使用历史非常悠久，古埃及人曾使用植物油制作药用或芳香植物浸液，作为用于治疗、营养、美学和精神目的的溶剂，他们在提供润肤剂、保湿剂和美容剂的化妆品配方中使用植物油，发挥（助）溶剂、乳化剂、分散剂等作用。目前已实现商品化的 Aglongch-Pos 是多种纯天然植物精油的复合物，含有蒎烯（Pinene）、苧烯（Limonene）、莰烯（Camphene）、龙胆（Bomeol）等植物烃，其溶解性与二甲苯接近，是替代二甲苯等有机溶剂的纯天然植物油溶剂。与二甲苯溶解性接近的还有 SHP-240，它是一种高沸点、低挥发度、闪点高、表面张力小、展开成膜性好的植物油，含有吡啶、酸酐、莰烯、酮类，酚类等；因其来源于绿色植物，与植物有很好的亲和性，对植物无药害，可再生，绿色环保容易降解，对环境安全污染程度低，符合环保政策的纯天然植物油，而且在低温下不会出现常规溶剂所存在的溶解度降低、导致溶质析出等问题，此外，SHP-240 还是一种含有纯天然愈疮木酚的植物油，有很好的杀菌效果。

至于常用的超临界流体，其状态介于液体和气体之间，在临界温度和临界压力下具有近似液体的密度，以及近似气体的良好流动性，因此具有良好的传质性能。常用的超临界流体有超临界 CO_2 和超临界水。超临界 CO_2 无毒、无味，对环境友好，且其 31.06℃的临界温度和 7.39MPa 的临界压力均较为适中，容易实现；密度也是常用超临界流体中最大的，溶解性能好，且可改变温度压力使其重回气体状态而实现便捷回收。超临界流体可用作各种化学反应的反应溶剂，如：丙烯酸及氟代丙烯酸酯的聚合反应、Diels-Alder（DA）反应、羰基化反应等，也可用于目标物的分离提取，如：选择性萃取或色谱分离中药及天然药物活性成分、金属离子，回收油品和去除环境有害废物等。除 CO_2 外，当温度和压强升高到临界点（T=374.2℃，p=22.1MPa）以上时，水也会处于超临界状态，该状态的水即称为超临界水。超临界水具有通常状态下水所没有的特殊性质，比如具有极强的氧化能力；此外超临界水类似于非极性的有机溶剂。根据相似相溶原理，在临界温度以上，几乎全部有机物都能溶解。在比 374.2℃和 22.1MPa 稍低一些的环境中呈液体状态的水称为"亚临界水"，也有称它为超热水和高温水。在温度和压力都较低的条件下，水的极性提高，可以萃取极性化合物。

除上述几种传统绿色溶剂之外，偶极非质子溶剂也是一类在当前工业应用中非常成熟的绿色溶剂，它包括碳酸丙烯酯（PC）、环戊基甲醚（CPME）、环丁砜及其衍生物等。碳酸丙烯酯（PC）是一种低毒、无腐蚀性、可生物降解的无色液体。工业上由环氧丙烷与二氧化碳在一定压力下加成，然后减压蒸馏制得。可用于油性溶剂、纺丝溶剂、烯烃、芳烃萃取剂、二氧化碳吸收剂，水溶性染料及颜料的分散剂等。环丁砜对芳烃具有较高的溶解能力，良好的选择性，热稳定性好，蒸压压低，毒性小及对碳钢无腐蚀等特点，故环丁砜抽提技术已成为目前世界上应用最广泛的芳烃抽提技术。环丁砜及其衍生物3-环丁烯砜不但具有二甲亚砜、N,N-二甲基甲酰胺等相似的极性，而且没有生殖毒性，且其皮肤渗透性极低。该类化合物被认为是替换常规非绿色极性非质子溶剂的理想选择。

全氟溶剂则是另一类近年受到广泛应用的绿色溶剂，它具有高度的化学稳定性和热稳定性。相较于传统的有机溶剂，全氟溶剂在化学性质上更为稳定，不易与大多数物质发生反应，从而减少了副产物和污染物的生成。由于其化学稳定性高，全氟溶剂在使用过程中不易产生挥发性有机物（VOCs），从而减少了大气污染。同时不易在环境中积累，对环境的影响较小。除了环保特性外，全氟溶剂还具备优异的溶解能力和润湿性能。由于其分子结构中含有大量的氟原子，全氟溶剂能够溶解许多传统溶剂难以溶解的物质，从而扩大了其应用范围。此外，全氟溶剂的润湿性能也较好，能够在各种材料表面形成均匀的润湿层，提高化学反应的效率和产物的质量。在电子行业中，全氟溶剂被用作清洗剂和蚀刻剂，用于清洗半导体器件和电路板等高精度产品。在涂料行业中，被用作稀释剂和助溶剂，提高涂料的附着力和耐久性。在医药行业中，被用于制备药物和医疗器械的涂层等。

生物基溶剂即从生物质中制得的一类绿色溶剂，可通过化学和微生物作用转化得到；2022年全球绿色和生物溶剂市场规模达33150亿美元，市场年均复合增长率预估为6%，其应用前景被普遍看好。这类溶剂具有突出的可降解性、较低的VOCs含量与毒性、零/低碳排放等环境效益指标。生物基溶剂可分为天然有机酸酯（由可再生原料发酵产生）、脂肪酸酯、生物乙醇、异山梨酯、甘油衍生物几大类。生物基溶剂在价格和产量方面与传统性溶剂相比略有劣势，但其安全性在食品加工、医药及日化等领域无可取代。虽然大豆脂肪酸甲酯的市场份额正在迅速增加，但许多制造商目前更喜欢生物基乙醇，因为它的广泛商业化使其更实惠，更方便购买，这有助于生物基乙醇适用于多种应用。乳酸乙酯是另一种越来越受欢迎的绿色溶剂，主要作为石油溶剂的替代品。最近，一家提供将废弃生物质转化为先进生化材料的解决方案的公司（Circa集团）推出了一种生物基偶极非质子溶剂Cyrene，它提供了石油衍生的二甲基甲酰胺和 N-甲基-2-吡咯烷酮产品的替代品，被用于生产药品、颜料、脱漆剂和黏合剂。此外 Green Biologics 公司也推出了由玉米制成的生物基溶剂（亚甲基二丁醚）。它被称为 SOLVONK4，比传统溶剂的溶解及清洁效果更好，不会危害环境，并最大限度地减少与健康相关的问题。此外，它是第一个也是唯一一个用于干洗的生物基溶剂。

近年来，有两类新型绿色溶剂受到越来越多的关注，即离子液体和低共熔溶剂，以两者为代表的室温下离子态溶剂曾经入选化学与材料科学领域 Top 10 热点前沿，是各国竞相抢占的科技制高点之一。相比上述绿色溶剂，关于它们的基础研究从上世纪末到当前一直保持着相当的热度，它们的工业化应用虽起步较晚且规模较小，但在石油化工、新能源、新材料和医药等领域正在奋力前进。正是由于它们具备了上述绿色溶剂不同的结构、不同的性质以及不同的功能，吸引了包括笔者在内的研究者将其用于天然产物各相关领域并开展了一系列基础及应用研究。接下来，本章将对于它们的基本概念、制备方法、基本性质和当前研究现状进行总体性论述。

2.2　离子液体

2.2.1　离子液体概述

2.2.1.1　定义

离子液体（IL）实质是一种室温下的熔融盐，整体呈电中性，由有机阳离子和无机或有机阴离子组成。常规的熔融盐给人的第一印象就是高熔点。如 NaCl 在室温下呈固体，属于离子晶体，其阴阳离子只能在晶格点上振动；要使其变成液体，温度需高达 804℃。不同的是，这里提到的离子液体不需要达到如此高的温度，在室温至150℃的范围内（有些专著中给出的温度范围更为宽广，如-100～200℃）均可呈现液体状态，也被称为低温熔融盐或室温离子液体（RTIL）。本书中的离子液体主要指的是室温离子液体及其结构类似物，可操作的温度范围一般为-40～300℃。随着对离子液体基础研究的不断深入，在实际产业中的应用也越来越广阔，需求量日益增长。2021年全球离子液体市场规模已达 41.98 亿元，2027 年预计将达到 90.05 亿元。在 2021～2027 年预测期间内，全球离子液体市场年均复合增长率将有望达到 13.52%。

2.2.1.2　分类

（1）按离子液体发展的先后顺序分类

第一代离子液体就是 20 世纪 90 年代以前的三氯化铝体系，这类离子液体存在遇水易分解变质的缺点。第二代离子液体在第一代的基础上进行了优化，20 世纪 90 年代出现了耐水体系的离子液体。自抗水性、稳定性强的 1-乙基-3-甲基咪唑四氟硼酸盐（$[C_2mim][BF_4]$）问世后，离子液体的研究就步入正轨。第三代离子液体是 21 世纪的功能化离子液体。功能化离子液体是指在阴阳离子中引入一个或多个官能团，或离子液体阴阳离子本身具有特定结构，而赋予或使得离子液体具有某种特殊功能或特性。功能化离子液体体现出了离子液体的设计性，研究者可根据研究需要设计出不同用途的离子液体，因此离子液体也被称为"设计者溶剂"；同时相当一部分原料采用天然产物，如胆碱、氨基酸、糖和烷基硫酸盐等，形成了生物降解性高、毒性低且无需纯化的离子液体（IL）。将不同生物活性的官能团引入阴阳离子中，还可获得具有一定生物活性以及特定物理化学性质的药物活性组分离子液体（active pharmaceutical ingredient ionic liquid，API-IL），可在口服、经皮和黏膜等给药途径中发挥疗效。例如，利多卡因（碱）和布洛芬（酸）的液体组合会在它们之间形成强氢键，这种 API-IL 对细胞膜的渗透性明显强于两者；现已完成了新药 III 期临床试验，用于治疗背痛等疾病[1]。

（2）根据对水的亲和性分类

根据其在水中溶解度的不同，可将离子液体分为亲水性和疏水性两大类。阴离子通常在离子液体对水的亲和性方面具有较为显著的影响。含以下阴离子的离子液体基本都是疏水的，如 PF_6^-（六氟磷酸盐）、NTf_2^- [TFSI，即双（三氟甲磺酰）亚胺六氟磷酸]、SbF_6^-（六氟锑酸盐）等；阴、阳离子取代基链长比较长的离子液体则具有表面活性，如阳/阴离子取代基为十二烷基、十六烷基等；当阳离子取代基较短时，少数结构含 BF_4^-（四氟硼酸盐）的离子液体是疏水的，如四丁基四氟硼酸铵、四丁基四氟硼酸鏻。

（3）按酸碱性分类

根据离子液体的酸碱性可以将其分为 Lewis 酸性、Lewis 碱性、Brønsted 酸性、Brønsted 碱性和中性离子液体。Lewis 酸性或碱性离子液体包括氯铝酸类等。Brønsted 酸性离子液体则含有活泼酸性质子，如含有硫酸氢根、对甲苯磺酸根、甲酸根、磷酸二氢根或醋酸根等的离子液体。Brønsted 碱性离子液体主要包括阴离子为氢氧根的离子液体，此外还有乳酸根、羧酸根、二氰胺根。当阳离子上携带了酸碱基团时可进一步增强离子液体的酸碱性，如磺酸基（烷基）、羧基（烷基）、氨基（烷基）等。

此外还有手性和非手性离子液体、磁性和非磁性离子液体、环境响应性离子液体和非环境响应性离子液体等划分方式。近年来离子液体也出现了不少新种类：配位离子液体的阳离子都是配位离子，如过渡金属离子配合物、其他金属离子配合物等；此外还有超分子离子液体，其阳离子都是超分子，如铵盐或季铵盐形成的超分子离子；聚离子液体则是指在重复单元上具有阴、阳离子基团的一类聚合物，通常由结构单体通过聚合反应生成，因而兼具离子液体和聚合物的优良性能。

2.2.1.3 结构特征

离子液体复杂多样，其阴阳离子具有不同的结构。除了以上从发展阶段和性质上进行大类的划分外，也可以基于它们的结构归属到若干小类；尤其是占其中主体、体积较大的阳离子，一般是一种低对称的有机结构，包括氮、磷、硫的咪唑、吡咯烷、吡啶、吗啉、喹啉、噻唑、三氮唑、哌啶、吡咯啉、噻唑啉、季铵、季鏻、胍基阳离子等（可以源自人工合成，也可直接采用天然分子）。离子液体具有可修饰性，根据不同需要可将其进行修饰使其具有特定功能。阳离子功能化方式包括羟基化、醚基化、氨基化、巯基化、酰基化、酯基化、氰基化、羧基化、手性化、不饱和基化、磺酸基化、氯磺基化、尿素、硫脲、硫醚基化等；其他功能化方式还包括引入 pH、光或热响应（触发）基团。下面首先介绍几种常见阳离子。

（1）五元杂环阳离子

离子液体的五元环阳离子有平面和非平面结构。平面五元环是一个反芳香性共轭结构，具有屏蔽作用，因此具有该结构的离子液体阴阳离子静电引力较小。阳离子烷基数量越多，烷基取代链越长，则疏水性越强。常见的平面五元环结构有咪唑和三唑类阳离子。非平面阳离子的五个原子不在同一个平面内，因此阴阳离子间的静电引力较强，环上如有烷基取代可降低阴阳离子间的静电引力，此类阳离子包含吡咯烷类和唑烷类。图2-1（a）展示了一些有代表性的五元阳离子。

（2）六元环和苯并融合杂环阳离子

同五元环阳离子相似，六元环结构的阳离子也有平面和非平面结构。平面六元环为共轭芳香环，也具有屏蔽作用，阴阳离子之间静电引力较小，其疏水性和五元环类似，常见的有吡啶、苯并三唑和异喹啉阳离子，以及以苯并噻唑和（8-OH）喹啉为阳离子的两类新型离子液体，如图2-1（b）所示。在非平面六元环结构中阴阳离子间静电引力较强，主要包含哌啶类和吗啉类。

（3）季铵、季膦和锍化阳离子

含氮原子的季铵类和含磷原子的季膦类阳离子具有正四面体的结构，其离子的正电荷中心在四面体的中心，结构如图2-1（c）所示。四面体阳离子靠取代基来增大阳离子的体积，从而降低与阴离子的静电引力。含硫原子的锍化阳离子结构则是三角锥形，其阴阳离子间静电引力作用较强。其中季铵盐已经存在了几个世纪，而且相当一部分还具有一定的生物活性，可用作药物、农药、消毒剂、表面活性剂以及化学反应中的相转移催化剂等。早期的研究得出结论，季铵盐需要长的烷基链才能获得接近室温的熔点，通常是由母胺烷基化制备的；为了获得较低的熔点，至少需要两个或三个不同的烷基来形成晶体的排列约束，这通常需要几个烷基化步骤。和季铵盐离子液体类似，季膦盐离子液体也是通过烷基化反应获得的，但膦盐通常比铵盐更稳定。同时磷原子半径比氮原子大，极化作用比季铵盐强。

（4）手性阳离子

近年来，合成具有手性中心和手性识别能力的手性离子液体（chiral ionic liquid，CIL）作为不对称合成的催化剂或者分离介质也在逐渐引起人们广泛的兴趣。目前，手性离子液体的手性大多数源于阳离子，已报道且应用最广泛的为咪唑类，其他还包括吡啶类、噻唑盐类、噁唑类、季铵类的功能化阳离子。另外，相当一部分天然手性池化合物也被用于制备新的CIL，包括萜类、氨基酸、糖类、生物碱等，它们有的可以作为阳离子，有的可以作为阴离子；不仅让此类离子液体的类型极为丰富，同时也为其结构创新提供了便捷途径。较为著名的天然手性原料有L-薄荷醇、（R）-香茅醇、（+）-α-蒎烯、甘露醇、烟碱、奎宁、乌头碱、水苏碱、小檗碱、麻黄碱等。从这个角度看，天然产物和新型绿色溶剂的关系并非是研究对象和技术手段那么简单，前者还可以有效参与后者的结构设计，最终为解决本领域的技术问题而服务。考虑到与潜在应用对象莨菪类生物碱的结构相似性，笔者团队以托品醇手性分子为原料合成了一系列 CIL，其代表性结构如图 2-2 所示。

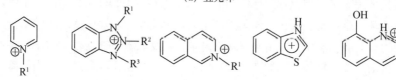

| 咪唑阳离子 | 吡唑阳离子 | 噁唑阳离子 | 三唑阳离子 | 噻唑阳离子 | 甲硫咪唑阳离子 |

(a) 五元环

| 吡啶阳离子 | 苯并三唑阳离子 | 异喹啉阳离子 | 苯并噻唑阳离子 | 8-羟基喹啉阳离子 |

(b) 六元环和苯并融合杂环

| 季铵阳离子 | 季鏻阳离子 | 磺化阳离子 |

(c) 季铵、季鏻和磺化阳离子

图 2-1　常见的阳离子结构

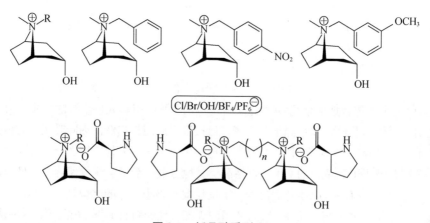

图 2-2　托品醇系列 CIL

除了上述结构灵活多变的阳离子，阴离子的选择也较为多样，主要分成两类，一类是单核阴离子，如 BF_4^-，PF_6^-，SO_4^{2-}，$CF_3SO_3^-$ 等，呈碱性或中性，由此类阴离子组成的离子液体性质较稳定。一类是多核阴离子，如 $Al_2Cl_7^-$、$Fe_2Cl_7^-$、$Cu_3Cl_4^-$ 等，这类阴离子常常对水和空气不够稳定。除上述一般阴离子外，某些阴离子还可赋予离子液体特殊性能，如以 L-脯氨酸、糖醛酸为阴离子的离子液体也会具有手性，$FeCl_4^-$、$DyCl_4^-$、$FeBr_4^-$、$FeCl_xBr_y^-$、Dy_2 $(SCN)_7^-$ 以及单电子有机自由基（如 2，2，6，6-四甲基-1-哌啶基自由基及其 4 位取代硫酸盐，即 TEMPO 与 $TEMPO-OSO_3$）等阴离子可赋予离子液体磁性，磁性中心原子存在自旋平行的电子或者单电子。这样得到的磁性离子液体（magnetic ionic liquid，MIL）能对外界磁场产生一定的响应，在化工、制药、环保等领域具有很大的发展前景。在 2004 年，磁性离子液体首次被日本东京大学滨口宏夫研究组报道，并引起了广大研究者的关注，发展迅速。在有机合成方面，磁性离子液体可以作溶剂兼催化剂和模板剂，具有产物易分离、可回收重复使用的优点；回收可通过磁场简单实现。在分离分析方面，磁性离子液体可以作为一种萃取分离介质；当进行样品分析前处理时，可利用其磁性特征快速地达到良好的分相与富集效果。在纳米材料制备方面，可通过外加磁场调整产物的微观结构和形貌，与碳纳米管共价键结合后可制备各种磁性碳纳米管，在磁性器具、生物纳米工程、生物医学等方面具有很大的潜在应用价值。笔者团队设计并制备了一类基于四甲基胍（1，1，3，3-tetramethylguanidine，TMG）阳离子的有机磁性离子液体 $[C_nTMG][TEMPO-OSO_3]$（n=2～5），不含铁、镝等金属元素，其磁性来源于有机阴离子 $TEMPO-OSO_3$ 中单电子结构的 NO·自由基结构，此类磁性离子液体还可形成双水相系统。除此以外还有新型胆碱类有机磁性离子液体（结构均见于图 2-3），同胍类有机磁性离子液体一样，其磁性来源于阴离子中的 NO·自由基。这些离子液体除具有与应用相关的良好特性之外均体现了较强的磁性。

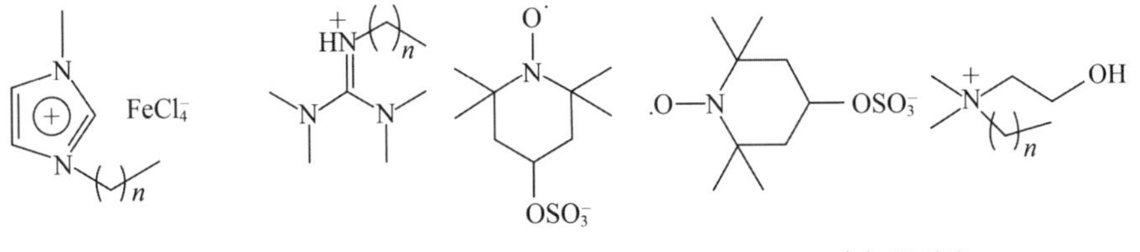

(a) 咪唑类   (b) 胍类   (c) 胆碱类

图 2-3　三类常见磁性离子液体结构

　　最后，从离子液体的结构上来说，聚离子液体（polymericionic liquid，PIL）是特殊存在的一类。它是指在重复单元上具有阴、阳离子电解质基团的聚合物，是一种由聚合的主干网和离子液体在单元结构上不断重复的体系，可以以固体、液体或凝胶状软物质形式存在，一般通过自由基引发聚合离子液体单体的方法实现。PIL 可以分为四类：①聚阳离子型离子液体（如采用 1-乙烯基咪唑为聚合单体）；②聚阴离子型离子液体（如采用丙烯酸为聚合单体）；③聚两性型离子液体（阴、阳离子均以共价键结合在聚合物链上）；④共聚性离子液体（采用两种及以上聚合单体）。聚离子液体结合了离子液体和聚合物的特点及性质，具有良好的机械稳定性、导电性、加工性、耐久性、化学相容性和可控性等。

2.2.2 离子液体的制备方法

2.2.2.1 一步合成法

一步合成法也被称为直接合成法或一锅法，是指通过亲和试剂如咪唑、吡啶等和卤代烷烃或者酯类（硫酸酯、碳酸酯、磷酸酯）原料发生亲核取代反应，从而制备得到离子液体；也可以利用咪唑、吡啶的碱性和相应的酸发生酸碱中和反应，来制备得到离子液体；此类反应实质是一种放热反应，故热力学上低温有利于反应的进行。比如用烷基咪唑和三氟甲烷磺酯一步反应可制备得到离子液体，利用乙胺水溶液和硝酸一步反应可以制备得到硝基乙胺离子液体。一般卤代烷和咪唑、吡啶的季铵化反应的活性顺序为 RI>RBr>RCl。咪唑和卤代烷或是酯类通过亲核取代得到的离子液体也可作为合成其他非卤代离子液体的前体。另外，不引入卤素离子也可以通过一步环化和季铵化得到目标离子液体。这种方法可以合成对称或不对称的烷基取代离子液体。比如以正丁胺、甲胺、甲醛、乙二醛以及四氟硼酸的水溶液为原料，可以通过一步反应制取离子液体混合物，其中含有 1-甲基-3-丁基咪唑四氟硼酸盐、1,3-二甲基咪唑四氟硼酸盐以及 1,3-二丁基咪唑四氟硼酸盐。反应如图 2-4 所示。

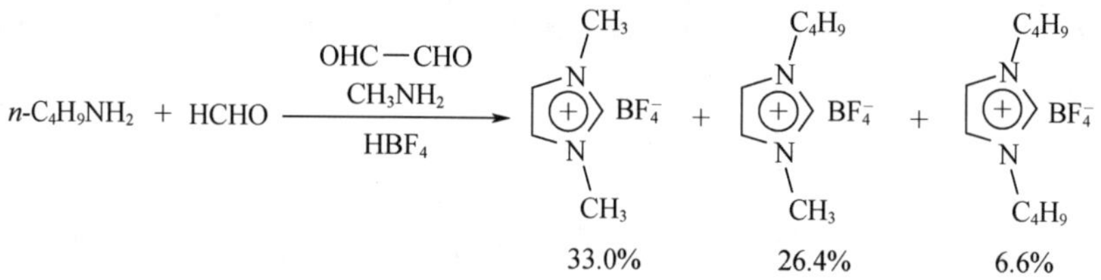

$$n\text{-}C_4H_9NH_2 + HCHO \xrightarrow[\text{HBF}_4]{\overset{\text{OHC}-\text{CHO}}{\text{CH}_3\text{NH}_2}}$$

BF_4^-	BF_4^-	BF_4^-
33.0%	26.4%	6.6%

图 2-4　二取代咪唑四氟硼酸盐的制备及产物得率

一步合成法一般为均相反应，操作简单方便，合成过程中无副反应发生，无需分离和纯化中间体，减少了试剂的消耗，节约了时间，获得了较为满意的产物收率。尽管有时得到的产物是混合物，但都是离子液体，在主产物含量明确的情况下大多可以直接应用而对结果没有显著影响，由此避免了各种复杂的分离后处理步骤，但是其普适性需要改善。

2.2.2.2 两步合成法

前文提到一步合成法获得的含卤素离子液体可以作为合成其他不含卤素离子液体的前体。当一步法难以得到目标离子液体时，就需要两步合成法。第一步可以合成目标离子液体所需的阳离子形态（如咪唑和卤代烷进行亲和取代生成季铵盐），此过程一般反应时间较长，受卤代烷烃试剂活性的影响较大；一般来讲，卤代烷烃链越短越有利于该步反应的进行，并且卤代烷烃按照 RCl、RBr、RI 的顺序活性逐渐增加。另外为了避免空气中的水分和氧对产物产生影响，反应在惰性气体保护下进行有利于提高产品质量和纯度。第二步反应则通过加入含有目标离子液体的阴离子的盐如四氟硼酸盐、六氟磷酸盐等，进行阴离子交换来合成；或者加入 Lewis 酸来实现。此步反应使用的盐以目标离子液体的阴离子为阴离子，阳离子通常选取 Ag^+ 或 NH_4^+，这样可以使杂质离子通过产生沉淀或者生成气体而被除去。完成阴离子替换的方法有很多种，包括复分解反应、阴离子络合反应、形成新相反应、非水相反应、沉淀反应、离子交换（柱）法、电解法等方法。第二步总体反应速率比第一步快，受阴离子交换试剂的影响较小。但对于不同类型的阴离子交换试剂，反应后处理的过程不尽相同，且产物的纯度亦存在差异。使用碱金属盐 MY 时所产生的副产物 MX（X 为卤素）可能部分残留于离子液体中，因而需要一定的纯化步骤以保证离子液体的纯度。为了获得高纯度的二元离子液体，可以在色谱柱中利用离子交换树脂来制备。除此之外，Lewis酸可直接和含卤素的离子液体结合。两步法合成 IL 的反应如图 2-5 所示。

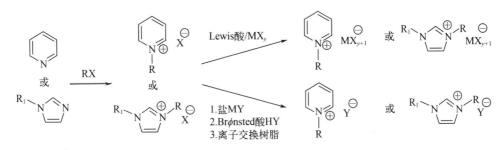

图 2-5　两步法合成离子液体

　　两步合成法能克服一步法的局限性，具有普适性好的优点，大部分的离子液体都是通过此方法合成。但是两步合成法步骤较多，而且为了提高产物收率，第二步反应的卤代烷往往需要添加过量；离子交换过程中也会产生无机盐副产物。通常以两步反应得到的离子液体中都会含有少量卤素杂质，常规手段较难除去，提纯成本将有所增加。同时需注意的是，若第一步的速率较慢，则可能导致中间体的产物收率低，进而造成反应总收率处于较低水平。因此，对于特定类型的离子液体，具体选择哪种方法更为适合需要开展比较研究后才能得出结论。在笔者团队对苯并噻唑系列离子液体 $[C_nBth][PF_6]$ 的合成中就发现，一锅法在该反应中显示出了比两步法更为理想的结果。后者需要先以苯并噻唑和卤代烷烃制备出对应的卤盐中间体 $[C_nBth][X]$（$n=4\sim6$, X 为 Cl、Br 或 I, 这一步的收率不高），再进一步和含目标阴离子的碱金属盐进行阴离子交换反应。相比于已报道的 N-正戊基苯并噻唑六氟磷酸盐[C₅Bth][PF₆]的收率（82%），笔者团队以等物质的量的苯并噻唑、溴代正戊烷、六氟磷酸钾在 105℃下一锅法反应获得的收率（86.9%）更高。可见同一类型离子液体的不同合成方法值得开展关于收率、效率、经济性和绿色友好性方面的全面比较，不能一概而论。

2.2.2.3 辅助合成法

前文提到的离子液体合成方法为传统的合成方法，主要通过搅拌加热就可以完成；但是反应需要很长时间，往往长达数小时到数十小时才能完成，同时需要有机溶剂作为反应介质。为了提高反应的效率及产率，各种辅助合成手段陆续被建立，且不少情况还属于无溶剂反应。

（1）微波辅助合成法

微波是通过加热效应来实现对反应的强化从而缩短反应时间。其原理是极性分子在微波的高频电场下不断转动，分子摩擦生热；物质内的离子也会在微波作用下发生振动，振动能也会变成热量。由于可使反应体系快速升温，当传统的离子液体合成方法以微波辅助时可以极大地提高合成效率，甚至提高反应的选择性和产率。但如果随着离子液体的持续生成和吸收能量不断增多，反应体系出现过热和失控的情况，会造成卤代烃的气化和产物的分解。此情况下可以采用微波间歇辐射。

日本化学家 Eika 等[2]借助微波辅助合成了多种咪唑和吡啶类的离子液体，如 1-烯丙基吡啶氯盐的合成。传统的合成方法油浴加热 24h 后，反应产率仅为 48.7%。而使用 150W 的微波持续辐射 3.5min 后就可以使反应收率达到 82.6%。通过数据的比较充分体现出了微波辅助合成法提高产率、缩短反应时间的优势。

也有研究人员将微波辅助法应用于羟基功能化离子液体的合成，并和传统加热制取方法进行了比较[3]。研究中将 N-甲基咪唑、吡啶分别与 2-氯乙醇、3-氯-1,2-丙二醇反应得到了 4 种羟基功能化 IL，考察了不同微波功率、不同辐照方式和时间对产率的影响。结果表明，常规加热方法反应耗时长达 24～96h，而微波方法只需 110～390s，两者差别巨大；而且微波法产率略高于常规加热法。除此之外该合成方法还避免了有机溶剂的使用，全过程在微波辅助下采取无溶剂方式进行。

（2）超声波辅助合成法

同微波辅助合成的效果相似，超声波辅助合成离子液体也可以缩短反应时间，提高反应效率。超声波辅助合成主要通过空化过程中形成的气泡崩溃时造成的局部高温、高压，减小液体中悬浮粒子的尺寸，促进反应物的分散，增加传质速度，从而提高异相反应速率来促进合成的进行。孙华等[4]以甲基咪唑和溴丁烷为反应原料，在 40kHz 的超声波作用下合成离子液体[C₄mim][BF₄]；通过和传统合成方法进行比较，发现反应时间由原来的 24～48h 缩短至 4h。这说明超声波的机械空化作用有效增强了分子间相互作用，从而显著提高了反应效率。

超声波辅助合成除可以提高反应效率之外，也可以提高反应产率和产物纯度。例如以天然氨基酸甘氨酸（glycine，缩写 Gly）为原料，采用超声波辅助合成[Gly][Cl]离子液体，并考察超声波功率对目标产物收率的影响[5]。结果发现当无超声波时，反应进行 0.5h，收率仅为 19.35%；而在有超声波情况下，相同反应时间离子液体的产率达到了 51.33%。这充分证明了超声波提高了反应速度，且提高了离子液体产率。也有研究将以上两种方法联合使用，如采取微波-超声波组合法制备 ILs，能更大程度提高制备效率，同时提升全过程的经济性。

2.2.2.4　电化学合成法

传统的合成方法会用到许多有机溶剂，这将使离子液体这种"绿色溶剂"在生产制备时不太符合"绿色化学"的要求，同时还会产生副产物。除此以外大部分的离子液体合成都需要用到两步法，此时易有卤素离子残留。微波或者超声波辅助合成只是为反应输入外部能量，达到加快反应、缩短反应时间、提高效率和产率的效果。有学者提出了一种利用电化学方法制备离子液体的策略[6]，此法可以制备不含有卤素离子的高纯度离子液体。电化学方法的基本思路是以分别含有目标阳离子和目标阴离子的两种物质为原料，通过电化学方法将其中不需要的阴离子和阳离子变成气体，剩下的目标阴阳离子再通过电化学池中的离子交换膜进行离子交换，最终形成目标产物。例如，将含有目标阳离子的季铵盐和季鏻盐等电解，其阴离子会变成二氧化碳或者氯气等气体放出；将含有目标阴离子的醋酸和硝酸等电解，会放出氢气或氮气等。最终目标离子进行结合，生成相应离子液体。虽然此方法制备得到的离子液体纯度很高（高达 99.99%），卤素和金属离子残余极低；但是电化学制备装置成本较高，操作也比较复杂，不易普及；且能合成的离子液体种类较为有限。

2.2.2.5　液-液两相合成法

液-液两相合成法也可以用于制备不含卤素离子的离子液体。制备一定纯度的离子液体一般是先制取后分离提纯，此方法将二者一起完成。其原理就是利用水和有机溶剂形成液-液两相，在水相中分别含有目标阴阳离子的两种碱金属盐，通过离子交换得到目标离子液体；之后该产物被有机相萃取，达到和其他反应物或者副产物分离的效果，有利于提高离子液体的纯度，使其不含有卤素离子。此方法由美国通用电气公司开发，以四乙基溴化或者氯化铵和四氟硼酸钠为原料，以水和二氯甲烷为液-液两相萃取合成得到四乙基四氟硼酸铵离子液体，最后对合成产物进行毛细管电泳分析，没有检测到卤素离子的存在。

2.2.2.6　聚合法

聚合法专用于聚离子液体。与离子液体性质类似，可通过对聚离子液体的阴离子或阳离子的设计与组合进行分子结构设计，合成多种不同结构和功能的目标产物。聚合法按合成路线可分为三种：①合成 IL，然后将离子液体单体聚合得到聚离子液体，这是最为常用的一种制备方法；②将咪唑等单体聚合，之后通过与卤代烷发生季铵化反应对咪唑改性得到 PIL，该方法适用于通过常规的嵌段共聚物合成离子液体型嵌段共聚物；③使用离子液体来对聚合物进行修饰得到聚离子液体（PIL），如果是利用阴离子交换对其功能化，可以在聚合前（单体）完成，也可以在聚合后（获得聚合物）再进行。目前，多种聚合方法如乳液聚合、分散聚合、悬浮聚合、控制自由基聚合、阴离子聚合、物理辅助聚合均被用于聚离子液体的合成，其中一个典型的合成过程如图 2-6 所示。此外，聚离子液体也可以通过自组装、模板等方法来获得不同的形貌结构，为天然产物不同方向上的应用提供了多种选择。

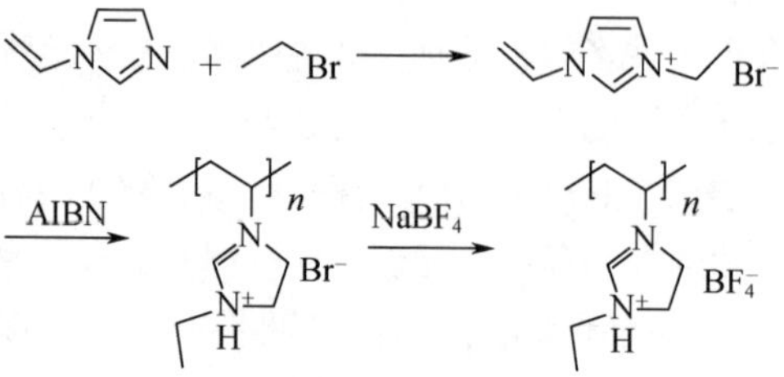

图 2-6　PIL 的典型合成过程

AIBN—引发剂偶氮二异丁腈

通过上述途径制备得到的离子液体，往往或多或少存在一些杂质，一般情况下可通过离子液体颜色的深浅（本应无色透明）初步判断，并通过洗涤、干燥、活性炭反复脱色、硅胶/离子交换树脂柱或结晶的方法对产物进行纯化。醇是离子液体的常用结晶溶剂，有时也用乙腈配制饱和溶液，再加入少许的甲苯用来降低离子液体在体系中的溶解度，$-18℃$下冷藏析出白色固体；过滤后再用甲苯洗涤，减压蒸馏出剩余溶剂。另外，对于离子液体和有机物或水的混合物，还可以加入超临界 CO_2 使混合物分离为富离子液体相和富有机溶剂相（或富水相），这样可使脱溶剂过程简单又节能。对于离子液体中存在的一些金属离子（甚至呈络合状态），则可用极性指数在 4.3～5.1 之间的一些溶剂（如乙醇和丙酮）的等体积混合物将其沉淀除去。

2.2.3　离子液体的主要性质

2.2.3.1　熔点

离子液体的熔点决定了其以液态使用时的温度下限，是研究和应用它们的一个重要参考指标。关于其熔点的规律性需从化学结构上来分析，主要受到阴阳离子的电荷分布、体积以及离子对称性的影响。无机离子晶体具有较高的熔点，主要是因为离子电荷较集中，阴阳离子间的静电引力较强，导致其熔点较高；而目前研究的离子液体的阴阳离子至少有一种具有有机基团，结构存在明显的不对称性，熔点整体偏低。

（1）阳离子对熔点的影响

通常情况下，室温离子液体的熔点多在 0～150℃；组成它们的阴阳离子种类不同，会导致其熔点变化较为明显，其中阳离子影响比较显著。一般阳离子的体积越大，对称性越小，电荷越分散，离子液体的熔点就越低。如咪唑类离子液体的熔点主要受到阳离子的 H-π 键作用、阳离子对称性、阳离子平面性作用以及阳离子侧链取代基的诱导作用的影响[7]。H-π 键是为了解释咪唑类离子液体取代基位置及其熔点之间的关系而提出的一种相互作用模型。目前发现在咪唑环的 2 位引入烷基比在 4、5 位引入烷基使离子液体熔点上升幅度要大，但是此增幅和 2 位引入的烷基碳原子数目关系不大，却随着 1、3 位侧链长度增加以及阴离子体积增大而下降（如表 2-1）。除此以外，在 1、3 位侧链第一个碳原子上引入烷基后会出现熔点上升的现象。H-π 键模型则给予了这两种现象很好的解释。H-π 键是指咪唑环的 2 位 H 与另一个咪唑环之间形成的键，当 2 位引入烷基后会使 H-π 键断裂。阴阳离子之间的相互作用越强，离子液体的熔点越高；咪唑离子液体的阳离子之间存在相互作用，可以降低熔点，当 H-π 键被破坏后就会导致熔点增幅减小。阴离子体积增大同样也会使 H-π 键断裂，从而导致熔点增幅减小；而在 1、3 位侧链的第一个碳原子上引入烷基后，H-π 键形成的空间位阻会增大，从而使熔点上升。

表 2-1　H-π 键对咪唑类 IL 熔点的影响[7]

编号	阳离子上的取代基					阴离子	熔点/℃
	1 位	2 位	3 位	4 位	5 位		
1	C_4H_9	H	CH_3	H	H	I	−72
2	C_4H_9	CH_3	CH_3	H	H	I	96
3	C_2H_5	C_2H_5	CH_3	H	H	$(CF_3SO_2)_2N$	28
4	C_2H_5	CH_3	CH_3	H	H	$(CF_3SO_2)_2N$	25
5	C_2H_5	H	CH_3	H	H	$(CF_3SO_2)_2N$	−3
6	C_2H_5	H	CH_3	H	CH_3	$(CF_3SO_2)_2N$	−3
7	$CH_2C_6H_5$	C_7H_{15}	CH_3	H	H	Br	186
8	$CH_2C_6H_5$	$C_{11}H_{23}$	CH_3	H	H	Br	186
9	$CH_2C_6H_5$	C_9H_{19}	CH_3	H	H	Br	193
10	NCC_3H_6	H	CH_3	H	H	PF_6	75
11	NCC_3H_6	CH_3	CH_3	H	H	PF_6	85
12	$(CH_3)_2CH$	H	CH_3	H	H	PF_6	102
13	C_2H_5	H	CH_3	H	H	PF_6	62
14	C_2H_5	H	CH_3	H	H	I	79
15	$(CH_3)_2CH$	H	CH_3	H	H	I	114

如前所述，当离子液体阳离子的对称性降低时，其熔点会下降。对于咪唑类离子液体，咪唑环上 1、3 位的侧链变长会使其熔点降低，每增加一个碳原子熔点下降 5～50℃。但当侧链碳原子数增加到一定值的时候，离子液体的熔点又开始上升，这是由于侧链碳原子数增加到一定数量时，阳离子具有两亲性；咪唑环亲水，侧链亲油，具有相同性质的一端会聚集，相互作用增强，于是熔点增大。同时侧链增长会使分子量变大，范德华力增强，熔点也会上升。其实除了熔点，这一特殊的变化趋势也可以在其他理化性质中观察得到。

当阳离子引入含苯环的侧链时，离子液体的熔点上升幅度较大，特别是当苯环和咪唑环直接相连处于同一个平面形成共轭体系时，这种上升幅度更加明显。引入苯环不仅仅是因为分子量增大、范德华力增强而导致离子液体的熔点增大，还与阳离子的平面性作用有关。当咪唑环侧链引入平面性基团时，可增大阳离子的平面性，有利于其层状紧密堆积，从而提升熔点。阳离子除了可以引入上述基团外，还可以引入其他取代基，以具有不同的功能；它们对熔点的总体影响可以用诱导效应来解释，比如，当引入吸电子基团后，会因为吸电子诱导作用使咪唑环上的正电荷更加集中，从而使阴阳离子间的相互作用加强，最终导致熔点上升。随着吸电子基团和咪唑环之间相隔碳原子数的增加，其诱导作用会减弱；相隔 4 个碳以上吸电子作用基本可忽略。综合以上几种影响因素，可以总结出上述三种因素的强弱顺序为：H-π 键>诱导作用>对称性；这一规律具有一般性，但并不绝对。

(2) 阴离子对熔点的影响

阴离子对离子液体熔点的影响相对较小，主要可从阴离子体积大小和对称性两方面进行分析。通常阴离子体积越大则离子液体的熔点越低，这是由于体积较大的阴离子一般为非球形，共价性较强，可使阴离子的电子分布离域，电荷密度降低，从而降低熔点。除此以外，随着阴离子体积增大，库仑力减小，也会降低离子液体的熔点。一般情况下，阴离子对离子液体熔点的影响顺序一般为：$Cl^->PF_6^->NO_2^->NO_3^->AlCl_4^->BF_4^->CF_3SO_3^->CF_3CO_2^-$。

阴离子的对称性对离子液体的熔点也有影响。一般情况下，阴离子对称性越差，熔点越低。如对于 1-丁基甲基咪唑类离子液体，从对称的 BF_4^- 阴离子到低对称性的 $MeBF_3^-$，熔点从 10℃降低到了-19℃。但也有研究表明，$[C_2mim]^+$ 的非对称双三氟甲烷磺酰亚胺盐（$CF_3SO_2NCOCF_3$，TSAC）的熔点比 $CF_3CO_2^-$ 盐高[8]。

2.2.3.2 密度

(1) 分子结构对离子液体密度的影响

离子液体的密度是一个相对易得的物性数据，多数情况下大于水的密度，一般在 $1～2.4g/cm^3$ 的范围。通常主干部分为五元环的阳离子密度要较六元环的大，同时环上若有氧原子也能增大离子液体的密度。当阴离子相同时，通过对含醚基的二烷基咪唑离子液体，以及一系列氯铝酸类离子液体的密度的测定，可发现随着阳离子上烷基取代基碳原子数的增加，离子液体的密度降低。比如在298K时1-乙基-3-甲基咪唑三氟甲烷磺酸盐的密度为1.38g/cm³，而1-丁基-3-甲基咪唑三氟甲烷磺酸盐密度则为1.27g/cm³，1,3-二甲基咪唑三氟甲烷磺酸盐的密度更小，为1.10g/cm³。这可能是由于取代基增大，使离子液体的摩尔体积增大，同时也使内部的自由体积增大，从而使密度降低。相比于阳离子，阴离子对离子液体密度的影响更为显著。通常随着阴离子体积的增大，离子液体的密度也变大。如含醚基的二烷基咪唑离子液体，其阴离子为PF_6^-时比阴离子为BF_4^-时的密度更大。

(2) 温度对离子液体密度的影响

同黏度和电导率等其他离子液体的基础性质相比，温度对离子液体密度的影响最小。如文献报道[9]，当温度为25℃时，[C₂mim][Cl]/AlCl₃离子液体的密度为1.294g/cm³；而当温度上升到30℃时，其密度变为1.290g/cm³，仅仅下降了0.3%。一般情况下，当温度升高时，离子液体体积膨胀，会使其密度降低。Fisher公司总结出式（2-1）用于概括温度和二烷基咪唑类离子液体的密度之间的关系，如下所示：

$$\rho = a + b \ (T-60) \tag{2-1}$$

式中，T为温度，K；a为特征系数，g/cm³；b为密度系数，g/（cm³·K）。常见离子液体的a和b如表2-2所示，由此也可看出，温度升高，二烷基咪唑类离子液体的密度减小。

表2-2　常用离子液体的密度Fisher公式相关系数

离子液体	a/（g/cm³）	$-b$/[10^{-4}g/（cm³·K）]	离子液体	a/（g/cm³）	$-b$/[10^{-4}g/（cm³·K）]
[C₄mim][BF₄]	1.1811	7.6229	[C₈mim][PF₆]	1.1960	9.2302
[C₆mim][BF₄]	1.1242	7.2090	[C₆mim][Cl]	1.0593	6.3026
[C₄mim][PF₆]	1.3381	8.5275	[C₈mim][Cl]	0.9999	3.6033
[C₆mim][PF₆]	1.2596	10.2938			

2.2.3.3　黏度

(1) 结构对离子液体黏度的影响

多数离子液体是黏稠的，相比于一般的有机溶剂其黏度高了2～3个数量级，如果黏度过大会使传质与传热效率显著降低，不利其应用。一般情况下，离子液体咪唑环上具有较大取代基或氟化烷基侧链时，其黏度较大；一方面是由于取代基体积增大会使范德华力增强，另一方面，大的取代基也不利于离子的自由运动。笔者团队从离子液体数据库中收集了部分黏度数据进行了如下比较与分析。以[CₙmimP][PF₆]为例，当n为4～8时，此类离子液体的黏度由430mPa·s增加到682mPa·s。对于阳离子相同的离子液体来说，一般阴离子尺寸越大，黏度越高，如阴离子为$C_8SO_3^-$的离子液体的黏度大于阴离子为$C_5SO_3^-$的离子液体。但是也有例外，如由BF_4^-构成离子液体比由

$CF_3BF_3^-$、$C_2F_5BF_3^-$构成的离子液体黏度大很多；一般情况下，BF_4^-这种球状阴离子摩擦力强于直链结构的阴离子[如 SCN^- 和 $N(CN)_2^-$ 等]。

(2) 温度以及共存物对离子液体黏度的影响

离子液体的黏度受温度影响较大，一般两者呈负相关，即随着温度升高，离子液体的黏度降低。目前研究人员已总结出专门描述离子液体黏度-温度关系的 Vogel-Tammann-Fulcher（VTF）方程[10]，如式（2-2）所示：

$$\eta = \eta_0 \exp[B/(T-T_0)] \tag{2-2}$$

式中，η_0（mPa·s）、B（K）和 T_0（K）都是常数，相关离子液体的具体参数值见表 2-3。

表 2-3　具有不同取代链长度的离子液体 VTF 方程相关参数

ILs	$\eta_0/(10^{-1}\text{mPa·s})$	$B/(10^{-2}\text{K})$	T_0/K
[C₁mim][CF₃(SO₂)₂N]	2.9 ± 0.6	5.87 ± 0.57	178 ± 7
[C₂mim][CF₃(SO₂)₂N]	4.0 ± 1.3	5.09 ± 0.81	182 ± 10
[C₄mim][CF₃(SO₂)₂N]	2.5 ± 0.2	6.25 ± 0.22	180 ± 2
[C₆mim][CF₃(SO₂)₂N]	1.6 ± 0.2	7.57 ± 0.39	173 ± 3
[C₈mim][CF₃(SO₂)₂N]	1.5 ± 0.2	8.02 ± 0.30	173 ± 2

在离子液体的使用过程中，首先可以通过设计阴阳离子降低其黏度，其次可以通过选取合适的应用温度。除此之外，还可以通过与其他低黏度的物质混合使用来调整体系黏度。在共存物方面，当离子液体中含有水时，会降低前者的浓度，使其黏度下降；但当离子液体中存在卤素杂质时，则会大幅度地增加其黏度。

2.2.3.4　表面张力

表面张力是由于物质界面上的分子受力不均匀产生的，可以将其定义为把液体内部的分子搬到表面所做的功。物质表面上分子间作用力不同，会导致表面张力有很大差别；对于离子液体而言，表面张力受其阴阳离子组成的结构影响很大。除此之外，温度也会对离子液体的表面张力产生影响，且两者存在线性关系；随着温度的升高，离子液体的表面张力减小。一般来说，离子液体的表面张力介于较高的水和较低的普通有机溶剂之间。阳离子的种类和结构是影响离子液体表面张力的重要因素之一，吡咯类离子液体的表面张力要比咪唑类离子液体的表面张力大。阳离子侧链的长度也会对离子液体的表面张力产生重大影响，在阴离子相同时表面张力会随着侧链取代基碳原子数的增加而减小；长链离子液体由于其两亲性往往可用作表面活性剂。原本烷基侧链之间的色散相互作用相比于阳离子带电端基之间的静电相互作用较弱，但随着其长度的增加，贡献度增大，使其表面张力降低。阴离子的形状大小等因素也会对离子液体的表面张力产生影响。当阳离子为 1-辛基-3-甲基咪唑、阴离子为卤素离子时，随着后者体积增大，离子液体的表面张力升高。而当阴离子为非卤素离子时则与之相反，非卤素阴离子的体积增大会导致氢键强度以及库仑力减弱，从而使表面张力降低[11]。

2.2.3.5　极性和溶解行为

极性是影响离子液体溶解和萃取能力的一个重要的因素。了解其极性与结构之间的关系更有利于掌握离子液体的应用规律以及内在机制。碳链具有疏水性，长度越长，离子液体的极性越小，这是与普通分子溶剂类似的。阴离子结构也会对离子液体的极性产生影响。测定离子液体极性的表征方法很多，如分配系数法、色谱测量法、溶剂显色法、光谱探针法等。通常认为，咪唑类离子液体的极性与短链醇是类似的。在笔者团队对托品醇类离子液体$[C_nTr][PF_6]$（结构见图 2-2）极性的表征中采用了下面的测定方法：准确称取 2.5g 离子液体，将其溶解于 100mL 甲醇中配制成浓度为 25g/L 的溶液，再称取 0.0375g 的 2,6-二苯基-4-（2,4,6-三苯基吡啶）（瑞氏染料）溶解于已配制好的离子液体甲醇溶液中，使探针分子与离子液体的质量比为 3:200。待两者充分混合后减压蒸馏除去溶剂甲醇并干燥，将所得到的两者复合物于固体紫外光谱仪中进行全波长扫描，得到其最大吸收波长 λ_{max}，再根据式（2-3）计算得到离子液体极性的经验参数 E_T（30）。

$$E_T（30）= 28591.5/\lambda_{max} \tag{2-3}$$

根据测定结果发现，$[C_3Tr][PF_6]$ 与 $[C_4Tr][PF_6]$ 的极性相对较高，其 E_T（30）值均在 57～58kcal/mol（1kcal=4.18kJ）之间。这两种离子液体的极性要高于常见的咪唑六氟磷酸盐离子液体的极性，与有机溶剂中的丙三醇（57kcal/mol）相似。而$[C_5Tr][PF_6]$ 和$[C_6Tr][PF_6]$ 的极性则要稍弱一些，与甲醇（55.1kcal/mol）的极性相似。随着阳离子上碳链长度的增加，离子液体的最大吸收波长不断红移，其极性则越来越低。另外，阳离子上的支链取代基类型也会影响整体的极性，以芳香烃为支链的离子液体极性比以直链烷烃为支链的离子液体低，与乙醇的极性（52.4kcal/mol）较为接近。

同时，离子液体的极性与其溶解性（作为溶质）及溶解能力（作为溶剂）均存在一定关系，而掌握这些必要性质是将其作为溶剂用于催化、提取、分离的首要条件。首先在溶解性方面，一般随着阳离子烷基链长的增长，离子液体在醇中的溶解度逐渐增大，这是因为烷基链和醇之间的范德华力增大；同时其疏水性增强，与水的相互溶解度降低，形成两相的混合物。至于阴离子的影响，具有 BF_4^-、$CF_3SO_3^-$、$CH_3SO_3^-$ 和 X^- 的离子液体能较好地溶解在水中；然而，具有 PF_6^- 的离子液体在水和乙醇中几乎不溶，与甲醇却是互溶的。如果在离子液体中引入一些特殊官能团会改变其溶解性，如在阳离子上引入 OH^-，会增加离子液体的亲水性。普遍看来，离子液体的溶解度随着溶剂极性的降低而降低，在极性较强的溶剂中的溶解性比较好，而在非极性类溶剂中的溶解性较差。表 2-4 列出了常见离子液体和常用有机溶剂的相溶性，基本体现了上述规律。

表 2-4　常用离子液体与代表性有机溶剂的相溶性

离子液体	离子液体中 AlCl₃ 摩尔分数	水	甲醇	丙酮	氯仿	石油醚	正己烷	乙酸乙酯	甲苯
[C₄mim][BF₄]	—	溶	溶	溶	溶	不溶	不溶	不溶	不溶
[C₄mim][PF₆]	—	不溶	溶	溶	溶	不溶	不溶	溶	不溶
[C₄mim][Cl] /AlCl₃	0.50	反应	反应	溶	溶	不溶	不溶	溶	溶
	0.55	反应	反应	溶	溶	不溶	不溶	溶	溶
	0.60	反应	反应	溶	溶	不溶	不溶	溶	溶
[C₂mim][Br] /AlCl₃	0.50	反应	反应	溶	不溶	不溶	不溶	溶	不溶
	0.55	反应	反应	溶	小溶	不溶	不溶	溶	不溶
	0.60	反应	反应	溶	溶	不溶	不溶	溶	溶
[C₂mim][PF₆]	—	不溶	不溶	溶	溶	不溶	不溶	溶	不溶
N-丁基吡啶 /AlCl₃	0.50	反应	反应	溶	不溶	不溶	不溶	溶	溶
	0.55	反应	反应	溶	不溶	不溶	不溶	溶	溶
	0.60	反应	反应	溶	不溶	不溶	不溶	溶	溶
(CH₃)₃NHCl /AlCl₃	0.67	反应	反应	溶	不溶	不溶	不溶	溶	溶

离子液体的溶解行为与其他偶极液体有较大的区别，离子液体为 1mol 溶质分子形成空间需要消耗上百千卡的能量，而像乙腈这种偶极液体只需要消耗几千卡的能量。离子液体溶解溶质时往往涉及偶极-偶极作用、氢键作用以及环的 π-π 作用等。现有研究表明，中性物质能够较好地在离子液体中溶解，而离子化的物质更容易溶于水。由于结构的可设计性，可以根据研究人员的需要设计出不同溶解性能的离子液体，并用于溶解有机物、无机物、金属氧化物、生物大分子等各种物质。除此之外，离子液体的阴阳离子结构与其对有机物的溶解能力密切相关；当阴离子相同时，阳离子烷基侧链越长，离子液体对非极性物质的溶解度就越大。比如，正辛烯在以甲苯磺酸根为阴离子的季铵盐离子液体中的溶解度会随着其阳离子的侧链增长而升高。而阴离子对离子液体溶解能力的影响主要与氢键、π-π 相互作用有关；阴离子和溶质越容易形成氢键，离子液体对其溶解能力就越强。

离子液体还可溶解 CO_2、SO_2、C_2H_4 等气体。对气体的溶解性能受到温度和压强的影响，总的来说，气体在离子液体中的溶解度随着温度的升高而降低，随着压强的增大而减小。除此之外还有结构的影响。比如，离子液体对 CO_2 的溶解性能主要受阴离子的影响；在一定的温度和压力下，CO_2 在不同离子液体中的溶解度大小为 $[C_4mim][PF_6]$ > $[C_8mim][PF_6]$ > $[C_8mim][BF_4]$ > $[C_4mim][NO_3]$ > $[C_2mim][EtSO_4]$ [12]。离子液体的阳离子结构也对 CO_2 的溶解度有一定影响，溶解度随着阳离子上取代基碳链的增加而略有增加；SO_2 在羟基铵盐类离子液体中的溶解度较大，但是随着温度的升高，其溶解度急剧减小。

除了以上气体和分布广泛的中、小型有机化合物，离子液体对天然高分子也具有良好的溶解能力，如纤维素、壳聚糖、角蛋白等。纤维素难溶于水和一般的有机溶剂，可溶于强酸强碱中；但强酸和强碱容易产生污染且有安全隐患，而离子液体则无此顾虑。含有氯离子的咪唑和吡啶基离子液体可以高效溶解纤维素，主要是由于芳香环易极化，使阴阳离子之间的静电作用力降低，氯离子也有破坏多糖氢键网络的作用[13]。同时，阳离子的体积也会影响离子液体对纤维素的溶解性，其尺寸越大，与纤维素形成氢键的能力越弱，溶解能力随之降低。阳离子的侧链基团长度也影响离子液体对纤维素的溶解，两者呈负相关关系。此外，当 1-甲基咪唑和 3-甲基吡啶阳离子上含有烯丙基、乙基、丁基、醚基及羟基时有利于纤维素的溶解，其中羟基易与纤维素形成氢键。离子液体中阴、阳离子所形成氢键的碱性及偶极性越强，提示该阴离子对氢键的接受能力越强，越可能具有较好的纤维素溶解能力。

2.2.3.6 电化学性质

离子液体具有较好的电化学性质，其导电性和电化学稳定窗口是将其应用于电化学的重要基础。它们"离子特性"的强弱与其自身电离能力密切相关，而这种能力的大小在物性上则表现为离子液体的电导率，可用来衡量其导电性，即离子液体的电导率越大，导电性越强。纯离子液体的电导率范围较广，在室温条件下（298.1K）从 0.01S/m 以下到 3S/m 以上都有分布，不同离子液体的电导率差异较大。影响其电导率的主要因素包括阴阳离子半径、离子液体密度、分子量以及黏度等，它们之间的关系如下：

$$K = (z^2 Fe/6\pi\eta)\,(1/R_+ + 1/R_-)\,(\rho/M_w) \qquad (2\text{-}4)$$

式中，R_+ 为阳离子半径；R_- 为阴离子半径；z 为离子所带的电荷；F 和 e 分别为法拉第常数和真空介电常数；K、η、ρ、M_w 分别为离子液体的电导率、黏度、密度以及摩尔质量。

从式（2-4）可以看出，离子液体的黏度越大，组成的阴阳离子半径越大，其导电性能就越差；密度越大，导电性能越强。众多影响因素中，黏度和离子的迁移性有关，是影响离子液体导电性的首要因素。甲基丁基取代的胍类四氟硼酸盐（[BMG][BF$_4$]）和六氟磷酸盐（[BMG][PF$_6$]）与相同的阴离子以及相同取代基的咪唑离子液体（[C$_4$mim][BF$_4$]和[C$_4$mim][PF$_6$]）相比，由于前者的黏度较大，其电导率要明显低于后者。但也不是所有类型的离子液体密度与其影响因素的关系都符合式（2-4），如烷基胺盐-氯铝酸类离子液体中二乙铵-AlCl$_4$ 的黏度大于三甲铵-AlCl$_4$ 的黏度，前者电导率反而比后者高。

除以上影响因素以外，离子液体的电导率还和温度有关，一般情况下随着温度的升高，离子液体的电导率增大。咪唑类离子液体[C_4mim][BF_4]电导率和温度（T）的关系可以用 Vogel-Tammann-Fulcher（VTF）方程来表示[14]：

$$K = K_0 \exp[-B（T-T_0）] \tag{2-5}$$

式中，K_0、B 和 T_0 为常数。

需注意含双三氟甲烷磺酰亚胺根（$CF_3SO_2N（CF_3）_2^-$）即 TFSI 阴离子的离子液体，其温度和电导率的关系与 VTF 方程偏差较大。总体来看很难用一个通用公式将所有 ILs 的电导率和各影响因素的关系进行定量，而是需要具体类型具体分析。

在这里聚离子液体的电导率需单独说明一下，由于离子基团被固定在聚合物链上后，离子流动性降低，玻璃化转变温度升高，导致其黏度增大、电导率相应有所下降。一般离子液体的电导率通常在 0.01S/m 以上，而聚离子液体的电导率往往低于 $1×10^{-6}$S/m；同时，聚阳离子型离子液体的离子导电性低于聚阴离子型离子液体。实际应用中，可以通过增加载体离子浓度或者改变电解液结构来增加离子流动性等方法来提高聚离子液体电导率。

离子液体的电化学稳定窗口也是其应用研究的一项重要指标。电化学稳定窗口是指离子液体不会发生电化学反应的电位差。对大多数离子液体而言，其电化学窗口上限是比较稳定的，而下限则会随着阳离子的不同有很大变化，但总体来看，一般非氯铝酸离子液体的电化学稳定窗口在 5V 左右，这是相比于有机溶剂比较宽的范围，也是其性能优于普通有机溶剂的一点。和有机溶剂相比，离子液体不仅导电性良好，不需要再加入额外的电解质来增加导电性，而且较宽的电化学稳定窗口也可保证其在合理的电压范围中不发生反应。

2.2.3.7 磁性

磁性质是磁性离子液体所特有的性质。与四氧化三铁这些永磁铁相比，离子液体的磁性强度一般都较低，约为 10^{-6}emu/g 数量级；但其顺磁性可基本满足当前各类操作所需，实际过程中通过普通磁铁或者电磁场即可将其吸引；如果用来回收则操作简便、经济友好。此外还有研究发现，将咪唑类磁性离子液体结合到单壁碳纳米管上合成出的具有顺磁性的碳纳米管，磁化强度大大增强，顺磁性明显高于单纯的磁性离子液体。对于两类常见的阴离子，金属原子组成的磁性中心比 TEMPO 类自由基的磁性更强；前者除 Fe 和 Dy 元素外，还可采用 Co、Mn、Gd、Ni 等元素及其配合物作为磁性中心。以四甲基胍（1, 1, 3, 3-tetramethylguanidine，TMG）类磁性离子液体[TMG][Cl]/1.5FeCl$_3$ 为例，其磁化率（magnetic susceptibility）随着外加磁场的增大而呈线性递增趋势[如图 2-7（a）所示]，该磁性离子液体的单位质量磁化率为 $59.1×10^{-6}$emu/g。通过比较发现其顺磁性大大高于多数已报道的 Fe（III）型磁性离子液体[15]，是目前少有的强磁性 IL；它们的磁化率与其他已报道的磁性离子液体对比数据归纳在表 2-5 中。

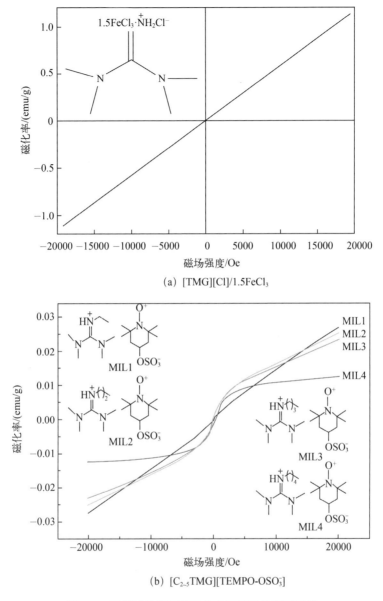

(a) [TMG][Cl]/1.5FeCl₃

(b) [C₂₋₅TMG][TEMPO-OSO₃⁻]

图 2-7　胍类磁性离子液体在 298K 下的磁滞回线

表 2-5　不同磁性离子液体的磁化率比较

磁性离子液体	磁化率/（emu/g）	参考文献
[BPy][FeCl₄]	$43.1×10^{-6}$	[15]
[C₄mim][FeCl₄]	$40.6×10^{-6}$	[16]
[C₃H₆COOHmim][Cl]/2FeCl₃	$45.2×10^{-6}$	[17]

磁性离子液体	磁化率/（emu/g）	参考文献
[BmP][FeCl$_4$]	9.5×10^{-6}	[18]
[pDaDmAm$^+$][FeCl$_4^-$]	29.6×10^{-6}	[19]
[pViEtIm$^+$][FeBrCl$_3^-$]	35.3×10^{-6}	[19]
[pViBuIm$^+$][Fe$_2$Cl$_7^-$]	45.1×10^{-6}	[19]
[TMG][Cl]/1.5FeCl$_3$	59.1×10^{-6}	[20]

当磁性中心替换为非金属类 TEMPO-OSO$_3^-$自由基阴离子时，将其与具有不同取代基链长（C$_3$～C$_5$）的胍类阳离子搭配可以得到 4 种磁性离子液体。在常温（298K）条件下，四种 MIL 的磁化率随外加磁场强度的变化曲线如图 2-7（b）所示。显然，不论在什么温度下，磁化率总是随着外加磁场强度的增加而变大。从该图还可以看出，当外加磁场足够大时，MIL1 表现出最强的顺磁性，并且四种 MIL 磁化强度的顺序为 MIL1>MIL2>MIL3>MIL4。理论上，该类型 MIL 的磁性来源于阴离子上的氧自由基。阳离子碳链越长，阴离子上氧自由基在整个分子中所占比重越低，MIL 整体表现出的顺磁性就越弱。此外，MIL1 在温度为 5K 时的磁化率随外加磁场强度的变化曲线以及外加磁场恒定为 20kOe 时磁化率随温度的变化曲线如图 2-8 所示。可以发现，当外加磁场强度大小确定时，MIL1 的顺磁性随着温度的降低而增强。温度大于 150K 时，表现出较弱的顺磁性；当温度低于 150K 时，顺磁性陡增至非常高的强度，磁化率可达到 828emu/mol，是常温下的 80 倍左右。

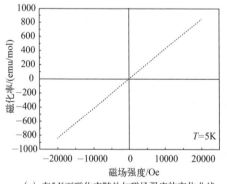
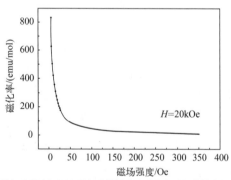

(a) 在 5 K 下磁化率随外加磁场强度的变化曲线　(b) 在 20 kOe 恒定外加磁场强度下磁化率随温度的变化曲线

图 2-8　[C$_2$TMG][TEMPO-OSO$_3^-$]磁化率变化曲线

2.2.3.8 渗透系数和热稳定性

渗透系数又叫水力传导系数，在各向同性介质中，定义为单位水力梯度下的单位流量，表示流体通过空隙骨架的难易程度；它是离子液体溶液的基本热力学性质之一，与相平衡联系紧密，而且常被作为热力学模型起始点。离子液体渗透系数的规律也被认为可以反映离子-溶解与离子-缔合的相互作用，目前在乙腈、各种醇、水以及苯等溶剂中被报道的渗透系数实验数据较多。与上述多个性质类似，渗透系数也是同温度有关的性质。图2-9（a）给出了3-甲基-1-丁基咪唑辛基硫酸盐离子液体在三种溶剂中的渗透系数随温度的变化，可以看出两者呈正相关关系。同时离子液体渗透系数根据溶剂种类的不同差异较大，而且与浓度也有较为明显的关系。从图2-9（b）可知，在水溶液中，离子液体渗透系数随着浓度的增加而减小，在醇以及苯中也存在类似规律；但是在乙腈等其他溶剂中情况较为复杂。

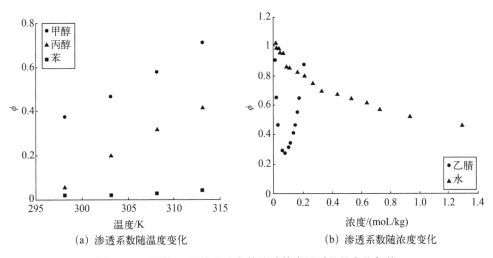

（a）渗透系数随温度变化　　　　　　　（b）渗透系数随浓度变化

图2-9　3-甲基-1-丁基咪唑辛基硫酸盐渗透系数的变化规律

一般情况下，离子液体被视为具有良好的热稳定性。不同于传统有机溶剂的是，当温度升高到某一值时，离子液体不会简单地气化，而是分解，这一特定的温度就是离子液体保持液态的极限温度（或为最高工作温度）；目前热重分析被广泛用于分析其热分解过程的动力学。一个典型的代表是双阳离子型$[C_4(mim)_2][NTf_2]_2$，分解温度高达468.1℃。其热稳定性主要受两种因素影响，其一是杂原子和碳原子间的相互作用力，其二为杂原子和氢键之间的相互作用力。不同的阴阳离子组成会直接带来不同的热稳定性质，阳离子结构（如烷基侧链，官能团和烷基取代基）的影响多小于阴离子；咪唑基离子液体通常比季铵类、哌啶基和吡啶基离子液体更稳定。此外在某些情况下离子液体中的结合水对其热稳定性也有一定的影响。

2.2.3.9　离子液体性质的理论研究

笔者团队采用"一锅法"和"两步法"合成了百余种离子液体，包括一系列具有新颖结构的托品醇类、奎宁醇类、吡咯类、吡啶类、咪唑类、（苯并）噻唑类、胍类、（异）喹啉类、氨基酸类功能特异型离子液体，建立了关于其熔点、密度、黏度、电导率、渗透系数、pH 值、介电常数/极性、光谱吸收、吸水性、表面张力等重要理化参数的测定方法，完善了相关的基础数据库。此外本团队采用多元线性回归、蒙特卡洛算法和人工神经网络等方法将理化数据与离子液体结构特征参数（分子体积、总能量、阴阳离子中心间距及其所带电荷数、HOMO、LOMO、偶极矩等）进行了构-性关系研究；通过实际检验改进优化了相关的预测模型，还根据基团贡献法（universal functional activity coefficient, UNIFAC）和分子设计基本原则编写过关于萃取剂筛选的 Matlab 程序。下面对有关研究方法进行逐一介绍。

（1）热力学方法

热力学研究属于宏观研究，通过对实验数据的收集和总结，得到一定的关系和规律。但是热力学不包括微观机理的研究，所以在理论研究上会受到一定的限制。热力学在离子液体的性质研究上，尤其是多元相平衡状态的研究方面仍然是一种重要的方法和手段，很多经典的模型都已经用于离子液体的性质研究，如 Pitzer、Wilson、NRTL、UNIFAC 模型等。通过测定咪唑类离子液体与醇的相互溶解度，可以剖析溶解行为与温度、烷基取代链长之间的关系，进而对溶解度数据进行热力学模型的关联。这类热力学方法可以为研究温敏型离子液体在醇等常见溶剂中的溶解行为提供较为准确的预测数据，并且能为离子液体及其结构设计提供指导意见。近年来真实溶剂似导体屏蔽模型（conductor-like screening model for real solvents, COSMO-RS）等模型越来越多地用于缺乏实验数据的新型离子液体热力学性质预测，在溶剂/萃取剂筛选、气-液平衡、液-液平衡等多方面研究中可发挥定性及半定量分析作用。相比微观理论的计算，热力学计算速度快、精确度高，易于发现规律，已成为很多基础数据研究的有效手段。

（2）量子力学方法

使用量子力学方法进行模拟是在微观水平上进行计算，主要用于微观结构研究、分子间作用力等微观水平问题的研究。对分子间作用力的计算可以使用量子力学方法、分子力学方法和扰动理论等。目前，量子力学已经较多地应用于离子液体的研究。其中，密度泛函理论（density functional theory, DFT）方法最早较多地被用于离子液体的结构、阴阳离子间相互作用的计算。后来，纯离子液体的性质也逐渐开始使用量子力学的方法进行研究，如通过密度泛函理论方法对纯离子液体的熔点进行研究。除了密度泛函理论方法，从头算起的方法也同样被用于计算离子对之间的相互作用能而推导出离子液体熔点的规律。随着计算机技术的不断发展，量子力学方法也将应用到离子液体计算的更多方面。

笔者团队采用 DFT 方法对一系列离子液体的分子结构进行了优化，获得了能量优势构象。同时对离子液体的能量进行了基因重叠误差（BSSE）校正计算。进而采用极化连续体模型（PCM）以及 Onsager 溶剂模型对离子液体的溶解能量进行了计算，发现后者计算的溶解能量较前者计算的溶解能量弱。在此基础上对这些离子液体在四种不同溶剂中的三十四个渗透系数数据与两种溶剂模型的溶解能进行了关联[见图 2-10（a）]，对同种类型的离子液体在四种不同溶剂（1-丙醇、2-丙醇、乙醇和水）中的渗透系数实验数据与其在这四种溶剂中的溶解能量进行分析。结果表明 Onsager 模型能较好地对离子液体渗透系数与溶解能量进行关联。同一种离子液体在这四种溶剂中的渗透系数与溶解能量之间呈二次函数关系[见图 2-10（b）]，全部研究结果表明 Onsager 模型比 PCM 模型更适用于相关离子液体渗透系数的研究[21]。

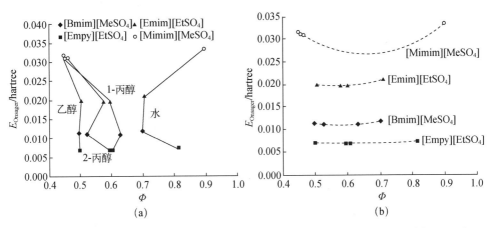

图 2-10　（a）Onsager 溶剂模型下不同离子液体在四种溶剂中的渗透系数与溶解能关系和
（b）离子液体渗透系数与溶解能的二次函数拟合结果

（3）分子力学方法

分子力学是使用经典物理学原理来近似模拟原子间的相互作用力。由于离子液体结构的特殊性，使得分子力学在离子液体的计算中使用较少。相比量子力学，分子力学忽略了电子的相关作用，而且用经典物理学理论使得计算速度较快。在分子结构优化与分子间相互作用力的计算中，分子力学发展迅速。然而，电子对于离子液体性质的影响仍然被认为是不能忽略的一个重要因素，所以分子力学在离子液体计算中的应用受到了一定的限制。但是，分子力学仍然可以作为一个较快的研究方法来确定离子液体的骨架；或者通过和量子力学方法的比较，可以更深入地理解电子效应对于离子液体本身的影响。另外在研究离子液体性质的时候，对比研究可以考察体系电子对某种性质影响的程度。

（4）QSPR 方法

定量结构-性质关系（quantitative structure-property relationship，QSPR）方法已经广泛应用于离子液体的基础研究。该法主要是要找出结构特征与性质之间的关系，通过这样的关系可以进行反向计算机设计；现已经应用于离子液体的活度系数、熔点、黏度、溶解度以及电导率等的计算与预测。建立 QSPR 模型的方法有很多，包括多元线性回归（multiple linear regression，MLR）、偏最小二乘法、人工神经网络（artificial neural network，ANN）和热力学方程等；这些方法实质上都是基于建立微观或者宏观结构特征与离子液体性质之间的关系，从而对有关性质进行预测。在这些方法中，人工神经网络主要包括前向计算和误差反转两部分，常被用于建立非线性的关系进而用于离子液体的大规模筛选。比如，笔者团队分别使用多元线性回归方法与反向传播人工神经网络方法建立了预测离子液体电导率的线性与 ANN 模型。在建立模型中，使用了 364 个电导率数据点分组分别参与了模型的建立与模型预测能力的评价。通过优化后，ANN 模型被证明具有较好的拟合能力，其对训练组的计算值与实验值之间的相关系数平方（R^2）为 0.9966，而计算值与实验值之间的均方根误差（root mean squared error，RMSE）则为 0.072。ANN 模型的预测值的 R^2=0.9703，RMSE=0.544，反映出其预测能力较强，精度较高。此外，本团队对同种离子液体在不同温度下的电导率预测能力也进行了评价，发现 ANN 对同种离子液体不同温度下的预测最大 RMSE=1.762，最小 RMSE=0.087，误差较小。结果表明 ANN 对同种离子液体在不同温度下的预测也是较为精确的。通过对 R^2 以及 RMSE 的分析证明，ANN 模型要优于 MLR 模型（见图 2-11），但使用 MLR 模型先进行变量筛选作为 ANN 模型的前处理也是一种快速简便的方法。最后发现温度作为一个热力学变量对离子液体的电导率影响较大，而且阳离子的零级连接性指数 S 函数的权值表明离子液体的电导率与阳离子种类有较大的关系。同时，离子液体的电导率也受阴离子的活性特征影响。

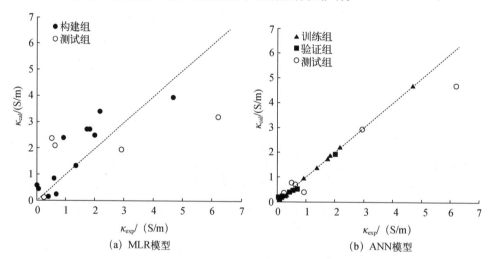

图 2-11　两种模型计算的 IL 电导率与实验电导率的偏差

（5）分子动力学方法

分子动力学（molecular dynamics，MD）是在分子力学的基础上描述分子运动时间演化的方法，属于经典力学的范畴，体系内的所有粒子运动遵循牛顿第二定律。分子动力学目前是应用较多的离子液体理论研究方法。很多文献都详细阐述了该法用于离子液体研究的理论基础及原理，现已被用于计算氢键对咪唑类离子液体流动性（扩散系数）的影响、气体在离子液体中的溶解度、离子液体二元体系的黏度以及与界面的相互作用等，均取得了较好的结果。目前，通过对于氨基咪唑离子液体微观结构和相互作用开展分子动力学研究，发现除了咪唑环 C_2、C_4 和 C_5 作用位点外，烷基侧链终端的—NH_2 是一个新的强作用位点，可能是导致离子液体黏度升高的主要因素。

2.2.4　固定化离子液体

作为一种公认的绿色试剂，离子液体凭借其优良的物理化学性质，广泛被应用于各研究领域。然而，离子液体在使用上也存在着不足和不便之处，例如成本高、易残留、黏度高、传质困难等，因而影响了其在工业上的大规模应用，也给后续的分离及回收带来了麻烦。解决这些问题的有效办法之一是设计并制备磁性离子液体或聚离子液体，另一途径就是将离子液体固定在无机多孔材料、有机高分子材料或者杂合材料上；这样既能保留其原有功能，还能使其更加稳定，具有更加广阔的应用空间。固定化离子液体的优势还包括：①解决了离子液体在使用过程中的残留及毒性问题，为其在生命科学、食品及医药领域的应用排除了安全障碍；②离子液体分散在固体载体表面上，比表面积更大，利用率更高；③有利于与目标物质的分离，避免了溶剂交叉污染，在回收利用方面也具有明显的优势；④选择性高、催化活性好，反应条件较温和；⑤根据载体物质的比表面积可以调整固定化离子液体的密度；⑥便于实现反应及分离过程的连续化，进一步提高生产能力。

对于离子液体的固载化方法，可以分为物理负载和化学键合两种，笔者团队在此方向上已开展了大量探索。前者主要是离子液体与载体之间以分子间作用力（如范德华力、氢键作用等）相结合，后者则是以共价键形式结合。在物理负载的操作中，可将离子液体滴加到固体载体上，至载体完全湿润；或者将载体浸入过量的离子液体中充分结合，再用抽提/洗涤去除载体上未被吸附的离子液体，最后将固载化产物进行干燥处理。相对而言，通过共价键合法结合在多孔基质上的离子液体更加稳固，并可将所需的量降至最低。但是也存在一些问题。第一，一旦与固体载体结合，离子液体便成为载体材料的一部分，自由度受到限制，因此阳离子-阴离子对使 IL 和固体材料同时失去了某些本体特性，例如溶剂化强度和电导率等特性。第二，化学偶联通常是将 IL 以单分子层形式负载到支持物上的，这会导致其分布密度较低。因此，经常需要提供更多的中心位点来固定更多的 IL。第三，共价接枝涉及功能化的离子液体和复杂的化学反应，仅适用于具有活化表面的固态载体，而对于具有相对惰性表面的多孔基质（例如多孔碳和金属），则需要进行额外的预处理，以使表面具有大量的连接基团（如羟基等）。即使这样，在苛刻条件下多壁碳纳米管的化学氧化仅能在其外表面上提供羧酸基团，进而以共价接枝官能化的 IL，而没有充分利用自身内部空腔所提供的增强负载作用。总体来看，与共价接枝方法相比，如能解决稳定性，将 IL 物理负载在纳米孔基质中的方式会具有更高的吸引力，因为该模式下，离子液体可以多层形式被固定在支持物的孔壁上，密度更大，本身的特性也可以得到保留；另外，利用非共价方法固载简单、经济，IL 还可以采用可混溶的有机溶剂萃取来回收；同时通过改变离子液体和多孔基质的结构和组成，可以轻松调节固载的性能，以满足特定任务下的应用需求。前面介绍的聚离子液体其实也可以视为一种固定化的新形式。综上所述，不同的方法各有优缺点，研究者可根据自身条件和需要选择最适合自己的固定化模式。下面将介绍一些代表性的案例。

Valkenberg 等[22]采用浸渍法将路易斯酸性咪唑类离子液体固载到多孔硅胶上，待硅胶完全被离子液体浸渍后，利用索氏抽提器去除多余的离子液体，再采用 ^{29}Si 魔角旋转核磁共振技术（MASNMR）对合成的固定化离子液体进行表征；结果表明，硅原子上的—OH 在 -91ppm 和 -101ppm（1ppm=$1×10^{-6}$）处的吸收峰消失，并伴有 HCl 生成，说明离子液体的阴离子 $(MX_3)_x^-$ 与硅烷醇发生了反应[图 2-12（a）][23]。虽然通过该法固载离子液体的操作过程相对简单，多孔硅胶的价格也比较便宜，但该方法存在着一些不足，比如制备过程中载体的结构容易被破坏、酸度降低等。为了避免此类情况出现，Sauvage 等[24]提出了将离子液体分步浸渍固载到载体上的研究思路，即先将阴离子（或阳离子）固载化，然后通过离子交换反应的形式在载体中加入阳离子（或阴离子）。结果表明，通过该方法得到的固定化离子液体中，载体的结构未被破坏。

离子液体也可以采用溶胶-凝胶法将其固载到载体上，即将离子液体、硅源和模板剂按一定的比例混合而得到嫁接了离子液体的改性硅胶。实验结果表明，通过该方法得到的固定化离子液体的结构与阴离子固定化离子液体的结构非常相似，中国科学院兰州化学物理研究所的邓友全课题组在这一领域开展了大量探索。其典型的操作条件为：先将 10mL 正硅酸乙酯（TEOS）与 7mL 乙醇混合后，加热到 60℃，然后加入 0.2～4g 的离子液体，形成均匀的液体混合物，再加入 5mL 浓盐酸后，混合物缓慢凝结形成凝胶；该凝胶在 60℃下老化 12h，得到的干胶再真空干燥 3h[25]。在这一过程中，离子液体是被包埋在 TEOS 水解-聚合产生的凝胶空腔内，本质上属于物理固载。

聚合物反应法也是一种报道比较多的固载化方法，是将离子液体通过嫁接的方式固载到高聚物载体上，使其具有高聚物的特点[26-28]。固载化可以通过以下两种方式实现：先在聚合物单体上引入离子液体结构后再聚合形成离子液体聚合物或是由聚合物单体直接在离子液体中聚合形成导电聚合物。早在 1995 年，Watanabe 等[29]就通过间接合成法制得了两种聚乙烯骨架吡啶环阳离子型离子液体功能高分子。全过程先通过乙烯基吡啶单体聚合得到聚乙烯吡啶，然后再向吡啶环上引入离子液体结构从而得到目标产物。其中一种固定化离子液体功能高分子——聚（1-丁基-4-乙烯基吡啶卤化物）的合成路线如图 2-12（b）所示。另外，Sato 等[30]采用直接合成法制备了一种超高分子量的聚丙烯酸酯骨架季铵盐（Poly（DEMM））离子型离子液体功能高分子 P[DEMM][Tf$_2$N]，合成路线如图 2-12（c）所示。

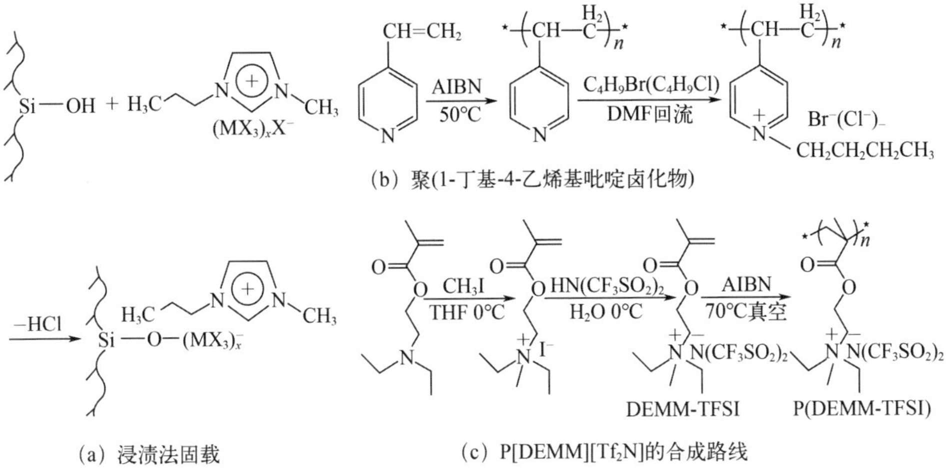

（b）聚(1-丁基-4-乙烯基吡啶卤化物)

（a）浸渍法固载

（c）P[DEMM][Tf$_2$N]的合成路线

图 2-12　固定化模式案例

　　化学键合法因克服了浸渍法破坏载体结构、降低酸度、局限于 Lewis 酸类离子液体等缺点而被广泛使用的。一般可以先在固相载体上或是离子液体结构片段上接上可与离子液体或载体反应的功能性官能团，再在一定条件下反应形成共价键。从目前来看，离子液体固定的部位主要是体积大的阳离子，少数情况下为阴离子，也有些情况下研究人员将阴阳离子同时固定，以增强其结构稳定性，减少离子交换发生的潜在可能。

　　硅羟基不能直接和离子液体反应，通常是先与硅烷偶联剂（最常用 3-氯丙基三甲氧基硅烷或 3-氯丙基三乙氧基硅烷）反应生成氯丙基硅胶，随后再与咪唑（或其他离子液体的阳离子母核）发生季铵化反应。也有方案先将介孔硅胶活化以除去表面的金属氧化物和含氮杂质，再以 γ-氯丙基三乙氧基硅烷为偶联剂与活化后的硅胶混合，N$_2$ 保护下在甲苯中回流 24h，得到烷基化的硅胶 SiO$_2$-1；再将该载体与甲基咪唑或吡啶在无水 CH$_3$CN 中搅拌回流 24h，将得到的产物用丙酮抽提洗涤，再于 CH$_3$CN 中与 KPF$_6$ 在室温下进行阴离子交换反应 48h，然后分别用水和丙酮洗涤产物，最后在 70℃ 下真空干燥过夜，得到了固定咪唑或吡啶离子液体 SiO$_2$-2-Im 和 SiO$_2$-2-Py[31]。合成路线如图 2-13（a）所示。

　　此外，同样以硅胶作为载体，可以先将硅烷偶联剂与硅胶反应得到巯丙基硅胶，再与离子液体反应生成离子液体固定化硅胶，并将其用作碱类物质和核苷的色谱分离固定相[32]。选取的离子液体的阴阳离子均是可以发生聚合反应的单体。反应过程如下：将等物质的量的 1-乙烯基咪唑（VIm）和 2-丙烯酰氨基-2-甲基丙磺酸（AMPS）溶解于水中，在室温下发生中和反应得到离子液体（VIm-AMPS）。由于 VIm-AMPS 中的阴、阳离子都是聚合物单体，所以此离子液体能在巯丙基硅胶（Sil-MPS）表面上发生异分子聚合反应（引发剂为偶氮二异丁腈，AIBN），从而实现固载并得到产物 Sil-P（VIm-AMPS）[见图 2-13（b）]。

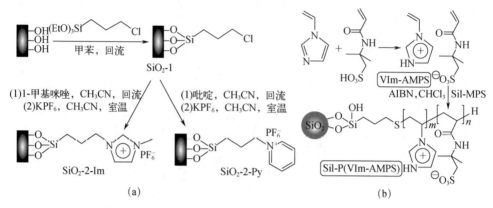

图 2-13　硅胶固定化咪唑或吡啶类离子液体的制备过程[31]（a）和
Sil-P（VIm-AMPS）的合成路线[32]（b）

　　另外一种合成策略是将硅烷偶联剂先与咪唑（或其他离子液体的阳离子母核）发生季铵化反应，生成带有三甲氧基硅烷基丙基侧链的咪唑离子液体；再与硅胶反应生成 Si—O—Si 键，使离子液体固定到硅胶载体表面。Sasaki 等[33]先将能与硅胶载体发生反应的功能化基团接枝于离子液体阳离子上，再采用一定的手段将含有金属离子的离子液体固载到硅胶载体上。具体操作是先将 1-甲基咪唑与偶联剂 γ-氯丙基三乙氧基硅烷等物质的量混合，N_2 保护下回流 48h，得到 1-甲基-3-(3-甲氧基硅烷)咪唑氯盐(1)。再于甲苯中与活化硅胶回流 48h，通过减压蒸馏去除甲苯后，产物以二氯甲烷抽提洗涤得到硅胶固定化 1-甲基-3-(3-甲氧基硅烷)咪唑氯盐（2）。最后，将该固定化离子液体颗粒分散于乙腈中，与金属卤化物回流反应 24h，除去乙腈后得到产物（3）。整个制备过程如图 2-14（a）所示。

　　在自然界，尤其是海洋生物中，存在大量触角式生物，这些生物通过大量向外延伸的触角进行营养摄取，增加了与外界进行物质交换的位点，提高了生存能力。笔者团队受到触角式生物的启发，将具有长链的多反应位点的聚乙烯醇接枝到硅胶载体表面，以增加 IL 的接枝位点，从而提高其固载量。具体过程包含五步：

　　① 准确称取活化硅胶 2.0g，加水分散后逐滴滴加盐酸 10mL，并与 4.0g 质量分数为 50%的戊二醛水溶液于 25℃搅拌反应 1h。之后滴加质量分数为 10%的聚乙烯醇溶液 20mL，25℃搅拌反应 4h。产物用去离子水洗涤至中性并干燥得到中间体 1。

　　② N-甲基咪唑与硅烷偶联剂发生季铵化反应：先准确称取 γ-氯丙基三甲氧基硅烷 0.1mol 于 100mL 圆底烧瓶中，滴加 N-甲基咪唑 0.12mol，N_2 保护下 100℃回流反应

12h，生成的淡黄色黏稠液体用乙酸乙酯及无水乙醚洗涤，减压脱溶剂得中间体 2。

③ 称取 0.05mol 中间体 2 溶于 50mL 无水乙醇，转移到强碱性阴离子交换树脂柱中（流速不超过 2 滴/s），不断添加乙醇并收集 pH 大于 8 的流出液，即中间体 3 的乙醇溶液，除去溶剂。

④ 取 0.05mol 中间体 3，以无水乙醇做溶剂，逐滴加入 L-脯氨酸（0.1mmol）的乙醇溶液。之后常温搅拌反应 8h，减压回收乙醇后用 20mL 乙腈溶解产物，然后放置在 0℃下冷却析出过量脯氨酸。过滤并浓缩后得淡黄色黏稠液体，即中间体 4。

⑤ 称取 2.0g 中间体 1 分散在 30mL 乙腈中，滴加中间体 4（0.01mol）的乙醇溶液。N_2 保护下 78℃回流反应 10h，产物用去离子水洗涤即可得到 SiO_2-PVA-$Mim^+ \cdot Pro^-$。上述过程关键步骤如图 2-14（b）所示。

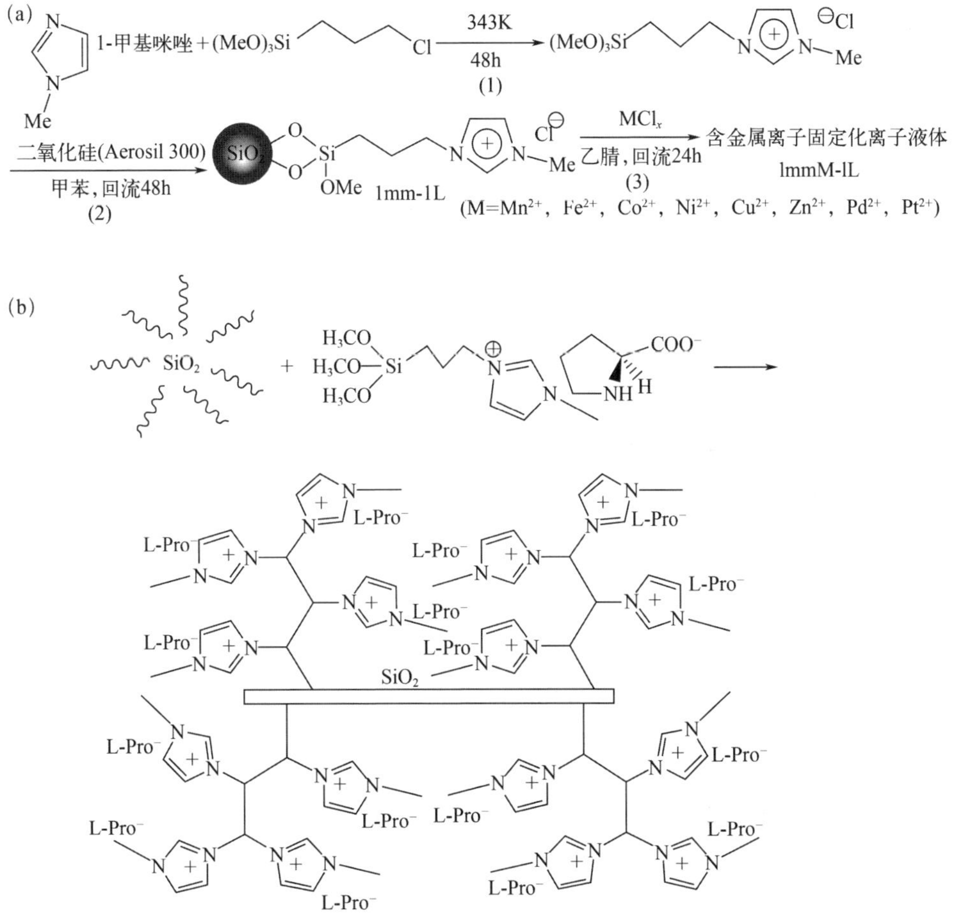

图 2-14　含金属离子固定化离子液体的三步制备过程[33]（a）和
触角式固定化离子液体的关键合成步骤（b）

对于同样不能直接和离子液体反应的磁性纳米颗粒，笔者团队首先合成带羟基的四氧化三铁颗粒（HO-MNPs），进而构建了三种策略来合成磁性固定化的甲基吡咯烷类脯氨酸离子液体。方法一是先采用 N-甲基吡咯烷（阳离子母核化合物）、碘化钾和硅烷偶联剂 3-氯丙基三甲氧基硅烷反应，然后进行 I⁻ 和脯氨酸阴离子的离子交换反应，最后嫁接到 HO-MNPs 上；方法二则采用氨丙基三甲氧基硅烷（APTMS）为偶联剂，先和 SMNPs 反应让其表面携带上氨丙基，再与目标离子液体直接键合；方法三则将目标离子液体用戊二醛作为交联剂与硅烷包裹的羟基四氧化三铁颗粒直接反应。三种方案的制备过程如图 2-15（a）所示。

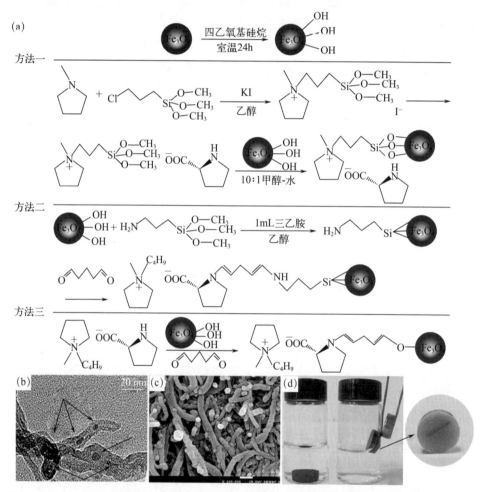

图 2-15 （a）基于四氧化三铁的磁性固定化离子液体的三种制备策略；（b）装载在纳米管中的离子液体液滴；（c）薄片切面的 SEM 照片（纤长的碳纳米管和散布其间的乙基纤维素赋形剂）；（d）磁性片在应用后的回收及含有磁芯的透视图

综上所述，浸渍法采用了简单的物理结合方式，离子液体可多层吸附在载体表面，但是在一些体系中又比较容易流失，固载过程中载体的结构容易被破坏，其优点在于制备工艺简单、价格低廉、负载量高；溶胶-凝胶法制备过程比较简单，但通常整个溶胶-凝胶过程所需时间较长，常需要几天或几周，且在干燥过程中又会逸出许多气体及有机物，并产生收缩；聚合物反应法既能保留离子液体性质，又能使其具有高聚物的特性，但受聚合单体种类限制，且聚合反应较为复杂，不易控制；硅胶化学键合法通用性好，成本较低，稳定性较高，不易流失，只是受硅胶上羟基数量和活性的限制，负载量相对较低。

除上述策略外，近年来笔者团队在探索简单、有效的离子液体固定化方式之外也取得了一些新的进展，力求同时兼顾固载过程的便捷实用和固载产物的稳定有效。例如，先将少量离子液体以浸渍法均匀负载于碳纳米管或环糊精等载体中，再与大剂量的赋形剂（同时也是稀释剂）充分混合后以一定的压力（5~20MPa）压制成厚度为2mm左右的薄片（加入小磁芯压片则变为磁性片，可在磁力搅拌器中自旋），如图2-15（b）~（d）所示。在科学合理的配方和成型工艺下，该片具有理想的机械强度和富集能力；使用中不易崩解，回收后可以方便地循环使用，灵活地更换其中组分，还可轻松实现 pH/温度/磁场响应性，并适合各类不同档次和类型的压片机。片剂的创意既便于制备，也便于应用，还便于放大，一举多得；多种多样的型号（大/小片，普通片/磁性片）、组成（不同离子液体和不同的载体）、用法（单用/合用/先后用）及形式（片/柱）为研究者提供了丰富的选择。

2.3 低共熔溶剂

低共熔现象是指两种或两种以上的物质混合后，出现润湿或液化现象的现象，这是混合物形成后熔点降低所致。例如，氯化钠熔点为 1074K，冰的熔点为 273K，两者混合后形成低共熔物的熔点为 252K。低共熔溶剂（或叫深共熔溶剂，deep eutectic solvent, DES）通常是由分子间氢键结合而成的多元混合物，室温下多为液态；由 Abbott 等人于 2003 年首次报道，是伴随第三代离子液体出现的一类新型绿色溶剂。低共熔溶剂不仅具有蒸气压低、溶解性优良、结构和性质可调等离子液体具备的优点，而且主要是由一些较为安全、廉价易得的化合物组成，在以加热搅拌为主的制备过程中一般不发生化学反应，方法简单，产物纯度高，是传统有机溶剂乃至离子液体的良好替代品。图 2-16 总结了 2010~2023 年间发表的关于低共熔溶剂的文章数以及在各领域的占比情况（数据结果通过在 Web of Science 核心合集中检索 "deep eutectic solvent" 得到，另附 "ionic liquid" 查询结果进行比较）。可以发现，低共熔溶剂由于起步较晚，与离子液体在论文数量上的差距还非常大，但在化学、工程、材料、农业、食品以及药学领域二者都拥有重要应用价值和巨大应用潜力，发展空间非常广阔。

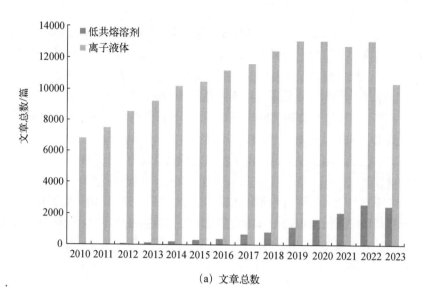

（a）文章总数

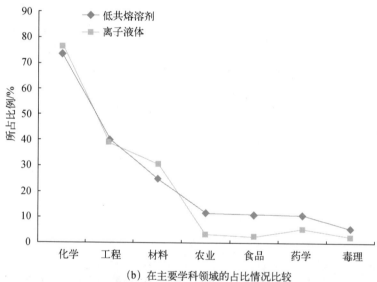

（b）在主要学科领域的占比情况比较

图2-16　2010～2023年间发表的关于低共熔溶剂和离子液体的
文章总数及在各领域的占比情况比较

2.3.1　低共熔溶剂概述

2.3.1.1　定义

低共熔溶剂是由一定比例的氢键受体（hydrogen bond acceptor，HBA）和氢键供体（hydrogen bond donor，HBD）之间通过特定的分子间相互作用（主要是氢键作用力）形成的熔点低于其任何组分的混合物；体系中各组分之间不发生化学反应，无新的共价键生成，且体系中存在中性配体。虽然低共熔溶剂和离子液体有很多相似之处，但在原料、组成、制备及纯化回收方面存在差异，具体比较如下。

（1）原料

离子液体原料多为烷基取代的咪唑、吡啶和含氟盐等，价格较高，且有一定使用风险；而低共熔溶剂的原料除了一部分无机盐，其余主要为多元醇、羧酸、酰胺、单糖、胆碱及其衍生物等，这些物质多数是自然代谢产物，毒性小、来源广，价格便宜。故低共熔溶剂具有较为理想的生物相容性和经济性，更容易被降解，对环境和操作人员较友好。

（2）组成

离子液体完全由阴、阳离子组成，且两类离子种类之和为2。而低共熔溶剂除了部分由阴、阳离子组成，且两类离子种类之和一般超过2，其余均含有中性配体，这也是离子液体和低共熔溶剂之间的重要差别。

（3）制备

离子液体的制备是化学反应过程，合成工艺较复杂，且存在反应不彻底和发生副反应的可能，得到的产物常需要进行纯化。而低共熔溶剂的制备过程中没有化学反应发生，通常只需要将各个组分按照一定比例混合后加热搅拌即可得到产品，合成过程中基本可实现100%的原子利用率，产品不需进一步纯化即可进行使用。

由于低共熔溶剂和离子液体组成和性质方面存在一些相似，故有些地方将它归类于第三代功能性离子液体。但是在低共熔溶剂体系中，除了一部分全部由离子型化合物组成的共晶体系，其他体系的组成成分中还可能含有非离子组分，这并不符合离子液体的通常定义。故从严格意义上来看低共熔溶剂和离子液体的概念虽有交叉，但并不等同。

除此之外，目前和低共熔溶剂概念有一定联系的还有共晶体系、低共熔离子液体、天然低共熔溶剂等概念，其中，体系存在共晶点且组分比例是在共晶点的统称为共晶体系（eutectic system），其组成成分的种类不限；当共晶体系中含有离子型配体时，可称之为低共熔溶剂，并且当组成成分全为离子时，这部分符合离子液体的定义，可称之为低共熔离子液体（deep eutectic ionic liquid）。当低共熔溶剂组成成分中含有中性配体时，这部分可称之为类离子液体（pseudo ionic liquid）。而天然低共熔溶剂（natural deep eutectic solvent，NADES）是类离子液体中的一部分，其组成成分为天然产物以及相应的衍生物。这些概念之间的关系可以用图2-17表示。

2.3.1.2　组成

HBA和HBD的类型及比例不一样，会形成不同的DES；最常见的如摩尔比为1:2的氯化胆碱（氢键受体）和尿素（氢键供体）；且一个低共熔溶剂的组分可以不止两个，也可以是三个或者更多。图2-18列出了常见的氢键供体和氢键受体，其中不

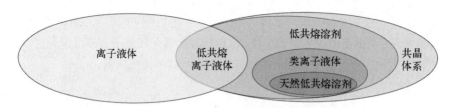

图 2-17　离子液体、低共熔溶剂等相近概念之间的关系图[34]

少组分可直接来源于天然而非人工合成。目前知道的可以形成 DES 的氢键受体和氢键供体种类已被研究人员进行了系统总结，其中常见的组成单体如下：

① 氢键供体：酰胺、胺、羧酸、硫脲、多元醇、氨基酸、糖类等；

② 氢键受体：季铵盐（比如氯化胆碱）、季鏻盐、两性离子（比如甜菜碱）等。

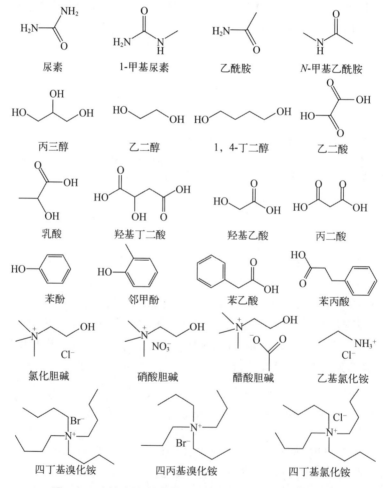

图 2-18　制备低共熔溶剂的常见氢键供体和氢键受体[35]

除了上述经典组分外，具有已知计量比的水分子（含结晶水）也可作为某些低共熔溶剂的组分之一（不同于因吸潮引入的外源性水分）。

2.3.1.3 分类

(1) 按照所含成分类型分类

2014 年，Smith 和 Abbott 等提出了 DES 的通式：$Cat^+X^-_zY$。其中 Cat^+ 原则上可以是任何一种铵、磷或磺酸阳离子，其中季铵盐最为常见；X^- 通常为卤素阴离子，Y 为路易斯酸或布朗斯特酸，z 为 Y 和阴离子相互作用的数目。根据所含成分的类型，常见的低共熔溶剂可分为以下五种（如表 2-6 所示）。

表 2-6　不同类型低共熔溶剂的通式

类型	通式	备注
类型 I	$Cat^+X^-_zMCl_x$	M＝Zn, Fe, Sn, Al, Ga, In
类型 II	$Cat^+X^-_zMCl_x \cdot yH_2O$	M＝Cr, Co, Cu, Ni, Fe
类型 III	$Cat^+X^-_zRZ$	Z＝CONH₂, COOH, OH
类型 IV	$MCl_x+RZ=MCl_{x-1}^+ \cdot RZ+MCl_{x+1}^-$	M＝Al, Zn；Z＝CONH₂, OH
类型 V	$A+B=A \cdot B$	A 和 B 均为非离子型组分

类型 I 为季铵盐或其他氢键受体和无水金属氯化物的混合物。在该类低共熔溶剂中，阴离子通常具有多种存在形式，且会随着金属氯化物的摩尔分数的变化而变化，这也是区别于离子液体的一个重要方面；即该类低共熔溶剂是离子混合物，而离子液体是离子化合物（阴离子是独立的，存在形式单一）[36]。

类型 II 为季铵盐或其他氢键受体和含结晶水的金属氯化物的混合物。在此类低共熔溶剂中，结晶水以配体的形式参与到了氢键的形成中，且通常结晶水在 DES 的形成中扮演着非常重要的角色；比如无水氯化铬在 70℃下不能溶解在氯化胆碱的水溶液中，但是六水氯化铬和氯化胆碱按照摩尔比 2∶1 在 70℃下混合后可以形成低共熔溶剂[37]。

类型 III 为季铵盐或其他氢键受体和酰胺、羧酸、醇等形成的混合物。该类低共熔溶剂与类型 I 和 II 存在着本质上的区别。前两类是卤素阴离子和金属氯化物通过电荷离域形成了新的阴离子，而类型 III 是季铵盐中的卤素阴离子或其他氢键受体和酰胺、羧酸、醇等形成氢键，使得阴阳离子间库仑作用力降低，导致熔点降低；且形成的氢键越强，所得的低共熔溶剂熔点越低。此类 DES 是目前研究和应用最多的一类。

类型 IV 是金属氯化物和有机配体的混合物。其形成机理为金属氯化物在有机配体存在的情况下，通过不对称分裂形成金属阳离子 MCl_{x-1}^+ 和金属阴离子 MCl_{x+1}^-；酰胺、羧酸或醇通过配位原子与阳（金属）离子的络合作用使后者的电荷离域同时密度降低，进而使阴阳离子间的库仑力减弱，产物熔点降低。该类低共熔溶剂中阴阳离子均包含金属。

上述 DES 含有至少一种离子组分，于 2019 年提出的类型 V DES（非离子型）正吸引着越来越多研究人员的兴趣。它们通常具有比离子型 DES 更低的黏度，不含离子和卤化物，并且可以设计成具有更宽范围的疏水性。其中出现频率最高的组分为麝香草酚（thymol），经典的体系为麝香草酚与薄荷醇按照 1∶2 的摩尔比组成的 DES。

（2）按照成分中离子型化合物组成分类

从定义中可知，低共熔溶剂中存在离子型化合物，根据离子的类型（无机或有机）又可以分为无机低共熔溶剂和有机低共熔溶剂。无机低共熔溶剂是指无机盐和有机分子形成的低共熔溶剂，其中无机盐主要是一些金属氯化物（比如 $ZnCl_2$ 等），有机分子以多元醇、酰胺、羧酸等最常见。有机低共熔溶剂则是指由有机盐和有机分子形成的低共熔溶剂，其中有机盐以季铵盐最常见，有机分子以羧酸、酰胺、尿素等最常见；氯化胆碱-尿素体系最具代表性。

（3）按照与水互溶程度分类

根据低共熔溶剂和水互溶程度可分为亲水性低共熔溶剂和疏水性低共熔溶剂。前者可以和水互溶，发现较早且最常用；其中最常见的是基于氯化胆碱基的低共熔溶剂，如氯化胆碱-尿素（摩尔比 1∶2）、氯化胆碱-乙二醇（摩尔比 1∶2）、氯化胆碱-硫脲（摩尔比 1∶2）、氯化胆碱-草酸（摩尔比 1∶1）等。疏水性低共熔溶剂和水可以形成两相，数目不多但作用较为重要；主要是以水溶性差的氢键受体（如甲基三辛基氯化铵、D/L-薄荷醇等）和氢键供体（如月桂酸、硬脂酸等长链有机酸等）制得，但也不排除某些亲水性的成分。比如，甲基三辛基氯化铵和亲水性的氢键供体乙二醇按摩尔比 1∶2 混合后可制备得到疏水性低共熔溶剂；但形成这类 DES 的某些亲水性组分在水中稳定性较差，与水作用较强而导致原来的低共熔溶剂成分组成发生变化进而结构被破坏，故不适合用于水相体系。

（4）根据组成成分个数分类

根据低共熔溶剂组分个数可以将其分为二元低共熔溶剂（仅有两个组分）、三元低共熔溶剂（有三个组分）和多元低共熔溶剂（有三个以上组分）。

（5）根据组成成分来源分类

低共熔溶剂根据组成成分来源可以分为一般低共熔溶剂、天然低共熔溶剂和活性药物成分低共熔溶剂。虽然低共熔溶剂相较于离子液体已经在经济性和安全性方面有所改善，但对于是否完全绿色仍然存在一定争议，故发展出组分全部是天然化合物的天然低共熔溶剂。此类 DES 的组成成分全部来自源于自然，常见原料包括萜类、氨基酸、有机酸、糖或胆碱衍生物等，如薄荷醇-磷酸三丁酯或乳酸或月桂酸（1∶1 或 2∶1）、脯氨酸-甘油（2∶5）、丙氨酸-乳酸（1∶1）、柠檬酸-蔗糖（1∶1）、柠檬酸-精氨酸-水（1∶1∶4～7）、辛酸-癸酸（2∶1～4∶1）、辛酸-月桂酸（3∶1）、壬酸-月桂酸（3∶1）、癸酸-月桂酸（2∶1）和壬酸-癸酸-月桂酸（3∶1∶1）等；这些成分往往普遍存在于食物中，正常用量下均无明显毒性，故其安全性比一般低共熔溶剂更好，生物降解性、可持续性及制备成本均更为理想，在生物医药、食品、日化品等领域优势明显。活性药物成分低共熔溶剂（API-DES）则类似于第三代离子液体中的 API-IL，大多数原料药可作为 HBD 或 HBA，但目前报道的大多数都是 HBD，因为原料药中大多存在胺、羧酸和羟基。将固态的 API 转变为液体形式，在增加原料药生物利用度的同时，还能发挥治疗作用，一举两得。API-DES 既可由大量原料药与其他非药用组分组合而成，也可以由两种不同的原料药制备，形成双功能液体制剂。其中最常用的为薄荷醇，可以与辅酶 Q10、丹皮酚、布洛芬和阿司匹林等多种 API 结合形成 DES。

（6）根据是否具有磁性分类

根据是否具有磁性，DES 可分为常规低共熔溶剂（无磁性）和磁性低共熔溶剂（有磁性）。如前述磁性离子液体一样，磁性中心理论上既可以存在于阳离子中，也可以存在于阴离子中。目前已有报道的低共熔溶剂磁性中心往往是一些金属离子的配合物，比如 2-吡啶甲酰胺-氯化胆碱-三氯化铁（摩尔比 0.65∶0.5∶0.15）体系，在 80℃条件下搅拌可制得磁性低共熔溶剂，磁性中心是氯化胆碱和三氯化铁之间形成的 $FeCl_4^-$[38]；这一中心的存在使得 DES 可以被磁化进而对外界磁场产生响应。除 $FeCl_3$ 之外，含有 $MnCl_2$、$CoCl_2$、$GdCl_3$、$ZnCl_2$ 金属盐组分的 DES 也可能具有磁性。总体上已报道的磁性 DES 并不多，且有时是通过分散磁性纳米颗粒、羰基铁粉或磁性多壁碳纳米管在低共熔溶剂里形成磁流体以实现磁性。

2.3.2 低共熔溶剂的制备方法

如前所述，低共熔溶剂的熔点会低于其任何组分的熔点。比如，在标准大气压下，氯化胆碱（熔点为 302℃）和尿素（熔点为 133℃）按照摩尔比 1∶2 混合制备得到的低共熔溶剂的熔点为 12℃[39]。对于为什么会出现熔点降低的现象，目前比较容易被接受的解释是尿素和氯化胆碱中的 Cl⁻ 之间形成了氢键。氢键的形成会造成电子离域，进而降低物质的晶格能，从而使混合物的熔点降低。不仅如此，氢键受体和氢键供体之间形成的氢键越强，对它们晶体结构破坏的力度就越大，熔点下降幅度也会越大。尽管其他一些分子间相互作用同样可能存在于低共熔溶剂中，但氢键受体和氢键供体之间的氢键在其制备过程通常都发挥着最为关键的作用。以前述的 QSPR 和 COSMO-RS 为指导可以有效提高目前 DES 的分子结构设计效率。

2.3.2.1 制备方法

DES 的制备方法简单，通常都是一步法，即将各组分按照一定比例混合后，用不同条件制备得到预期产物。制备过程中不发生化学反应，原子利用率可高达 100%，产品不需要纯化。有时加入少量的水可以减少 DES 的制备时间、温度及黏度。在水活度值实验中发现，以键合水的形式存在于 DES 中的水分很难被蒸发除去。目前主要有以下制备方法。

(1) **直接加热法**[39]

本法是指将氢键受体和氢键供体按照一定比例混合后, 在加热 (通常为 70~80℃) 条件下搅拌直至得到澄清的液体, 最适宜的反应温度由组成物决定。比如, 将氯化胆碱和尿素按照摩尔比 1:2 混合, 在 80℃ 下持续搅拌可以得到澄清的 DES, 其过程如图 2-19 所示。该方法非常简便, 不依赖复杂设备; 所得到的低共熔溶剂在很多情况下可以立即投入使用, 故直接加热法是目前最常用的制备方法。但也存在一些不足, 比如在搅拌不充分和产物黏度过大时容易出现局部温度过高, 还可能会产生如盐酸等挥发性物质, 除此之外, 一些酚类物质在高温条件下暴露在空气中会发生氧化反应。

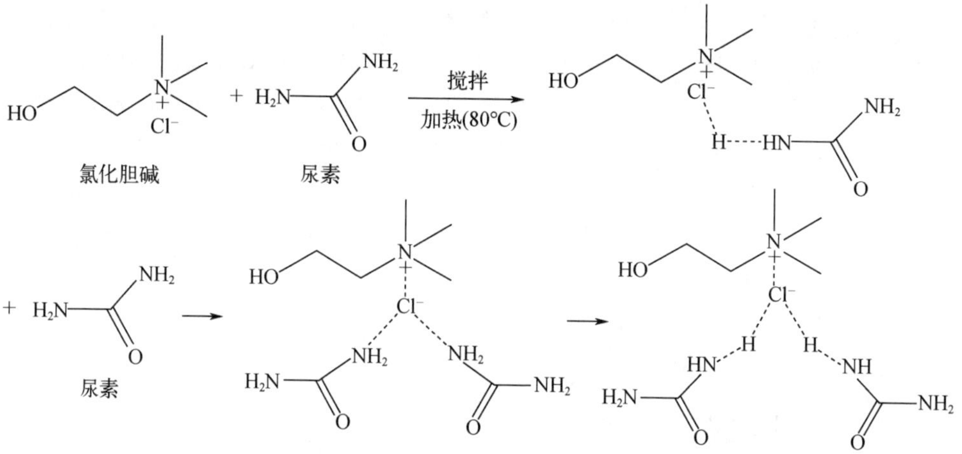

图 2-19　直接加热法制备氯化胆碱和尿素的低共熔溶剂 (摩尔比为 1:2)

(2) **真空蒸发法**[40]

真空蒸发法是将各组分溶于水中, 通过旋转蒸发仪 (温度通常为 45~50℃, 15~60min) 在负压条件下不断除去溶剂最终得到澄清的液体, 置于干燥器中至恒重。本法和直接加热法相比, 在合成过程中通常要加入水等溶剂将氢键供体和受体分子充分溶解和分散, 故在未充分干燥的情况下, 此法制备得到的低共熔溶剂通常含有较多水分, 且制备过程中能耗较大, 时间略长。但该方法所需加热温度不高, 同时处于真空环境, 比较适用于含有对热和氧不稳定组分 (比如糖或氨基酸) 的 DES 制备。

(3) **冷冻干燥法**[41]

当 DES 有组分存在对热不稳定性时, 也可采用冷冻干燥法制备。本法同样是将各组分充分溶于水中得到分散均匀的水溶液, 然后将混合溶液通过冷冻干燥的方法获得澄清的黏性液态产物。比如, 将氯化胆碱和尿素按照摩尔比 1:2 溶于水中, 配制成溶质 (尿素和氯化胆碱) 质量浓度均为 5% 的水溶液, 然后将该水溶液冷冻到 253K, 之后通过真空干燥将水升华, 最后获得澄清的黏稠液体, 即为尿素和氯化胆碱的低共熔溶剂。此方法的优缺点和真空蒸发法类似，同时对设备的要求更高。

（4）机械法

机械法是指在室温条件下，利用机械能促进各成分之间形成氢键而制备得到低共熔溶剂的方法。目前用于低共熔溶剂合成的机械法有研/球磨法和挤压法，前者一般会使用到球磨机（实验室制备可使用研钵）。比如，将摩尔比为 1∶2 的氯化胆碱和尿素加入球磨机中，并加入研磨体，在常温条件下持续研磨 6h，即可得到澄清且黏稠的低共熔溶剂[42]。

挤压法使用的设备更加简单，将两个同向或者反向转动的螺杆封装在不锈钢管桶内；原料按比例混合后可从进料口加入，然后依次通过螺旋管中输送区域和挤压区域，最后从出口处流出并收集，即可得到目标低共熔溶剂[43]。

机械法通常在常温下进行，过程简单，特别适用于含有热不稳定组分的 DES。相比较而言，球磨法会长时间接触空气，对于含有易湿组分的 DES，其含水量不好控制；球磨法一般都是批次生产，而挤压法刚好可以解决这个问题实现连续生产，且更适用于大批量制备。当分别使用挤压法和直接加热法制备 D-果糖-氯化胆碱 DES 时，可以发现使用前者得到的是无色透明液体，而使用后者得到的产物是棕色的，这是由于 D-果糖在加热条件下由于局部温度过高易出现焦糖化现象即褐变反应，又称卡拉密尔作用。

（5）微通道法

均为液相的 HBD 和 HBA 可在微小通道内连续流动、充分混合；该通道有优于传统化工设备 1～3 个数量级的传热/传质特性，是一种"工艺强化"利器。微通道尺寸一般在 500μm 以内，具备比表面积大、换热效率高的特性，故分子间扩散距离足够短，传质效率非常高。其制造可以由金属和非金属等多种材质经过精密微通道加工与密封实现。通常使用的材质包括玻璃、碳化硅、不锈钢、特种合金等，操作温度范围（通常为-50～200℃）和压力范围（0～25bar）也足够宽，可以满足 DES 制备条件的需求，通常可以在分钟级甚至秒级实现完全转化，从而达到提高收率、提升安全性、提高合成效率的综合效果。

2.3.2.2 产物的鉴识和波谱学表征

由于 DES 往往比离子液体具有更为复杂的化学组成，且不同于各组分之间简单的物理混合物，故在此有必要专门对其结构鉴定和表征做一简要介绍。根据低共熔溶剂的基本定义，目前主要根据熔点的变化、氢键的形成以及制备过程中无化学变化三个方面进行证明。

（1）熔点和玻璃态转变温度

在产物鉴识过程中可以首先通过观察低共熔溶剂在自然冷却过程中存在状态的变化以及其在室温甚至更低温度下的存在状态来初步判断熔点的高低，然后可通过差示扫描量热法（differential scanning calorimetry，DSC）对熔点进行准确测定。一般来说，当两个或三个组分结合形成共晶混合物时，产物的熔点会低于单个组分的熔点。比如采用 DSC 测定了三种疏水性 DES（四丁基溴化铵-癸酸、四丁基溴化铵-辛酸和四丁基溴化铵-油酸，氢键受体和氢键供体摩尔比均为 1∶2）的熔点，得到的 DSC 曲线如图 2-20 所示。同时表 2-7 中 DES 的熔点确实低于其组成成分，从而初步表明合成的基本方向是正确的。

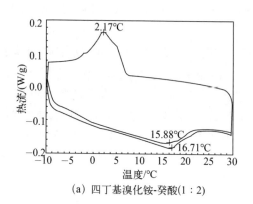

（a）四丁基溴化铵-癸酸(1∶2)

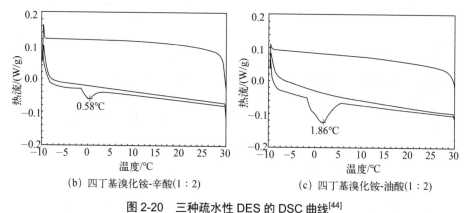

（b）四丁基溴化铵-辛酸(1∶2)　　　　　　（c）四丁基溴化铵-油酸(1∶2)

图 2-20　三种疏水性 DES 的 DSC 曲线[44]

表 2-7　低共熔溶剂及其组成成分的熔点

原料	熔点/℃	产物	熔点/℃
四丁基溴化铵	103	四丁基溴化铵-癸酸（1∶2）	16～17
癸酸	31	四丁基溴化铵-辛酸（1∶2）	0.58
辛酸	16～17	四丁基溴化铵-油酸（1∶2）	1.86
油酸	13～14		

低共熔溶剂的另一重要特性就是具有较低的玻璃态转变温度（T_g），也可以通过

差示扫描量热曲线进行观察。玻璃化转变经常表现为吸热峰，此温度点下氢键供体和氢键受体间的晶格结构均遭到了极大的破坏，纯物质的晶体结构基本不复存在。通常情况下，DES 的玻璃态转变温度比其熔点低很多，因而又被称为超低玻璃态转变温度。DSC 曲线中往往可以同时发现熔点和玻璃态转变温度，两者的存在为低共熔溶剂在催化、提取、分离等领域的应用提供了更大的温度范围，使得相关过程有可能在较低温度下进行。当温度低于玻璃态转变温度时，低共熔溶剂就会变成类似玻璃状的无定形熔融物质，这在很多情况下对于后续应用是极其不利的，此时的玻璃态转变温度就成为了该 DES 工作温度范围的下限。

(2) 氢键的形成

为了证明低共熔溶剂的制备过程中成功形成了氢键，可以通过红外光谱（IR）进行分析，其中氢键对氢键供体中的 v_{OH} 伸缩振动有重要影响。因此，氢键供体中 O-H 基团伸缩振动带的移动可以证实 DES 的成功形成。这种振动状态的变化可能与部分氧原子电子云向氢键的转移有关，从而导致键力常数的降低。

从四丁基溴化铵-癸酸（1:2）及其组分的 IR 图谱可以发现[44]，癸酸中 3424cm^{-1} 处的宽带与其结构中 O—H 基团的伸缩振动有关，该峰在其对应的 DES 中移动到 3416cm^{-1}，表明氢键成功形成。同样的现象在四甲基氯化铵-乙二醇（1:3）、四甲基氯化铵和乙二醇的红外图谱中也被发现；受氢键影响，乙二醇在 3572cm^{-1} 处的 OH 伸缩振动位移到 3468cm^{-1}[45]。

上面的例子对分子间氢键形成的判断是通过观察纯的氢键供体的 O—H 振动吸收带向较低波数移动。但是，在百里香酚-十一碳烯酸（1:1）的红外图谱中可以发现[46]，百里香酚的 O—H 带从 3207.7cm^{-1} 移动到了低共熔溶剂中的 3400.2cm^{-1}，并且发现十一碳烯酸红外图谱中对应于羰基伸缩振动峰的 1699.1cm^{-1}，在形成低共熔溶剂后向更高波数方向移动到了到 1722.6cm^{-1}；同样的现象在百里香酚-癸酸（1:1）的红外图谱中也被发现[46]，百里香酚的 O—H 带和癸酸的羰基伸缩振动峰分别从 3207.7cm^{-1} 和 1698.2cm^{-1} 向更高波数方向移动到了低共熔溶剂中的 3400.2cm^{-1} 和 1725.5cm^{-1}；此时可通过核磁共振技术进行验证。

(3) 制备过程无化学变化

这里可使用核磁共振波谱技术对低共熔溶剂产物进行表征，进而证明其制备过程中没有发生化学作用力而只是依靠分子间作用力。图 2-21 是百里香酚-樟脑（1:1）的核磁碳谱和核磁氢谱，从图中发现所有的光谱峰都可以分配给 DES 组分，没有观察到任何额外生成或消失的信号峰，可由此判断在低共熔溶剂制备过程中没有发生化学反应。此外，从各种核磁共振的研究中可以清楚地看出，低共熔溶剂通过大量氢键形成化合物网络，在参与的分子之间可显示出核欧沃豪斯效应（NOE），即当两个（组）不同类型的质子若因为空间网络的形成导致彼此间的距离较为接近时（小于 0.5nm），照射其中一个（组）质子会使另一个（组）质子的信号强度增强。该效应可通过二维核磁共振技术中的 NOESY 谱清晰地观察到。在测定图谱时可采用稀释法,当稀释倍数不断加大时,根据化学位移的变化可以探究分子之间的相互作用。另外采用核磁共振光谱分析 DES 的分子相互作用时,除了观察到氢键的存在,还发现水也参与了部分 DES 的形成。

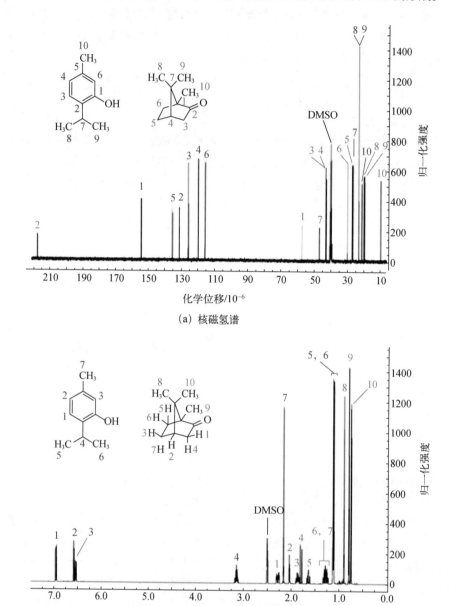

(a) 核磁氢谱

(b) 核磁碳谱

图 2-21 百里香酚-樟脑 (1:1) 谱图[46]

2.3.3 低共熔溶剂的主要性质

2.3.3.1 熔点

相较于氢键供体与受体的熔点，低共熔溶剂的熔点降低幅度主要受氢键受体种类、结构、比例以及氢键的强度、数目等因素的影响。目前文献中报道的低共熔溶剂的熔点主要处在-70～150℃之间。

（1）氢键受体和氢键供体种类对低共熔溶剂熔点的影响

不同氢键受体与氢键供体混合形成的低共熔溶剂熔点存在明显差异，表2-8列出了氯化胆碱为主的氢键受体和一系列不同供体形成的DES熔点。

表2-8　不同氢键受体和氢键供体按照摩尔比1：2制备得到的DES的熔点

氢键受体	氢键供体	$T_{m, HBA}$/℃	$T_{m, HBD}$/℃	T_m/℃
氯化胆碱	尿素	302	134	12
氯化胆碱	甲基脲	302	93	29
氯化胆碱	硫脲	302	175	69
氯化胆碱	1,3-二甲基脲	302	102	70
氯化胆碱	1,1-二甲基脲	302	180	149
氯化胆碱	乙酰胺	302	80	51
氯化胆碱	苯甲酰胺	302	129	92
四乙基溴化铵	尿素	285	134	113

注：$T_{m, HBA}$为氢键受体的熔点，$T_{m, HBD}$为氢键供体的熔点，T_m为低共熔溶剂的熔点。

从表2-8中可以看出氯化胆碱和尿素按照摩尔比为1：2混合制备得到的DES熔点为12℃，但是前者与熔点比尿素低的乙酰胺按照同样的比例制备得到的DES熔点却为51℃，且氯化胆碱和熔点比尿素高的硫脲按照相同比例制备得到的DES熔点也高达69℃，这表明低共熔溶剂的熔点和各组分的熔点无直接联系，主要原因是氢键受体和氢键供体之间形成的氢键强度不同；比如氯化胆碱和尿素之间形成的氢键较强，故熔点降低较多。对于氢键受体为季铵盐类的低共熔溶剂，熔点会随着该阳离子对称性的降低而降低，如表2-9所示。

表2-9　不同季铵盐（$R_1R_2R_3R_4N^+X^-$）和氢键供体按照
摩尔比1：2制备得到的DES的熔点

氢键受体					氢键供体	熔点 T_m/℃
R_1	R_1	R_1	R_1	X^-		
C_2H_5	C_2H_5	C_2H_5	C_2H_5	Br^-	尿素[$(NH_2)_2CO$]	113
CH_3	CH_3	CH_3	C_2H_4F	Br^-	尿素[$(NH_2)_2CO$]	55
CH_3	CH_3	CH_3	$PhCH_2$	Cl^-	尿素[$(NH_2)_2CO$]	26
CH_3	CH_3	CH_3	C_2H_4OAc	Cl^-	尿素[$(NH_2)_2CO$]	-14
CH_3	CH_3	CH_3	C_2H_4OH	Cl^-	尿素[$(NH_2)_2CO$]	-6

| 氢键受体 | | | | | 氢键供体 | 熔点 T_m/℃ |
R$_1$	R$_1$	R$_1$	R$_1$	X$^-$		
CH$_3$	CH$_3$	PhCH$_2$	C$_2$H$_4$OH	Cl$^-$	尿素[(NH$_2$)$_2$CO]	−33
CH$_3$	CH$_3$	C$_2$H$_5$	C$_2$H$_4$OH	Cl$^-$	尿素[(NH$_2$)$_2$CO]	−38
CH$_3$	CH$_3$	CH$_3$	C$_2$H$_4$OH	BF$_4^-$	尿素[(NH$_2$)$_2$CO]	67
CH$_3$	CH$_3$	CH$_3$	C$_2$H$_4$OH	Cl$^-$	尿素[(NH$_2$)$_2$CO]	12
CH$_3$	CH$_3$	CH$_3$	C$_2$H$_4$OH	NO$_3^-$	尿素[(NH$_2$)$_2$CO]	4
CH$_3$	CH$_3$	CH$_3$	C$_2$H$_4$OH	F$^-$	尿素[(NH$_2$)$_2$CO]	1
C$_4$H$_9$	C$_4$H$_9$	C$_4$H$_9$	C$_4$H$_9$	Cl$^-$	癸酸（C$_{10}$H$_{20}$O$_2$）	−11.95
CH$_3$	C$_8$H$_{17}$	C$_8$H$_{17}$	C$_8$H$_{17}$	Cl$^-$	癸酸（C$_{10}$H$_{20}$O$_2$）	−0.05
C$_7$H$_{15}$	C$_7$H$_{15}$	C$_7$H$_{15}$	C$_7$H$_{15}$	Cl$^-$	癸酸（C$_{10}$H$_{20}$O$_2$）	16.65
C$_8$H$_{17}$	C$_8$H$_{17}$	C$_8$H$_{17}$	C$_8$H$_{17}$	Cl$^-$	癸酸（C$_{10}$H$_{20}$O$_2$）	1.95
C$_8$H$_{17}$	C$_8$H$_{17}$	C$_8$H$_{17}$	C$_8$H$_{17}$	Br$^-$	癸酸（C$_{10}$H$_{20}$O$_2$）	8.95

从表 2-9 中还可以发现，当季铵盐阳离子相同时，形成的低共熔溶剂的熔点会随着阴离子的不同而不同，且熔点大小遵循 BF$_4^-$ > Cl$^-$ > NO$_3^-$ > F$^-$ 的规律，这点与离子液体类似。另外在研究中也发现，当氢键供体为有机酸分子时，熔点与其分子量有一定的相关性；分子量越低，熔点下降幅度越大。

（2）氢键受体和氢键供体比例

前面介绍了氢键受体和氢键供体的种类会影响低共熔溶剂的熔点，如图 2-22 （a）所示，对于组分相同的低共熔溶剂，氢键受体和氢键供体的比例不同，熔点也会不同。图 2-22 （b）为氯化胆碱-尿素体系的熔点和组成配比之间的关系，可见体系的熔点随着氯化胆碱的增加先减后增，当氯化胆碱和尿素摩尔比为 1∶2 时，体系熔点降到最低（12℃），即此时形成共熔物。

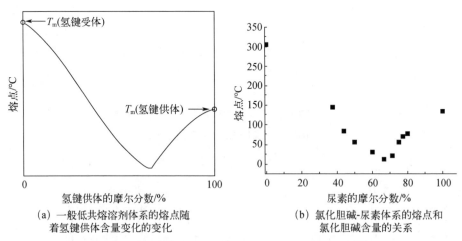

（a）一般低共熔溶剂体系的熔点随　　（b）氯化胆碱-尿素体系的熔点和
　　着氢键供体含量变化的变化　　　　　氯化胆碱含量的关系

图 2-22　氢键受体和供体种类及比例对熔点的影响[39]

2.3.3.2 黏度

黏度（η）的国际单位是帕斯卡·秒（Pa·s），低共熔溶剂的黏度单位通常使用厘泊（cP）或毫帕斯卡·秒（mPa·s）。不同组成的低共熔溶剂之间黏度可能会有较大差异，但常温常压下其黏度大多在 $10 \sim 5000$ mPa·s 范围内。例如，氯化胆碱-丙二酸（1：1）在 25℃的黏度（721 mPa·s）可以达到水黏度（0.89 mPa·s）的八百倍，但氯化胆碱与尿素按摩尔比 1：2 组成的低共熔溶剂黏度（169 mPa·s）又只有水黏度的一百多倍。一般将黏度低于 500 mPa·s 的称为低黏度低共熔溶剂。影响低共熔溶剂黏度的主要内因有氢键受体和氢键供体种类和配比，外因则为温度。目前常用来预测黏度的有空穴理论、Schottky-Vacancy 及 Gas-oriented 三种模型，其中空穴理论由于可进行定量分析而备受关注。

(1) 组分种类对低共熔溶剂熔点的影响

表 2-10 列出了一些由不同 HBD 和 HBA 按照 1：2 摩尔比制备得到的 DES 在 25℃时的黏度。可见，当氢键受体和氢键供体不同时，低共熔溶剂黏度的变化非常明显；当氢键受体均为氯化胆碱时，氢键供体的黏度越大，得到的低共熔溶剂的黏度就越大。当氢键供体均为多元醇时，氯化胆碱-乙二醇、氯化胆碱-丙二醇和氯化胆碱-丙三醇的黏度依次增大，这是因为在 25℃时，乙二醇、丙二醇和丙三醇的黏度是依次增大的。故在设计低共熔溶剂的时候，可以选择同类型氢键供体中较大（或较小）黏度的制备得到高（低）黏度的目标产物。

表 2-10　不同氢键受体和氢键供体制备得到的低共熔溶剂的黏度（25℃）

氢键受体	氢键供体	黏度 η/（mPa·s）	氢键受体	氢键供体	黏度 η/（mPa·s）
氯化胆碱	尿素	169	四丁基氯化铵	癸酸	265
氯化胆碱	乙二醇	36	四庚基氯化铵	癸酸	173
氯化胆碱	丙二醇	89	四辛基氯化铵	癸酸	472
氯化胆碱	丙三醇	376	甲基三辛基氯化铵	癸酸	783
氯化胆碱	2, 2, 2-三氟乙酸	77	四辛基溴化铵	癸酸	636
			甲基三辛基溴化铵	癸酸	577

此外在低共熔体系中，水的加入会普遍降低低共熔溶剂的黏度，并为其后续应用提供便利。比如，在 30mL 氯化胆碱-尿素（1：2）体系中加入一定量的去离子水，可以发现体系黏度随着水量的增多而降低[如图 2-23（a）所示]。这是由于水分子中存在大量氢键，与该 DES 有很好的互溶性；水分子与各组分间的相互作用增强，改变了原来的氢键结构。

(2) 氢键受体和氢键供体配比对低共熔溶剂黏度的影响

低共熔溶剂的黏度还与其组成成分的比例有关，比如癸酸和利多卡因按照摩尔比

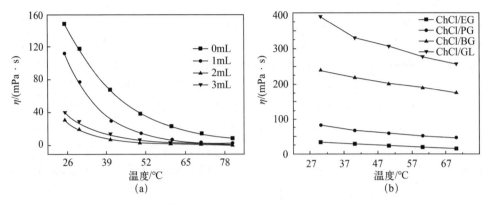

图 2-23　低共熔溶剂中加入去离子水后体系黏度的变化[47]（a）以及
黏度随着温度的变化情况[48]（b）

2∶1、3∶1和4∶1形成的低共熔溶剂在25℃时的黏度分别为237mPa·s、208mPa·s和142mPa·s；三辛基氧化磷和苯酚按照摩尔比1∶2和1∶1形成的低共熔溶剂的黏度分别为12mPa·s和43mPa·s。可见，对于成分相同的低共熔溶剂，氢键受体和氢键供体之间的比例不同，黏度也会随之改变。一般规律是当两者比例接近时黏度最大。

(3) 温度对低共熔溶剂黏度的影响

与传统溶剂相似，DES 的黏度具有温度依赖性。这种高黏度在聚合物合成的部分领域（如超分子凝胶）具有很大的优势。DES 黏度一般也随着温度的升高而降低。这是由于其黏度主要由分子之间的摩擦产生，形式上表现为 DES 流动时的阻力；高温下分子间的范德华力减弱，分子运动速率加快，阻力减小，所以黏度也随之减小。图2-23（b）为氯化胆碱（ChCl）分别和乙二醇（ethylene glycol，EG）、1,2-丙二醇（1,2-propylene glycol，PG），1,3-丁二醇（1,3-butanediol，BG）和丙三醇（glycerol，GL）按照摩尔比为1∶2制备得到的 DES 黏度随温度变化的情况，可以发现黏度越大者随着温度上升出现的下降趋势越明显。此外，多数低共熔溶剂的黏度 η 和温度 T（K）之间的关系可以用阿伦尼乌斯方程来描述[49]。

2.3.3.3 密度

和离子液体类似，低共熔溶剂的密度多数都比水大，一般在 1.0～1.35g/cm³ 之间（25℃）；含有金属盐（比如 $ZnCl_2$）的低共熔溶剂的密度更大，多在 1.3～1.7g/cm³ 之间（25℃）；而疏水性 DES 的密度往往比水低。低共熔溶剂的密度也主要和氢键受体及种类与配比有关。从表2-11中可以看出，不同氢键受体和氢键供体组合而成的 DES 密度是不同的，总体上具有以下规律：

① 在含有羟基的氢键供体形成低共熔溶剂时，密度会随着羟基数量的增加而增大（氯化胆碱-丙三醇的密度大于氯化胆碱-乙二醇）。

② 当氢键受体相同时，相同类型的氢键供体的碳链长度越长，形成的低共熔溶剂

密度越小。比如，当氢键受体均为氯化胆碱时，密度大小依次为氯化胆碱-草酸（$C_2H_2O_4$）>氯化胆碱-丙二酸（$C_3H_4O_4$）>氯化胆碱-戊二酸（$C_5H_8O_4$），可见立体空间效应也决定了低共熔溶剂的密度。

③ 有一些DES的密度呈温度依赖性，随温度的升高而线性减小，DES中水分的存在通常对其密度影响很小。

表2-11　不同氢键受体和氢键供体按照摩尔比1∶2制备得到的DES的密度（25℃）

氢键受体	氢键供体	密度/（g/cm³）	氢键受体	氢键供体	密度/（g/cm³）
氯化胆碱	尿素	1.25	四丁基氯化铵	癸酸	0.92
氯化胆碱	乙二醇	1.12	四庚基氯化铵	癸酸	0.89
氯化胆碱	丙三醇	1.18	四辛基氯化铵	癸酸	0.89
			甲基三辛基氯化铵	癸酸	0.90
			四辛基溴化铵	癸酸	0.93
			甲基三辛基溴化铵	癸酸	0.94

2.3.3.4　电导率

电导率（K）和黏度有很大的关系，黏度越大，电导率越低；因此多数DES都具有较低的电导率，一般在25℃下电导率小于1mS/cm。只有一些低黏度的低共熔溶剂（如含乙二醇）才休现出较高的电导率。常见的氯化胆碱类DES电导率数据见表2-12。

表2-12　氯化胆碱类低共熔溶剂在25℃时的电导率

氢键受体	氢键供体	摩尔比	电导率K/（mS/cm）
氯化胆碱	丙二酸	1∶1	0.55
氯化胆碱	尿素	1∶2	0.75
氯化胆碱	乙二醇	1∶2	7.61
氯化胆碱	丙三醇	1∶2	1.05

（1）氢键受体和氢键供体的种类和配比对电导率的影响

图2-24（a）显示了四种代表性低共熔溶剂的电导率随着盐浓度增加而变化的情况。

一般来说，低共熔溶剂的电导率会随着成分中盐含量的增加而增加，但这并不适用于所有的DES；因为其电导率不仅和盐浓度有关，还和盐及氢键供体种类有关。比如四丁基氯化铵-乙二醇组成的低共熔溶剂，其电导率就随着四丁基氯化铵浓度的增加而降低，某些低共熔溶剂的电导率随着盐浓度的增加还出现先增后减的变化趋势。此外，氯化胆碱-甘油DES的电导率会随着氯化胆碱含量的增加而增加，当其摩尔分数升至到25%时，电导率达到最大。

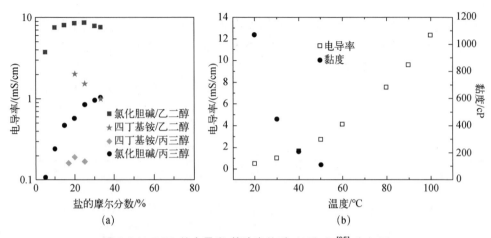

图 2-24　DES 的电导率-盐浓度关系（25℃）[35]（a）及
温度对氯化胆碱-尿素（1∶2）的电导率和黏度的影响[39]（b）

（2）温度对低共熔溶剂电导率的影响

DES 的电导率一般随着温度的升高而升高，加热产生的动能增加了分子间碰撞的频率，导致彼此间作用力减弱。从图 2-24（b）可发现氯化胆碱-尿素（1∶2）的电导率随着温度的上升而急剧增大，这和黏度的趋势相反。随着温度的升高，黏度降低，电导率增大。两者关系可用经典的阿伦尼乌斯方程进行描述，这体现了上述物理性质对温度的依赖性。

2.3.3.5　表面张力

与高温熔盐和离子液体相似，DES 的表面张力（γ）较大；在外部条件相同时，组成不变的液体的表面张力是恒定的，常见的水在 298K 时的表面张力为 75.8mN/m。DES 的表面张力主要与分子间作用力、阳离子类型及温度等因素有关，多数情况时其表面张力比常见有机溶剂大，但比水小。实验结果表明，增加阳离子烷基链长会导致较高的表面张力，同时基于葡萄糖的 DES 的表面张力要高于基于羧酸的 DES。表 2-13 列出了一系列 DES 在 25℃时的表面张力。可以发现，多数 DES 的表面张力高于分子溶剂的表面张力（乙醇和正己烷的表面张力在 25℃时分别为 22.4mN/m 和 15.5mN/m），并接近于高温熔盐的表面张力（KBr 在 900℃下的表面张力为 77.3mN/m）。

表 2-13　一些低共熔溶剂在 25℃时的表面张力

氢键受体	氢键供体	摩尔比	γ / （mN/m）	氢键受体	氢键供体	摩尔比	γ / （mN/m）
氯化胆碱	丙二酸	1∶1	65.7	四丙基溴化铵	丙三醇	1∶3	46.0
氯化胆碱	果糖	2∶1	74.01	四丙基溴化铵	乙二醇	1∶3	40.1
氯化胆碱	D-葡萄糖	2∶1	71.7	四丙基氯化铵	丙三醇	1∶3	52.7

氢键受体	氢键供体	摩尔比	γ /（mN/m）	氢键受体	氢键供体	摩尔比	γ /（mN/m）
氯化胆碱	苯乙酸	1：2	41.9	四丙基氯化铵	乙二醇	1：3	46.2
氯化胆碱	尿素	1：2	52.0				
氯化胆碱	乙二醇	1：2	49.0				
氯化胆碱	丙三醇	1：2	55.8				

2.3.3.6 其他性质

几乎可以忽略的蒸气压是离子液体的一个非常有代表性的物理性质，这也是它可以取代一些易挥发的有机溶剂的优势。同样作为新型绿色溶剂的低共熔溶剂，其足够低的蒸气压对于避免在使用过程中造成的环境污染以及对人员和设备的危害也很重要。比如双三氟甲磺酰亚胺锂和 N-甲基乙酰胺按照摩尔比为 1：4 制备的低共熔溶剂在 40℃时蒸气压仅为 20Pa，这比常见的有机溶剂低了几个数量级；而且 DES 溶液的蒸气压比纯 DES 更低，更适合应用。

极性是表征绿色溶剂对物质溶解能力的一个关键性质，其极性越大，对极性化合物溶解性越强。低共熔溶剂的极性也可以用极性的经验参数 E_T (30) 来表征（见 2.2.3.5 一节），即在其中加入某些特定的探针（如瑞氏染料），然后通过紫外-可见光谱测量得到染料最大吸收波长 λ_{max}，进而得到该 DES 的极性经验参数 E_T (30)。大多数低共熔溶剂的极性是和氢键供体形成氢键能力的强弱相关的。一般来看，氢键供体形成氢键的能力越强，该低共熔溶剂的极性越强。比如氯化胆碱和丙三醇、乙二醇或尿素按照摩尔比 1：2 形成的 DES，极性由大到小依次为氯化胆碱-丙三醇＞氯化胆碱-乙二醇＞氯化胆碱-尿素，这主要和氢键供体中羟基的数目有关。除此之外，含有甘油和乙二醇（具有羟基）的 DES 极性比含有丙二酸或尿素（具有羧基或酰胺基）的 DES 极性更大。因此，它们的极性可以通过选择 HBD 和相应离子中的供体基团来微调。

DES 还具有和离子液体类似的广泛溶解性，包括天然大分子、药物小分子、金属氧化物和二氧化碳等，其中氯化胆碱-草酸或乙酸体系可以溶解天然纤维。其溶解能力可通过改变组分类型和比例来调节，并且与含水量和操作温度有关。广泛的氢键结构导致了 DES 的高黏性，往往需要一定的水来提升溶解性，最佳含水量取决于各组分种类和比例。温度对 DES 的溶解性也有显著的影响。当温度从 40℃升高至 50℃时，槲皮素在葡萄糖-氯化胆碱中的溶解度增加了 2.3 倍，在丙二醇-氯化胆碱中的溶解度增加了 1.65 倍。此外，DES 的溶解能力也与溶质的极性有关，非极性化合物在纯 DES 中的溶解度最高，而中极性化合物在含 5%～10%水的 DES 中溶解度达到最高。

2.3.3.7 计算化学手段在 DES 性质研究中的应用

在 2.2.3 中提到各种计算方法也可用于预测 DES 的性质并开展工艺设计，有利于从理论层面对控制其形成的分子结构、相互作用以及热力学参数加深了解。分子模拟是利用计算机辅助在分子水平上建立模型体系，预测所需的化学信息，并对简单和高度非理想系统中的结构特征和分子间相互作用力进行观察。采用分子模拟对 DES 的结构和功能进行研究，可给出其中关键的构-效关系。当应用分子动力学研究氯化胆碱-尿素的结构和分子间相互作用时发现，其形成和熔点降低主要是由于阴离子和HBD 的羟基之间形成了较强的氢键，随着尿素浓度的降低，氢键作用减弱；该假想得到了实验的证实。也有研究将氯化胆碱与苹果酸、柠檬酸、乳酸和果糖制备成 DES，收集其水含量、热量、密度和气体溶解度等各种数据参数，并利用密度泛函理论和经典分子动力学进行计算研究。近年来，量子化学的兴起为分子模拟提供了更为有力的理论，以量子化学建立起来的导体屏蔽模型可根据 DES 多组分混合物中的相平衡来预测其理化性质，现已成为筛选和设计 DES 的有力工具。该模型通过将分子嵌入虚拟导体环境中来确定分子的电荷分布，可以在无基础实验数据的情况下获得化学势以及密度、黏度、蒸气压、溶解度、活度系数等一系列热力学参数。实际应用中可基于实验数据对 COSMO-RS 参数进行微调，以进一步加强其预测能力。

2.3.4　固定化低共熔溶剂

　　和离子液体一样，目前使用的低共熔溶剂大多都是黏度较高的，且其易耗损泄漏、回收困难（因为组分多）等缺点同样限制了其在工业上的大规模应用。在各种形式的固定化离子液体出现后这些问题得到了不同程度的解决；受此启发，固定化低共熔溶剂同样也被开发并应用起来，研究人员使用物理或者化学作用将低共熔溶剂负载在合适的固态材料上（如纳米颗粒、石墨烯、环糊精、金属-有机骨架等），这样所得到的由低共熔溶剂修饰/结合的复合物不仅具有了该 DES 的特性，也使其更加稳定易用。除此之外，还可以用聚合反应将含有可聚合单体组分的 DES 制备成高分子，或者将具备凝胶因子结构特征的 DES 通过自组装获得相应的（水）凝胶。对于可能的规模化应用而言，固定化具有以下意义：①有效解决了低共熔溶剂的回收和残留问题，使其更加"绿色"，更有利于在食品、医药、生命科学等领域的应用；②将低共熔溶剂固定在多孔纳米颗粒上，可增加比表面积，更有利于其充分与目标物质的接触；③使用结束后可通过简单的固液分离实现回收，方便、简单且不需要额外引入其他操作及试剂，从而避免交叉污染，同时降低使用成本；④可实现连续化应用，提高生产效率；⑤可通过选择适当的 DES 负载在固相载体上，进而改善后者在某些溶剂中的使用效果。例如，将氯化胆碱-尿素（1:2）固载在磁性氧化石墨烯（Fe_3O_4@GO）上可得到Fe_3O_4@GO-DES，这样可以有效改善其对蛋白质的萃取效率[50]。对于固定化低共熔溶剂的制备方法，本质上和固定化离子液体的途径无明显区别。目前最简单、常用的是超声辅助法，即将固相材料加入一定浓度的 DES 溶液中，超声一定时间后，静置过夜；然后使用适当的溶剂和方式洗涤该材料若干次，以除去表面残留的低共熔溶剂，干燥后可得成品；经分析测试达到预期的固载量后即可投入使用。

参考文献

[1] MRX-7EAT etodolac-lidocaine topical patch in the treatment of ankle sprains [EB/OL]. （2018-01-17）. https://clinicaltrials.gov/ct2/show/NCT01198834.

[2] Eika Q W, Tominaga H, Chen T L, et al. Synthesis of functional ionic liquids and their application for the direct saccharification of cellulose[J]. Journal of Chemical Engineering of Japan, 2016, 49（5）: 466-474.

[3] 张薇, 马建华, 王雨, 等. 微波辐照合成羟基功能化离子液体氯盐中间体[J]. 化学通报, 2012, 75（4）: 357-360.

[4] 孙华, 李胜清, 付健健, 等. 超声波辅助合成离子液体及其性能研究[J]. 武汉工程大学学报, 2007（3）: 14-17.

[5] 肖叶群, 王琛, 虞登峰. 超声波辅助合成[Gly]Cl离子液体的研究[J]. 西安工程大学学报, 2013, 27（1）: 79-82.

[6] Moulton R. Electrochemical process for producing ionic liquids：US 0094380[P]. 2003.

[7] 蒋栋, 王媛媛, 刘洁, 等. 咪唑类离子液体结构与熔点的构效关系及其基本规律[J]. 化学通报, 2007（5）: 371-375.

[8] Matsumoto H, Kageyama H, Miyazaki Y. Room temperature ionic liquids based on small aliphatic ammonium cations and asymmerie amide anions[J]. Chemical Communications, 2002, 16: 1726-1727.

[9] Wilkes J S, Levisky J A, Wilson R A, et al. Dialkylimidazolium chloroaluminate melts: a new class of room - temperature ionic liquids for electrochemistry, spectroscopy, and synthesis[J]. Inorganic Chemistry, 1982, 21: 1263.

[10] Hiroyuki T, Kikuko H, Kunikazu I, et al. Physicochemical properties and structures of room tempeture ionic liquids. 2. variation of alkyl chain length in imidazolium cation[J]. Physical Chemistry B, 2005, 109: 6103-6110.

[11] Sánchez L M G, ESPEL J R, ONINK F, et al. Density, viscosity, and surface tension of synthesis grade imidazolium, pyridinium, and pyrrolidinium based room temperature ionic liquids[J]. Journal of Chemical & Engineering Data, 2009, 54（10）: 2803-2812.

[12] 纪红兵, 程钊, 周贤太. 气体在离子液体中的溶解性能[J]. 天然气化工, 2008, 33（4）: 54-59.

[13] 张锁江, 刘艳荣, 聂毅. 离子液体溶解天然高分子材料及绿色纺丝技术研究综述[J]. 轻工学报, 2016, 31（2）: 1-14.

[14] 宁汇, 侯民强, 杨德重, 等. 二元混合离子液体的电导率与离子间的缔合作用[J]. 物理化学学报, 2013, 29（10）: 2107-2113.

[15] Godajdar B M, Kiasat A R, Hashemi M M. Synthesis, characterization and application of magnetic room temperature dicationic ionic liquid as an efficient catalyst for the preparation of 1, 2-azidoalcohols[J]. Journal of Molecular Liquids, 2013, 183: 14-19.

[16] Hayashi S, Hamaguchi H O. Discovery of a magnetic ionic liquid [Bmim]FeCl$_4$[J]. Chemistry Letters, 2004, 33: 1590-1591.

[17] Jiang W, Zhu W, Li H, et al. Fast oxidative removal of refractory aromatic sulfur compounds by a magnetic ionic liquid[J]. Chemical Engineering Technology, 2014, 37: 36-42.

[18] Wang J, Yao H, Nie Y, et al. Synthesis and characterization of the iron-containing magnetic ionic liquids[J].

Journal of Molecular Liquids, 2012, 169（5）: 152-155.

[19] Döbbelin M, Jovanovski V, Larena I, et al. Synthesis of paramagnetic polymers using ionic liquid chemistry[J]. Polymer Chemistry, 2011, 2（2）: 1275-1278.

[20] Yao T, Yao S, Song H, et al. Deep extraction desulfurization with a novel guanidinium-based strong magnetic room-temperature ionic liquid[J]. Energy & Fuels, 2016, 30（6）, 4740-4749.

[21] Yu C, Yao S, Wang X, et al. Prediction of osmotic coefficients for ionic liquids in various solvents with artificial neural network[J]. Journal of the Serbian Chemical Society, 2017, 82: 13.

[22] Valkenberg M H, deCastro C, Hölderich W F. Friedel-Crafts acylation of aromatics catalysed by supported ionic liquids[J]. Applied Catalysis A: General, 2001, 215: 185-190.

[23] Valkenberg M H, C. deCastro, Hölderich W F. Immobilisation of ionic liquids on solid supports[J]. Green Chemistry, 2002, 4: 88-93.

[24] Sauvage E, Valkenberg M H, Decastro C, et al. Immobilised ionic liquids: US 20020169071[P]. 2002-11-14.

[25] 张庆华, 石峰, 邓友全. 硅胶担载离子液体催化剂的制备及其在由胺制二取代脲反应中的应用[J]. 催化学报, 2004, 25（8）: 12-15.

[26] Noritaka I, Takamasa T, Tomoya K. Utility of ionic liquid for improvement of fluorination reaction with immobilized fluorinase[J]. Journal of Molecular Catalysis B: Enzymatic, 2009, 59（3）: 131-133.

[27] Kumara D, Hashmi S A. Ionic liquid based sodium ion conductinggel polymer electrolytes[J]. Solid State Ionics, 2010, 181（10）: 416-423.

[28] Pez G P, Carlin R T. Molten salt facilitated transport membranes. Part 1. Separation of oxygen from air at high temperatures[J]. Journal of Membrane Science, 1992, 65: 21-28.

[29] Watanabe M, Yamada S, Ogata N. Ionic-conductivity of polymer electrolytes containing room-temoerature molten-salts based on pyridinium halide and aluminum-chloride[J]. Electrochimica Acta, 1995, 40（13/14）: 2285-2288.

[30] Sato T, Marukane S, Narutomi T, et al. High rate performance of a lithium polymer battery using a novel ionic liquid polymer composite[J]. Journal of Power Sources, 2007, 164（1）: 390-396.

[31] Shi X Y, Wei J F. Selective oxidation of sulfide catalyzed by peroxotungstate immobilized on ionic liquid-modified silica with aqueous hydrogen peroxide[J]. Journal of Molecular Catalysis A: Chemical, 2008, 280: 142-147.

[32] Qiu H D, Mallik A K, Sawada T, et al. New Ionic liquid-grafted silica hybrids with enhanced selectivity and stability produced by co-immobilization of polymerizable anion and cation pairs[J]. Chemical Communications, 2012, 48: 1299-1301.

[33] Sasaki T, Tada M, Zhong C M, et al. Immobilized metal ion-containing ionic liquids: Preparation, structure and catalytic performances in Kharasch addition reaction and Suzuki cross-coupling reactions[J]. Journal of Molecular Catalysis A: Chemical, 2008, 279: 200-209.

[34] 孙进贺, 贾永忠. 类离子液体及其应用[J]. 中国科学, 2016, 46（12）: 1317-1329.

[35] Garcia G, Aparicio S, Ullah R, et al. Deep Eutectic Solvents: Physicochemical Properties and Gas Separation Applications[J]. Energy Fuels, 2015, 29: 2616-2644.

[36] 胡鹏程, 江伟, 钟丽娟. 低共熔溶剂的应用研究进展[J]. 现代化工, 2018, 38（10）: 59-63.

[37] Abbott A P, Capper G, Davies D L, et al. Ionic liquid analogues formed from hydrated metal salts[J]. Chemistry, 2004, 10（15）: 3769-3774.

[38] Mahboube S, Behrouz A, Masoud B J, et al. Green ultrasound assisted magnetic nanofluid-based liquid phase microextraction coupled with gas chromatography-mass spectrometry for determination of permethrin,

deltamethrin, and cypermethrin residues[J]. Microchimica Acta, 2019, 186: 1-11.

[39] Abbott A P, GlenCapper, Davies D L, et al. Novel solvent properties of choline chloride/urea mixtures[J]. Chemical Communications, 2003（1）: 70-71.

[40] Dai Y, Van Spronsen J , Witkamp G J , et al. Natural deep eutectic solvents as new potential media for green technology[J]. Analytica Chimica Acta, 2013, 766: 61-68.

[41] María C G, María L F, Mateo C R, et al. Freeze-drying of aqueous solutions of deep eutectic solvents: A suitable approach to deep eutectic suspensions of self-assembled structures[J]. Langmuir, 2009, 25（10）: 5509-5515.

[42] 刘伟, 张康迪, 刘华敏, 等. 一种球磨制备低共熔溶剂的方法: CN201610641742.1[P]. 2017-02-01.

[43] Crawford D E, Wright L A, James S L, et al. Efficient continuous synthesis of high purity deep eutectic solvents by twin screw extrusion[J]. Chemical Communications, 2016, 52（22）: 4215-4218.

[44] Yousefi S M, Shemirani F, Ghorbanian S A. Hydrophobic deep eutectic solvents in developing microextraction methods based on solidification of floating drop: Application to the Trace HPLC/FLD Determination of PAHs[J]. Chromatographia, 2018, 81:1201-1211.

[45] Majidi S M, Hadjmohammadi H, Mohannad R. Alcohol-based deep eutectic solvent as a carrier of $SiO_2@Fe_3O_4$ for the development of magnetic dispersive micro-solid-phase extraction method: Application for the preconcentration and determination of morin in apple and grape juices, diluted and acidic extract of dried onion and green tea infusion samples[J]. Journal of Separation Science, 2019, 42（17）: 2842-2850.

[46] Patrycja M, Andrzej P, Grzegorz B . Hydrophobic deep eutectic solvents as "green" extraction media for polycyclic aromatic hydrocarbons in aqueous samples[J]. Journal of Chromatography A, 2018, 1570: 28-37.

[47] 李苗, 陈必清, 何敏. 氯化胆碱-尿素低共熔离子液体的黏度和电导率[J]. 湖北大学学报（自然科学版）, 2018, 40（1）: 96-102.

[48] 何志强, 鄢浩, 王骑虎, 等. 温度对氯化胆碱/多元醇型低共熔溶剂物性的影响[J]. 上海大学学报:自然科学版, 2015, 21（3）: 384-392.

[49] Abbott A P, Boothby D, Capper G, et al. Deep eutectic solvents formed between choline chloride and carboxylic acids: versatile alternatives to ionic liquids[J]. Journal of the American Chemical Society, 2004, 126（29）: 9142-9147.

[50] 黄艳花. 基于绿色溶剂的磁性固相萃取技术在蛋白质分离中的应用研究[D]. 长沙: 湖南大学, 2016.

第 3 章

新型绿色溶剂参与下的
天然产物提取

3.1 概述

近年来我国天然产物提取行业市场规模保持稳定增长态势，仅植物原料提取就由2017 年的 275 亿元增长至 2022 年的 440 亿元；据预测，2025 年相关行业市场规模将突破 600 亿元。另外 2022 年我国植物提取物进出口总额达 43.12 亿美元，同比增加8.07%；其中美国、日本、印度为主要出口地区，而辣椒色素、薄荷醇、桉叶油、甜叶菊及万寿菊提取物为排名前列的产品，需求旺盛。目前国内提取行业生产企业逾万家，每年新增注册企业 300 余家；食品饮料（营养补充/保健品）、药物制剂和化妆品是三个最主要的应用领域。2020 年发布的《推动原料药产业绿色发展的指导意见》、2022年颁发的《"十四五"国民健康规划》等重要文件不断推动着提取产业创新、稳定、高质量发展。在上述政策和行业大背景下，关于天然产物提取的基础及应用研究显得尤为重要。

如第一章所述，天然产物主要是源于植物、动物和微生物的组成成分及其代谢产物，以及人和动物体内众多内源性的化学成分，不少天然产物的提取物具有特殊的生理功能，可用作药物（辅料）、医用敷料、保健食品、化妆品、香料和染料等。常见的有多糖、蛋白、脂类、生物碱、黄酮、蒽醌、香豆素、萜类、皂苷、强心苷、挥发油等物质。由于生源途径的关系，一种天然产物提取物中往往存在基本母核相同、取代基不同的同一类型成分，如人参总皂苷、苦参总生物碱、银杏叶总黄酮/萜内酯等，它们属于结构相近化合物的混合物（也称有效部位）。不同来源的天然产物，要提取的物质及其含量往往有很大的不同，即使是同类物质的结构和功能有时也有明显的差异。目标成分有的含量很高，如车前子多糖含量可达 20%；有的却是微量的，如长春花碱在长春花中含量仅为千万分之几；而常见的含量范围多在 1%～10%（如黄连中的生物碱、人参/西洋参中的总皂苷等）。

需要指出的是，提取物中"有用成分"和"无用成分"的划分是相对的，本书中所谓的"有用"不仅限于具有生物活性，同时一些没有明显功效但有开发利用价值的对象也可以作为提取的目标。一方面，随着科学的发展和人们对客观世界认识的提高，一些过去在生产中被脱除的成分，如大量的多糖、多肽、蛋白质和脂类等，随着基础研究的深入也逐渐被重视；另一方面，一些天然产物中的化学成分本身不具有生物活性，也不能起防病治病的作用，但是，它们受采收、加工或成品生产过程中一些条件的影响而产生的次生代谢产物，或它们被口服后经人体胃肠道内的消化液或细菌等的作用后产生的代谢产物，以及它们以原型的形式被吸收进入血液或被直接注射入血液后产生的代谢产物却可以发挥疗效，这些对象也可被视为"有用成分"。我国是一个农业大国，每年会产生大量的相关废弃资源（如麦秆、水稻秆、高粱秆、玉米秆、大豆秆、甘蔗渣、树枝、树屑等），要想对其中的木质纤维素进行利用，离不开有效的提取。常规溶剂可以溶解木质素、半纤维素，不能溶解纯纤维素；但后者可溶解于新型绿色溶剂中，控制相关条件还可转化为还原糖；这为天然大分子的加工提供了重要途径。天然产物化学成分的含量往往相当低，低效且耗时的提取过程一直是其开发应用中的瓶颈，当前迫切需要建立有效和识别能力强的方法来提取目标物质。理想的提取技术应具有选择性好、效率高、适应性强、易于操作、安全、友好等特点。对于提取过程，提取条件（尤其是提取溶剂）的选择以及操作流程的设计显得尤为重要；它们不仅决定了提取效果的优良与否，直接影响产物组成、存在状态以及后续分离纯化的难易，还决定了该提取方法能否实现良好的经济价值，这对于规模化制备而言非常重要。目前，常规有机溶剂（低级醇、乙酸乙酯、氯仿、乙醚、苯、石油醚、正己烷等）及水是使用较多的提取介质，在众多提取过程中得以广泛应用，然而已被发现存在以下不足：

① 绝大多数液态有机溶剂易燃、易挥发、易被吸收、有毒、闪点低，作为提取溶剂时用量较大（一般为物料质量的十倍体积，如 10mL/g）；这些有机溶剂可经皮肤进入机体，经呼吸道吸入后则有 40%～80%在肺内滞留，长期摄入对呼吸系统、神经系统、皮肤、肝肾及造血机能都有明显影响，同时也是实验室重要的公共安全隐患；在工业大规模使用中这些问题将更加突出，不符合当今社会对环境-健康-安全（EHS）体系的要求。

② 在面对存在于复杂体系中、具有特定结构和理化性质的目标成分时，这些常用溶剂由于分子结构简单、性能单一，往往具有较低的选择性和识别能力，导致溶解对象较为宽泛，溶解机制较为单一，共存溶质较多、较杂，给后续的进一步分离纯化带来不少困难，往往需要萃取、沉淀乃至色谱等后续操作来配合富集有关成分。

③ 当存在于细胞原生质体中的目标物向提取介质扩散时，必须克服细胞壁及细胞间质的双重阻力，不少溶剂对原料外层木质纤维素、内层细胞壁和细胞膜透过能力不够理想。若使用适当的酶（如纤维素酶、果胶酶或共存于原料中的天然酶等）进行

预处理，可以破坏细胞壁的致密结构，减小上述传质屏障对相关成分从胞内向提取介质扩散所造成的传质阻力。但是酶处理法增加了前处理环节操作，同时酶不易回收使用，对目标成分结构也时常产生影响。

④ 提取完成后的后处理是一个必需环节，大量高沸点、高黏度的溶剂回收费时、费力，长时间的高温浓缩对于热不稳定成分造成的影响也是一个需要重视的问题。作为一种绿色环保的特殊溶剂，超临界流体因其易于回收的特性在不少成分（特别是挥发油）的提取过程中得到了成功应用。然而，超临界提取一般要求较高的操作压力、昂贵的操作设备以及复杂的操作程序，从而增加了运行成本和风险，提取对象也较为有限，这些都使其应用受到了限制。

由此看来，新型提取溶剂的开发必然成为本研究领域的难点和热点，针对常见天然药物活性成分的结构特点和理化性质，开发在相关提取过程中兼具绿色、高效、安全、易回收、操作简单等诸多优点的提取溶剂具有重大意义。更多、更新、更理想的提取溶剂呼之欲出。本章主要介绍的离子液体和低共熔溶剂由于其独特的物理化学性质，和传统有机溶剂相比具有选择性可调可控、溶解力强、蒸气压低、不易挥发、易回收以及可设计性等优势，使得它们成为了传统有机溶剂的"绿色"替代品，广泛参与到了天然产物提取中。此外，本章与第五章所介绍的分析样品前处理中的一些萃取技术具有相似性，但此处所指的提取主要面向规模化制备，且提取对象针对的是天然原料而非待进一步细分（第四章）或分析（第五章）的粗提物，特在此区别。若有对天然产物绿色提取欲进行更加全面了解的读者，另推荐 Wiley 出版社的 *Green extraction of natural products : Theory and practice*（2015）一书。

3.2　离子液体应用于天然产物提取

3.2.1　离子液体常规提取

天然产物中特定成分的提取一直都有很大的困难，传统的提取方法如压榨法、浸提法、回流法、渗漉法等，存在提取效率低、选择性低等问题。如何有效地提取所需成分，同时尽可能少地溶出共存杂质，还要减少时长、能耗、挥发性/有毒有害溶剂的使用以及"三废"的产生，这些都是研究人员常常思考的问题；而离子液体的出现并且已经成功应用于不同产物中各类成分的提取，这在一定程度上为解决以上问题提供了创新且有效的途径。

3.2.1.1　基本情况

前面已经介绍过离子液体的基本性质，可知其黏度一般都比较大，因此在天然产物提取应用中其水溶液应用最多，其次是醇溶液。一些长碳链离子液体可以在水溶液中形成胶团，这种类似表面活性剂的体系非常有利于发挥溶解及助溶作用；一般增加阳离子侧链长度有利于胶团形成，效果最明显；降低阴离子水合性以及采用甲基化头部也利于形成胶团，升温则不利于形成胶团。此外也有一些低黏度 ILs[如含有醚基、烯丙基、腈乙基等的咪唑阳离子，丁基三乙基季铵阳离子、双（氟磺酸）亚胺等阴离子]可以直接用于目标物的提取。总体来看，目前用于天然产物提取的 ILs 绝大多数都是咪唑类，且常用的阴离子为 BF_4^-、PF_6^-、Cl^-、Br^- 等。

如前所述，多数天然产物都是从植物中提取得到的，而植物的细胞壁多由纤维素、半纤维素、木质素和果胶等组成，其中最主要的纤维素很容易产生分子内氢键和分子间氢键而聚集形成微纤丝。传统溶剂比如甲醇、乙醇等只能通过溶解细胞膜中的脂质来增大穿透性，在一定程度上通过对植物组织造成破坏而达到提取的目的。但离子液体可以竞争性地和纤维素形成氢键，这可以更大程度地改变微纤丝的氢键网状结构，使得提取剂能够更加容易地进入细胞内进而显著增高目标物质的提取率；更重要的是，离子液体和纤维素之间形成的氢键键能比水提高了将近 3 倍，这说明离子液体对纤维素的活性位点具有更强的亲和力，能够快速瓦解木质纤维素网络结构，进而对细胞壁具有更强的破坏力，更有利于目标物的提取。总体而言，离子液体对木质纤维素的溶解能力与其结构联系紧密，例如 3-甲基-1-烯丙基咪唑氯盐[Amim][Cl]的溶解能力和溶解范围（不同原料来源）显著超过 1-乙基-3-甲基咪唑氯盐[C₂mim][Cl]和 1-丁基-3-甲基咪唑氯盐 [C₄mim][Cl]，而醋酸盐 [C₂mim][OAc] 的溶解能力明显强于[C₂mim][Cl]。

此外，物质相互溶解的机制十分复杂，存在许多内外因素，其中一种探索途径是从分子结构的角度分析以预测不同物质是否能相互溶解。研究人员通过对大量实验的观察和分析，得出了"相似相溶"的规律，这是提取领域中一条重要的经验规则。"相似"一般指的是极性相似，即所用溶剂的极性要与提取对象的极性相似。一般分子之间存在的作用力分为取向力、诱导力和色散力。非极性分子之间只有色散力，极性分子和非极性分子之间有诱导力和色散力，极性分子之间三种力都有。在此相互作用下，亲脂性强的溶剂（如石油醚）可提取脂溶性强的天然有机分子，如油脂、挥发油、甾体和萜类化合物；氯仿或乙酸乙酯可提取游离生物碱、有机酸及黄酮苷元、香豆素苷元等中等极性化合物；丙酮或乙醇、甲醇可提取苷类、生物碱盐、鞣质等极性化合物；水可提取氨基酸、肽类、单糖与多糖、生物碱盐等水溶性成分；常用离子液体的极性一般与醇、酮和甲酰胺相似，并可根据目标物极性进行调控。其实，"相似"也可以是另一个层次上的相似，即提取剂和提取物分子结构上存在共性（即拓展后的"相似相溶"规则），这一点对于"可设计"的离子液体和低共熔溶剂而言是另一个非常明显的优势，而且不少天然产物还可用于制备具有相同母核结构的新型绿色溶剂及其类似物。

3.2.1.2 应用实例

(1) 黄酮类

黄酮类化合物是以 2-苯基色原酮为骨架衍生的一类化合物的总称，具有 C₆—C₃—

C_6 结构片段。这类成分在整个天然产物常见类型中极性居中，结构中常具有多个酚羟基，显示出一定的酸性和抗氧化性，同时部分羟基常以糖苷键形式连接糖单元，有时也可能通过碳苷键相连。此类成分广泛分布于自然界中，常见于芸香科、唇形科、豆科、伞形科、银杏科与菊科等植物及部分昆虫中，由于具有抗氧化、抗炎、保肝、雌激素样作用等多种有益功效而越来越受到本领域研究者的关注。由于此类化合物在水中溶解度很低，故一般采用热水、碱性水、碱性稀醇和有机溶剂提取法，其中所用到的常规有机溶剂有甲醇、乙醇、丙酮和乙酸乙酯等。

目前已有多种离子液体被证明可以从天然产物原料中方便、有效地提取黄酮，然而对于不同样品，用到的最佳离子液体种类和浓度等都会有差别。比如，采用 14.60mL 1.00mol/L 的 $[C_{10}mim][Br]$ 离子液体水溶液，在提取温度 85℃、提取时间 12min 的情况下对 1.0g 花生壳进行提取，得到的木犀草素提取率最高可达 80.11%。作为一种蔷薇科落叶灌木植物，刺梨营养价值和保健价值极高，其果肉中维生素的含量居各类水果之冠（其中代表性成分如芦丁，即维生素 P），还富含超氧化物歧化酶（SOD）和黄酮，刺梨不仅具有增强人体抵抗力、防癌和美容养颜的作用，能降低胆固醇和甘油三酯含量，还有预防高血压、高血脂、高血糖、心脑血管等作用。笔者团队曾尝试从刺梨中采用加热回流的方式提取黄酮，图 3-1（a）为 7 种咪唑类离子液体的水溶液以及 95% 乙醇水溶液的提取结果，其中既有阳离子间的比较也有阴离子间的比较；可以看出不同离子液体对刺梨黄酮的提取率相差 15%～60%，且当阳离子固定为 $[C_4mim]^+$ 时，阴离子为 BF_4^- 时提取率最高，其余依次为 PF_6^-、Br^- 和 $CH_3SO_3^-$，Cl^- 最低；从阳离子结构来看，$[C_4mim]^+$ 提取率最高，$[C_2mim]^+$ 次之，$[C_6mim]^+$ 最低，这个结果符合三种阳离子疏水性的顺序。进一步发现，使用离子液体 $[C_4mim][BF_4]$ 水溶液的对刺梨黄酮的提取率高于常用溶剂 95% 乙醇。离子液体的高黏度是萃取过程中传质的一个限制因素，故离子液体浓度对目标组分的萃取性能有显著影响。图 3-1（b）显示了不同 $[C_4mim][BF_4]$ 浓度的水溶液对刺梨黄酮的提取效果，结果表明，在 0.2～0.6mol/L 的范围内，随着 $[C_4mim][BF_4]$ 浓度的增加，刺梨黄酮的提取率逐渐提高。但当浓度大于 0.6mol/L 时，随着离子液体浓度的增加，提取液黏度增大，扩散系数和传质能力减小，提取率有所下降，所以在从刺梨中提取黄酮较优的提取溶剂为 0.6mol/L 的 $[C_4mim][BF_4]$ 水溶液。

咪唑类离子液体中阳离子烷基链长度对其物理化学性质有显著影响，这可能会影响此类绿色溶剂的萃取性能。从上面一个例子可以知道，$[C_4mim]^+$ 的离子液体对刺梨黄酮的提取率最高，$[C_2mim]^+$ 次之，$[C_6mim]^+$ 最低，但关于碳链长度对黄酮提取率的影响目前还没有统一定论，这是由黄酮类化合物本身的多样性及不同样品的复杂性所决定的。比如使用索氏提取法，用一系列不同碳链长度的咪唑类离子液体甲醇溶液从日本扁柏叶中提取黄酮（二氢山奈酚、槲皮苷、穗花杉双黄酮和杨梅素）时发现，当阴离子都是 Br^- 时，四类黄酮成分的提取率与甲基咪唑上的碳链长度体现出不同的相

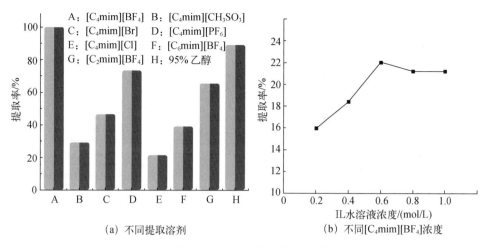

A：[C₄mim][BF₄] B：[C₄mim][CH₃SO₃]
C：[C₄mim][Br] D：[C₄mim][PF₆]
E：[C₄mim][Cl] F：[C₆mim][BF₄]
G：[C₂mim][BF₄] H：95%乙醇

（a）不同提取溶剂

（b）不同[C₄mim][BF₄]浓度

图 3-1　溶剂和浓度对刺梨黄酮提取效果的影响

关趋势，而且都不是线性的；其中穗花杉双黄酮的提取率变化最不明显，另外三种都是在碳链长度为 10 时提取率达到最大，结果如图 3-2（a）所示。此外，当阳离子固定为[C₁₀mim]⁺时，发现阴离子 Br⁻的提取率普遍高于 Cl⁻、BF₄⁻、PF₆⁻和 TF₂N⁻，结果如图 3-2（b）所示。以上两例代表了此类研究的两种常见评价方式：以总黄酮（混合物）为提取对象，以其提取率（%）或产率（mg/g 或 g/100g）为分析指标；以主要的黄酮成分为提取对象，以其提取率或产率为分析指标。这样的区别同样可以在本章其他关于提取研究的案例中见到。

甘蔗种植于约 105 个国家，其中巴西、印度、中国和泰国是世界排名前四大生产国。但近年来生产成本上升而利润下降，导致国内甘蔗产业缺乏竞争力，产量也难以增加，需要新的发展策略及产业布局。每年糖蔗砍收季节，都会产生大量的甘蔗尾梢，目前利用率极低，处理方式主要为焚烧、粉碎还田、发酵成饲料。甘蔗梢富含粗纤维、蛋白质、黄酮和花青素、维生素、微量元素等营养成分，对其中有益物质进行提取具有很大的应用前景。通过笔者团队所建立的液相色谱分析条件发现，甘蔗梢中黄酮含量高于同样作为废弃资源的甘蔗茎皮以及甘蔗根等部位，且种类丰富；相应的抗氧化活性最强[0～1400mg/L，图 3-2（c）]，故亟待开发利用。笔者团队选择了不同离子液体（阳离子包括[C₄mim]⁺、[C₂mim]⁺和[C₆mim]⁺，阴离子包括 BF₄⁻、PF₆⁻、Br⁻和 CH₃SO₃⁻），并且与常用的 95%乙醇开展比较。结果发现 0.8mol/L 的[C₄mim][PF₆]在室温浸提 1h 的效果最好，得率可达 14.5g/100g[图 3-2（d）]；提取结束后过滤，并用正丁醇反萃三次，减压除去溶剂即可获得相关提取物，同时离子液体回收使用。此法同样适合目前糖厂榨汁后废弃的甘蔗茎中黄酮的提取，可实现物尽其用。

除了用得最多的咪唑类，一些安全性更强的离子液体也被合成并用于天然黄酮的常规提取。其中，氨基酸类因来源广、种类多、廉价且友好而受到研发者的青睐；理

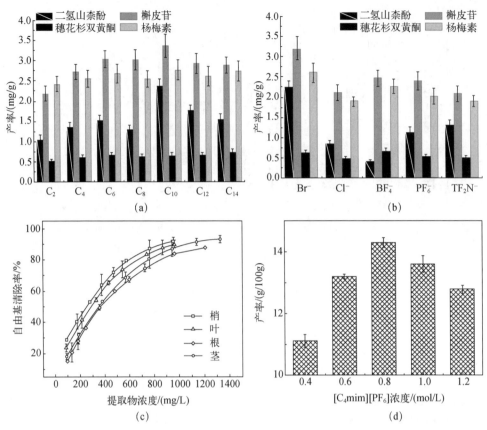

图 3-2 （a）[C$_n$mim][Br]碳链长度为 C$_2$、C$_4$、C$_6$、C$_8$、C$_{10}$、C$_{12}$ 或 C$_{14}$ 时对日本扁柏中

四种黄酮类物质提取率的影响以及（b）[C$_{10}$mim]$^+$ 与 Br$^-$、Cl$^-$、BF$_4^-$、PF$_6^-$ 或 TF$_2$N$^-$

（从左自右）组成的 IL 对日本扁柏中四种黄酮类物质提取率的影响[1]；

（c）甘蔗不同部位黄酮的抗氧化活性；（d）不同浓度[C$_4$mim][PF$_6$]提取甘蔗黄酮的产率

论上来讲，常见的 20 种氨基酸均可用于制备离子液体，且既可作为阳离子，也可作为阴离子。以色氨酸为例，可先将作为阳离子的氯化胆碱通过阴离子树脂变为氢氧胆碱，再按照 n（氢氧胆碱）：n（色氨酸）=1：1.1 的比例向色氨酸水溶液中缓慢滴加氢氧胆碱溶液，在室温下持续搅拌、精制和脱水得到胆碱-色氨酸离子液体（呈碱性）。其水溶液能有效地破坏杜仲叶组织；在 IL 浓度为 30%、杜仲叶粉末 1g、55℃振荡提取 90min 的条件下，总黄酮收率最高可达 3.26%[2]。2022 年日本研究团队使用真实溶剂似导体屏蔽模型从 20 个标准氨基酸乙酯阳离子和 9 个酚酸阴离子组成的 180 个 IL 中筛选出由生物相容性的脯氨酸乙酯与活性酚酸（反式阿魏酸、香草醛、对香豆素和 4-羟基苯甲酸）构成的四种 IL，其中脯氨酸乙酯阿魏酸 IL 对以木犀草素为代表的黄酮溶解度极高，提取性能优良[3]。

（2）生物碱类

作为离子液体提取应用最多的一类天然产物，生物碱类（alkaloids）大多存在于植物中，另外海洋生物和细菌、真菌中也有发现，现已超过一万余种；它们的结构类型比较复杂，可分为 59 种，生物活性多且强。生物碱结构一般为环状，大多在环内还有氮原子，呈现碱性，所以易于成盐并组合不同阴离子；但也有少数呈现弱酸性（当氮原子邻位具有强吸电子基团时），如酰胺类。在天然产物中，多数生物碱与共存酸结合成盐的形式存在，少数弱碱性生物碱以游离形式存在。生物碱大多不溶或难溶于水，可溶于氯仿、乙醚、乙醇、丙酮、苯等，也可以溶于稀酸的水溶液形成盐类，所以它们都是生物碱常用的提取剂。也有少数生物碱既可溶于水，也能溶于有机溶剂，如麻黄碱。极个别具有升华性（如咖啡因），可直接通过加热-冷凝获得。

在使用离子液体常规提取生物碱的过程中，前者的酸碱性也会影响其对目标成分的提取效果；从目前来看，酸性离子液体普遍表现较优。比如[C_4mim][Br]对 N-去甲基荷叶碱、O-去甲基荷叶碱和荷叶碱三种生物碱的提取率很高，这是由于此种离子液体的水溶液偏酸性，有利于与游离生物碱成盐，促进其从细胞内溶解并扩散于溶剂体系中，从而提高离子液体的提取效率；也有研究采用 1-丁基-3-甲基咪唑氨基磺酸酯（[C_4mim][Ace]）提取黄花海罂粟中的海罂粟碱[4]。除阴离子外，离子液体的阳离子对生物碱的提取率也发挥了重要作用（尤其是具有酸性基团取代时），其烷基碳链长度会大大影响离子液体表观的亲/疏水性，从而进一步影响生物碱的提取率。如在使用咪唑溴盐离子液体从长春花中提取喜树碱时，提取效率随着该离子液体阳离子上的碳链长度从乙基增长到辛基而上升。这是因为随着碳链的增长，离子液体的疏水性增大，而同样具有疏水性的喜树碱在"相似相溶"的原理下更容易被提取。

目标成分提取的前一阶段往往是所在原料基质的溶胀环节，一部分溶剂参与溶胀进入原料基质的骨架，它们的存在状态和溶质在其中的传递行为有别于提取用的主体溶剂。离子液体作用于原料的溶胀速度和程度对提取传质有很大影响，值得进行系统研究。笔者团队选择了 [C_4mim][PF_6]、[C_4mim][BF_4]、[C_4mim][Br]、[C_4mim][Cl]、[C_4mim][CH_3SO_3]、[C_4mim][HSO_4]、[C_4mim][H_2PO_4]以及 1-磺酸丙基-3-甲基咪唑磷酸氢盐和硫酸氢盐[PSmim][H_2PO_4]、[PSmim][HSO_4]9 种离子液体与 5%盐酸、0.4%硫酸、甲醇和乙醇这些生物碱常见提取溶剂，在不同条件下以黄连原料粉末为对象开展比较研究。

通过比较发现饱和溶胀比随着操作温度的升高而增大；接触不同性质的离子液体都能使原料骨架结构发生强烈改变，孔隙率和比表面积均有明显增大。其中中性 IL 的水溶性越高其溶胀作用越强，而酸性 IL 由于能提供更多的 H^+所以体现出了比前者更为明显的溶胀[见图 3-3（a）（b）（c）]。大颗粒物料的体积改变更易受制于其骨架本身物质的变化，小颗粒受到溶剂浸润时骨架结构更容易改变，从而有利于离子液体进入其内部并形成结合物，故溶胀比随着粒度减小而增大。离子液体的组织穿透性随着浓度的增大而增强，对颗粒骨架产生的溶胀作用也不断加大，从而更容易渗透进入骨架中；但如果离子液体的浓度过大，溶液的黏度会使传质受阻而导致进入骨架小孔的概率减小，从而使饱和溶胀比逐渐减小。在此基础上，笔者团队还对溶胀速率开展了过程研究。原料颗粒的浸润是从外向内逐步、逐层深入的；在此过程中，不同溶剂作用时间不同，并且颗粒的骨架、体积、孔隙都在不断地变化，对提取传质行为影响非常明显。实验结果表明，所有预试的溶剂均能在半小时左右实现彻底的溶胀，四种不同提取剂的溶胀速率结果如图 3-3（d）所示，甲醇作为最常用的提取溶剂溶胀效果明显不及其余三种。

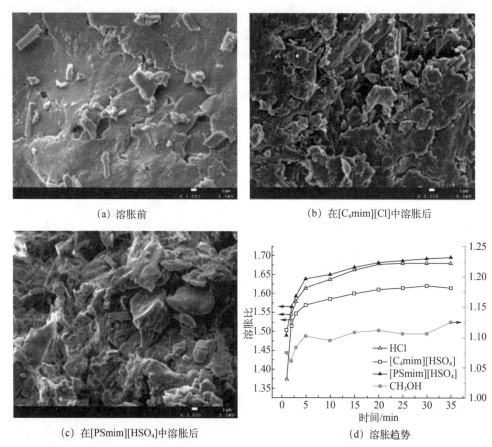

（a）溶胀前　　　　　　　　　　　　　（b）在[C₄mim][Cl]中溶胀后

（c）在[PSmim][HSO₄]中溶胀后　　　　　　（d）溶胀趋势

图 3-3　黄连原料不同状态下的扫描电镜图以及在四种不同溶剂中的溶胀趋势

咖啡因（1, 3, 7-三甲基黄嘌呤）属于嘌呤生物碱家族，对神经系统、肌肉系统和心血管系统具有明显的作用；除此之外还显示出抗菌和抗真菌的特性，并且可以作为天然杀虫剂，能使吞食含咖啡因植物的昆虫麻痹。值得一提的是，为了使相关食物或饮料服用后不体现出中枢兴奋的效果，各种提取技术还被用于脱咖啡因处理。瓜拉纳（*Palliniacupana* Sapindaceae）是巴西最知名且很早就有史册记载的热带雨林植物，只有种子适合人类食用，需种植 4～5 年才开花结果，7～9 月盛产，一年采收一次，是隔年多产的经济作物。瓜拉纳所含咖啡因浓度是咖啡豆、茶叶等原料的两到三倍。在使用 2.34mol/L 离子液体[C_4mim][Cl]水溶液从瓜拉纳中提取咖啡因时，最优工艺为固液比 0.1g/mL，温度 70℃，提取时间 30min，此条件下咖啡因提取率可达到 9.43%。而使用常规的传统有机溶剂提取法，比如使用基于二氯甲烷的索氏提取法同样从瓜拉纳中提取咖啡因，270min 后提取率仅为 4.30%；后者不仅使用了对环境和人员都不友好的卤代烃（如二氯甲烷），而且时间长；更重要的是，与离子液体水溶液相比，这种传统方法提取咖啡因的效率明显偏低[5]。

华山参（*Radix Physochlainae*）为茄科植物漏斗泡囊草的干燥根，春季采挖，除去须根，洗净晒干备用。分布于陕西秦岭中部到东部、河南西部和南部、山西南部，具有较高药用价值；适用于防治神经衰弱、精神分裂、心悸易惊和慢性气管炎等症。其中主要有效成分为莨菪类生物碱，包括山莨菪碱（anisodamine）、莨菪碱（atropine）、东莨菪碱(scopolamine)、阿扑东莨菪碱(aposcopolamine)以及异东莨菪醇(scopoline)，结构如图 3-4 所示。针对莨菪类生物碱结构特点，笔者团队设计并制备了一系列与其具有共同结构母核的托品醇类 IL[包括以直链碳烃为支链的[$C_{3\sim6}$Tr][X]、[$C_{3\sim6}$Tr][BF_4]、[$C_{3\sim6}$Tr][L-Pro]、[$C_{3\sim6}$Tr][PF_6]（1～4）以及以芳香烃为支链的[BnTr][PF_6]（5）、[*m*-MBnTr][PF_6]（6）、[*p*-NBnTr][PF_6]（7）等]，在确认其结构后随即为后续的提取应用开展了一系列基础研究，包括以瑞氏染料探针测定了它们的极性值 E_T（30），结果表明托品醇类 IL 的极性与低碳醇的极性相似；同时采用 Hammet 酸度法测定后发现其酸度值均为中性偏酸；笔者团队还在常压下通过浊点法测定了 5～85℃条件下此类离子液体在水溶液中的溶解度，并使用了经验方程、λh 方程、Wilson 模型以及 NRTL 模型对溶解度数据进行了关联，研究结果提示其中经验方程的拟合效果最好，相关系数 R^2 最低为 0.9990，最高达到 0.9999；同时发现其中相当一部分托品醇类 IL 在乙醇-水二元体系中具有温敏性，并且由于分子间氢键的存在还具有潜溶性。这些特殊性质使得它们不但可以通过改变混合溶剂的比例来达到增大溶解度的目的，而且在使用完毕后可以在适宜的温度窗口下通过精准降温达到促进其析出和回收的目的，这对它们在提取等领域的应用具有重要的价值。最后对 5～85℃范围内此类离子液体+H_2O 二元体系的摩尔电导率（Λ）进行了测定，使用 Arrennius-Ostwarld 方程对 Λ 进行了关联，并得到它们在水溶液中的缔合常数（K_a）和极限摩尔常数（Λ_m）。对以上大量基础数据的广泛探究，既有利于全面了解这些全新的离子液体，更有利于掌握与其提取作用存在密切联系的关键性质、行为和机制。

在此基础上，该类离子液体被首次尝试从华山参根粉末中加热提取具有同类母核的目标生物碱，并以此检验拓展的"相似相溶"规则。图 3-5（a）中的结果显示总生物碱提取率由大到小依次为：[C_3Tr][PF_6] > [C_4Tr][PF_6] > [*m*-MBnTr][PF_6] > [C_6Tr][PF_6] > [C_5Tr][PF_6] > [*p*-NBnTr][PF_6] > [BnTr][PF_6]。综合之前的研究发现，随着 IL 在水溶液

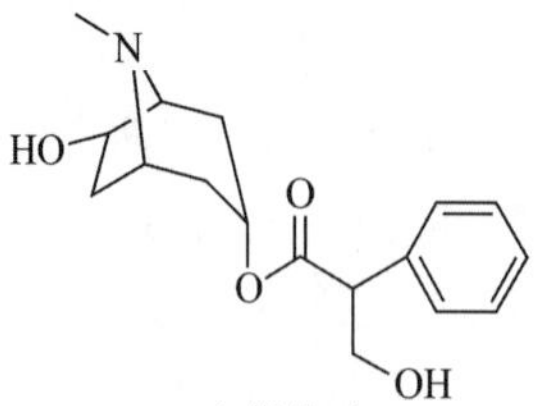

山莨菪碱

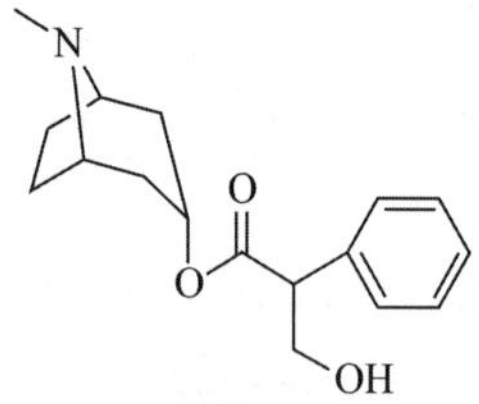

莨菪碱

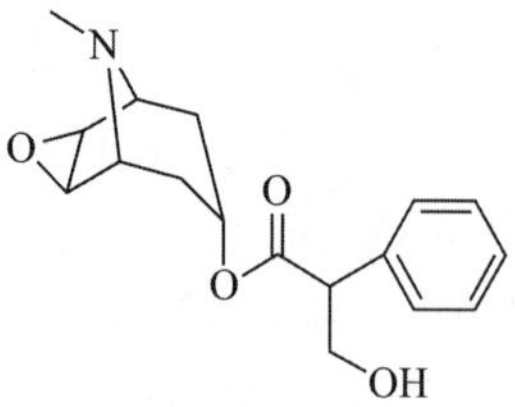

东莨菪碱

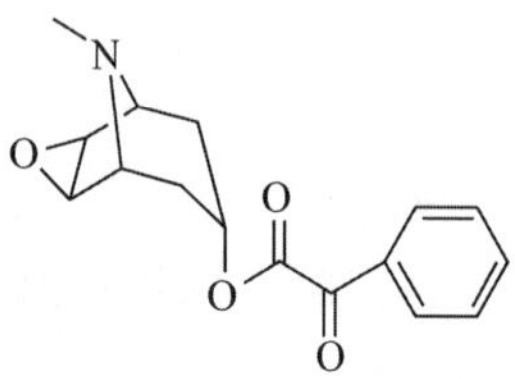

阿扑东莨菪碱

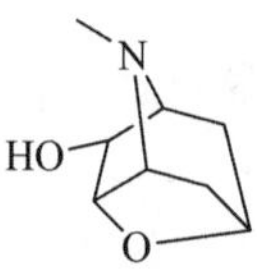

异东莨菪醇

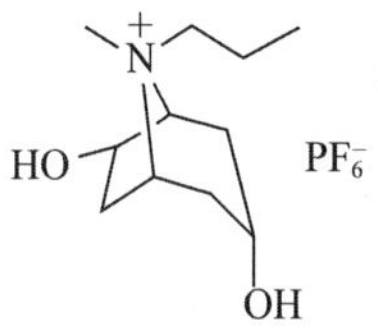

1

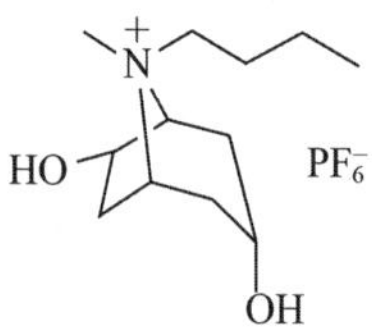

2

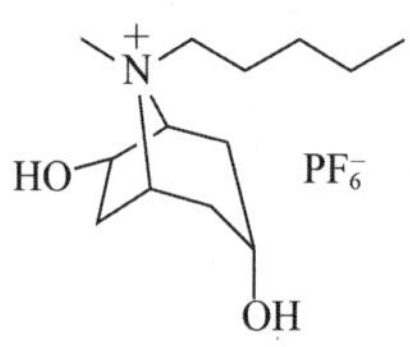

3

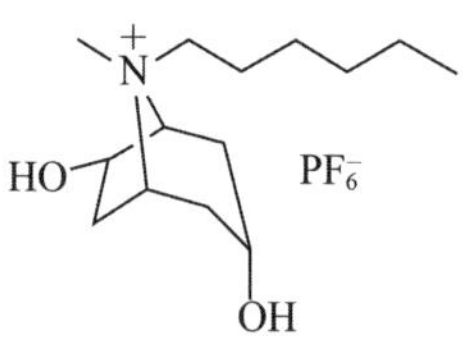

4

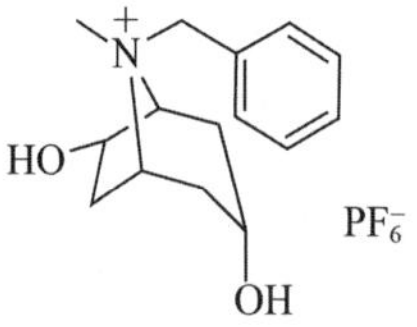

5

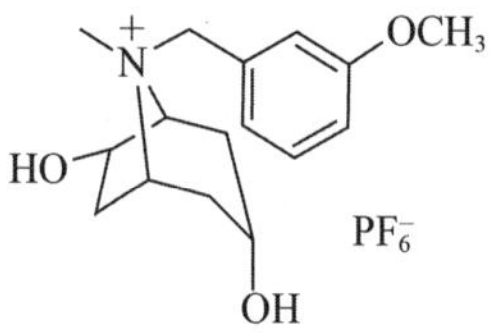

6

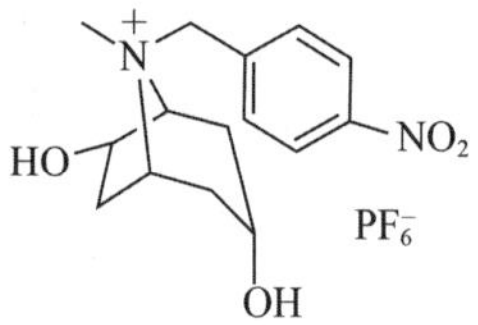

7

图 3-4　华山参中主要莨菪类生物碱和以 PF_6^-为阴离子的新型托品醇类离子液体结构式（1～7）

中缔合常数的减小，其水溶液对于总碱的提取率越低。这是因为该常数越大，IL 与生物碱之间缔合作用就越强，而这一作用是主导离子液体提取效果的主要因素之一。因为水-离子液体和水-生物碱之间存在强烈的竞争关系，水对于 IL 的溶剂化作用越弱，IL 与生物碱的缔合越强，则对目标的提取效果越好。

同时，笔者团队发现 IL 的极性也是影响总碱提取率的因素之一。$[C_3Tr][PF_6]$、$[C_4Tr][PF_6]$的极性比$[C_5Tr][PF_6]$、$[C_6Tr][PF_6]$高，其提取率也更高；具有直链碳链取代的离子液体极性也普遍大于芳香烃类取代的。从单一生物碱提取率的角度来分析，笔者团队还可以发现 IL 与其极性越相近，该成分的提取率越高。在最佳条件下（$[C_3Tr][PF_6]$

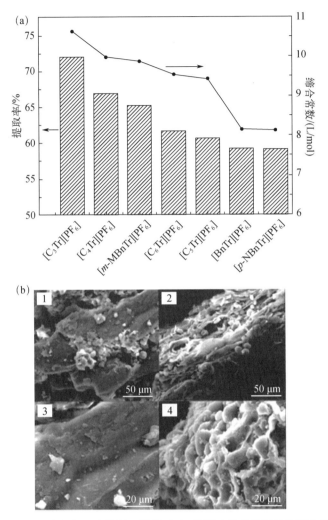

图 3-5　托品醇类离子液体提取效果（a）及提取前后药材的扫描电镜图比较（b）

水溶液浓度为 0.05mol/L，固液比为 1g∶35mL，加热温度为 75℃，提取时间为 55min），总碱提取率可达 95.1%。而传统的回流和浸提法需要 3.5h 甚至更长时间才能实现充分提取[6]。此外，该离子液体提取华山参生物碱的过程符合一级动力学方程，且是自发熵增的吸热过程；与其他有机溶剂（如 85%乙醇、0.1%HCl 等）相比，[C_3Tr][PF_6]提取速率最大，并与生物碱存在分子间缔合作用，主要是分子间氢键和范德华力。更重要的是，使用离子液体并未使莨菪烷类生物碱发生消旋化，同时两者间的缔合还能防止后者在高温条件下出现可能的消旋化。提取前后华山参原料粉末的扫描电子显微镜观察结果如图 3-5（b）所示，可以非常直观地发现，提取前原料（1、3 号样品）表面比较光滑平整；而提取后的残渣（2、4 号样品）表面变得粗糙，呈现不规则的褶皱状，并且出现较多的破碎孔洞。这也说明了 IL 能竞争性地与纤维素形成氢键,最大程度地破坏药材骨架结构及表面通透性,溶剂更易进入植物细胞从而导致传质效率显著提高。

(3) 多糖类

多糖(polysaccharides)是由单糖通过糖苷键连接而成的聚合度大于 10 的极性复杂大分子,其基本结构单元是葡聚糖,分子量一般为数万甚至达数百万,在食品工业、造纸、化工和制药工业等领域有着广泛的应用。多糖作为来自高等动植物细胞膜和微生物细胞壁的天然高分子化合物,是构成生命活动的四大基本物质之一,广泛分布于动物、植物及微生物中。目前应用比较多的是植物多糖,其结构非常复杂;不同种类植物多糖的分子构成及分子量各不相同,而且在植物的不同部位多糖种类和功能也各不相同。咪唑离子液体是从植物中提取多糖的最佳提取溶剂之一。目前,在低温溶解纤维素方面,基于咪唑阳离子,以乙基、烯丙基、丁基为侧链的氯盐、甲酸盐、乙酸盐、烷基磷酸盐离子液体显示了良好的溶解和提取性能。最初溶解纤维素使用最广泛的离子液体是[C_4mim][Cl];但后来出现的烷基磷酸盐离子液体黏度相对较低,热稳定性较高,并可由操作简单的一锅法合成,更具有实际应用性。具体提取机制是,在加热条件下,IL 首先发生解离,形成游离的咪唑阳离子和阴离子 X^-。前者作为电子受体中心,与纤维素分子中—OH 的 O 相互作用;后者作为电子给体中心,与纤维素分子—OH 中的 H 相互作用形成氢键(氢键碱度越大,溶解纤维素的能力就越强)。在新键逐渐形成的过程中,纤维素自身的氢键被不断破坏,进而实现纤维素的溶解。如果阳离子上存在羟基取代,则可进一步增强与纤维素羟基的相互作用。类似于生物碱提取中的溶胀环节,笔者团队也考察了七种中性离子液体[见图 3-6(a)]对甘蔗纤维素的溶胀行为,相较于小分子的提取,所在物料的有效溶胀对于大分子的溶出更具意义。结果发现[C_2mim][Br]对甘蔗纤维素的溶胀比最大,这主要是因为其咪唑阳离子的半径最小,相对容易进入纤维素的空隙结构。随着咪唑环上烷基链的增长,纤维素的溶胀比整体上趋于下降,但并不是完全的线性规律,这可能是因为疏水作用和空间位阻作用的双重作用效果。至于[C_4mim][Cl]和[C_4mim][Br],前者对甘蔗纤维素的溶胀效果明显高于后者[见图 3-6(b)],这是因为阴离子 Cl^-形成氢键的能力大于 Br^-,同时 Cl^-的半径较小。总之,中性离子液体水溶液的黏度、自身结构及其与纤维素形成氢键的能力共同影响着对甘蔗纤维素的溶胀性能。

为了拓展处理天然纤维素的离子液体类型,笔者团队制备了胆碱赖氨酸[Ch][Lys]、胆碱精氨酸[Ch][Arg]、胆碱组氨酸[Ch][His]三种新型 IL,它们的外观为黄色或棕色的黏稠液体状,[Ch][Arg]的黏度最大且流动性最差,[Ch][His]次之,[Ch][Lys]的黏度最小且流动性最好。在提取过程中,将收集到的丝瓜络切成体积为 1cm³ 的块状于 25℃用超声清洗 3h,然后 75℃干燥 2h,将其粉碎过筛;分别称取 3g 三种 IL 放置于烧瓶中,再分别加入 0.15g 天然丝瓜络(质量分数 5%),在氮气气氛下,90℃油浴

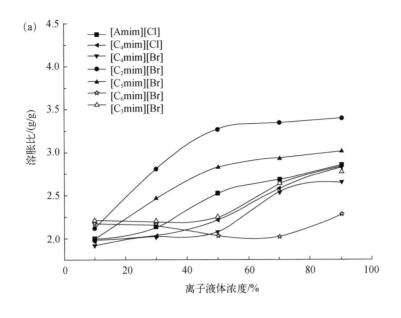

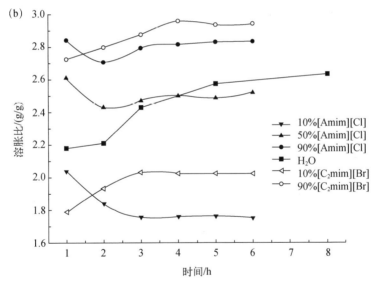

图 3-6　纤维素的在离子液体中的溶胀行为比较（a）及溶胀比随时间的变化（b）

加热 24h。从整个过程来看，丝瓜络纤维刚加入 IL 时可以看到明显的线状颗粒，溶解过程进行到 12h 后，线状颗粒明显消失，仅小部分残留，整个体系呈现出比较均匀的状态，当溶解进行 24h 后，丝瓜络纤维大部分都被离子液体溶解，几乎看不到线状颗粒；体现了 IL 对丝瓜络纤维良好的溶解能力（图 3-7）。

半纤维素是与纤维素共存于大多数植物细胞壁的杂聚多糖，结构上是多聚戊糖和

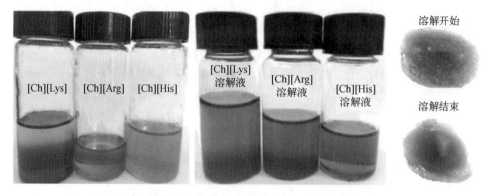

图 3-7　三种胆碱氨基酸 IL 溶解丝瓜络纤维前后外观的比较

多聚己糖的混合物，大量存在于植物木质化部分，约占总量的 50%。但不同于纤维素的是，半纤维素的组成是随机的，是非结晶结构，强度低，聚合度更小；常用的提取溶剂是碱水。现有研究发现阳离子上含有羟乙基的咪唑类离子液体对半纤维素的模拟化合物木聚糖的溶解能力最强。作为一种典型的碱性离子液体，$[C_4mim][OH]$ 可以破坏木质纤维素，并对半纤维素表现出良好的溶解性。笔者团队将其与相同摩尔浓度的 NaOH、KOH 以及石灰水进行了比较，结果发现 $[C_4mim][OH]$ 提取半纤维素的产率相比这些无机碱略低，但产物纯度更高（图 3-8），这说明了它具有选择性提取的能力，对于制备高品质半纤维素产品较为有利。在实际应用中，40%的 $[C_4mim]OH$ 水溶液+6%H_2O_2 对脱脂酱油渣中半纤维素的提取效果最好；在 30~90℃，半纤维素的产率和纯度均随着温度上升而提高，但 90℃以上时开始降低。这一方面源于半纤维素的降解，另一方面与 $[C_4mim][OH]$ 的热不稳定性有关（有报道其会在 90~110℃的温度区间开始分解）。固液比为 1:25 时较为合适，加热提取时间不宜超过 4 小时。过滤后的提取液（滤渣则为纤维素）用 95%的乙醇沉淀后可获得半纤维素产品；其色泽均一，颗粒精细，已无酱油渣本身不悦人的气味和色泽，非常适合作为原料开展进一步加工。除了上述针对半纤维素的直接提取法，也可以选取对纤维素有较好溶解性的 $[C_5mim][Cl]$ 和对木质素有良好溶解能力的 $[C_2mim][OAc]$ 分别将两者提取后获得剩下的半纤维素产物。

　　甲壳素（chitin）是通过 β-（1,4）苷键连接的直链多糖，大量存在于虾、蟹等海洋节肢动物以及昆虫的甲壳、软体动物的壳及骨骼，以及一些高等植物的细胞壁中。一般情况下甲壳素在 $[C_5mim][Cl]$ 中不溶解，但是在 $[C_5mim][Br]$ 中显示出较高的溶解性，这说明溴离子的存在有利于甲壳素的溶解。然而，当阳离子为 $[C_4mim]^+$ 时，含 Cl^- 的离子液体溶解甲壳素的能力最高，而 Br^- 对甲壳素的溶解性能影响较小；这说明，阴阳离子之间存在协同效应，它们对于溶解均有贡献，其中阴离子主要发挥氢键作用，阳离子则可提供范德华效应。除上述离子液体阴阳离子组合之外，能有效溶解甲壳素的离子液体的阴离子还有醋酸根。

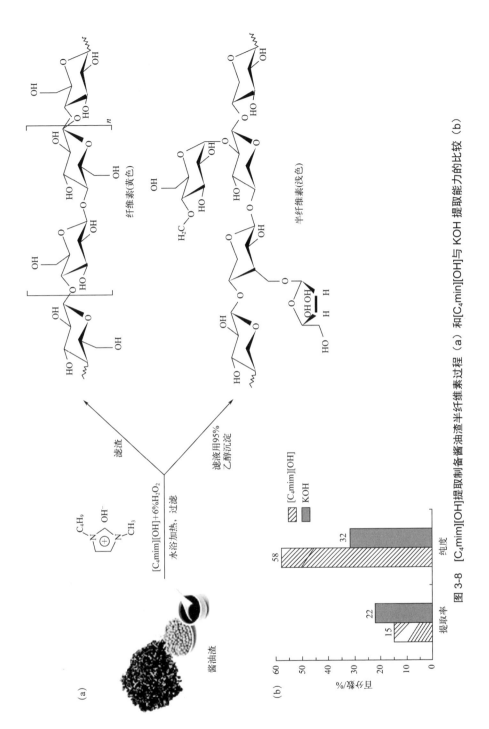

图 3-8 [C₄mim][OH]提取制备酱油渣半纤维素过程（a）和[C₄mim][OH]与 KOH 提取能力的比较（b）

壳聚糖（chitosan）是甲壳素的 *N*-脱乙酰化产物，是自然界中存储量最大的碱性生物多糖，基本组成单位是氨基葡萄糖；壳二糖是壳聚糖基本结构的糖单元，具有较好的生物降解性和生物相容性，还具有抗菌、增强免疫力等作用，广泛应用在食品、化妆品、生物医用材料等领域。在壳聚糖提取制备过程中，发现离子液体 1-己基-3-甲基咪唑六氟磷酸（$[C_6mim][PF_6]$）可以成功应用于从蟹粉中提取甲壳素，且提取率高于不加$[C_6mim][PF_6]$的情况，除此之外，$[C_6mim][PF_6]$可以被循环使用，故相比于传统的有机挥发性试剂，离子液体具有更大的优势[7]。对于其余类型的 IL，1-氯乙烯基-3-甲基咪唑氯盐[Nmim][Cl]比[Amim][Cl]的溶解力更强，同时醋酸盐 IL 的溶解能力强于氯盐 IL，混合 IL 的效果强于单一 IL。另外氨基酸类 IL 也是一个不错的选择，其中甘氨酸（Gly）类 IL 对壳聚糖具有较好的溶解能力，可能原因是该氨基酸分子最小，易进入壳聚糖分子内部，使壳聚糖溶胀，从而使之均匀分散到 IL 中达到溶解。目前效果最好的[Gly][Cl]可溶解 6.32%（质量分数）的壳聚糖，故被视为良好的提取剂。

对于其他多糖，碳链较短的亲水性 RTIL 比疏水性 RTIL 更适合提取琼脂糖；低黏度的烷基或羟乙胺基甲酸盐离子液体对琼脂糖往往有较好的溶解性，当它们与咪唑或吡啶类的 IL 混合使用时，溶解度更高。直链淀粉颗粒在加热后可以溶解于 1-甲氧基乙基（或甲基）-3-甲基咪唑溴盐即[MeOEtmim][Br]和[MeOMemim][Br]中，溶解度可达 30mg/mL。糊精、菊糖、果胶、木聚糖在 1-烯丙基-3-甲基咪唑甲酸盐[Amim][HCOO]中体现出大小不同的溶解性；其中果胶和木聚糖是密度相对低的多羟基化合物，与 IL 阴阳离子形成氢键的能力较弱。

（4）挥发油类

挥发油，又称为精油，是存在于植物中的一类具有挥发性的、可以随着水蒸气蒸馏且不与水混溶的油状液体的总称；其成分复杂，含有单帖、半倍萜、芳香族化合物等物质，具有抗炎、抗菌等作用。常见的提取挥发油的方法有水蒸气蒸馏法、压榨法、超临界 CO_2 提取法等，但它们存在时间长、提取率低或设备昂贵等问题。挥发油也可采用低沸点的亲脂性有机溶剂乙醚、石油醚提取，但此类溶剂易燃、易爆、闪点低。随着离子液体的出现，这类具有挥发性的天然产物也有了新的提取溶剂。目前所得到的初步规律为，$[C_4mim][H_2PO_4]$适用于醛类挥发油的提取，而$[C_4mim][OAc]$适用于倍半萜类挥发油的提取，可以根据被提取的天然挥发油主成分选择最合适的离子液体；同时在应用$[C_4mim]^+$型 IL 时，适当添加一定量的碱金属盐（如 Na^+、K^+、Li^+ 等），可以获得更高的挥发油产率而且不会改变其原有成分。

肉桂（*Cinnamomum cassis*）是樟科樟属植物肉桂树的干燥枝皮或茎皮，又称为桂皮、大桂等。肉桂中含有较多的肉桂精油，含量高达 1.98%～2.06%，主要成分为肉桂醛，占挥发油的 52.92%～61.20%。肉桂精油具有抗菌、抗氧化性，并且肉桂挥发油中的肉桂醛可以和其他芳香物质生产香水，除此之外，肉桂精油中的肉桂酸和肉桂酸乙酯作为香精被广泛用于食品、化妆品中。当使用 0.5mol/L 的$[C_4mim][H_2PO_4]$水溶液，按照固液比为 1g：10mL 加入肉桂粉末浸泡 2h 后，回流提取精油，2h 后提取率可达到 18.56g/kg，而使用传统的水蒸气蒸馏法，按照同样的固液比加入肉桂粉末浸泡 2h 后水蒸气蒸馏 5h，提取率为 15.63g/kg。可见，使用离子液体水溶液进行提取，可以在更短的时间内获得更高的提取率[8]。

柴胡是我国一种常用的中药，其所含的柴胡皂苷和柴胡挥发油是主要的药理活性成分。柴胡挥发油具有解热、抗炎、镇痛、抗菌等作用，化学成分主要包括萜类、芳香类、脂肪类化合物等，其中脂肪类含量居多。对柴胡挥发油的提取常用水蒸气蒸馏法，但存在时间长、效率低等缺点。当使用 0.5mol/L [C_4mim][OAc]水溶液按照固液比为 1g：8mL 加入柴胡粉末浸泡 2h 后，回流提取精油，3h 后提取率可达到 0.973g/kg，同样高于水蒸气蒸馏 6h 的提取率（0.858g/kg），表明离子液体的加入可以提高提取效率，缩短提取时间[8]。

除了上述的回流提取，也有研究[9]将含有挥发油的天然原料分散在离子液体（如咪唑类氯盐、醋酸盐、磷酸酯盐等）中，两者质量比为 1：20～1：5；先将体系加热至 80～100℃，再蒸馏 5～40min，收集获得挥发油；前一阶段的加热过程有利于提高挥发油产率，提取后剩余的离子液体-植物原料混合液还可以用于制备再生纤维素材料、醋酸纤维素或葡萄糖等多糖衍生化或者降解产物（可参照本书第六、七章条件）。Alabama 大学 Rogers 团队发现[10]，将 10g 新鲜磨碎的橘子皮（初始含水量约为 292% 干基）悬浮在 40g [C_2mim][OAc]（质量分数 20%的水溶液）中，并在 80℃下磁力搅拌；橘子皮在 3h 后完全溶解，进而使用 Kugelrohr 装置在 60～65℃/12～15Mbar（1bar=0.1MPa）下直接对获得的橘子浆进行真空蒸馏，可从中获得由柠檬烯和水组成的两层馏出物，通过简单的相分离即可获得无色液态柠檬烯（最高收率 7.4g/100g）。

(5) 蛋白质和多肽类

在蛋白质和多肽的提取过程中不适合使用有毒的有机溶剂，所以绿色溶剂成为了良好的替代品，此外生物分子在离子液体中的活性和稳定性都能得到显著的提高，还可在其中成功地进行生物催化等反应，故在此使用离子液体意义重大。总体来看具有以下几个特点：

第一，因为蛋白质在离子液体中的溶解度比较低，所以往往需要加入其他辅助的提取剂。但随着提取技术的发展，在 2008 年发现血红蛋白可以在不加入助剂的情况下，使用 1-丁基-3-三甲基硅烷基咪唑六氟磷酸盐（[BTMSim][PF_6]）从人全血中提取得到[11]，这是因为咪唑阳离子[BTMSim]$^+$可以和血红蛋白中的铁原子发生配位作用生成复合物进而被提取到离子液体相中。类似地，细胞色素是一类以铁卟啉（或血红素）作为辅基的电子传递蛋白，广泛参与动植物、酵母以及好氧菌、厌氧光合菌等的氧化还原反应。与上述机理相近的是，在 pH=1.0 的酸性条件下，细胞色素 c（Cyt-c）可发生构型转变，其肽链伸展，疏水性基团外露，这会增加 Cyt-c 在[BTMSim][PF_6]中的溶解性；当 pH=2.0 时，血红素基团中的 Fe 与氨基酸残基 Met-80 的配位断裂，空出第六个配位空间；此时离子液体咪唑阳离子可进入肽链孔穴与 Fe 发生配位并形成新的配位键，从而实现对 Cyt-c 的有效结合与提取。

第二，提取环境复杂。IL 提取蛋白质通常是在酵母、血液等复杂的基质中进行。其中酵母被认为是生物科学研究中的一个重要基质，被广泛用于各种蛋白质的工业生产。近年来，离子液体 3-（二甲氨基）-1-丙基胺甲酸酯[DMAPA][FA]被发现是一种很有前途的酵母细胞蛋白质提取剂[12]。众所周知，酵母细胞壁的骨架成分是多糖（高达 90%），主要是葡聚糖、甘露聚糖及少量几丁质。IL 早已被证明可以溶解大分子，此处可以作为一种高效和强大的细胞裂解试剂，使其中的蛋白质易于提取和分析。取 10mL 该细胞培养液，先用 1mL 蒸馏水洗涤细胞颗粒，再将其悬浮在 0.3mL 蒸馏水中，然后加入等量的 2mol/L[DMAPA][FA]进行提取。这两步较为重要，如果将细胞直接悬浮在该离子液体中会导致提取效率偏低。接下来整个体系在 100℃孵育 10min 后离心，分别获得上清液和细胞，最后用高速真空干燥机从蛋白质中蒸发并回收 IL。经表征后发现蛋白质的主干没有断裂，其一级结构保持不变。对于离子液体，随着阳离子疏水性的降低，萃取率普遍提高，因为蛋白质与 IL 之间较高的疏水作用对前者的溶解有抑制作用，而阴离子的萃取效率一般随氢键强度的增加而上升。

第三，离子液体可用于提取不同种类的蛋白质，如血红蛋白、牛血清白蛋白、胰蛋白酶和 γ-球蛋白等。总体来看受多种因素（如温度、pH 和离子液体浓度）的影响，提取后蛋白质的活性需要得以维持。蛋白质提取过程中最重要的一点是蛋白质的构象和活性在整个提取过程中不应该发生变化，这点在以新型绿色溶剂为介质的温和处理方法中往往较容易实现。

（6）其他天然产物

前面提到的提取天然产物的离子液体一般都是有较短烷基链的，比如 1-烷基-3-甲基咪唑盐或其他季铵盐，其中阴离子是氯离子、溴离子等；但是这类离子液体不适合用于提取疏水性或水中溶解度很小的天然产物。姜黄类物质是从姜黄根茎中提取出来的一类物质，主要包括 3 种结构的化合物：姜黄素、去甲氧基姜黄素和双去甲氧基姜黄素。姜黄类物质分子极性小，水溶性差，在提取过程中往往需要使用有机溶剂作为提取溶剂，且提取率不高，但是长链的离子液体可以适当减弱溶剂的极性，对姜黄素有较好的提取作用，故一系列咪唑类离子液体被应用于姜黄类物质的提取，并且随着离子液体碳链长度的增加，离子液体对姜黄素的增溶能力增加，对姜黄类物质的提取率也增大，但由于相同浓度的离子液体溶液的黏度会随着碳链长度增加而增大，过大的黏度会阻碍传质的进行进而影响提取率，且碳链长度越大，离子液体在水中溶解性会越差，故在提取姜黄素时，常使用的咪唑类离子液体中碳链中碳原子数不会超过 10。比如，使用[C_8mim][Br]的乙醇溶液，在固液比为 1g：60mL、温度为 65℃的条件下提取 1h，姜黄中姜黄素提取率可达到 1.296%，高于传统的乙醇提取法（0.98%）[13]。

在所有溶剂中，水被认为是最安全最环保的绿色溶剂，但是水对疏水性物质的溶解性不大，很大程度上限制了水直接作为提取溶剂提取疏水性物质。为了提高疏水性天然产物在水介质中的提取，除了使用上述阳离子上具有长烷基链的离子液体，水和具有两亲性的长链羧酸离子液体（long-chain carboxylate ionic liquid, LCC-IL）的混合物同样对许多疏水性的天然产物具有很好的溶解性。比如，正丁基四磷酸盐的离子液体$[P_{4444}][C_nH_{2n+1}COO]$（$n=7$、9、11、13 和 15）集弱极性和强氢键碱性于一体，更重要的是，它们具有优异的亲油性，同时仍能与水较好地混溶；因此，其水溶液对各种疏水性天然产物具有极高的溶解性。α-生育酚在 15%（质量分数）的$[P_{4444}][C_{11}H_{23}COO]$-水混合物中的溶解度几乎比纯水中多 4 个数量级，在 49℃可达到 0.096g/g，同样远高于常用的水/亲水性离子液体混合物中的溶解度，在相同条件下 α-生育酚在$[C_4mim]$$[Cl]$-水中溶解度仅有 0.00012g/g。这是因为当 α-生育酚溶解在$[P_{4444}][C_nH_{2n+1}COO]$-水混合物中时，形成了纳米胶束，并且$[P_{4444}][C_{11}H_{23}COO]$上的阴离子与 α-生育酚中的羟基形成强氢键，而羧酸盐阴离子接受氢键供体的能力很强；此外，$[P_{4444}][C_{11}H_{23}COO]$的长烷基链与 α-生育酚的疏水部分之间存在着强烈的范德华作用，因此 α-生育酚位于胶束核心位置（如图 3-9 所示）。在使用$[P_{4444}][C_{11}H_{23}COO]$-水混合物从大豆中提取生育酚的体系中，当离子液体浓度达到 20%（质量分数），固液比为 1g：20mL 时，在 40℃下搅拌（400r/min）提取 2h，提取率可达到 0.204mg/g，远大于使用乙醇（0.071mg/g）、$[C_4mim][Cl]$-水（0.019mg/g）、$[C_4mim][OAc]$-水（0.022mg/g）、$[P_{4444}][OAc]$-水（0.026mg/g）、$[C_{12}mim][Cl]$-水（0.043mg/g）和$[C_{12}mim][OAc]$-水（0.047mg/g）作为溶剂在相同条件下的提取率[14]。其实咪唑类 IL 也能形成类似胶束，一般其烷基链长度越小，分子有序组合体的内核极性也就越小，对脂溶性成分的提取越有利。在使用咪唑类离子液体从虎杖、决明子或何首乌中提取芦荟大黄素、大黄酸、大黄素、大黄

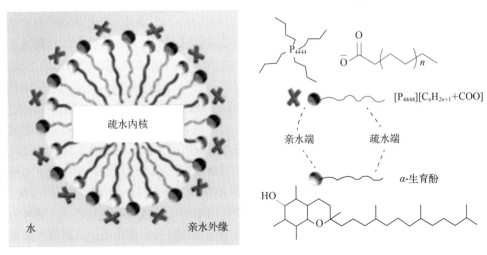

图 3-9　LCC-IL（$[P_{4444}][C_nH_{2n+1}COO]$）和 α-生育酚形成胶束的原理

酚、大黄素甲醚和丹蒽醌时，[C₆mim][PF₆]的提取效果优于[C₄mim][PF₆]，即前者形成的分子有序组合体与这6种蒽醌类成分具有更匹配的性质。

常规提取法中除了冷提和热提，还有加压模式可以用于强化传质。例如，使用0.5mol/L 1-辛基-3-甲基咪唑六氟磷酸的乙醇溶液，以超高压萃取丹参中的醌类成分丹参酮ⅡA，最终产率为 37.4mg/g，是醇溶剂提取法的 1.33 倍。同时，这种方法有效地将时间从甲醇提取法的 120min 缩短到 2min[15]。

最后，除了在提取过程中用离子液体溶解目标物，这里还有一个特别的思路，即用离子液体溶解掉物料基质，剩下的即为目标物。例如，1-丁基-3-甲基咪唑三氟甲磺酸盐[C₄mim][CF₃SO₃]和甲醇的混合物可成功地溶解小球藻，但不能溶解小球藻中含有的脂类，通过简单的处理即可获得该产物。具体操作是将 500mg 小球藻与 2.5mL IL 和 2.5mL 甲醇的混合物在 65℃ 的磁力搅拌下混合搅拌 18h，然后将体系在室温下冷却并离心以分离 IL–甲醇和脂质相，可通过向混合物中加水促进相分离，脂类提取率为 12.5%～19.0%，其中 C16∶0、C16∶1、C18∶2 和 C18∶3 脂肪酸占主导地位。对线性溶剂化能的多参数回归分析表明，在本应用中 IL 的偶极/极化率和氢键酸性比它们的氢键碱性更重要[16]。

3.2.2 离子液体超声辅助提取

3.2.2.1 基本情况

离子液体超声提取法（ionic liquid based ultrasonic-assisted extraction，IL-UAE）是利用超声波的空化效应、机械效应和热效应等加速胞内有效物质在离子液体中的释放、扩散和溶解，显著提高提取效率的提取方法；作为一种新型提取技术，除了很少使用有机溶剂以外，还具有操作简单、使用溶剂较少等优点。其中空化效应是离子液体超声提取的主要动力。液体中往往存在一些小气泡，当一定频率的超声波作用于液体时，适宜尺寸的小泡可以产生共振，它们在声波稀疏的阶段迅速膨大，在声波压缩阶段又被突然绝热压缩进而破灭。小泡在破灭的过程中会产生高温和高压冲击波，这可以与离子液体的作用相互协同，使物料乃至生物细胞壁破裂，进而加速胞内物质溶出。机械效应是指超声波在传播过程中，会使介质质点交替地压缩和伸张，产生压力变化进而引起的效应。这种机械效应对物料有很强的破坏作用，可以使细胞组织变形和蛋白质变性，而且超声波会给溶剂和固相悬浮体不同的加速度，导致 IL 溶剂分子的运动速度远远大于固体的速度，使得它们之间产生摩擦并使生物分子解聚，使得目标成分更好地溶解在 IL 中。超声波传播过程也是一种能量的传播过程，当超声波在离子液体中传播时，此类介质会吸收超声波的能量转化为热能，这种热效应（又称温热作用）可使得介质本身和被提取固体物料温度升高，从而体现为整体加热、边界处的局部加热、形成激波时波前的局部加热等，从而提高目标成分的溶出速度。

与常规方法相比，离子液体和超声法协同具有操作简单易行、时间短、效率高等优点，且适用范围广，不受被提取物质极性和分子量大小的限制，适于绝大多数的天然产物。但目前使用的超声提取器多数都存在超声能量分布不均匀的问题，并且超声场的作用范围有限，通常只有几十厘米，故限制了其在大体积设备中的使用；另外其产生的噪声需予以注意。

3.2.2.2 提取实例

(1) 黄酮类

在使用一系列咪唑类离子液体从酸枣仁中超声提取黄酮的应用中，发现阴离子会影响离子液体的表面张力，即表面张力随着阴离子质量的增大而增大，且阳离子的碳链长度影响着极性强弱，碳链越长极性越弱，根据"相似相溶"原理，对弱极性的黄酮提取能力较强，并且阳离子对黄酮的提取率影响更大，总体来看离子液体对黄酮的提取率由大到小依次为$[C_6mim][Br] > [C_6mim][BF_4] > [C_4mim][Br] > [C_4mim][BF_4]$。在使用$[C_6mim]Br$离子液体乙醇溶液时，固液比为1g∶50mL、超声提取30min的提取率远高于只用乙醇作为提取溶剂，这表明离子液体自身独特的性质可以更容易地将黄酮从酸枣仁中提取出来[17]。此外，研究人员尝试将甘草粉末直接与纯离子液体混合后进行超声提取，提取结束后离心取上清液进行分析，发现11种离子液体中最优者为$[C_8mim][BF_4]$（见图3-10）。最佳提取条件是：液固比28.31mL/g，提取时间32.77min，提取温度92.60℃，浸泡时间9.83h。所得产物中5种化合物Isoangustone A（IAA）、甘草香豆素（GCM）、甘草双氢异黄酮（LIF）、甘草西定（LCD）和光甘草定（GBD）的含量分别为45.6μg/g、346.9μg/g、214.9μg/g、224.5μg/g和250.0μg/g。与传统的水或甲醇超声提取方法相比，离子液体对甘草中异戊烯基黄酮的提取具有更高的特异性；进一步的分子模拟证明BF_4^-可与黄酮的酚羟基形成稳定氢键。同时，该研究也证实了在超声波的持续作用下，纯离子液体的较高黏性对提取过程的不利影响可以得到一定程度的克服[18]。

双黄酮是由两个单黄酮通过C—C键连接而成，大部分都具有显著的抗氧化活性以及抗病毒、抗炎、抗菌等药理活性。在使用咪唑类离子液体乙醇溶液从小卷柏中提取双黄酮类化合物时同样发现阴离子种类对提取率有一定影响，并且对双黄酮类化合物提取率由大到小的顺序为$PF_6^- > BF_4^- > OAc^- > Br^- > Cl^- > NO_3^-$（这似乎与前面提到的含$Br^-$的离子液体比含$BF_4^-$的提取率高矛盾，是因为在这个例子中氢键作用的贡献大于表面张力）。在这个例子中，含PF_6^-的离子液体提取率最高，这是因为PF_6^-与乙醇分子之间的强相互作用使离子液体乙醇溶液更有效地渗透到细胞中，更有利于目标物质的溶出。同样，离子液体阳离子$[C_nmim]^+$（n=2, 4, 6, 8, 10, 12）的烷基链长度也会影响离子液体对目标成分的提取效果，即总双黄酮的提取率随着离子液体阳离子的烷基链长度的增加而升高，这是由于离子液体的亲脂性在增强；然而，当碳链长度超过C_8时，总双黄酮的提取率明显降低，其原因可能是离子液体与双黄酮的空间位阻效应逐渐增强，疏水效应逐渐减弱，所以，使用[C₆mim][PF₆]对小卷柏中双黄酮类化合物进行提取是较优的选择。同样，使用超声辅助可以大大提高提取率；随着超声波功率从 150W 增加到 250W，双黄酮的总提取率显著增加，这是由于超声辅助提取是一种兼具机械效应、声空化和热效应特性的方法，可以提高分子运动速度和中间体的穿透力，从而提高萃取效率。所以，使用 0.8mmol/L 的[C₆mim][PF₆]乙醇溶液，液固比为 12.7mL/g，超声功率为 250W，在 47℃提取 40min 后，小卷柏中双黄酮的提取率可以达到 18.69mg/g，该提取率是使用索氏提取、渗滤萃取和热回流提取的 2～3 倍，是乙醇超声辅助提取的 2 倍，这表明 IL-UAE 是一种有效的黄酮提取方法[19]。

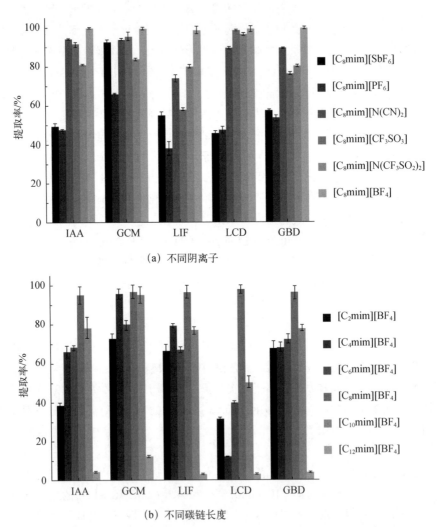

（a）不同阴离子

（b）不同碳链长度

图 3-10　咪唑类离子液体对酸枣仁中黄酮类物质提取率的影响

除了咪唑类 IL，苯并噻唑甲烷磺酸盐（[HBth][CH$_3$SO$_3$]）也被用于超声提取天然黄酮。作为一种来自桑科植物的待开发天然资源，构树叶性甘、凉，具有治疗吐血、水肿、癣疥、痢疾之功效；现代药理研究证实构树叶具有降血压、降血脂、抗癌、抗氧化、抗菌等作用。当前仅有少量嫩叶用作饲料，大部分被废弃。结果表明在 [HBth][CH$_3$SO$_3$] 的乙醇溶液浓度为 0.5mol/L、乙醇体积分数为 60%、提取温度为 60℃、提取时间为 20min、液固比为 20mL/g 的工艺条件下，提取物中构树叶总黄酮含量为 0.4685mg/g（以芦丁为指标）。研究发现，超声（4kHz，500W）20min 即可以使原料中的总黄酮充分溶出；时间过长，此类成分易氧化破坏，同时长时间的超声辐照容易造成共存蛋白质凝固，黄酮不易溶出；这些都会导致总提取率下降。该研究为构树叶黄酮的相关药用价值和进一步综合开发利用提供了参考数据[20]。

(2) 蒽醌类

目前提取游离蒽醌的方法主要有水提法、硫酸提取法、有机溶剂提取法、酶提法等，其中用得较多的是硫酸提取法和有机溶剂提取法，但这些方法提取时间长，提取率不够高，同时有机溶剂和酸的使用增加了该方法的非绿色性。蒽醌类化合物是何首乌的主要成分，其以大黄素、大黄酚、大黄素甲醚、大黄酸、芦荟大黄素等为主，《中华人民共和国药典》（以下简称《中国药典》）规定以大黄素和大黄素甲醚为指标成分，两者总含量约占药材的 2.5%。其中大黄素被证明具有类似乙酰胆碱的作用，可以抑制 Na$^+$ 和 K$^+$ 从肠腔转移到细胞，从而起到泻下的作用，并且不会影响小肠对营养物质的吸收；除此之外，大黄素还具有保肝、抑菌、抗炎、利尿以及免疫调节和心血管保护功能。在使用离子液体超声提取何首乌中蒽醌类物质时，发现苯并噻唑类离子液体的提取率高于咪唑类离子液体，这是因为苯并噻唑类离子液体中含有苯环，而何首乌中蒽醌类物质（主要是大黄素和大黄素甲醚）也含有苯环，离子液体和被提取物之间可以形成 π-π 共轭的分子间作用力，从而可以较好地提取出大黄素和大黄素甲醚。除此之外，酸性较强的离子液体对大黄素和大黄素甲醚的提取效果较好。并且在使用浓度为 0.64mol/L 的苯并噻唑在液固比 30mL/g、超声功率为 90W 的条件下对甲苯磺酸盐 [HBth][p-TSA] 甲醇溶液超声辅助提取 60min，游离蒽醌的提取效率比传统的甲醇溶液超声辅助提取提高了 67%；可见在该提取过程中，离子液体和超声波协同发挥了极大的作用[21]。

(3) 苯丙素类

天然产物中有一类物质，其结构中有苯环和三个直链碳连在一起的单元（C$_6$—C$_3$），它们被统称为苯丙素类。通常可将苯丙素类细分为苯丙酸类、香豆素类和木脂素类。绿原酸是苯丙酸类中的一种，具有抗自由基及抗脂质过氧化作用、抗菌抗病毒等生物活性。山楂是一种药食同源的植物，含有丰富的活性成分，绿原酸就是其中重要的一类，选择合适的提取溶剂和提取方法是对山楂绿原酸进一步开发利用的关键，其中采用咪唑类 IL 超声辅助提取是一个不错的选择。在使用 1.25mol/L [C$_2$mim][Cl] 水溶液时，液固比为 20mL/g、超声功率为 300W 的条件下提取 45min，绿原酸提取率可以达到 4.00mg/g，但当溶剂为水或者体积分数为 70%的乙醇时，在相同条件下提取率分别为 2.11mg/g 和 2.31mg/g，均小于 IL-UAE[22]。

木脂素类化合物多数呈游离状态，少数与糖结合成苷而存在于植物的木部和树脂中。因此木脂素在氯仿、乙醚和乙酸乙酯等极性不大的溶剂中更容易溶解，但是弱极性的有机溶剂不容易进入细胞内，所以提取木脂素常先用乙醇等亲水性溶剂提取得到浸膏，再用氯仿、乙醚等分次提取。但这样不仅会增加操作工序，使得提取时间过长，还会消耗大量有机溶剂。使用离子液体超声提取可以较好解决这一问题，并且离子液体种类对木脂素的提取率有较大的影响，比如 $[C_2mim][Br]$ 到 $[C_4mim][Br]$，总木脂素的提取率随着碳链长度的增加而增大，从 $[C_4mim][Br]$ 到 $[C_6mim][Br]$，总木脂素提取率随碳链长度的增加反而降低，这可能是因为碳链过短，空间位阻太小，且极性过大，导致溶出目标成分木脂素的同时也溶出大量其他共存成分；碳链过长，空间位阻太大，不利于木脂素的溶出。所以 $[C_4mim]^+$ 作为提取溶剂的阳离子比较合适。离子液体中的阴离子主要控制水溶性，阴离子对木脂素的多重交互作用如 π-π 键、氢键、溶剂效应等各不相同，其水溶性也各不相同，因而对木脂素的水溶性也各不相同，BF_4^- 盐在 3 种离子液体（$[C_4mim][Br]$、$[C_4mim][Cl]$ 和 $[C_4mim][BF_4]$）中提取杜仲皮总木脂素的提取率最高，为 11.03%（提取条件为 0.87mol/L 的 $[C_4mim][BF_4]$ 水溶液，液固比 18mL/g，提取温度 54℃，超声提取时间 30min，浸泡时间 2h，重复 3 次）。而采用乙醇-超声辅助提取法提取得到的杜仲总木脂素提取为 7.83%；采用乙醇加热回流提取法得到的杜仲总木脂素提取率为 10.07%，均低于离子液体超声提取。这是因为将离子液体用作溶剂时，超声的空化效应能加速离子液体 $[C_4mim][BF_4]$ 穿透植物组织，促进植物组织内的木脂素类物质溶出，且 $[C_4mim][BF_4]$ 为阳离子表面活性剂，对杜仲皮总木脂素有增溶作用，同时该 IL 可以作为一种载体介质将木脂素从植物细胞内运出，从而增大其溶出度和提取率。这也可能是因为该 IL 的溶剂效应很强，对木脂素的溶出起着关键性的作用；也可能是氢键和 π-π 键共同作用，有利于含糖苷和苯环等结构的木脂素的溶出[23]。

(4) 生物碱类

在本书 3.1.2 部分已经介绍了一些离子液体常规提取生物碱的情况，随着超声辅助提取的应用越来越广泛，目前离子液体超声提取生物碱的应用也越来越多，比如使用浓度为 2mol/L 的 $[C_4min][BF_4]$ 水溶液从白胡椒中以超声波辅助提取胡椒碱，在超声频率为 500W、固液比为 1∶15g/mL 的条件下提取 30min，胡椒碱的提取率比传统提取剂（75%甲醇）增长了 83.4%[24]。另外 $[C_3mim][Br]$（超声功率 250W）、$[C_4mim][BF_4]$（超声功率 150W）、$[C_4mim][Br]$（超声功率 100W）和 $[C_8mim][Br]$（超声功率 250W）被分别用于从长春花中提取文多灵碱、长春花碱和长春碱，从防己中提取防己碱和粉防己甲素，从黄柏中提取小檗碱、药根碱和巴马汀，以及从鸢尾中提取雷公藤碱、鸢尾碱 B 和鸢尾碱 A，也都获得了较为理想的结果。

如前所述，在经过拓展的"相似相溶"原理指导下，使用离子液体（[C₃Tr][PF₆]）溶液浓度为 0.05mol/L 的水溶液作为提取溶剂，在固液比为 1∶35g/mL、提取温度为 75℃、萃取时间为 55min 的条件下，从华山参中提取托品醇类生物碱的提取率可达 95.1%。但当使用同样的离子液体（[C₃Tr][PF₆]）水溶液作为提取溶剂从华山参中提取托品醇类生物碱时，使用超声辅助提取技术，在超声功率为 90W、固液比为 1∶20g/mL 条件下提取 30min，托品烷类生物碱的提取率达 121.3%（作为参照，以《中国药典》提取条件所得提取率视为 100%），相比普通的离子液体加热浸提，本方法可以在更短时间内获得更好的提取率[25]。

作为黄连根茎中所含的主要生物碱类成分，小檗碱（berberine）具有清热燥湿、泻火解毒，抗菌消炎等药理作用，临床上常用于治疗湿热痞满、消化道感染等疾病。目前小檗碱提取方法主要有稀酸法、石灰乳法、有机溶剂法、液膜法等。但在这些方法中，小檗碱的提取效率较低，环境不友好溶剂被普遍使用且消耗量大。随着离子液体的应用，这些代表性问题得到了一些改善。比如使用离子液体超声辅助提取技术从黄连中可以快速有效地提取出小檗碱，水溶性越强且能提供越多 H⁺ 的离子液体提取效果越好；笔者团队在使用 0.5mol/L 阳离子带有磺酸基的[PSmim][H₂PO₄]水溶液、超声功率为 100W、固液比为 1∶30g/mL 条件下提取药材 30min 时，最终提取率为 69.74mg/g，明显高于使用甲醇在相同条件下达到的提取率 49.68mg/g。与传统的 0.4% 稀硫酸浸泡 24h 相比（小檗碱提取率为 52.23mg/g），离子液体超声辅助提取可以在更短的时间内拥有更佳的提取效果，是一种快速、有效的方法。

(5) 糖类

多花黄精是一味传统的中草药，其有效成分之一就是黄精多糖，具有降血糖、降血脂、抗衰老、抗氧化等药理作用。使用离子液体-超声辅助从多花黄精中提取黄精多糖，当超声功率较低时，多糖的提取率随着超声功率增大而增大，这是由于随着功率的增加，由于热效应导致体系温度增加，加上离子液体的协同作用，细胞壁破坏程度更大；但是当超声功率超过 200W 时，多糖的提取率却随着超声功率的增大而降低，这可能是体系温度过高影响了多糖的稳定性，并且发现超声功率对黄精多糖的提取率的影响高于离子液体的浓度，可见在此过程中，超声波扮演着必不可少的角色，通过空化效应、热效应和机械效应让细胞破碎，更有利于细胞内的黄精多糖溶出[26]。

葛属植物的根茎有治疗外感发热头痛的功效，多糖作为其主要有效成分之一，具有抗氧化、调节免疫、降脂降糖、解酒保肝等多种生物活性。传统的提取多糖的方法是水提醇沉，但当使用离子液体（[C₄mim][PF₆]，[C₆mim][PF₆]和[C₈mim][PF₆]）水溶液提取时，可以明显提高葛茎多糖的提取率，提取率大小依次为[C₆mim][PF₆]水溶液 > [C₈mim][PF₆]水溶液 > [C₄mim][PF₆]水溶液 > 水；使用超声提取过程中，提取率同样是随着超声功率的增大先增后减。最后在 6% 的离子液体[C₄mim][PF₆]水溶液，固液比为 1：35g/mL，在 630W 的超声下提取 25min，多糖提取率可以达到 22.53mg/g[27]。

 (6) 其他天然产物

对于酚酸类，[C$_6$mim][Cl]曾被用于和 300W 超声波协同提取来自碱蓬叶中的没食子酸[28]。此外，茶多酚因为其显著的抗氧化活性，现在已经广泛应用于食品、保健品、日化品、辅助治疗等领域。茶多酚主要是采用溶剂提取法、金属离子沉淀法和超临界流体提取法从茶叶中提取分离获得的，但均存在一些改进空间，随着新型绿色溶剂种类越来越多、应用越来越广泛，可根据目标提取物的结构、极性、溶解性等特性优选合适的离子液体，从而同时实现高效率和高选择性。茶多酚是一类具有多羟基结构的黄烷醇类成分，具有较多游离羟基和苯环结构。茶多酚能与金属离子实现络合作用，在一定条件下生成的络合物会重新分解，该过程具有可逆性。以此为基础，笔者团队将磁性离子液体[C$_3$mim][FeCl$_4$]成功应用于茶叶中茶多酚的超声辅助提取，在提取过程中发现，随着离子液体中碳链长度的增长，茶多酚提取率降低，这可能是因为随着碳链增加，离子液体的极性减小，在水溶液中的溶解性能和分散性能减弱；同时，碳链长度增加，离子液体的分子体积增大，提取率下降。选择[C$_3$mim][FeCl$_4$]水溶液作为提取溶剂，在固液比为 1：40g/mL、离子液体初始浓度为 0.8mol/L、超声功率为 100W、提取时间为 240min 的条件下茶多酚提取率可达到 185.38mg/g[29]。此外，弱酸性的提取条件下含铁磁性离子液体的存在还对产物保持抗氧化活性具有积极作用。

同样具有抗氧化作用的姜黄素也可通过 IL-UAE 从姜黄中提取得到，使用 4.2mol/L [C$_8$mim][Br]水溶液为提取溶剂，固液比为 1：30g/mL，超声功率为 250W，提取 90min，姜黄素类成分的提取率可达到 61.39mg/g，高于使用 85%乙醇回流提取 4h 的提取率 51.22mg/g，同样也高于使用 85%乙醇超声提取 90min 的提取率 43.96mg/g；这表明，IL-UAE 不仅可以改善姜黄素类化合物的提取率，而且可以缩短提取时间[30]。为了探寻其他适合姜黄素超声提取的离子液体，笔者团队比较了一系列咪唑类、季铵类和托品醇类 IL，具体结果见图 3-11 (a) 。

姜黄素溶于有机溶剂后溶液一般呈黄色，而在 pH 值较高的 IL 中，姜黄素酚羟基发生电离，溶液由黄色转变为红色。我们通过电导率法测定了它们的临界胶束浓度 (CMC)，证明了长碳链离子液体具有胶束聚集行为。溶解度的测定表明 IL 对姜黄素的增溶符合胶束增溶的规律，具有较长疏水碳链的离子液体对水溶性极差的姜黄素具有良好的增溶能力。IL 的增溶能力与其疏水碳链的长度、亲水极性基团的结构以及其电荷分布有关。基于密度泛函理论 (DFT) 的计算，可以推断离子液体和姜黄素分子之间存在疏水和电荷作用。在 IL 缔合形成胶束之前，它和姜黄素分子之间主要发生电荷作用。其带正电荷的亲水基团和姜黄素分子中带负电荷的烯醇结构部分之间发生电荷作用，烯醇式结构中原本的分子内氢键被破坏，姜黄素分子从烯醇式结构转化成二酮式结构。在 IL 缔合形成胶束之后，姜黄素的溶解度显著提高。此时姜黄素分子主要与离子液体的疏水碳链之间发生疏水作用，被增溶在胶束较外层的栅栏区。随离子液体浓度的增加姜黄素的溶解度会进一步增大。最后，利用离子液体水溶液作为提取剂，在超声辅助下从姜黄粉末中提取了姜黄素类成分，效果最好的[C₁₂mim][Br]和[N₂,₂,₂,₁₂][Br]的最佳提取浓度分别约为 0.4mol/L 和 0.5mol/L；当温度为 30℃、超声功率为 100W 时，随着超声时间的增加，一开始提取液中姜黄类物质的浓度迅速增大，最后趋于平缓[图 3-11（b）]。如果没有超声辅助，离子液体的提取效率将明显降低。第二阶段不仅与离子液体类型有关还与其碳链长度有关，这一阶段传质过程作为主导，符合二级动力学模型。

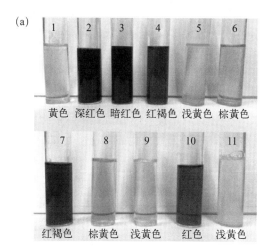

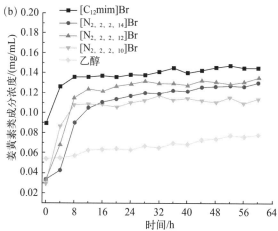

图 3-11　姜黄素溶于不同离子液体水溶液中的颜色比较（样品 1～11　依次为：乙醇，[C₈Tr][Br]，[C₁₀Tr][Br]，[C₁₂Tr][Br]，[N₂,₂,₂,₈][Br]，[N₂,₂,₂,₁₂][Br]，[C₁₀mim][Br]，[C₁₂mim][Br]，[C₁₂mim][HSO₄]，[C₁₂mim][OAc]，[C₁₂mim][BF₄]）（a）和不同溶剂的超声提取过程中姜黄素类成分浓度随时间变化的趋势（b）

3.2.3 离子液体微波辅助提取

3.2.3.1 基本情况

离子液体微波辅助提取（ionic liquid based microwave-assisted extraction, IL-MAE）是利用微波来强化离子液体中的传质。微波是指频率为 300MHz～300GHz 的电磁波，利用电磁场的作用使固体或半固体物质中的目标成分与基体物料有效地分离；在微波提取过程中，高频电磁波穿透离子液体介质，到达被提取物料的内部，迅速转化为热能而使细胞内部的温度快速上升。当细胞内部的压力超过细胞的承受能力时，细胞就会破裂，对象成分即从胞内流出，并在较低的温度下溶解离子液体，这种方法具有加热迅速、环保节能、伴随产生生物效应等特点，微波的选择性加热作用还能和离子液体选择性相协同，实现强强联合。因为离子液体是由阴阳离子所组成的，所以库仑力较强，使其具有很强的极性和对有机物的特殊溶解能力，同时对于微波能量有着很好的吸收效果，而且在微波辐射下具有足够的稳定性，可作为一种良好的微波吸收介质和溶剂；在微波场中，离子液体可以迅速吸收能量，使体系温度迅速上升；而且和水互溶放出大量溶解热。故相比前面的提取方式 IS-MAE 具有鲜明的特点。

在有关微波提取的研究中，多采用家用微波炉、实验室专用微波静态提取仪或自行改装的微波连续提取装置作为实验设备，工业上则使用由防辐射、耐压及防腐材料制成的专用提取罐，可通过彩色液晶显示器（配置微型摄像探头）等在线监测设备实时观察大体积容器内的体系当前状态和过程变化，以便及时掌握提取情况。从动力学过程来看，整个提取过程包括：①物料的润湿和溶剂向物料内部的渗透和扩散；②物料基质中目标物的溶解；③目标物向物料表面的扩散；④目标物以扩散的方式通过固-液界面的边界层；⑤目标物向液相主体扩散。其中，步骤①～③属于内扩散，步骤④为界面传质，步骤⑤为外扩散。由于本节的提取过程是在外加微波的条件下进行的，有磁力搅拌操作，提取体系中的液相处于涡流状态，因而内扩散往往是整个提取过程的控制步骤。

3.2.3.2 提取实例

（1）黄酮类

微波功率是微波提取中的一个重要影响因素，一般来说，增大微波功率能够快速破坏植物的细胞壁，加快提取过程的进行，从而使样品基质中的目标黄酮快速溶出和脱附，提高目标产物的提取效率，但过高的微波功率同样有可能破坏目标黄酮造成提取率的下降，同时原料中更多种类的色素和胶质等也随之溶出，影响目标纯度和后续分离；因此，选择适宜的微波功率（一般在 150～600W）很有必要。对于枣叶黄酮而言，最佳工艺条件为微波功率 195W，微波时间 12min，离子液体 1-辛基-3-甲基咪唑四氟硼酸盐的浓度为 0.6mol/L（60%乙醇溶液），固液比为 1∶25g/mL，提取次数为 2次。在该工艺条件下黄酮提取率平均值为 3.20%。此外，离子液体[C$_6$mim][PF$_6$]被用于微波提取荔枝核、石上柏中的黄酮。从使用频率上来看，最为常用的 IL 当属 [C$_8$mim][Br]，在微波辅助下被用于提取芹菜、土茯苓、葛根、金银花、酸枣仁、黄芩、海红果渣、花生壳等一系列原料中的黄酮。如采用 10mL 0.54mol/L[C$_8$mim][Br] 离子液体溶液，在微波功率 600W 辅助下对 1.0g 芹菜提取 10min，得到的芹菜素提取率最高可达 79.83%；通过与有机溶剂（甲醇、乙醇）、其他提取方法（加热提取、室温浸提和超声提取）的比较发现（见表 3-1），离子液体在微波辅助提取模式下的效果最佳，不仅时间短、提取效率高，还不存在超声波引起的噪声问题，优势较为突出。

表 3-1 四种提取技术对芹菜中芹菜素提取率的比较

样品	提取方法	液固比/（mL/g）	[C$_8$mim]Br 浓度/（mol/L）	提取时间/min	其他条件	芹菜素提取率/%
芹菜	浸泡提取	10:1	0.54	1440	室温	20.16
	加热提取	10:1	0.54	180	60℃	52.26
	超声提取	10:1	0.54	40	室温	30.89
	微波提取	10:1	0.54	10	600W	79.83

(2) 生物碱类

石蒜有祛痰、利尿、解毒、催吐的功效，作为其药用部位的鳞茎中富含多种生物碱，故具有一定毒性，此外含淀粉约 20%；叶和花瓣中含糖类和糖苷类。以 1.0mol/L [C$_4$mim][Cl] 水溶液为溶剂，液固比 15:1mL/g，80℃微波辅助提取 10min 后，石蒜碱、力可拉敏和加兰他敏生物碱的提取率分别为 2.730mg/g、0.857mg/g 和 0.179mg/g；研究发现离子液体结构中的阳离子较阴离子发挥更为重要的作用。与传统的萃取方法比较，IL-MAE 方法快速高效，环境友好。该结论在其他研究中也得到了证明，如选用 0.54mol/L [C$_4$mim][BF$_4$] 水溶液为提取溶剂，pH 值调至 1.42，液固比为 100:1mL/g，提取 8min 钩藤后，4 种代表生物碱的提取率可达 2.52mg/g，从本例来看，酸性的 IL 提取体系对于碱性目标物是有益的。通过不同阴离子（Cl$^-$，Br$^-$，BF$_4^-$，PF$_4^-$）和阳离子（[C$_{2\sim8}$mim]$^+$）的筛选，发现对莲子芯中酚性生物碱微波提取效果最佳的离子液体为 [C$_4$mim][BF$_4$] 和 [C$_6$mim][BF$_4$]，它们的最佳浓度分别为 1.5mol/L 和 1.0mol/L。在 280W 的条件下，提取时间只需 90s。通过和传统的热回流和微波辅助的方法进行对比，离子液体微波萃取方法表现得非常高效和快速。最后，对于异喹啉类生物碱的代表——小檗碱而言，较为适合微波提取的 IL 是 [C$_8$mim][OAc]——咪唑类阳离子和醋酸阴离子构成的有机盐，比常规有机分子和水具有更大的偶极矩和分子极性；一般而言，极性较强的体系在微波场中具有更明显的微波响应行为。为验证 IL-MAE 对黄连中小檗碱提取的优越性，在固液比为 1:70g/mL、体系 pH 为 4、加热时间为 8min、提取温度为 60℃和微波功率为 300W 的相同操作条件下，全面比较了水常规加热、水微波加热、乙醇溶液（0.5mol/L）常规加热、乙醇溶液（0.5mol/L）微波加热和[C₈mim][OAc]水溶液（0.5mol/L）微波加热这 5 种工艺条件，最终提取率依次为 40.5mg/g、49.4mg/g、33.6mg/g、11.7mg/g 和 58.9mg/g，可以发现 IL-MAE 的效果依然最好[31]。

（3）糖和苷类

黄精多糖是黄精的有效成分之一，其生物活性主要体现在调节免疫、抗氧化、降血糖、抗炎、抗肿瘤等方面。取黄精粉末 5g，先后用 50mL 石油醚和 95%乙醇回流提取 3 次，滤渣干燥后加入一定浓度的离子液体 30mL，按不同的微波功率与处理时间分别进行提取，过滤提取液并浓缩，再用 3 倍量 95%乙醇沉淀浓缩液，过夜后高速离心并分别用多种有机溶剂（乙醇、丙酮、乙醚等）进行洗涤，所得即为多糖产物。研究结果提示，当微波功率显著高于 300W 时，多糖在高温下稳定性降低而分解，且提取液温度增高的同时其黏稠度也有所增加，难以过滤。在离子液体浓度为 0.6mol/L 时，提取可在 125s 结束，多糖提取率为 12.79%[32]。

很多水果废弃物（如香蕉皮、柠檬皮、火龙果皮、百香果皮、柑橘皮、酸橙皮、西柚皮、苹果皮等）中均含有大量果胶（尤其以芸香科植物果皮为甚），如不加以利用则会造成资源浪费。果胶提取最常用的方法是酸法提取，而微波提取果胶技术近年来发展较快，具有简便、高效、选择性强等优点。以柠檬片为例，提取前先进行前处理：捣碎后加入其质量 3.5 倍左右的水，微波灭酶处理 15min，将原料漂洗至漂洗液呈无色，最后在 60℃下干燥 48h，粉碎、过筛（80 目）后备用。当[C₄mim][Br]浓度为1.2mol/L、液固比为 20mL/g、温度为 80℃、微波功率为 400W 时，柠檬皮中的果胶提取可在 7min 内完成，提取率接近 22%。同样需注意的是，当微波功率达到 400W 时，提取率最大，而后逐渐下降；微波功率过小，升温速度慢，果胶提取不完全；功率过大，微波会产生瞬间高温，加热不均，使局部过热，发生剧烈沸腾，同时果胶分子发生降解，颜色加深，发生褐变，此类情况应注意避免[33]。

特女贞苷是女贞子中含有的一类重要活性成分，含量较高，具有一定的抗氧化活性，在急性肝损伤、肾脏细胞损伤等方面具有潜在治疗效果；目前《中国药典》已改用特女贞苷作为女贞子质量控制的含量测定指标。采用 1.0mol/L [C₄mim][Br]、[C₆mim][Br]、[C₈mim][Br]、[C₄mim][BF₄]、[C₆mim][BF₄]和[C₈mim][BF₄]六种离子液体为提取溶剂，以固液比 3∶20g/mL、微波功率 300W 提取 3min，减压抽滤后浓缩即可得到目标提取物。通过比较发现六种离子液体中[C₄mim][Br]的提取效果最好；当离子液体的阳离子结构相同时，Br⁻比 BF₄⁻的提取效果好；而当阴离子一致时，随着碳链的增加，特女贞苷的得率呈下降趋势。总体来看，离子液体可以与目标物产生氢键、离子化效应等多种作用，从而使目标成分有效溶出[34]。

（4）挥发油（精油）

水蒸气蒸馏获得挥发油的时间偏长，往往超过 1h；而且易形成一部分油水混合物（芳香水），会造成精油的损失。IL-MAE 则提取时间很短，如提取肉桂挥发油时，先将 20g 样品和 1.5mL [C₄mim][PF₆]混合均匀，微波功率设定为 440W，100℃提取 18min。挥发油经冷凝管回收并用无水硫酸钠干燥即可。通过比较发现，水在 440W 微波功率下，由 20℃升至 100℃需要 280s，而相同条件下，相同体积的离子液体却只需要 90s，可见其效率之高[35]。在使用类似条件提取连翘挥发油时，研究人员全面开展了多种提取方式的比较，包括离子液体微波提取（ILME）、水蒸气蒸馏法（HD）、微波加水蒸馏（MHD）、无溶剂微波提取法（SFME）和改进的无溶剂微波提取法（ISFME）。其中，MHD 是将水和原料混合后以 440W 提取 50min；SFME 是将原料先用水充分浸润 12h 后，以 440W 提取 50min；ISFME 是将原料与质量为其 1/5 的羰基铁粉（微波吸收介质）混合后，在持续搅拌中以 440W 提取 30min。结果提示，有 0.27%～8.53%的含氧化合物存在于通过五种方法获得的连翘精油中，同时 HD 法获得的含氧化合物的含量高于 ILME 法，最低者为 ISFME[见图 3-12（a）]；所得精油中的主成分不是含氧化合物，而是碳氢化合物。此外，通过不同提取方法获得的相同成分被定义为共有化合物，其含量的比较结果如图 3-12（b）所示；在这一指标上五种方法区别不大[36]。

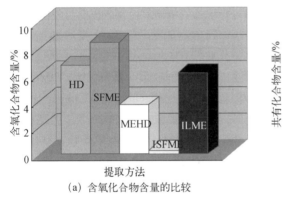
（a）含氧化合物含量的比较

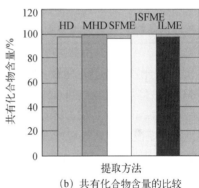
（b）共有化合物含量的比较

图 3-12 连翘挥发油五种提取方式的比较

精油是来源于花、叶、水果皮、树皮等原料的一种挥发性油，具有植物特有的芳香及药理作用。其中可用于香疗的精油约有 200 种之多，分单油（单方）、复合油（复方）、基础油（底油）三种。其中菠萝蜜香薰油是市场上较受欢迎的品种之一。提取前处理时先将菠萝蜜果肉用低温液氮打浆技术在−30～−10℃条件下打浆，即可得到新鲜的菠萝蜜浆液，可有效防止菠萝蜜芳香成分挥发损失。提取时将菠萝蜜浆液与 20～40 份 1-丁基-3-甲基咪唑六氟磷酸盐（[C₄mim][PF₆]）混合均匀，放入提取瓶中，在微波功率 100～500W、温度 100～170℃条件下提取；产物菠萝蜜精油经冷凝回收，并用无水硫酸钠干燥，在 0～5℃下密封保存[37]。

(5) 其他类成分

前面已有常规及超声提取多种天然蒽醌类成分的报道，分别使用了咪唑类 [C$_6$mim][PF$_6$]和苯并噻唑类[HBth][p-TSA]两种 IL，它们的水溶性和极性有别，且后者还偏酸性。也有研究采用 40 倍固液比的 0.6mol/L [C$_8$mim][Br]对虎杖中的芦荟大黄素、大黄酸、大黄素、大黄酚和大黄素甲醚进行微波辅助提取，微波功率为 200W、提取温度为 31℃、提取时间为 8min；最终 5 种蒽醌总提取率为 11.69mg/g，理论值为 11.74mg/g；时间明显短于前两种方法[38]。

由胆碱和谷氨酸形成的离子液体是本家族中的新成员，具有生物降解性和低毒性，故成为研究的热点。当用于提取栀子中的栀子黄色素、绿原酸、栀子苷时，在离子液体水浓度 1.4%、固液比 25.5mL/g、微波功率 320W、微波处理时间 305s 的条件下，上述三者的收率依次可达 49.58mg/g、17.23mg/g、71.82mg/g，全面优于 50%乙醇热回流的结果。同时微波对于它们的影响也体现出一定差异，如辐射时间过长会导致栀子黄色素的浓度有所下降，但在 5min 时黄色素仅减少 1.6%；微波处理时，绿原酸的浓度基本不变，而栀子苷浓度在微波辐射时有逐渐增大的现象，处理 15min 后可增加 12.9%[39]。

不同类型的离子液体在微波辅助提取过程中的表现必然不同，在没有分子模拟技术指导的情况下，通过系统实验开展筛选和比较是必要的。例如，在提取川芎中的内酯成分时，1-丁基-3-甲基咪唑双三氟甲基磺酰亚胺（[C$_4$mim][NTf$_2$]）、N, N-二甲基-N-(2-(2-羟基乙氧基))丙酸铵(DMHEEAP)和 N, N-二甲基(腈乙基)丙酸铵(DMCEAP) 3 种离子液体均能在较短的时间内完成提取，具体分别在 1min、1min、5min 内达到平衡；采用 DMHEEAP 和 DMCEAP 为溶剂时，较长的微波提取时间对藁本内酯不利。在用正己烷反萃的后处理方式下，[C$_4$mim][NTf$_2$]在 3 次循环利用中提取效率几乎没有改变，DMCEAP 下降幅度较小，而 DMHEEAP 的萃取效率下降幅度较大[40]。

常见的微波吸收介质为羰基铁粉或石墨，但它们是固体，需掺杂在液体溶剂中使用。而离子液体既可作为新型微波吸收介质，还可作为溶剂，一举两得。研究人员将 3.0g 人参粉末和 200 μL 的离子液体混合均匀后加入提取罐，再加入 10mL 正己烷. 将提取罐放入微波炉内，设定起始温度为 30℃，控制压力小于 500kPa，升温速率为 8℃/min，到 100℃后保持 1min. 最后将提取液离心，取上层清液，加入无水 Na$_2$SO$_4$ 脱水得到产物，其组成包括 1, 12-二醇-5, 7-十二烷二炔、镰叶芹醇和 γ-谷甾醇等，氧化物总含量为 75.53%[41]。

诸如木质素这一类的天然大分子也可以通过微波辅助离子液体提取。先快速地将丙酮-水溶液加入溶解饱和磨木木质素的[C$_4$mim][Cl]离子液体中，通过微波辅助萃取，将沉淀物利用布氏漏斗抽滤，木质素随离子液体和有机试剂滤过（滤渣主要为纤维素）。将滤液减压蒸发除去有机试剂，并通过超滤的方式除去并回收离子液体，最后获得提取物。最佳条件为：在 60mL、50%（体积分数）丙酮-水溶液为提取剂，40℃

下以微波中火提取 45min[42]。

3.2.4 离子液体其他提取方法

创立一种新型提取技术，不但能有效改良和弥补传统提取技术存在的不足，还能为实际生产提供更多选择，进而为接下来更大的技术变革完成必要的储备。其中离子液体自身的创新能提供来自源头的驱动力。绝大多数的离子液体都不具有挥发性，除了可蒸馏的离子液体 N, N-二甲基铵-N', N'-二甲基氨基甲酸酯（DIMCARB）；当将其用于在室温下长时间提取（如 16h）儿茶（*Acacia catechu*）中可水解的单宁时，提取率（85%）比传统的水提法（低于 65%）明显更高，提取结束后可通过低温蒸馏将其回收。此外，离子液体提取法能从这些原料中选择性地提取鞣花酸，与传统方法相比提取物具有更高的单宁含量，而且 IL 提取物还具有良好的保质期和抗真菌生长能力[43]。Chowdhury 及其同事使用的$[N_{1, 1, 0, 0}][N(CH_3)_2CO_2]$是以 n（二甲胺）：n（CO_2）＝2：1 的比例形成的一种离子液体，在 45℃下能被蒸馏分解生成二甲胺和 CO_2；且该过程可逆，降温后可重新生成离子液体（图 3-13），因此萃取后蒸馏将离子液体除去即得到所需要的产品，用该方法提取儿茶酚相比于水提取收率提高了 40%。

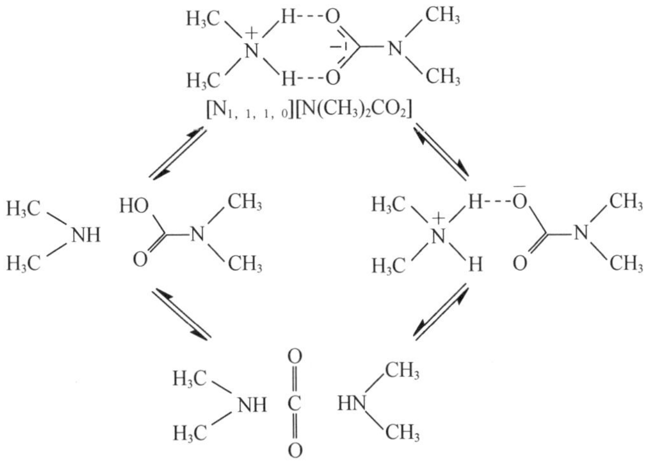

图 3-13 $[N_{1, 1, 0, 0}][N(CH_3)_2CO_2]$生成及分解示意图[45]

此外第一章介绍的脉冲电场辅助提取法、酶辅助提取法等技术及汽爆等前处理手段均可以与离子液体相结合，如将离子液体$[C_4mim][PF_6]$结合纤维素酶法提取姜黄挥发油，当离子液体添加量为 18%（体积分数）、纤维素酶添加量为 1.4%（质量分数）、液固比为 10：1mL/g、酶解温度为 50℃时，姜黄挥发油提取率为 5.0mL/g，组成与水蒸气蒸馏法产物相同[44]。漆酶和水解复合酶也曾被用于辅助离子液体微波提取微藻油脂（见中国发明专利 CN201910716314.4）。还有闪式提取法，即组织破碎提取法，是通过高速机械剪切和超分子渗滤技术，瞬间将药材破碎成细微颗粒，以促进组织内部成分的溶出。上述一系列方法均可以与离子液体并用以实现提取方式的持续创新。也有国内学者利用离子液体超声微波辅助-水蒸气蒸馏法对沙棘叶中主要黄酮类成分以及挥发油进行同步提取，与乙醇超声辅助提取法、离子液体超声辅助提取法、离子液体微波辅助提取法相比，该法对沙棘叶中四种主要黄酮的提取率显著提高、提取时间明显缩短；同时所得挥发油与通过水蒸气蒸馏法相比组分无明显差异，且提取率更高[45]。从当前现状来看，包括"（超）声、光、电、磁、（微）波"在内的物理场辅助离子液体提取及相关技术耦合也是创新的重要源泉，笔者团队基于这一思路建立了大量基于新型绿色溶剂的特殊提取方法，下面具体介绍几个有代表性的实例。

（1）离子液体双水相提取天然产物

双相提取的思路以前在天然产物的常规提取方法中出现过，提取过程中目标物可转移到另一相溶剂中，从而达到保护、富集和分离的多重目的。类似地，离子液体双水相技术也可用于提取（下一章将重点介绍其在分离中的应用）。例如，以亲水性离子液体溴化 N-丁基吡啶（[BPy][Br]）和磷酸氢二钾形成的双水相体系结合，采用微波辅助萃取姜黄中姜黄素类化合物；该双水相体系成相时间短、分相清晰、离子液体相体积大，提取率比传统热回流法高 100 多倍。研究发现，[C$_4$mim][Cl]辅助乙醇/硫酸铵构建的双水相体系提取茶渣中茶多酚的得率明显高于其他体系；最佳提取工艺为[C$_4$mim][Cl]质量分数 10%，硫酸铵质量分数 30%，乙醇体积分数 60%，固液比1：40g/mL 及超声功率 540W，在此条件下茶渣中茶多酚得率为（85.31 ± 1.25）mg/g。由[C$_4$mim][Cl]和 K$_2$HPO$_4$ 形成的双水相体系可用于提取菜籽粕蛋白质，最佳工艺条件为：K$_2$HPO$_4$ 质量浓度为 150mg/mL、[C$_4$mim][Cl]质量浓度为 350mg/mL、菜籽蛋白质量浓度为 70.0mg/L、pH 值为 6.8，此时菜籽蛋白质的提取率可达到 99.1%。在[C$_4$mim][Br]/K$_2$HPO$_4$双水相提取木瓜蛋白酶的体系中，各因素对该酶提取率的影响从强到弱依次为 K$_2$HPO$_4$ 的浓度、[C$_4$mim][Br]的浓度、酶添加量和 pH。在最佳萃取条件（0.30g/mL 的[C$_4$mim][Br]，0.30g/mL 的 K$_2$HPO$_4$，pH 6.0，酶添加量 3.0mg/mL，温度30℃）下，木瓜蛋白酶的酶活性达到 91.20%。同样是提取酶类大分子，当 1-胺乙基-3-甲基咪唑溴盐 [(H$_2$NC$_2$)mim][Br] 质量浓度为 0.40g/mL、K$_2$HPO$_4$ 质量浓度为0.60g/mL、萃取温度为 35℃、时间为 25min 时，所得到的番茄超氧化物歧化酶活力为345.68U/g。与传统的缓冲液法及[C$_4$mim][Br]/K$_2$HPO$_4$双水相法相比，本实验所用方法提高了萃取酶的活性且工艺更稳定[46]。

（2）离子液体胶束提取银杏黄酮

长碳链的 IL 往往具有表面活性剂的性质，当溶液中表面活性剂的浓度高于临界胶束浓度（critical micelle concentration，CMC）时可以充当乳化剂，进而提高对疏水成分的溶解性。胶束可分为离子型和非离子型表面活性剂（例如 Triton 系列表面活性剂），IL 形成的胶束属于离子型表面活性剂。当 IL 在水溶液中形成胶束时，亲水性头部朝外，长碳链取代基由于疏水作用朝内聚集形成非极性的胶束核，溶液中弱极性成分会在非极性的微环境中实现良好的分配。溶液中胶束的存在不仅可以增大目标成分的溶解度，对于某些敏感性物质也具有一定的保护作用。在此笔者团队选用 [C$_{18}$mim][L-Phe]（25～45℃时的 CMC 为 4.70～5.38mmol/L）制备胶束体系，进而对其提取银杏叶黄酮的关键条件进行考察，结果见图 3-14。

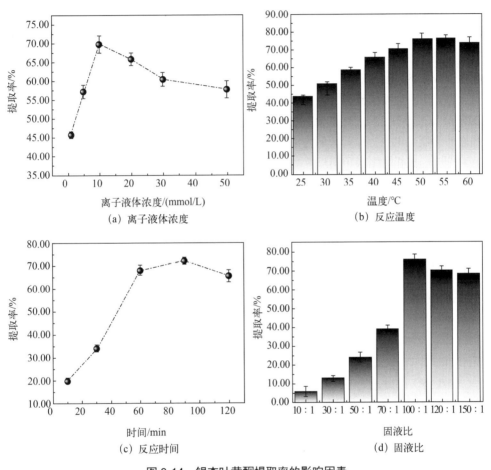

图 3-14　银杏叶黄酮提取率的影响因素

根据图 3-14（a），适当的 IL 浓度对银杏叶黄酮的提取是有利的，当离子液体浓度 C_{IL} < CMC 时，离子液体对黄酮的提取率较低，当 C_{IL}=10mmol/L 时，对黄酮的提取率达到最大，进一步增加离子液体的浓度会导致提取率下降，这可能是由于过高的 IL 浓度使体系的黏度变大，从而不利于传质。从图 3-14（b）可知，随着提取温度的

升高，提取率增大，当温度为 50℃时提取率最高，进一步升高温度黄酮提取率的增幅并不明显。在图 3-14（c）中，随着时间延长，银杏黄酮提取率升高，当提取时间达到 90min 时，提取率最大；超过 90min 以后提取率有所下降，一些共存成分也逐渐溶出。从图 3-14（d）不难发现，固液比对提取率的影响较为显著，适当增加固液比可以增加黄酮提取率，但当体系中的固体成分过多（固液比 > 100∶1g/mL）时，会使得提取剂离子液体相对不足，从而降低黄酮提取率。

（3）离子液体低压电场提取美洲大蠊活性成分

目前低压电场在提取领域的应用尚未起步，相比高频高压脉冲电场，其设备简单，能耗低，且操作更加安全，故低压电场与离子液体的结合值得期待。已知离子液体的物理和化学性质显著影响其对目标化合物的提取性能。笔者团队选择美洲大蠊这一药用昆虫为原料，遴选了一系列具有良好电化学特性的离子液体，将 0.5g 去脂干燥虫体粉末（120 目）添加到二乙基甲基-（2-甲氧乙基）铵基双（三氟甲磺酰基）酰亚胺（[DEME][NTf$_2$]）水溶液（0.02mol/L，10mL）中，在图 3-15（a）所示的装置中进行提取。该低压电场提取装置的提取池是一个 4cm×4cm×5cm 的玻璃长方体，池中固定有两个石墨电极（阳极和阴极），它们平行放置在相对的两端，并浸入提取剂中。每个电极的表面积为 4cm×4cm，之间有 3cm 的间隙。阳极和阴极用导线连接到微型直流电源上，该电源可提供 3.0A 的最大电流和 30V 的开路电压。提取时为了屏蔽热效应将体系恒温，搅拌速度 100rpm，电场强度 3V/cm，持续时间 30min。

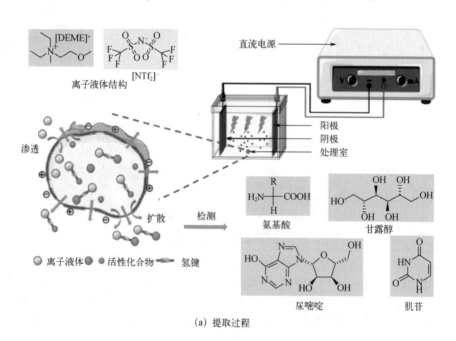

（a）提取过程

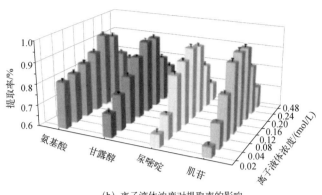

（b）离子液体浓度对提取率的影响

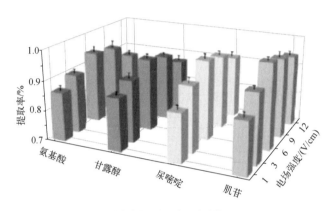

（c）电场强度对提取率的影响

图 3-15　美洲大蠊活性成分的提取

　　提取完成后，对四种特征化合物（游离氨基酸、甘露醇、尿嘧啶和肌苷）进行定量分析以测定提取率，其中离子液体浓度和电场强度因素对它们的提取率影响规律如图 3-15 所示。结果显示，随着[DEME][NTf$_2$]的浓度从 0.02mol/L 上升到 0.16mol/L，氨基酸的提取率从 82.09%增加到 94.78%，其他成分的提取率从 64.84%增加到 95.03%。此外四个指标物的提取率与电场强度呈正相关，氨基酸、甘露醇、肌苷和尿嘧啶在 6V/cm 的电场强度下分别达到 94.18%、94.45%、96.80%和 98.73%的最大水平。与现有方法相比，所开发的新方法可以在较低的电场强度和更安全的条件下实现更高的提取率。在存在外部电场的情况下，通过在细胞膜的两个表面积累自由电荷，可以实现美洲大蠊活性成分的有效提取，减小细胞膜的厚度使其易于渗透。此外，细胞膜内的磷脂分子由于其固有特性和离子选择机制而对电场表现出更高的敏感性。在细胞膜上施加这样的电场可以使两个单层内的磷脂重新定向，诱导构象变化，在提取过程中干扰细胞膜的屏障功能，从而利于传质。

3.3 低共熔溶剂应用于天然产物提取

作为一种新兴的绿色溶剂，低共熔溶剂与传统的有机提取溶剂相比，具有低挥发性、可降解、环境友好、成本低、易再生和组合灵活等特点。其物理化学性质与离子液体非常相似（包括所形成的磁性绿色介质），从理论上来说，可用于离子液体的提取方式也都基本适用于低共熔溶剂。与其提取性能密切相关的极性、亲/疏水性、pH、黏度、表面张力、氢键作用、溶解度、相行为等关键特性也可精确调控；同时其制备更为容易，且生物相容性更好（特别是天然低共熔溶剂），在作为提取溶剂大规模合成时也具有明显的成本优势，工业化应用的前景更好。因此在近年，当离子液体在提取领域的应用达到高峰后，研究人员又纷纷将注意力转向了低共熔溶剂这一新型介质；如同离子液体中的咪唑类，低共熔溶剂中的氯化胆碱类在提取领域的使用频率最高；目前虽无全面且系统的比较，但两者在本领域的应用中整体呈现出各有特色、齐头并进、优势互补、不会相互取代的格局。迄今为止，低共熔溶剂由于其独特的理化性质在天然产物提取方面得到了广泛的应用，而且不同类型的 DES 对不同的物质具有差异化的溶解度，可以通过不同的方法来提取它们；另外在有些情况下，溶解度也许并不完全反映可提取性，两者之间的差异可能是由低共熔溶剂与基质的相互作用的差异造成的。在此对低共熔溶剂参与提取天然产物种类进行了简单总结，代表性案例见表 3-2。下面将对低共熔溶剂提取具体成分的方法和原理进行总结和讨论。

3.3.1 低共熔溶剂常规提取

低熔点是低共熔溶剂的一个显明物理特性。此类溶剂的熔点大多低于 100℃，与组成它们的纯物质相比，低共熔溶剂的熔点降低了很多。具体来看，其熔点与氢键供体和氢键受体的分子结构、电荷分布以及它们之间作用力的大小密切相关。通常情况下，氢键供体和氢键受体间的作用力越强，对晶体结构破坏的力度就越大，熔点降低程度就会越明显。低熔点不仅有利于提取过程中物质的传递和溶剂化，还拓宽了提取过程的操作温度范围。低共熔溶剂的另一重要特性就是具有较低的玻璃态转变温度（T_g）。它们的 T_g 通常比其熔点低很多，因而低共熔溶剂玻璃态转变温度又被称为超低玻璃态转变温度（ultra-low glass transition temperature）。较低熔点和玻璃态转变温度为低共熔溶剂在提取分离等领域的应用提供了更大的温度范围，使得提取过程有可能在较低温度下进行。玻璃态转变温度的出现说明低共熔溶剂在形成过程中，氢键供体和氢键受体间的晶格结构均遭到了极大的破坏，纯物质的晶体结构基本不复存在。当低共熔溶剂的温度低于玻璃态转变温度时，它就会变成类似玻璃状的不定性熔融物质，这对提取过程是极其不利的。因此，玻璃态转变温度对提取过程而言至关重要，是提取能够进行的下限温度。

表 3-2　低共熔溶剂在天然产物提取中的部分应用实例

DES 体系	产物种类	对象物	来源	参考文献
1, 2-丙二醇-氯化胆碱	蒽酮	α-倒捻子素	山竹	[47]
乳酸-葡萄糖	花青素	飞燕草色素,花青素,芍药色素,花葵素,牵牛花色素,锦葵色素	长春花	[48]
1, 2-丙二醇-氯化胆碱				
脯氨酸-苹果酸-水	查耳酮	红花苷,羟基红花黄色素A,香豆酮	红花	[49]
蔗糖-氯化胆碱-水				
乳酸-葡萄糖				
乳酸-葡萄糖-水	酚酸	水杨酸,原儿茶酸,香草酸,p-香豆酸,咖啡酸	橄榄油	[50]
	苯乙酸	酪酸		
	黄酮	芹黄素		
	木酚素	松脂醇		
醋酸钠-乳酸	黄酮类	玉竹总黄酮	玉竹	[51]
乳酸-氯化胆碱		黄芩苷、汉黄芩苷、黄芩素与汉黄芩素	黄芪	
乙二醇-氯化胆碱		蒽苡叶黄酮	蒽苡叶	
乙二醇-草酸-氯化胆碱		银杏叶黄酮	银杏叶	
氯化胆碱-甜菜碱盐酸盐-乙二醇（含水量 20%）		犬问荆黄酮（山柰酚-3, 7-二-O-β-D-葡萄糖苷、木犀草素-7-O-p-D-葡萄糖苷、槲皮素-3-O-β-D-葡萄糖苷、芫花素-5-O-β-D-葡萄糖苷）	犬问荆	
1, 2-丙二醇-氯化胆碱-水	多酚类	白藜芦醇	虎杖	[52]
乳酸-氯化胆碱	生物高聚物	木质素,纤维素,半纤维素,全纤维素	稻草	[53]
脯氨酸-乳酸	挥发性成分	姜醇,姜烯酚	铁皮石斛	[54]

(1) 黄酮类

黄酮类化合物是天然抗氧化成分中的一个大家族,此外还具有抗心血管疾病、抗炎、抗肿瘤等性质,因此对于它们进行有效提取一直是当前研究的热点。近来,低成本、环境友好的 DES 提取黄酮类化合物的研究越来越多。在离子液体提取应用中被介绍的 COSMO-RS 方法在此也被成功用于筛选以氯化胆碱（ChCl）为氢键受体,尿素、甘油、乳酸、柠檬酸、丙二酸、草酸为氢键供体的低共熔溶剂体系,最后发现氯化胆碱-甘油为最佳的银杏黄酮提取剂[55];该 DES 的两组分以 1∶4 摩尔比配伍时也适合作为夏枯草黄酮提取剂。另外在 10mL 含水量为 40% 的氯化胆碱-尿素（1∶2）中，投入 0.25g 桑叶粉末，60℃温度下提取 1h，在选择以芦丁为定量指标物的前提下，桑叶黄酮提取率为 13.75mg/g[56]。为了进一步拓展 DES 提取剂类型，赵冰怡等先后成功地制备了酰胺类、醇类、有机酸类、糖类共计四类二十种基于氯化胆碱的低共熔溶剂，产率接近 100%，纯度达到 98% 以上；使用这些 DES 从槐花中提取芦丁时发现[57]，醇类和胺基类 DES 的提取效率高于糖类和酸类的 DES，即氯化胆碱-三甘醇（1∶4）和氯化胆碱-乙酰丙酸（1∶4）对芦丁的提取效果较好。由于乙酰丙酸的成本较高，故选择氯化胆碱-三甘醇为最佳溶剂。最后通过单因素考察和响应面试验对提取条件进行优化，得最佳水分含量、最佳提取时间、最佳提取温度、最佳液固比、最佳溶剂组分摩尔比分别为 18%、28min、70℃、10mL/g、1∶4。在上述条件下芦丁萃取量为 279.9mg/g，接近理论预测值 272.5mg/g。

绿茶、野菊花和柿叶等常见的食物来源原料中也富含大量的黄酮成分，长期服（饮）用有益健康。当 80% 乙酰胆碱-乳酸（1∶1）水溶液为提取剂、液固比为 30∶1mL/g、提取温度为 90℃、提取时间为 75min 时，绿茶总黄酮提取率为 1.84%，总黄酮质量浓度为 65.8mg/mL；而当氯化胆碱-尿素为溶剂，在含水量 30%、提取时间 45min、固液比 1∶50g/mL、提取温度 60℃的条件下，野菊花总黄酮、槲皮素、槲皮苷的提取得率分别为 72.32mg/g、12.97mg/g、10.06mg/g，提取效果优于传统有机溶剂。柿叶黄酮可以降血脂，防止动脉粥样硬化和心律失常，之前的提取方法主要以乙醇为提取剂，辅助有加热（60℃）、微波（422W）和超声（200W）三种工艺条件。而当固液比为 1∶31g/mL、氯化胆碱和乳酸的摩尔比为 1∶14、提取温度 90℃、提取时间 41min 时，黄酮实际得率为 22.1972%[58]。上述三例的加热提取过程总体来看都偏长，传质效率有待进一步提升。

除了上述大同小异的 DES 提取剂种类，在常规提取的热效应研究方面，这里有一个关于犬问荆（*Equisetum palustre* L.）黄酮的提取实例。实验结果表明当温度为 60℃时，DES 提取率较好；适当的加热增强了物质间的扩散系数，导致低共熔溶剂黏度降低，因此对黄酮类化合物的物理吸附和化学接触产生了积极的影响。但当温度过高时，目标物分解，提取率反而降低，因此对于热敏成分需控制适当的温度。花青素（anthocyanins）是构成花瓣和果实颜色的主要色素之一，也是黄酮化合物中的一个大类；主要以离子态形式存在，水溶性强，具有抗衰老、抗肿瘤、增强免疫作用，自 20 世纪 90 年代以来一直被广泛研究。在该类成分的提取过程中，DES 的极性和酸度（会影响花青素的存在形式）起着至关重要的作用。最近的一项研究证明氯化胆碱-草酸和氯化胆碱-苹果酸可以提取大量的花青素。而在另一项研究中，Jeong 等人合成了多种 DES 并用于提取花青素，其中柠檬酸-麦芽糖对花青素具有较高的总收率[59]。

(2) 酚酸类

近年来 DES 作为绿色溶剂提取酚酸类已经引起了广泛的关注，如利用氯化胆碱-

乙二醇、氯化胆碱-甘油、乙二醇-甘油溶剂分别从肉桂、橄榄油、芝麻、杏仁中提取阿魏酸、咖啡酸等成分，结果表明氯化胆碱-甘油的提取效果较好。主要原因如下：第一，氯化胆碱-甘油与目标化合物的静电相互作用和氢键作用更强；第二，氯化胆碱-乙二醇的黏度大于氯化胆碱-甘油，高黏度导致与目标物的静电作用减弱，阻碍了后者和溶剂间的电子转移和质量转移，以致对目标物的提取效率降低；第三，氯化胆碱-甘油含有较多羟基，增加了与目标物的相互作用和提取率。2015 年疏水性低共熔溶剂被首次使用，它由癸酸（氢键供体）和若干季铵盐（氢键给体）合成，最先被用于从水溶液中分离挥发性脂肪酸，进而被用于更多疏水活性成分的提取，如生育酚等人体必需的脂溶性维生素。

巴戟天属于茜草科，广泛应用于中国南部、夏威夷、马来西亚和印度等。巴戟天的新鲜叶子已经被不同的国家作为蔬菜或传统药材食用。更重要的是，其提取物常被用于预防或改善各种慢性疾病，包括活性氧损伤、糖尿病、高血压和疟疾。这些药理活性与巴戟天中的酚类、黄酮类化合物等生物活性成分的存在有关。研究者对比了水、有机溶剂（乙醇、甲醇、丙酮、乙酸乙酯）和环保的低共熔溶剂对巴戟天提取物总酚含量（TPC）、总黄酮含量（TFC）及生物活性的影响[60]。结果表明，三种 DES 提取物的 TPC 最高（等价于 25.17～30.93mg/g，即没食子酸/干基当量），乙酸乙酯提取物的 TPC 和 TFC 最低。此外，三种 DES 在 2,2-二苯基-1-辛基肼（DPPH）、2,2'-偶氮-双（3-乙基苯并噻唑啉-6-磺酸）（ABTS）、羟基自由基（—OH）清除能力、铁还原抗氧化能力和抗菌活性方面也优于传统溶剂。这些结果表明 DES 可以作为巴戟天酚类成分提取的绿色、有效溶剂。

初榨橄榄油（VOO）包含至少 30 个酚类化合物，主要包括酚醇、木酚素、松脂醇和木樨草素等黄酮类化合物。大多数酚类化合物具有广泛的抗氧化、清除自由基和抗炎作用，其生物学特性已得到广泛研究。其中，橄榄苦苷的环烯醚萜衍生物和女贞苷被认为是具有生物活性的化合物。环境友好型天然低共熔溶剂（NADES）已被证明能有效地从初榨橄榄油中提取广泛的酚类化合物。Elisa 等[61]优化了木糖醇-氯化胆碱（Xyl/ChCl）萃取橄榄油酚的产率，同时考察了不同的提取和回收条件，包括不同的提取操作参数（温度、时间、料液比）和随后的回收条件（XAD 树脂高度、洗涤水、洗脱液体积和 pH）的影响。在 40℃、料液比 1∶1 的条件下提取 1h，使用床高为 10cm 的吸附树脂 XAD-16，酸化洗涤水为 250mL，300mL100%乙醇为洗脱液，此时苯酚的最高得率为 555.36mg/kg。该研究提出了一种使用 NADES 从天然油脂中提取多酚的策略，该方法可直接用于高效液相色谱分析，并可在不影响收率和溶剂回收的情况下，通过去除溶剂（NADES）来回收和浓缩多酚。

即便对于木质素这类酚类聚合物，低共熔溶剂也是较为理想的提取剂之一。有研究考察了低共熔溶剂氯化胆碱与氢键供体物质的量之比、反应温度和反应时间等条件下木质素的溶出规律；随后探究了低共熔溶剂对竹柳中碳水化合物以及木质素等分离组分的影响[62]。结果表明，低共熔溶剂提取木质素的最优条件为氯化胆碱与乳酸的摩尔比为1∶10，反应温度和时间分别为120℃和12h，在此条件下粗木质素的分离得率达到91.8%，木质素的纯度达到94.5%。随着低共熔溶剂对竹柳原料处理时间的延长，提取得到的木质素的分子量区间逐渐变窄，多分散系数从1.3402降低到1.1329。

(3) 多糖和苷类

众所周知，果胶是化学和制药工业中广泛利用的生物质多糖之一，存在于植物细胞壁和细胞内层，有两种类型：同质多糖和异质多糖。这种天然大分子可以从许多作物原料中提取和利用，如柑橘、可可和马铃薯以及一些加工废料（如各类果皮）。豆腐柴（*Premna microphylla* Turcz，PMT）分布在中国的西南、西北、南部和中部地区，属于马鞭草科的直立或攀援灌木到小乔木。它的叶子中含有丰富的果胶，已被广泛地用作生物基材料、医药和化妆品领域的天然添加剂，也可以加工为"绿豆腐"直接食用，具有清热解毒功效。常用的提取剂为一系列无机强酸或有机酸，不仅难回收、友好性不佳，而且多对果胶结构有一定影响。笔者团队将氢键受体氯化胆碱（ChCl）与酸性的氢键供体柠檬酸（CA）、苹果酸（MA）制备成DES用于提取豆腐柴果胶。将1.4g豆腐柴叶粉末（100目）与提取剂（ChCl/CA、ChCl/MA、CA）水溶液以相同的15%浓度在液固比30∶1mL/g下混合，然后在80℃下持续提取。结束后对浆液进行过滤，滤液在4000r/min下离心10min，用双倍体积的无水乙醇进行沉淀，4℃下完成果胶浮选。最后，将浮选后的果胶-乙醇混合液高速离心（4000r/min）10min，然后在−60℃、0.1Pa的真空度下冻干24h即可得到产物。

如图3-16（a）所示，两种DES提取得到的果胶颜色均浅于柠檬酸提取物，后者中有较多的色素沉积，导致产品的色泽过深，品质偏低。此外15%ChCl/CA水溶液的提取效果最佳，提取率最高可达0.8545g/g（25.63%），这比传统有机酸提法提取豆腐柴果胶时的产量要高（其最大产率为18.25%～20.61%）。而且提取时间在0.5～2.5h的范围内，提取率随着时间的增加，整体呈先增加后降低的趋势，并且三种溶剂在提取时间为1.5h时提取率皆为最高。从提取动力学来看[图3-16（b）]，ChCl/CA对豆腐柴果胶提取的过程可分为两个阶段，在0～50min范围内提取的速率极快，DES以及果胶在提取介质中快速扩散；该阶段中，豆腐柴叶细胞内部与提取介质DES之间的连续传质促使豆腐柴果胶快速转移至提取介质DES中。在50～240min的范围内，主要是通过豆腐柴叶和DES之间的浓度差异驱动而使豆腐柴果胶提取量增加。但随着体系中果胶浓度的增加，提取速度逐渐变慢直至达到平衡状态。由模型拟合结果可知，准二级动力学方程能够很好地反映DES提取豆腐柴果胶过程的实际情况，拟合得到方程为$y=0.08624x+0.80284$。说明在DES提取豆腐柴果胶的过程中，其提取速率受到颗粒内部扩散和外部传质的共同影响。为了将其用于制备高附加值的衍生产物，还对该产物进行了全面表征和分析（结果见表3-3）。

(a) 柠檬酸、氯化胆碱-柠檬酸、氯化胆碱-苹果酸提取物色泽比较

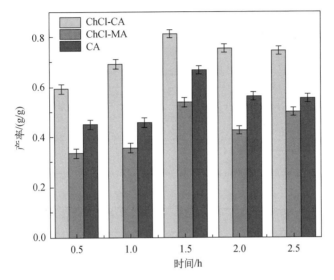

(b) 不同提取时间内三种溶剂对提取率的影响

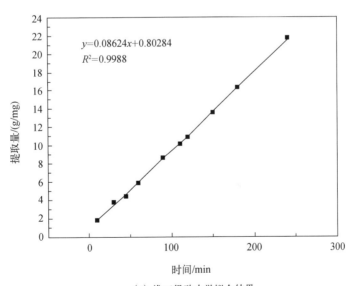

(c) 准二级动力学拟合结果

图 3-16 不同溶剂提取豆腐柴果胶

表 3-3　豆腐柴果胶的全面表征分析结果

编号	项目		结果
1	吸湿性		+
2	溶解度（25℃）		溶于水，不溶于有机溶剂
3	pH（质量分数 2.5 %，25℃）		2.72 ± 0.03
4	酯化度/%		75.1 ± 0.86
5	塑化度		152.26 ± 0.02
6	平均分子量		24772.15 ± 101.56
7	干重减量/%		4.33 ± 0.06
8	拟塑性流体浓度/%		> 0.2
9	半乳糖醛酸含量/%		76.85 ± 2.11
10	糖组成分析/（μg/mg）	岩藻糖（Fuc）	0.3381 ± 0.0113
11		鼠李糖（Rha）	9.0543 ± 0.2775
12		阿拉伯糖（Ara）	4.1567 ± 0.1284
13		半乳糖（Gal）	6.5182 ± 0.3134
14		葡萄糖（Glc）	78.7038 ± 1.9375
15		木糖（Xyl）	2.5472 ± 0.2264
16		甘露糖（Man）	0.8691 ± 0.0975
17		果糖（Fru）	—
18		核糖（Rib）	—
19		半乳糖醛酸（Gal-UA）	64.7627 ± 2.2126
20		古罗糖醛酸（Gul-UA）	—
21		葡萄糖醛酸（Glc-UA）	1.729 ± 0.1345
22		甘露糖醛酸（Man-UA）	—

　　类似地，卡拉胶也是一种多糖，也称为植物胶体，通常用水作为溶剂从红海藻中提取。Das 等[63]用 DES 作为溶剂提取卡拉胶多糖，研究显示用低共熔溶剂比用传统溶剂水的提取效率高，而且含水率为 10%的 DES 比不含水的 DES 对卡拉胶的提取效果好。这是因为水降低了 DES 的黏度，增加了 DES 与卡拉胶之间的离子相互作用，导致提取效率较高。此外，还发现由甜菜碱和 1,3-丁二醇组成的低共熔溶剂最适合茶多糖的提取。经响应曲面法优化后，乌龙茶多糖的最佳提取条件为提取时间 81min、温度 61℃、含水率 84%、固液比 1：20g/mL，茶多糖的得率可达到 6.91%；与常规水提

技术相比，采用该技术提取的茶多糖得率、DPPH 自由基清除能力和羟自由基抗氧化能力分别提高了 20.22%、53.79% 和 32.65%[64]。同样具有良好 DPPH 自由基抗氧化能力的灵芝多糖和玉竹多糖则可以分别被浓度为 34% 的氯化胆碱-尿素（1∶2）水溶液浸提 1.91h 后再醇沉 7.3h 以及含水 19% 的氯化胆碱-尿素（1∶3）92℃热提 41min 再醇沉 12h 后获得，产率分别为 1.10% 和 29.03%±0.54%[65]。

甲壳素作为一种天然生物多糖，存在大量的配位点，且具有生物可降解、生物相容性、无毒等诸多优点，可用于医药领域中的细胞培育、药物负载及伤口复合材料等方面。甲壳素来源于废弃虾壳，是一种可再生资源。近年来利用新型绿色溶剂低共熔溶剂从废弃虾蟹壳提取甲壳素，实现废弃资源回收的案例已有很多。例如，氯化胆碱-硫脲（1∶1）、氯化胆碱-尿素（1∶2）、氯化胆碱-甘油（1∶2）及氯化胆碱-丙二酸（1∶2）四种低共熔溶剂被用于提取龙虾壳中的不溶物甲壳素及水再生甲壳素，纯度高达 93%[66]。也有研究人员在多功能绿色溶剂设计理念指导下，合成了 11 种氯化胆碱-有机酸类 DES，实现从虾壳一步制备酰化甲壳素的目的[67]，同时具有除钙、除蛋白的效果。研究中考察了 DES 种类、实验温度、实验时间、固液比及水含量对酰化甲壳素纯度及酰化度的影响，评价了酸性低共熔溶剂的循环性能；进而测试了酰化甲壳素的抗菌及抗肿瘤效果，探究了 DES 与虾壳各组分的相互作用，明确了虾壳中碳酸钙去除、蛋白质去除及甲壳素酰化的机理。实验结果表明，虾壳粉与氯化胆碱–DL-苹果酸（1∶2）在 150℃下反应 3h，得到了纯度为 98.6%、酰化度为 0.46 的 O-苹果酸酰化甲壳素。

至于天然苷类成分，这里虎杖苷和刺五加苷可以作为两个代表。前者为二苯乙烯类苷元形成的葡萄糖苷，可以镇咳、调血脂、降低胆固醇、抗休克，以虎杖苷为主要成分的虎杖苷注射液是中国首个在美国提交临床申请研究的中药一类创新药物；后者（也称丁香苷）则是由小分子芳香化合物上的酚羟基形成的葡萄糖苷，是刺五加的主要活性成分之一，具有止血、防治急性肾损伤以及心脑血管活性。采用氯化胆碱-乙二醇、氯化胆碱-乳酸或甜菜碱-乳酸按摩尔比为 1∶2 或 1∶5 混合作为提取剂，用水稀释后与粉碎好的虎杖粉末一起涡旋振摇直至混合均匀，持续地进行磁力搅拌即可实现对虎杖苷的提取[68]。对于刺五加苷，则选择氯化胆碱–L-脯氨酸与水混合作为提取剂，提取前先将刺五加烘干后研磨成粉末（过 60～80 目筛），再将刺五加粉末置于提取罐中，加入低共熔溶剂后进行恒温搅拌即可。该方法高效、绿色、安全、成本低廉，且提取效果优于 70% 乙醇[69]。

（4）萜类

萜类化合物由 5 个碳异戊二烯单位组成，具有抗氧化、抗肿瘤、抗微生物、抗疟疾等作用，萜类化合物已被广泛研究。有研究报道了一种以氯化胆碱-乙二醇为溶剂从日本扁柏的叶子中提取萜类化合物的提取方法，并比较了不同比例的氯化胆碱-乙二醇对萜类化合物提取率的影响，最后进一步和传统溶剂开展比较。实验结果显示，当氯化胆碱-乙二醇比例从 1∶2 增加到 1∶4 时，可观察到提取液中萜类化合物的浓度随之上升；而当比例再次增加时，萜类化合物的浓度开始下降。此外，以氯化胆碱-乙二醇为溶剂对萜类化合物的提取率要高于传统的十二烷溶剂。虾青素是一种萜烯类不饱和化合物，其结构类似胡萝卜素而疏水，易溶于氯仿、丙酮和乙腈等有机溶剂；目前用于水产品加工工业废弃物提取回收虾青素的方法主要有四种：碱提法、油溶法、有机溶剂提取以及超临界流体萃取法。最近 Lee 等报道用丙酮从海洋植物的粪便中提取虾青素，以甲基三苯基膦溴铵和 1,2-丁二醇制备的低共熔溶剂作为添加剂比传统的离子液体提取效果更好[70]。实验证明此例中 DES 更适合用作提取添加剂，因为其较高的黏度不利于溶剂和目标化合物之间的扩散，会导致提取效率下降。

同样也是四萜类化合物，叶黄素是构成玉米、蔬菜、水果、花卉等植物色素的主要组分，可将吸收的光能传递给叶绿素 A，对光氧化、光破坏具有保护作用；也是构成人眼视网膜黄斑区域的主要色素，是人类日常食物中可吸收到的营养素之一。在 COSMO-RS 计算结果的指导下，天然来源的莳醇（Fen）、薄荷醇（Men）、百里酚（Thy）、α-萜品醇（Ter，98%），樟脑（Cam）和香豆素（Cou）被用于制备一系列 NADES（Fen/Thy、Thy/Men、Thy/Ter、Thy/Cam、Thy/Cou、Men/Fen、Men/Ter、Ter/Fen、Men/Cam、Cam/Ter）；结果发现其中的 Fen/Thy（1∶1）提取微藻中的叶黄素效果最好，条件为 60℃下加热提取 70min，而且该 NADES 还有利于加强叶黄素在高温、光照和长期储存中的稳定性。叶黄素结构中的 β-紫罗兰酮环和 ε-紫罗兰酮环显示出多个相互作用位点，均可以与 Fen/Thy 的组分形成氢键；有趣的是，在这些氢键形成中，静电和色散几乎同样发挥着主导作用，此外百里酚的芳香环和叶黄素的 ε-紫罗兰酮环之间的范德华相互作用也不能忽视[70]。

(5) 蒽醌类

大黄作为我国大宗药材之一，其主要生物活性成分为游离蒽醌类化合物，是典型的蒽醌类天然产物原料。目前，大黄中游离蒽醌类天然产物的提取方法有氯仿提取法、乙醇提取法、碱提法等，在提取过程中都会使用到氯仿等有毒性挥发溶剂，同时在后期分离纯化过程中还会使用到丙酮、吡啶和强酸强碱等有毒性溶剂，操作过程复杂，还会对环境造成严重污染，这些因素限制了大黄中游离蒽醌类天然产物的规模化生产。基于此，李亚波采用新型、绿色环保的低共熔溶剂作为大黄中五种游离蒽醌类化合物的提取溶剂，以传统有机溶剂氯仿为对照，通过主成分分析法从 13 种低共熔溶剂中筛选出适合于提取大黄中五种游离蒽醌类化合物的低共熔溶剂，并考察了最适低共熔溶剂组分摩尔比、含水率对五种游离蒽醌类化合物提取率的影响，同时采用 Box-Behnken Design（BBD）试验设计对其提取工艺进行了优化；结果发现脯氨酸-苹果酸（1∶1）对芦荟大黄素的提取率最高，为 2.56mg/g；丙二醇-氯化胆碱（2∶5）对大黄酸的提取率最高，为 4.01mg/g；乳酸-葡萄糖（2∶5）对大黄素、大黄酚和大黄素甲醚的提取率最高，分别为 1.55mg/g、5.68mg/g 和 4.99mg/g，同时这三种 DES 对五种游离蒽醌类化合物提取率都高于传统溶剂氯仿[72]。类似研究发现，含糖 DES 对非糖苷蒽醌的提取效率显著高于 70%乙醇，但对含糖苷蒽醌的提取效率较低；当选择高效率 DES（氯化胆碱-葡萄糖）作为虎杖大黄素和大黄素甲醚提取溶剂时，优化得到最佳提取条件为：氯化胆碱-葡萄糖的摩尔比 1∶2、含水率 40%、固液比 1∶30g/mL、提取温度50℃以及提取时间 30min，此时大黄素和大黄素甲醚的提取率分别为 5.65mg/g、0.50mg/g。此外 DES 还对与蒽醌共存的白藜芦醇有一定的增稳作用。

（6）蛋白质类

蛋白质在科学研究以及工业领域都有着十分广泛的应用，提取高纯蛋白质具有重要的意义。大部分蛋白质都可以溶于水、稀盐、稀酸或稀碱溶液，少数与脂类结合的蛋白质则溶于乙醇、丙酮及丁醇等有机溶剂中，因此，可采用不同溶剂提取蛋白质。为了避免蛋白质提取过程中的降解，可加入蛋白水解酶抑制剂（如二异丙基氟磷酸、碘/乙酸等）。蛋白质在传统有机溶剂中容易变性和失活，而 DES 的含水溶液可以作为良好的提取蛋白质的溶剂。有研究者对氯化胆碱-乙二醇、氯化胆碱-甘油、氯化胆碱-葡萄糖和氯化胆碱-山梨醇四种低共熔溶剂提取蛋白质的效果进行了研究，结果显示通过氯化胆碱-甘油（1∶1）提取的牛血清白蛋白效率最高，达到 81.43%，而在氯化胆碱-乙二醇（1∶2）、氯化胆碱–D-葡萄糖（2∶1）和氯化胆碱-山梨醇（1∶1）中的萃取率分别是 46.54%、69.59%和 74.07%[73]。由此可以看出，牛血清白蛋白（BSA）在 DES 中的溶解系数各不相同。DES 提取蛋白质的原理是基于它们的氢键作用、疏水作用和盐析效应，应用红外光谱、紫外-可见光谱和圆二色谱进行验证时可以发现，在提取过程中蛋白质的结构保持不变，说明上述条件非常温和友好。

3.3.2 低共熔溶剂超声辅助提取

如前所述，超声辅助提取可以在较好地保持提取物结构和活性的同时，使细胞内可溶性目标物加速释放、扩散并进入到提取剂中，具有省时且高效的特点。而低共熔溶剂本身可以促进物料骨架间的氢键破坏，使对象成分更易溶出，从而提高提取率；两者的作用可以相互协同。低共熔溶剂的存在有利于增大介质分子的运动速度、增大介质的穿透力，同时助力微激波对细胞壁及整个生物体的裂解，此外较大的热容也能使超声波的热效应得到更大程度的体现。由于提取工艺运行成本低，综合经济效益较为显著，近年来低共熔溶剂超声辅助提取（deep eutectic solvents based ultrasonic-assisted extraction，DES-UAE）在天然产物提取中的应用日益增多。

（1）酚酸和黄酮

作为植物中一类重要的次生代谢物，多酚类化合物具有抗氧化、抗肿瘤、降糖、降脂等功能，在保健食品开发研制中应用广泛。低共熔溶剂作为一种新型溶剂，具有无毒、环保、高效的优点，正逐渐应用于天然酚类成分的绿色提取。Sahin 等以玫瑰茄为研究对象，采用超声辅助低共熔溶剂柠檬酸（氢键受体）–乙二醇（氢键供体）提取玫瑰茄中的多酚物质[74]。研究中以总多酚量为因变量，经响应面法确定在最佳条件下（超声振幅32%、提取43min、低共熔溶剂含50%的水），每克干物的最大产率为22.77mg没食子酸当量，其中影响最显著的参数是DES含水率。除了陆地天然产物之外，左旋肉碱-脯氨酸（摩尔比1∶1）被有效用于提取海莴多酚，可同时与多酚的极性基团和非极性基团发生相互作用，其提取效率是乙醇提取效率的10倍。近年来在可持续发展及建设集约型社会的方针指引下，天然产物废弃资源的开发利用方兴未艾。中国是世界上最大的板栗生产国，板栗加工过程中产生的废弃内壳和外壳约占整个板栗重量的15%～20%，其中富含酚类等多种物质，具有较高的开发利用价值。经筛选发现由氯化胆碱-草酸（摩尔比1∶1）合成的DES对板栗壳的总酚提取率最高，且明显高于传统溶剂（水和40%乙醇）；最佳提取工艺参数为超声波功率348W、液固比42∶1mL/g、含水率32%，总酚得率为（99.66±2.63）mg/g[75]。此外尚宪超等选用11种低共熔溶剂，对烟草叶片中酚酸成分（绿原酸）、鹰嘴豆中黄酮成分（芒柄花苷、鸡豆黄素配糖物、芒柄花黄素、鸡豆黄素）进行超声辅助提取，并利用响应面法优化主要提取工艺参数[76]。已通过相关研究得出以下结论：适合烟草中酚酸类化合物提取的低共熔溶剂为氯化胆碱-苹果酸（摩尔比为1∶1），提取效果优于80%甲醇水溶液，提取工艺的最优条件为低共熔溶剂含水率41%、提取温度60℃、提取时间40min、固液比20mg/mL，在此最优条件下，通过3次验证试验得到的烟草酚酸提取量为（17.69±0.23）mg/g；适合鹰嘴豆中黄酮类化合物提取的低共熔溶剂为氯化胆碱–1,4-丁二醇（摩尔比为1∶5），提取效果优于60%甲醇水溶液，最优提取条件为低共熔溶剂含水率32%、提取时间35min、提取温度59℃、固液比40mg/mL，在此最优条件下，通过3次验证试验得到的鹰嘴豆黄酮提取量为（6.83±0.11）mg/g。

黄酮也是野菊花的主要成分和重要的功效物，其含量是用于评价野菊花质量的重要指标。野菊花总黄酮具有抗氧化、抗炎、抗肿瘤、抗病毒、镇痛等作用，用于治疗癌症、心血管疾病、痛风、关节炎等。孙平等设计了以氯化胆碱为HBA、系列醇类和糖类为HBD的低共熔溶剂，并将其用于野菊花总黄酮的提取；研究中以总黄酮得率为指标，采用单因素实验和响应面法优化野菊花超声提取工艺。结果表明，用摩尔比为1∶3的氯化胆碱和1,4-丁二醇制备低共熔溶剂，当低共熔溶剂含水率为28%、固液比为1∶25g/mL、温度为65℃、超声（功率450W）提取38min时，总黄酮得率可达62.16mg/g[77]。刘丹宁等采用超声波辅助低共熔溶剂从枳实中提取主要黄酮类成分芸香柚皮苷、柚皮苷和橙皮苷[78]。他们首先合成了16种DES，进而以芸香柚皮苷、柚皮苷和橙皮苷含量为指标，对它们的提取效果进行了筛选；然后对提取条件进行优化。单因素试验表明提取温度、时间和超声功率是影响提取效果的主要因素；响应面法优化后的最佳提取条件为：提取剂氯化胆碱-醋酸（1∶2，不含水），超声功率90W、提取温度42℃、提取时间82min。在此条件下，芸香柚皮苷、柚皮苷和橙皮苷的含量分别达到3.36%、0.63%、15.96%，高于传统溶剂乙醇提取的效率。由于滇黄精黄酮具有一定的抗氧化和降血糖能力，研究人员采用氯化胆碱-乳酸（摩尔比 1∶2）为溶剂，在超声提取温度为 45℃、氯化胆碱-乳酸含水率为 20% 和固液比为 1∶20g/mL 的条件下，600W 超声提取 40min，滇黄精黄酮提取率为 17.13% ± 0.25%。该研究所使用的 DES 中乳酸组分越多，低共熔溶剂的黏度及表面张力越低，则目标物的溶出率越高，但如果比值过低，氢键强度变弱，提取率便会降低，同时偏酸性的溶剂有利于黄酮类化合物的溶出。此外，遗传算法还被成功用于模拟和预测氯化胆碱–1,4-丁二醇在含水率 37%、超声功率 167W、提取时间 30min、提取温度 54℃ 和固液比 1∶26g/mL 的条件下对红枣总黄酮的提取效果（实际得率为 29.33mg/g ± 0.37mg/g）[79]。除了上述研究使用乳酸或醋酸作为氢键供体提取黄酮，常用有机酸中酸性较强的三氟醋酸也被用于和氯化胆碱配伍，在摩尔比 1∶2、含水率 30%、固液比 1∶23g/mL、72℃ 的条件下提取 27min 获得苹果叶中的总黄酮[80]。另有一种用得较少的 DES 为甜菜碱盐酸盐-蔗糖-水（1∶1∶94.50），90W 超声提取 20min，茉莉花黄酮提取率为 15.24mg/g[81]。

作为一类特殊的黄酮成分，黄酮碳苷是一类糖基和苷元直接相连的苷。组成碳苷的苷元多为酚性化合物，如黄酮、查耳酮、色酮、蒽醌和没食子酸等，尤其以黄酮碳苷最为常见，它的形成是由黄酮苷元酚羟基所活化的邻对位的氢与糖的端基羟基脱水缩合而成。氯化胆碱-乳酸曾经被用作绿色溶剂，对滇黄精黄酮进行提取工艺研究。优化的提取条件为氯化胆-乳酸摩尔比为 1∶2，含水率为 20%，固液比 1∶20g/mL，在 45℃ 下超声提取 40min，提取率为 17.13%[82]。段莉等开发了两类胆碱类低共熔溶剂，由溴化胆碱与 $ZnCl_2$ 或 $SnCl_2$ 或氯化胆碱与 $AlCl_3$ 混合制备而成。这两类低共熔溶剂可以高效且选择性提取金莲花中三种重要的黄酮碳苷：荭草苷、荭草素-2″-O-β-L-半乳糖苷和牡荆苷[83]。与传统的甲醇溶剂提取相比，不仅能够提高三者的提取率，而且共存杂质少；提取物无需反复使用硅胶柱分离，可以大大减少分离纯化步骤，降低后续制备成本。另外氯化胆碱-1,3-丙二醇（1∶2）的水溶液被发现是战骨（$Premna\ fulva$ Craib，又名黄毛豆腐柴）中黄酮碳苷的有效提取溶剂（DES 溶液含水率 33%，液固比 31∶1mL/g，240W 超声波 50℃ 提取 43min），提取率 17.37mg/g 高于 40% 乙醇的提取率 13.70mg/g[84]。而且当氢键供体换为丙二酸或柠檬酸时，其提取液为墨绿色，推测为天然低共熔溶剂中的酸性成分与目标碳苷发生化学反应，从而导致提取率降低。刘婷婷等还发明了一种较为特殊的循环脉冲超声处理高黏度低共熔溶剂提取黄芪黄酮的方法，操作中按 1∶10g/mL 的固液比将黄芪与含水 50% 的氯化胆碱-苹果酸（1∶1）混合后，通过循环脉冲超声的空化作用破坏药材细胞的细胞壁，促进细胞内成分扩散至细胞外，在 60℃ 下 360W 循环超声 30min 得到提取物[85]。

除了提取单一类型成分，还有研究者采用超声辅助提取法，同时以低共熔溶剂（DES）作为溶剂，利用响应面法优化从辣木叶片（$Moringa\ oleifera$ leaf）中提取得到总酚类/黄酮含量（TPC/TFC）并考察了产物抗氧化活性[86]。方差分析结果显示，DES 中的水分含量对所有响应均有显著影响，而超声时间和液固比对总酚含量无显著影响。最后得到了 TPC/TFC 与抗氧化活性结合的最佳条件为：DES 含水率 37%、超声功率 144W、超声温度 40℃。实测参数与预测结果吻合较好。此外经比较研究证实，与其他方法相比，优化后的超声辅助 DES 法可获得更高的 TPC/TFC 和抗氧化活性。高效液相色谱分析结果表明，采用超声波辅助低共熔溶剂法提取的辣木叶片提取物中含有 14 种酚类化合物，含量为 17.6 ～23.6mg/g。该研究为从辣木叶片中提取高水平抗氧化酚类化合物提供了一种绿色高效的方法。

如前所述，花青素（anthocyanidins）是一种水溶性色素，也是构成花瓣和果实颜色的主要色素之一。已有专利报道了利用低共熔溶剂作为溶剂提取花青素的方法，其中氢键的受体包括氯化胆碱、甜菜碱、甜菜碱盐酸盐、L-脯氨酸、磷脂酰胆碱、胆碱硝酸盐和/或葡萄糖，氢键供体包括乳酸、乙酸、柠檬酸、草酸、乙酰丙酸、水杨酸、咖啡酸、苯甲酸和/或抗坏血酸；超声波提取功率为 430～450W，提取温度为 51～56℃，提取时间为 30～50min。该法可有效用于从葡萄皮、桑椹、黑醋栗、蓝莓和/或黑豆皮组成的新鲜果渣中提取花青素。相较于天然花青素传统提取法，该方法克服了提取效率低和有机溶剂残留等问题，减少了果汁副产品加工企业的负担。

白藜芦醇（resveratrol）分子式为 $C_{14}H_{12}O_3$，属于多酚化合物。主要存在于虎杖和葡萄皮中，在花生中也有分布，其根中含量最高。研究表明，作为植物雌激素的白藜芦醇具有药理和生物活性，如抗氧化、抗癌、保护心血管等作用。花生作为日常饮食中白藜芦醇的主要来源之一，近年来得到了众多科研工作者的关注。最近报道了采用低共熔溶剂作为提取溶剂来超声辅助提取花生红衣中白藜芦醇的研究[87]。通过对低共熔溶剂的筛选表明，氯化胆碱-乙二醇（摩尔比 1∶2）具有较好的提取效果；在加水量（以体积比计）为 40%、超声温度为 60℃、超声时间为 60min、固液比为 1∶15g/mL 的条件下，白藜芦醇的提取量为（5.16±0.07）μg/g。

羟基酪醇（hydroxytyrosol, HT）是一种橄榄源植物化学多酚，具有较高的抗氧化性、抗癌防癌和促进骨骼发育等多种功效。研究表明，HT 的抗氧化能力是表儿茶素的 10 倍，是辅酶 Q_{10} 的 2 倍，当和没食子酸搭配时被称为最有效的抗氧化组合之一。尽管通过合成工艺可获得高纯度的 HT。但是由此途径获得的产品低产量，稳定性不佳，且原材料比较昂贵。目前的研究中尚缺乏此类多酚的提取途径，因此，需要寻找一种有效、绿色的途径来获得这种化合物。研究人员设计了 8 种天然低共熔溶剂（4 个糖基和 4 个有机酸基 DES），并以超声波辅助提取橄榄叶中的 HT[88]。结果表明，所得柠檬酸-甘氨酸-水（2∶1∶1）提取液中的 HT 含量为 0.0087%，超出水提液 4 倍以上。

（2）糖和苷类

多糖和苷类成分的 DES 超声波辅助提取应用非常广泛，相应的研究文献数量庞大，从这个角度也反映了目前天然产物领域确实正在经历研发重心从小分子向大分子倾斜的过程。众所周知，皂苷是薯蓣科植物中的主要成分，同时可能具有潜在活性的其他共存成分也引起了研究人员的兴趣。最近的一项研究利用 DES-UAE 技术从薯蓣

（山药）中提取多糖，研究结果显示以氯化胆碱–1,4-丁二醇作为溶剂，摩尔比为 1∶4、含水率为 30%、温度为 90℃、时间为 40min 时，提取薯蓣多糖的效果最好。该实验表明用该 DES 作为溶剂的超声波破碎法要强于水的超声提取和典型的热回流方法。DES 作为溶剂另一个重要影响因素是温度，随着温度升高，DES 的极性会降低。DES 对很多物质都有良好的溶解性能，不论是极性还是非极性的化合物，DES 均具有增溶作用，且一些天然产物在低共熔溶剂中的溶解性明显优于水。根据"相似相溶"原理，低共熔溶剂加入水后其极性改变，从而使其溶解性能改变。例如低共熔溶剂对非极性化合物的溶解度比较高，而一定含水量的低共熔溶剂对中等极性的化合物溶解性比较好。此外，表 3-4 还涵盖了 DES-UAE 提取其他天然多糖的重要信息，其中乙醇胺-邻甲苯酚和丁卡因-月桂酸具有温度敏感性，提取后通过变温即可改变 DES 极性从而与多糖水溶液分相，然后分别进行回收。

表 3-4　DES-UAE 提取天然多糖的研究总结（HBA 和 HBD 如非特别指出均为摩尔比）

DES 种类	超声提取条件	提取对象	提取率/%	参考文献
氯化胆碱–1,4-丁二醇（1∶4）	超声破碎机中提取 40min，温度为 90℃，固液比 1g∶30mL，含水率 30%	薯蓣多糖	15.91	[89]
氯化胆碱-尿素（1∶2）	360W 超声 30min，温度 40℃，固液比 1g∶10mL，含水率 20%	红枣多糖	8.33 ± 0.26	[90]
氯化胆碱-异丙醇（1∶3）	250W 超声 30min，温度 39℃，固液比 1g∶50mL，含水率 40%	甘草多糖	8.31	[91]
氯化胆碱-丙三醇（1∶2）	90W 超声 30min，温度 58℃，固液比 1g∶39mL，含水率 30%	桑黄多糖	13.11 ± 0.16	[92]
左旋肉碱-苹果酸（1∶1）	120W 超声 40min，固液比 1g∶50mL，含水率 50%	羊栖菜多糖	13.82	[93]
氯化胆碱-1,3-丁二醇（1∶1）	500W 超声 41min，温度 70℃，固液比 1g∶11mL，含水率 11%	千金拔多糖	2.47 ± 0.03	[94]
左旋肉碱-脯氨酸（1∶1）	30W 超声 30min，不控温，固液比 1g∶20mL，含水率 50%	海茸多糖	231mg/g	[95]
氯化胆碱-草酸二水（2∶1）	200W 超声 40min，温度 75℃，固液比 1g∶24mL，含水率 60%	鳞杯伞多糖	5.31 ± 0.09	[96]
氯化胆碱-乳酸（1∶4）	240W 超声 40min，温度 75℃，固液比 1g∶50mL，含水率 70%	黑茶多糖	35.48	[97]
氯化胆碱-草酸（2∶1）	600W 超声 31min，温度 62℃，固液比 1g∶32.5mL，含水率 30%	羊肚菌多糖	5.93 ± 0.07	[98]
氯化胆碱-尿素（1∶1）	150W 间歇超声 2.5h（超声波开 30s，停 30s；如此间歇反复），不控温，固液比 1g∶1000mL，含水率 15%	血耳多糖	52.3	[99]

DES 种类	超声提取条件	提取对象	提取率/%	参考文献
氯化胆碱-乙二醇（1∶2）	超声 35min，温度 55℃，固液比 1g∶30mL，含水率 30%	油茶枯饼多糖	121.95 mg/g	[100]
乙醇胺-邻甲苯酚（1∶1）	200W 超声 60min，温度 60℃，固液比 1g∶30mL，含水率 50%	灵芝多糖	91.65 mg/g	[101]
丁卡因-月桂酸（1∶1）	100W 超声 60min，温度 35℃，固液比 1g∶25mL，含水率 30%	枸杞多糖	373.92 mg/g	[102]

苷类成分不仅具有良好活性，目前在食品领域作为代糖成分应用的潜力也很大。由于苷元的类型多样性，其结构特征和理化性质差异也比较大。提取这些苷类成分所用的 DES 也往往与其对应苷元的 DES 提取剂有所区别，因为成苷后的水溶性会明显增强。此外，当用 DES 提取同一天然产物原料中的苷类及其共存成分时，提取效果也存在差异；通过比较皂苷和黄酮的 DES 提取剂，发现其黏度和极性都不是导致两种目标物提取效果存在差异的关键，主要原因还是来自于 DES 和目标物的相互作用。皂苷类结构中没有 π-π 共轭体系，不存在与 DES 中富电子基团（如羧基）的电子云相排斥的问题，且较强电负性的 C=O 有利于分子间氢键的形成；黄酮的 π-π 大共轭体系具有很高的电子云密度，与含羧基的 DES 接近时电子云会因相互排斥而影响氢键的形成；所以含有羧酸 HBD 的 DES 对总皂苷的提取效果最好而对总黄酮的提取效果最差。当采用氯化胆碱-乙二醇（1∶2）超声提取（1g/20mL，60℃，30min）百合中的王百合苷时，多糖也会一并溶出；此时可以先进行高速离心，取上清液加入 2 倍体积的环氧乙烷-环氧丙烷共聚物（EOPO）后震荡、静置，进而采用水系微孔滤膜过滤上层澄清液体并再次离心分离，所得上层即为王百合苷类成分；收集下层提取液，60~70℃水浴加热使 EOPO 与水分相。其中下层含多糖，上层 EOPO 能循环使用[103]。

小叶丁香是一种广泛分布于中国北方山区的落叶灌木植物，属于油桃科，这种植物的花经常作为中国民间药物治疗肝炎和肝硬化的药物。植物化学研究表明，糖苷是小叶丁香的主要活性成分，主要包括松果菊苷（ECH）和橄榄苦苷（OLE）。研究表明，ECH 和 OLE 具有神经保护特性及抗氧化、抗炎、抗癌、抗病毒和心血管活性。研究人员采用超声波辅助及搅拌加热的方法合成了低共熔溶剂，并考察了超声辅助 DES 提取法对小叶丁香中松果菊苷和橄榄苦苷的提取效果[104]，采用一系列 DES 体系对小叶丁香中糖苷的提取效率进行了评价，发现由氯化胆碱-甘油组成的 DES 对 ECH 和 OLE 的提取率高于常规溶剂和其他由氯化胆碱作为氢键受体的低共熔溶剂的提取率。进而采用响应面法优化了提取工艺，提取溶剂选择表现最优的氯化胆碱-甘油组合，摩尔比为 1∶2，含水率为 20%；其次超声波功率为 200W，提取温度为 68℃，固体比为 20∶1mL/g，提取时间为 45min。最后采用 HPD-450 大孔树脂富集 DES 提取物中的 ECH 和 OLE，回收率分别为 80.04% 和 86.21%。

DES-UAE 提取天然苷类成分的研究总结见表 3-5。

表 3-5　DES-UAE 提取天然苷类成分的研究总结（HBA 和 HBD 如非特别指出均为摩尔比）

DES 种类	超声提取条件	提取对象	提取率	参考文献
1,4-丁二醇-丙二酸（1:2.5）	500W 超声 30min，温度为 30℃，固液比 1g:30mL，含水率 18%	肉苁蓉中苯乙醇苷（松果菊苷、毛蕊花糖苷和异毛蕊花糖苷）	1.82% ± 0.01%	[105]
氯化胆碱-乳酸（1:4）	250W 超声 65min，温度 80℃，固液比 1g:56mL，含水率 25%	鸡骨草皂苷	26.569mg/g	[106]
1,2-丙二醇-甘油-水（体积比 8:1:1）	600W 超声 90min，温度 60℃，固液比 1g:30mL，含水率 0%	甜叶菊中的甜菊苷莱鲍迪苷 A	69.6mg/g 和 28.4mg/g	[107]
氯化胆碱-乳酸（1:4）	60W 超声 10min，温度 70℃，固液比 1g:50mL，含水率 30%	车前草中大车前苷和毛蕊花糖苷	（8.43 ± 0.58）mg/g 和（5.93 ± 0.46）mg/g	[108]
氯化胆碱-乳酸（1:2）	330W 超声 18min，不控温，固液比 1g:40mL，含水率 22%	柴胡皂苷	（16.25 ± 0.42）mg/g	[109]
氯化胆碱-丙三醇（1:3）	200W 超声 45min，温度 45℃，固液比 1g:35mL，含水率 44%	新疆红枣中的环磷酸腺苷	（284.15 ± 0.06）μg/g	[110]
氯化胆碱-乙二醇（1:4）	200W 超声 40min，温度 62.5℃，固液比 1g:52.4mL，含水率 41.7%	甘草苷	10.727mg/g	[111]
氯化胆碱-丙三醇（1:2）	100W 超声 30min，不控温，固液比 1g:38mL，含水率 26%	红景天苷	11.64mg/g	[112]
氯化胆碱-醋酸（1:2）	300W 超声 45min，温度 55℃，固液比 1g:15mL，含水率 45%	栀子中栀子苷，西红花苷I，西红花苷II	48.44mg/g，6.17mg/g，0.81mg/g	[113]
氯化胆碱-苹果酸（1.5:1）	300W 超声 30min，温度 45℃，固液比 1g:10mL，含水率 35%	黑莓花色苷	—	[114]

(3) 其他类成分

秦皮来源于白蜡的干树皮，是治疗高尿酸血症和痛风的重要中草药。研究表明，香豆素是秦皮在治疗痛风或高尿酸血症中的主要生物活性成分。由于香豆素水溶性差，常用乙醇、氯仿、甲醇等有机溶剂提取香豆素，传统提取方法通常有超声提取、微波提取、热回流提取等。但是，这些传统途径通常是劳动密集型的，提取率较低，且对环境具有污染性。有研究者开发了一种高效、绿色的低共熔溶剂辅助超声辐照从秦皮中提取香豆素的方法[115]。该研究利用氢键受体（氯化胆碱等）和氢键供体（L-苹果酸等）制备了不同种类的低共熔溶剂，以提取秦皮中的香豆素，进而以提取率为基础，对低共熔溶剂的组成、含水率、提取时间、液固比等提取条件进行了系统优化；同时采用傅里叶变换红外光谱技术以及扫描电镜观察提取前后的原料结构，进一步研究其提取机理。结果表明，超声辅助低共熔溶剂提取的最佳条件为：低共熔溶剂组成为甜菜碱-甘油（1∶3）水溶液（20%）、固液质量比为15∶1、提取时间为30min，此时四种目标香豆素的提取效率最佳，效果优于传统的提取溶剂。这表明超声辅助低共熔溶剂提取技术可作为一种绿色、高效的获得秦皮香豆素的方法。

在提取生物碱的DES组成中，往往具有酸性组分。研究人员考察了几种新型DES在微波辅助下对天然代表性生物碱的提取效果[116]，在DES含水率25%、固液比1∶50、超声提取时间40min的未优化条件下，乙酰丙酸–1,4-丁二醇提取吴茱萸次碱的含量为0.911mg/g，而相同条件下80%乙醇水溶液提取率为0.869mg/g；氯化胆碱-乙酰丙酸对胡椒碱的提取率为33.302mg/g，而在相同条件下乙醇提取率为32.221mg/g；甜菜碱-乙酰丙酸对槐定碱的提取率为1.919mg/g，相比于甲醇的提取率1.329mg/g提高了44.4%；乙酰丙酸–1,4-丁二醇提取氧化苦参碱的提取率为14.988mg/g，相比于甲醇的提取率12.431mg/g提高了20.57%。最后对乙酰丙酸–1,4-丁二醇的提取条件进行了优化，确定最佳摩尔比为1∶0.5，含水率为25%，超声时间为40min，温度为55℃，固液比为1∶30；在此条件下最高提取率为1.105mg/g，相比于优化前提高了10%。当然，也有采用不含酸性组分的DES作为生物碱提取剂的情况，如脱氧野尻霉素，一种小分子哌啶类生物碱，系强效α-葡萄糖苷酶抑制剂，可以有效降低血液中的糖含量，主要来自桑科植物桑（*Morus alba* L.）的枝、叶、根中。其最佳提取工艺条件为氯化胆碱-甘油摩尔比为1∶3.4、含水率40%、超声时间32min，重复3次，最终提取率为1.445mg/g[117]。

酸浆苦素是新的一类具有13,14-闭联-16,24-环-甾族化合物结构的天然产物，主要来源于药食两用类植物酸浆（*Physali salkekengi* L.）；糖尿病患者常用其代茶饮，能对血糖调节起到较好效果。研究结果表明，氯化胆碱-葡萄糖（2∶1）对酸浆苦素的提取效果良好，明显高于75%乙醇的对照组。最佳提取工艺为固液比1∶10g/mL、超声功率320W、超声时间30min、含水率15%；在该条件下酸浆苦素提取率为（8.96±0.15）mg/g[118]。此外，具有挥发性的精油类成分也可以通过DES-UAE的途径获取，在完成提取后采用水蒸气蒸馏法将提取得到的精油进行回收，DES处理后循环使用。通过此法获得的胡椒叶精油与常规方法获得的产物在色泽、性状、外观上没有明显区别，常温下为具有浓厚特征性气味的淡蓝色油状物，成分组成也以烯烃类为主。提取条件为：氯化胆碱和尿素摩尔比1∶2，固液比1∶14g/mL、超声功率300W、提取时间53min、含水率15%，最佳提取率为1.380%±0.018%；该结果比水蒸气蒸馏法和超声辅助水蒸气蒸馏法分别提升了14.33%和5.18%[119]。

3.3.3 低共熔溶剂微波辅助提取

近年来，传统的微波提取在不断的应用中也体现出一定的局限性：一是较适合于热稳定的产物，而对于热敏性物质，微波加热容易导致它们变性失活；二是要求被处理的物料具有良好的吸水性，或是待提取的产物所处的组织部位容易吸水，否则细胞难以吸收足够的微波能将自己击破，目标物也就难以释放出来。由此可见，微波用于天然产物的提取还存在一定的提升和改进空间。随着绿色技术的不断发展，微波辐照结合各类低共熔溶剂的研究相继出现，两者的结合可以弥补现存的一些技术缺陷，从而达到 1+1>2 的效果，故在天然产物提取中的潜力逐渐凸显。在具有极强穿透力的微波辐射作用下，除了其本身所具有的引发胞内水分蒸发和细胞破裂能力，构成固体物料表面液膜的强极性 DES 分子也将瞬间极化，并做高频率的极性变换运动，这使得附着在固相周围的液膜受到扰动而变薄，固-液浸取扩散过程的阻力减小，从而促进扩散过程的进行。基于此，低共熔溶剂微波辅助提取(deep eutectic solvents based microwave-assisted extraction，DES-MAE) 应运而生。

(1) 黄酮类

目前，对黄酮化合物 DES-MAE 提取方法的相关报道越来越多；从提取时间来看，本法所需时间一般少于超声和常规提取法，一般在数分钟到一刻钟之内。有研究者采用低共熔溶剂作为提取溶剂，对中药材黄芩中主要四种黄酮成分黄芩苷、汉黄芩苷、黄芩素与汉黄芩素进行微波辅助提取，研究中探索了微波辅助提取工艺，并对工艺参数进行系统优化[120]。低共熔溶剂体系为氯化胆碱-乳酸，组成摩尔比 1:2，含水率 20%。微波提取工艺参数为：微波温度 60℃，液固比 15:1mL/g，提取时间为 12min。在上述优化条件下进行了验证实验，得到黄芩苷、汉黄芩苷、黄芩素与汉黄芩素的平均提取率分别为 (33.10±1.02) mg/g、(8.32±0.34) mg/g、(9.21±0.36) mg/g 和 (1.637±0.060) mg/g。

薏苡叶为禾本科植物薏苡的叶，在我国大部分地区均有分布，夏、秋采收，鲜用或晒干，具有温中散寒、补益气血的功效，主治胃寒疼痛、气血虚弱。李梅等采用低共熔溶剂作为提取溶剂，对薏苡叶总黄酮进行微波辅助提取[121]。通过单因素试验研究了低共熔溶剂的体系、组成比例、含水率、固液比对提取效率的影响。在此基础上，选择微波提取工艺参数温度、时间和功率进行 $L_9(3^3)$ 正交试验，可得出总黄酮的最佳提取工艺参数。微波辅助低共熔溶剂提取总黄酮的最优工艺条件：20 倍药材量的 30%含水率的氯化胆碱-乙二醇，摩尔比 1:3，提取温度 55℃，功率 500W，时间 15min。

孙悦等以鹰嘴豆为原料，氯化胆碱基低共熔溶剂为提取剂，采用微波辅助技术提取鹰嘴豆中的黄酮类物质，为鹰嘴豆资源的高值转化利用提供参考[122]。通过探究氢键供体种类、氢键供体和受体的摩尔比、固液比、低共熔溶剂体系含水率、微波功率及微波时间对鹰嘴豆黄酮得率的影响，通过单因素实验和响应面优化实验，确定了鹰嘴豆中黄酮类物质提取的最佳工艺参数：以氯化胆碱为氢键受体、柠檬酸为氢键供体构建低共熔溶剂体系，二者摩尔比为1∶2，低共熔溶剂体系含水率30%（体积分数），固液比1∶22g/mL，微波功率为675W，微波时间235s，此时鹰嘴豆黄酮得率为2.49mg/g，提取率可达90.55%，优于传统醇提法。

对于覆盆子总黄酮，最适合的DES为氯化胆碱-山梨醇（1∶2）；当含水率为31%、液固比为38mL/g、微波功率为450W、辐射时间为150s、提取时间为60min时，总黄酮提取率为5.88%[123]。李灵玉针对东北茶藨子叶中七种主要的黄酮类成分芦丁、金丝桃苷、异槲皮苷、三叶豆苷、紫云英苷、槲皮素和山奈酚开发了一种绿色高效的微波辅助低共熔溶剂提取技术。所用DES为氯化胆碱-乳酸（1∶2，含水率为25%），微波功率600W，提取温度54℃，提取时间10min，液固比27∶1mL/g，上述七种黄酮提取率的平均值依次为1.26mg/g、0.33mg/g、2.59mg/g、4.81mg/g、1.16mg/g、0.35mg/g、0.10mg/g，优于热回流辅助低共熔溶剂提取法和超声辅助低共熔溶剂提取法[124]。除上述普通黄酮苷，氯化胆碱-乳酸（1∶2）还被用于黑加仑中飞燕草素3-*O*-葡萄糖苷/芸香糖苷、矢车菊素3-*O*-葡萄糖苷/芸香糖苷的DES-MAE过程，经过大孔吸附树脂结合中压快速色谱的富集和纯化，四者最终得率依次为0.32mg/g、0.47mg/g、0.18mg/g、0.43mg/g，纯度均在95%以上[125]。值得一提的是，考虑到各种方法的优势，酶解法、微波辅助法、超声辅助法和低共熔溶剂相结合后用于提取香榧假种皮中的黄酮类成分，相关方法前后衔接，贯续使用；其中在用纤维素酶和果胶酶完成酶解后，首先进行的微波提取环节采用氯化胆碱-三甘醇（1∶2），微波功率为700～900W，时间为80～100s[126]。

（2）酚酸类

除上述黄酮类型之外，原花青素和花青素也常常作为提取目标；在酸性介质下加热原花青素可转化为花青素，此外两者在颜色、来源、结构和活性上也存在一定区别，后者还可以与糖结合成花色苷。以氯化胆碱-草酸组成的DES被发现可用于微波提取油茶壳原花青素，优化条件确定为溶剂含水率5%，固液比1∶20g/mL，600W微波35℃下辐照60min，此时油茶壳中原花青素的提取量为66.89mg/g[127]。桑葚是桑科桑属（*Morus alba* L.）多年生木本植物桑树的果实，又称桑枣、桑果等，被国家卫生部列为首批药食同源植物，花青素是桑葚中的主要生物活性成分，具有丰富的营养和功效，在食品、药品、美妆领域具有重要价值。传统花青素提取大都采用有机溶剂为提取剂，提取效率较低，处理剂量大，且易污染环境，随着人们环保意识的增强，使得绿色化学成为科研工作者关注的焦点。有研究者以桑葚加工副产物果渣为原料，应用微波辅助低共熔溶剂提取技术，研究不同低共熔溶剂对桑葚果渣花青素提取率的影响，并结合响应面法对提取工艺进行优化[128]。结果表明，氯化胆碱-1,2-丙二醇（1∶2，含水率40%）组成的溶剂最适合花青素提取，比传统乙醇提取法提取含量更高，且更环保节能。微波辅助DES提取桑葚果渣花青素的最佳工艺条件为：微波功率614.05W，提取温度41.26℃，提取时间40.46s，在此条件下花青素提取率为36.05mg/g。考虑到仪器的参数限制、可操作性及试验的成本等，将最优工艺条件校正为：微波功率600W，微波温度40℃，反应时间40s。此条件下，花青素提取率的验证值为35.97mg/g，与理论值接近，可拟合实际提取。

阿魏酸是酚酸类活性成分的代表物质，具有抗氧化、抗高血脂、抗癌、预防心血管疾病等多种生物活性，其含量的高低是川芎药材质量评价的标准。摩尔比1∶2的氯化胆碱–1,2-丙二醇、含30%水的低共熔溶剂可作为川芎中阿魏酸的最佳提取溶剂，具体操作中提取时间为20min，温度为68℃，液固比为30∶1mL/g，最终得到提取率的实验值为2.32mg/g[129]。也有报道采用微波辅助低共熔溶剂对桑叶中的酚类化合物进行了提取[130]。制备的12种DES中，以20%含水率的氯化胆碱-甘油（1∶2）萃取效率最高。通过单因素和响应面实验对微波辅助低共熔溶剂萃取的几个基本参数进行了优化，结果表明，微波温度66℃、液固比20mL/g、提取18min时，目标酚类化合物总提取率达到8.352mg/g，优于常规溶剂提取。同时，利用大孔树脂可以从DES提取物中富集分离目标化合物，回收的DES仍表现出良好的溶剂效应，可用于再提取。以DES-MAE结合大孔树脂的绿色集成方案较为可行。

（3）挥发油

微波辅助低共熔溶剂在挥发油提取的工艺中也有重要的应用价值，本法处理时间短，比较适合挥发性成分的提取。有研究者采用低共熔溶剂微波辅助蒸馏法获得油樟精油[131]。在传统水蒸气蒸馏的溶剂水中加入了由氯化胆碱和1,4-丁二醇熔融制成的低共熔溶剂，其最佳摩尔比为1∶5；水蒸气蒸馏中的DES与水的体积比为5∶5。通过单因素试验及响应面优化微波辅助蒸馏的过程参数为：微波功率700W，操作温度120℃，微波时间20min。所得油樟精油提取率为25.0mL/kg，在同样的微波辅助萃取条件下，水蒸气蒸馏所得精油萃取量为21.3mL/kg。说明利用低共熔溶剂微波辅助提取油樟中精油的效果较好。此外，氯化胆碱-苯乙酸（1∶2）和氯化胆碱-尿素（1∶2）被分别用于艾草精油和胡椒叶精油的微波提取。前者与艾草粉末按照8∶1mL/g的比例混合，用300W微波处理5min，再加入蒸馏水在300W微波辐射下提取40min，所得混合物再用水蒸气蒸出精油后干燥即可[132]；后者则与胡椒叶粉末按照16∶1mL/g混合，加入蒸馏水后在480W微波下蒸馏53min，然后脱水干燥[133]。

李上等利用金属基低共熔溶剂（MDES）结合微波辅助水蒸气蒸馏法提取小茴香的精油，在此使用含有氯化铁的氯化胆碱-乙二醇体系（三者摩尔比为1∶1∶1），能够有效吸收微波（600W辐照5min），破坏小茴香植物细胞的细胞壁并从中释放出更多挥发性成分[134]。所得精油经气相色谱-质谱（GC-MS）分析共鉴定出44种挥发性成分，而微波辅助水蒸气蒸馏法（MHD）所得精油只能鉴定出26种挥发性成分。研究结果表明，小茴香样品经过MDES预处理后，提取所得小茴香精油与水蒸气蒸馏法所得精油相比，含有更多的挥发性成分。所以，基于金属基低共熔溶剂的微波辅助水蒸气蒸馏法（MDES-MHD）可以作为一种新型的植物精油的绿色提取方法。

（4）糖类与木质素

在过去的几年中，低共熔溶剂作为处理生物质的新型溶剂的研究数量增长较快。研究显示，不同的木质纤维素生物质，如玉米芯、稻草、柳枝稷、麦秸和山毛榉木可以用不同的 DES 进行有效预处理，但预处理时间可能很长，甚至需要 24h。减少预处理时间的一种方法是将 DES 与微波辐照联用，后者可使 DES 的离子特性最大化，并增加其分子极性，这可能会使预处理温度和时间更低，即条件更加温和[135]。最近，一些研究集中于微波辅助低共熔溶剂对生物质的预处理。例如，Muley 等报道了使用摩尔比为 1∶1 的氯化胆碱-草酸微波预处理松木屑可以在不到 1h 内获得较高产量的木质素[136]。研究表明经微波和 DES 处理后的白皮松酶转化率（81.9%）显著高于常规 DES 处理（45.7%），两种预处理木质素的化学结构相似，但其拓扑化学和形态结构有显著差异。现有研究验证了 DES-MAE（800W，45s）在生物质（玉米秸秆、柳枝稷和芒草）中木质素的提取方面是高效的[136]。在此基础上，国外学者研究了微波辅助 DES 对小麦秸秆结构以及糖和乙醇产量的影响。该研究利用氯化胆碱-甲酸（ChCl/FA）在不同的酶解条件（摩尔比、微波功率和预处理时间）下处理麦秸，确定酶解过程中总糖释放量最大的条件。相关工艺可将高达 90% 的木聚糖溶解为液相，得到了高度可消化和可发酵的麦草纤维，最终可获得很高的产糖率（葡萄糖 99%，木糖 85%）[137]。

除了用于预处理，DES 与微波辐照也可以用于天然大分子的直接提取，例如，将小龙虾壳粉与氯化胆碱-乳酸（1∶5）按质量比 1∶10 进行混合，置于微波反应器中加热至 120℃下提取 30min，结束后进行固液分离，固体部分洗涤除去低共熔溶剂，干燥后得到有色固体粉末，再通过双氧水脱色，干燥即可得到甲壳素。此法可以避免使用酸碱提取造成的甲壳素水解以及环境污染[138]。螺旋藻（Spriulina platensis）营养价值较高，其含有的多糖具有广泛的生物活性，如抗菌、抗氧化、抗癌、抗病毒等，目前多借助热水、稀碱和不同的有机溶剂提取，效率和友好性亟待改善。研究发现氯化胆碱和 1,4-丁二醇（1∶4）组成的 DES 体系对螺旋藻多糖的提取效果最佳，此类醇基 DES 具有相对较小的黏性、表面张力和更适于多糖提取的极性，同时 1,4-丁二醇内部空间足够大且醇基分支少，羟基的存在也增加了其与多糖的相互作用；此外醇基 DES 的提取效率高于水。当该 DES 含水率为 29%、提取时间为 28min、微波提取温度为 81℃和固液比为 20mg/mL 时，获得的多糖平均得率为 109.80mg/g；过多的水可能会限制多糖和 DES 组分之间的相互作用，故含水率不宜太大。相比未衍生化的前体，成酯之后的糖类成分（如蔗糖酯）极性会明显降低，甚至可溶于氯代烷烃[139]。烟草中的蔗糖酯对其香型和风味具有独特的影响，用氯化胆碱-尿素（1∶1.8）以 1∶25g/mL 的固液比在 500W 微波中提取 200 目烟草颗粒 10min，蔗糖酯的提取率高于氯仿的 50%[140]。

（5）其他类型成分

传统有机溶剂和微波提取技术已被用于从不少植物中提取生物活性化合物，但微波辅助低共熔溶剂萃取法的原理尚不甚清晰。因此，需要进一步揭示其在微波作用下的行为和性能变化，以便更好地理解和指导 DES-MAE 在实验室和未来工业规模上的应用。研究者选择掌叶大黄作为对象，着重研究了 DES-MAE 提取方法及其原理，具有较强的理论参考价值[141]。掌叶大黄的主要蒽醌成分为芦荟大黄素、大黄素、大黄酚和大黄素甲醚等，已被证明具有抗菌和抗炎功能。该研究选择蒽醌类作为目标活性物质，评价在微波作用条件下低共熔溶剂对它们的提取性能，考察了三种不同类型 DES（以氯化胆碱为氢键受体，搭配醇类、胺类和酸类氢键供体）在微波加热过程中的热行为，以及植物细胞形态在 DES-MAE 过程中的变化。研究发现，对于基于醇类氢键供体的 DES，溶剂温度随着微波照射时间的增加而增加，但加热速率却降低了。这可能是因为溶剂的介电常数随着温度的升高而降低，导致微波加热效率降低。此外，上述由温度升高引起的黏度降低导致了微波加热效率的进一步降低。对于胺类氢键供体也出现了类似情况，而且随着这两个体系含水率的增加，DES 的加热速率降低，这是因为水破坏了体系中存在的氢键。但以柠檬酸为酸类氢键供体的低共熔溶剂却表现异常，其加热速率甚至低于加水后的水溶液；而且除了它之外，其他 DES 和水微波加热30min 即可获得良好的澄清溶液，这表明微波可以削弱氢键。但该 DES 体系内具有更多交联氢键（柠檬酸含有三个羧基和一个羟基），即使被削弱，水也很难进入其中，整体呈现浑浊状态。在随后提取条件的探究中发现，以柠檬酸为酸类氢键供体的低共熔溶剂（与氯化胆碱以摩尔比 1∶1 进行组合，含水 20%）的提取效率却是最高的，一方面是因为酸性 DES 在微波辅助下对植物组织破坏力更强，另一方面是酸性的蒽醌类成分在酸性 DES 中以分子态溶解的效率更高。

连翘酯苷 A 是连翘中的重要指标性成分，结构为 2-（3，4-二羟基苯基）乙基-6-*O*-（6-脱氧-*α*-L-甘露糖基）-4-*O*-[（E）-2-（3，4-二羟苯基）乙烯基]羰基-*β*-D-吡喃葡糖苷。经比较发现氯化胆碱-1，2-丙二醇（1∶3）是其最佳的微波提取 DES，当含水率为 20%、提取时间为 330s、提取温度为 95℃、提取功率为 1000W、液固比为 25mL/g 时其提取效果最好。与传统方法相比，优化的 DES 微波辅助提取法对连翘酯苷 A 提取率更高，对连翘的破壁效果也更明显；同时连翘的 DES-MAE 提取液比水提取液有更好的抗炎效果[142]。此外，为提高天然废弃物资源化利用效率，有研究以厚朴渣为研究对象，采用微波加热辅助低共熔溶剂法选择性提取其中的木脂素类化合物。在最优提取条件（氯化胆碱-乙酰丙酸摩尔比 1∶2，含水率 30%，固液比 1∶25g/mL，90℃，1.5h）下，和厚朴酚、厚朴酚的提取率分别为 9.93mg/g 和 22.95mg/g，总提取率为 32.87mg/g；这一结果与相同条件下《中国药典》中以甲醇为溶剂提取总木脂素的效果（6.64mg/g）相比提高了395.03%[143]。通过密度泛函理论研究可以发现，氯化胆碱-乙酰丙酸与和厚朴酚（分处两个苯环上的两个酚羟基距离很远）相互作用以范德华力为主，无强氢键作用；但与厚朴酚（分处两个苯环上的两个酚羟基距离很近）的相互作用以强氢键为主，范德华力为辅；故低共熔溶剂与提取物之间氢键强度可显著影响提取效果和选择性。

羟基磷灰石和胶原蛋白是普遍存在于动物类废弃资源（如骨骼、鳞片等）中的两类值得开发利用的成分。前者在体内有一定的溶解度，能释放对机体无害的离子，能参与体内代谢，对骨质增生有刺激或诱导作用，能促进缺损组织的修复；后者具有理想的生物相容性、可生物降解性以及生物活性，因此在食品、医药、组织工程、化妆品等领域获得了广泛的应用。研究者将处理过的鱼鳞粉和氯化胆碱-三甘醇组成的低共熔溶剂（质量比为 1∶5～25），在 25～100℃下提取 25h 后离心，沉淀经 5%的氢氧化钠溶液纯化后干燥即可得到羟基磷灰石。上清液中加入沉淀剂离心，沉淀物经醋酸溶液纯化后得到再生胶原蛋白；上清液经旋转蒸发对低共熔溶剂进行回收后再利用。笔者团队则尝试将低压电场+超声波进行耦合，以 DES 进行分步提取，两种产物的得率进一步提高。上述羟基磷灰石产物不仅可以用作生物医学材料，还可以用作重金属吸附剂，附加值较高[144]。

3.3.4 低共熔溶剂其他提取方法

总体来看，由于 DES 相较于 IL 出现较晚，在近年来的创新提取方法中表现更为活跃，也涌现出不少的新思路和新设备。从理论上来看，其中大部分也都适合于 IL，因此可以相互启发与借鉴。另外也有一部分方法利用了 DES 的特性，例如，曹希望等[145]将紫皮石斛粉末与作为氢键受体的左旋肉碱加水混合均匀，前者与水的固液比为 0.16g/mL，后者在体系中的浓度为 0.003mol/mL；被提取的多糖类成分可以与左旋肉碱形成 DES，并且在细胞裂解介质和破碎仪的作用下充分溶出，最终提取率可达79.3%，与不加入左旋肉碱而用水直接提取的结果（34.0%）相比有明显提升，也比使用加热、超声和微波辅助提取的效果更好、时间更短。此外，谭志坚课题组[146]致力于开发具有可切换性能的多相 DES 提取体系，如在 10mL 离心管中，将 0.1g 葡萄籽粉末、2.0mL 质量分数为 30%的（NH$_4$）$_2$SO$_4$ 溶液和 2.0mL DES 混合，搅拌并在 50℃离心 10min 后，混合体系分为三相：顶部 DES 相、中间沉淀相、底部水相。收集底部水相并通过透析、浓缩、醇沉和干燥可得到纯化的多糖。收集顶部 DES 相可反复使用，在重复使用 25 次后调节其 pH 偏碱性可以实现该 DES 从疏水性向亲水性转化，从而和溶解在 DES 中的疏水性杂质分相，后者形成沉淀除去。具有此类性质的 DES 包括十二烷酸-辛酸或壬酸或癸酸（1∶1）、氯化苄乙氧铵-辛酸或壬酸（1∶3）等。除 pH可改变 DES 性质外，薄荷醇的醇羟基可以与 CO$_2$ 结合（碳酸化）从而由疏水变为亲水，其与四甲基胍等氢键受体形成的 DES 由此具有 CO$_2$ 可切换行性，将其用于加热提取海藻油脂后通过加入 CO$_2$ 可实现水相、油脂和 DES 相的分离[147]。此外，近年来在新能源等领域得到广泛应用的一些技术手段也可以为本领域所借鉴，学科交叉为持续创新提供了源源不断的动力。千金藤碱作为具有潜力的抗新型冠状病毒类天然先导化合物，在全球疫情大流行期间备受关注。笔者团队将具有光-热转换作用的碳化锆和DES成功制备成纳米流体，用于千金藤中千金藤碱的光促提取过程；相对传统的生物碱提取模式，本方法更为高效、友好和节能。除上述思路之外，下面还将详细介绍三种基于DES的创新提取方法。

(1) 远红外辐射-热空气循环辅助低共熔溶剂提取技术 (far infraredradiation-hot air circulation-assisted deep eutectic solvent-based extraction，DES-FIR-HACE)

笔者团队曾经尝试用特定功率的远红外线照射固体原料和DES混合物，以加快原料中分子的运动。同时，利用均匀分布在混合物周围360°的涡旋气流使加热更加均匀，提取过程中产生的水可以立即带走。此外，物料粉末的表面和内部被热气流全方位地渗透，使原料爆裂，变得非常容易被DES渗透。该方法示意图如图3-17（a）所示。通过这一途径，目标成分可以迅速从细胞中扩散到提取溶剂中。在这种温和的条件下，一些热不稳定的物质不会受到过高温度的影响。因此，该新型工艺具有耗时少、提取效率高、环境友好和保持成分活性的优点。当目标物选择为茯苓中潜在具有抗阿尔茨海默病的多糖时，通过筛选发现氯化胆碱-1, 3-丁二醇-山梨醇（ChCl/D-Sor/1, 3-But，摩尔比1∶1∶1）为本方法的最佳提取DES。将10.0g300目的茯苓粉与该低共熔溶剂以液固比30∶1mL/g混合，然后在不同的远红外线辐射强度（100～500W/m²）模式下，于60～100℃热空气循环中提取30min。提取结束后，向混合物中加入适量的水进行过滤，滤液适当浓缩后装入透析袋（截留量为3500Da）中，利用去离子水进行透析48h。随后，将膜袋中的透析液浓缩，并在4℃下与4倍体积的无水乙醇混合，直到不再有沉淀物形成。最后，通过5min的离心分离（3500r/min）得到沉淀物，并在-40℃和0.1Pa真空度的条件下冻干，得到茯苓多糖产品。

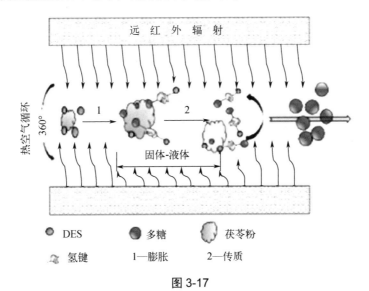

图 3-17

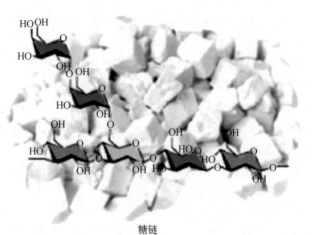

糖链

(a) 提取过程

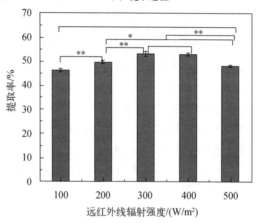

(b) 远红外强度对茯苓多糖提取率的影响

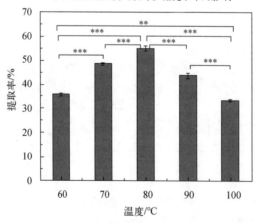

(c) 循环空气温度对茯苓多糖提取率的影响

图 3-17　DES-FIR-HACE 提取过程及其影响因素

在提取条件中，笔者团队对本方法中两个核心因素进行了重点考察。如图 3-17（b）所示，茯苓多糖的提取率随着远红外线强度的增加而持续增加，在 300W/m² 时达到最高水平 53.29% ± 1.01%；之后开始下降。Stefan-Boltzmann 定律表明 FIR 发射强度的增加会增加辐射能量。由于向这些粉末发射具有强穿透性和共振效应的电磁波，目标活性多糖吸收了大量的辐射，这些辐射可以转化为动能，从而促进了传质过程。然而，过高的辐照强度（>300W/m²）使得本体系特别黏稠（可用肉眼观察到），从而影响了分子相互作用并阻碍传质。此外，循环热空气温度与提取率表现出正相关的线性关系[如图 3-17（c）所示]，当热空气温度从 60℃升到 80℃时，其最高提取率达到 55.02%±0.87%；之后再升高温度，提取率下降。在提取过程中，热循环空气加速了远红外辐射向颗粒表面的能量传递，溶剂能够吸收能量，增强多孔微粒的溶胀，且高温有利于降低目标活性多糖与样品基体之间的物理吸附和化学相互作用。随后多糖从细胞壁网络中释放，并与 DES 结合。因此，适当的高温可以提高多糖提取率。但当体系温度过高时，游离水或束缚水会迅速升华，混合物稠化的同时提取率下降。

从上述方法的提取过程来看，其对应的 Fick 第二扩散定律的动力学模型主要涉及三个阶段：①一旦混合物接触到 FIR-HAC，DES 即开始迅速渗入茯苓颗粒内部；②与 DES 发生相互作用后，已溶解的以分子形式存在的茯苓多糖从颗粒内部扩散到表面（固-液界面）；③多糖分子扩散到 DES 中并不断从物料中转移出来。在提取过程的初始阶段，混合物中溶剂的颗粒和分子之间的相互作用随着温度的升高而增强；可以得出结论，在这个阶段，即提取的动力学区域，传质是显著的。随着时间的延长，提取过程逐渐进入第二阶段。该阶段多糖的提取率基本保持在稳定水平，表明提取过程已达到平衡区。为了探索 DES 与茯苓多糖分子之间的相互作用并进一步了解提取机制，采用较大主体（茯苓多糖）和较小客体（DES）分子的对接模式开展了研究。具体使用 Discovery Studio 3.1（Accelrys 公司，美国）软件的 Gold 对接程序（5.2 版）研究了 DES 相关组分（ChCl、D-Sor、1,3-But）与该多糖片段（PCB）的相互作用力。结果表明 DES 通过多糖的羟基和 DES 的羟基之间的 H 键与 PCB 相互作用。三元 DES 单体与多糖的对接相互作用能顺序为 D-Sor >ChCl> 1,3-But。此外，基于 D-Sor 的 DES 对多糖的提取效果强于基于 1,3-But 的 DES，这与 D-Sor-PCB 和 1,3-But-PCB 的对接相互作用能的顺序一致。在溶剂筛选过程中，发现混合两种氢键供体（D-Sor 和 1,3-But）的三元 DES 的性能优于二元 DES 体系，可以更合理地利用与 PCB 的对接空间。

(2) 机械化学辅助低共熔溶剂提取技术（mechanochemically-assisted deep eutectic solvent-based extraction，DES-MCE）

在机械化学学科的迅速发展和催生下，球磨技术是一种利用高速旋转提供的动能，通过研磨、粉碎原料，达到破坏其纤维骨架、萃取目标天然成分的效果。因此，球磨技术能够快速有效提取出原料细胞内的天然产物，基于此，Wang 等[148]发展了一种基于球磨机辅助的 DES 萃取技术，替代以前所使用的传统试剂从丹参里萃取丹参酮等有效成分，将球磨技术与 DES 相结合具有绿色高效的优势。对于固-液萃取，DES 的溶解性很大程度上决定了提取效果，而溶解性与其扩散、溶解度、黏度以及过程中的表面张力、极性和物理化学相互作用有关，且以上几种因素往往在提取过程中相互制约，如与目标提取物相互作用力大的往往有更强的静电力、氢键作用等，因而黏度较高、分子迁移速率较低从而导致对目标分子的渗透性下降，而表面张力降低则能有效改善萃取剂的渗透。因此，首先通过测试一系列含不同醇的醇基 HBD 与氯化胆碱（ChCl）混合所得 DES 的丹参酮提取率，以筛选出最佳 DES。还需考察的是 ChCl 与 HBD 的摩尔比和 DES 的含水率，这两个因素会显著影响 DES 的黏度：DES 中适当的含水率有助于降低黏度，但含水过多会造成提取剂浓度过低进而导致提取率下降，而 DES 中 ChCl 含量稍低时也会降低黏度和表面张力；此外，过多的原料会在球磨过程中研磨不充分导致提取不彻底，因而合适的固液比也至关重要；最后，出于成本考虑，适当的球磨速度与提取时间能够在确保提取充分的情况下不至于能耗过大、成本过高。

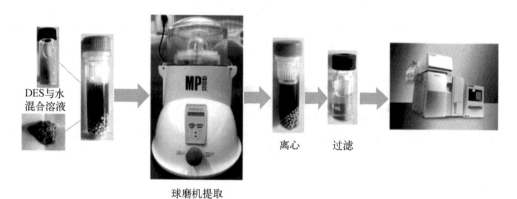

DES与水
混合溶液

离心　过滤

球磨机提取

图 3-18　球磨机辅助低共熔溶剂从丹参中提取丹参酮的示意图[152]

操作者首先对丹参进行干燥、切片并压碎，再将样品粉末与 DES 溶液混合在离心管（内含 1.4mm 陶瓷球，1.1g）中，使用组织和细胞匀浆器系统进行球磨萃取，最后离心并收集悬浮液（过程见图 3-18）。经优化后的试验条件为：DES 组成为氯化胆碱-1,2 丁二醇（1:5），固液比为 0.1g/mL，球磨时间和速度分别为 10s 和 4m/s。在此条件下，隐丹参酮、丹参酮 I 和丹参酮 ⅡA 的提取率可达 0.183mg/g、0.179mg/g 和 0.423mg/g。相较于传统的超声辅助甲醇萃取和热回流提取法，该法所提取的三种丹参酮的量均有所提高，且显著缩短了提取时间，更加高效绿色。此外通过扫描电镜还可观察到一个有趣的现象，即同是球磨法提取丹参，不同溶剂提取的丹参粉末的形貌差异很大：用甲醇进行球磨提取后，观察到的是丹参颗粒，而用 DES 溶液提取后，颗粒则"熔化"形成多孔片。此现象是由 DES 使丹参颗粒中的纤维素骨架被破坏所致，这反映了其有利于提取的另一面。类似地，屠羽佳等[149]。精密称量人参粉末 100mg，与 1.0mL 含水率为 30%的低共熔溶剂在 2.0mL 裂解介质管（加入 5 颗 2.0mm 陶瓷球）中混合，以 4.0m/s 的振动速率提取 40s。通过比较发现，酸性 DES 不适合人参皂苷的提取，同时糖基和醇基 DES 的提取效果与 70%乙醇相比无明显差异，只有氯化胆碱-尿素（1∶3）的提取效果最为显著。作为球磨的另一个重要参数，当陶瓷球规格为 1.5～2.0mm 时，人参皂苷提取率上升；陶瓷球规格大于 2.0mm 时，人参皂苷的提取率随着陶瓷球的增大而下降；这是由于在有限的空间内其过大的体积会导致运动受阻，无法实现充分研磨。最终与文献中使用甘油–L-脯氨酸-蔗糖（9∶4∶1）常规提取人参皂苷的效果相比，该法提取率增幅约 100%（12.11mg/g）。

(3) 负压空化辅助低共熔溶剂提取技术（negative pressure cavitation-assisted deep eutectic solvent-based extraction，DES-NPCE）

负压空化是近年来出现的一种较为新颖的提取技术。所谓空化是指当系统中压强达到一定值时，原来溶于液体中的气体过饱和，继而从液体中逸出形成小气泡的现象。负压空化即是在液态介质中，通过物理作用使液体中某一区域形成负压区从而产生空化气泡，随着空泡逐渐变大并频繁溃灭，会产生巨大的压力并反复冲击周围环境。负压空化提取技术就是利用了空化伴随的机械效应与热效应，前者表现在非均相反应界面的增大，植物的细胞壁快速破裂，胞内物质加速向介质释放、扩散并溶解；后者则利用空化过程中产生的高温高压使得分子分解、化学键断裂等从而加速目标成分的提取过程。

NPCE 设备由圆柱形容器、氮气入口、流量计、冷凝器和真空泵组成，将样品和溶剂从设备入口处加入后，将装置连接至真空泵；当压力达到一定值时，从装置的底部供应氮气，并通过阀门控制氮气流量，冷凝器的作用是将挥发的溶剂冷凝回流至提取容器中。在整个提取过程中，通过调节氮气流量将压力控制在一定范围，当达到提取时间时，首先停止氮气供应，然后将 NPCE 装置中的负压释放到大气压。固相和液相通过过滤网分离，从设备出口收集提取液，再将新鲜溶剂添加到 NPCE 装置中以开始新的提取循环。在整个提取过程之后，通过排料盖将固体残留物排出。真空和氮气供应是 NPCE 的必要条件，当具备这两个条件并能适当控制时，在任何实验室中都可以轻松实现 NPCE。

基于上述原理和设备，研究人员设计了一种基于 DES 的负压空化辅助提取与大孔树脂富集相结合的技术，从马尾木中获得了九种黄酮化合物并加以分析[150]。在比较了不同种类型和含水率的 DES 对 9 种不同极性黄酮的提取效果后，发现含水率 20%（体积分数）的氯化胆碱-盐酸甜菜碱-乙二醇（1∶1∶2）最优。负压是改善提取效果的关键因素，在一定负压压强值内，负压越低，空化作用越剧烈，促进了底物和 DES 的混合进而加强了传质，达到提高提取率的效果；然而过低的负压反而降低空气流量，若没有足够的空气形成搅拌作用则会影响传质，因此最终将压强值设为–0.07MPa。此外升温有助于降低黏度、加强扩散，但长时间的过高温度会导致目标产物的分解，因而提取温度和时间分别为60℃和20min。将该法与其他传统萃取技术比较后发现，DES-NPCE技术比超声法能提取出更多的目标产物；与传统乙醇溶剂提取法相比，由于DES与目标分子之间具有离子/电荷-电荷和氢键等多种结合力，因此也展现出更优的提取效果。在另一个应用实例中，以氯化胆碱-乳酸（摩尔比1∶2，含水率为20%）为提取剂，在提取时间为30min、提取压力为-0.08MPa、液固比为16mL/g、提取温度为53℃的条件下，蓝靛果中花色苷的平均提取率为6.601mg/g；该提取效果较70%乙醇负压空化提取和低共熔溶剂超声提取分别提高了1.44倍和1.25倍[151]。

参考文献

[1] Tang B K, Lee Y J, Lee Y R, et al. Examination of 1-methylimidazole series ionic liquids in the extraction of flavonoids from *Chamaecyparis obtuse* leaves using a response surface methodology[J]. Journal of Chromatography B, 2013, 933:8-14.

[2] 任海琴, 王润平. 胆碱色氨酸离子液体对杜仲叶黄酮的提取[J]. 广州化工, 2022, 50（19）：130-132.

[3] Shimul I M, Moshikur R M, Minamihata K, et al. Amino acid ester based phenolic ionic liquids as a potential solvent for the bioactive compound luteolin: synthesis, characterization, and food preservation activity[J]. Journal of Molecular Liquids, 2022, 349: 118103.

[4] Bogdanov M G, Svinyarov I. Ionic liquid-supported solid–liquid extraction of bioactive alkaloids. II. Kinetics, modeling and mechanism of glaucine extraction from *Glaucium flavum* Cr.（Papaveraceae）[J]. Separation and Purification Technology, 2013, 103: 279-288.

[5] Ana F M C, Ferreira A M, Freire M G, et al. Enhanced extraction of caffeine from guaraná seeds using aqueous solutions of ionic liquids[J]. Green Chemistry, 2013, 15: 2002-2010.

[6] Dong B, Tang J, Yonannes A, et al. Hexafluorophosphate salts with tropine-type cations in the extraction of alkaloids with the same nucleus from radix physochlainae[J]. RSC Advances, 2018, 8（1）, 262-277.

[7] 陶海霞, 廖芳丽, 车剑锋. 离子液体-CmimPF$_6$分离提纯虾、蟹壳中壳聚糖的研究[J]. 广州化工, 2009, 37（9）：126-128.

[8] 章莎莎. 离子液体在中药挥发油提取中的应用[D]. 太原：山西大学, 2014.

[9] 安小宁. 一种中草药中挥发油提取及其纤维素的综合利用的方法：CN201210560585.3[P]. 2013-04-24.

[10] Bica K, Gaertner P, Rogers R D. Ionic liquids and fragrances-direct isolation of orange essential oil[J]. Green Chemistry, 2011, 13: 1997-1999.

[11] Cheng D H, Chen X W, Shu Y, et al. Selective extraction/isolation of hemoglobin with ionic liquid 1-butyl-3-trimethylsilylimidazolium hexafluorophosphate（BtmsimPF$_6$）[J]. Talanta, 2008, 75（5）：1270-1278.

[12] Ge L Y, Wang X T, Tan S N, et al. A novel method of protein extraction from yeast using ionic liquid solution[J]. Talanta, 2010, 81（4-5）：1861-1864.

[13] 王佳, 高苏亚, 杨妙洁, 等. 离子液体辅助提取姜黄中的姜黄素[J]. 科技视界, 2019（07）：93-94.

[14] Jin W B, Yang Q W, Huang B B, et al. Enhanced solubilization and extraction of hydrophobic bioactive compounds using water/ionic liquid mixtures[J]. Green Chemistry, 2016, 18（12）：3549-3557.

[15] Liu F, Wang D, Liu W, et al. Ionic liquid-based ultrahigh pressure extraction of five tanshinones from *Salvia miltiorrhiza* Bunge[J]. Separation and Purification Technology, 2013：110, 86-92.

[16] Kim Y H, Choi Y K, Park J, et al. Ionic liquid-mediated extraction of lipids from algal biomass[J]. Bioresource Technology, 2012, 109: 312-315.

[17] 王秀玲, 李敏, 王僧虎, 等. 超声辅助咪唑离子液提取酸枣仁中黄酮的探索[J]. 邢台学院学报, 2015, 30 (04): 183-186.

[18] 季帅, 汪玉洁, 邵娴, 等. 一种利用离子液体提取甘草中异戊烯基黄酮类化合物的方法: CN201910379619.0[P]. 2022-10-04.

[19] Jiang Y M, Li D, Ma X K, et al. Ionic liquid–ultrasound-based extraction of biflavonoids from Selaginella helvetica and investigation of their antioxidant activity[J]. Molecules, 2018, 23 (12): 3284.

[20] 汪雁, 金光明, 钱立生, 等. 离子液体提取构树叶总黄酮的工艺[J]. 化工进展, 2016, 35 (S2): 328-331.

[21] Feng X T, Song H, Dong B, et al. Sequential extraction and separation using ionic liquids for stilbene glycoside and anthraquinones in *Polygonum multiflorum*[J]. Journal of Molecular Liquids, 2017, 241: 27-36.

[22] 王新红, 李雪梅, 蔡晨, 等. 离子液体提取山楂绿原酸的工艺优化[J]. 农业工程学报, 2014 (10): 270-276.

[23] 史丽娟, 彭胜, 郑阳, 等. 离子液体超声波辅助法提取杜仲皮总木脂素的工艺研究[J]. 应用化工, 2015, 44 (12): 2250-2254, 2259.

[24] Cao X J, Ye X M, Lu Y B, et al. Ionic liquid-based ultrasonic-assisted extraction of piperine from white pepper[J]. Analytica Chimica Acta, 2009, 640 (1-2): 47-51.

[25] Yohannes A, Zhang B H, Dong B, et al. Ultrasonic extraction of tropane alkaloids from radix physochlainae using as extractant an ionic liquid with similar structure[J]. Molecules, 2019, 24 (16): 2897.

[26] 粟敏, 龙昱, 陈琳, 等. 离子液体-超声协同法提取多花黄精多糖及抗氧化活性研究[C]. 中国健康产业发展工作委员会, 中国医药教育协会, 2016, 414: 416.

[27] 林志銮, 金晓怀, 张传海, 等. 离子液体超声波辅助提取白花葛茎多糖工艺优化[J]. 江苏农业学报, 2020, 36 (01): 187-193.

[28] Harde S M, Lonkar S L, Degani M S, et al. Ionic liquid based ultrasonic-assisted extraction of forskolin from Coleus forskohlii roots. Industrial Crops and Products, 2014, 61: 258-264.

[29] Feng X, Zhang W, Zhang T, et al. Systematic investigation for extraction and separation of polyphenols in tea leaves by magnetic ionic liquids[J]. Journal of the Science of Food and Agriculture, 2018, 98 (12): 4550-4560.

[30] Xu J, Wang W, Liang H, et al. Optimization of ionic liquid based ultrasonic assisted extraction of antioxidant compounds from *Curcuma longa* L. using response surface methodology[J]. Industrial Crops and Products, 2015, 76: 487-493.

[31] 吴玉花, 丁欣, 李小露, 等. 离子液体-微波辅助从黄连提取小檗碱的实验与分子模拟[J]. 化工学报, 2020, 71 (07): 3123-3131.

[32] 粟敏, 陈琳, 龙昱, 等. 离子液体-微波辅助提取多花黄精多糖工艺研究[J]. 中药材, 2016, 39 (09): 2075-2077.

[33] 冯洪建, 邱灵佳, 苏玉, 等. 离子液体微波辅助提取柠檬皮中果胶工艺的研究[J]. 江西化工, 2013 (04): 213-217.

[34] 张冕, 万芳, 何文. 离子液体-微波辅助提取女贞子中特女贞苷的研究[J]. 荆楚理工学院学报, 2018, 33 (02): 13-20.

[35] 翟玉娟, 孙硕, 汪子明, 等. 离子液体为微波吸收介质提取肉桂中的挥发油[J]. 分析化学, 2009, 37 (A02): 179-179.

[36] Zhai Y, Sun S, Song D, et al. Rapid extraction of essential oil from dried *Cinnamomum cassia* presl and

Forsythia suspensa（Thunb.）Vahl by ionic liquid microwave extraction[J]. Chinese Journal of Chemistry, 2010, 28（12）: 2513-2519.

[37] 陈文甫. 一种用离子液体提取菠萝蜜香薰油的方法：CN201310708249.3[P]. 2023-10-11.

[38] 杨赛飞, 孙印石, 王建华. 响应面法优化离子液体微波提取虎杖中 5 种蒽醌类成分[J]. 中药材, 2014, 37（05）: 871-875.

[39] 李奎, 王梓瑜, 文志勇, 等. 胆碱/谷氨酸离子液体微波辅助提取栀子活性成分的研究[J]. 广州化工, 2019, 47（12）: 81-86.

[40] 张之达. 离子液体微波辅助萃取川芎中内酯成分的研究[D]. 大连：大连理工大学, 2010.

[41] 孙硕, 翟玉娟, 孙烨, 等. 离子液体-非极性溶剂微波提取法在人参化学成分研究中的应用[J]. 高等学校化学学报, 2010, 31（03）: 468-472.

[42] 李萍. 微波辅助离子液体[BMIM]Cl 提取木质素方法的初步研究[D]. 济南：山东大学, 2010.

[43] Chowdhury S A, Vijayaraghavan R, MacFarlane D R. Distillable ionic liquid extraction of tannins from plant materials[J]. Green Chemistry, 2010, 12（6）: 1023-1028.

[44] 卢彩会, 牟德华. 离子液体[BMIM]PF$_6$酶法辅助提取姜黄挥发油工艺优化及成分分析[J]. 食品科学, 2017, 38（10）: 264-271.

[45] 卢志成. 沙棘叶中主要黄酮和挥发油同步提取工艺研究[D]. 哈尔滨：东北林业大学, 2020.

[46] 王涛, 翟晨, 王亮, 等. 基于氨基功能化离子液体萃取番茄中超氧化物歧化酶[J]. 食品科学, 2021, 42（21）: 56-62.

[47] Mulia K, Krisanti E A, Terahadi F, et al. Selected natural deep eutectic solvents for the extraction of α-mangostinfrom mangosteen（*Garcinia Mangostana* L.）Pericarpp[J]. International Journal of Technology, 2015, 6（7）: 1211-1220.

[48] Dai Y, Rozema E, Verpoorte R, et al. Application of natural deep eutectic solvents to the extraction of anthocyanins from catharanthus roseus with high extractability and stability replacing conventional organic solvents[J]. Journal of Chromatography A, 2016, 1434: 50-56.

[49] Dai Y, Witkamp G, Verpoorte R, et al. Natural deep eutectic solvents as a new extraction media for phenolic metabolites in carthamus tinctorius l.[J]. Analytical Chemistry, 2013, 85（13）: 6272-6278.

[50] Paradiso V M, Clemente A, Summo C, et al. Extraction of phenolic compounds from extra virgin olive oil by a natural deep eutectic solvent: data on uv absorption of the extracts[J]. Data in Brief, 2016, 8: 553-556.

[51] 付佳乐, 耿直. 绿色低共熔溶剂提取黄酮类化合物的研究进展[J]. 化学与生物工程, 2022, 39（07）: 8-12.

[52] Sun B, Zheng Y, Yang S, et al. One-pot method based on deep eutectic solvent for extraction and conversion of polydatin to resveratrol from *Polygonum cuspidatum*[J]. Food Chemistry, 2021, 343: 128498.

[53] Kumar A K, Parikh B S, Pravakar M. Natural deep eutectic solvent mediated pretreatment of rice straw: bioanalytical characterization of lignin extract and enzymatic hydrolysis of pretreated biomass residue[J]. Environmental Science and Pollution Research, 2016, 23（10）: 9265-9275.

[54] Rajan M, Prabhavathy A, Ramesh U. Natural deep eutectic solvent extraction media for *Zingiber officinale* roscoe: the study of chemical compositions, antioxidants and antimicrobial activities[J].The Natural Products Journal, 2015, 5（1）: 3-13.

[55] 姚金昊, 刘芝涵, 李春露, 等. 基于 COSMO-RS 方法筛选低共熔溶剂及银杏叶类黄酮提取工艺优化[J]. 食品工业科技, 2020, 41（17）: 181-186.

[56] 宋亚宁, 赵春晖, 纪玉涵, 等. 氯化胆碱/尿素低共熔溶剂提取桑树叶中黄酮研究[J]. 德州学院学报, 2022, 38（02）: 28-30+39.

[57] 赵冰怡. 深度共熔溶剂的制备、性质及其应用于芦丁萃取的研究[D]. 广州：华南理工大学, 2016.

[58] 蒋利荣, 伍荟西, 覃拥灵, 等. 响应面优化低共熔溶剂提取柿叶黄酮的工艺[J]. 粮食与油脂, 2023, 36（1）：106-109.

[59] Jeong K M, Zhao J, Jin Y, et al. Highly efficient extraction of anthocyanins from grape skin using deep eutectic solvents as green and tunable media[J]. Archives of Pharmacal Research, 2015, 38（12）：2143-2152.

[60] Zhu H, Zhang J, Li C, et al. Morindacitrifolia L. leaves extracts obtained by traditional and eco-friendly extraction solvents: Relation between phenolic compositions and biological properties by multivariate analysis[J]. Industrial Crops and Products, 2020, 153: 112586.

[61] Elisa R J, Cristina R R, Juan F B, et al. Phenolic compounds from virgin olive oil obtained by natural deep eutectic solvent（NADES）: effect of the extraction and recovery conditions[J]. Journal of Food Science and Technology, 2021, 58（2）：552-561.

[62] 李腾飞. 低共熔溶剂分离提取竹柳木质素研究[D]. 济南：齐鲁工业大学, 2018.

[63] Das A K, Sharma M, Mondal D, et al. Deep eutectic solvents as efficient solvent system for the extraction of κ-carrageenan from *Kappaphycus alvarezii*[J]. Carbohydrate Polymers, 2016, 136: 930-935.

[64] 黄秀红, 刘丽辰, 阮怿航, 等. 响应面优化低共熔溶剂提取乌龙茶多糖的研究[J]. 食品研究与开发, 2020, 41（11）：96-103.

[65] 何瑞阳, 王锋, 苏小军, 等. 玉竹多糖低共熔溶剂提取工艺优化及其抗氧化和抗糖基化活性研究[J]. 食品与发酵工业, 2022, 48（8）：190-198.

[66] Zhu P, Gu Z, Hong S, et al. One pot production of chitin with high purity from lobster shells using choline chloride-malonic acid deep eutectic solvent[J]. Carbohydrate Polymers, 2017, 177: 217-223.

[67] 宋咪. 离子液体/低共熔溶剂中甲壳素制备及功能化研究[D]. 北京：中国科学院大学, 2019.

[68] 李少华, 陈达炜, 陈雪娇. 一种虎杖中虎杖苷的提取方法：CN201910553780.5[P]. 2021-07-27.

[69] 孙长海, 石鑫磊, 孙适远. 低共熔溶剂的合成方法及提取和纯化刺五加苷B的方法：CN202110534593.X[P]. 2021-08-20.

[70] Lee Y R, Row K H. Comparison of ionic liquids and deep eutectic solvents as additives for the ultrasonic extraction of astaxanthin from marine plants[J]. Journal of Industrial and Engineering Chemistry, 2016, 39: 87-92.

[71] Fan C, Liu Y, Shan Y, et al. A priori design of new natural deep eutectic solvent for lutein recovery from microalgae[J]. Food Chemistry, 2022, 376: 131930.

[72] 李亚波. 低共熔溶剂提取大黄中游离蒽醌类化合物的研究[D]. 雅安：四川农业大学, 2016.

[73] Dawod M, Arvin N E, Kennedy R T. Recent advances in protein analysis by capillary and microchip electrophoresis[J]. Analyst, 2017, 142（11）：1847.

[74] Sahin S, Pekel A G, Toprakci I. Sonication-assisted extraction of *Hibiscus sabdariffa* for the polyphenols recovery: application of a specially designed deep eutectic solvent[J]. Biomass Conversion and Biorefinery, 2022, 12（11）：4959-4969.

[75] 张晓云, 梅晓宏. 板栗壳多酚的超声波辅助低共熔溶剂提取工艺优化及其成分分析[J]. 食品工业科技, 2022, 43（16）：230-237.

[76] 尚宪超. 深共熔溶剂提取多酚类化合物的方法研究[D]. 北京：中国农业科学院, 2019.

[77] 孙平, 董萍萍, 董丹华, 等. 超声波辅助低共熔溶剂提取野菊花总黄酮的工艺研究[J]. 食品工业科技, 2020, 41（20）：147-152.

[78] 刘丹宁, 黄洁瑶, 杨璐嘉, 等. 超声波辅助低共熔溶剂提取枳实中芸香柚皮苷、柚皮苷和橙皮苷[J]. 中药材, 2020, 43（01）：155-160.

[79] 李栋. 遗传算法优化超声辅助低共熔溶剂提取红枣总黄酮工艺研究[J]. 中国饲料, 2021（9）: 34-41.

[80] 孔方, 李莉, 刘言娟. 超声辅助低共熔溶剂提取苹果叶中的总黄酮[J]. 食品工业科技, 2020, 41（14）: 134-139, 147.

[81] 都宏霞, 刘宴秀, 严忠杰, 等. 超声波辅助-绿色低共熔溶剂提取茉莉花黄酮的工艺优化[J]. 现代食品科技, 2021, 37（01）: 199-206.

[82] 王育红, 张晓宇, 钱志伟. 响应面优化低共熔溶剂提取黄精黄酮工艺及其生物活性研究[J]. 中国食品添加剂, 2023, 34（04）: 116-123.

[83] 段莉, 郭龙, 张占辉, 等. 胆碱类低共熔溶剂、制备方法和在提取金莲花黄酮碳苷中的应用: CN201711061313.8[P]. 2019-12-31.

[84] 党骄阳, 陈月圆, 李霞, 等. 响应面法优化天然低共熔溶剂提取战骨黄酮碳苷工艺[J]. 中药材, 2021, 44（02）: 411-415.

[85] 刘婷婷, 孟悦, 潘旭, 等. 一种循环脉冲超声处理高黏度低共熔溶剂提取黄芪黄酮的方法: CN202211603949.1[P]. 2023-02-24.

[86] Wu L, Li L, Chen S, et al. Deep eutectic solvent-based ultrasonic-assisted extraction of phenolic compounds from *Moringa oleifera* L. leaves: Optimization, comparison and antioxidant activity[J]. Separation and Purification Technology, 2020, 247: 117014.

[87] 王芳, 刘伟, 陈复生. 超声辅助低共熔溶剂提取花生红衣中白藜芦醇的研究[J]. 粮食与油脂, 2020, 33（5）: 90-93.

[88] Zurob E, Cabezas R, Villarroel E, et al. Design of natural deep eutectic solvents for the ultrasound-assisted extraction of hydroxytyrosol from olive leaves supported by COSMO-RS[J]. Separation and Purification Technology, 2020, 248: 117054.

[89] Zhang L, Wang M. Optimization of deep eutectic solvent-based ultrasound-assisted extraction of polysaccharides from *Dioscorea opposita* Thunb[J]. International Journal of Biological Macromolecules, 2017, 95: 675-681.

[90] 白冰瑶, 李泉岑, 马欣悦, 等. 响应面法优化超声辅助低共熔溶剂提取红枣多糖工艺[J]. 食品研究与开发, 2022, 43（18）: 122-129.

[91] 孙悦, 何莲芝, 苏卓文, 等. 超声辅助低共熔溶剂提取甘草多糖的研究[J]. 食品研究与开发, 2021, 42（2）: 84-91.

[92] 于秋菊, 孙科, 耿凤英. 超声辅助低共熔溶剂提取桑黄多糖及其抗氧化活性[J]. 食品研究与开发, 2023, 44（5）: 81-88, 105.

[93] 韦华珊, 刘凌雯, 孔晶, 等. 天然低共熔溶剂超声辅助提取羊栖菜多糖工艺优化及其抗氧化性能的研究[J]. 现代食品, 2022, 28（13）: 144-148, 152.

[94] 熊苏慧, 夏伯候, 雷思敏, 等. 基于低共熔溶剂提取千斤拔多糖[J]. 湖南中医药大学学报, 2018, 38（9）: 1003-1008.

[95] 刘玉坤, 刘凌雯, 孔晶, 等. 天然低共熔溶剂超声辅助高效提取海茸多酚与多糖的研究[J]. 当代化工研究, 2023（4）: 74-76.

[96] 耿雪冉, 刘荣柱, 孟俊龙, 等. 鳞杯伞多糖的快速制备方法及其应用: CN202210986253.5[P]. 2023-04-18.

[97] 邵金华, 梁建兵, 刘依林, 等. 一种超声波辅助低共熔溶剂提取黑茶多糖的方法: CN202211287717.X[P]. 2023-01-17.

[98] 徐丽婧, 潘旭, 孟俊龙, 等. 一种羊肚菌多糖及其低共熔溶剂提取方法: CN202110628944.3[P]. 2022-10-14.

[99] 隋哲, 杨铭鑫, 黄银银, 等. 一种提取血耳中活性成分的方法: CN202211143124.6[P]. 2023-08-22.

[100] 谭志坚, 刘佳佳, 王朝云, 等. 油茶枯饼中的多糖提取物及其提取方法: CN201911187894.9[P]. 2021-09-03.

[101] 谭志坚, 王朝云, 蔡昌湧, 等. 一种温度响应型低共熔溶剂及灵芝多糖的提取方法: CN202010101838.5[P]. 2020-06-12.

[102] 谭志坚, 易永健, 许愿, 等. 一种温度响应型低共熔溶剂及提取枸杞多糖的方法: CN202111130460.2[P]. 2022-11-22.

[103] 黄建华. 一种同时提取中药内酚酸苷类和多糖类成分的方法: CN202010149655.0[P]. 2022-03-11.

[104] Wang X, Wu Y, Li J, et al. Ultrasound-assisted deep eutectic solvent extraction of echinacoside and oleuropein from *Syringa pubescens* Turcz.[J]. Industrial Crops and Products, 2020, 151: 112442.

[105] 董佳妮, 赵龙山, 薄彧坤, 等. 响应曲面法联合遗传算法优化天然低共熔溶剂提取肉苁蓉中苯乙醇苷类成分的工艺[J]. 中国药房, 2022, 33（13）: 1605-1611.

[106] 陈冉, 李德慧, 阮桂发, 等. 基于绿色低共熔溶剂法高效提取鸡骨草中的黄酮和皂苷[J]. 天然产物研究与开发, 2019, 31（09）: 1632-1640.

[107] 缪晴, 萨比哈·帕合尔丁, 曾思瑀等. 基于天然低共熔溶剂的甜叶菊中甜菊糖绿色提取方法及优化[J]. 植物学报, 2021, 56（06）: 722-731.

[108] 李刚, 封传华, 郭慧玲, 等. 低共熔溶剂高效提取车前草中大车前苷和毛蕊花糖苷研究[J]. 中国药师, 2021, 24（9）: 1676-1679, 1707.

[109] 谭天宇, 冯军军, 景正义, 等. 超声辅助低共熔溶剂提取柴胡皂苷工艺及其抗氧化活性研究[J]. 山东农业科学, 2022, 54（10）: 127-134.

[110] 张雪, 刘娅, 刘秀敏, 等. 超声辅助低共熔溶剂提取新疆红枣中环磷酸腺苷的工艺优化[J]. 食品工业科技, 2022, 43（14）: 243-250.

[111] 刘小琳, 陈莎莎, 黄瑶雁. 甘草活性成分低共熔溶剂提取工艺的研究[J]. 农产品加工, 2022（24）: 31-34.

[112] 李杰, 左想想, 张南茜, 等. Box-Behnken 优化红景天中红景天苷和酪醇的提取工艺[J]. 中国现代中药, 2022, 24（5）: 854-860.

[113] 冯智翔, 杨丹, 薄彧坤, 等. 天然低共熔溶剂提取栀子中活性成分的工艺研究[J]. 现代化工, 2022, 42（S02）: 258-262, 268.

[114] 范琳琳, 周剑忠, 夏秀东. 一种采用低共熔溶剂提取黑莓花色苷的方法: CN201711362001.0[P]. 2018-04-20.

[115] Wang Y, Hu Y, Wang H, et al. Green and enhanced extraction of coumarins from *Cortex Fraxini* by ultrasound-assisted deep eutectic solvent extraction[J]. Journal of Separation Science, 2020, 43（17）: 3441-3448.

[116] 司悦悦. 基于低共熔溶剂提取天然生物碱的研究[D]. 青岛: 青岛大学, 2019.

[117] 王璐, 许路路, 陈雄, 等. 响应面法优化低共熔溶剂提取桑叶 DNJ[J]. 食品工业, 2020, 41（8）: 14-17.

[118] 李成华, 付艳艳, 薛长松, 等. 酸浆宿萼中酸浆苦素的提取工艺及降糖活性[J]. 食品研究与开发, 2023, 44（5）: 127-134.

[119] 陈长锴, 樊志国, 赵凤翔, 等. 基于低共熔溶剂法超声辅助蒸馏提取胡椒叶精油的工艺优化及其 GC-MS 分析[J]. 食品工业科技, 2020, 41（20）: 135-141.

[120] 李婷婷. 微波辅助低共熔溶剂提取黄芩中主要黄酮成分研究[D]. 哈尔滨: 东北林业大学, 2015.

[121] 李梅, 卢秋榕, 韦迎春, 等. 微波辅助低共熔溶剂提取薏苡叶总黄酮的工艺研究[J]. 中国食品添加剂, 2017（05）: 49-53.

[122] 孙悦, 刘晓冰, 苏卓文, 等. 微波辅助低共熔溶剂提取鹰嘴豆中黄酮及其抗氧化活性的研究[J]. 食品工业科技, 2020, 41（14）: 120-128.

[123] 于秋菊, 耿凤英, 张磊磊. 微波辅助低共熔溶剂提取覆盆子总黄酮的工艺优化及活性研究[J]. 中国食品添加剂, 2023, 34（2）: 43-51.

[124] 李灵玉. 东北茶藨子叶中主要黄酮类成分的提取、富集及其生物活性研究[D]. 哈尔滨: 东北林业大学, 2018.

[125] 黄玉岩. 黑加仑中四种主要花色苷成分提取纯化工艺的研究[D]. 哈尔滨: 东北林业大学, 2018.

[126] 徐晓倩, 杨胜利, 王逸峰, 等. 一种利用低共熔溶剂提取香榧假种皮中黄酮类化合物的方法: CN202210666116.3[P]. 2023-06-23.

[127] 林赛婷, 田君飞, 史荣祥, 等. 微波辅助低共熔溶剂高效提取油茶壳原花青素的工艺优化[J]. 应用化工, 2023, 52（2）: 398-403.

[128] 栾琳琳, 卢红梅, 陈莉, 等. 微波辅助低共熔溶剂提取桑葚果渣花青素的工艺研究[J]. 中国调味品, 2020, 45（05）: 191-196.

[129] 谢燚林. 微波辅助低共熔溶剂提取川芎中阿魏酸及其体外活性研究[D]. 雅安: 四川农业大学, 2021.

[130] Gao M Z, Cui Q, Wang L T, et al. A green and integrated strategy for enhanced phenolic compounds extraction from mulberry（*Morus alba* L.）leaves by deep eutectic solvent[J]. Microchemical Journal, 2020, 154: 104598.

[131] 史峻铭, 李婷婷, 宋诗政, 等. 低共熔溶剂微波辅助萃取油樟精油及抗氧化特性分析[J]. 植物学研究, 2019, 8（3）: 307-318.

[132] 问娟娟, 刘浪浪, 高洁, 等. 一种微波辅助低共熔溶剂提取艾草精油的方法及其应用: CN202110003607.5[P]. 2021-04-30.

[133] 陈长锴, 蒋志国. 一种低共熔溶剂法微波辅助蒸馏提取胡椒叶精油的方法: CN202010621266.3[P]. 2020-09-29.

[134] 李上, 郑威, 张源源, 等. 基于金属基低共熔溶剂的微波辅助水蒸气蒸馏法提取小茴香精油及其气相色谱-质谱分析[J]. 分析仪器, 2019（01）: 108-113.

[135] Tan Y T, Chua A S M, Ngoh G C. Deep eutectic solvent for lignocellulosic biomass fractionation and the subsequent conversion to bio-based products-A review[J]. Bioresource Technology, 2020, 297: 122522.

[136] Muley P D, Mobley J K, Tong X, et al. Rapid microwave-assisted biomass delignification and lignin depolymerization in deep eutectic solvents[J]. Energy Conversion and Management, 2019, 196: 1080-1088.

[137] Li P Y, Zhang Q L, Zhang X, et al. Subcellular dissolution of xylan and lignin for enhancing enzymatic hydrolysis of microwave assisted deep eutectic solvent pretreated *Pinus bungeana* Zucc[J]. Bioresource Technology, 2019, 288: 121475.

[138] 李美春, 李子燕. 一种微波辅助低共熔溶剂从小龙虾壳中提取甲壳素的方法: CN202111483524.7[P]. 2022-02-15.

[139] 罗光宏, 王海蓉, 崔晶, 等. 微波辅助低共熔溶剂提取、部分纯化螺旋藻多糖及其体外生物学活性研究[J]. 食品与发酵工业, 2022, 48（11）: 107-113.

[140] 张志礼, 李凤凤, 马千里, 等. 一种烟草中蔗糖酯的提取方法: CN202110672538.7[P]. 2023-03-31.

[141] Wang J, Jing W, Tian H, et al. Investigation of deep eutectic solvent-based microwave-assisted extraction and efficient recovery of natural products[J]. ACS Sustainable Chemistry & Engineering, 2020, 8（32）: 12080-12088.

[142] 周立锦, 董哲, 张立伟, 等. 基于低共熔溶剂的微波辅助法提取连翘酯苷A[J]. 山西大学学报（自然科学版）, 2020, 43（03）: 571-580.

[143] 王帆, 简雅婷, 张宇, 等. 低共熔溶剂提取厚朴渣中木脂素类化合物[J]. 农业工程学报, 2022, 38（03）:

304-310.

[144] 刘雁红, 纪书焕, 张玲玲, 等. 一种低共熔溶剂提取鱼鳞中羟基磷灰石和胶原蛋白的方法: CN201811507736.2[P]. 2020-06-19.

[145] 曹希望, 刘敏, 林军, 等. 一种提取植物多糖的方法: CN202210213814.8[P]. 2023-04-11.

[146] Chen X, Wang R, Tan Z. Extraction and purification of grape seed polysaccharides using pH-switchable deep eutectic solvents-based three-phase partitioning[J]. Food Chemistry, 2023, 412: 135557.

[147] Cai C, Chen X, Li F, et al. Three-phase partitioning based on CO_2-responsive deep eutectic solvents for the green and sustainable extraction of lipid from *Nannochloropsis* sp[J]. Separation and Purification Technology, 2021, 279: 119685.

[148] Wang M, Wang J, Zhang Y, et al. Fast environment-friendly ball mill-assisted deep eutectic solvent-based extraction of natural products[J]. Journal of Chromatography A, 2016, 1443: 262-266.

[149] 屠羽佳, 李林楠, 范文翔, 等. 基于机械化学辅助-低共熔溶剂的人参皂苷绿色提取新方法研究[J]. 中国中药杂志, 2022, 47（23）: 6409-6416.

[150] Qi X, Peng X, Huang Y, et al. Green and efficient extraction of bioactive flavonoids from *Equisetum palustre* L. by deep eutectic solvents-based negative pressure cavitation method combined with macroporous resin enrichment[J]. Industrial Crops and Products, 2015, 70: 142-148.

[151] 李璐. 蓝靛果中花色苷的提取分离及富集纯化工艺研究[D]. 哈尔滨: 东北林业大学, 2019.

第 **4** 章

新型绿色溶剂参与下的天然产物分离

天然产物组成复杂，第三章介绍的提取往往只是获得目标物的第一步；在大多数情况下，不是需要将对象成分与共存杂质分开，就是需要将多个有价值的对象成分分开并分别利用，这两种情况都可能使用到本章所介绍的一系列技术手段。分离得到的对象，有时是具有明确结构的单体化合物（single compound），有时则可能是具有相似结构的一类化（混）合物（在天然药物学科被习惯称为有效部位，active fraction）。在近年来越来越强调"精准识别"和"定向分离"的趋势下，具有可设计性、高选择性和强分子识别能力的新型绿色溶剂分离技术受到了越来越多的关注。以离子液体和低共熔溶剂为代表的新型绿色溶剂可从分子尺度上精确调控其与目标物的相互作用，实现具有微小结构差异的分子识别以达到高分离选择性，进而突破传统分离介质的瓶颈，所以它们的出现为天然产物分离技术的发展提供了新的平台。需说明的是，本章所介绍的多数方法主要用于天然产物的制备型分离，与第五章某些类似手段的不同之处在于，不以获得目标物的定量数据为终点，而是以得到相应的产物（以进行后续研究、应用或生产）为根本目的，特在此强调。

4.1 吸附

天然产物的分离纯化富集手段有很多种，如重结晶、液-液萃取、膜分离、精馏、色谱分离以及吸附等。其中吸附法结合新型绿色溶剂已被广泛地应用于天然产物的纯化中。作为其中的典型代表，离子液体在天然产物分离中的应用非常成熟，对不少对象成分具有亲和性，参与的分离应用涉及多种天然产物包括植物、动物、微生物等对象。新型绿色溶剂被发现和对象分子之间普遍存在范德华力、氢键、π-π、静电等相互作用，这为实现精准分离提供了重要的内在机制。经过近年来的持续发展，它们用于构建吸附剂的策略也愈发趋于丰富，例如将单体或聚 IL/DES 通过物理或化学手段负载于硅胶、大孔树脂、碳纳米管、分子筛、多孔黏土、棉纱纤维、分子印迹聚合物、磁性纳米颗粒或有机框架等固定化材料表面。固定化的 IL/DES 兼具绿色溶剂与固相载体材料二者的优越性能，可较好地解决离子液体的残留与毒性问题。此外，固定化的 IL/DES 在与提取物分离、避免溶剂污染和回收利用等方面也具有显著优势。持续出现的新型分离材料是推动本领域在近年来飞速发展的重要动力源泉。笔者团队以新型绿色溶剂为核心研发了一系列硅胶和凝胶吸附剂、磁性纳米颗粒、纤维素球、金属/共价/多孔有机骨架、分子印迹聚合物、微囊及复合膜、复合片等；积累了关于 IL/DES 固载方法、遴选策略和使用经验。目前，这些绿色溶剂固定化功能性材料已成功应用于多种天然产物的富集纯化中。下面将重点介绍固-液分散吸附（静态）和固定床吸附（动态）两种模式。

4.1.1 静态吸附

同样是以吸附实现分离，静态吸附无需装柱，直接将固态吸附剂和待分离物所在的溶液体系混合，在摇床或者持续搅拌状态下在充分接触的两相界面上实现单层或多层吸附，涉及的设备和操作较简单，很适合实验室制备与放大，但一般静态吸附率略低；而需要将吸附剂填装在柱体中的固定床法则对装柱和上样有一定要求，动态吸附率较高，易重复使用。根据操作难易程度和文献数量，本节先介绍前一种途径；且由于 DES 相关文献较少，故在此以 IL 为主按照不同分离对象进行介绍。

（1）黄酮

黄酮化合物具有显著的药理活性，目前具有巨大的市场需求，因而对于黄酮分离纯化的探索是学术界研究的热点，近年来有关报道层出不穷，最常见的富集方法为大孔树脂吸附，但目前商品化大孔树脂存在易破碎、分离效率低、选择性不强、预处理及再生步骤烦琐等问题，开发创新、高效的吸附剂对于黄酮的综合利用与开发意义重大。固定化离子液体作为新型吸附剂应用于多种物质的纯化处理环节，也被用来从天然原料粗提物中分离黄酮类化合物。例如可用硅胶固定化离子液体 $SiO_2 \cdot Im^+ \cdot Cl^-$ 实现对染料木素、木犀草素和槲皮素静态吸附[1]，而最常见的方法就是使用甲氧氯硅烷将咪唑环键合到硅胶表面（如图 4-1 所示）。

在 25℃恒温吸附下，30min 内三种黄酮化合物即可在固-液两相间达到分配平衡。该吸附剂对染料木素、木犀草素和槲皮素的饱和吸附量分别为 47.7mg/g、52.5mg/g、63.2mg/g，吸附效率可达 90%以上。实际结果表明，$SiO_2 \cdot Im^+ \cdot Cl^-$ 具有强阴离子交换作用、静电作用、疏水作用、氢键和色散力等。从三种分离对象的化学结构可以看出，它们有相同的 C_6（A 环）-C_3（C 环）-C_6（B 环）母核，差异为 B 环的连接位置和羟基数目。染料木素的 B 环连在 C 环的 3 位，槲皮素和木犀草素的 B 环连在 C 环的 2 位上，由于 3 位比 2 位上的空间位阻大，因此染料木素与 $SiO_2 \cdot Im^+ \cdot Cl^-$ 之间的色散力弱于后两者。另外，染料木素结构中含有 3 个羟基，槲皮素和木犀草素结构中分别含有 5 个和 4 个羟基，固定化硅胶离子液体对染料木素的氢键作用相对更弱，从而对染

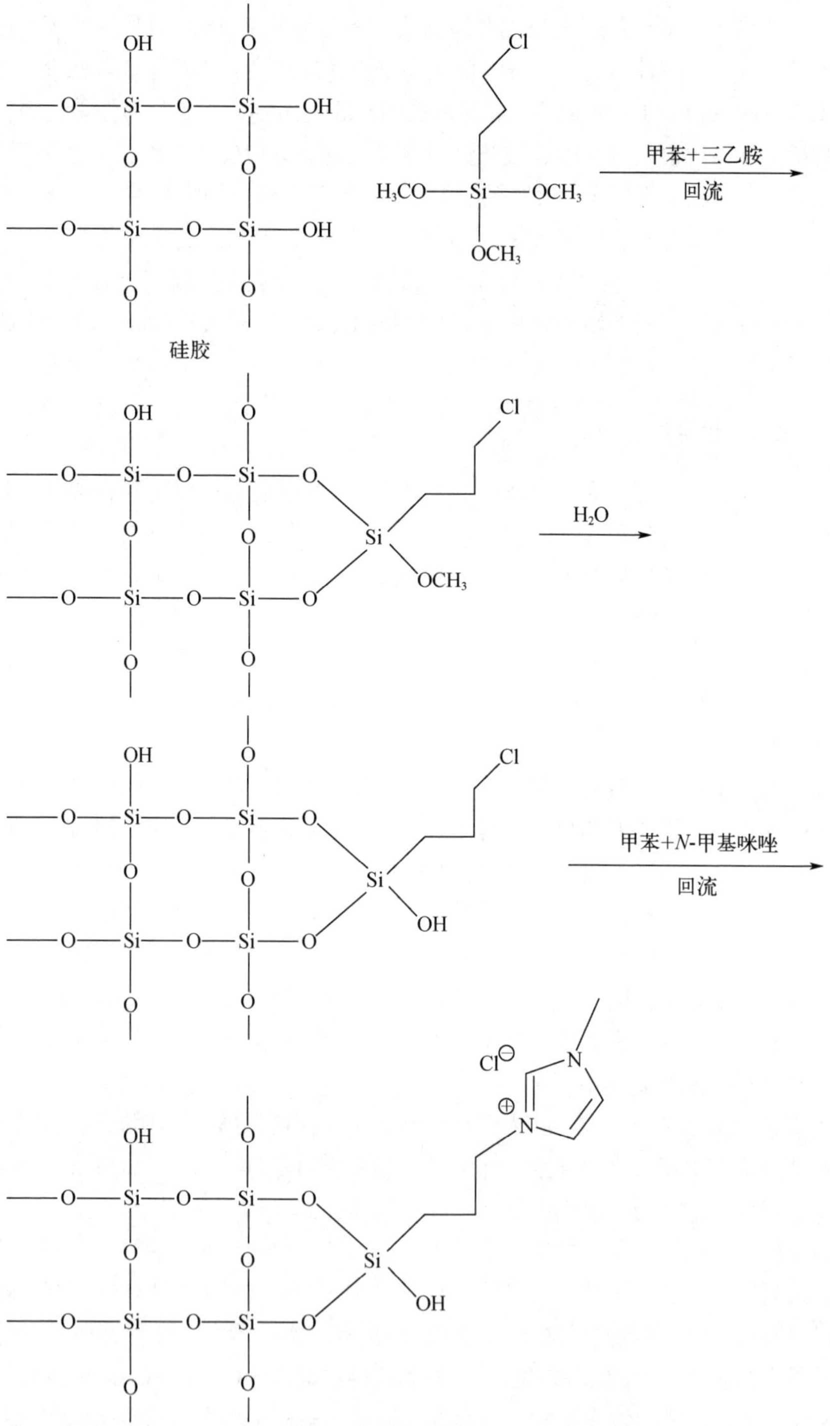

图 4-1　用于黄酮分离的固定化硅胶离子液体 $SiO_2 \cdot Im^+ \cdot Cl^-$ 的合成方法[1]

　天然产物与新型绿色溶剂

木素的吸附量较低。$SiO_2 \cdot Im^+ \cdot Cl^-$吸附三种黄酮化合物后用甲醇脱附即可，解吸顺序为染料木素、木犀草素、槲皮素，解吸率分别为86.1%、83.3%和84.6%。由此可见，该方法吸附效率高，可操作性强，且对于不同黄酮成分亦体现出差异化的吸附和保留行为，这为进一步实现相应单体的分离制备提供了基础。

使用相同方案制备的固定化离子液体也可以用于吸附石上柏95%乙醇提取物中的穗花杉双黄酮[2]，而且结果同样发现含有Cl^-的离子液体吸附效果优于含PF_6^-和BF_4^-者，且超过未修饰硅胶的2倍。当时间超过30min后，吸附率几乎不再变化；当吸附温度从0℃升高到30℃时，吸附率从72.2%上升到83.0%；当温度达到30℃时吸附率最大，达到83.5%。而对于固液比，当超过1.0g/mL后，吸附率维持在87%左右而不再出现明显变化；当提取液浓度为0.2mg/mL时最有利于吸附，浓度过大时双黄酮分子间相互作用较强，吸附率下降。此外，将该吸附剂装柱后进行动态吸附时，最高吸附率与静态吸附时基本持平。固定化离子液体分离石上柏穗花杉双黄酮的应用研究课题组还将含有Cl^-的固定化咪唑离子液体用于吸附云杉提取物中扁柏黄酮，优化后的吸附时间为30min，吸附温度为30℃，料液比为1:10g/mL，样品浓度为0.2mg/mL。

考虑到聚离子液体（PIL）中的咪唑环能与芳香环形成π-π作用，同时咪唑环上氮原子还能与酚羟基形成氢键作用，Row团队[3]将乙烯基咪唑型PIL负载于硅胶上得到固定化离子液体硅胶吸附剂，并将该介质用于日本扁柏中的两类黄酮化合物杨梅素和穗花杉双黄酮（也称阿曼陀黄素）的提取。采用的聚离子液体阳离子有1-乙烯基-3-乙基咪唑、1-乙烯基-3-丁基咪唑、1-乙烯基-3-己基咪唑、1-乙烯基-3-辛基咪唑，阴离子分别为氯离子、双三氟甲磺酰亚胺、四氟硼酸和六氟磷酸根离子。将10mg吸附剂颗粒中加入1mL 0.05mg/mL的标准品溶液，吸附在室温下进行。与分离介质组成相关的四个主要因素对吸附结果的影响如图4-2所示。从图4-2（a）可以看出，离子液体阳离子的烷基链长会影响吸附，P3（即阳离子为1-乙烯基-3-己基咪唑、阴离子为氯离子的[VHim][Cl]）的吸附效果最佳。随着阳离子侧链烷基碳链的增长，其疏水性增加，但长碳链引起的空间位阻会降低其他相互作用。离子液体单体不足意味着官能团数量较少，从而会造成吸附量较低；若单体数量过多会增加聚离子液体层的厚度，阻止内部咪唑官能团与目标黄酮化合物的相互作用，降低吸附效率。最佳的聚离子液体单体与硅胶的比例为0.05[见图4-2（b）]。交联剂与离子液体单体的比例会影响聚合物的形态。值得一提的是，该研究中的交联剂为离子液体1-烯丙基-3-乙烯基咪唑氯盐（[AVim][Cl]），少量[AVim][Cl]的加入可以增加PIL的侧链，进而增加官能团的数量；但过多的[AVim][Cl]会使PIL层硬化并阻止黄酮在PIL内的渗透与传质，故最佳的比例为1:4[见图4-2（c）]。最后通过考察离子液体阴离子的影响可以看出，当离子液体的阴离子为Cl^-（P10）时吸附效果最佳[见图4-2（d）]。

也有研究人员考虑赋予离子液体相关吸附剂以磁性，便于吸附后处理，于是制备

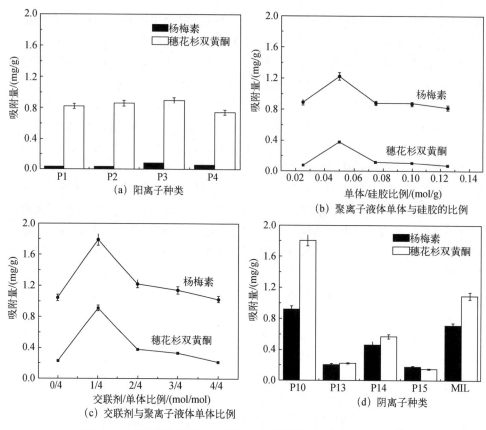

图 4-2　硅胶固定化聚离子液体吸附扁柏黄酮的主要影响因素[3]

了基于 1-十八烷基咪唑离子液体修饰磁性纳米粒子的新型多功能吸附剂（$Fe_3O_4@SiO_2@ImC_{18}$）[4]。首先采用溶胶-凝胶聚合法合成了 $Fe_3O_4@SiO_2$ 核壳复合材料，在磁性纳米颗粒表面形成介孔二氧化硅壳层；第二步则是在 N_2 中将丙基三甲氧基硅烷和 1-十八烷基咪唑进行反应以形成新的硅烷产物；第三步是将该产物在回流中键合到 $Fe_3O_4@SiO_2$ 微球表面（图 4-3）。吸附研究结果表明，相应过程中存在协同和竞争效应，并发生了多种相互作用。最终该吸附剂被成功地应用于蜂蜜中的杨梅素、槲皮素和木犀草素三种常见黄酮成分的吸附，同时也对肉桂中的肉桂酸体现了良好的富集能力。吸附效果顺序为杨梅素<槲皮素<木犀草素，对此研究人员从分子结构的角度给出了分析。即随着三种黄酮羟基数的增加，其与吸附剂上 IL 片段的相互作用减少，说明氢键作用对吸附能力的贡献并不明显。而杨梅素、槲皮素和木犀草素的疏水性依次上升，这反映出影响吸附容量的主要因素是疏水效应。

除了使用上述较为复杂的化学合成技术，开发者也将视线转移到较为简单的物理制备方式，这样不仅降低了技术难度和整体投入，也使得相关吸附剂更容易量产和推

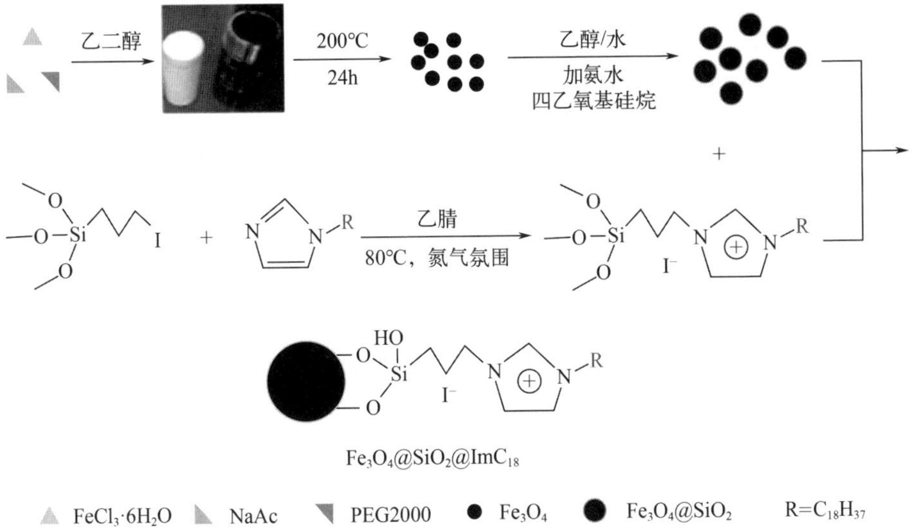

图 4-3 具有烷基长链的咪唑离子液体修饰磁性纳米粒子制备流程

广，尤其是用于大规模分离。例如，大量天然废弃物如能作为吸附剂的原料加以利用，则更具意义。李宇亮等[5]选择杨木木屑为利用对象，首先称取 20g 氯化 1-烯丙基-3-甲基咪唑和 4.0g 二甲亚砜，将其与木屑充分混合摇匀，在 100℃下持续搅拌 3h，抽滤并烘干即可得到负载有离子液体且具有疏松多孔结构的吸附剂颗粒。在随后的吸附过程中，取 10g 该吸附剂与 40mL 浓度为 2mg/mL 的竹叶黄酮粗提液混合，于 25℃恒温水浴上振荡 6h 后，目标黄酮的吸附率可达 76.96%。

笔者团队通过相转化法成功制备了聚砜微囊（具有规则形状的类球体），并成功采用物理法包封了两种离子液体[C_4mim][Br]和[C_4mim][L-Pro]，它们分别对于槲皮素和芦丁具有良好的选择性作用。称取一定量空聚砜微囊，将其浸入装有离子液体的烧杯中，然后放入超声波清洗器中超声 3h，在摇床中振荡过夜。最后取出胶囊，用乙醚冲洗 3～5 次，低温干燥即可使用。在将两者用于吸附苦荞提取液中的两类黄酮成分时，为了提高分离效率，最初设计将两者先后投入样品液并按序完成各自的吸附任务；但考虑到后处理过程中分别回收的需要，于是在制备其中一种微囊的聚砜溶液中加入 Fe_3O_4 磁性纳米颗粒，从而赋予其磁性，借助外加磁场便可将其与另一种非磁性微囊分开，以实现同时使用后的回收。所制备的微囊外观、尺寸及磁响应性如图 4-4 所示。

在后续分离过程中，将适当剂量的包封[C_4mim][Br]的非磁性微囊与苦荞 60%乙醇粗提取物水溶液混合，然后在 300r/min 搅拌下对样品中的槲皮素进行吸附（后处理时用体积比为 1∶5 的甲醇-乙酸乙酯脱附）；第一次分离结束后，将包封了[C_4mim][L-Pro]的磁性微囊投入体系中对芦丁进行富集（脱附剂同前）。残余液中的山奈酚通过与样品液相同体积的乙酸乙酯反萃取回收，分离结果如图 4-5（a）所示。分子对接结

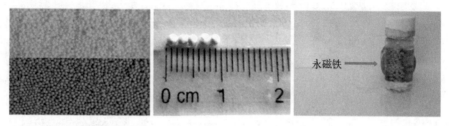

(a) 色泽偏深的磁性微囊和   (b) 尺寸   (c) 磁响应性
    色泽偏浅的非磁性微囊

图 4-4   聚砜微囊的外观、尺寸和磁响应性

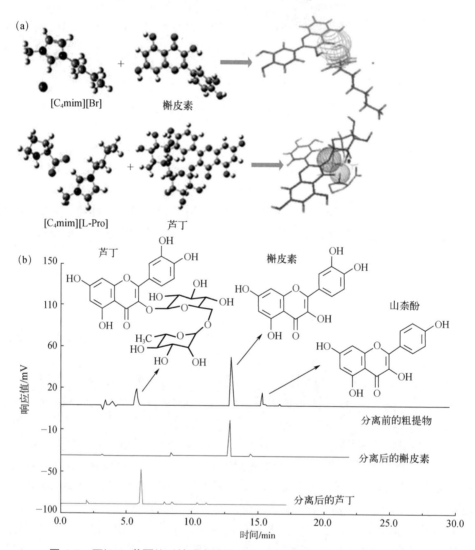

图 4-5   两组 IL-黄酮的对接研究结果（a）和分离前后的色谱峰检识（b）

果提示，槲皮素–[C₄mim][Br]之间的结合能为-1.28kcal/mol，芦丁–[C₄mim][L-Pro]之间则为-1.46kcal/mol。结合能为负值表明两对离子液体和黄酮单体倾向于相互结合；若结合能的绝对值大于1，还被视为存在强有力的相互作用。其他酚类化合物（如白藜芦醇、没食子酸、阿魏酸等）与[C₄mim][Br]及[C₄mim][L-Pro]的结合能在-0.60～1.17kcal/mol，绝对值均不及上述两种黄酮。此外，由 IL 阴离子提供的氢键在选择性吸附中也发挥了重要作用[图 4-5（b）]。

（2）酚酸类化合物

如前所述，酚酸是一类广泛分布于植物中的芳香类次生代谢产物，常见的水果、蔬菜、谷物和茶以及药用植物中均含有酚酸化合物。其中茶多酚是茶叶中多酚类物质的总称，包括儿茶素类（黄烷醇类）、黄酮及黄酮醇类、花色素类和酚酸及缩酚酸类化合物，它们的结构除酚酸及缩酚酸类外，均具有 2-苯基苯并二氢吡喃（黄烷）为主体的 C_6-C_3-C_6 基本碳架。作为主要成分的儿茶素以表没食子儿茶素（EGC）、表没食子儿茶素没食子酸酯（EGCG）、表儿茶素没食子酸酯（ECG）和表儿茶素（EC）4 种物质为代表。它们具有多种生物活性，对伤寒杆菌、副伤寒杆菌、黄色血溶性葡萄球菌、痢疾杆菌、霍乱菌具有明显抑制作用。此外不同的动物试验表明，茶多酚具有明显的抗辐射效果，这可能与其参与体内的氧化还原反应、修复生理机能、抑制内出血等有关。此类化合物还具有较强的清除自由基作用，因而可以起到抗氧化防衰老的效果。同时还对脂肪代谢发挥着重要作用，可以抑制血浆和肝脏中胆固醇含量上升；不仅能防治动脉粥样硬化，而且还有减肥功效。基于上述一系列良好的生理活性，这类化合物已被广泛地用于医药、食品、保健以及化妆品等行业。

在茶多酚生产工艺中，最常用的方法是用醇-水溶液对茶叶进行粗提，提取液用乙酸乙酯等有机溶剂萃取数次后，收集乙酸乙酯相，用酸水洗脱除去具有中枢兴奋作用的咖啡碱并单独收集，浓缩后再用水转溶，同时回收乙酸乙酯。这种方法需要使用大量的有机溶剂，生产周期长、能耗大，咖啡碱残留量高。茶多酚提取率仅为 8%～10%，纯度能达到 95%～99%，但抗氧化活性最显著的成分 EGCG 含量只能达到 50%左右。目前一部分生产厂家用树脂吸附法代替有机溶剂提取生产茶多酚。这种方法能将 EGCG 含量提高至 80%以上，且制备的茶多酚纯度能达到 98%，同时利用金属离子沉淀法除去咖啡碱，其残留量低于有机溶剂萃取法。但是收率仅为 5%～7%，损失较大。基于此，笔者团队利用硅胶固定化离子液体吸附茶叶中的茶多酚，并取得了良好的应用效果。为提高前面所介绍的常规途径中离子液体在硅胶上的键合量，在此借鉴了一些海洋软体生物的特殊生理习性，它们可以通过大量向外延伸的触角（手）进行营养摄取与食物捕获，这样可以大幅增加与外界进行物质交换的概率，基于此设计了具有长链多作用位点的固定化离子液体吸附材料[6]。总体策略是将球形硅胶作为载体[图 4-6（a）]，将具有多羟基的链状聚乙烯醇（PVA）作为接枝连接在硅胶表面，再将对茶多酚具有良好选择性的咪唑类脯氨酸离子液体（Im⁺·Pro⁻）键合到长链上形成触角，最终得到多触角式离子液体固定化硅胶[SiO_2-PVA-$Mim^+·Pro^-$，图 4-6（b）]。

对制备得到的新型吸附剂进行元素分析后发现，$Im^+·Pro^-$接枝量为 1.53mmol/g，远高于常规固定化方法的水平（0.8mmol/g），而且含离子液体的触角质量分数高达吸附剂总质量的 30.15%。这充分证明了本策略能够一改过去在硅胶表面进行单层修饰、固载量难以提高的不足，密度适当的触角有利于在更加广阔的三维空间里实现多位点、多层次的吸附。同时测得其平均粒径为 1.896μm，比表面积为 3.797m^2/cm^3，该值高于之前报道的离子液体固定化硅胶的普遍水平；通过扫描电镜显微观察还可发现，接枝前硅胶表面较光滑浑圆，接枝后其体系有所增大，表面可观察到有明显的接枝触角生成，这在宏观形态上为加强与目标成分之间的相互作用提供了条件。静态吸附实验表明，吸附开始后 3h 吸附量达到 232.66mg/g；当变化体系 pH 环境（4.0～7.0）时，单位吸附量和吸附率的变化都不明显，说明电荷主导的静电吸附作用不是吸附剂与茶多酚发生吸附的主要原因。此外吸附更符合准二级动力学模型，是一个吸热的过程。经过分子模拟和计算优化后得到的 IL-EGCG 空间构象如图 4-6（c）所示，最小结合能为-21.196kcal/mol，两者间主要作用位点为芳香环、共轭环与脯氨酸片段。该吸附剂在用 2%盐酸-甲醇进行脱附（5min 左右可迅速完成）并重复使用 5 次后，依然能达到 190.08mg/g 的吸附量，且脱附对目标物清除 DPPH 自由基的抗氧化活性没有显著影响。此外，通过选择性吸附实验亦证实该吸附剂仅对茶叶中的茶多酚具有选择性吸附作用，对其他成分（如主要共存成分生物碱）没有明显的吸附效果[见图 4-6（d）]。

离子液体不仅可以与硅胶进行键合，还能修饰大孔树脂用于茶多酚的吸附。大孔树脂是一种常见的聚合物吸附剂，经过 IL 的化学改性后，其吸附容量和选择性可以得到显著提高，操作中将预处理好的大孔树脂与 1, 3-二甲基咪唑四氟硼酸盐在 80℃和氮气保护下，于乙腈中持续反应 28h。经 IL1,3-二甲基咪唑四氟硼酸盐修饰后的大孔树脂对茶叶提取物中 4 种茶多酚（EGCG、EC、ECG、EGC）吸附量的大小顺序为：EGCG > EC > ECG > EGC。该吸附剂不仅对 EGCG 的吸附量最大，且对其具有较好的选择性；从机制上来看两者能通过氢键作用形成稳定的络合物（见图 4-7），且随着 IL用量增加，该络合物更稳定[7]。此外，武晓玉等[8]先对聚苯乙烯-二乙烯苯基 A001 大孔树脂氯甲基化，再用 IL 对该树脂进行修饰；当用三种吸附材料（大孔树脂 A001、氯甲基化大孔吸附树脂 A002 以及离子液体化大孔吸附树脂 A003）吸附茶多酚 ECG 和EGC。结果表明 A003 对 ECG 和 EGC 的吸附容量均大于另外两种树脂。ECG 在吸附240min 后趋于平衡，EGC 的吸附平衡时间为 180min，总体符合二级动力学模型。吸附机理研究表明氢键、偶极-偶极作用、π-π 作用、静电作用及范德华力是主要吸附驱动力。

为了丰富茶多酚的吸附介质类型，笔者团队还遴选了 8 种双阳离子型氨基酸手性离子液体单体，以此类离子液体为单体直接在引发剂偶氮二异丁腈（AIBN）的引发下

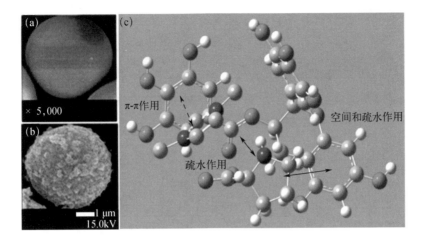

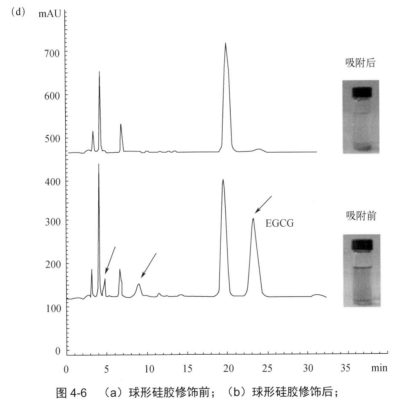

图 4-6 （a）球形硅胶修饰前；（b）球形硅胶修饰后；

（c）IL-EGCG 空间构象；（d）吸附前后色谱图及样品液比较

（箭头处均为茶多酚类成分，其中最大峰为 EGCG）

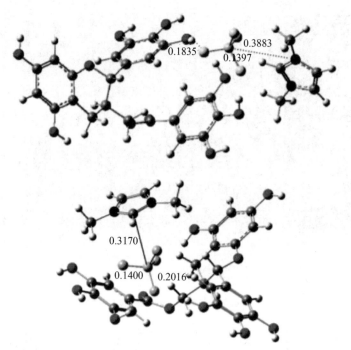

（a）一分子的1，3-二甲基咪唑四氟硼酸盐与EGCG的两种不同羟基氢键的结合方式

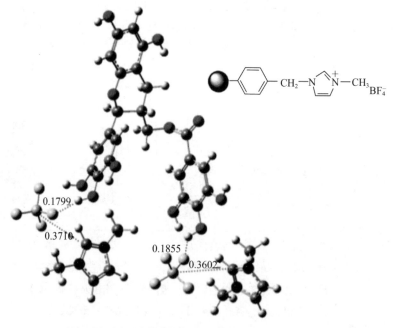

（b）两分子离子液体盐与EGCG的结合方式

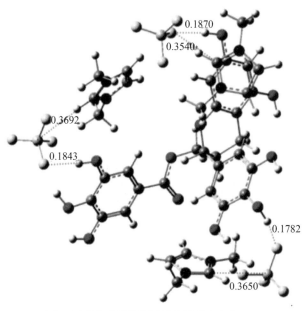

（c）三分子的离子液体与EGCG的结合方式

图 4-7　离子液体改性大孔树脂和吸附络合物的优化结构[7]

与交联剂 *N,N′*-亚甲基双丙烯酰胺（MBA）聚合形成新型吸附剂（图 4-8），对其进行 FT-IR、元素分析、显微形貌和粒径分布等表征后将其用于茶多酚的选择性吸附，最优制备条件为：(ViIm)$_2$C$_6$(L-pro)$_2$ 与 MBA 的摩尔比为 0.3∶1，溶剂为水，引发剂的用量为 3.5%（质量分数）。之后，考察了吸附时间、温度、pH、初始浓度与固液比对茶多酚吸附量的影响，优化后的最佳吸附条件为初始浓度 3g/L，最佳固液比 60∶20，温度 318.15K，吸附时间 360min，吸附量可达 521mg/g。通过吸附动力学和吸附热力学研究，发现该吸附属于单分子吸附过程。此外选择性实验表明，聚合物仅吸附茶叶中茶多酚成分，而对茶碱等成分几乎没有吸附效果，因此可有效分离两者。最后确定脱附剂为 2%盐酸甲醇溶液，脱附时间为 8min；从聚合物的重复使用性能来看，该材料效果良好且脱附操作简单，可以循环利用数次。从红外光谱分析来看，咪唑环 *v*（C=N）、*v*（C=C）的特征吸收峰由吸附前的 1660cm^{-1} 降至 1631cm^{-1}，说明聚合物的咪唑环与茶多酚形成了 π-π 共轭效应，从而导致了吸收峰发生红移。此外，对比聚合物吸附前后，发现聚合物吸附后的图谱在 1105cm^{-1} 处多出一个较强的吸收峰，此峰为茶多酚的 *v*（C-O）特征吸收峰。

丹参是重要传统中药之一，为唇形科植物丹参的干燥根茎，我国具有中药丹参的种质资源和广泛种植的优势，全国大部分地区均有分布。丹参具有活血祛瘀、通经止痛、清心除烦、凉血消痈之功效，药理研究表明丹参中活血化瘀的有效成分在水溶液

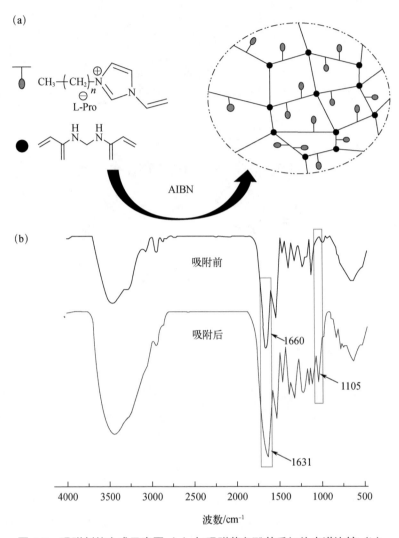

图 4-8 吸附剂的合成示意图（a）与吸附茶多酚前后红外光谱比较（b）

部位，研究丹参中水溶性成分的有效提取分离方法，对节省植物药物资源、扩大丹参水溶性酚酸的使用范围具有重要的意义。然而，丹参水溶性成分较为复杂，常用传统的醇沉工艺水平偏低，仅能部分除去其中的鞣质、多糖以及其他杂质。与之相比，吸附分离技术具有设备简单、操作方便、生产周期短、节能、成本低、产品纯度高等优点，故应用日趋广泛，特别是在天然产物的分离纯化方面逐渐显示出其优越性；大多数学者主要将大孔树脂用于酚类成分的吸附分离研究。但是大孔树脂主要基于的是物理吸附原理，而且有机残留物高，预处理较复杂；其次，大孔树脂的强度较差，在使用过程中破碎严重，使用寿命短；此外，同一生产企业生产的同一型号树脂，各批之间比表面积和功能基团含量差别大，在天然药物活性成分纯化中重现性差。使用固定化离子液体，不仅吸附效率高，而且操作简便，价格低廉。笔者团队首先按图 4-9（a）的步骤制备了硅胶固定化离子液体 $SiO_2 \cdot Im^+ \cdot PF_6^-$，进而将其用于吸附丹参中的酚酸类化合物[前后比较如图 4-9（b）][9]，当吸附时间为 30min，提取液初始浓度为 50mg/L，提取液与固定化离子液体的固液比为 1:1（mg/mL）时，吸附剂对水溶性成分的饱和吸附量为 99.81mg/g，对比采用大孔树脂吸附取得的饱和吸附量 15.98mg/g，显然固定化离子液体吸附达到的饱和吸附量更高。该吸附剂经 70%甲醇溶液洗脱后可重复使用至少 6 次。

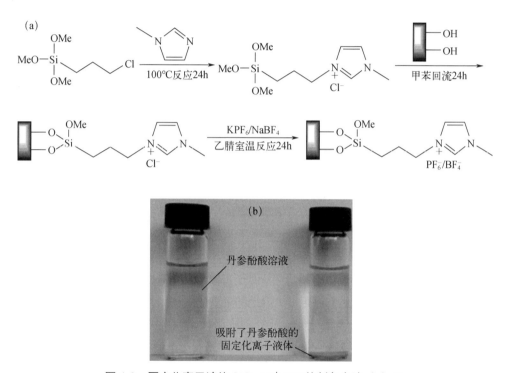

图 4-9　固定化离子液体 $SiO_2 \cdot Im^+ \cdot PF_6^-$ 的制备方法（a）和
吸附丹参酚酸类成分的前后比较（b）

　　木兰科植物八角是一种生长在湿润、温暖半阴环境中的常绿乔木，主要分布于我国福建、广东、广西、云南、贵州等地。八角茴香是一种常见的调味品和香料，也是一味中药材，我国中医典籍中早已有关于八角茴香的记载和药方。其成熟果实中含有大量莽草酸，莽草酸是抗流感药达菲（磷酸奥司他韦）的关键原料，民间亦有茴香炖肉用于防治感冒的习惯。莽草酸通过影响花生四烯酸代谢，抑制血小板聚集，抑制动、静脉血栓及脑血栓形成，具有抗炎、镇痛作用，还可作为抗病毒和抗癌药物中间体。

目前莽草酸的主要纯化方法是液-液萃取以及柱色谱，亦有上述硅胶固定化离子液体参与的吸附法。如用喹啉（$SiO_2 \cdot Qu^+ \cdot Cl^-$）和咪唑（$SiO_2 \cdot Im^+ \cdot Cl^-$）两类硅胶固定化离子液体吸附八角中的莽草酸。如表4-1所示，通过与大孔吸附树脂和原料硅胶吸附相比，硅胶固定化离子液体的吸附和脱附效果明显更优[10]，且固定化咪唑离子液体较喹啉类吸附-解吸效果更为理想。

表 4-1　不同吸附剂吸附八角莽草酸的吸附效果对比

吸附剂	饱和吸附量/（mg/g）	吸附率/%	解吸率/%
$SiO_2 \cdot Im^+ \cdot Cl^-$	45.48	90.96	92.68
$SiO_2 \cdot Qu^+ \cdot Cl^-$	44.39	88.73	89.11
硅胶	36.72	73.43	81.27
AB-8 型大孔吸附树脂	33.93	67.68	80.45
D-101 型大孔吸附树脂	26.39	52.78	88.52

除了吸附植物中的有机酸，固定化离子液体还可吸附动物中的脂肪酸。n-3-多不饱和脂肪酸也叫 ω-3 多不饱和脂肪酸，主要包括 α-亚麻酸（α-linolenicacid，ALA）、二十碳五烯酸（eicosapentaenoic acid，EPA）和二十二碳六烯酸（docosahexaenoic acid，DHA）。α-亚麻酸是人们必需的营养素之一，对人体的健康有重要的意义，具有提高智力、抗血栓、保肝等作用；二十碳五烯酸是人体自身不能合成但又不可缺少的重要营养素，主要存在于硅藻类等浮游生物中。研究证实 EPA 具有下列药理学作用：①抑制血小板凝集；②降低血液中性脂肪；③降低胆固醇；④降低血液黏度；⑤降血压；⑥抗炎及抗肿瘤。二十二碳六烯酸即大众熟知的 DHA，在鱼油中含量较多。DHA 是大脑灰质中脂肪酸的主要成分，在大脑组织中的含量约为 15%，在大脑神经细胞间有着传递信号的作用，相关的记忆、思维功能都有赖于 DHA 维持和提高。n-3-多不饱和脂肪酸是人体必需的营养元素，但在人体内不能自行合成，因此只能从食物中获取。目前 n-3-多不饱和脂肪酸主要从海洋石油中分离获得，但海洋石油中含有多种不同碳链长度和饱和度的脂肪酸，因此分离的不饱和脂肪酸还需进行后续的纯化处理。常见的纯化 n-3-多不饱和脂肪酸方法有分子蒸馏、酶分离、低温结晶、超临界流体萃取、尿素络合和吸附法等。其中固定化离子液体作为吸附剂已成功应用于不饱和脂肪酸的吸附分离。例如用带有银离子的咪唑硅胶固载化离子液体 $AgBF_4/SiO_2 \cdot Im^+ \cdot PF_6^-$、$AgNO_3/SiO_2 \cdot Im^+ \cdot PF_6^-$、$AgBF_4/SiO_2 \cdot Im^+ \cdot BF_4^-$、$AgNO_3/SiO_2 \cdot Im^+ \cdot BF_4$（见图 4-10）吸附鱼油中的 n-3-多不饱和脂肪酸[11]。银离子能与碳碳双键形成很稳定的配合物，而 n-3-不饱和脂肪酸中含有多个双键，因而该型吸附剂与分离对象的亲和性更强。其中 $AgBF_4/SiO_2 \cdot Im^+ \cdot PF_6^-$ 具有疏水性的阴离子，比 $AgBF_4/SiO_2 \cdot Im^+ \cdot BF_4^-$ 的吸附能力更强。

此外, 含有 AgBF$_4$ 的吸附剂比含 AgNO$_3$ 的吸附能力更强, 前者只需 4.8mg 即可在 5min 之内完全吸附模拟液中的 n-3-不饱和脂肪酸, 而后者只能吸附一部分; 相比而言 AgBF$_4$/SiO$_2$·Im$^+$·PF$_6^-$ 是最佳吸附剂, 对模拟液中不饱和脂肪酸的最大吸附量达到 120mg/g。用该吸附剂分离真实样品鱼油中的脂肪酸, 最高可达到 95% 的回收率, 而且在重复使用 5 次后仍有较高的吸附效率。上述研究证实此类固定化离子液体具有分离时间短（5min 即到达吸附平衡）、固载量高、可回收等优点。

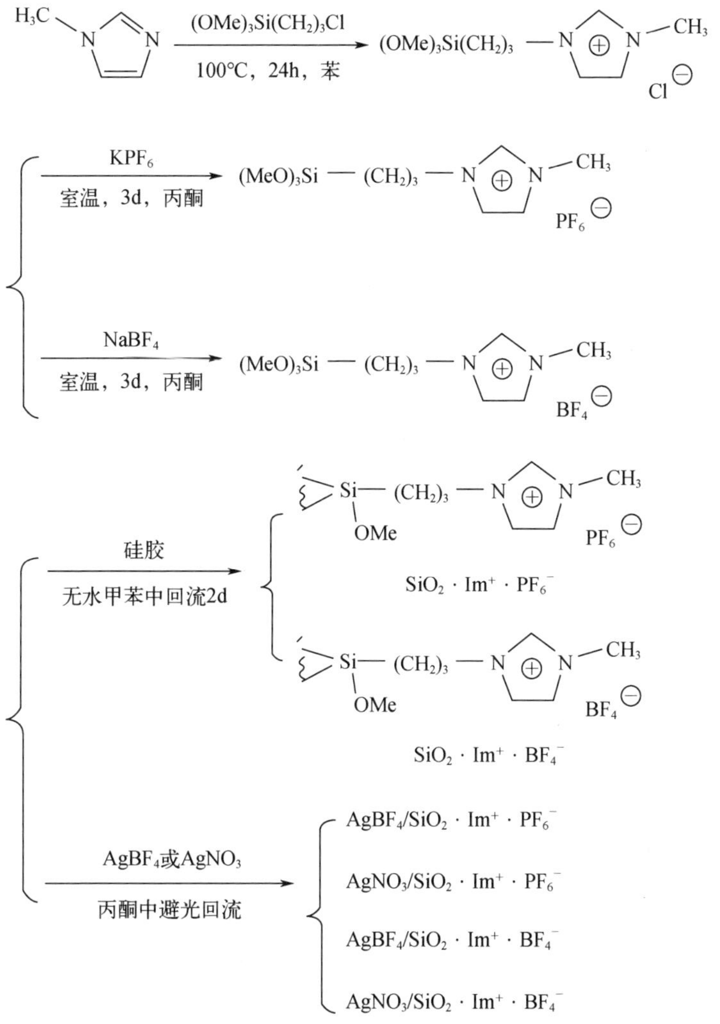

图 4-10　四种含银硅胶固定化离子液体的合成[11]

(3) 蛋白质

蛋白质是人体生命活动的承担者, 人体很多具有生理活性的物质都属于蛋白质,例如酶、抗体、胰岛素、胸腺激素等，这些物质对调节人体生理功能、维持人体新陈代谢起着极其重要的作用。对蛋白质的分离一直是科学探索的热门领域，但研究蛋白质的前提是获得较高纯度的目标蛋白，故蛋白质的纯化是研究其结构、性质和功能的前提。固定化离子液体在近年来也被用来分离纯化蛋白质，例如以聚氯乙烯（PVC）为固载物，通过嫁接反应在其长链上引入吡啶，制备离子液体1-乙烯基吡啶氯盐与聚氯乙烯复合物，具体操作为：在装有搅拌器和冷凝管三口烧瓶中加入16g氢氧化钠、30mL双蒸水、25mL吡啶搅拌，冷却后缓慢加入10gPVC，控温80℃以下搅拌3h，再升温至90～100℃继续搅拌反应至混合物颜色为黑色（约16h），采用倾注法冷却体系，抽滤后水洗滤饼至中性无氯离子，再用95%乙醇洗涤至无吡啶气味。将该复合物用于吸附牛血清白蛋白（BSA，等电点pI=4.7）时，在体系pH高于其pI的条件下，该蛋白呈碱性，带有负电荷[图4-11（a）]，此时可与IL阳离子中心产生静电吸附作用实现分离[12]。类似地，咪唑离子液体固载于高分子材料聚氯乙烯（PVC）后也被用于吸附血红蛋白[13]，酸性条件下吸附效果较好，15mg该吸附剂对血红蛋白的最高吸附率为91%，且分离出的血红蛋白纯度较高。同样的策略也可以用于固载最为常见的甲基咪唑类IL[图4-11（b）]。

笔者团队制备了固定化离子液体$SiO_2 \cdot Im^+ \cdot HSO_4^-$，合成路线如图4-11（c）所示。为了增加硅胶表面硅羟基的数量并消除含氮杂质的影响，需先对硅胶进行活化预处理。然后将0.12mol γ-氯丙基-3-甲氧基硅烷和0.12mol N-甲基咪唑在N_2的保护下，120℃回流反应24h，乙醚分液后得到产物（**1**），60℃真空干燥8h。称取3g左右的产物（**1**）加入20mL干燥的甲苯溶液中，冰浴滴加2mL浓硫酸，滴加结束后室温下搅拌30min，于120℃下反应15h得到产物（**2**）。称取2g产物（**2**）溶解在25mL干燥后的甲苯中，将2g硅胶分批加入混合溶液中，室温下搅拌30min后，于120℃下反应24h；反应结束后，固体产物用二氯甲烷、丙酮、蒸馏水、丙酮依次洗涤后得到产物（**3**）。60℃下真空干燥8h，即为固定化离子液体$SiO_2 \cdot Im^+ \cdot HSO_4^-$。

为了探索新合成的固定化离子液体对BSA的吸附效果，选择了纯硅胶和其他四种实验室已合成的固定化离子液体对BSA开展吸附性能的比较研究。吸附剂用量保持一致，BSA的初始浓度相同，在一定的温度下，五种固定化离子液体$SiO_2 \cdot Bth^+ \cdot PF_6^-$、$SiO_2 \cdot Im^+ \cdot PF_6^-$、$SiO_2 \cdot Im^+ \cdot Cl^-$、$SiO_2 \cdot Im^+ \cdot BF_4^-$、$SiO_2 \cdot Im^+ \cdot HSO_4^-$和纯硅胶分别对BSA进行吸附。其中纯硅胶的吸附量仅为1.4mg/g，基本对BSA不产生吸附。阳离子为苯并噻唑Bth^+、阴离子为六氟磷酸根PF_6^-的固定化离子液体的吸附效果较弱，仅为9.7mg/g。比同样阴离子为PF_6^-的咪唑类离子液体（吸附量29.1mg/g）的吸附量小，这主要是由于苯并噻唑阳离子结构导致空间位阻增大，不易被BSA进攻。同是咪唑类阳离子的几种固定化离子液体比较后发现，阴离子为HSO_4^-时对BSA的吸附作用最强，吸附量达到134.3mg/g，其余依次为84.9mg/g（$SiO_2 \cdot Im^+ \cdot BF_4^-$）、44.2mg/g（$SiO_2 \cdot Im^+ \cdot Cl^-$）、29.1mg/g（$SiO_2 \cdot Im^+ \cdot PF_6^-$）；这说明，随着阳离子的酸性增强，静

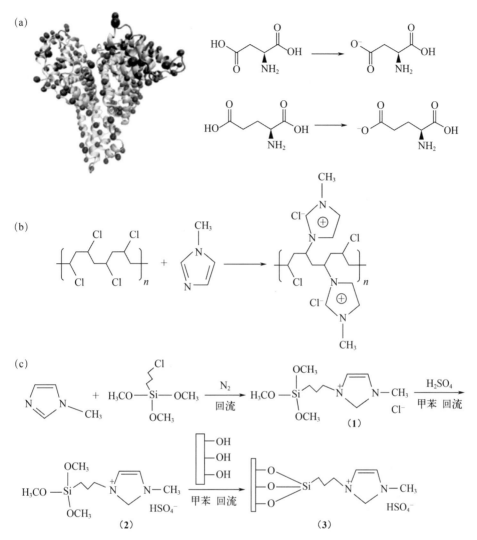

图 4-11　BSA 在碱性环境中氨基酸片段的离解（a）、PVC 固定化离子液体的制备
示意图（b）和固定化离子液体 $SiO_2 \cdot Im^+ \cdot HSO_4^-$ 的合成路线（c）

电作用增强，对蛋白质的吸附效果也出现增强的趋势。固定化离子液体 $SiO_2 \cdot Im^+ \cdot HSO_4^-$ 不仅具有较小的空间位阻，而且具有较大的静电作用，因此适合 BSA 的吸附。

　　经过优化，固定化离子液体 $SiO_2 \cdot Im^+ \cdot HSO_4^-$ 吸附 BSA 的理想条件为：吸附时间 2.5h，吸附温度 30℃，固液比 50mg：25mL，初始浓度 450mg/L，pH 为 5，吸附量可达到 134.3mg/g。NaCl 脱附 BSA 的条件定为：脱附时间 1h，脱附温度 30℃，NaCl 的质量分数为 6%，在此条件下，BSA 的脱附率可达到 95.0%。此外准二级动力学方程对吸附过程拟合效果更好（$R^2 \geqslant 0.9983$），吸附温度对吸附过程的影响不显著，Langmuir

模型比 Freundlich 模型对吸附等温线的拟合效果更好,相关系数 R^2 均大于 0.98,说明固定化离子液体 $SiO_2 \cdot Im^+ \cdot HSO_4^-$ 对 BSA 的吸附主要为单分子层吸附。热力学参数 ΔH、ΔG 和 ΔS 的计算结果表明该吸附过程是自发和吸热的过程。同时,该吸附是一个物理吸附和化学吸附同时进行的过程。最后,控制不同的 pH 条件,可实现固定化离子液体 $SiO_2 \cdot Im^+ \cdot HSO_4^-$ 对 BSA 和牛血红蛋白(BHb)的选择性吸附。设定 pH 值为 5 时,BSA 的吸附量为 116.1mg/g,BHb 的吸附量为 26.3mg/g,二者分离度可达到 81.5%,对新鲜牛血样品中的 BSA 和 BHb 进行吸附,也得到了相近的结果,表明固定化离子液体 $SiO_2 \cdot Im^+ \cdot HSO_4^-$ 可以初步实现 BSA 和 BHb 的选择性分离。

在后续研究中,笔者团队还发现,在其他条件相同的情况下,该固定化离子液体对四种不同等电点的蛋白质牛血清蛋白(BSA,pI=4.7)、血红蛋白(Hb,pI=6.9)、木瓜蛋白酶(papain,pI=8.75)、硫酸鱼精蛋白(protamine sulfate,pI=12.4)在不同 pH 下的吸附结果见图 4-12(a)所示。可见四种蛋白质在吸附量上存在明显差异,牛血清白蛋白在 pH=5 时达到最大吸附量 134.3mg/g;牛血红蛋白在 pH=7 时达到最大吸附量 69.0mg/g;木瓜蛋白酶在 pH=9 时达到最大吸附量 26.7mg/g;硫酸鱼精蛋白在 pH=12 时达到最大吸附量 129.7mg/g。一致的是,四种蛋白质均在等电点附近达到了最大吸附量。根据现有文献,等电点附近常常是吸附最佳的条件,因为此时蛋白质分子表面的净电荷为零,分子间不存在静电斥力,蛋白质处于最紧缩的状态,以包裹的形式被固定化离子液体吸附。

固定化离子液体对蛋白质的吸附能力除了与蛋白质自身的等电点性质相关,也与固定化离子液体的表面性质有关。为了证明这一点,在其他条件相同的情况下,笔者团队对三种等电点接近的蛋白质牛血清白蛋白(BSA,pI=4.7)、鸡蛋白蛋白(ACE,pI=4.9)和胶原蛋白 V(collagen type V,pI=4.8)在不同 pH 值下的吸附进行了考察,结果见图 4-12(b)。尽管三种蛋白质的等电点接近,都为 5 左右,但它们在吸附量上仍存在明显差异,其中鸡蛋白蛋白和牛血清白蛋白的吸附效果明显优于胶原蛋白 V。这主要是因为三者的分子量大小不同,鸡蛋白蛋白的分子量约为 60kDa,牛血清蛋白的分子量约为 66kDa,而胶原蛋白 V 的分子量约为 270kDa。胶原蛋白 V 吸附能力差一方面是因为它是一种水不溶性蛋白,在水中溶解度很小,不利于与固定化离子液体的接触;另一方面很可能是固定化离子液体表面孔的大小与胶原蛋白不符合,而分子量相对较小的另外两种蛋白则较容易被吸附。

除上述固定化离子液体外,还可通过直接合成法得到交联型大孔 PIL[14],如以 1-乙烯基-3-丁基咪唑氯盐、丙烯酰胺与 N, N'-亚甲基双丙烯酰胺进行共聚;该 PIL 对溶菌酶有很强的吸附能力,吸附量可达 755.1mg/g。PIL 中阴离子种类对吸附影响明显,当阴离子为氯离子时,PIL 对牛血红蛋白的吸附容量为 13.7mg/g;而当使用十二烷基磺酸为阴离子时,其吸附容量提高了近 32 倍,达 447.7mg/g;这是因为十二烷基磺酸阴离子削弱了 IL 分子间氢键相互作用,从而增强了蛋白质与 IL 的作用。

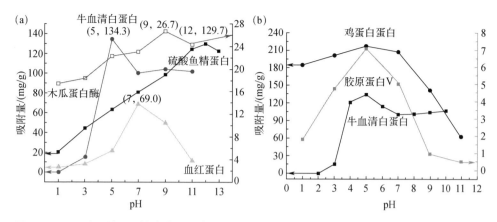

图 4-12　pH 对四种不同等电点的蛋白质（a）及三种等电点相近的蛋白质（b）吸附的影响

　　为进一步提高 IL 类分离介质吸附蛋白质的能力，笔者团队还制备了一种托品醇类离子液体凝胶。将 10g 托品醇投入 100mL 单口烧瓶中，加入 30mL 乙酸乙酯，超声辅助溶解；再按 n（托品醇）：n（氯丙烯）=1：1.2 加入 6.5g 氯丙烯，单口烧瓶封口并避光静置反应 24h。反应结束后，抽滤并用 30mL 乙酸乙酯洗涤滤饼 2 次，滤饼置真空干燥后得白色氯丙烯基托品醇液体（Tro-Cl）。再将 Tro-Cl、交联剂 MBA 和引发剂 AIBN 置于 100mL 三口烧杯中，加入 40mL 甲醇超声辅助溶解；溶液在 50℃ 下反应 6h，所得白色凝胶用乙醇洗涤 2 次后，置于真空干燥箱干燥备用[图 4-13（a）]。通过显微表征发现，当自由基共聚体系中不含有离子液体时，结构中组分单一；高分子网络的失水能力、速率以及失水后的整体状态较为一致，故凝胶表面比较平滑。而引入离子液体组分后，体系出现明显变化；充分溶胀后表面多褶多孔[图 4-13（b）]，利于吸附，可保障有足够的三维空间接触大量的底物。吸附研究表明该离子液体凝胶对 BSA 和卵清蛋白（OVA）选择性较其他供试的蛋白质更强，吸附量分别为 715mg/g 和 926mg/g，比文献中报道的大多数材料的吸附量高许多。准二级动力学模型和 Langmuir 等温吸附方程对两种蛋白质的吸附过程拟合效果最好，说明 BSA 和 OVA 在 IL 凝胶上的吸附行为遵循单分子层吸附模式。进一步运用吸附焓 ΔH、吸附熵 ΔS、自由能 ΔG 等热力学参数分析，表明该蛋白质吸附是一个吸热、熵增加的自发行为。脱附研究表明：被吸附的 BSA 对 NaCl 的离子强度敏感，0.1mol/L NaCl 溶液就可以使 BSA 的脱附率达到 80% 以上，浓度为 0.5mol/L 时，可使脱附率达到 100%。而 OVA 脱附过程对 NaCl 的离子强度不敏感，但对 $(NH_4)_2SO_4$ 的离子强度敏感。使用 0.1mol/L $(NH_4)_2SO_4$ 溶液就可以达到 80% 的脱附率，浓度为 0.4mol/L 时可使脱附率达到 100%，这表明脱附过程遵循霍夫梅斯特序列（Hofmeister series）。此外，BSA 和 OVA 的脱附过程对温度不敏感，0.5mol/L NaCl 溶液中，BSA 能在 10min 完全脱附；0.4mol/L 硫酸铵溶液中，OVA 能在 3min 完全脱附。两种产物的电泳结果见图 4-13（c）。从机制来看，该

IL 凝胶吸附蛋白质时，在等电点处取得最大吸附值，且溶液中盐的离子强度对吸附影响较大。同时发现，疏水力并不是吸附的主要作用力，而分子量处于 40~70kDa 的蛋白质更容易吸附到 IL 凝胶上，表明吸附过程中蛋白质分子间的排斥力和离子强度造成的电荷屏蔽作用以及蛋白质分子量是影响吸附量的主要因素。

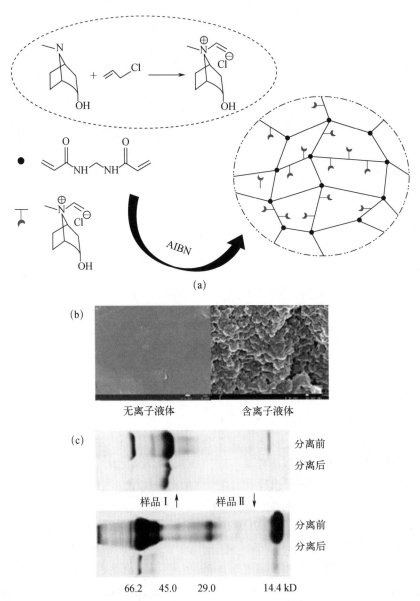

图 4-13 （a）托品醇类离子液体凝胶制备；（b）有无离子液体组分的显微表征；
（c）分离前后的电泳比较

DES 在蛋白吸附领域亦展现出较好的性能，尤其是将其与磁性纳米粒子以及分子印迹聚合物（MIP）这两个分离领域的热点相结合之后。基于此，研究人员以丙烯酸修饰的四氧化三铁为载体，牛血红蛋白为模板分子，甲基丙烯酸-氯化胆碱低共熔溶剂为单体，合成了一种新型的磁性低共熔溶剂分子印迹聚合物，可以实现对牛血红蛋白的特异性识别和选择性分离。相比于非印迹聚合物，该吸附剂具有良好的动力学性能，4h 之内达到吸附平衡，平衡吸附浓度为 1.0mg/mL，理论最大吸附量为 175.44mg/g，印迹因子达到 4.57。其次，以溶菌酶作为模板蛋白，四氧化三铁纳米粒子为载体，衣康酸-氯化胆碱低共熔溶剂作为双键修饰剂，丙烯酸为功能单体，合成了可用于分离溶菌酶的表面分子印迹聚合物，其制备过程和结构-性能特点如图 4-14 所示。

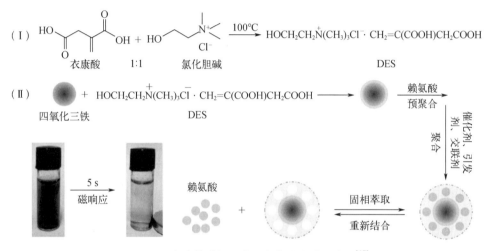

图 4-14　溶酶菌磁性印迹聚合物的合成示意图[15]

该 MIP 在溶菌酶平衡吸附浓度 1.0mg/mL 下可以在 2h 内快速吸附，8h 之内达到饱和吸附容量，印迹因子为 4.48。热力学吸附曲线符合 Langmuir 模型，理论最大吸附容量为 106.38mg/g。最后，以衣康酸-氯化胆碱低共熔溶剂作为单一功能单体，四氧化三铁为载体，牛血红蛋白为模板，合成了可以选择吸附牛血红蛋白的印迹聚合物。该制备方法简化了四氧化三铁改性步骤，直接利用低共熔溶剂在粒子表面合成了壳核聚合物[15]。热力学吸附实验和动力学吸附实验表明，印迹聚合物可以在牛血红蛋白平衡吸附浓度 1.2mg/mL 下 5h 达到最大吸附，印迹因子为 2.89，且其吸附等温线符合 Langmuir 模型，可得理论最大吸附量 196.08mg/g。选择吸附实验和竞争吸附实验都表明上述印迹聚合物可以在单一环境下和双组分溶液环境下将印迹蛋白分子分离出来，且循环使用性能良好。

（4）其他类成分
苦参中的苦参碱和氧化苦参碱具有良好的抗病毒、抗病原体作用。Row 等[16]通过间接法合成了苯乙烯基咪唑侧链带烷基氨基的负载型 PIL，将其用于吸附这两种生物碱，吸附量分别为 2.32mg/g 和 13.69mg/g。该 PIL 具有比商品化的 C_{18} 硅胶及氨基吸附剂更好的分离选择性，而且重复使用 3 次后分离效率无显著降低。该吸附剂还被用于分离和测定鸡蛋和牛奶中的生物碱含量。此后该组同样利用间接法[17]制备了另一种 PIL 吸附剂，由甲基丙烯酸缩水甘油酯和二甲基丙烯酸乙二醇酯共聚先制备聚合物微球，再与 1-甲基咪唑反应引入离子基团。当该 PIL 从绿茶中吸附咖啡因和茶碱时，吸附率分别为 0.025mg/mL 和 0.58mg/mL。由于咖啡因与茶碱结构上唯一的区别是前者氮原子上存在的一个甲基削弱了其与 PIL 的氢键作用，故吸附率明显不如后者，从而能使用该 PIL 对两者进行分离。

笔者团队曾经采用两种方式制备了针对茶碱的离子液体吸附剂：

① 合成咪唑为母核的四氟硼酸盐，将其作为功能单体，茶碱作为模板分子，二甲基丙烯酸乙二醇酯（EGDMA）为交联剂，采用本体聚合的方法合成了茶碱分子印迹聚合物。称取 0.5mmol 模板分子茶碱于 100mL 圆底烧瓶中，并向其中加入 30mL 乙醇作为溶剂和致孔剂，待茶碱充分溶解后加入 3mmol 功能单体[C_nVim][BF_4]离子液体超声溶解 15min，室温下暗处静置过夜，使离子液体单体和茶碱分子充分相互作用以形成预聚合溶液；再向圆底烧瓶中加入 8mmol EGDMA，充分搅拌之后再加入 20mg 偶氮二异丁腈（AIBN）作为引发剂，超声 15min，通氮气 15min，及时封口。在反应温度为 60℃下聚合 24h 后生成固体，置于真空干燥箱中，在 60℃下老化 10h。即得到茶碱分子印迹聚合物。之后将分子印迹聚合物烘干，粉碎研磨，并过 200 目筛。用甲醇-乙酸（体积比 9:1）作为提取剂，将分子印迹聚合物放入索氏提取器中，连续抽提，直至紫外可见光谱检测不到茶碱分子为止。之后再用乙腈进行多次沉降，将过细颗粒和乙酸去除，直至分子印迹聚合物呈中性。该 MIP 对茶碱的最大吸附量为 20.2mg/g。

② 通过萃取实验遴选出适合的离子液体苯丙氨酸乙酯双（三氟甲基）磺酰亚胺[PheC_2][Tf_2N]，然后量取 5mL 正硅酸乙酯于 100mL 的圆底烧瓶中加热至 60℃，将 1.75g[PheC_2][Tf_2N]溶于 4mL 无水乙醇中，再将该溶液迅速转移到圆底烧瓶中，待正硅酸乙酯与离子液体乙醇溶液形成均相体系后，减慢搅拌速度，依次缓慢滴加 1mL 浓盐酸和适量蒸馏水，滴加完毕后停止搅拌，生成固体后老化 22h，于 50℃真空干燥 6h。将所得到的硅胶负载离子液体在 70℃下用丙酮在索氏提取器中抽提 3h。于 50℃下真空干燥 12h 备用。优化后的吸附条件为吸附温度为 25 ℃，茶碱初始浓度为 0.6mg/mL，吸附时间为 150min，吸附剂用量为 50mg；另外发现 1%氨水溶液为最佳脱附剂。

氰化氢和巴豆醛是卷烟烟气中两类代表性有害成分，是世界卫生组织和我国烟草行业优先管控的烟气有害成分，但离子液体在这些成分的分离方面应用较少。孙学辉[18]等以富含氨基的聚乙烯亚胺为阳离子，以天然氨基酸为阴离子，通过一步法在水相中制备了聚乙烯亚胺-氨基酸离子液体；进而利用红外光谱及核磁共振技术对该 PIL

产物结构进行了确认,并采用热重分析法证实了其热稳定性。研究结果表明,聚乙烯亚胺分子量和氨基酸种类均会对离子液体的吸附性能产生影响。将所制备的聚合物离子液体添加于卷烟,以未涂布离子液体的卷烟为对照,研究者评价了新型 PIL 对主流烟气中氰化氢和巴豆醛的去除性能。结果发现当材料在卷烟中的添加量为 10mg/支时,烟气中氰化氢和巴豆醛的降低幅度分别为 32%~53% 和 20%~40%,由此证明这种聚合物离子液体在同时去除烟气氰化氢和巴豆醛等有害成分方面具有潜在应用价值。

结合上述实例可以看出,固定化绿色溶剂和绿色溶剂聚合物作为吸附剂,可以应用于多种天然产物的分离纯化中,既可以用于分离小分子天然产物,也能分离大分子物质。并且由于离子液体结构的可设计性以及载体本身的特性,此类吸附材料不仅可以做到选择性地分离目标成分,而且还能在重复使用多次后仍保持较高的吸附能力,因而为天然产物的纯化分离提供了一种有效的替代途径。

4.1.2 动态吸附

固定化离子液体和聚离子液体不仅可以实现对目标产物的静态吸附,还可被装载在固定床中实现对天然产物的动态吸附,所谓动态吸附即流通吸附。在进行多相过程的设备中,若有固相参与且处于静止状态,则设备内的固体颗粒物料层称为固定床;例如将吸附剂填入具有理想径高比的玻璃或不锈钢柱体中,在重力或泵的驱动下令吸附样品溶液(料液)以一定的流速流过柱体。在料液流经固定床的过程中,目标天然成分不断地从料液相转移到吸附剂表面,共存杂质因不被吸附而随溶剂流出,通过这一方式最终实现天然产物的动态分离。

(1) 酚酸类

笔者团队将 6 种固定化离子液体置于恒温振荡器中动态吸附丹参中的水溶性酚酸。空白硅胶及 6 种固定化离子液体硅胶对丹参酚酸的吸附率分别为 2.67%、74.12% ($SiO_2 \cdot Bth^+ \cdot BF_4^-$)、77.43% ($SiO_2 \cdot Im^+ \cdot Cl^-$)、84.90% ($SiO_2 \cdot Bth^+ \cdot PF_6^-$)、88.38% ($SiO_2 \cdot Im^+ \cdot BF_4^-$)、90.30% ($SiO_2 \cdot Bth^+ \cdot I^-$) 和 95.54% ($SiO_2 \cdot Im^+ \cdot PF_6^-$)。可以看出与没有负载离子液体的硅胶相比,负载了离子液体的硅胶对丹参酚酸的吸附效率出现显著提升,其中吸附效果最好的为 $SiO_2 \cdot Im^+ \cdot PF_6^-$,吸附率可达 95%以上。通过考察吸附时间、初始浓度、固液比以及吸附温度等 4 个因素的影响发现(图 4-15),当用 $SiO_2 \cdot Im^+ \cdot PF_6^-$进行分离时,30min 即可达到吸附平衡,最佳的初始浓度为 350mg/L,最佳的固液比为 1:1,10~60℃的温度范围内,温度对吸附结果的影响不大。实验结果表明,即使在重复使用 6 次以后,$SiO_2 \cdot Im^+ \cdot PF_6^-$对丹参酚酸的吸附率仍可达 89%以上。

阿魏酸、咖啡酸和水杨酸是常见的具有药用功效的有机酸。阿魏酸(ferulic acid,FA)主要存在于伞形科植物阿魏、川芎根茎,石松科植物卷柏状石松全草以及其他常见植物的根、茎、树皮中。阿魏酸能清除自由基,增加谷胱甘肽转硫酶和醌还原酶的活性,并抑制酪氨酸酶活性,此外还具有抗辐射、抗氧化、抗病菌等生物活性。目前

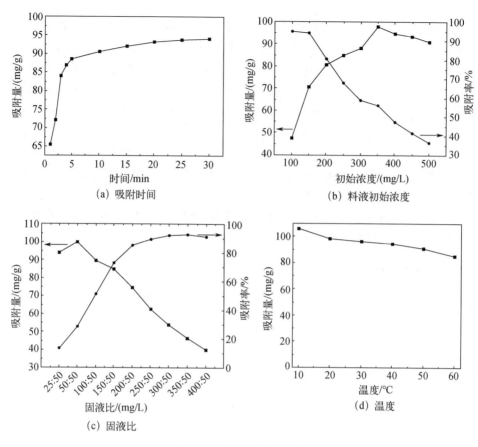

图 4-15　吸附的影响因素

阿魏酸的富集纯化方法主要为液-液萃取和吸附法，吸附法常用的吸附剂为活性炭、树脂以及高分子交联剂等。咖啡酸（caffeic acid，CA）又名3,4-二羟基肉桂酸或3,4-二羟基苯丙烯酸，广泛分布于茵陈、菜蓟、金银花等多种中药植物中，具有保护心血管、抗诱变、抗癌、抗菌、抗病毒、降脂、降糖、抗白血病、免疫调节、利胆止血及抗氧化等活性，临床上常用于各种内外科出血的预防和治疗。咖啡酸一般由甲醇提取后，再用苯进行萃取，苯溶液用碳酸氢钠水溶液洗涤后加稀盐酸酸化，再用苯从中游离出有机酸，经减压浓缩除去苯即得咖啡酸。水杨酸（salicylic acid，SA）是一种存在于柳树皮、白珠树叶及甜桦树中的脂溶性有机酸。水杨酸是一种重要的有机合成原料，可用于生产水杨酸钠、冬青油（水杨酸甲酯）、阿斯匹林（乙酰水杨酸）、水杨酰胺、水杨酸苯酯等药物；在染料工业中可用于生产染料；在农药生产上，水杨酸能用于合成有机磷杀虫剂水胺硫磷、甲基异柳磷等的中间体；此外还可用于生产紫外线吸收剂、发泡剂、橡胶工业防焦剂等。

将硅胶固定化喹啉离子液体 $SiO_2 \cdot Qu^+ \cdot Cl^-$ 装载于玻璃柱中吸附 FA、CA 与 SA，然后用 70%乙醇洗脱，动态吸附曲线和洗脱曲线如图 4-16 所示[19]。从图 4-16（b）可以看出，三者分别在第 18、24、26 个柱体积时达到其泄漏点，相应地，它们分别在第 28、34、38 个柱体积之后流出液的吸光度保持不变，说明吸附已达到饱和而趋于平衡。咖啡酸、阿魏酸和水杨酸的饱和吸附量分别为 53.2mg/g、64.6mg/g 以及 72.2mg/g。此外动态解吸的结果如图 4-16（c）所示，70%的乙醇能顺利将三种有机酸洗脱下来，且 CA、FA、SA 三者的解吸率分别为 90.3%、97.2%和 96.5%，将解吸液干燥后得到三者的回收率分别为 95.3%、94.7%、95.9%。该固定化离子液体在富集分离组分中的残留量很低，且经解吸后还可重复使用；在循环使用 3 次后，分离能力仍可达到 92.6%。

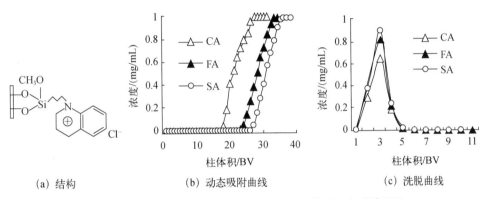

（a）结构　　　　　（b）动态吸附曲线　　　　　（c）洗脱曲线

图 4-16　喹啉固定化离子液体结构及其对阿魏酸、咖啡酸以及水杨酸的动态吸附曲线和洗脱曲线

由此可见，同一个样品中的不同组分与固定化离子液体之间的色散力作用和氢键作用不同，会造成吸附效率有别。结合 CA、FA 与 SA 三者的化学结构可以看出，CA 与 FA 的母核结构相同，区别为 CA 的对位和间位均为羟基，可形成分子内氢键，故与固定化离子液体之间的氢键作用被削弱；而 FA 的对位和间位分别为甲氧基和羟基，甲氧基的疏水性比羟基强，且不形成分子内氢键，因而固定化离子液体对 FA 的吸附效率高于 CA。对于 SA，其分子中的邻位羟基与羧基能形成分子内氢键，阻碍了水杨酸分子同固定化离子液体形成分子间氢键，故二者的亲和性降低，固定化离子液体对 SA 的吸附能力减弱。这种吸附强弱的差异性，为固定化离子液体选择性吸附提供了基础。

（2）黄酮与香豆素

如 4.1.1 中所述，固定化硅胶离子液体 $SiO_2 \cdot Im^+ \cdot Cl^-$ 曾被用于静态吸附染料木素、木犀草素和槲皮素，此外该吸附剂与 $SiO_2 \cdot Im^+ \cdot PF_6^-$、$SiO_2 \cdot Im^+ \cdot BF_4^-$ 也被用于动态吸附金边瑞香中的黄酮化合物。金边瑞香（*Daphne odora var.* marginata）为瑞香科瑞香属常绿小灌木，其主要活性成分为双黄酮（瑞香黄烷 A、瑞香黄烷 B、瑞香黄烷 C、瑞香黄烷 I）和双香豆素（双白瑞香素，或称西瑞香素）。在吸附过程中分别将 6.15g 上述三种硅胶固定化离子液体装填于玻璃柱中，加入 50mL 金边瑞香全植株的乙酸乙酯提取液，在室温下进行动态吸附，随后用高效液相色谱进行分析（色谱条件：C_{18} 反相柱。流动相：乙腈-水。梯度洗脱条件：0～35min，20%～52%乙腈；检测波长 254nm，流速 0.8mL/min，柱温 30℃，进样量 10μL）。三种硅胶固定化吸附剂对金边瑞香中活性成分的吸附效果如图 4-17 所示。可以看出，经 $SiO_2 \cdot Im^+ \cdot Cl^-$ 吸附后，金边瑞香中的 5 种目标成分在滤液中几乎无残留，说明该吸附剂对它们的吸附能力均很强；经 $SiO_2 \cdot Im^+ \cdot BF_4^-$ 吸附后，滤液中还有双白瑞香素存留，但其他 4 种双黄酮被有效地吸附，说明该吸附剂对金边瑞香中的黄酮化合物有选择吸附性；经 $SiO_2 \cdot Im^+ \cdot PF_6^-$ 吸附后，滤液中均可检测到 4 种双黄酮和双白瑞香素，说明 $SiO_2 \cdot Im^+ \cdot PF_6^-$ 对这些活性成分吸附能力较弱。

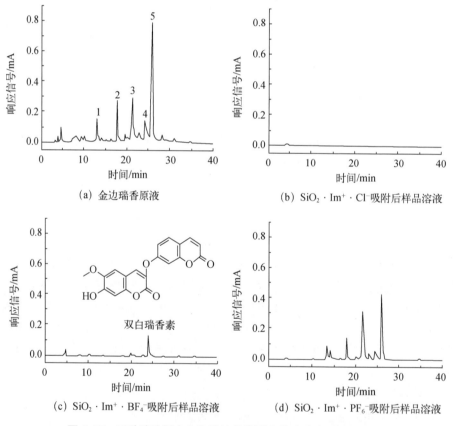

图 4-17　三种硅胶固定化离子液体吸附金边瑞香中的活性成分

1—瑞香黄烷I；2—瑞香黄烷B；3—瑞香黄烷C；4—双白瑞香素；5—瑞香黄烷A

从机制上来看，其中关键因素是双黄酮类分子中羟基上的氢原子与咪唑环氮原子之间的氢键作用力以及双黄酮类分子芳香环与固定化离子液体咪唑环的色散作用力。由于阴离子 Cl^-、BF_4^-、PF_6^- 均与咪唑阳离子 C_2 位上的氢原子形成氢键作用，且强度依次为 $PF_6^- > BF_4^- > Cl^-$，因此三种阴离子与金边瑞香中双黄酮和双白瑞香素之间的氢键作用强度恰好相反，即 $Cl^- > BF_4^- > PF_6^-$，所以阴离子为 PF_6^- 的固定化离子液体对 5 种活性成分的吸附能力最弱。采用 $SiO_2 \cdot Im^+ \cdot Cl^-$ 吸附时，5 种目标产物的总富集率可高达 66.7%；$SiO_2 \cdot Im^+ \cdot BF_4^-$ 的总富集率可达到 65.8%。两种吸附剂在重复使用两次后，富集率仍分别可达到 65.5% 和 62.3%。在产物后期洗脱时，对于吸附剂 $SiO_2 \cdot Im^+ \cdot Cl^-$，选择甲醇与乙酸乙酯混合溶剂洗脱后再用甲醇洗脱；对于吸附剂 $SiO_2 \cdot Im^+ \cdot BF_4^-$ 则采用甲醇与乙酸乙酯混合溶剂洗脱[20]。

上述金边瑞香中的双白瑞香素（daphnoretin）是双香豆素衍生物，在豆科和芸香料中亦有分布。双白瑞香素对小鼠体内艾氏腹水癌有抑制作用，可用于抗炎、抗心血管疾病和抗肿瘤，亦有抑制神经细胞凋亡、治疗神经退行性疾病和中枢神经系统损伤等功效，故单独开发利用价值较高。曹树稳团队[21]采用三种硅胶固定化离子液体 $SiO_2 \cdot Im^+ \cdot Cl^-$、$SiO_2 \cdot Im^+ \cdot PF_6^-$ 以及 $SiO_2 \cdot Im^+ \cdot BF_4^-$ 富集分离金边瑞香中的双白瑞香素（图 4-18）。将上述三种固定化离子液体装填在玻璃柱中，金边瑞香全植株用 95%乙醇和乙酸乙酯（体积比 1∶1）提取后以一定的流速通过玻璃柱，后通过甲醇和乙酸乙酯混合溶剂（体积比 1∶20）进行洗脱。结果表明这三种固定化离子液体对双白瑞香素的吸附能力为 $SiO_2 \cdot Im^+ \cdot Cl^- > SiO_2 \cdot Im^+ \cdot BF_4^- > SiO_2 \cdot Im^+ \cdot PF_6^-$，且 $SiO_2 \cdot Im^+ \cdot Cl^-$ 对双白瑞香素具有较高的选择性，而后两者对金边瑞香中的双白瑞香素的分离效果较差。

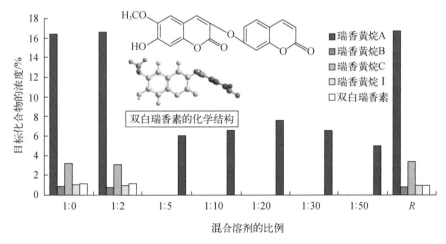

图 4-18　固定化离子液体 $SiO_2 \cdot Im^+ \cdot Cl^-$ 在不同洗脱剂下吸附金边瑞香中的双白瑞香素

除了固定床为主的动态吸附模式，笔者团队还开发了一种基于离子液体固定化膜的动态吸附方式。将明胶溶液、致孔剂和包合物相结合，制备了一种新型的由离子液体（IL）和 β-环糊精（β-CD）的简单物理复合而成的多组分膜，进而用于从绿茶粗提取物中分离茶多酚（TP，见图 4-19）。经过筛选发现含有双阳离子型 N-乙烯基咪唑脯氨酸盐（$[VIm]_2C_3[L-Pro]_2$）的膜具有优异的 TP 富集性能。将该膜贴于微孔滤膜上然

(a) 自然光下的形态(从左至右依次为吸附前、吸附后和脱附后)

(b) 紫外灯下的形态(从左至右依次为吸附前、吸附后和脱附后)

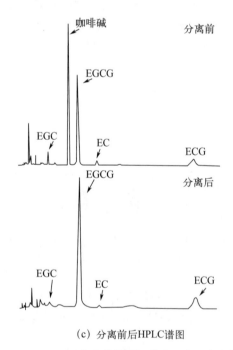

(c) 分离前后HPLC谱图

图 4-19　IL（$[VIm]_2C_3[L-Pro]_2$）膜吸附前后与脱附后的形态比较以及分离前后 HPLC 比较

后在布氏漏斗中使用，在负压驱动下，样品液实现动态吸附和渗透，最终发现该膜对 TP 的吸附量为 303.45mg/g，吸附率为 94.38%，吸附行为符合准二级动力学和 Freundlich 等温模型；而共存的茶碱基本不被吸附。吸附中存在多种分子间相互作用，包括共轭、氢键和疏水作用以实现选择性识别。2% HCl-CH$_3$OH 进行后处理时脱附率达 94.38%，且可至少循环使用五次。

(3) 蒽醌

前面的离子液体固定化方法一般是先将活化硅胶与硅烷偶联剂发生烷基化反应，再将产物与离子液体阳离子提供者发生反应，最后再进行阴离子交换，即可得到阳离子相同而阴离子不同的固定化离子液体。此法反应产物容易分离，但反应时间相对长、产物表面分子密度低、分子间距相对大以及键合量低。另一种选择是先用 3-氯丙基三甲氧基硅烷和烷基咪唑合成一种功能化的离子液体，再将其在三乙胺催化和氮气保护下与活化硅胶进行反应，最后再将合成的硅胶固定化离子液体与不同的阴离子进行离子交换（或先进行离子交换，再与活化硅胶反应），得到阳离子相同而阴离子不同的固定化离子液体。这种策略反应时间相对短、产物表面分子密度高、分子间距相对小、键合量高，但反应产物分离相对困难。

当分离对象为芦荟大黄素时，首先通过静态吸附对固定化离子液体进行筛选。结果发现吸附率随咪唑环上碳链长度的增加而增加，随溶剂极性的减小而增加，阴离子的吸附效率依次为 Cl$^-$ > NO$_3^-$ > BF$_4^-$ > PF$_6^-$；最佳吸附剂为 SiO$_2$·C$_8$mim$^+$·Cl$^-$。吸附分离作用机理既有氢键作用又有色散力作用，且以氢键作用为主。取一定量硅胶固定化离子液体，以湿法装柱法（乙酸乙酯为装柱溶剂）将其填入直径为 2cm 的玻璃柱内（高 12cm，柱床体积 37.7cm^3）。将一定浓度的芦荟大黄素液通过加压球加入吸附柱内，通过调节 N$_2$ 使吸附柱内保持一定的压力，从而使样品液保持一定的流速通过吸附柱。当流出液的浓度达到原浓度的 1/10 时就发生了泄漏；当流出液浓度不变时，则表明吸附完成并达到饱和吸附，然后绘制穿透曲线。如图 4-20 (a) 所示，在上样浓度为 50mg/L 时，上样量在 380mL 时出现泄漏；当上样浓度为 100mg/L 时，上样量在 280mL 时出现泄漏。芦荟大黄素的浓度越低，泄漏曲线越平缓，达到树脂饱和吸附所用的时间越长。同时其浓度偏低也会导致传质推动力不足，传质区间宽，吸附柱的利用率不高。而当样品浓度大时，传质推动力大，传质区间窄，吸附柱的利用率高。解吸实验中将适当的洗脱剂（如甲醇）通过加压球加入吸附柱内，通过调节 N$_2$ 的压力使洗脱液保持一定的流速通过吸附柱。采用紫外光谱法测定流出液中芦荟大黄素的浓度。如图 4-20 (b) 所示，不同流速的洗脱液在用量达到 60mL 时基本都完成了洗脱过程，且洗脱都较为集中，说明甲醇能较有效地进行洗脱。洗脱剂流速越慢，洗脱剂与吸附柱内的芦荟大黄素接触就越充分，解吸效果就越好，但洗脱过程也会随之延长。洗脱剂流速快时，洗脱峰平坦，洗脱剂与吸附柱内的芦荟大黄素接触不充分，解吸效果就低。最终确定最佳条件为上样流速 4.5mL/min、上样浓度 100mg/L，此时吸附量为 2.2mg/g；以甲醇为洗脱剂时最佳流速为 4.5mL/min，洗脱率为 97.9%。当以同样的条件对木犀草素进行动态吸附研究时发现吸附量显著高于芦荟大黄素，可以达到 60.6mg/g[22]。

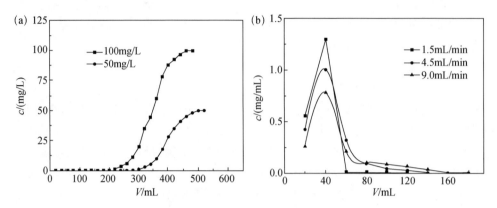

图 4-20 不同浓度芦荟大黄素穿透曲线（a）和不同流速芦荟大黄素洗脱曲线（b）

(4) 氨基酸

这里介绍一个固定化离子液体用于天然氨基酸动态手性拆分的实例。氨基酸通常是人工合成的外消旋体，其对映体往往具有不同的生理作用，甚至产生相反作用效果，因此，拆分外消旋氨基酸获得光学纯的手性氨基酸是极其必要的。目前氨基酸的拆分方法主要包括 6 种：①化学拆分法，如采用 D-酒石酸拆分 D，L-对羟基苯甘氨酸，但是这种方法存在着工艺复杂和收率低的缺点；②膜拆分法，主要依赖于液膜上的配体识别吸附其中一种构型的氨基酸，然后通过浓度差驱动扩散至溶液中，如采用纳滤膜拆分 DL-苯丙氨酸（Phe）和天冬氨酸，但液膜存在不稳定、寿命短等缺陷，长期使用通透量会下降，伴随着选择性下降；③酶拆分法，包括脂肪酶、蛋白酶和转氨酶，虽然酶拆分法具有高活性和高立体选择性，但价格通常较为昂贵；④色谱拆分法，和膜拆分法一样基于配体识别的原理，仅限于分析使用；⑤诱导结晶法，利用氨基酸衍生化后溶解度的差异来完成，该类方法使用对象比较局限；⑥萃取拆分法，通常选用衍生化的手性氨基酸作为拆分剂，在有机溶剂-水体系中完成外消旋氨基酸的拆分，该方法会使用大量有机溶剂，操作安全性较低，且易对环境产生影响。笔者团队采用硅胶固定化离子液体吸附拆分氨基酸对映体，该方法的原理是利用功能化离子液体对氨基酸两个对映体吸附能力的不同，先后将两个对映体加以洗脱，从而实现氨基酸的拆分。例如用硅胶固定化手性离子液体拆分色氨酸和苯丙氨酸，吸附剂制备、氨基酸分离及机制如图 4-21 所示。

先按照上一节的第二种策略制备了托品醇-脯氨酸（Pro）离子液体固定化硅胶[图 4-21（a）]，再将此类吸附剂与铜的络合物作为填料，通过动态吸附来拆分色氨酸和苯丙氨酸，收集不同时间段流出的液体，用手性色谱柱分析收集液中对映体的相对含量。

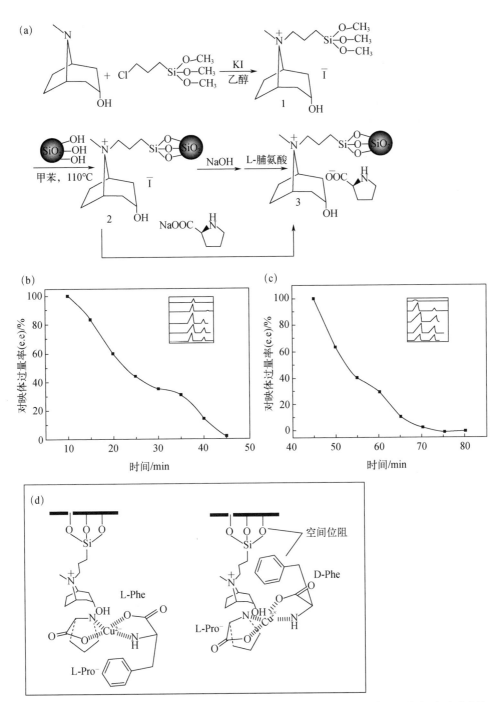

图 4-21 （a）硅胶固载手性离子液体的制备路线；（b）动态吸附分离 DL-色氨酸时对映体过量率随时间变化趋势；（c）动态吸附分离 DL-苯丙氨酸时对映体过量率随时间变化趋势；（d）DL-苯丙氨酸动态吸附拆分机理示意图

如图 4-21（b）所示，在 10min 左右，D-色氨酸先于 L-色氨酸流出，且在 20min 前 D-色氨酸的过量值都较高（e.e 值大于 50%）。随着时间的推移，L-色氨酸的流出量逐渐增多，流出液的对映体过量值逐渐趋于 0 左右，说明采用动态吸附的方式，托品醇-脯氨酸离子液体固定化硅胶-Cu^{2+}络合物对 DL-色氨酸是具有选择性的。图 4-21（c）为该吸附剂动态拆分 DL-苯丙氨酸的趋势：在 45min 左右，D-苯丙氨酸先于 L-苯丙氨酸流出，相比于色氨酸，苯丙氨酸的对映体过量值下降较快；随着时间的推移，L-苯丙氨酸的流出量逐渐增多，流出液的对映体过量值逐渐趋于 0 左右，这说明采用动态吸附的方式，托品醇-脯氨酸离子液体固定化硅胶-Cu^{2+}络合物对 DL-苯丙氨酸也具有选择性。从机制上看，离子液体固定化后，与 Cu^{2+}、D-苯丙氨酸形成的络合物，在芳基与硅胶之间可能存在着位阻，并且大于固定化离子液体与 Cu^{2+}、L-苯丙氨酸三元络合物的位阻。因此在采用固定床为分离模式时，D-苯丙氨酸优先被洗脱出来，而 L-苯丙氨酸因为形成了更稳定的络合物而后洗脱出来[图 4-21 (d)][23]。

总而言之，固定化离子液体的动态吸附，汲取了传统的硅胶柱分离的优点，在吸附剂硅胶表面引入了功能化离子液体，这些功能化离子液体由于结构具有可修饰性，且对特定的天然产物具有强亲和性，从而适应性更广。可以说，各种基于新型绿色溶剂的分离介质使吸附法在传统的应用基础上处理能力更强，应用范围更广阔，为天然产物的富集纯化方法添上了浓墨重彩的一笔。

4.2 液–液萃取

液-液萃取法即溶剂萃取，是最简单的分离方法之一；尽管简单，但引入了离子液体、低共熔溶剂这样的新型绿色溶剂之后还是有持续创新的可能。液-液萃取法利用混合物中各组分在互不相溶的两相（本节专指萃取剂和天然产物待富集样品）中分配系数的不同而达到分离目的。简单的萃取过程是将萃取剂加入样品溶液中，使其充分混合，因某组分在萃取剂中的平衡浓度高于其在原样品溶液中的浓度，于是这些组分从样品溶液中向萃取剂中扩散，使这些组分与样品溶液中的其他组分分离。依据液-液萃取中溶质在两相中的分配方式和两相性质的不同，可以分为化学萃取、物理萃取、液膜萃取、超临界萃取、反胶束萃取等类型。溶质 A 在两相间的平衡关系可以用平衡常数 K 来表示：

$$K = \frac{C_1}{C_2} \tag{4-1}$$

式中，C_1 是溶质 A 在萃取剂中的浓度；C_2 是溶质 A 在原样品溶液中的浓度。

对于液-液萃取，K 可称为分配系数，也可将其近似地看作溶质在萃取剂和原样品溶液中的溶解度之比。式（4-1）应满足：①必须是稀溶液，接近于理想溶液的萃取体系；②溶质在两相中属于同一分子形式，不发生缔合和解离；③溶质对两相的互溶度无影响。

天然产物反应液/提取液/发酵液等体系中的溶质并非是单一组分，除了目标产物外，通常会存在较多杂质，萃取时难免会引入，为了定量描述某种萃取剂对原料液中各物质选择性分离的难易程度，引入了萃取选择性系数的概念，通常用 β 表示。假设原料液中含有目标溶质 A 和杂质 B，其大小等于 A 和 B 在相同萃取条件下的分配系数之比，即：

$$\beta = \frac{K_A}{K_B} = \frac{C_{1A} / C_{1B}}{C_{2A} / C_{2B}} \tag{4-2}$$

式中，下标 1 代表萃取相，2 代表萃余相；K_A 和 K_B 分别代表目标溶质 A 和杂质 B 在两相的分配系数。β 值的大小表示产物 A 和杂质 B 被某一种萃取剂所分离的难易程度，若产物 A 的分配系数大于杂质 B，说明萃取相中溶质产物的浓度高于杂质，这样产物和杂质就可以在一定程度上得到分离。β 值越大表示萃取剂的选择性越好；如果 $\beta=1$ 说明此萃取条件不能把产物和杂质分开。

4.2.1 离子液体参与的液-液萃取技术

因为天然产物组成复杂，成分含量又较低，因此存在着萃取效率较低、能耗大、有机溶剂消耗大、制备周期比较长等问题，在实现大规模的工业应用时均需要解决。因此目前迫切需要开发出选择性好、萃取率高、操作简单、成本低且环境友好的新型提取分离技术。其中较重要的是：①有效地萃取出某一种活性成分，尽可能少地带出其他"杂质"（非目标活性成分）；②萃取过程尽量避免高温、强酸、强碱等条件，尽可能在温和的条件下进行操作，以防止破坏目标结构；③萃取分离与后处理两步应综合考虑，减少经济成本。

近年来，离子液体因其独特性质，得到了研究者的广泛应用，并且已经成功地用于从天然产物中制备对象物质，这为探索绿色、安全的分离新技术提供了有益参考。离子液体与目标活性成分通常能够形成某种作用力，如共轭、氢键作用、静电等作用力，这些作用力可以使选择性萃取进行得更容易。针对具体的分离对象需要选择合适的离子液体，计算预测软件能大大减少开发者在海量筛选上投入的时间与精力。近年来使用较多的 COSMO 系列工具是基于量子理论、化学和工程热力学的独特结合，其应用范围广、预测能力强，具有很强的普适性；作为代表的 COSMOtherm 是唯一以与其他类别化合物相同的方式和相同的精度预测离子液体的热力学性质的方法。由于离子液体的阳离子和阴离子被视为独立的物质，因此可以轻松完成大型筛选任务。结合蓬勃发展的人工智能技术，离子液体的快速选择和反向设计达到了前所未有的高度。

生物发酵法生产乳酸是一条绿色环保的工艺路线，其生产工艺的经济性由乳酸的回收成本决定，据统计乳酸从发酵液中分离和纯化成本占到整个生产成本的 50%，因此开发一种高效且经济的回收乳酸工艺势在必行。目前可用于从水相体系中萃取乳酸的离子液体有咪唑类[C$_4$mim][PF$_6$]、[C$_6$mim][PF$_6$]和[C$_8$mim][PF$_6$]、季膦类[P$_{6,6,6,14}$][Cl]、[P$_{6,6,6,14}$][Dec]（即癸酸阴离子）和[P$_{6,6,6,14}$][Phos]以及季铵类[A$_{336}$][Cl]等。当使用咪唑类离子液体为萃取剂从发酵液中获取乳酸时，其毒性要比有机溶剂（甲苯）小，但萃取能力较低（[C$_4$mim][PF$_6$]、[C$_6$mim][PF$_6$]和[C$_8$mim][PF$_6$]对乳酸萃取的分配系数分别为0.024、0.040和0.025），此时可与磷酸三丁酯复配以加强萃取能力。而对于季膦类，[P$_{6,6,6,14}$][Cl]和[P$_{6,6,6,14}$][Dec]萃取乳酸的分配系数较小（1.4～2.0），萃取率也较低，低于66%；[P$_{6,6,6,14}$][Phos]萃取乳酸的分配系数为2～5，萃取率最大可达83%；此外，乳酸在季铵类[A$_{336}$][Cl]-癸醇或十二烷的分配系数为0.152或0.034。类似地，[P$_{6,6,6,14}$][Phos]也被发现是从解脂亚罗酵母发酵液（琥珀酸+甘油+水）模型发酵液中液-液萃取琥珀酸的最优离子液体，萃取效果比辛醇高10倍。

研究人员探索了1-甲基-3-丁基咪唑六氟磷酸盐（[C$_4$mim][PF$_6$]，以下简写为C$_4$）和1-甲基-3-己基咪唑六氟磷酸盐（[C$_6$mim][PF$_6$]，以下简写为C$_6$）对中药材当归、川芎和蒲公英中阿魏酸（FA）和咖啡酸（CA）的萃取性能[24]。先将药材干燥粉碎，并与水按质量比1∶1的比例混合，加热回流30min；重复3次，合并提取液过滤，滤液减压浓缩得到中草药水提物浸膏。离子液体萃取时间30min，温度30℃，相体积比1∶1，通过改变pH值来优化萃取条件。萃取结束后用0.02mol/L NaOH水溶液和水为FA和CA的反萃剂。实验结果如图4-22所示。

上述结果证明，两种离子液体对FA和CA具有较好的萃取能力，与乙酸乙酯、三正辛胺和磷酸三丁酯相当，明显优于二氯甲烷。另外由图4-22（a）和图4-22（b）可知，当归水提物溶液的pH值由4.31增至5.03时，C$_4$和C$_6$萃取FA的效率分别下降了39.6%和42.88%；川芎水提物溶液的pH值由4.45增至5.18时，C$_4$和C$_6$萃取FA的效率分别下降了25.19%和30.73%；蒲公英水提物溶液的pH值由4.03增至4.45时，C$_4$和C$_6$萃取FA的效率分别下降了27.62%和34.59%。由图4-22（c）可知，蒲公英水提物溶液的pH值由4.03增至4.45时，C$_4$和C$_6$萃取CA的效率分别下降了30.05%和25.61%；且随着pH值的不断增加，C$_4$和C$_6$萃取FA、CA的效率继续降低。总体来看，合适的pH值在2.5～3.0。

[C$_4$mim][PF$_6$]、[C$_6$mim][PF$_6$]、[C$_6$mim][BF$_4$]和[C$_8$mim][BF$_4$]也被用于从水溶液中萃取氨基酸（色氨酸、苯丙氨酸、酪氨酸、亮氨酸和缬氨酸），实验结果表明氨基酸在离子液体相和水相中的分配系数与其疏水性有关，疏水性强的氨基酸分配系数较大[25]；氨基酸的分配系数也受到pH环境的影响（图4-23），当pH＜pK_1时，pH值增大则氨基酸的分配系数急剧减小；当pK_1＜pH＜pK_2时，氨基酸的分配系数变化不大。单独使用离子液体胆碱双三氟甲磺酰亚胺盐[N$_{1112}$(OH)][NTf$_2$]萃取水中甘氨酸效果较一般（萃取率63%），但在二环己基18冠醚-6（DCH$_{18}$C$_6$）与其形成的复配体系中，甘氨酸萃取率可达85.4%。当添加的DCH$_{18}$C$_6$浓度为0.2mol/L时，分配系数和萃取率最高可达10.9和94.4%；而且离子液体循环利用5次，甘氨酸萃取率仍保持90%；

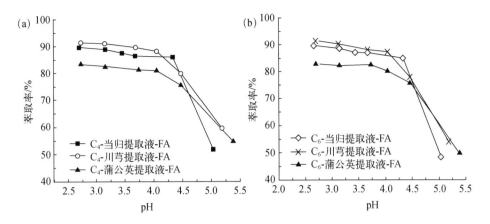

图 4-22 三种水提物溶液的 pH 对 C_4 和 C_6 萃取 FA、CA 效率的影响

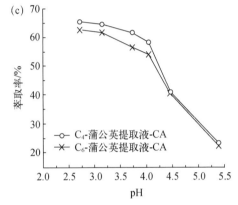

图 4-23 氨基酸在溶液中的存在状态随溶液 pH 值的变化

$[N_{1112}(OH)][NTf_2]$、$DCH_{18}C_6$ 和甘氨酸之间存在的强氢键作用为萃取分离的关键（图 4-24）[26]。

黄酮这一大类天然产物极性居中，常用乙酸乙酯、乙酸丁酯等从水相中将其富集，上述含有 PF_6^- 和 BF_4^- 的离子液体也被尝试替换这些传统的挥发性萃取剂。光甘草定是一种黄酮成分（4-[（3R）-8,8-dimethyl-3,4-dihydro-2H-pyrano[6,5-f]chromen-3-yl]benzene-1,3-diol），在光果甘草中的含量仅为千分之二；因其强大的美白作用被人们誉称为"美白黄金"，可消除自由基与肌底黑色素，在医药和化妆品领域有着非常广泛的应用。萃取前将光果甘草根粉碎、干燥，过 40～60 目筛后选用 70%乙醇-水提

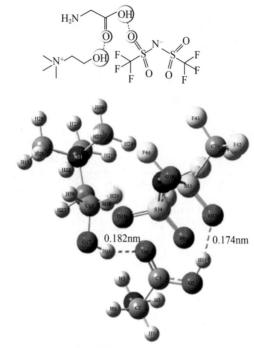

(a) 甘氨酸-[N$_{1112}$(OH)][NTf$_2$]

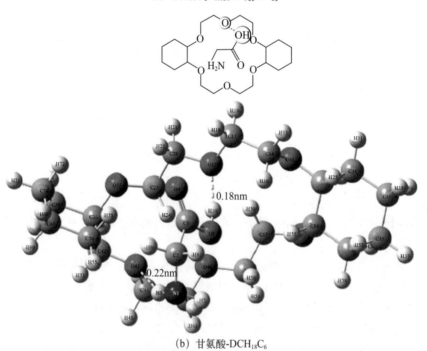

(b) 甘氨酸-DCH$_{18}$C$_6$

图 4-24   两种复合物在 B3LYP/6-31++G(d,p) 水平下的优化结构

取。再以疏水性离子液体[C₄mim][PF₆]为萃取剂，分别移取一定量光甘草定提取液（浓度为 0.05mg/mL）于刻度离心管中，按一定比例与离子液体混合后，置于超声仪中在一定温度下进行萃取。结果发现在相体积比为 1：2.5、pH 值为 7、萃取温度为 45℃、萃取时间为 30min 时，分相清晰迅速，IL 对光甘草定的萃取率达 85.49%。2mol/L NaOH 溶液和无水乙醇混合液在萃取完成后可将 IL 相中的目标物反萃出来[27]。也有利用可切换温度响应离子液体-水体系同时完成粗提和原位富集两个过程的情况：取 3mL 的[C₄mim][BF₄]-水（体积比 1：1）溶液，加热形成均相体系；将 0.15g 的山药皮粗粉置于该体系中，连续搅拌萃取、过滤，收集含有目标黄酮的离子液体热溶液；冷却、静置、分层，黄酮将主要富集在下层的离子液体相中[28]。

除了上述有机酸、氨基酸和黄酮类，低极性的天然产物也在 IL 液-液萃取之列。相比于纯有机溶剂，四丁基溴化膦（[P₄,₄,₄,₄]Br）、1-乙基-3-甲基咪唑磷酸二甲酯盐（[C₂mim][(MeO)₂PO₂]）、1-丁基-3-甲基咪唑二腈胺盐（[C₄mim][N(CN)₂]）3 种 IL 对大豆毛油中的游离脂肪酸萃取选择优势明显。当以[C₂mim][(MeO)₂PO₂]为萃取剂，油与 IL 质量比 1：5，70℃萃取 3min 时，大豆毛油一次脱酸率即达到 85.78%。二次萃取脱酸后，脱酸率在 88%～97%之间。如果首先用[C₄mim][N(CN)₂]（$m_{oil}/m_{IL}=1：2$）在 70℃萃取 3min，然后用[C₂mim][(MeO)₂PO₂]（$m_{oil}/m_{IL}=1：1$）相同温度下萃取 3min，毛油酸价可从 2.39mg/g 降至 0.08mg/g，达到国家一级食用油标准（酸价≤0.2mg/g）；使用过的离子液体经正己烷反萃出脂肪酸即可循环使用。从内在原因分析，IL 阳离子烷基链长短、阴离子碱性强弱、与游离脂肪酸间的氢键作用均与萃取效果密切相关[29]。丹参酮是丹参中除了水溶性酚酸部位之外的脂溶性药效成分，有团队提出了一种预富集丹参酮的新方法[30]，即通过离子置换将亲水性的 IL（阴离子为 Cl⁻）部分转化成疏水的离子液体（阴离子为 PF₆⁻和 Tf₂N⁻），这样亲水性的离子液体就可以先将生物质中的丹参酮萃取到水溶液中，进而由疏水 IL 捕集这些被萃取的丹参酮从而达到富集的目的。

生育酚，也称维生素 E，是一种脂溶性天然抗氧化剂，属于多种异构体的混合物，可以保护细胞免受氧化应激导致的损伤；不溶于水，易溶于乙醇、乙醚、丙酮、氯仿和油脂，本书在第 3 章中介绍过 IL 胶束提取该类成分的方法。Ren 课题组[31]使用 IL 与常规溶剂混合作为萃取剂，利用 IL 卤素阴离子和不同生育酚同系物中酚羟基之间氢键作用的差异，实现了生育酚同系物的分离；但操作中仍会使用有机溶剂对萃取相中生育酚进行反萃，增加了能耗和溶剂消耗。为解决这一问题，研究人员通过可逆加成-断裂链转移聚合法合成了 1-乙烯基-3-丁基咪唑溴盐 IL 与 N-异丙基丙烯酰胺的聚离子液体，并通过离子交换引入丙氨酸阴离子[32]。将此 PIL 与乙腈混合作为萃取剂用于生育酚同系物的分离时，发现该聚氨基酸型 PIL 因其氨基酸阴离子与生育酚酚羟基的氢键作用远强于卤素阴离子而具有出色的分离效率，δ-生育酚和 β-/γ-生育酚的两相分配系数分别为 7.86 和 3.63，δ-生育酚和 β-/γ-生育酚对 α-生育酚的选择性分别达 13.0 和 6.0；由于该 PIL 在乙腈中存在温度响应性，具有最高临界共溶温度，使得 PIL 可通过变温得到快速回收。

松油烯-4-醇是茶树精油的标志性成分和主要活性物质,是茶树精油发挥多种生理活性的物质基础。笔者团队利用离子液体的氢键碱性和松油醇中羟基氢的氢键酸性,合成一系列的离子液体并探究其对茶树油中松油烯-4-醇的萃取分配系数和选择性,优选出萃取效果最好的 1, 1, 3, 3-四甲基-N, N-二丁基胍离子液体。进而测定了离子液体与模拟油的液液平衡数据,并对相关数据进行可靠性验证和 NRTL 热力学模型关联。其后优化了萃取的单因素条件,该离子液体对松油烯-4-醇的单次萃取率可以达到89%,松油烯-4-醇的纯度为 93.3%。将该工艺用于茶树精油的精制后,成功获得高松油烯-4-醇含量的茶树精油,且精制后的茶树精油中 1,8-桉叶素(限制性共存成分)的相对含量可以降低到 2%以下。此外,经过正己烷和水两步反萃取操作,成功实现离子液体的回收,回收 5 次后,离子液体的萃取性能几乎不受影响。最后,通过计算化学软件对离子液体实现松油烯-4-醇选择性萃取的分子基础进行了研究,氢键是二者间的主要作用力,利用红外光谱进一步得到了证实:单纯的松油烯-4-醇在 3455cm^{-1} 处有一个强的羟基缔合峰。茶树精油和离子液体进行混合搅拌一定时间后,羟基峰向低波数出现了明显的移动,说明两者之间形成了氢键(图 4-25)。

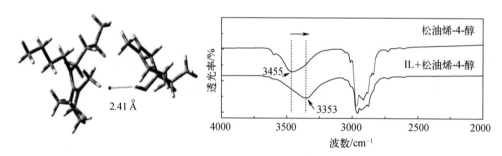

图 4-25 离子液体与松油烯-4-醇之间的氢键作用及红外确证(1Å=0.1nm)

当将绿色溶剂和膜分离技术相结合时,还可以实现多组分分离富集。笔者团队首先用无溶剂微波超声耦合法从竹茎原料中制备了竹汁样品,然后构建了离子液体-双层透析膜"三明治"分离体系用于竹汁中多糖、酚类和氨基酸的一步分离(见图4-26)。在一步动态分离过程中,竹汁先通过第一层透析膜,多糖(分子量为 $10^3 \sim 10^6$Da)保留在进料液相中,同时分子量小于 1000Da 的酚类和氨基酸扩散到两个膜之间的离子液体[C$_4$mim][PF$_6$]层,该层可选择性富集其中的酚类化合物,而氨基酸(分子量<200Da)将进一步穿过第二层具有较低分子量截留范围的透析膜,最后被富集于膜外的 PBS 缓冲液中。由于分子量的限制,IL 不会通过第二层膜泄漏出去。同时,该 IL 是疏水性的,其密度大于样品相(竹汁对应的水溶液)的密度,因此可以在第一层膜下方作为独立的中间层稳定地保持"三明治"模式。此外,磁力搅拌器加入体系中进

行连续搅拌（600r/min），并在室温下连续进行动态分离。在重力场和浓度差的作用下，分离速度由跨膜扩散和内扩散控制。进而研究了相关的分离条件和动力学对新体系分离的产物、产率和生物活性，并与传统的分离方法开展了系统性比较。全部结果证明该系统和装置具有条件温和、操作简单、耦合性强、环境友好等优点，易于连续富集和回收，可同时获得分子量大小不同的生物活性分子。

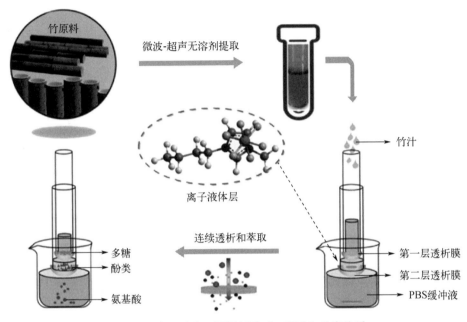

图 4-26　离子液体双层透析膜"三明治"分离体系

4.2.2　低共熔溶剂参与的液-液萃取技术

　　低共熔溶剂不但具有与离子液体相似的物理化学性质，而且这种溶剂无毒性，可生物降解，合成过程原子利用率可以高达 100%。但由于起步更晚，故现有的液-液萃取文献数目较少。一方面，不断积累的绿色溶剂体系相平衡数据可为方法开发提供有力的支撑；另一方面，在萃取体系筛选中也可以采用 COSMO-RS 模型减少实验工作量，并可结合屏蔽导体电荷密度分布 σ-profile 和化学势曲线 σ-potential 对筛选得到的低共熔溶剂的高萃取性能进行分析。此类绿色溶剂在以液-液萃取模式处理食品、药品、化妆品等对象时更加安全友好，其结构组成和萃取操作的主要条件也会直接影响萃取率和各种天然产物的选择性，后者包括萃取温度、液固比、萃取时间和样品浓度等。苹果酸-葡萄糖-水（6∶1∶6）形成的 NADES 曾被用于萃取初榨橄榄油中的酚类[33]（包括苯甲酸衍生物、肉桂酸衍生物、苯乙醇类、黄酮、木脂素），具体操作是向 1g油中加入 1mL 己烷和 5mL NADES，用涡流剧烈搅拌后，以 6000r/min 离心 10min；再将上清液在 9000r/min 下进一步离心 5min，通过 0.45μm 尼龙过滤器过滤上清液；此条件下与传统萃取剂甲醇-水（体积比 70：30）开展比较。除此以外，一些酚类成分还可以通过与季铵盐或胆碱衍生物[N$_{1,1,n}$C$_2$OH][Cl]（n=1, 4, 6, 8）基于氢键作用原位形成低共熔溶剂而被分离出来[34]；氯化胆碱、甜菜碱、脯氨酸形成的 DES 还可以用于分离猪油中的胆固醇，萃取完成后进行离心，收集上层油液即为猪油，下层为富集胆固醇的 DES；进而采用石油醚等溶剂反萃取其中的胆固醇，经蒸发后得到再生的 DES。

银杏内酯（ginkgolide）属于萜类化合物，由倍半萜内酯和二萜内酯组成，是银杏叶中一类重要的活性成分。银杏内酯具有独特的十二碳骨架结构，嵌有一个叔丁基和六个五元环，包括一个螺壬烷、一个四氢呋喃环和三个内酯环，脂溶性很强。药理实验发现其对血小板活化因子（PAF）受体有强大的特异性抑制作用。笔者团队开发了一种基于碳量子点（carbon quantum dot，CQD）和 DES 的新型液-液萃取体系。称取 3.0g 研碎的银杏叶，加入 45mL 超纯水，随后转移到 50mL 聚四氟乙烯衬里高压反应釜，在 200℃下反应 10h，室温下缓慢降温后取出，用 5000r/min 的转速离心 10min，取上清液过 0.22μm 滤膜去除较大颗粒的杂质后用透析袋（1000Da）对 CQD 溶液进行透析，透析液冷冻干燥后即得 CQD 粉末，置于 4℃下保存备用。将 CQD 粉末溶于疏水性 DES（乙二醇为 HBD，N$_{8,8,8,1}$Cl 为 HBA），充分搅拌后在室温静置 24h，即可得到 CQD@DES。CQD 用量、V_{HBD}：V_{HBA}、温度以及提取时间对银杏内酯在 CQD@DES 中溶解度的影响如图 4-27 所示。将其用于从实际样品银杏叶提取物的水相中萃取萜内酯时富集效果明显，分离效率达到 93.18%。相比于文献中的方法不仅操作条件温和、萃取率高，还实现了对天然原料的充分利用，整个过程更加绿色环保。

如前所述，1,8-桉叶素是茶树精油中的限制性成分，同时还具有抗炎和平滑肌舒缓的功效，是有效缓解或治疗哮喘等呼吸道疾病的潜在药物；但该成分往往与单萜烯烃共存，亟须将两者分离。笔者团队利用 1,8-桉叶素结构中氧原子的电负性，研究了几种常见的烷基醇和乳酸（LA）与之形成氢键的能力。确定乳酸为氢键供体或受体，制备了一系列乳酸基低共熔溶剂并进行了表征。进而将它们用于 1,8-桉叶素和 γ-松油烯组成的模拟油的分离，并与溴代咪唑离子液体进行对比。结果表明低共熔溶剂的萃取表现要明显优于离子液体，且乳酸和酪氨酸（Tyr）组合的低共熔溶剂对 1,8-桉叶素的选择性达到 24.8。在此基础上进一步测定了乳酸和酪氨酸组合的低共熔溶剂与模拟油的液-液平衡常数，并对数据可靠性进行了验证和 NRTL 热力学模型关联。考察了低共熔溶剂选择性萃取 1,8-桉叶素的单因素条件，并将其用于 1,8-桉叶素与其他单萜烯烃的模拟油体系，发现该体系依然具备良好的萃取选择性。通过优化反萃取过程，最终产品中 1,8-桉叶素的纯度可达 99%。此外，经过正己烷和水两步反萃取操作，成功实现低共熔溶剂的回收，循环使用 5 次后，低共熔溶剂对 1,8-桉叶素的萃取效率基本没有变化。最后，还通过密度泛函理论（DFT）和红外等分析手段研究了乳酸和酪氨酸之间、低共熔溶剂和 1,8-桉叶素之间的相互作用，确定乳酸结构中羧基氢与

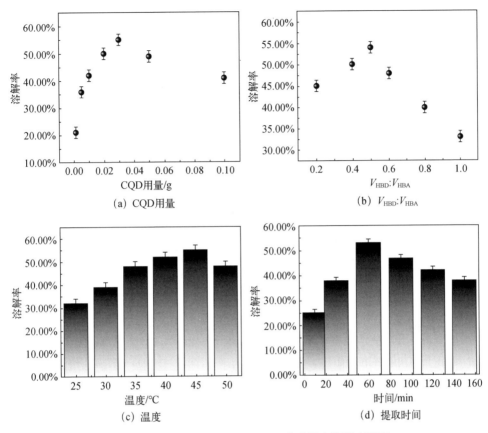

（a）CQD用量

（b）$V_{HBD}:V_{HBA}$

（c）温度

（d）提取时间

图 4-27　银杏内酯在 CQD@DES 中溶解度的影响因素

1,8-桉叶素中的氧原子形成了强的氢键相互作用（图 4-28）。对比三种复合物的相互作用能同样可以看出，低共熔溶剂对 1,8-桉叶素的萃取是要优于单一的乳酸的，说明在酪氨酸加入之后，低共熔溶剂与 1,8-桉叶素的作用力更强了，使得 1,8-桉叶素在低共熔溶剂中的分配系数升高。与此同时，低共熔溶剂与 γ-松油烯的相互作用能也要比单一乳酸和 γ-松油烯的能量要高，说明低共熔溶剂对 γ-松油烯的萃取能力也在增加。

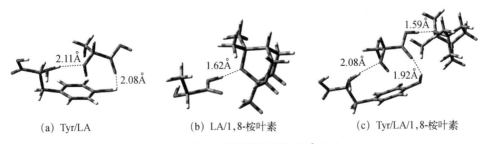

（a）Tyr/LA

（b）LA/1,8-桉叶素

（c）Tyr/LA/1,8-桉叶素

图 4-28　三种复合物的优化结构（1Å=0.1nm）

但其与 1, 8-桉叶素增加的相互作用能高于与 γ-松油烯增加的作用能，可见 DES 的使用对 1, 8-桉叶素更有利，这也揭示了 DES 对 1, 8-桉叶素的萃取分配系数在增加，其萃取选择性也在提升的原因。

随着经济社会的发展，来自天然原料的生物柴油作为一种可再生能源日益受到广泛的关注，对其合理开发利用具有重要意义。生物柴油中醇类的存在会增大其黏度，从而影响发动机引擎的寿命，甚至会损坏发动机引擎。国外学者[35]尝试利用季铵盐类低共熔溶剂萃取生物柴油的丙三醇等醇类物质，并完成了 500mL 间歇式反应器的放大实验。他们发现低共熔溶剂具有理想的分离效果，遗憾的是研究中未能将低共熔溶剂中的季铵盐再生重复利用，制约了其进一步的实际应用。低共熔溶剂还可以用于醇-脂混合物中醇类化合物的提取[36]。此外，氯化胆碱、甲基三苯基溴化鏻与丙三醇形成的低共熔溶剂被成功用于从棕榈油生物柴油中萃取丙三醇[37]，低共熔溶剂中的氯化胆碱可以通过低温抗溶剂法再生使用，但再生温度要降到-20℃，故本方法在工业化过程中的能耗以及经济性有待进一步调查评价。*Scaling-up liquid-liquid extraction experiments with deep eutectic solvents*[38]一文中介绍了一个从 10g 放大到 1000g 的 DES 液-液萃取研究实例，感兴趣的读者可以深入了解。

最后，笔者团队还建立了一个同时使用 IL 和 DES 萃取分离苦荞油脂与黄酮的体系，是基于低共熔溶剂的磁性纳米流体[n（$N_{888}Cl$）：n（月桂酸）=1：2，作为液相 1]、离子液体（[C_4mim][Br]）水溶液（作为液相 2，与液相 1 不混溶）和原料粉末（固相）的三相体系（如图 4-29）。具体步骤如下：取 1.0g 苦荞粉末（40 目）装在一个滤袋中，并固定在磁性 DES 纳米流体的流通管出口处；将 1.4mol/L[C_4mim][Br]水溶液以液固比为 40mL/g 加入到萃取器中，苦荞粉末浸泡在其中，然后黄酮的提取在搅拌（150r/min）下开始。同时，储存在高架罐中的磁性 DES 纳米流体从入口进入提取器，流速为 0.1mL/min，在经过管道末端的苦荞粉末时将其中的油脂萃取出来。当接触到

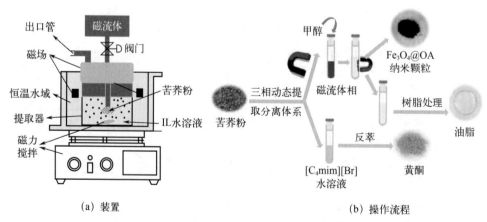

(a) 装置　　　　　　　　　　　　　　　　　　(b) 操作流程

图 4-29　基于低共熔溶剂的磁性纳米流体、IL 水溶液和原料粉末的三相体系

离子液体水溶液相时，磁性 DES 纳米流体的液滴会因密度较低而上升并在外部磁场的吸引下聚集在后者上层，然后连续流入出口管并被收集。当一批原料提取完成后，停止注入磁性 DES 纳米流体，分别测定在两种液相中目标物的浓度，结果证实在液相 1 和液相 2 中，苦荞油脂和黄酮的提取效率分别为 35.29mg/g 和 41.17mg/g。

4.3 双水相萃取

从 21 世纪初至今，关于新型绿色溶剂用于天然产物双水相分离的文献数目应该是所有分离技术中最多的，相关的综述和专著也多次介绍过这一技术；原因在于，一方面是相较于吸附技术，该技术更容易实现；另一方面，与液-液萃取技术相比，该技术更容易创新。双水相萃取技术本质是基于液-液萃取理论，同时考虑到尽量保持生物活性（含水量接近生理环境）所开发的一种新型液-液分离方法。该技术的应用场景多出现在提取、分离、分析前处理环节，既可以用于天然产物制备（量大，更看重产率和经济性），也可以用于天然产物分析前的富集过程（量小，更看重分离效率和回收率），因此本节和下一章 5.1.3.1 部分将分别介绍其在两个领域的应用情况，同时因为已有大量的相关综述和专著，限于篇幅本节主要进行精要的介绍。双水相萃取技术的工业化应用起始于 20 世纪 70 年代西德学者 Kohler 的工作，现在的研究工作已经涉及了许多物质的分离纯化。当两种聚合物、一种聚合物与一种亲液盐或是两种盐（一种是亲液盐且另一种是离散盐）在适当的浓度或在一个特定的温度下相混合在一起时就形成了双水相系统。双水相萃取的特点有：①两相含水量都很高，能为生物活性物质提供一个良好的环境，且常用聚合物聚乙二醇、葡聚糖和无机盐，对生物物质无毒害作用，不易引起变性失活；②不存在有机溶剂残留问题；③易于放大，各种参数可按比例放大而产物收率并不降低。这是其他分离技术无法比拟的。

从其形成机理上来看，在聚合物-聚合物或聚合物-盐系统混合时，会出现两个不相混溶的水相。以聚乙二醇（PEG）和葡聚糖两种聚合物为例，当两种溶质的浓度都较低时，可以获得单向均质液体；当溶质浓度增加时，溶液会变浑浊，静置后又会分成两个液层，实际上两个不相混溶的液相达到平衡，在这个双水相系统中，上层富集了聚乙二醇，下层富集了葡聚糖。这两种亲水成分的非互溶现象，可以用它们各自分子结构的不同产生相互排斥来解释。葡聚糖是一种几乎无法形成偶极现象的球形分子，而 PEG 是一种拥有共享电子对的高密度直链聚合物。其他聚合物分子均倾向于在 PEG 周围形成形状、大小和极性相同的分子。同时又因为不同种类分子间的排斥力大于与它们亲水性有关的相互吸引力，所以聚合物发生分离，形成两相。双水相的形成条件和定量关系常用相图表示。图 4-30 是 PEG-葡聚糖体系及其相图，其中把两相区和均匀区分开的曲线称为双节线。双节线下方区域为均匀区，此区域为 PEG 和葡聚糖在同一溶液中，不分层；双节线上方区域为两相区，两相的组分和密度都不相同。上

相组成用 T 表示，下相组成用 B 表示。

 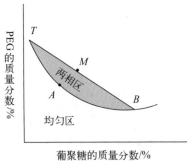

图 4-30　PEG-葡聚糖体系及其相图

由图 4-30 可知，上相主要含 PEG，下相主要含葡聚糖，比如点 M 为整个系统的组成，而此系统实际上是由 T 和 B 所代表的两相组成，TB 线称为系线。当两相平衡时，符合杠杆原则，V_T 和 V_B 分别代表上相和下相的体积，则：

$$\frac{V_T}{V_B} = \frac{BM}{MT} \tag{4-3}$$

式中，BM 是点 B 到点 M 的距离，MT 是点 M 到点 T 的距离。

当点 M 向下移动的时候，系线长度不断缩短，两相差别逐渐减小，到达点 A 时，系线长度也会变为 0，两相间的差别消失成为一相，所以 A 点被称为系统临界点。从理论上讲，临界点的两相应该是具有相同的组成，分配系数为 1。影响双水相体系分配平衡的主要参数有成相聚合物的分子量及浓度、体系中盐的种类及浓度、体系的 pH 值及温度等。选择适合的萃取条件可得到较高的分配系数，可以更好地分离目标产物。

（1）成相聚合物的分子量

成相聚合物的分子量及浓度都是影响分配平衡的重要因素。降低聚合物的分子量能够提高蛋白质的分配系数，这是增大分配系数常用的手段。比如，PEG-葡聚糖双水相系统的上相富含 PEG，蛋白质的分配系数 K 会随着葡聚糖分子量的增加而增大，但是会随着 PEG 分子量的增加而减小。简单来说，当其他萃取条件不变时，蛋白质易被相系统中低分子量的高聚物吸引，且易被高分子量的高聚物排斥。在选择分离相系统时，可改变成相聚合物的分子量以得到所需的分配系数，使蛋白质的分离效果更好。

（2）盐的种类及浓度

盐的种类和浓度通过影响相间电位和蛋白质的疏水性进而影响蛋白质的分配系数。例如，在 PEG-盐双水相体系中，磷酸盐的作用是既可以作为成相盐形成双水相体系，又可以用作缓冲剂调节体系 pH 值。由于不同价态的磷酸根在双水相中有不一样的分配系数，因此可以通过调节双水相中不同磷酸盐的浓度和比例调节相间电位，从而影响溶质的分配系数以获得不同的蛋白质。

（3）pH值

pH值对分配系数的影响在于：第一，pH值会影响蛋白质的解离度，所以调节pH值会改变蛋白质的表面电荷数，进而改变分配系数；第二，pH值会影响磷酸盐的解离度，即影响双水相系统的相间电位和分配系数。某些蛋白质对pH值非常敏感，微小的变化也会使分配系数改变2～3个数量级。

（4）温度

温度主要会影响双水相系统中高聚物的组成，进而影响相图，但是只有相系统的组成位于临界点附近时，温度才会对分配系数有明显的影响，远离临界点时，影响也会比较少。因此大规模双水相萃取时一般在室温条件下进行，这样蛋白质也不易失活变性。

4.3.1 离子液体参与的双水相体系

离子液体双水相体系（ionic liquid based aqueous biphasic systems，IL-ABS）是基于高聚物双水相发展而来的一种高效温和萃取分离体系。与传统的双水相萃取技术不同，离子液体双水相技术采用亲水性的离子液体与无机盐的水溶液进行混合，在水中以较高的浓度溶解后形成互不相溶的两相。该体系有效地将离子液体与双水相萃取技术的优点相结合，一方面充分利用离子液体的可设计性和特殊理化性质组成灵活多变的分离体系，另一方面还可利用离子液体胜于高聚物的、对天然产物分子的高选择性；Rogers及其同事的开创性工作表明，此类体系不仅具有低毒、安全、简便、快速的特点，而且溶液酸度和溶解度可调、不易乳化、界面更为清晰等。最常用的离子液体为咪唑类，阴离子包括 Cl^-、Br^-、$ClCO_2^-$、BF_4^-。此外由于存在大量可以用于形成ABS第二相的组分（盐、聚合物、碳水化合物和氨基酸），在调整相的极性方面开发者有很多选择。

Gutowski 等[39]研究发现在常见的亲水性无机盐溶液中加入某些亲水性的 IL 后，就可以形成离子液体双水相体系。在形成的双水相中，其中一相以 IL 为主，且含有微量的无机盐；而另外一相则是以无机盐溶液为主，含有少量的 IL。曹婧等[40]研究了两种无机盐$(NH_4)_2SO_4$与NaH_2PO_4分别和离子液体$[C_4mim][BF_4]$形成双水相体系来萃取分离葛根素，并将这两种体系的萃取效果进行对比，分别研究了盐的用量、离子液体$[C_4mim][BF_4]$的加入量等条件的影响。研究发现，当浓度在 0.2～0.36g/mL 之间时，随着离子液体用量的增加，萃取效率也一直增大，且两个体系变化趋势相似，但是$[C_4mim][BF_4]$-$(NH_4)_2SO_4$ 体系对葛根素的萃取率更高；当离子液体浓度低于 0.2g/mL 时，上相体积较小，操作不方便且萃取效率比较低；当离子液体的用量为 0.32g/mL 时，$[C_4mim][BF_4]$-$(NH_4)_2SO_4$ 双水相体系的萃取率高达 90.57%；当离子液体浓度超过 0.36g/mL 时，下相体积过小，同样操作不便。考虑到离子液体成本问题，选择 0.32g/mL

作为萃取葛根素的操作条件。研究者还系统测定了芦丁在四氟硼酸 1-丁基-3-甲基咪唑 ([C_4mim][BF_4]) 和 NaH_2PO_4 组成的双水相体系中的分配行为，结果表明当离子液用量为 1.0～2.5mL、磷酸二氢钠加入量为 1.0～2.0g、加入芦丁样品体积为 0.5～2.5mL、pH 值为 2～7 时，黄酮在体系中的萃取率大于 90%。同时，IL-ABS 还可以与浮选法相结合[41]，如具体操作中取适量桑黄乙醇粗提物溶液置于 50mL 比色管中，加入适量 K_2HPO_4 溶液，使用 B-R 缓冲液调节 pH 值，转移至 50mL 浮选池中，定容后加入适量离子液体，以适当流速通入氮气浮选。结束后静置，待浮选池内无微气泡，目标黄酮即富集于上层离子液体中。其中应注意的是，IL 密度一般在 1.1～1.6g/cm³ 之间，黏度比一般的有机溶剂或水高 1～3 个数量级，其密度高、黏度大，不能直接用于浮选，需用水稀释至 50% 后方可。此外[C_4mim][BF_4]、水和硫酸铵体系被用于萃取香樟叶中的总黄酮；胆碱阳离子[$N_{111 (2OH)}$]$^+$ 和不同氨基酸衍生阴离子组成的 IL 可用于同时提取椪柑皮中的果胶和黄酮，向体系中加入 K_3PO_4 即可形成 ABS 并将两者分开以便分别回收[42]。

对于生物碱类的 IL-ABS 分离而言，2005 年基于[C_4C_1im][Cl]–K_2HPO_4 的双水相体系被用于富集罂粟皮中的可待因和罂粟碱[43]。用[C_4C_1im][Cl]的水溶液进行原料的提取步骤之后，加入 K_2HPO_4 以产生 ABS；所获得的产率与用常规的液-液萃取相当，但是萃取时间更短并且不使用挥发性有机溶剂。类似地，几种咪唑离子液体和 K_3PO_4 基 ABS 被用于萃取咖啡因和尼古丁[44]，结果发现两种天然生物碱分子都优先分配到更疏水的相（即富含 IL 相）。在适当优化 IL 和混合物组成后，咖啡因和尼古丁在一个步骤中可以被完全萃取到富含 IL 的相中。其后，由膦基离子液体和无机盐、[C_4mim][CF_3SO_3]与单糖/双糖/多元醇、[C_4mim][N(CN)$_2$]和赖氨酸/脯氨酸组成的 ABS 都被发现可以成功分离咖啡因。具有不同阳离子烷基侧链长度 ([$C_nC_1$im]Cl, n=4～10) 的 IL 对一系列疏水性不同的生物碱（尼古丁、咖啡因、茶碱和可可碱）分配的影响也曾被系统地调查[45]。结果证明，生物碱的分配系数随着阳离子烷基链长度的增加而增加，直到 n=6；而阳离子侧链的进一步延长对提取不利，这可以通过具有长烷基链的离子液体的自聚集来解释，同时也不利于提取更亲水的生物碱。

笔者团队首先使用实验室具有较好研究基础的溴代 N-烷基托品醇和溴代 N-烷基喹啉类离子液体成功构建了新型的离子液体双水相体系并系统测定了其成相范围（相图见图 4-31）。研究结果表明两种双水相体系的成相范围都和离子液体烷基取代链长度、盐种类和温度有关——碳链长度越长的离子液体成相能力越强，盐的成相能力大小大致符合如下顺序：K_3PO_4>K_2HPO_4>K_2CO_3>$Na_3C_6H_5O_7$>NaH_2PO_4>$K_3C_6H_5O_7$。高温使成相能力降低，但降低程度较小。对相图进行经验公式拟合，相关系数 R^2 显示拟合结果较好，以此为基础测定并计算双水相组成为 32%离子液体+20%盐+48%水（质量分数）时的系线，结果显示，系线斜率的绝对值大小和系线长度都随成相范围的增大而增加。以上述研究为基础，选用新构建的离子液体双水相体系用于萃取传统药材人参中的主要活性皂苷成分，并与传统的咪唑类离子液体双水相体系的萃取效果进行了比较，结果表明溴代 *N*-丁基托品醇（[C$_4$Tr][Br]）具有最好的萃取效果[图 4-32 (a)]。

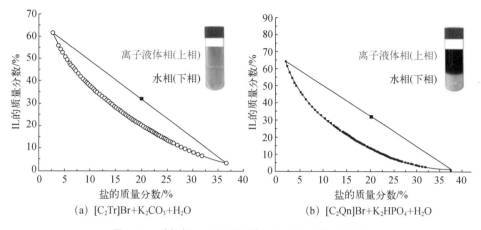

(a) [C$_2$Tr]Br+K$_2$CO$_3$+H$_2$O   (b) [C$_2$Qn]Br+K$_2$HPO$_4$+H$_2$O

图 4-31　新型 IL-ABS 体系在 298.15K 时的系线图

　　通过分子模拟研究发现，[C$_4$Tr][Br]IL 的阳离子和阴离子与人参皂苷分子各存在一处氢键作用[图 4-32 (b)]，因此选定其为后续研究中使用的离子液体，先后探究了离子液体双水相体系中初始人参粗提物皂苷含量、离子液体用量、盐种类、盐含量、萃取时间、萃取温度对萃取效果的影响，结果表明当双水相体系中[C$_4$Tr][Br]离子液体、NaH$_2$PO$_4$、粗品人参粗提物的质量分数分别为 35%、20%、3%时，在 293.15～323.15K 下萃取时间大于 60min 时有较好的萃取效果，此时，萃取率约 99.91%，分配系数约为651。萃取结束后的离子液体双水相体系上相中为富集了大量人参皂苷的[C$_4$Tr][Br]离子液体相，通过大孔树脂吸附皂苷可对两者进行分离从而获得目标产物并实现离子液体的循环利用。

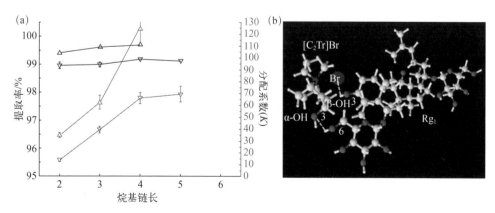

图 4-32　不同烷基链长的离子液体提取结果对比（a）以及
IL 与人参皂苷之间的氢键相互作用（b）

除上述黄酮外，IL-ABS 也被成功用于分离其他酚性化合物，如香兰素、没食子酸、香草酸、丁香酸、丁香酚、没食子酸丙酯、儿茶素、白藜芦醇等。Claudio 等人开展了一系列咪唑离子液体–K_3PO_4 体系用于香兰素萃取，以及由咪唑鎓离子液体+磷酸盐和硫酸盐形成的 ABS 用于没食子酸分离的研究[46, 47]。结果表明，香草醛优先迁移到富含 IL 的相；另外在低 pH 值下，以中性形式存在的没食子酸有利于迁移到富含 IL 的相，而在高 pH 值下，其以阴离子形式优先浓缩在富盐相。这种 pH 驱动的现象有利于酚类目标物的富集分离以及后处理中体系的循环使用。黄建林等考察了儿茶素和白藜芦醇在氯化 1-丁基-3-甲基咪唑-磷酸氢二钾双水相萃取体系中的稳定性，以及溶液 pH 值、儿茶素及白藜芦醇含量对儿茶素和白藜芦醇萃取回收率的影响。研究中发现在离子液体固定为 0.2g 的前提下，当磷酸氢二钾质量小于 0.6g 时，无相分离现象发生；当磷酸氢二钾质量在 0.85~0.95g 时，相比达到最大。儿茶素和白藜芦醇在该 IL-ABS 中具有足够的稳定性，pH 值在 3~7 时对儿茶素和白藜芦醇的萃取回收率影响不大，前者可获得满意的回收率，后者的萃取回收率则低于 80%[48]。

类似蛋白质的生物大分子也在 IL-ABS 的分离对象之列，此方面的文献较多。例如，新型离子液体 N-乙基-N-丁基吗啉四氟硼酸盐和 KH_2PO_4 形成的双水相体系对牛血清白蛋白（BSA）体现出较为理想的萃取性能；当 KH_2PO_4 的加入量为 85g/L、离子液体浓度在 200~250g/L、BSA 的浓度 60~120mg/L、溶液 pH 为 4.5~7.0 时，其萃取率达 98.0%以上；该双水相体系对 α-淀粉酶的萃取率也达 98.5%[49]。由[C_4mim][Cl]和 K_2HPO_4 形成的双水相体系提取菜籽粕蛋白质的最佳工艺条件则为:K_2HPO_4 质量浓度为 150mg/mL，[C_4mim][Cl]质量浓度为 350mg/mL，菜籽蛋白质量浓度为 70.0mg/L，pH 值为 6.8，在此条件下菜籽蛋白质的提取率达到 99.1%[50]。对于木瓜蛋白酶，基于[C_4mim][Cl]和[C_4mim][Br]的 IL-ABS 体系比[C_4mim][BF_4]体系的萃取效率更高；高温（≥60℃）对于该酶萃取不利。IL-ABS 萃取木瓜蛋白酶的最佳工艺条件为：0.25g/mL 的[C_4mim][Cl]、0.35g/mL 的 K_2HPO_4、pH=8.0、酶添加量 2.0mg/mL、温度 30℃，此条件下木瓜蛋白酶的酶活性回收率达到 95.16%，纯化因子达到 1.5[51]。此外胆碱类、醚基功能化 IL 及温敏型 IL 都在蛋白分离中体现出较为理想的性能[52~54]。

除此以外，离子液体也可以用作常规聚合物-无机盐 ABS 的佐剂，而对于同一天然产物到底是使用 IL-ABS 还是含有 IL 的聚合物 ABS 则需要综合考虑。例如在由不同分子量的聚乙二醇（PEG）和 Na_2SO_4 组成的 ABS 中加入质量分数为 5%~10%的离子液体，可从水性介质中富集没食子酸、香草酸和丁香酸。酚酸在富 PEG 相中的分配程度取决于所使用的 IL，仅添加 5%的 IL 即可使所有酚酸的萃取效率达到 80%~99%，且优先分配到富聚合物相中[55]。对于丁香酚和没食子酸丙酯，研究人员尝试过由烷基咪唑氯盐类离子液体和 pH=7 的柠檬酸钾盐（$C_6H_5K_3O_7/C_6H_8O_7$）缓冲液组成的 ABS，并将其萃取能力与咪唑基离子液体作为佐剂的 PEG 和 K_2HPO_4/KH_2PO_4（pH=7）形成的体系进行了比较，结果发现两种方式均可实现 100%提取[56]。此外，一种使用聚合物 ABS（由 PEG 和含有离子表面活性剂的聚丙烯酸钠）从木质素解聚物中分离五种酚类化合物的整合方法被成功建立。在上述表面活性剂中使用了两种 IL（[C_nC_1mim]Cl, n=12 和 14），该体系可简单快速地从共存相中分离出酚类成分[57]。

一些同时包括提取、萃取、回收的方案考虑得更加全面。如先使用离子液体水溶液从芦荟中提取蒽醌衍生物，然后形成基于离子液体的 ABS（用咪唑离子液体和 Na_2SO_4）来纯化提取物[58]。在优化的条件下，芦荟大黄素和大黄酚的提取效率分别为 92.34% 和 90.46%，然后基于反萃取回收这些目标化合物，进而通过添加碱性盐形成新的 ABS 来回收 IL。有团队还开发了一种使用由 1-丁基-3-甲基咪唑乙酰氨基甲酸酯 [Bmim][Ace] 和不同的盐形成的 IL-ABS 从黄曲霉（罂粟科）的粗植物提取物中提取白霜碱后回收 IL 的类似方法[59]。总体来看，将用于从生物质中提取天然化合物的 IL 水溶液与将它们用于形成纯化步骤所需的 ABS 相结合的整合策略仍然非常少。然而，只有通过这样的方案并尝试整合 IL 的回收和再利用，才能开发出具有成本优势的工艺，突破阻碍大规模实际应用的瓶颈。

4.3.2 低共熔溶剂参与的双水相体系

低共熔溶剂作为一种新型的绿色溶剂由于其优良且可调的物理化学性质以及易合成、易降解的特点而备受关注，同时双水相体系被视为是一种高效、温和的液-液分离技术，因此低共熔溶剂双水相体系（DES-based Aqueous Biphasic Systems, DES-ABS）兼具了两者的优良特性，绿色安全，生物相容性好，在工业上比 IL-ABS 更具吸引力，但起步相对略晚，研究尚待扩展和进一步深入。从绿色化学的概念出发，DES-ABS 具有的上述特殊优势可为克服工业限制提供新的思路，同时也可以结合其他技术进行多元化融合，实现集成化和优势互补，可有效地提高双水相体系的萃取效率。此外还可解决因自身成相聚合物价格昂贵的一些缺点，以便拓宽新型双水相体系的应用领域。

目前关于 DES-ABS 的分离对象多是生物大分子，比如 DNA、RNA 等[经典体系如甜菜碱-羧酸、甜菜碱-糖或四丁基溴化铵（TBAB）和聚丙二醇 400（PPG400）形成的 ABS]。也有一部分涉及天然成分的研究，例如张继等人[60]采用由氯化胆碱和尿素或多元醇类氢键供体组成的低共熔溶剂/K_2HPO_4双水相体系先对锁阳粉末进行超声提取，得到含熊果酸的 DES 相，再加入 K_2HPO_4 溶液充分混匀，室温静置 1h 后分相；采用反胶团溶液进行前萃取，静置分层，上相为含有熊果酸的 DES 相，下相为含有共存杂质的富盐相。再在 DES 相中加入等体积的 琥珀酸二异辛酯磺酸钠（AOT）/异辛烷反胶团溶液，充分混匀进行二次萃取，静置分层后上相为含有熊果酸的反胶团相，DES 则富集于下相中被回收；然后向上相中加入无水乙醇进行后萃取，静置分层，下相为含熊果酸的乙醇相，经减压浓缩和干燥得到熊果酸粉末。本方法具有分相时间短，黏度低，不易乳化等特点，DES 和反胶团溶剂均可循环利用，萃取成本较低，熊果酸产品的纯度和得率都较高，是一种绿色、高效、简便的分离方法。随着更多不同种类的开发，DES-ABS 在分离领域的优势与特色之处还将进一步展现。

　　醇类、醛类、酚酸类小分子及其衍生物仍然是建立 DES-ABS 分离体系时最容易被选中的对象，不仅结构简单，而且在天然产物中普遍存在，易于获得。氯化胆碱-山梨醇形成的 DES 水溶液可用于提取肉苁蓉粉末，结束后向提取液中加入 K_3PO_4 后可在 pH 为 8 的环境中形成双水相体系，然后取上相，加入等体积的 K_2HPO_4 溶液，肉苁蓉中的苯乙醇苷即富集于下相，本例涉及两次萃取和相分离过程[61]。5-羟甲基糠醛和果糖极性相似，常规有机溶剂萃取选择性不高；此时可以配置一定浓度的两者混合溶液，再加入适量的氯化胆碱-甜菜碱-水（50∶1∶10）DES 和磷酸氢二钾组成 DES-ABS体系，震荡均匀混合，置于恒温水浴锅中进行萃取分离；萃取完成后，5-羟甲基糠醛会被萃取到富集低共熔溶剂相，果糖则被萃取到富集磷酸氢二钾相[62]。类似的情况还有丁香酚和丁香酸。如将含丁香酚和丁香酸的水溶液加入由甜菜碱/蔗糖和叔丁醇组成的萃取溶剂中进行双水相萃取，可得到含有丁香酚的叔丁醇相（上相）和含有丁香酸的下相（DES 相）[63]。此外，甜菜碱/葡萄糖-正丙醇形成的 DES-ABS 也被报道对丁香酚具有理想的萃取效果，萃取率最高可达 96.37%；酚类化合物分子中能够提供/接受氢键的基团越多，在 DES-醇双水相体系中的萃取率越低[64]。当向香草酸水溶液中加入甜菜碱/山梨醇或木糖醇或葡萄糖 DES 和正丙醇后，可形成下相富含低共熔溶剂、上相富含正丙醇的双水相萃取体系，且香草酸被富集到上相中，此体系的特点是不再含盐，故避免了盐的消耗和回收问题[65]。

　　诸如多糖和蛋白质类的大分子也是 DES-ABS 的常见分离对象，组成相关 ABS 体系的 DES 种类较多，包括像季铵盐-六氟异丙醇这种较为罕见的低共熔溶剂，且一些佐剂也被用于赋予 DES-ABS 特殊性质。环氧乙烷-环氧丙烷共聚物（EOPO）是一种温敏性聚合物，在温度诱导下可实现相分离。当先用 DES（氯化胆碱-乙二醇）提取牡丹籽粕多糖后，向提取液中加入 EOPO（分子量 2500），充分混匀后静置形成 ABS，其中上相为 EOPO 相，下相为 DES 相。取 EOPO 相置于 70℃水浴中以诱导形成两相，上相主要为 EOPO（可重复使用），下相为富含多糖的水相，水相浓缩、冻干后即得多糖产物，其平均分子量为 2.26～67.76kDa，由阿拉伯糖、甘露糖和葡萄糖组成。作为关键组分的 EOPO，其链长、极性和黏度共同影响双水相萃取效果，萃取率均随着分子量和质量分数的增加而出现先升后降的趋势，其中较高质量分数的 EOPO 增加了多糖与 EOPO 间的接触面积，促进多糖优先分配在 EOPO 相；但随着 EOPO 质量分数的继续增加，多糖萃取率略有下降，可能是由于高质量分数下共聚物的熵效应和体积排阻效应的结果；另外，过高的质量分数导致其黏度较大，不利于多糖富集在 EOPO相。据最近的国内研究报道，基于氯化胆碱的低共熔溶剂与磷酸盐相结合构建的双水相体系被用于牛血清白蛋白的萃取分离[66]。经研究分析，氯化胆碱-甘油（ChCl/Glycerol）为最佳萃取剂用于 DES-ABS 的构建以及萃取蛋白质的流程如图 4-33 所示。王莹等采用低共熔剂-K_2HPO_4 双水相体系将香菇多糖水提液中的多糖与蛋白质进行分离萃取，蛋白质富集于 DES 相，糖类富集于 K_2HPO_4 相；通过筛选发现，氯化胆碱-丙三醇（1∶2）形成的双水相对香菇多糖蛋白质的脱除率最高。对香菇多糖蛋白质脱除率的影响程度大小为 DES 加入量>无机盐浓度>萃取时间。以氯化胆碱-丙三醇（2.6mL）、K_2HPO_4（0.6g/mL，3mL）构建双水相体系，加入 2mL 香菇多糖水提液（蛋白质浓度为 151.44 μg/mL），萃取 30min 后，香菇多糖蛋白质的脱除率达 90.8%，回收率为 98.0%[67]。四丁基溴化铵-乙醇酸 DES 和 Na_2SO_4 组成的体系在最佳条件下，可将超过 98%的溶菌酶萃取至 DES 富集相。萃取后的溶菌酶可以保持初始活性的 91.73%，证明了所研究体系具有较高的生物相容性。实际样品分析结果表明，该体系可成功地从鸡蛋清中萃取分离溶菌酶[68]。

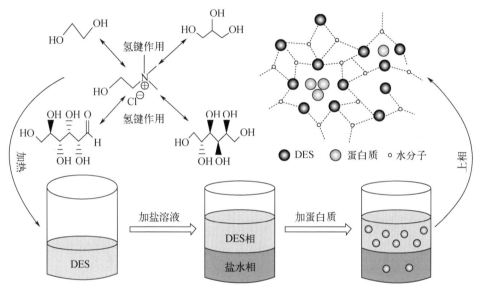

图 4-33　氯化胆碱类低共熔溶剂双水相体系萃取蛋白质流程[66]

与聚合物双水相体系相比，DES-ABS 具有相分离效率高和选择性强的特点，在萃取领域得到了广泛关注。然而，此类体系中常见的 kosmotropic 组分为无机盐或有机盐，溶液环境通常呈现强碱性，不利于保持萃取分子的稳定性和生物活性。如果以低共熔溶剂替代盐类作为 kosmotropic 组分、同时以离子液体为 chaotropic 组分构建新型离子液体-低共熔溶剂双水相体系无疑是一种独特的尝试，它将两种新型绿色溶剂同时用于了 ABS，具有较为明显的创新，此外研究者还可以赋予整个体系一些特殊物理性质。例如，张莉莉等考察了相关体系不同温度下的相行为规律，筛选出具有高临界共熔温度（UCST）和低临界共熔温度（LCST）两种截然相反的热可逆相转变行为的萃取体系，从宏观角度探索了离子液体-低共熔溶剂-水三元体系的黏度、密度、电导率以及 pH 等理化特性随温度变化的规律，其中离子液体包括咪唑类、季辚类和季铵类，低共熔溶剂则主要包括氯化胆碱和单糖类；从机制上分析，根据"液体孔洞"理论，水分子与 kosmotropic 低共熔溶剂形成配合物，引起水分子氢键网络空腔表面张力增加，导致 chaotropic 离子液体与水分子作用减弱，从而形成相分离。离子液体、低共熔溶剂与水分子相互作用能的差异是引起双水相体系形成的内在原因，而且这种差异越大，形成相分离的趋势越明显。与低熔溶剂相比，离子液体的结构特性是决定离子液体-低共熔溶剂体系热致相变特性和理化特性的重要因素。研究者利用量子化学计算从微观角度分析离子液体、低共熔溶剂与水分子之间的相互作用。研究结果初步揭示了热可逆离子液体-低共熔溶剂双水相体系的成相机理（相图见图 4-34），并为萃取温敏性分子设计新的萃取体系提供了基础数据[69]。

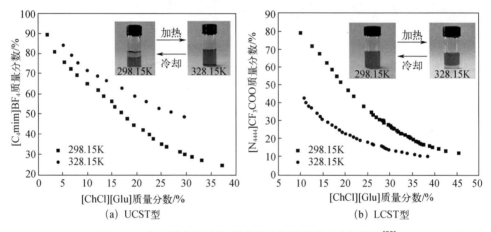

图 4-34　热可逆离子液体-低共熔溶剂体系的双水相相图[69]

在此基础上，三丁基辛基氯化膦[P$_{4448}$][Cl]与氯化胆碱-果糖（1∶1）形成的双水相被用于从雨生红球藻中萃取虾青素，在水浴恒温振荡转速为 180r/min，30℃下萃取 60min，获得总虾青素的萃取量为（409.96 ± 7.60）mg/g，是有机溶剂的 1.47 倍[70]。

4.4　高速逆流色谱

高速逆流色谱（high-speed countercurrent chromatography，HSCCC）是 20 世纪 80 年代发展起来的一种连续高效的液-液分配色谱分离技术，不用任何固态的支撑物或载体，固定相和流动相都是液体。HSCCC 利用两相溶剂体系在高速旋转的螺旋管内建立起一种特殊的单向性流体动力学平衡，使其中一相作为固定相，另一相作为流动相。高速逆流色谱在工作时，固定相以一种相对均匀的方式分布在一根螺旋管中，螺旋管的方向性和同步行星式运动产生二维离心力场形成单向性流体动力学平衡。当流动相以一定的速度移动时，固定相得以保留，被分离物质由于具有不同的分配系数被依次洗脱而获得分离（如图4-35所示）。由于HSCCC具有样品无损失、负载能力强、制备量大、重现性好等优点，现已被广泛应用于中药成分分离、保健食品、生物化学、天然产物化学、有机合成、环境分析等领域。在天然产物分离领域中，高速逆流色谱已成功应用于海洋生物活性成分、抗生素、蛋白质以及生物碱、黄酮、多酚、蒽醌、香豆素、萜类等植物有效成分的分离分析[71]。

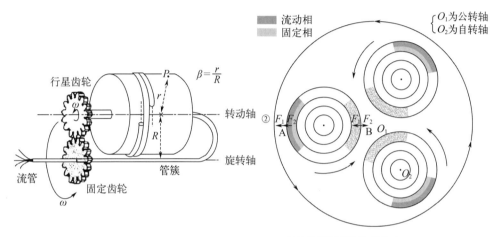

F_1为公转时产生的离心力
F_2为自转时产生的离心力
A：F_1与F_2方向一致，固定相、流动相分层
B：F_1与F_2方向相反，固定相、流动相混合

以1000r/min的速率进行旋转，在二维力场的作用下分离管柱内每小时可实现上万级的萃取过程，从而产生高效的分离

图4-35　高速逆流色谱工作原理示意图[71]

溶剂系统是影响HSCCC分离效果的主要因素之一，也是逆流色谱分离工作开始前需要系统探索的关键条件。经典的三大体系包括：氯仿-甲醇-水（4:3:2）、正己烷-甲醇-水（1:1:1）和正己烷-乙酸乙酯-甲醇-水（1:1:1:1）。具体选择哪种溶剂体系用于目标物的分离，通常要看物质在该溶剂体系中的分配系数是否在一个合适的范围内。通过摇瓶法可以测定分配系数K，其具体数值等于C_S/C_M，其中C_S指溶质在固定相中的浓度，C_M指在流动相中的浓度。通常合适的K值范围是0.5~2。当$C_S/C_M \leq 0.5$时，出峰时间太快，峰之间的分离度较差；当$C_S/C_M \geq 1$时，出峰时间太长且峰形变宽。而当$0.5 < C_S/C_M < 2$时，可以在合适的时间内，得到分离度较好的峰形。一般而言，对于有机酸碱等极性较大物质的分离，常用正丁醇-水等作为高速逆流色谱

的基础溶剂系统，但该系统在逆流色谱柱中固定相保留率较小，且容易流失，因而分离效果不佳。绿色溶剂用于分离上述天然产物具有无可比拟的优势，并且具有不挥发、稳定性好、溶解度高、选择性强等特点，因此将 IL 和 DES 作为 HSCCC 的溶剂系统比常规有机溶剂更为优越。

(1) 黄酮

豆科植物槐的花蕾（槐花）中含有槲皮素与芦丁两种主要黄酮化合物。槲皮素具有较好的祛痰、止咳效应，也有一定的平喘作用，并有降低血压、提高毛细血管抵抗力、减少毛细血管脆性、降血脂、扩张冠状动脉、增加冠状动脉血流量等药理活性。芦丁在槐米中的含量可达 20%以上，能促进氧自由基清除，故具有抗氧化能力。目前从槐米中制备这两种成分主要通过重结晶法、色谱法和沉淀法等途径。其中结晶法会消耗较大量的有机溶剂，且晶体生长周期较长；而采用碱溶酸沉法则会加剧芦丁水解的可能。有学者用乙酸乙酯-正丁醇-水（体积比 2 : 1 : 3）作为 HSCCC 的溶剂系统分离纯化槐花中的黄酮，虽然操作简便，但耗时较长。在高速逆流色谱的流动相中添加离子液体，可以缩短出峰时间，提高分离度。例如在正己烷-乙酸乙酯-乙醇-水-冰乙酸（体积比 1 : 1 : 1 : 1 : 0.05）体系中加入 1‰的[C_4mim][PF_6]，出峰时间由 100min 提前到 55min（见图 4-36）；此外，分离度也由原来的 0.9 提升到 1.8，分离效率得到显著提高。经过峰面积归一化计算，芦丁和槲皮素的纯度均大于 97%。加入离子液体后分离行为发生改变的可能原因是，[C_4mim][PF_6]的阳离子咪唑基团和目标化合物形成氢键，而阴离子六氟磷酸根的电负性使得黄酮的出峰时间提前。

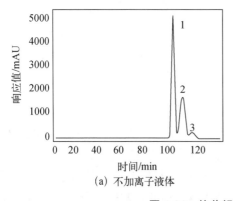
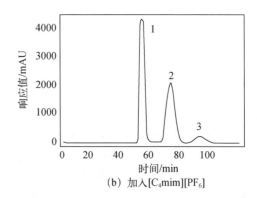

(a) 不加离子液体   (b) 加入[C_4mim][PF_6]

图 4-36　槐花粗提物高速逆流色谱图

1—芦丁；2—槲皮素；3—未知共存物

聊城大学柳仁民团队在离子液体用于黄酮 HSCCC 分离领域开展了持续性探索，将离子液体作为两相溶剂体系的添加剂，建立了 HSCCC 分离纯化木蝴蝶中的黄酮类成分（图 4-37）。使用乙酸乙酯-离子液体[C_4mim][PF_6]-水（体积比 5 : 0.2 : 5）的上相为固定相，下相为流动相，流速为 1.0mL/min，转速为 700r/min，检测波长为 280nm，分离温度为 35℃，固定相保留率为 50%；在此条件下从 120mg 木蝴蝶粗提物中一步分离得到黄芩素-7-O-双糖苷 36.4mg、黄芩素-7-O-葡萄糖苷 60.5mg，两者纯度分别为 98.7% 和 99.1%。此外还使用乙酸乙酯-离子液体[C₄mim][PF₆]-水（体积比 5：0.2：5）的上相为固定相，下相为流动相，流速为 1.0mL/min，转速为 600r/min，检测波长为 280nm，分离温度为 32℃，固定相保留率为 50%，从 120mg 黄芩苷粗提物中分离得到 50.1mg 黄芩苷（纯度 98.3%）和 45.6mg 汉黄芩苷（纯度 97.1%）[72]。

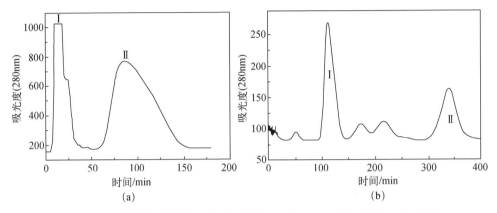

图 4-37　木蝴蝶粗提取物的 HSCCC 图（a）和黄芩粗提物的 HSCCC 图（b）

　　长茄皮是一种亟待利用的废弃天然资源，其粉末经超声提取后得到茄皮色素提取物，通过 HPLC-MS 分析发现主要成分为飞燕草素-3-芸香糖苷。采用分配系数法测定并筛选出适宜的基础 HSCCC 体系为甲基叔丁基醚-正丁醇-乙腈–1%三氟乙酸水（体积比 2：4：1：5）。在此基础上研究了不同种类离子液体以及离子液体加入量对目标色素分离效果的影响。结果表明 1-丁基-3-甲基咪唑六氟磷酸盐（[C₄mim][PF₆]）效果最佳，其最适加入体积比为 0.2。进而采用甲基叔丁基醚-正丁醇-乙腈–1%三氟乙酸水–[C₄mim][PF₆]（体积比 2：4：1：5：0.2）分离茄皮色素提取物，发现 IL 的加入可明显改善逆流色谱的分离效果；目标色素的纯度从 55.85% 提升至 95.79%。此外还通过研究发现，离子液体在体系的上下相中都有分配，其中含有疏水性[PF₆]⁻的 IL 更容易分配在上相中；且阳离子烷基链越长，离子液体的疏水性越强，在上相（固定相）中的分配越多。最后在后处理工艺探索中，发现只有大孔树脂吸附法可以去除 IL，实现其与飞燕草素-3-芸香糖苷的分离，两者均可得到有效回收[73]。

　　除离子液体外，低共熔溶剂在 HSCCC 分离黄酮方面亦有成功的应用，例如将其用于分离湖北海棠 DES（氯化胆碱-乳酸）提取物中的高纯度黄酮（图 4-38）。在最佳 DES 提取工艺条件下（液固比 26.3mL/g，含水量 25.5%，提取温度 77.5℃），黄酮类化合物的收率为 15.3% ± 0.1%，这一结果优于甲醇提取法。HSCCC 溶剂体系由氯化胆碱-葡萄糖-水-乙酸乙酯（ChCl/Glu-H$_2$O-EAC，体积比 1∶1∶2）组成，最终获得两种新黄酮及三种已知黄酮化合物（100mg 提取物中获得 1.1~51.1mg）。在此需强调的是，HSCCC 体系中常出现的乙酸乙酯可以溶解一些 DES 氢键供体（如尿素、羧酸和多元醇），在分离时需注意；但本研究使用的葡萄糖不存在这个问题。此外，目标黄酮的 K 值随着 ChCl/Glu 摩尔比和水含量的增加而升高，在体系组分体积比为 1∶1∶2 时 K 值为 0.62~1.36。分离结束后，DES 所在的固定相（保留率 78%）除去易挥发组分后，剩下的 DES 可用于继续配制新的溶剂体系[74]。

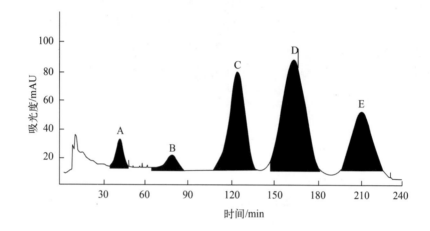

图 4-38　五种样品的 HSCCC 图及产物结构

流速 2.0mL/min，溶剂体系为氯化胆碱-葡萄糖-水-乙酸乙酯（体积比 1∶1∶2）体系，
转速 900r/min，温度 25℃，检测波长 280nm

(2) 酚酸

绿原酸也称绿吉酸、咖啡单宁酸或咖啡鞣酸，是植物体在有氧呼吸过程中经莽草酸途径产生的一种苯丙素类化合物，具有抗菌、抗病毒、抗癌、抗氧化、保护心血管等药理作用。绿原酸广泛存在于金银花等植物中，是衡量金银花质量的指标之一[75]。它的分离纯化方法一般有萃取法、沉淀法、大孔树脂吸附和制备型色谱法等[76]，其中萃取法需要大量有机溶剂，且效率较低；沉淀法虽然操作较为简便，但绿原酸在碱性条件下容易发生水解；大孔树脂吸附法分离产物的得率较低。

用高速逆流色谱法分离纯化绿原酸，不仅避免了它在高温或碱性条件下的氧化分解，同时分离产物的纯度也较高。HSCCC 分离绿原酸的常见溶剂系统组分包括氯仿、甲醇、乙酸乙酯、正丁醇及乙酸等。如前所述，上述有机溶剂做基础溶剂系统时，固定相保留率较小，在溶剂中添加离子液体或直接将溶剂替换为离子液体可规避上述弊端。例如，以乙酸乙酯-水作为基础溶剂体系分离金银花中的绿原酸，在该溶剂系统分别添加不等量的离子液体[C$_6$mim][PF$_6$]，可以发现离子液体的存在使得样品在固定相和流动相两相的分配系数增大（见表 4-2）。适宜的离子液体添加量改善了逆流色谱的溶剂体系，提高了绿原酸在固定相和流动相两相间的分配系数，分配系数的适当提高有利于样品中绿原酸的分离。最后确定将乙酸乙酯-水-[C$_6$mim][PF$_6$]（体积比5：5：0.5）作为 HSCCC 的溶剂系统，固定相的保留值为 44%，经过 6h 的分离，可得到纯度为 98%的绿原酸。

表 4-2　绿原酸在不同 HSCCC 体系中的分配系数

溶剂系统（体积比）	K	溶剂系统（体积比）	K
乙酸乙酯-水 （1：1）	0.32	乙酸乙酯-水-[C$_6$mim]PF$_6$ （5：5：0.2）	0.43
乙酸乙酯-水-[C$_6$mim]PF$_6$ （5：5：0.1）	0.38	乙酸乙酯-水-[C$_6$mim]PF$_6$ （5：5：0.5）	0.71

陈小芬等[77]采用不同阴离子和咪唑环上含不同长度碳链的水溶性离子液体作为HSCCC 溶剂系统添加分离纯化油菜花粉和茶叶中的多酚类化合物，并研究了这些离子液体对于分离油菜蜂花粉中结构相似的黄酮类化合物——山奈酚-3，4'-双-O-β-D-葡萄糖苷和山奈酚-3-O-β-D-（2-O-β-D-葡萄糖基）吡喃葡萄糖苷的影响以及茶叶中结构相似的四种茶多酚化合物 EGCG、ECG、EGC 以及 EC 分离效果的影响，发现离子液体作为溶剂系统的添加剂有利于 HSCCC 分离结构相似的天然产物。此外，刘绣华团队建立了以离子液体[C$_4$mim][BF$_4$]作为逆流色谱流动相添加剂分离怀山药中酚性成分的新方法，并与未添加[C$_4$mim][BF$_4$]的 HSCCC 分离效果进行了对比（图 4-39），发现[C$_4$mim][BF$_4$]不仅能有效地改善怀山药中酚性化合物的峰形，还提高了分离度[78]。

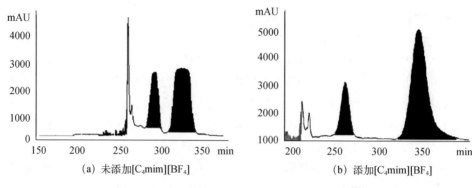

(a) 未添加[C₄mim][BF₄] (b) 添加[C₄mim][BF₄]

图 4-39　离子液体对 HSCCC 分离效果的影响[78]

(3) 生物碱

睡莲科植物莲在全世界分布广泛，其中莲叶（荷叶）中含有生物碱、黄酮、挥发油、蛋白质等活性成分，在我国具有悠久的用药历史；《本草纲目》中记载"荷叶服之，令人瘦劣"，临床亦将莲叶广泛用于防治肥胖症和高脂血症，并取得了良好的疗效，此外还有抗氧化与抗菌抗病毒等作用。荷叶中的生物碱众多，根据母核结构不同，可分为单苄基异喹啉类、去氢阿朴啡类以及氧化阿朴啡等三类。其中氧化阿朴啡类生物碱主要有原荷叶碱、N-去甲基荷叶碱、荷叶碱、莲碱等。用 HSCCC 分离这四种生物碱，多采用石油醚-乙酸乙酯-甲醇-水作为溶剂系统，在该溶剂体系中加入用离子液体作为添加剂进行调整，可以提高生物碱的分离效率；IL 种类和用量均会对分离结果产生影响[79]。

如表 4-3 所示，离子液体的加入使上述四种生物碱的分配系数发生了较为明显的改变。疏水性离子液体[C₄mim][PF₆]的加入使这四种生物碱的分配系数提高，而亲水性离子液体[C₄mim][BF₄]的加入使这些生物碱的分配系数降低。因此需根据待分离物质的化学性质，选择添加不同的离子液体。从生物碱的结构来看，这四种生物碱的极性较小，若分配系数过大，表明生物碱主要分配在非水相的上相中，从而导致其保留时间过长，因此需选择[C₄mim][BF₄]修饰的溶剂体系，以增大目标物在下相（水相）中的分配。另外离子液体[C₄mim][BF₄]的用量对四种生物碱的分配系数也有不同的影响，其规律亦如表 4-3 所示。随着亲水性离子液体[C₄mim][BF₄]浓度的增加，四种生物碱的分配系数均呈现降低的趋势，它们在不同溶剂体系中高速逆流色谱图及相应流份的液相色谱分析结果见图 4-40。结果显示，虽然较高浓度的离子液体降低了四种生物碱在溶剂系统中的分配系数，但高浓度的离子液体会增加溶剂系统的黏度，延长溶剂体系两相的分层时间，降低固定相的保留值，影响分离效果。结合图 4-40（c）可以看出，溶剂系统为石油醚-乙酸乙酯-甲醇-水-[C₄mim][BF₄]（体积比 1∶5∶1∶5∶0.15）时，这四种生物碱在两相中有合理的分配，因而分离效果最好，总体时间长短也较为合适。

表 4-3　四种莲叶生物碱在不同 HSCCC 溶剂系统中的分配系数

溶剂系统（体积比）	原荷叶碱	N-去甲基荷叶碱	荷叶碱	莲碱
石油醚-乙酸乙酯-甲醇-水 （1∶5∶1∶5）	1.93	2.12	4.48	7.43
石油醚-乙酸乙酯-甲醇-水 （3∶5∶3∶5）	1.59	6.13	9.78	10.05
石油醚-乙酸乙酯-甲醇-水 （5∶2∶2∶8）	1.34	9.80	27.80	32.24
石油醚-乙酸乙酯-甲醇-水- $[C_4mim][PF_6]$（1∶5∶1∶5∶0.1）	5.00	8.91	14.32	16.39
石油醚-乙酸乙酯-甲醇-水- $[C_4mim][BF_4]$（1∶5∶1∶5∶0.1）	1.02	1.54	3.63	5.66
石油醚-乙酸乙酯-甲醇-水- $[C_4mim][BF_4]$（1∶5∶1∶5∶0.12）	0.86	1.24	3.05	4.79
石油醚-乙酸乙酯-甲醇-水- $[C_4mim][BF_4]$（1∶5∶1∶5∶0.15）	0.52	0.92	1.38	2.16
石油醚-乙酸乙酯-甲醇-水- $[C_4mim][BF_4]$（1∶5∶1∶5∶0.18）	0.29	0.40	0.83	1.07

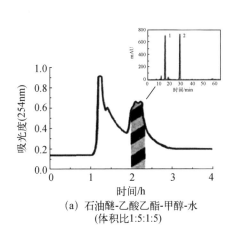
（a）石油醚-乙酸乙酯-甲醇-水
（体积比1:5:1:5）

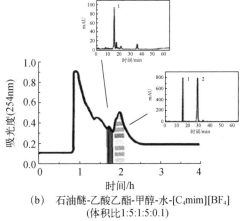
（b）石油醚-乙酸乙酯-甲醇-水-$[C_4mim][BF_4]$
（体积比1:5:1:5:0.1）

图 4-40

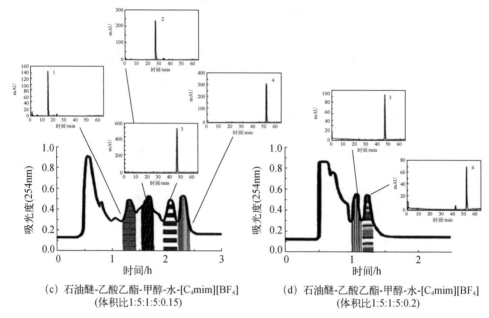

(c) 石油醚-乙酸乙酯-甲醇-水-[C₄mim][BF₄]
　　（体积比1:5:1:5:0.15）

(d) 石油醚-乙酸乙酯-甲醇-水-[C₄mim][BF₄]
　　（体积比1:5:1:5:0.2）

图 4-40　不同溶剂体系下荷叶粗提物逆流色谱图和对应组分的液相色谱图

（4）多糖类

香菇是一种药食两用的真菌，其肉质肥厚细嫩，香气独特，具有很高的营养、药用和保健价值。香菇子实体中的有效成分为香菇多糖，于1969年首次由日本学者分离获得，被发现对大鼠肉瘤细胞具有较好的抑制作用，此外，香菇多糖还具有抗病毒、提高机体免疫、调节微量元素等生物活性。

香菇多糖一般通过水提醇沉的方法进行提取，后续的纯化方法包括分级沉淀法、色谱法、金属络合法、盐析法、膜分离法、制备性区域电泳法等。目前 HSCCC 结合离子液体亦成功应用于香菇多糖的分离。例如以正丁醇-乙酸乙酯-水（体积比5:4:10）为溶剂体系并对香菇多糖进行高速逆流色谱分离[80]，具体以水相为固定相，有机相为流动相，超声 30min 脱气；开启高速逆流设备，以 20mL/min 泵入水相，管路中泵满后，以 1.5mL/min 泵入有机相进行平衡，当出口端出现有机相时进样，继续泵入有机相，流速不变，直至分离结束。该体系中加入 1.8‰ 的长链离子液体 [C₁₈mim][Br]进行修饰（更高比例的长链 IL 容易导致体系乳化，影响固定相保留和分离），分离结果与不加 IL 的情况进行比较，可见离子液体的改善效果非常明显（图4-41）。在上述高速逆流色谱分离香菇多糖的条件下，不同组分的洗脱顺序为：小分子组分先流出，其后是大分子组分。加与不加离子液体均能按照该顺序出峰，但是加了离子液体的效果更明显。由此可见 IL 的加入改善了高速逆流色谱分离香菇多糖的效果。该方法经济性好，制备量大，为多糖的大规模分离纯化提供了另一有效途径。

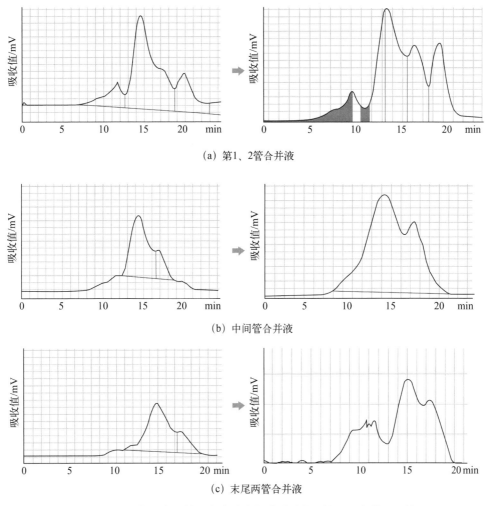

(a) 第1、2管合并液

(b) 中间管合并液

(c) 末尾两管合并液

图4-41 加离子液体前后高速逆流色谱对香菇多糖的分离效果比较

（上面未加离子液体；下面加离子液体）

(5) 氧杂蒽酮类

芒果苷，又称莞知母宁。淡灰黄色针状结晶（50%乙醇）。用于治疗慢性支气管炎有较好疗效，是知母根茎中抗病毒的活性成分，同时也存在于鸢尾科植物射干 [*Belamcanda chinensis*（L.）DC.]的花、叶等植物中。而结构中多一个糖的新芒果苷活性较芒果苷活性更强，但因含量低，提取分离更为困难。当使用乙酸乙酯-[C₄mim][PF₆]–水（体积比 5 : 0.2 : 5）的上相为固定相，下相为流动相，在流速为 1.0mL/min、转速为 600r/min、检测波长为 254nm、分离温度为 35℃的条件下，从 150mg 知母粗提物中通过一步分离得到新芒果苷 22.5mg 和芒果苷 70.6mg，纯度分别为

97.2%和98.1%。新芒果苷和芒果苷的HSCCC分离纯化，在以前曾经采用过正丁醇-1%乙酸（体积比1∶1）作为两相溶剂体系，得到的芒果苷纯度仅为96.3%，且时间超过了300min，而采用中等极性的乙酸乙酯-水还未见有报道。通过测定K值发现芒果苷和新芒果苷在乙酸乙酯-甲醇-水体系中的分配系数很小，而添加[C$_4$mim][PF$_6$]之后，两者在乙酸乙酯-水中的分配系数明显提高。HSCCC分离结果见图4-42[72]。综上所述，离子液体的存在不仅可以缩短天然产物在高速逆流色谱中的分离时间，提高其分离度，而且可以改善待HSCCC的溶剂系统，优化待分离物质在固定相和流动相两相间的分配系数。但不同类型和浓度的离子液体会对分离效果产生不同的影响，应根据待分离物质的特性适当选择离子液体。当分离对象为低极性组分时，多用以石油醚为主体的含IL体系；当分离对象为中等极性时，多用以乙酸乙酯为主体的含IL体系；当分离对象为极性成分时，则多用以正丁醇为主体的含IL体系；此外，在分配系数合适的前提下，应尽可能地少加离子液体。

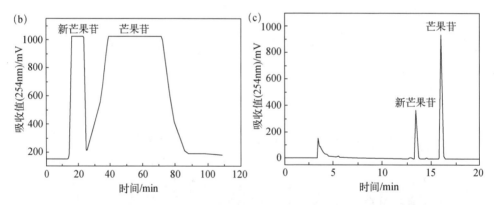

新芒果苷：R=Glc；芒果苷：R=H

图4-42　（a）新芒果苷和芒果苷的结构；（b）知母粗提物的HSCCC图；
（c）知母粗提物的HPLC图

HSCCC色谱条件：两相溶剂体系为乙酸乙酯-水-[C$_4$mim][PF$_6$]（体积比5∶5∶0.2）；流动相为下相；流速为1.0mL/min；转速为600r/min；检测波长为254nm；固定相保留率为50%；分离温度为35℃

4.5　制备型柱色谱

目前在天然产物分离领域常用的固-液色谱技术包括制备薄层色谱、离心薄层色谱、各类液相色谱（高/中/低压，自装/商品化柱，手动/自动）、径向流色谱、超临界流体色谱、模拟移动床色谱等；而新型绿色溶剂在其中即可用作流动相，也可作为固定相（或其中组分）发挥作用。经典的固-液柱色谱制备技术至今仍然作为日常工作的一个重要环节被相关实验人员大量的使用。其目的是分离混合物，获得一定数量和产量的纯组分。相对更早出现的纯化分离技术（如沉淀、升华、透析、萃取、重结晶等），色谱法优势明显，且更具有普适性，应用范围更广；对极性和非极性、离子型和非离子型、小分子和大分子、热稳定性和热不稳定性化合物均具有较好的分离效果，是天然产物研究和技术开发中不可或缺的手段。

目前，当研究人员获得了离子液体或低共熔溶剂参与下的微量/少量样品色谱分离条件后（此时可视为以分析为目的的分离初探），可通过线性放大的原理将相关条件转换为以制备为目的的分离操作参数。通常假设分析和制备体系的化学性质、传质过程都保持不变，分析过程的进样量、流量、收集体积等乘以线性放大系数便可得制备色谱的相应参数。线性放大系数即为制备柱和分析柱的横截面积之比与柱长之比的乘积。例如，制备液相色谱的进样量可由式（4-4）求出。

$$Q_2 = Q_1(r_2/r_1)^2 L_2/L_1 \qquad\qquad (4\text{-}4)$$

式中，Q_1、r_1、L_1 分别为分析柱中的进样量、柱径和柱长；Q_2、r_2、L_2 分别为制备柱的进样量、柱径和柱长。

利用线性放大的方法优化分析型色谱的操作参数，直接将结果应用到大直径的制备色谱柱，不仅可缩短整个方法的开发时间，并且可以减少样品损失，从而实现最有效、最快速的分离效果。

色谱柱是实现有效分离天然产物组分的关键。从现有分离手段来看，以硅胶、氧化铝、纤维素、活性炭和离子交换树脂等为主要分离介质，新型填料（HILIC silica、Toyopearl、MCI gel、亚 2μm 硅胶颗粒等）为辅的色谱固定相仍是主流。但无论是现有硅胶醇羟基、疏水键合相、氨基键合相的保留机制，还是两相分配机制，亦或是活性炭的表面孔隙吸附机制，均缺乏对主要类型天然产物的结构针对性，而离子交换色谱主要体现的静电相互作用又较为单一（同时操作较为烦琐），在以上分离机制下各化合物体现出来的色谱行为差异较小，不易实现多组分活性部位的选择性分离；且在吸附过程中可能发生异构化等副反应，同时易损失得率和活性；当流动相采用酸/碱性修饰剂改善分离时，可能会影响柱子寿命和样品回收，因此基于多重分子作用机制的高选择性分离固定相呼之欲出。作为两类新型绿色溶剂，IL 和 DES 结构中具备能够提供静电、氢键、疏水和 π-π 等多种作用的基团/片段，同时还有稳定性高和可设计性强等优点，由其形成的固定相在分离方面的潜力远大于目前仅能提供单一作用机制的离子交换色谱法或正相/反相硅胶色谱法；同时相关研究者不断提高孔结构的均匀性同时丰富色谱作用位点，从而持续改善该类固定相的柱效和选择性。1985 年，Moreira 和 Gushikem 首次将 *N*-丙基咪唑基团修饰于硅胶表面并用于吸附，Valkenberg 等在 2002

年报道了咪唑离子液体键合固定相的合成方法。2004年，研究者发现离子液体键合的固定相在流动相为含1%甲醇的KH_2PO_4缓冲液（pH=3.0）的条件下可以很好地分开4种麻黄素类成分，这一分离过程在低浓度的有机体系中即可得到满意的效果，且分离效果优于常见的C_{18}色谱柱；随之高柱效的离子液体键合色谱固定相的开发成为一个热点[81]。目前，已有20余种离子液体色谱固定相应用于液相色谱中，当目标成分结构不同时，在特定的流动相条件下固定相能依据不同的作用力实现预期的分离效果。图4-43列出文献中部分离子液体色谱固定相的结构（直接键合法包括非均相合成和均相合成）。可见由于咪唑类IL的合成路线相对成熟，这种配基键合的固定相最为多见。

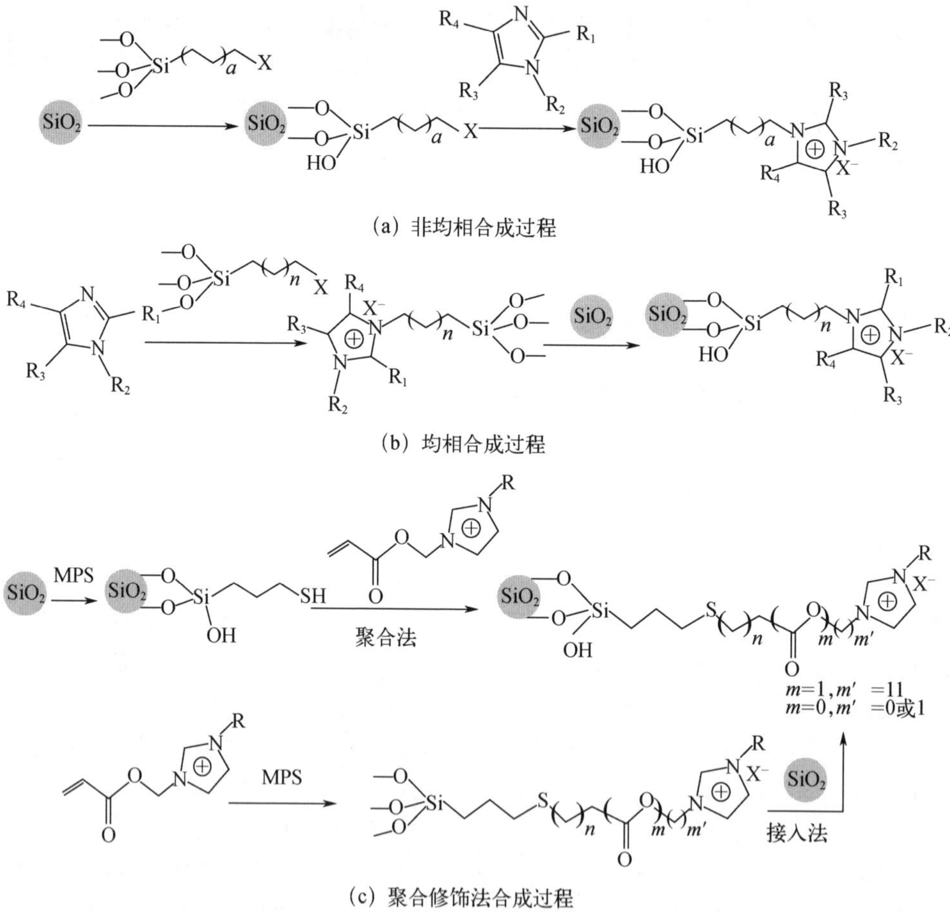

（a）非均相合成过程

（b）均相合成过程

（c）聚合修饰法合成过程

图4-43　直接键合法和聚合修饰法合成的离子液体键合色谱固定相

n=1或6；X=Cl或Br；R_1，R_2，R_3，R_4为氢，烷基或其他功能基团

在后续研究中，一种基于 N-甲基咪唑键合硅胶的混合模式色谱固定相被成功制备（按照常规途径即第一步首先合成键合氯丙基硅胶，再和甲基咪唑在乙腈中回流制得），并且以异丙醇为匀浆液，以湿法在 20MPa 下装入 0.46cm×5cm 不锈钢柱；当以三氟醋酸为离子对试剂时，可利用离子液体阳离子提供的反相疏水作用和强阴离子交换作用实现对目标物的区别性分离，除肌红蛋白外其他酸性和碱性蛋白质均不能在该固定相上保留[82]。同时，当该固定相在中性 pH 条件下采用反相色谱分离模式时，所有的碱性蛋白在此固定相上亦无法保留，而酸性蛋白却出现保留过强的现象。最后，在反相/离子交换色谱模式下，所有的碱性蛋白仍然不被保留，而此时该固定相对酸性蛋白表现出特异的选择性和良好的分离效能，鸡蛋清中 8 种酸性蛋白在该固定相上实现了完全分离。将其用于实际样品的制备性分离结果如图 4-44 所示，电泳分析可以证明所得到的溶菌酶（峰 1）、卵白蛋白（峰 2）和卵转铁蛋白（峰 3）纯度较高。

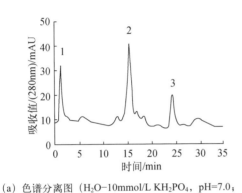 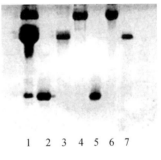

(a) 色谱分离图（H₂O–10mmol/L KH₂PO₄，pH=7.0；　　　　　　(b) 电泳图

　　　线性梯度洗脱 30min，0~100%B；　　　　　　1—鸡蛋清；2—色谱峰 1；3—色谱峰 2；

　　　检测波长 280nm；流速 1mL/min）　　　　　　4—色谱峰 3；5—标准溶菌酶；

　　　　　　　　　　　　　　　　　　　　　　　6—标准卵转铁蛋白；7—卵白蛋白

图 4-44　RPLC/IEC 模式下对蛋清的色谱分离图及电泳图

由于选材广泛、pH 应用范围宽以及比硅胶类固定相制备更简单等优势，目前有机聚合物及有机-无机杂化类填料在制备色谱中也得到了广泛的应用，尤其在蛋白质、多肽等生物大分子的分离和纯化中具有很高的实用价值，近年来发展迅速。其中由相关填料形成的整体柱（又称为棒状柱、连续床、无塞柱）引起了人们的广泛关注，这种柱可直接在色谱柱内进行原位聚合，制备方法较为简单；可以灵活地往固定相中引入各种可能的作用基团，同时比常规装填的色谱柱具有更好的多孔性和渗透性。在以往成功的实例中，离子液体曾被用作单体和致孔剂通过原子转移自由基聚合机理制备了两种整体柱[83]。该整体柱作为高效液相色谱固定相对血清白蛋白（HAS）取得了较好的分离结果。还有研究者以离子液体（氯化 1-烯丙基-3-甲基咪唑）和甲基丙烯酸十八烷基酯为二元单体，乙二醇二甲基丙烯酸酯为交联剂，聚乙二醇 200 和异丙醇为二元致孔剂，通过原位自由基聚合法制备了基于 IL 的聚合物整体柱（不锈钢柱体，1mL/min 乙腈作流动相的柱背压为 0.3～1.6MPa）[84]。此整体柱对复杂生物样品，如鸡卵清和蜗牛酶中蛋白质，显示了良好的选择性和较高的柱效，尤其对于血浆蛋白质组学研究中蛋白质的分级分离具有应用前景。在整体柱组分中加入对蛋白质具有特殊识别作用的铁卟啉作为 IL 的联合单体之后，可进一步改善复杂样品中的蛋白分离效果（见图 4-45）。

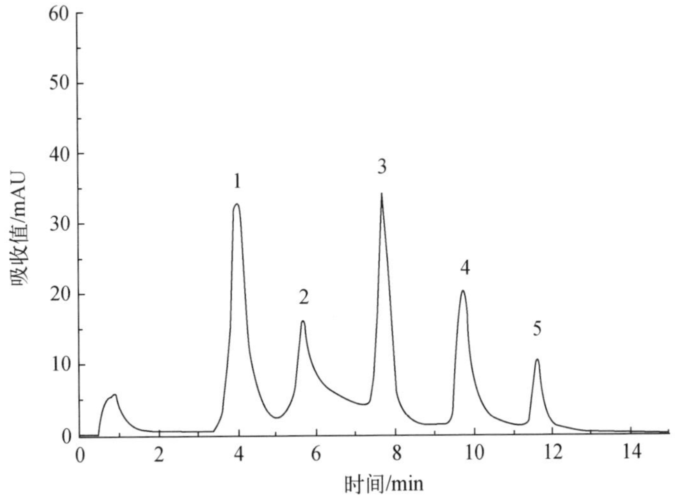

图4-45 聚（IL-co-SMA-co-EDMA）整体柱的合成路线图（a）及色谱图（b）（1～6依次为
核糖核酸酶A、胰岛素、细胞色素C、溶菌酶、肌红蛋白、牛血清白蛋白）、聚（IP-co-IL-co-
DEDMA）整体柱的合成路线图（c）及色谱图（d）（1～5依次为胰岛素、细胞色素C、溶菌
酶、肌红蛋白、牛血清白蛋白）

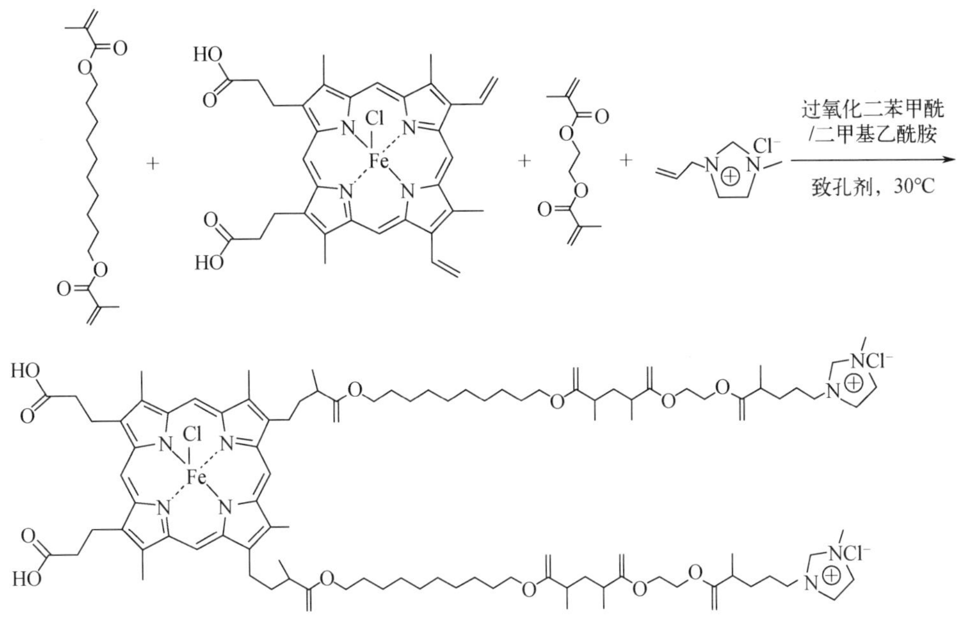

目前基于低共熔溶剂固定相的研究案例相对较少；与离子液体相同的是，低共熔溶剂亦可通过表面负载、结构修饰、整体聚合等方式制备相应的制备色谱固定相。如能实现稳定的固载，这些绿色溶剂也完全可以让纸色谱这些传统平面色谱技术焕发新的生命，从而在天然产物制备领域发挥其应有的作用和优势。此外，4.1部分所介绍的不少新型吸附剂，其实也具备一定开发为制备色谱固定相的潜力，当前需要的是系统的筛选、调查和完善，使其在不同的操作压力与洗脱模式下实现对高纯度天然产物单体的高效分离。此外需强调的是，尽管可能都会使用到玻璃柱这一形式，但本节与4.1.2动态吸附内容不同的地方是，所建立的制备方法主要用于将天然产物混合物分离成单体化合物，从而获得高纯度的目标产物。下面将具体介绍三个代表性实例。

（1）五种丹参酚酸的分离制备

酚酸（phenolic acids）是一类含有酚环的有机酸。丹参是我国广泛种植的一种唇形科药用植物，具有活血化瘀、清热解闷、滋补凉血的作用。最近的药理研究表明，水溶性酚酸是丹参中抗心脑血管疾病的一类主要活性成分（另一类是脂溶性二萜醌类），包括丹参素钠、迷迭香酸、原儿茶醛、紫草酸和丹参酚酸B等化合物，它们的结构见图4-46（a）。这些酚酸广泛应用于医药、保健食品、化妆品等行业。但目前多采用硅胶柱色谱对其进行分离制备，操作时间较长且峰形较差，一般要经过反复色谱分离才能得到较纯的组分，而且有效成分损失较为明显；将纯度为80%的成分纯化至纯度为98%，一般会损失50%以上的化合物[85]。基于此，笔者团队合成了六种不同的离子液体改性硅胶颗粒，并首次将其中基础性能良好、分离效果最优的一种（$SiO_2 \cdot Im^+ \cdot PF_6^-$，IL键合量0.81mmol/g，平均孔径和孔容积分别为5.167nm和0.508cm^{-3}/g，平均粒径和比表面积分别为23.945μm和0.301m^2/cm^3）作为固定相填充于常压色谱柱上，成功分离得到丹参水溶性酚酸的五种主要组分[9]。本研究采用湿法装柱的方式，即先将一定量的离子液体固定化硅胶以适量的去离子水充分混悬和浸润，超声赶尽气泡。将上述固定相匀浆缓慢倾入色谱柱中，然后打开柱底活塞以便其自然沉降，结束后用空气泵持续加压1h，使色谱柱填充致密均匀。然后，采用干法上样的方式将样品载于柱端（样品与固定相质量比为1:5，也可根据实际情况选择湿法上样），保证接触面平整水平且无气体进入，并在样带上方覆盖一层离子液体固定化硅胶，起到缓冲保护前者的作用。最后用不同梯度的洗脱液进行洗脱研究，梯度洗脱程序如下：0.2～1.2柱床体积（BV），0.02mol/L盐酸-水溶液；1.4～2.0BV，2%甲醇–0.02mol/L盐酸水溶液；2.2～2.4BV，4%甲醇–0.02mol/L盐酸水溶液；2.6～2.8BV，8%甲醇–0.02mol/L盐酸水溶液；3.0～3.2BV，16%甲醇–0.02mol/L盐酸水溶液；3.4～5.2BV，32%甲醇–0.02mol/L盐酸水溶液；5.4～7.0BV，64%甲醇–0.02mol/L盐酸水溶液。洗脱速度控制在0.2mL/min，同时收集洗脱液流份进行分离效果分析。最终全部酚酸化合物在$SiO_2 \cdot Im^+ \cdot PF_6^-$柱上的洗脱分离时间为90min，可以通过色谱柱的尺寸来实现制备工艺放大。

在五种酚酸化合物的 HPLC 图谱中[图 4-46（b）]，出峰顺序依次为丹参素钠、原儿茶醛、迷迭香酸、紫草酸和丹酚酸 B，与现有报道一致。而在离子液体固定化硅胶柱的分离图谱[图 4-46（c）]中，五种酚酸化合物的洗脱先后顺序依次为原儿茶醛、丹参素钠、迷迭香酸、紫草酸和丹酚酸 B。除了原儿茶醛、丹参素钠外，其余三种酚酸化合物与它们在 HPLC 的出峰顺序是一致的。表明五种酚酸成分的洗脱顺序与它们的极性密切相关，化合物的极性越大，与离子液体固定化硅胶的结合越弱。而对于原儿茶醛和丹参素钠而言，它们在离子液体硅胶柱上洗脱顺序与它们在 HPLC 上的保留顺序刚好相反。离子液体固定化硅胶（$SiO_2 \cdot Im^+ \cdot PF_6^-$）对丹参水溶性酚酸成分的分离机制与反相色谱柱的分离机制基本一致，主要取决于疏水作用力。作为唯一一种钠盐，丹参素钠的水溶性最强，因此在反相色谱柱上保留最弱，最先出峰。然而，由于咪唑杂环的存在，$SiO_2 \cdot Im^+ \cdot PF_6^-$ 与目标物质之间能够产生氢键作用和阴离子交换作用（这点已通过 IR 光谱被证明）。与原儿茶醛相比，丹参素钠的结构中含有更多的酚羟基，能够为氢键作用提供更多的作用位点，氢键作用较强。此外，丹参素钠作为一种钠盐，更易与离子液体固定化硅胶产生阴离子交换作用，因此在自制的制备柱上，原儿茶醛最先被洗脱下来。最后，比较五种酚酸化合物的结构，不难看出，结构中酚羟基和苯环结构越多，化合物与 $SiO_2 \cdot Im^+ \cdot PF_6^-$ 的相互作用力越强，洗脱时间就越长。除了上述相互作用力以外，可能还存在色散作用力。总之，丹参水溶性酚酸化合物在 $SiO_2 \cdot Im^+ \cdot PF_6^-$ 柱上的分离机制是由多种作用力综合作用导致的。为了验证和了解其分子间作用机理，利用 HyperChem8.0 软件对小分子作用进行优化计算和分子模拟。优

(a)

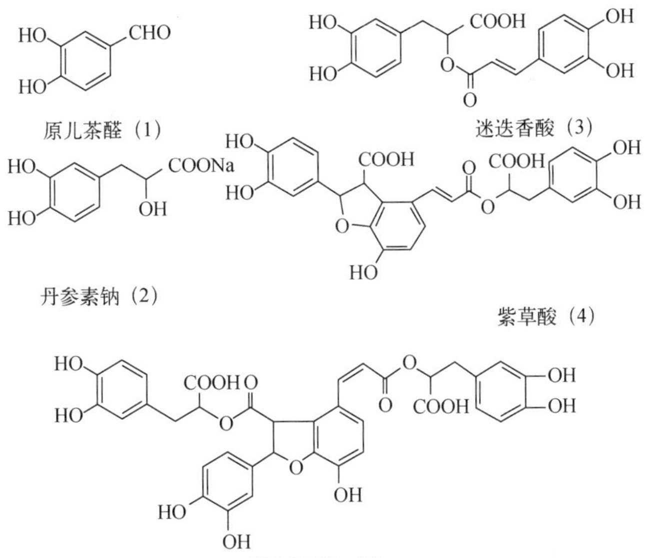

图 4-46

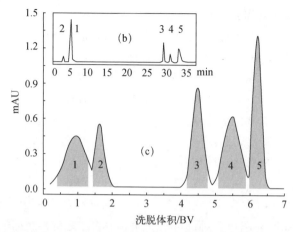

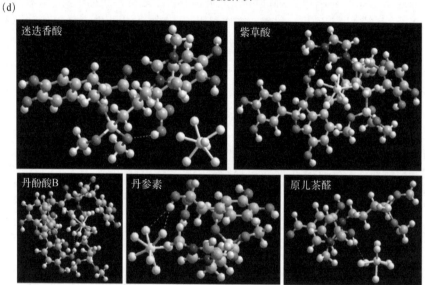

图 4-46　丹参成分的主要化学结构（a）、HPLC 分析（b）和制备分离
结果（c）以及分子间作用力研究（d）

其中 HPLC 条件为：Waters C_{18} 色谱柱，150mm×4.6mm id，4.6 μm；甲醇-1%乙酸为流动相，以 0～
70min 甲醇从 10% 到 70% 进行梯度洗脱；柱温30℃；流速1.2mL/ min；检测波长为290nm

化过程采用分子动力学模型进行 MM⁺ 计算，选择总能量最低的构象，结果如图 4-46
（d）所示。经过计算得到的最小能量依次为 −507.89kcal/mol（丹酚酸 B）、
−337.91kcal/mol（紫草酸）、−206.72kcal/mol（迷迭香酸）、−48.12kcal/mol（原儿茶
醛）和−38.55kcal/mol（丹参素）。可以看到，$SiO_2 \cdot Im^+ \cdot PF_6^-$ 阴离子中的 F 原子和丹参
酚酸化合物中酚羟基或者羧羟基中的氢原子之间存在分子间作用力（氢键作用）；其

咪唑环中的氮原子与目标分子羟基中的氢原子之间也存在分子间作用力；此外，丹参酚酸羟基中的氢原子与离子液体固定化硅胶中的氧原子之间也有分子间作用力，这一模拟分析和前面的实验结果是一致的。

(2) 四种茶多酚的分离制备

在 4.1 部分曾经介绍，为了提高制备过程的选择性和效率，笔者团队从具有众多触手的海洋生物获得仿生学启发，合成了一种新型触角式吸附位点的离子液体改性硅胶[6]，即 N-甲基咪唑脯氨酸盐修饰聚乙烯醇链的二氧化硅颗粒 ($SiO_2 \cdot PVA \cdot Im^+ \cdot Pro^-$)，其平均粒径为 1.896μm，比表面积为 3.797m^2/cm^3，IL 固载量显著高于常见报道中 <1mmol/g 的水平，柔性长链还具有形状记忆性。将其装入色谱柱后，通过使用不同溶剂进行梯度洗脱，在接近常压的条件下快速分离制备得到表儿茶素（EC）、表没食子儿茶素（EGC）、表没食子儿茶素没食子酸酯（EGCG）、表儿茶素没食子酸酯（ECG）四种儿茶素单体成分。当装柱高度为 6cm、柱内径为 10mm、茶多酚上样量为 10mg 时，浓度梯度设置为（0～100%）甲醇–0.02mol/L 乙酸-水溶液。每个梯度的洗脱液用量为 2 倍柱床体积（BV）。当用 0.02mol/L 乙酸-水溶液洗脱时，在 0.2～0.4BV 区间收集到组分 1，该组分在 HPLC 图谱上的保留时间为 6.32min；在使用 60%甲醇–0.02mol/L 乙酸-水溶液洗脱时，在 2.4～2.6BV 区间收集到组分 2，该组分的保留时间为 3.98min；在使用 80%甲醇–0.02mol/L 乙酸-水溶液洗脱时，在 4.6～4.8BV 区间收集到组分 3，该组分保留时间为 5.59min；在使用 0.02mol/L 乙酸-甲醇溶液洗脱时，在 6.4～6.6BV 区间收集到组分 4，该组分保留时间为 9.79min；各产物的 HPLC 的分析结果见图 4-47，最终经过液-质联用技术确认其结构，同时发现该固定相循环使用性能良好。

(3) 三种葡聚糖的分离制备

前面介绍的都是目前使用得较多的基于 IL 的制备型分离介质，对象也主要是小分子，这里有一个关于使用 DES 基介孔颗粒分离糖类大分子的案例。研究者利用氯化胆碱基 DES，采用三嵌段共聚物模板水热法制备了介孔材料（图 4-48）[86]。将 4.0g 聚乙二醇-嵌段-聚丙二醇-嵌段-聚乙二醇（PEG-PPG-PEG）作为共聚物溶于 65.0mL 水和 10.0mL 盐酸溶液中，然后加入 5.0g 三甲苯并在 40℃下搅拌 2h，再加入 9.0mL 正硅酸乙酯并将混合物转移到 40℃的高压釜中保持 20h。然后将三种基于氯化胆碱的 DES 加入到高压釜中，将温度提高到 150℃，并在该温度下保持 24h。陈化后，过滤得到的白色沉淀，用水和乙醇洗涤，并在 60℃干燥。最后将白色颗粒在马弗炉中以 900℃煅烧 6h，冷却后即可得到所需的 DES 基介孔材料白色粉末状吸附剂，其中基于氯化胆碱-乙二醇（1:2）低共熔溶剂的介孔材料呈花状，而氯化胆碱-尿素（1:2）和氯化胆碱-乙酸（1:2）的介孔材料呈中孔球状。分离前使用干法填充方法将介孔材料装入 250mm×4.6mm 的不锈钢柱中，其余部分由溶剂输送泵和折射率检测器组成，流动相为甲醇（流速：0.5mL/min、1.0mL/min 和 1.5mL/min）。结果发现利用氯化胆碱-乙酸低共熔溶剂型中孔球填充的高效排阻色谱柱可成功地分离出葡聚糖-1（分子量为

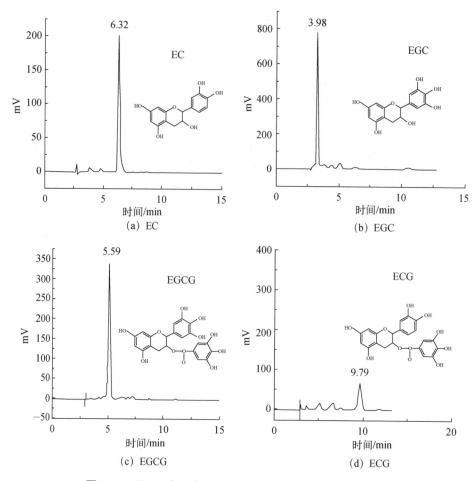

图 4-47　从 TP 中分离制备的四种儿茶素单体 HPLC 色谱图

色谱柱 Waters C_{18}，4.6mm×250mm，5μm；流动相为甲醇-水-冰醋酸（体积比35∶64.5∶0.5）；流速 0.4mL/min；进样量10μL；检测波长278nm；柱温25℃

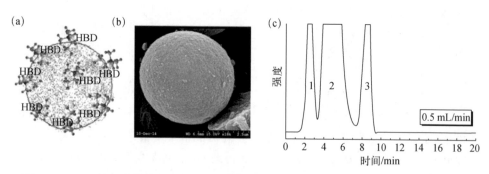

图 4-48　DES 基介孔微球（a，b）和葡聚糖-1、葡聚糖-2、葡聚糖-3 的流出曲线（c）

670kD）、葡聚糖-2（分子量为50kD）和葡聚糖-3（分子量为5kD），流出曲线如图4-48（c）所示，表4-4还总结了不同流速下三个流出峰的保留时间及分离度。上述研究证明了介孔球基低共熔溶剂是一种可用于制备型高性能体积排阻色谱的潜在优良填料。

表4-4　不同的流速下三个流出峰的保留时间及分离度

流速/	保留时间/min			分离度	
（mL/min）	葡聚糖-1	葡聚糖-2	葡聚糖-3	葡聚糖-1 和 2	葡聚糖-2 和 3
0.5	8.81	11.28	—	2.12	—
1.0	5.47	14.61	—	6.39	—
1.5	0.86	2.04	—	2.04	—
0.5	2.51	4.65	8.57	0.86	1.53

4.6　结晶、沉淀

使天然产物从复杂体系中分离的最简单方法之一是让其从溶液中析出。结晶过程包括：①使含有一种或几种所需化合物的溶液达到过饱和；②形成晶核；③晶体生长。结晶过程实质上是一个碰撞过程，分子相互碰撞形成簇晶（即晶核），然后此晶核逐渐生长为具有特征性内部结构和外部形状的结晶。搅拌和过饱和程度等因素都能对结晶过程产生影响。在某些情况下，体系还可能产生共晶，共晶是结构单元中存在两个或两个以上组分的特殊晶体形式，其本质上是一种超分子自组装体系[87]，是热力学、动力学和分子识别平衡的结果。在共晶形成过程中，分子之间的相互作用和空间效应会影响网络的形成，网络的形成直接影响晶体的组成，所以不同分子之间的相互作用主要包括氢键作用、π-π 堆积作用、范德华力作用和卤素键作用。通过与原料自身特性比较，共晶在颜色性能、熔点、溶解度、理化稳定性、结晶度、机械性能等方面都有明显的变化，这为后续处理提供了途径。例如，咖啡因和茶碱可以与丙二酸、马来酸或戊二酸形成共晶体。与活性成分相比，草酸共晶增强了水化稳定性，即使在相对湿度为 98%的环境下，7 周内都不会转化为水合物[88]。

沉淀分离（precipitation）又称沉析分离，是通过改变溶液的物理环境而引起溶质溶解度降低，生成固态凝聚物（aggregates）的现象。该法与结晶法同属固相析出分离技术，是最经典的纯化技术之一，被广泛应用于实验室和工业生产中。沉淀分离的特点是方法简便、经济，实验条件易于满足；操作量大，可用于较大的制备规模；加之近年来一些高选择性的有机沉淀剂和有机共沉淀剂的研究应用，使这类分离方法仍具有一定的生命力。同结晶相比，沉淀是不定形固体颗粒，成分组成较复杂，常混合共沉淀的杂质、沉淀剂，因此其产品纯度一般低于结晶产品；同时若条件控制不当，损失较大。但该技术简单、设备要求不高，成本低、收率高，其浓缩作用常大于纯化作用，一般作为天然产物粗分离手段用于纯化单元的初始阶段。根据沉淀原理及应用对象和范围的差异，沉淀法可分为盐析法、有机溶剂沉淀法、等电点沉淀法、高聚物沉淀法等。

近年来，离子液体由于其特殊的理化性质和分子间的相互作用，在许多化学领域得到了广泛的应用，特别是在工业作物、天然产物的提取和分离领域。一系列离子液体作为环保型溶剂被用于固-液提取和液-液萃取。相关过程结束后，离子液体和目标化合物的有效分离回收仍是一个无法回避的问题，而传统处理方法通常耗时、耗力、耗能、耗试剂或操作复杂。如能通过结晶的途径，使离子液体和目标产物从提取物中析出，则可发挥"一石二鸟"的作用，然后再利用两者性质上的显著差异（如溶解度）实现快速分离，效率大为提高的同时消耗也可极大地减少。笔者团队通过研究发现，由丙基取代的托品醇阳离子与六氟磷酸阴离子形成的 IL（[C_3tr][PF_6]）具有温度敏感性，同时对华山参中具有同类结构母核的生物碱具有理想的定向识别能力，这导致了萃取结束后在低温（5℃）下[C_3tr][PF_6]和莨菪烷生物碱均能从体系中析出而生成共晶的现象。在上述背景的基础上，首次发现了华山参中天然莨菪烷生物碱与[C_3tr][PF_6]所形成的独特共晶体，通过常规低倍率显微镜即可观察发现该共晶体属于典型的棱柱晶体[见图 4-49（a）]，不同于生物碱和离子液体各自单独所形成的针状晶体，且晶型较为规则，其中[C_3tr][PF_6]与生物碱的分子比值为 6∶1。同时，通过红外光谱（IR）、X射线衍射（XRD）、热重法（TG）、核磁共振（NMR）和分子模拟研究了共晶的形成机理[89]，得出溶质分子与溶剂分子的结构相似性不仅可以提高萃取的选择性，而且可以诱导共晶的形成，便于回收的结论。

结晶温度是该例中首先需要考察的一个重要因素，因为热效应是共晶形成的驱动力，结晶温度一旦确定，也就确定了共晶的溶解度和结晶率。通过在不同温度（5℃、10℃、15℃、20℃、25℃）下结晶 2h 来考察结晶温度对共晶质量和生物碱回收率这两个重要指标的影响规律，结果如图 4-49（b）所示。可见随着结晶温度的降低，可得到较高产量的共晶体，同时生物碱回收率也较高。由于环境所提供的能量必须等于或超过晶体形成所需的能量，而且晶体的产量随着实验温度的降低而增加，所以应确保足够低的结晶温度。在这项研究中，共晶主要成分为[C_3Tr][PF_6]，而[C_3Tr][PF_6]属于温度敏感型离子液体，无需极低的环境温度即可以使其溶解度降低到足够低从而形成结晶，这也是本方法的优势之一，过低的温度无疑会增加能耗。其次，结晶时间也是需要考察和优化的一个重要因素。一般来说，结晶时间过短会导致目标产物的结晶不完全；在目标成分已完全形成结晶后，由于体系的潜在不稳定性及共存杂质成分可能产生吸留与包藏，过多的时间将是不必要的和不利的。为了获得理想晶体，应该探索适宜的结晶时间（0.5h、1.0h、1.5h、2.0h、3.0h、6.0h、12.0h）。如图 4-49（c）所示，随着结晶时间的延长，共晶生成量越多，生物碱的回收率越高。另外，生物碱的生成量在结晶 2h 后达到平衡，而生物碱的回收率在 3.0h 后达到平衡；这是因为生物碱作为次要组分，在生成共晶的过程中，对共晶生成质量影响不大。最后，生物碱浓度对结晶速率和共晶组成有很大影响，直接决定了共晶的含量和生物碱的得率，结果如图 4-49（d）所示，随着溶液中浓度的增加，晶体的质量逐渐增加，生物碱的回收率下降。这是由于生物碱浓度的上升会导致晶体质量增加，同时随着体系中同类分子逐步增多，其自身之间作用增强且与离子液体存在竞争性结合，导致生物碱与[C₃Tr][PF₆]结合作用出现了一定程度的削弱，所以生物碱的回收下降。在非等温动力学研究中发现，随着冷却速率增加，结晶速率增加，半结晶时间变小，异相成核越多；而在等温动力学中发现，随着结晶温度的增加，结晶速率降低，半结晶时间增加，在较高温度下，是非均相成核，共晶在三维空间生长。总体来看，二级动力学模型（速率常数 K 为 $6.3781min^{-1}$）更适合拟合生物碱与[C₃Tr][PF₆]共晶的形成，其 R^2 为 0.9997，显著超过一级动力学模型的 0.5948。

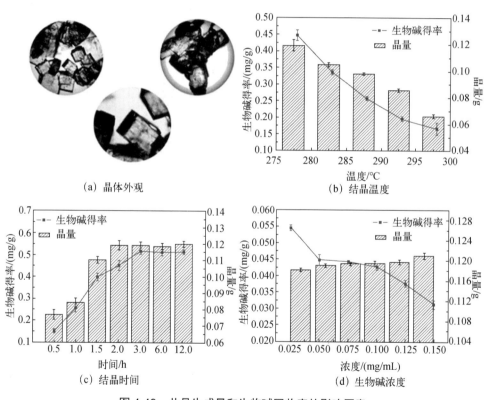

(a) 晶体外观

(b) 结晶温度

(c) 结晶时间

(d) 生物碱浓度

图 4-49　共晶生成量和生物碱回收率的影响因素

　　类似地，笔者团队还建立了基于苯并噻唑离子液体诱导结晶分离盐酸小檗碱的新方法[90]。首次采用苯并噻唑离子液体[C₆Bth][PF₆]和[HBth][BF₄]作为结晶诱导剂从乙醇和甲醇溶液中回收盐酸小檗碱。图 4-50 直观地显示了 IL、IL 与小檗碱的乙醇溶液混合物、混合物依次经过加热和冷却处理后的实验现象。如图 4-50（c）所示，加热后五种离子液体基本上都可以溶解在盐酸小檗碱的乙醇溶液中，基本形成均相，而部分目标生物碱在低温冷冻后会从溶液中沉淀出来。同时，由于在低温环境中溶解度降低，也可以观察到一些离子液体析出。结晶过程结束时，取图 4-50（d）中的上清液，检测目标生物碱的残留浓度，用于计算和比较不同离子液体对生物碱的分离效率，结果发现[C$_6$Bth][PF$_6$]和[HBth][BF$_4$]的性能明显优于其他三种离子液体，可以有效地发挥反溶剂作用诱导晶体的形成。通常含氟离子液体的分离效率明显高于不含氟的离子液体，这可能是由于目标化合物与该原子之间存在更强的相互作用，包括 π–π、离子/电荷和氢键。然而，烷基链长度和阴离子酸度的影响并不明显。接下来优化了 IL 用量、结晶温度和结晶时间等影响结晶效果的参数；在理想分离条件下，[C$_6$Bth][PF$_6$]和[HBth][BF$_4$]在乙醇溶液中的分离效率分别为 98.3%和 92.4%，在甲醇溶液中的分离效率为 95.2%。此外，由于离子液体与盐酸小檗碱的溶解度不同，大大简化了分离过程，避免了目标化合物的进一步纯化和离子液体的回收过程。整个过程非常容易放大。

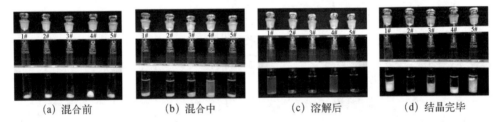

(a) 混合前　　　　　(b) 混合中　　　　　(c) 溶解后　　　　　(d) 结晶完毕

图 4-50　各混合物加热和冷却处理后的状态

从左至右离子液体 1～5 依次为[C$_6$Bth][PF$_6$]、[HBth][CF$_3$SO$_3$]、[HBth][p-TSA]、
[HBth][BF$_4$]和[HBth][CH$_3$SO$_3$]

齐墩果酸（oleanolic acid，OA）与熊果酸（urso1ic acid，UA）互为同分异构体，它们药理作用相似，均具有抗肿瘤、保肝、降血糖、抗炎、免疫调节等作用，表现出广泛的应用前景。但是有研究表明这对同分异构体常表现出不同的药效，同时它们的性质非常相近，分离较为困难。在现有的报道中，分离熊果酸和齐墩果酸常采用柱色谱法乃至模拟移动床装置来实现规模化制备。这些方法对设备要求高，工艺复杂，不利于降低生产成本。有研究者为拓展结晶溶剂的范围、提高熊果酸和齐墩果酸的分离效率，尝试引入离子液体作为结晶溶剂[91]。首先测定了熊果酸和齐墩果酸在六种离子液体（1-乙基-3-甲基咪唑双三氟甲磺酰亚胺盐、1-辛基-3-甲基咪唑四氟硼酸、1-丁基-3-甲基咪唑四氟硼酸、1-丁基-3-甲基咪唑双三氟甲磺酰亚胺盐、1-辛基-3-甲基咪唑双三氟甲磺酰亚胺盐、1-辛基-3-甲基咪唑六氟磷酸）+乙醇溶液中的溶解度数据，结果发

现，在 5% 1-辛基-3-甲基咪唑六氟磷酸-乙醇混合溶液中 UA 和 OA 溶解度差异较大，此外三次多项式模型对相关数据的拟合效果比 Apelblat 方程和范托夫方程均要好。采用单因素实验对结晶分离工艺进行了优化研究，在 1-辛基-3-甲基咪唑六氟磷酸质量分数 5%、熊果酸和齐墩果酸质量比 1.5∶1、结晶温度 30℃、结晶时间 14h 的条件下，结晶产物中齐墩果酸的质量分数可以达到 85%左右。对于分离结束后的母液，可利用离子液体和两种三萜成分之间的极性差异将它们分别回收，一种方法是先回收结晶母液中的乙醇，再加入与离子液体不互溶的低极性溶剂萃取出 UA 和 OA，离子液体就可实现回用；第二种方法是先回收结晶母液中的乙醇，再加入与离子液体可互溶的极性溶剂，但该溶剂可明显降低 UA 和 OA 的溶解度，使它们析出母液。

　　除了从提取液中通过结晶法分离目标物，还可从反应体系中借助（自）沉淀法获得预期产物。近年来，随着寻找化石资源的替代品，将可再生木质纤维素生物质转化为有价值的化学品受到越来越多的关注。葡萄糖酸作为精细化学品在医药和食品工业中有着广泛的应用，氧化纤维素生产葡萄糖酸是最有前途的途径之一。目前常规试验中，在氧气存在条件下，纤维素可以在负载的重金属（如 Au，Pt，Pd）上氧化成葡萄糖酸。近几年，有研究者以 FeCl$_3$·6H$_2$O 和乙二醇为原料合成共熔溶剂（CDES）制备了纤维素高效转化葡萄糖酸的催化剂[92]。更重要的是，在该反应体系中，葡萄糖酸可以通过自沉淀从反应体系中分离出来。该技术反应效率高、产物分离方便，是一种有参考价值的无重金属催化剂参与的节能路线。

参考文献

[1] 张娟娟, 曹树稳, 余燕影. 固定化离子液体吸附黄酮类化合物性能研究[J]. 分析化学, 2009, 12：105-109.

[2] Jiang Y M, Ma X K, Li D, et al. Separation of hinokiflavone from *Selaginella doederleinii* hieron by ionic liquid-modified silica gel[J]. Bangladesh Journal of Botany, 2019, 48（3）：861-868.

[3] Bi W, Tian M, Row K H. Combined application of ionic liquid and hybrid poly（ionic liquid）-bonded silica: An alternative method for extraction, separation and determination of flavonoids from plants[J]. Analytical Letters, 2013, 46（3）：416-428.

[4] Liu H, Li Z, Takafuji M, et al. Octadecylimidazolium ionic liquid-modified magnetic materials: Preparation, adsorption evaluation and their excellent application for honey and cinnamon[J]. Food Chemistry, 2017, 229: 208-214.

[5] 李宇亮, 宁婷婷, 周鲁平, 等. 一种竹叶黄酮纤维素吸附剂, 制备方法及其应用：CN201610647715.5[P]. 2023-08-24.

[6] Zhang W, Feng X T, Yohannes A, et al. Bionic multi-tentacled ionic liquid-modified silica gel for adsorption and separation of polyphenols from green tea（*Camellia sinensis*）leaves[J]. Food Chemistry, 2017: 637-648.

[7] 叶鹤琳, 邱多隆. 一种离子液体修饰的大孔树脂对茶多酚的吸附机理研究[J]. 西北师范大学学报（自然科学版）, 2014, 50：59-64.

[8] 武晓玉, 刘毅, 刘永峰, 等. 新型离子液体修饰大孔吸附树脂吸附性能研究: 中国化学会反应性高分子学

术研讨会论文集[C]. 2014.

[9] Nie L R, Lu J, Zhang W, et al. Ionic liquid-modified silica gel as adsorbents for adsorption and separation of water-soluble phenolic acids from *Salvia militiorrhiza* Bunge[J]. Separation & Purification Technology, 2015, 155: 2-12.

[10] 杜妮, 曹树稳, 余燕影. 固定化离子液体吸附分离八角茴香中莽草酸[J]. 中草药, 2012, 43（009）: 1760-1763.

[11] Li M, Pham P J, Wang T, et al. Selective extraction and enrichment of polyunsaturated fatty acid methyl esters from fish oil by novel π-complexing sorbents[J]. Separation and Purification Technology, 2009, 66（1）: 1-8.

[12] 谢江霞. 聚氯乙烯-吡啶离子液体对牛血清白蛋白的萃取率研究[J]. 长春师范大学学报（自然科学版）, 2020, 39（3）: 109-113.

[13] 刘宇佳, 程德红, 陈旭伟, 等. 聚氯乙烯固定化离子液体及萃取血红蛋白的研究: 第二届全国生命分析化学学术报告与研讨会论文集[C].2008.

[14] Yuan S F, Deng Q L, Fang G Z, et al. A novel ionic liquidpolymer material with high binding capacity for proteins [J]. Journal of Material Chemistry, 2012, 22: 3965-3972.

[15] 刘严道. 磁性低共熔溶剂印迹聚合物的制备及其对蛋白质识别性能的研究[D]. 长沙: 湖南大学, 2017.

[16] Bi W, Tian M, Row K H. Solid-phase extraction of matrine and oxymatrine from *Sophora Flavescens* Ait using amino-imidazolium polymer [J]. Journal of Separation Science, 2010, 33: 1739-1745.

[17] Tian M, Yan H, Row K H. Solid-phase extraction of caffeine and theophylline from green tea by a new ionic liquid-modified functional polymer sorbent [J]. Analytical Letter, 2010, 43: 110-118.

[18] 孙学辉, 王宏伟, 贾云祯, 等. 聚合物离子液体的制备及其吸附性能研究: 中国化学会 2017 全国高分子学术论文报告会论文集[C]. 2017.

[19] 杜妮. 喹啉类固定化离子液体的制备表征及其富集分离酚酸类化合物性能研究[D]. 南昌: 南昌大学, 2011.

[20] 张娟娟. 硅胶固定化离子液体富集分离天然产物中的活性成分[D]. 南昌: 南昌大学, 2010.

[21] 余燕影, 张娟娟, 曹树稳. 固定化离子液体选择性富集分离金边瑞香中的双白瑞香素[C]. 第十六届有机分析与生物分析学术研讨会, 2011, 中国•呼和浩特.

[22] 夏璠. 硅胶固定化离子液体分离芦荟大黄素和木犀草素[D]. 南宁: 广西大学, 2014.

[23] Qian G, Song H, Yao S. Immobilized chiral tropine ionic liquid on silica gel as adsorbent for separation of metal ions and racemic amino acids[J]. Journal of Chromatography A, 2016, 1429: 127-133.

[24] 张玮. 疏水性离子液体萃取分离中草药中阿魏酸和咖啡酸的研究[D]. 南昌: 南昌大学, 2007.

[25] 张香平, 白银鸽, 闫瑞一, 等. 离子液体萃取分离有机物研究进展[J]. 化工进展, 2016, 35（6）: 1587-1605.

[26] 许海洋, 孟祥展, 夏大厦, 等. 功能化离子液体萃取分离甘氨酸[J]. 过程工程学报, 2019, 19（3）: 544-552.

[27] 李雪琴, 郭瑞丽. 疏水性离子液体萃取光甘草定[J]. 化学研究与应用, 2013, 25（2）: 169-173.

[28] 贾梦凡, 何怡琴, 董少奇, 等. 可切换温度响应离子液体-水体系同时萃取和原位富集山药皮黄酮成分的研究[J]. 安徽科技学院学报, 2023, 37（1）: 42-46.

[29] 孟祥河, 刘徐, 刘兴泉, 等. 离子液体萃取大豆毛油中游离脂肪酸的研究[J]. 中国粮油学报, 2018, 33（8）: 31-36.

[30] Bi W, Tian M, Row K H. Ultrasonication-assisted extraction and preconcentration of medicinal products from herb by ionic liquids[J]. Talanta, 2011, 85（1）: 701-706.

[31] Yang Q, Xing H, Cao Y, et al. Selective separation of tocopherol homologues by liquid-liquid extraction using

ionic liquids [J]. Industrial & Engineering Chemistry Research, 2009, 48（13）: 6417-6422.

[32] Lu Y, Yu G, Wang W J, et al. Design and synthesis of thermoresponsive ionic liquid polymer in acetonitrile as a reusable extractant for separation of tocopherol homologues [J]. Macromolecules, 2015, 48: 915-924.

[33] Paradiso, V M, Clemente A, Summo C, et al. Towards green analysis of virgin olive oil phenolic compounds: Extraction by a natural deep eutectic solvent and direct spectrophotometric detection[J]. Food Chemistry, 2016, 212: 43-47.

[34] 王旭苹，周鹏飞，刘学铭，等. 一种超声辅助低共熔溶剂萃取脱除猪油中胆固醇的方法：CN201910452511.X[P]. 2022-08-09.

[35] Abbott A P, Cullis P M, Gibson M J, et al. Extraction of glycerolfrom biodiesel into a eutectic based ionic liquid[J]. Green Chemistry, 2007, 9（8）: 868-872.

[36] Maugeri Z, Leitner W, Marfaa P D D. Practical separation of alcohol-ester mixtures using Deep-Eutectic-Solvents[J]. TetrahedronLetter, 2012, 53（51）: 6968-6971.

[37] Shahbaz K, Mjalli F S, Hashim M A, et al. Using deep-eutectic-solvents based on methyl triphenyl phosphunium bromide for the removal of glycerol from palm-oil-based biodiesel[J]. Energy Fuels, 2011, 25（6）: 2671-2678.

[38] Emad A, Sarwono M, Mohamed H K, Scaling-up liquid-liquid extraction experiments with deep eutectic solvents[J], Biomedical & Chemical Engineering and Materials Science, 2015: 91-95.

[39] Gutowski K E, Broker G A, Willauer H D, et al. Controlling the aqueous miscibility of ionic liquids: aqueous biphasic systems of water-miscible ionic liquids and water-structuring salts for recycle, metathesis, and separations[J]. Journal of the American Chemical Society, 2003, 125（22）: 6632-6633.

[40] 曹婧，范杰平，孔涛，等. 两种离子液体双水相体系萃取葛根素的比较[J]. 时珍国医国药, 2010, 07: 19-20.

[41] 戈延茹，潘如，傅海珍，等. 离子液体双水相溶剂浮选法分离/富集桑黄黄酮类成分[J]. 分析化学, 2012, 40（2）: 317-320.

[42] Wang R, Chang Y, Tan Z J, et al. Applications of choline amino acid ionic liquid in extraction and separation of flavonoids and pectin from ponkan peels[J]. Separation Science and Technology, 2016, 51（6-9）: 1093-1102.

[43] Li S H, He C Y, Liu H W, et al. Ionic liquid-based aqueous two-phase system, A sample pretreatment procedure prior to high-performance liquid chromatography of opium alkaloids[J]. Journal of Chromatography B, 2005, 826（1-2）: 58-62.

[44] Freire M G, Neves C M S S, Marrucho I M, et al. High-performance extraction of alkaloids using aqueous two-phase systems with ionic liquids[J]. Green Chemistry, 2010, 12（10）: 1715-1718.

[45] Passos H, Trindade M P, Vaz T S M, et al. The impact of self-aggregation on the extraction of biomolecules in ionic-liquid-based aqueous two-phase systems[J]. Separation and Purification Technology, 2013, 108: 174-180.

[46] Claudio A F M, Ferreira A M, Freire C S R, et al. Optimization of the gallic acid extraction using ionic-liquid-based aqueous two-phase systems[J]. Separation and Purification Technology, 2012, 97: 142-149.

[47] Claudio A F M, Freire M G, Freire C S R, et al. Extraction of vanillin using ionic-liquid-based aqueous two-phase systems[J]. Separation and Purification Technology, 2010, 75（1）: 39-47.

[48] 黄建林，彭瑾. 儿茶素、白藜芦醇在离子液体双水相体系中的萃取性能研究[J]. 化学与生物工程, 2009, 26（11）: 37-39.

[49] 王军，张艳，时召俊，等. N-乙基-N-丁基吗啉离子液体双水相体系萃取分离蛋白质[J]. 应用化工, 2009,

38（1）：70-72.

[50] 陈梅梅, 袁磊, 高梅, 等. 离子液体双水相提取菜籽粕蛋白及其相行为的研究[J]. 中国粮油学报, 2013, 28（6）：56-61.

[51] 王伟涛, 蒋志国, 张海德, 等. 木瓜蛋白酶在离子液体双水相中的分配行为[J]. 化工学报, 2015, 1：179-185.

[52] 王之俊, 裴渊超, 赵敬, 等. 基于醚基功能化离子液体双水相体系的糖和蛋白质的萃取分离研究：中国化学会第三届全国生物物理化学会议暨国际华人生物物理化学发展论坛论文集[C]. 2014.

[53] 李志勇, 裴渊超, 吴长增, 等. 温度可控离子液体双水相对蛋白质的萃取分离性能：河南省化学会 2010 年学术年会论文摘要集[C]. 2010.

[54] 刘欣欣, 李志勇, 裴渊超, 等. 胆碱离子液体双水相对蛋白质的萃取分离性能：中国化学会第十六届全国化学热力学和热分析学术会议论文集[C]. 2012.

[55] Almeida M R, Passos H, Pereira M M, et al. Ionic liquids as additives to enhance the extraction of antioxidants in aqueous two-phase systems[J]. Separation and Purification Technology, 2014, 128: 1-10.

[56] Santos J H, Silva E, Francisca A, et al. Ionic liquid-based aqueous biphasic systems as a versatile tool for the recovery of antioxidant compounds[J]. Biotechnology Progress, 2015, 31（1）：70-77.

[57] Santos J H P M, Martins M, Silvestre A J D, et al. Fractionation of phenolic compounds from lignin depolymerisation using polymeric aqueous biphasic systems with ionic surfactants as electrolytes[J]. Green Chemistry, 2016, 18（20）：5569-5579.

[58] Tan Z J, Li F F, Xu X L. Isolation and purification of aloe anthraquinones based on an ionic liquid/salt aqueous two-phase system[J]. Separation and Purification Technology, 2012, 98: 150-157.

[59] Keremedchieva R, Svinyarov I, Bogdanov M G. Ionic liquid-based aqueous biphasic systems—A facile approach for ionic liquid regeneration from crude plant extracts. Processes[J]. 2015, 3（4）：769-778.

[60] 张继, 张喜峰, 滕桂香. 利用低共熔溶剂/盐双水相体系萃取锁阳中熊果酸的方法：CN201711157844.7[P]. 2018-04-20.

[61] 张喜峰, 杨生辉, 王丹霞, 等. 一种盐诱导低共熔溶剂萃取肉苁蓉中苯乙醇苷的方法：CN201611124574.5[P]. 2017-05-31.

[62] 周存山, 李墨, 余筱洁, 等. 一种三组分低共熔溶剂双水相萃取 5-羟甲基糠醛的方法：CN201910963357.2[P]. 2020-02-04.

[63] 严宗诚, 尹康玲, 陈砺, 等. 一种利用双水相体系萃取分离丁香酚和丁香酸的方法：CN202110706885.7[P]. 2021-09-10.

[64] 邱舜国. 新型低共熔溶剂/醇双水相体系的构建及其萃取酚类化合物的研究[D]. 广东：华南理工大学, 2020.

[65] 陈砺, 邱舜国, 严宗诚, 等. 一种利用低共熔溶剂/正丙醇双水相体系萃取香草酸的方法：CN201911283845.5[P]. 2021-09-21.

[66] 徐凯佳. 低共熔溶剂应用于生物大分子的分离分析研究[D]. 长沙：湖南大学, 2018.

[67] 王莹, 邢晓玲, 李屿君, 等. 香菇多糖脱蛋白工艺及其抗氧化活性研究[J]. 食品研究与开发, 2020, 41（14）：98-103.

[68] 许攀丽. 低共熔溶剂双水相体系的构建及其用于萃取分离生物大分子和染料的研究[D]. 长沙：湖南大学, 2019.

[69] 张莉莉, 李艳, 高静. 热可逆离子液体-低共熔溶剂双水相体系的相行为及理化特性研究[J]. 化工学报, 2021, 72（5）：2493-2505.

[70] 张莉莉, 高静. 新型离子液体-低共熔溶剂双水相体系提高天然虾青素提取量的研究：中国食品科学技

术学会第十七届年会论文集[C]. 2020.

[71] 曹学丽. 高速逆流色谱分离技术及应用[M]. 化学工业出版社, 2005.

[72] 许丽丽. 离子液体作为 HSCCC 两相溶剂体系的添加剂分离纯化中药中的有效成分[D]. 聊城：聊城大学, 2010.

[73] 李奈. 离子液体新型逆流色谱体系在生物物质分离中的应用[D]. 北京：北京工商大学, 2016.

[74] Cai X, Xiao M, Zou X W, et al. Extraction and separation of flavonoids from Malus hupehensis using high-speed countercurrent chromatography based on deep eutectic solvent[J]. Journal of Chromatography A, 2021, 1641: 461998.

[75] 董红敬, 耿岩玲, 段文娟, 等. 应用离子液体逆流色谱的体系分离制备金银花中绿原酸：全国中药学术研讨会[C]. 2010.

[76] 杨敏丽, 郝凤霞. 金银花中绿原酸的分离纯化工艺研究[J]. 食品科学, 2007, 28（7）：255-259.

[77] 陈小芬. HSCCC 技术分离纯化油菜花粉和茶叶中多酚类化合物的研究[D]. 北京：中国科学院大学, 2013.

[78] 张琳, 赵东保, 李明静, 等. 离子液体在逆流色谱分离怀山药酚性成分中的应用：中国化学会第 27 届学术年会第 09 分会场摘要集[C]. 2010.

[79] 吴楠. 高速逆流色谱分离纯化荷叶中生物碱及鬼箭羽中黄酮的研究[D]. 北京：北京化工大学, 2019.

[80] 陈君. 香菇多糖分离纯化方法探索[D]. 杭州：浙江工业大学, 2014.

[81] Liu S J, Zhou F, Xiao X H, et al. Surface confined ionic liquid-A new stationary phase for the separation of ephedrines in high-performance liquid chromatography[J]. Chinese Chemical Letter, 2004, 15: 1060-1062.

[82] 王一欣. 以离子液体为配基的混合模式色谱固定相制备及其对蛋白质的分离纯化[D]. 西安：西北大学, 2015.

[83] 秦军晓, 王佳菲, 白立改. 基于离子液体的整体柱的制备及其色谱表征：中国化学会第 29 届学术年会摘要集[C].2014.

[84] 张豆豆. 两种离子液体功能化整体柱的制备及其色谱性能研究[D]. 保定：河北大学, 2018.

[85] 刘江. 层析技术在天然产物高纯度精制中的应用和相关理论研究[D]. 北京：清华大学, 2006.

[86] Li X, Lee Y R, Row K H. Synthesis of mesoporous siliceous materials in choline chloride deep eutectic solvents and the application of these materials to high-performance size exclusion chromatography[J]. Chromatographia, 2016, 79（7-8）：375-382.

[87] Desiraju G R, Crystal engineering from molecules materials[J]. Journal of Molecular Structure, 2003, 656（1-3）：5-15.

[88] Trask A V, Motherwell W D S, Jones W. Pharmaceutical cocrystallization: Engineering a remedy for caffeine hydration[J]. Crystal Growth Design, 2005, 5（3）：1013-1021.

[89] Dong B, Tang J, Guo Z X, et al. Simultaneous recovery of ionic liquid and bioactive alkaloids with same tropane nucleus through an unusual co-crystal after extraction[J]. Journal of Molecular Liquids, 2018, 269: 287-297.

[90] Chen C, Song H, He Q, et al. Benzothiazolium ionic liquid-induced crystallization of active alkaloid inits alcoholic solutions[J]. Journal of Molecular Liquids, 2019, 292: 111421.

[91] 高意, 曹亚慧, 范杰平. 离子液体中结晶分离熊果酸和齐墩果酸研究[J]. 化工学报, 2020, 71（8）：3633-3643.

[92] Liu F J, Xue Z M, Zhao X H, et al. Catalytic deep eutectic solvents for highly efficient conversion of cellulose to gluconic acid with gluconic acid self-precipitation separation[J]. Chemical communications, 2018, 54（48）：6140-6143.

第 5 章

新型绿色溶剂参与下的天然产物分析

　　分析科学的经典操作流程包括取样、样品预处理、检验和测定、数据处理和报告。随着人们对环境、人员保护和可持续发展意识的增强，提出了绿色分析化学（green analytical chemistry，GAC）的概念来规范和更新这些过程。GAC 是指不使用或减少使用化学物质，使得能耗最小化，并且适当管理分析废弃物以及提高操作员的安全性；具有微型化、自动化、集成化、无溶剂或少溶剂、快速、高效等优点；目的是实现高效率、低能源和资源消耗、无污染地通过简单操作快速获得最终结果。传统的样品前处理技术使用大量的有毒易挥发有机溶剂，常用溶剂由于分子结构简单，往往具有较低的选择性和识别能力，导致提取对象较为宽泛、溶解机制较为单一、共存溶质较多较杂、耗时长且分离效率低。在过去的几十年中为了克服传统样品前处理技术所存在的上述问题，使分析化学向绿色环境友好型发展，研究人员开发了许多新型样品前处理技术。新技术不仅快速简便、经济、省时省力、便于自动化，而且减少了因不同人员操作或者样品多次转移带来的误差，还可以控制有机溶剂的使用，降低对环境的污染，降低分析所需时间以及分析成本。此外，现有色谱及波谱分析技术所使用的介质也亟待更新，对它们进行持续的推陈出新无疑会对所属相关领域产生明显的促进作用，为提升当前的分析水平、拓展分析对象、完善分析条件提供了无限可能。总而言之，对 GAC 开展创新及深入的研究可以对整个分析科学的发展发挥积极效应。

　　目前，从植物、动物或微生物中获得的不少天然产物已作为安全、有效的原料在医药、食品、保健品、日化品等领域被广泛使用，其中一些正在进入临床试验阶段，由于其在功效上的独特优势（来自大自然，毒副作用小；在治疗疑难杂症以及老药新用上具有广阔的前景）而备受重视。因此，对天然产物进行化学分析、质量评价和控制至关重要。此类对象中所含成分种类复杂多样，且部分成分含量趋于痕量水平，为了减少共存物干扰的同时提高方法的选择性和灵敏度，达到快速、灵敏、准确、简便地对目标化合物进行分析的目的，各种基于新型绿色溶剂的创新技术（包括材料）不断出现，其中部分已经实现了商品化。如前所述，离子液体作为"设计者溶剂"，由体积相对较大、不对称的有机阳离子和体积相对较小的有机或无机阴离子组合而成，是在室温或近于室温环境下呈液态的熔盐体系。其主要特点是几乎没有蒸气压、熔点低、稳定性高、电化学窗口大、极性及 pH 可调，能够溶解许多有机物和无机物。离子液体可以通过分子设计选择适宜的阴、阳离子进行组合，并在结构中引入一个或多个具有特殊功能或性质的官能团，进而产生具有不同理化性质的种类，如温度敏感型离子液体、pH 敏感型离子液体、手性离子液体、配位离子液体、超分子离子液体、磁性离子液体、可生物降解型离子液体、药用离子液体等。自 20 世纪 90 年代后期起，已经有研究证明离子液体在分析化学领域中具有应用潜力，逐渐应用于气相色谱、液-液萃取、液相微萃取、单滴微萃取和固相微萃取、液相色谱和毛细管电色谱等技术中。总之，离子液体已在本领域被越来越多地成功应用证明是名副其实、环境友好的多用途绿色溶剂，有效地增强了普通试剂的功能并极大地改善了使用后者所造成的环境、健康、安全等严重问题，作为传统分析介质的理想替代品已经被相关人员广泛认可和接受，并在天然活性成分分析技术领域多有报道。除离子液体外，低共熔溶剂在应用于分析领域方面也具有很多优势，其合成步骤更简单、原料更廉价、对环境和操作人员更友好；其与生物活性分子之间强有力的氢键相互作用和分子间作用力有利于提高萃取效率，而且一些性质不稳定的生物活性分子也可以在 DES 中稳定存在。将以上两者作为新型绿色溶剂用以发展高效、快速、准确、灵敏、环境友好的分析及前处理技术将不可避免地成为整个学科的热点发展方向之一。

5.1 分析前处理

5.1.1 固相（微）萃取

5.1.1.1 固相萃取

固-液萃取法又被称为固相萃取法（solid-phase extraction, SPE），其基本原理是基于处于溶解状态的样品在固相与液相之间的分配平衡，进而实现样品的分离、纯化和浓缩。主要目的在于降低干扰、富集目标物、提高检测灵敏度等。基本的 SPE 流程包括将样品溶液加到固相（通常是包含吸附剂的柱体）中，洗去无关成分，并用另一种溶剂脱附所需的分析物，分离和富集一步实现。从机理上来看，SPE 分离模式主要分为正相吸附、反相吸附、离子交换、分子筛、免疫亲和等，萃取装置主要包括萃取柱和过滤装置，模式主要包括 SPE 小柱萃取（column solid-phase extraction, CSPE）或分散固相萃取（dispersive solid-phase extraction, DSPE）；后者是将吸附剂直接加入样品液中，然后通过充分分散促进吸附剂颗粒与目标之间的接触。富集完成后，通过离心收集结合了对象物质的吸附剂，再通过洗脱步骤获得进一步分析的样品。总体来看以上技术主要属于吸附类型的萃取技术，选择不同的材料进行萃取至关重要。在相当长的一段时期里，液-液萃取（liquid-liquid extraction, LLE）曾经是在样品预处理的首选技术，但是其缺点明显，包括使用大量的有机溶剂、对设备体积要求较大、操作成本较高，最重要的是不易自动化。相比来看，SPE 技术已取得显著的进展，可以提高分析物的回收率，更有效地将分析物与干扰组分分离，减少样品预处理过程，操作简单、省时、省力。当前，对固相萃取技术的研究主要集中于开发新材料以实现更高的选择性和更高的处理能力。

(1) 离子液体参与的固相萃取

与本节相关的 SPE 常采用反相（如键合 C_8、C_{18}、苯基和丙氰基的硅胶）、正相（未键合硅胶、氧化铝以及键合二醇基、丙胺基的硅胶）、阳离子交换（如键合磺酸钠盐的强阳离子交换型和键合碳酸钠盐的弱阳离子交换型）和阴离子交换（如键合卤代季铵盐的硅胶）等吸附剂。为了提高吸附容量，已经开发了超交联吸附剂；由于具有超高比表面积，它们提供了比常规 SPE 吸附剂更多的相互作用位点。随着亲水性大孔和亲水性超交联吸附剂的引入，原始多孔聚合物的疏水性结构也得到了改善。可以通过引入亲水性前体单体或通过化学改性聚苯乙烯-二乙烯基苯（PS-DVB）聚合物骨架来提高吸附剂的亲水性。目前已成功实现商品化（特别是系列化）的 SPE 填料一般厂家均为使用者提供了较为详细的关于适用分析物的说明以供选择，而未商品化、仅在文献中报道过的填料在研究时也尽可能提供了多种分析物以供比较和机制探索。近年来，IL 通常与不同的材料结合，例如二氧化硅、分子印迹聚合物（MIP）、碳纳米管（CNT）、氧化石墨烯（GO）和磁性纳米颗粒等，被称为固定化离子液体（immobilized ionic liquids 或 supported ionic liquid，SIL，此处借鉴了固定化酶的概念）。SIL 很好地结合了 IL 和固相载体材料的性质优势，并且已被应用于不同天然产物的分析前处理领域中，这类新型填料被证实可以提高富集过程中的选择性，有利于简化后续的净化及检测。下面将对目前所使用的 IL 固定化载体材料及其 SPE 领域的应用进行有针对性的阐述。

① 二氧化硅。通过将离子液体对二氧化硅表面进行物理或化学方法修饰可以制备得到相应的 SIL。物理方式以涂敷、浸渍、包裹为主，化学法则以偶联剂固定阳离子为主，少数情况下固定阴离子或者阴、阳离子均固定。以咪唑类 IL 修饰的二氧化硅为例，第一种制备方法如图 5-1（a）所示：首先将载体颗粒通过强酸处理，提高二氧化硅表面的硅烷醇基团含量的同时消去金属氧化物和含氮杂质，再将活化的载体颗粒与硅烷偶联剂反应得到氯丙基二氧化硅，并与咪唑或咪唑衍生物反应，得到的产物还可以与其他阴离子进行交换，从而得到所需的离子液体修饰的二氧化硅。第二种制备方法如图 5-1（b）所示：硅烷偶联剂和咪唑（或任何咪唑鎓衍生物）首先反应，然后将连有偶联剂的 IL 与活化的二氧化硅颗粒继续反应得到预期产物。当然，也可以在载体层表面以物理负载法形成动态的 IL 层[图 5-1（c）]。

离子液体修饰的二氧化硅吸附剂在天然产物的前处理分析中得到广泛应用，例如对丹参酮（中性成分）、甘草酸（酸性成分）和苦参碱（碱性成分）等都有较好的富集效果。研究人员曾以离子液体改性的二氧化硅用作固相萃取吸附剂，成功从甘草中萃取出甘草苷和甘草酸[1]。和以水、甲醇、甲醇-水作为不同洗脱剂进行对比后发现离子液体改性后的二氧化硅吸附剂比传统的 C_{18} 吸附剂具有更高的选择性。最后定量分析采用 C_{18} 色谱柱进行，得到的结果表明该方法能够很好地用于检测市场上销售的中草药中甘草苷和甘草酸的含量。该团队还以同样的方式制备离子液体 1-丙基-3-甲基咪唑氯盐[C_3mim][Cl]改性的无定形颗粒作为吸附剂，从丹参提取液中成功萃取出隐丹参酮、丹参酮I和丹参酮IIA[2]。还有的研究人员利用硅胶固载的 1-己基-3-甲基咪唑氯盐[C_6mim][Cl]以固相分散法富集了蜂房中的黄酮类化合物，在该研究工作中选择了简单的直接浸渍法，即以硅胶和离子液体甲醇溶液充分混合并脱溶剂后制得硅胶固载离子液体（当含 10%的 IL 时最优）；然后将样品和该固相萃取剂以质量比为 1：4 混合研磨均匀，再装入玻璃柱中先后用正己烷（去低极性杂质）和甲醇洗脱，并以 HPLC 分析产物中目标组分含量，发现白杨素、山奈素和桑色素的回收率在 83.73%～95.32%[3]。

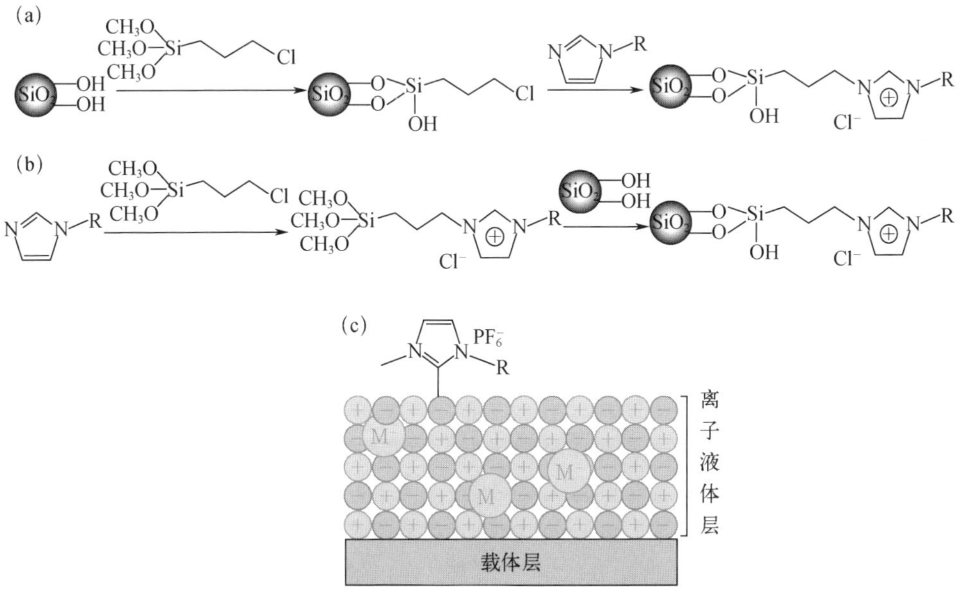

图 5-1　硅基负载离子液体相（SILP）的三种典型制备方法[4]

马兜铃酸（aristolochic acid，AA）也被称为马兜铃总酸、增噬力酸或木通甲素，是一类硝基菲羧酸，这类化合物天然存在于马兜铃属及细辛属等马兜铃科植物中。相关植物在亚洲国家被广泛用作草药，但有研究人员报道马兜铃酸具有相当大的危害性，可引起肾衰竭、多器官肿瘤、癌症等多种疾病。为简便、高效地从真实样品中富集和检测马兜铃酸，制备了一种新型双离子液体固定化硅胶[5]。首先将 40.0mL 作为偶联化合物的（3-氯丙基）三甲氧基硅烷与 30.0g 活化后的硅胶在 80.0mL 甲苯中混合，然后100℃加热反应12 h得到3-氯丙基固定化硅胶（Cl@Sil）。随后，30.0g Cl@Sil、25.0g咪唑、20.0mL三乙胺和80.0mL甲苯100℃搅拌8h得到咪唑固定化硅胶（Imizadole@Sil）。8.0g Imizadole@Sil与80.0mL甲苯和10.0mL 1, 4-二氯乙烷混合，然后100℃反应12h之后得到氯化IL改性硅胶（Cl-BIM@Sil）。最后，1.5 g Cl-BIM@Sil与相同物质的量的1-丁基咪唑反应得到咪唑氯盐-丁基咪唑氯盐固定化硅胶（IM-BIM@Sil）。在60℃的甲醇-水（体积比60：40）溶液中，IM-BIM@Sil与其他SPE材料的吸附率相比为最高（16.69mg/g）；将其用于固相萃取可以从9种天然样品中富集（2.4～70.9）×10^{-3}mg/g的马兜铃酸，回收率为70.0%～110.6%，相对标准偏差为3.5%～9.1%。

　　② 分子印迹聚合物。分子印迹聚合物（molecular imprinted polymer，MIP）是具有选择性识别能力的吸附材料，在模板（客体）分子存在的情况下，由功能性单体和交联剂单体共聚而成，然后采用简单的方式将模板从体系中移除。由于具有与特定目标分析物相结合的暴露官能团的空腔，MIP对复杂样品中的模板分子具有选择性识别能力，从而与其他共存物分开。其主要的合成方法有本体聚合法、沉淀聚合法、微乳液聚合法、悬浮聚合法、原位聚合法、多步溶胀聚合法以及原位电聚合法等。虽然MIP具有分子识别特性，并在SPE领域中被广泛应用，但是目前较少将其应用于水溶液环境中（如天然产物水提液），因为模板与单体复合物之间的相互作用容易被水分子破坏，导致模板泄漏，从而降低选择性；而且无模板空穴的部分表面还会产生非特异性吸附。同时其吸附量偏低，故用于分析多过用于制备，这点有待通过结构主体的更新进行增强。为了解决以上问题，开发基于强静电相互作用的MIP是一个有前途的研究方向。因为具有特定官能团的离子液体可以取代非特异性或偶联性较差的基团，与目标分子产生较强的相互作用，从而克服现有不足。除了提高选择性外，将IL与MIP结合还可大大提高吸附能力。总体上，IL已被用作固相萃取材料的有机表面改性剂、致孔剂以及具有独特功能的单体等。

　　最初，IL在MIP的制备过程中多被用来作为溶剂和致孔剂，以提高特异识别性和结合能力，在相关应用中发挥较为次要的角色；尤其是和较为廉价的常用盐类致孔剂相比，其优势并不突出，所以越来越多的研究者考虑将IL用作制备MIP的功能单体，这样意义更为明显。在Tashakkori的研究中[6]，使用磁性离子液体1-烯丙基-3-辛基咪唑四氯高铁酸盐作为功能性单体，绿原酸作为模板分子，通过悬浮聚合制备MIP，所得到的磁性聚合物被用于富集酚酸类成分（没食子酸、原儿茶酸、绿原酸、咖啡酸、对香豆酸和阿魏酸），然后进行HPLC分析。由于有些天然模板分子价格太高，限制了相关MIP的开发，以伪模板（"dummy" template）合成的印迹材料可有效解决费用高昂、模板不易洗脱和容易渗漏等问题。如Li研究小组使用可聚合咪唑合成了一种新的氨基酸IL（1-丁基-3-乙烯基咪唑氨基氢化肉桂酸[C₄vim][Phe]），并分别以该IL的阳、阴离子作为离子对伪模板和功能单体，4-乙烯基吡啶（4-VP）和乙二醇二甲基丙烯酸酯分别被用作辅助单体和交联剂，在聚（二乙烯基苯）微球上制备了L-苯丙氨酸伪印迹聚合物（"dummy" MIP），进而有效地从 L-组氨酸 (His) 和 L-色氨酸 (Trp) 中分离了 L-苯丙氨酸（Phe），分离因子分别为 5.68 和 2.68[见图 5-2 (b)]。上述结果表明可聚合离子液体作为虚拟模板可以提高分子印迹聚合物的亲和力和选择性[7]。

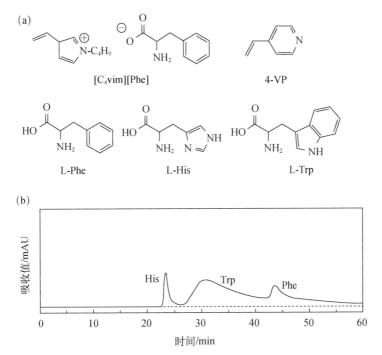

图 5-2　离子液体、功能单体、模板分子及类似物结构（a）和色谱分离结果（b）[7]

固定相为基于[C₄vim][Phe]的伪印迹聚合物，流动相为 10mmol/L 磷酸缓冲液，pH=8.04；4℃，

0.07mL/min，218nm

　　另外，将基于离子液体的分子印迹材料进一步负载在固相材料（如二氧化硅或多孔聚合物）上也是一个可以实现创新的方向。由于载体材料具有多孔和比表面积大的结构特点，可增加聚合物与目标化合物之间的相互作用。当采用二氧化硅作为载体时，一个典型的制备方法如图 5-3 (a) 所示：首先将离子液体固定在二氧化硅载体上，再添加模板形成表面印迹结构。在 Tian 等[8]的研究中，使用所制备的分子印迹离子液体改性硅胶作为 SPE 吸附剂从丹参提取物中选择性富集隐丹参酮、丹参酮I和丹参酮IIA，结果表明其选择性比离子液体改性硅胶、传统硅胶和 C₁₈ 柱更高。同时也有报道指出，可将离子液体分子印迹材料固定在多孔聚合物载体上，其制备方法如图 5-3 (b) 所示[9]。在此策略引导下，该课题组又制备了一种具有较大比表面积以及大量官能团的离子液体改性分子印迹多孔聚合物，并将其成功用于 SPE 技术中；结果证明对于从丹参提取物中选择性富集隐丹参酮、丹参酮I和丹参酮IIA 同样具有理想的效果[图 5-3 (c)、图 5-3 (d)][9]。

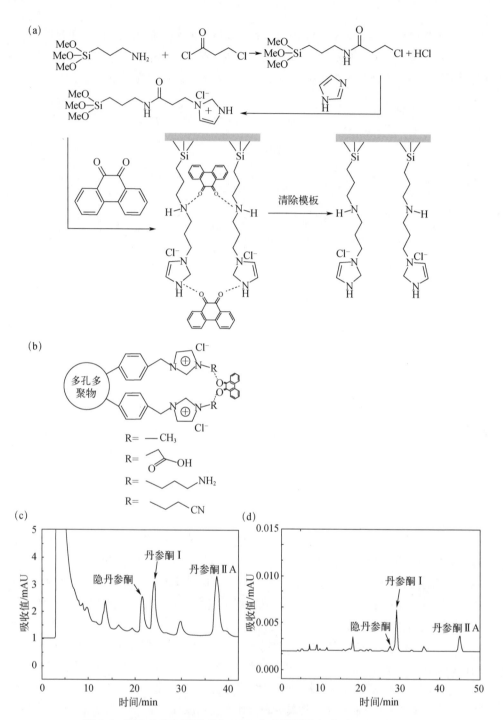

图 5-3　固定化离子液体参与 MIP 合成的两种方法（a，b）以及
分别用甲醇洗脱时含有目标物的液相色谱图（c，d）[8，9]

③ 碳纳米管（carbon nanotube，CNT）。碳纳米管的概念最早在 1991 年由 Iijima 提出，它由一个或多个石墨烯片自身包裹而成，形成长度大于 20μm、半径小于 100nm 的圆柱形状。使用中常见两种类型，分别是单壁碳纳米管（single-walled carbon nanotube，SWCNT）和多壁碳纳米管（multi-walled carbon nanotube，MWCNT）。多壁碳纳米管包含多个石墨烯薄片，而单壁碳纳米管只包含一个薄片。碳纳米管结构具有特殊优势，例如大比表面积、丰富的电子芳族结构、优异的理化和电学性能以及可以在表面进行改性的特点，现已被广泛应用于医学、环境工程、电气工程和材料科学等领域。将 IL 通过物理负载或化学修饰的方法与 CNT 结合后，可以在许多类型化合物的分析中体现出优异的富集性能。例如研究人员开发了一种基于 IL 包覆的 MWCNT@SiO$_2$ 纳米微粒，进而建立了一种快速、灵敏、绿色的混合半胶束固相萃取技术，对尿液样品中的三种黄酮类化合物进行高效液相色谱分析[10]。实验结果表明，MWCNT@SiO$_2$ 纳米微粒具有较高的比表面积和吸附性能，是一种理想的天然产物分析前处理材料。此外，混合半胶束与黄酮类化合物之间的 π-π 作用、疏水作用和静电作用使其具有较高的萃取效率和萃取容量。这种基于 MWCNT 和 IL 的吸附剂为生物样品中痕量化合物的富集提供了一种新的选择。

④ 氧化石墨烯（graphene oxide，GO）。氧化石墨烯表面和边缘有各种基团，如羟基、环氧基团和羧基等，这些基团可以加强其与目标物的相互作用，例如 n-π、π-π、氢键、分散、偶极和静电相互作用等。此外，可以通过简单的步骤使得石墨烯表面氧化，从而提高目标分析物如多糖、蛋白质等的萃取效率和选择性。因此，石墨烯和氧化石墨烯作为一种二维纳米材料，在样品制备方面引起了人们极大的兴趣。Farzin 及其同事合成了 GO/Fe$_3$O$_4$ 纳米复合材料，然后用离子液体 1, 3-二癸基-2-甲基咪唑氯盐对其进行改性，从而获得了一种良好的血红素吸附剂。在最佳条件下，富集因子为 96，校准曲线在 4.8～730μg/L 范围内呈线性，检出限为 3.0μg/L；单一吸附剂重复性和吸附剂间重现性的相对标准偏差（RSD）分别小于 3.9% 和 10.2%（n=5）。该方法通过在过量（480 倍）Fe^{3+} 存在的情况下测定血清血红素而得到验证且无明显干扰。结果与使用商业血红素测定试剂盒获得的结果对比后表明具有很好的富集效果[11]。

⑤ 有机骨（框）架类（organic framework，OF）。骨架材料因具有固定且有序的贯通孔道结构在吸附分离领域具有独特的优势。此类材料中关注度大、极具代表性的有三类：共价有机骨架（covalent organic framework，COF）、金属有机骨架（metal organic framework，MOF）和氢键有机骨架（H-bonded organic framework，HOF）。金属有机骨架是由无机金属中心（金属离子或金属簇）与桥连的有机配体通过自组装相互连接，形成的一类具有周期性网络结构的晶态多孔材料。共价有机骨架是一类通过有机前体之间的反应、基于共价键连接形成二维或三维结构的材料，形成强共价键，从而提供多孔、稳定和结晶材料。研究人员通过优化合成控制和前体选择，可获得精准、有序、具有高度优先的结构取向和性能的纳米多孔结构，氢键有机骨架材料则是

一类仅由有机构筑单元通过分子间氢键自组装而构筑的有序框架材料，主要是由轻元素（C、H、O、N、B 等）组成的有机小分子构筑单元通过氢键、π-π 堆积以及范德华力自组装而成，兼具了金属有机骨架和共价有机骨架两类多孔晶体材料的优点，也是三者中最容易循环利用的一种。从发展趋势来看，三者的界限会越来越模糊，彼此之间的借鉴会越来越多，更多是利用制备 MOF 的策略制备 COF 和 HOF。由于它们都具有大比表面积和多孔的结构，所以是 IL 的良好载体；实现固载的方式较多，其中比较简单的有浸渍、加液研磨、超声分散等物理途径。

笔者团队采用简单、有效、稳定的方式将一类多孔材料金属有机骨架与天然托品烷类生物碱结构相似的托品醇离子液体结合，对祛痰类中成药——华山参片中的主要生物碱成分进行了定量分析。首先使用三种 MOF（MIL-101、HKUST-1 和 ZIF-8）与一种基于托品醇的 IL（正丙基取代托品醇六氟磷酸盐，$[C_3Tr][PF_6]$）采用"瓶中造船法"形成复合物。进而研究了该 IL/MOF 复合物（IL@MOF）作为分散固相萃取富集华山参片中托品类生物碱的性能（图 5-4）。结果表明：$[C_3Tr][PF_6]$@MIL-101 具有良好的吸附性能，萃取回收率为 91.5%～104.7%（RSD<5%）；检测限为 10～20μg/L，线性范围为 100～500μg/L；SPE 过程结束后用乙腈洗脱，在循环使用 6 次后未见明显的性能下降。本研究证明与目标物母核相同、结构相似的吸附剂可有效用于前者的定量前富集过程[12]。

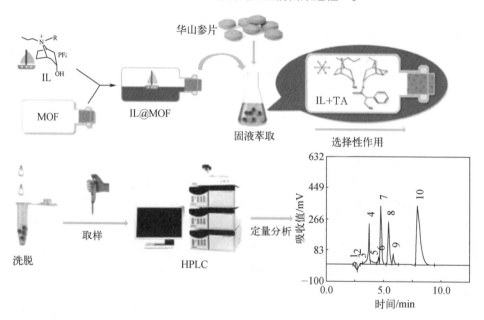

图 5-4　DSPE 富集托品烷类生物碱的示意图[12]

上述各例的离子液体参与的天然产物固相萃取研究具体信息包含于表 5-1 中，读者可对其中主要的实验体系和技术指标进行全面比较。

表 5-1　离子液体参与的天然产物固相萃取

分析物	吸附剂	离子液体	样品	检测手段	检测限/(μg/L)	定量限/(μg/L)	RSD/%	线性范围/(μg/L)	回收率/%	参考文献
酚酸	磁性离子液体伪分子印迹聚合物	1-烯丙基-3-辛基咪唑四氯高铁酸盐	苹果	高效液相色谱（HPLC）	0.31~1.65	0.92~4.72	—	—	>81	[6]
L-苯丙氨酸	L-苯丙氨酸伪分子印迹聚合物	1-丁基-3-乙烯基咪唑氨基氢化肉桂酸	氨基酸混合物	紫外光谱（UV）	—	—	—	5~1000	—	[7]
丹参酮I、丹参酮IIA和丹参酸	L-苯丙氨酸伪分子印迹微球	咪唑氯盐	丹参	高效液相色谱（HPLC）	76~93	—	3.4~4.3	—	87.5~90.6	[8]
黄酮类化合物	磁性碳纳米管（MCNT）和离子液体（IL）的混合半胶束	1-十六烷基-3-甲基咪唑溴盐	尿液	高效液相色谱（HPLC）	0.20~0.75	1.0~1.5	3.4~5.0	1.0~1500	97.7~107.5	[10]
血红素	离子液体包覆 Fe_3O_4/氧化石墨烯（GO）纳米复合材料	1,3-二癸基-2-甲基咪唑氯盐	血清	火焰原子吸收分光光度法（FAAS）	3.0	—	3.9~10.2	4.8~730.0	—	[11]
阿托品、东莨菪碱	[C₃Tr][PF₆]@MIL-101	N-丙基托品醇六氟磷酸盐	华山参片	高效液相色谱（HPLC）	10~20	—	—	100~500	91.5~104.7	[12]
槲皮素、木犀草素、山柰酚和芹菜素	聚离子液体@氧化石墨烯（GO）@硅胶（Sil）	1-乙烯基-3-己基咪唑六氟磷酸盐	尿液	高效液相色谱（HPLC）	0.1~0.5	—	3.4~10.4	0.5~50	5.96~81.44	[13]
甘草苷和甘草酸	离子液体基二氧化硅	2-乙基-4-甲基咪唑	甘草	高效液相色谱（HPLC）	365~464	—	0.34~0.59	—	80.0~90.3	[13]

(2) 低共熔溶剂参与的固相萃取

总体来看，低共熔溶剂主要可作为 SPE 制备中的分散剂、功能物或洗脱剂（如摩尔比为 1∶2 的氯化胆碱-甘油和氯化胆碱-尿素，这两种 DES 的甲醇溶液可作为天然产物固相萃取后的洗脱剂，回收率比普通溶剂高）；2021 年有一个特别的案例同时实现了 DES 的多种用途[14]，活性炭在气流的推动下分散在整个体系中完成萃取，并在表面活性剂（月桂基甜菜碱）和气泡的帮助下漂浮在溶液的顶部，将其收集后在超声处理下用四丁基氯化铵-丙酸脱附。获得相应吸附剂最简单的方式是将 DES 与硅胶、氧化铝等常见载体充分混匀后洗去结合不稳定的 DES 即可。

（3-氨基丙基）三乙氧基硅烷（APTES）是一种氨基硅烷，主要用于氧化铝和二氧化硅等多种表面的化学修饰，可用作聚合物和基底材料之间的助黏剂，也可用于表面分子固定。甲基丙烯酸在制备离子交换树脂、聚合分离膜、高分子表面活性剂、医用材料和黏合剂等方面被广泛应用，既可以自聚合，还可以与含有活性基团的化合物反应从而获得具有特定功能的共聚物。可以将杂化单体（3-氨丙基三乙氧基硅烷和甲基丙烯酸，APTES-MAA）和 DES 单体作为复合功能单体，采用原位聚合法、以二甲基丙烯酸乙二醇酯（EDMA）为交联剂合成杂化整体柱。在最佳萃取条件下，牛血清白蛋白（BSA）回收率达到 96.2%。该固相萃取整体柱可以成功分离牛血清白蛋白和细胞色素 C，同时对这两种蛋白能实现较好的富集和检测[15]。

如前所述，磁性固相萃取技术（magnetic solid phase extraction，MSPE）是以功能化磁性纳米材料作为萃取剂的现代分离分析技术，具有操作简单和分离迅速的优点，还可以结合微流控芯片进行高通量自动化检测分析物。如以氯化胆碱为氢键受体，衣康酸和 3-巯基丙酸为混合氢键供体合成一种三元巯基型低共熔溶剂（TSH-DES），进而将其修饰在磁性氧化石墨烯（Fe_3O_4@GO）上，形成新型巯基功能化的磁性纳米材料（THS-DES-Fe_3O_4@GO）后结合外磁场完成固相萃取全过程。还可将甲基丙烯酸-苄基季铵盐系列聚合低共熔溶剂（PDES）修饰在改性后的磁性环糊精纳米材料表面（M-β-CD@PDES）用于卵清蛋白（OVA）的富集；在优化条件下，M-β-CD@PDES 对 OVA 的萃取容量可达到 151.62mg/g。当选用（3-丙烯酰胺丙基）三甲基氯化铵和木糖醇形成低共熔溶剂（APTMAC-Xyl），再将其聚合修饰在磁性碳纳米管（M-CNT）表面后，可获得磁性萃取剂（M-CNT@PDES），对牛血清白蛋白（BSA）进行磁性固相萃取时最优条件下萃取容量为 225.15mg/g[16]。Xu 等采用氯化胆碱-衣康酸（ChCl/IA）为单体、十二烷基硫酸钠为乳化剂、N,N-亚甲基双丙烯酰胺（MBAAm）为交联剂，基于一系列操作在被 3-（三甲氧基甲硅烷基）-甲基丙烯酸丙酯（MPS）修饰的 Fe_3O_4@SiO_2 微球表面通过种子乳液聚合法（seeded emulsion polymerization）制备了可用于富集胰蛋白酶的磁性 SPE 微球[17]。也有将 N-异丙基丙烯酰胺-（3-丙烯酰胺丙基）三甲基氯化铵（1∶1）DES 作为功能单体，结合石墨、氯化铁、二氧化硅等原料复合而获得磁性温敏型 MIP；通过此途径可以提升印迹产物的吸附能力，而且重复使用性较高。将其与 HPLC 相结合，可准确分析决明子中大黄酸以及三萜皂苷、马兜铃酸等对象[18]。还有一种便捷的策略是，先通过化学共沉淀法制备磁性多壁碳纳米管，使得铁氧键形成，为多壁碳纳米管增加磁性；随后通过涡旋、超声将亲水性 DES 和磁性碳纳米管混合至形成凝胶状黑色纳米流体，即为最终的 MSPE 材料。亲水性 DES 可解开 CNT 潜在的纳米离子簇，减少缠结，从而增加与分析物的接触面积，改善提取效率[19]。

5.1.1.2　固相微萃取

（1）基本原理

固相微萃取（solid-phase microextraction，SPME）于 20 世纪 90 年代初由 Arthur 和 Pawliszyn 首次开发，是一种高效的采样和样品制备技术，常用装置主要是外涂有适当萃取相的熔融石英纤维。SPME 是一种简单、快速、可靠、低成本且易于自动化的采样和样品富集技术，可最大限度地减少处理环节和溶剂消耗。作为一种无溶剂、微型化的固相萃取技术，相比 SPE 更容易实现便携化、现场分析和在线联机使用；它在固相萃取的基础上克服了回收率低、吸附剂孔道易堵塞的缺点，集采样、萃取、浓缩、进样于一体，省时省力、无需溶剂，具有较高的选择性和灵敏度，从而逐渐替代了传统的液-液萃取和固相萃取。以最为常见的纤维式微萃取（SPME）为例，由支撑层、吸附剂涂层和保护层（特别是对于复杂基质时需要）组成，其中吸附剂涂层扮演最为关键的角色；根据目标天然产物与涂层所含功能介质之间"相似相溶"的原则，可将组分从具有多种共存成分的复杂样品中萃取出来并实现富集。SPME 可以与不同的仪器配置（UV、GC、GC/MS、HPLC、LC/MS、UPLC 和 UPLC/MS）耦合，已在一系列天然产物（如多糖、酚类、黄酮、生物碱、萜烯类、皂苷类等）样品的前处理过程中得到广泛应用。多年来 SPME 在理论和实践方面不断发展，包括开发新的萃取装置并对其改进、加强本技术的处理能力和自动化等。

SPME 过程包括两个基本步骤：①分析物在萃取相和样品之间分配；②将浓缩的萃取物解吸到分析仪器中。其中步骤①为核心步骤，基于样品基质和萃取相之间的分析物分配平衡。当采用直接浸入和顶空萃取两种不同途径时，各自原理分别由式（5-1）和式（5-2）表示。

$$n_e = \frac{K_{fs}V_eV_f}{K_{fs}V_f + V_e}C_s \tag{5-1}$$

$$n_e = \frac{K_{fs}V_fC_sV_e}{K_{fs}V_f + K_{hs}V_h + V_e} \tag{5-2}$$

式中，n_e 为平衡时分析物的提取量；K_{fs} 为分析物在涂层和样品之间的分布系数；V_e 为萃取相的体积；V_f 为样品的体积；C_s 为样品中的分析物浓度；K_{hs} 为顶空萃取中气体/样品矩阵分布常数；V_h 为顶空萃取的体积。

在式（5-1）中，n_e 与 K_{fs}、V_e 和 C_s 成正比。如果样品体积与涂层相比非常大（例如将其用于体内或现场时），此时 $V_f \gg K_{fs}V_f$，则式（5-1）可以转化为式（5-3）。

$$n_e = K_{fs}V_eC_s \tag{5-3}$$

基于以上公式，可以通过两种不同的途径来提高 SPME 技术中的萃取效率：①增加 K_{fs}；②增加萃取相的体积以及涂层的有效表面积。目前主要集中于从支撑层形状和涂层两大方面对 SPME 进行改进，并开发不同操作装置和设备来提高萃取效率，近年来已取得了显著进步。

（2）不同固相微萃取装置

由上节固相微萃取的原理可以看到，为了提高富集倍数和萃取效率，可以通过改进支撑层的形状以及涂层两方面进行改进。在装置的形状方面，目前发展出的 SPME 吸附装置可以分为静态容器内微萃取和动态内流微萃取，如图 5-5 所示。通常在搅拌样品中进行的静态萃取技术包括纤维式微萃取（fiber SPME）、薄膜微萃取（thin-film microextraction，TFME）、旋转盘吸附萃取（rotating disk sorptive extraction，RDSE）、搅拌棒吸附萃取（stir-bar sorptive extraction，SBSE）和分散固相微萃取（dispersive SPME，DSPME）；动态萃取（solid phase dynamic extraction，SPDE）技术包括毛细管微萃取（capillary microextraction，CME）技术、填充针内微萃取（packed-needle microextraction，PNME）、针内微萃取（in needle）以及尖端微萃取（in tip）。近年来，基于离子液体和低共熔溶剂的吸附剂已成为有潜力的固相微萃取吸附剂，起初一次性离子液体涂层首先在顶空 SPME 中得以应用，相对于商业化的 PDMS 涂层[即 poly（dimethylsiloxane）]，该涂层具有更低的检出限。此后研究人员测试了多种方法，以纤维涂层的形式以及具有可控的涂层厚度的方式来固定各类新型绿色溶剂。与现有商业涂层相比，结构可以设计的离子态介质因其可调节的理化性质有效地增强了 SPME 选择性富集不同天然产物的萃取能力。

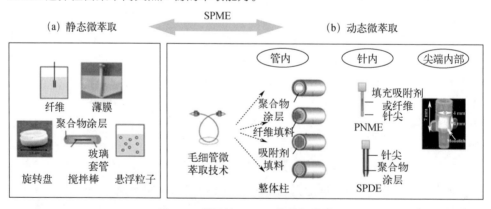

图 5-5　常见的 SPME 技术及装置

在众多创新的微萃取装置中，RDSE 形式较为特别，由于旋转盘相比于搅拌棒可以提供更高的表面积并且圆盘具有更高的孔隙率，从而增强了分析物在萃取相中的扩散。RDSE 由包含磁棒的聚四氟乙烯以及包覆在圆盘上的聚二甲硅氧烷（polydimethylsiloxane，PDMS）薄膜组成[如图 5-5（a）所示]。不同于 SBSE 的是，这种装置可防止萃取介质与容器直接接触、摩擦与撞击，在相同的条件下比 SBME 的回收率更高、平衡时间更短，但是 RDSE 和 SBME 同样存在的不足在于多数情况下采用商业非极性的 PDMS 作为萃取相，且二者因为提取时间较长和可移植性差的缺点而不利于应用于现场分析。于是研发人员将装置中挖出一个空腔，填入吸附剂颗粒，这种方式使得种类繁多的商品化及实验室合成的 SPE 吸附剂轻松装载在装置中从而提高了 RDSE 萃取方法的通用性。在 Fiscal Ladino 团队的研究中，将离子液体 1-十六烷基-3-甲基咪唑溴盐[C_{16}mim][Br]改性的蒙脱石装入上述 RDSE 装置中，结果表明基于该 IL 的 RDSE 表现出较高的萃取率[20]。

(3) 固相微萃取支持相和基于离子液体的吸附剂材料

总体来看，SPME 和 SPE 使用的吸附剂类似，可互相借鉴。目前已有多种方法被用来固定不同的介质，这些方法以可控的厚度将涂层固定在纤维上。除了浸渍和聚合方法之外，使用广泛的技术还包括溶胶-凝胶技术、电化学和电纺丝方法等。其中首要的问题是选择合适的固载相，再采用科学、高效和绿色的技术途径实现 SPME 吸附剂的制备。

①SPME 支持相。从目前来看，由于石英纤维具有理化性质以及热稳定性，SPME 涂层大多负载在石英纤维上。然而，由于二氧化硅负载的纤维有易碎的缺点，石英纤维已慢慢由金属丝取代，如不锈钢、银、铂、金或铝，增加了光纤的整体寿命。然而，金属载体的一个缺点是它们可能与某些对象（例如含双键类成分、胺等）发生反应，因此限制了其应用范围。

②基于离子液体的 SPME 萃取剂。在纤维式固相萃取中，有大量研究使用基于离子液体（以含[PF_6]$^-$、[BF_4]$^-$和[NTf_2]$^-$的 IL 为主）的材料作为涂层，并可与前面介绍的分子印迹等材料相结合，具体分类如图 5-6 所示。

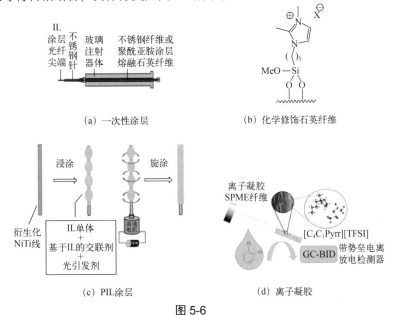

(a) 一次性涂层　　　　　　　　(b) 化学修饰石英纤维

(c) PIL涂层　　　　　　　　(d) 离子凝胶

图 5-6

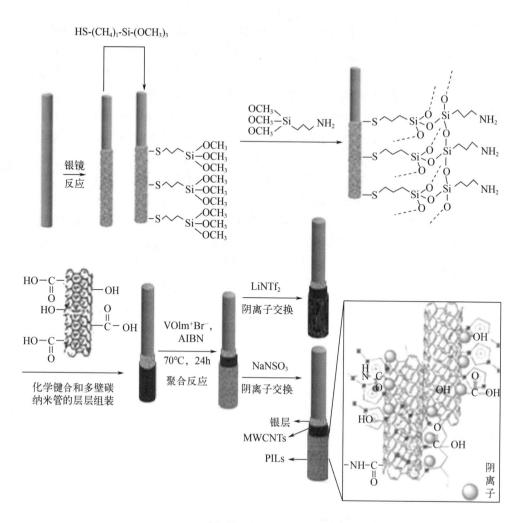

（e）基于离子液体的导电聚合物

图 5-6 采用离子液体作为 SPME 涂层对涂层技术和涂层材料进行的主要改进[21-25]

a. 一次性 IL 涂层。首先，最方便的方法是采用物理涂覆的形式将 IL 涂覆在 SPME 纤维表层。IL 相对较大的黏度有助于其在 SPME 纤维上形成涂层，并便于在注入样品后清洗。另一方面，当分析物在 GC 的进样口热解吸时，IL 的不挥发性和良好的热稳定性可确保其在纤维上持续发挥作用。由于涂覆操作简单，涂层相对较薄，会导致一些 IL 膜在工作时流失，故灵敏度、重现性和稳定性较低。具有一次性 IL 涂层的石英纤维的主要优点是成本非常低，每次测定仅消耗非常少量的 IL[21]。

b. IL 化学改性石英纤维涂层。由于 IL 本身会因为黏度降低而从石英纤维上流失，导致相应的 SPME 介质不能反复再用，每次使用前都需要重新进行涂布覆盖。现有多种手段可解决这一问题，比如，先用杜邦公司的 Nafion 薄膜对纤维进行处理，这样涂布一种 IL 后，还可以通过 Nafion 薄膜本身的静电作用，使得纤维可以容纳更多此类 IL。另外在 IL 涂布前，可利用氟化氢铵对石英纤维进行化学蚀刻，从而加大后者表面积，结果提示蚀刻过的载体能获得五倍的[C$_4$mim][PF$_6$]负载量提升。后又有研发人员通过硅烷化，把 1-甲基-3-（3-三甲氧基甲硅烷基丙基）咪唑双（三氟甲基磺酰基）酰亚胺[MTPim][NTf$_2$]交联到熔融二氧化硅纤维的表面[22]；此固定化技术大大改善了 IL 的机械性和热稳定性，从而使得该纤维载体能反复使用超过 16 次（提取温度 40℃，提取时间 12min，解吸时间 30s），没有任何显著的 IL 膜损失，表现出比一次性 IL 涂层更好的热稳定性（220℃）和耐久性。与商业 SPME 纤维相比，可重复使用的 IL 化学修饰 SPME 纤维具有成本低、易制备、操作温度高、IL 和溶剂消耗低等优点。

c. 聚合离子液体涂层（polymeric ionic liquid，PIL）。为了克服离子液体容易浸出的缺陷，PIL 也被用作 SPME 涂层来提高涂层的机械稳定性。PIL 比 IL 更加耐高温，不易在热解吸中流失，故重复使用率高，并且具有寿命长、稳定性良好和耐用性以及高萃取能力的优点；在高温下黏度变化不明显的特性使 PIL 成为与 GC 联用的理想 SPME 涂层。poly（[ViC$_6$im][NTf$_2$]）、poly（[ViC$_{12}$im][NTf$_2$]）、poly（[ViC$_{16}$im][NTf$_2$]）等三种 PIL 可被用于脂肪酸甲酯（FAME）的选择性提取；当使用这些 PIL 涂布的纤维进行提取时，其使用寿命接近 150 次。另外，可对 PIL 进行结构设计使涂层具有高选择性，如 poly（[VBC$_{16}$im][NTf$_2$]）中引入芳环可增强与目标分子间的 π-π 作用，引入氯离子能明显改善对含有氢键的酸性目标物等的选择性。

在浸入式固相微萃取（DI-SPME）模式中，由于存在高浓度的有机溶剂，往往会使极性或非交联的 PIL 涂层溶胀或破损，从而降低了分析性能和纤维的使用寿命，此时需采用稳定性和耐用性更高的交联的 PIL。起初将交联的 PIL 吸附剂涂层固定到熔融石英纤维上，但二氧化硅的易碎性，限制了其在非水相样品和体内分析中的应用。因此逐渐将载体改为镍钛合金纤维或不锈钢材料等。第一个基于 PIL 的 SPME 纤维是通过浸涂技术获得的，具有操作简单的特点，可以轻松地在各种支撑材料上制备涂层，但其耐溶剂性偏低，尤其是在直接浸渍模式下。作为更为稳定的涂层制备方法，PIL 共价键合到载体上 SPME 纤维的主要途径一般包括溶胶-凝胶法、二氧化硅改性和金属/合金改性法。如将基于聚苯胺（PANI）的离子液体（[C$_4$mim][BF$_4$]-PANI）通过电化学沉积法涂布于纤维后，对有机溶剂具有了更强的耐受性；如果用[PF$_6$]$^-$取代[BF$_4$]$^-$，涂布后的纤维能反复使用超过 250 次[26]。

d. 基于离子液体的复合材料。目前使用离子液体对 SPME 吸附剂进行改性还有一个常见的策略是将 IL 与多孔材料或导电聚合物等材料相结合，这有助于解决离子液体容易外溢的问题。将离子液体与多孔材料结合而成的新型 SPME 吸附剂材料不仅兼具 IL 的独特性质，而且兼顾了多孔材料的有利特征，如大比表面积、多个吸附位点、与分析物形成额外的相互作用并具有机械、化学和热稳定性。常用的多孔材料主要有二氧化硅颗粒、碳纳米管、氧化石墨烯等。例如将聚合离子液体通过 π-π 作用力和碳纳米管材料复合，将两者优点相结合后得到的新型固相微萃取涂层材料对特定分析物可以有更好的提取效果。氧化石墨烯与碳纳米管相比其表面积更大，具有形成氢键或静电相互作用的能力，因此也是提取极性分析物的较好候选材料。另外，在Wanigasekara 小组的研究中[27]，IL 在聚合后与二氧化硅颗粒键合，涂覆在 SPME 纤维上，用于提取短链醇和胺以进行定量分析。还可以通过将 IL 固定在金属有机框架的多孔结构中得到新的复合材料[28]，这种材料的制备是通过在不锈钢纤维上原位生长得到网状 MOF，然后将其进一步浸入 IL 溶液中，最后涂上 PDMS 保护层。考虑到 MOF 较差的热稳定性和对湿度的敏感性，研究人员通过用 IL 和 PDMS 覆盖 MOF 表面来解决这个问题。IL 不仅起到萃取相的作用，而且还防止了涂层因水分引起的大量开裂，同时 PDMS 层又提供了理想的耐高温和耐高湿性能。

e. 基于离子液体的凝胶材料。由前面的介绍可以了解到溶胶-凝胶法允许分子通过形成"溶胶"溶液来获得杂化的有机/无机网络，可以将 IL 进行凝胶化处理以将其嵌入网络中，获得的这类材料属于离子凝胶；另外一种途径是制备具有离子液体结构的凝胶因子，通过自组装的方式获得相应的超分子凝胶（后文有专门研究案例详述）。离子凝胶是保留 IL 液体性状且不浸出 IL 的吸附材料。Pena Pereira 等人分别在 2014年和 2015 年报道了将离子凝胶作为纤维涂层用于顶空-固相微萃取（HS-SPME）的研究。由于多孔网络中具有高负载量的 IL，与市售涂层相比离子凝胶萃取性能更高[23, 29]。此外，王秀琴等在碳纤维表面制备了离子液体改性的三聚氰胺-甲醛气凝胶并将其作为萃取材料涂层。该气凝胶所具有的多孔、三维立体网络海绵状结构非常有利于萃取过程中的快速传质和获得高的萃取容量[30]。

f. 基于离子液体的导电聚合物。最近还报道了一些机械和化学稳定、结构高度多孔的新型 SPME 纤维涂层，此类涂层通过导电聚合物的电化学聚合而成；该方法可以控制涂层厚度和质量，并使涂层牢固地黏附到支撑材料上。过去几年中用于形成基于IL 的 SPME 纤维涂层的导电聚合物有聚噻吩、聚苯胺和聚吡咯等。可以通过改变 IL结构来调节聚合物的物理化学性质，随后通过电聚合涂覆到纤维表面。制备的导电 PIL薄膜坚固耐用且具有高度选择性，因此非常适合微萃取。同时，可以在电化学聚合制备涂层材料的基础上与其他材料结合，如蒙脱石、黏土、碳纳米管、氧化石墨烯等，它们可以提供额外的特定相互作用，可增强对目标分析物的萃取率[31, 32]。

(4) 离子液体参与下的天然产物固相微萃取

综上所述，离子液体在多种固相微萃取应用形式当中已得到广泛应用，并且基于离子液体的新型涂层材料已得到了深入开发，在提高萃取率以及拓宽固相微萃取的应用范围和应用形式上取得了巨大进步，尤其在天然产物的萃取分离中正逐步引起研究人员的重视。本节将一些离子液体参与下的天然产物固相微萃取实例进行了全面总结，相关信息如表 5-2 所示。Pacheco 等以两性离子液体单体 1-乙烯基-3-（烷基磺酸

表 5-2　离子液体参与下的天然产物固相微萃取

分析物	吸附剂	离子液体	萃取技术	样品	检测手段	检测限 / (μg/L)	定量限 / (μg/L)	RSD /%	线性范围 / (μg/L)	回收率 /%	参考文献
短链游离脂肪酸	两性离子交联 PIL	[Vim][C$_3$SO$_3$]、[Vim][C$_4$SO$_3$]	顶空固相微萃取（HS-SPME）	红酒	GC-MS	15~60	—	1.9~10	75~13300	93.4~118	[33]
挥发性有机化合物	交联 PIL	1-十六烷基-3-乙烯基咪唑双（三氟甲基磺酰基）酰亚胺、1,12-二（3-乙烯基咪唑）十二烷基双（三氟甲基磺酰基）酰亚胺	顶空固相微萃取（HS-SPME）	葡萄酒	GC×GC-MS	—	—	—	—	—	[34]
氨基酸	硅基 IL 薄膜（96 刀片）	[C$_{18}$Vim][Br]	薄膜微萃取（TFME）	葡萄汁	LC/MS	0.1~1.0	0.5~3.0	3~13	0.5~150	7~50	[35]
香味成分（醇类、醛类、杂环芳烃、酸）	PIL	P（[VBHDIm][NTf$_2$]）	顶空固相微萃取（HS-SPME）	咖啡豆	GC-MS	—	—	—	—	—	[36]

盐）咪唑或 1-乙烯基-3-（烷基羧酸盐）咪唑与不同的离子液体交联剂进行共聚合，制备了 5 种基于 PIL 的两性离子吸附涂层材料，应用于顶空 SPME-GC-MS 联用技术以测定葡萄酒中的短链游离脂肪酸。结果表明，以两性离子液体聚合物为涂层的纤维相比于其他市售纤维能够更快地达到吸附平衡，且灵敏性和可重复性更高[33]。Crucello 等人采用顶空固相微萃取技术（HS-SPME）考察了一系列 PIL 吸附剂涂层从巴西葡萄酒中提取极性挥发性有机化合物（VOCs）的效果。三种基于 PIL 的 SPME 涂层相比于两种商业 SPME 吸附剂 PA 和 PDMS/CAR/DVB 表现出对葡萄酒香气中广泛存在的 VOCs 更高的选择性[34]。Mousavi 等人制备了 1-乙烯基-3-十八烷基咪唑溴盐 $[C_{18}VIm][Br]$，并将其用于改性巯基丙基功能化硅（Si-MPS）表面；他们将改性材料使用 PAN 胶固定在薄片上，基于 96 孔高通量薄片自动化固相微萃取系统对葡萄浆中的氨基酸进行了提取；结果表明新开发的 SPME-LC-MS/MS 方法对葡萄汁中有益成分分析具有高灵敏度和重现性[35]。在 López 等人的研究中，利用两种基于 PIL 的固相微萃取（SPME）涂层对复杂咖啡香气样品进行富集，后续分析采用 GC-MS 进行。进而在相同的萃取条件下，与商用聚丙烯酸酯 SPME 涂层开展了比较研究。结果发现三种 SPME 涂层均实现了对不同化合物的选择性提取。其中聚（$[VBHDim][NTf_2]$）涂层对醛类具有极强的选择性，同时对酸类也表现出良好的萃取效率。聚（$[ViHim][Cl]$）涂层则芳香醇的性能较好，PA 涂层对杂环芳烃的性能较好。结果表明这两种基于 PIL 的 SPME 吸附剂涂层在分析复杂的咖啡香气时表现出理想的选择性和萃取效率[36]。

（5）低共熔溶剂参与下的天然产物固相微萃取

目前，DES 在 SPME 技术中常被用作萃取剂的改性剂或洗脱剂，发挥着优化萃取剂的分散性或加强其对目标分子的富集性的作用，从而达到提高萃取回收率的目的。现有创新性研究中的代表之一即为分散磁性固相微萃取（dispersive magnetic solid-phase microextraction，DM-SPME）。相比传统的 SPE 方法，DM-SPME 可以直接将吸附剂加入样品溶液，充分的分散有利于吸附剂颗粒与被分析物之间的接触；富集完成后借助外磁场进行后处理。

DM-SPME 所用到的磁性纳米颗粒（MNP）具有高接触面、易于分离、易回收等特点，可以使分散固相微萃取方法更经济也更环保。然而，由于其相互之间的静磁相互作用和范德华力，磁性颗粒的分散性差，易聚集成团。在 SPME 中引入磁流体则有助于弥补这些不足，磁流体均匀稳定，是一种悬浮在载液中的 MNP 悬浮液；磁流体具有提高萃取过程中传质系数的能力，能够改善 MNP 在水中的分散性，从而避免了 MNP 的聚集。因而在天然产物分析领域，作为萃取剂使用的磁流体受到越来越多的青睐。然而作为大多数磁流体的载液，有机溶剂依然存在毒性和高蒸气压等弊端，将 DES 作为载液引入能够大大改善这些缺点，不仅能够提高 MNP 的分散性和分散稳定性，而且 DES 本身具有优异的溶解性，与 MNP 结合后，相当于能提供额外的吸附位点从而增强其吸附性能。

Majidi 等[37]合成了亲水性低的共熔溶剂作为磁性纳米颗粒的载体和分散剂，并用于开发分散微固相萃取方法，进而用于苹果汁、葡萄汁、洋葱稀酸稀释液和绿茶浸液样品中桑色素的预浓缩和分析前处理过程。四甲基氯铵盐和乙二醇在样品溶液中优异的溶解性和稳定性，因此被选为该研究所使用 DES 的 HBA 与 HBD。通过改变四甲基氯铵盐与乙二醇的摩尔比以及甲醇含量，可以对 DES 的黏度进行调节。将该 DES 与 SiO₂@Fe₃O₄MNPs 混合后仅需超声 1min 就能形成稳定磁流体，将其注入样品溶液后，立即观察到有浑浊的悬浮液形成，萃取在短短几秒内便能达到平衡，大大扩展了萃取剂与目标化合物的接触面，从而提高了提取效率。提取过程结束后，使用棒状磁铁能够简单快速地实现磁流体与样品溶液的分离，最后将洗脱液注入 HPLC-UV 进行分析。

在此基础上，该研究还考察了影响香豆素富集和提取效率的其他重要实验参数，如增加 DES 的使用量能够显著提高磁流体的稳定性，改善 MNP 在样品溶液中的分散性，从而提高萃取率。溶液的 pH 值是分散磁性固相微萃取中另一个需要关注的实验条件，不仅影响目标物质的分子/离子态存在形式，还影响萃取剂表面的电荷密度。pH 值过高会使二者表面都带负电荷致使静电排斥力作用增强、吸附能力降低。此外还有平衡时间、盐的用量和解吸时间等参数。最终实验结果表明，在最佳条件下，该方法线性曲线的 R^2 为 0.9994，RSD 值则低于 3.8%；将该技术与其他测量分析香豆素的方法相比，有着更低的检出限（LOD）和更好的线性关系，说明此法稳定准确、灵敏性好。此外，与不含 DES 的吸附剂 SiO₂@Fe₃O₄ 进行比较可以发现该技术的回收率更高。萃取动力学的优势是该法的另一个显著特点。通过 DES 的辅助，MNP 以磁流体的形式直接注入样品溶液中，萃取剂和分析物之间的接触面扩大，导致了传质过程的加速，从而减少了提取时间和萃取剂的消耗。

Row 研究团队[38]发现氯化胆碱与甘油以 1：2 摩尔比制得的 DES 对麦麸中阿魏酸具有理想的萃取率（收率最高为 5.86mg/g），然后利用该 DES 对硅胶进行改性：将硅胶（5～15μm）在烘箱中干燥 3 小时后，取 2g 超声分散到 8mL 等体积甲醇和 DES 的混合物中，在室温下搅拌 12h 后过滤，用水和乙醇洗涤，并在 80℃下干燥至恒定重量（同样条件下以 10mL N-甲基咪唑和 8mL 3-氯丙基三甲氧基硅烷制得的 IL 对硅胶进行修饰以备后续比较）。然后将其用于固相萃取法富集麦麸提取液中的阿魏酸，用甲醇（2.0mL）和去离子水（2.0mL）先预洗装有 200mgDES 改性硅胶的 SPE 柱，再向柱顶加入提取液（3.0mL），进而以正己烷（3.0mL）作为载液，将 3.0mL 甲醇作为洗脱剂，收集流出液进行 HPLC 分析，并与空白硅胶和上述 IL 改性硅胶进行了比较。结果发现阿魏酸在该柱上的动态吸附量为 0.033mg/g，与静态吸附量（0.034mg/g）非常接近；其回收率（89.7%）高于 IL 改性硅胶（80.3%）和空白硅胶（64.1%）。该团队还创新地将三元 DES 与分子印迹技术相结合用于分散磁性固相微萃取绿茶中主要的生物碱和酚酸类成分。三元 DES 可以克服普通二元 DES 的一些缺点，例如高黏度、高熔点甚至高电导率。考虑到氯化胆碱和草酸在室温下无法成功形成二元 DES，因此制备了三元 DES（氯化胆碱-草酸-乙二醇（或甘油、丙二醇）并用作分子印迹材料，并通过改变其组分和摩尔比对提取效果进行比较。在这项研究中，研究人员用本体聚合法制备 Fe_3O_4-TDES-MIP，进而将其接枝到二氧化硅上，具有二氧化硅涂层的磁性分子印迹聚合物（Fe_3O_4-TDES-MIP）被用作吸附剂提取绿茶中的茶碱、可可碱、（+）-儿茶素水合物和咖啡酸。将 Fe_3O_4-TDES-MIP 添加到绿茶提取溶液中，并将溶液中的 Fe_3O_4-TDES-MIP 分散在超声浴中直至观察不到其聚集体为止。经 800r/min 转速振荡搅拌 30min 后，将混合物转移到离心管中，再加入作为解吸溶剂的甲醇，密封后在外部磁场中涡旋振荡 5min，然后放入超声浴中 10min。离心后将上清液吸移至另一管中，并重复解吸过程一次。与其他不含 DES 的 Fe_3O_4-MIP 相比，Fe_3O_4-TDES-MIP 的色谱峰具有更少的干扰峰、更大的峰高和更好的峰形，且四个目标产物的峰更易于区分。数据表明茶碱、可可碱、（+）-儿茶素水合物和咖啡酸的回收率和萃取量均高于 Fe_3O_4-MIP，且 RSD 值低于 4.76%，充分证明了该方法具有较好的回收率和萃取能力，且重现性好。此外，Fe_3O_4-TDES-MIP 的萃取能力远远高于 Fe_3O_4-MIP，这表明目标分子可以很容易地被吸附，这是因为具有识别腔的 TDES 印迹聚合物具有出色的位点可及性，较高的传质效率，因此能快速达到吸附平衡。可见，Fe_3O_4-TDES-MIP 与分散磁性固相微萃取的结合为天然产物的高效富集提供了新思路。

5.1.2 液相（微）萃取

5.1.2.1 液相萃取

相对于前面的固相萃取，液相萃取法（liquid-phase extraction，LPE）是特指在样品前处理过程中，基于目标物在液态萃取剂中较高的溶解度，使之脱离原来的存在相（常见如固态或液态）及其中共存杂质而达到富集和纯化的效果，具有操作简单、回收率高等特点，是一种最常用的样品前处理技术手段。但是传统的液相萃取存在显著的缺点：①人工操作步骤烦琐，需要不断地分离或合并相；②每萃取一次即会使用大量有机溶剂作为萃取介质，由于其易挥发的性质，容易造成环境污染；③水溶性样品需要量大，不容易实现自动化分析；④由于萃取用的有机溶剂量大，不能实现明显的富集效应；⑤形成的乳化现象使操作更加不便，而且所需时间较长；⑥如果样品中存在碱性和中性/酸性成分，分析者需要进行两次萃取分离，操作更加烦琐，分析时间明显增加，不能满足天然产物样品快速分析要求。因此，研发连续化、自动化和绿色化的萃取技术受到研究者的重视。

由于天然产物多采用水或醇-水混合物进行粗提，提取物浓缩后均为水相体系；传统的萃取法是采用极性由小到大的有机溶剂（如石油醚、氯代烷烃、芳烃、乙酸乙酯、正丁醇）进行依次萃取，然后对不同部分进行逐一分析。这里可采用具有不同极性/酸碱性的疏水性离子液体或低共熔溶剂代替上述溶剂萃取，其具体类型可参考第二章和第三章，在此不再赘述。为进一步减少绿色溶剂的消耗，并避免液-液萃取中可能出现的乳化现象，笔者团队尝试了一种不同的方法，研究对象选择了靛玉红和靛蓝；它们互为同分异构体，均为双吲哚类生物碱，可由爵床科马兰提取分离而获得，是我国发现的新型抗癌药，对慢性粒细胞白血病有效，且毒性较小，临床可用于治疗慢性粒细胞白血病。研究中先将干燥板蓝根研磨至 40 目，取 20g 用 160mL75%的乙醇水溶液回流 4h，过滤并通过减压蒸馏除去乙醇，可得到 4.8g 粗提物（固态粉末，提取率 24%），但其组成非常复杂，包括多糖等大分子和一系列非双吲哚类生物碱小分子共存成分，进行液相色谱定量分析时干扰极大；基于此，笔者团队合成了四种基于喹啉和六氟磷酸盐的新型离子液体——中性聚乙二醇基双阳离子型离子液体[[PEG$_{200/400/800/1000}$-DIL][PF$_6$]，图 5-7（a）]，并首次将其用作液相提取剂对靛蓝根粗提物（固相）中的靛蓝和靛玉红进行选择性富集。将离子液体的乙腈溶液和提取物粉末混合搅拌 10min，离心后取上清液使用高效液相色谱法测定两者含量。靛蓝素和靛玉红的色谱流出曲线中基线平整，无杂质峰共存[图 5-7（b）]；两者的检出限分别为 0.0192μg/mL 和 0.0236μg/mL，定量限分别为 0.084μg/mL 和 0.040μg/mL。在比较中发现，四种离子液体对靛蓝和靛玉红表现出良好的预富集作用，这可归因于喹啉环与被分析物之间的 π-π 和 π-阳离子相互作用。此外，上述两种目标物的氨基与离子液体的阴离子可形成氢键。随着 PEG 链长的增加，喹啉官能团的作用变得不那么显著，氢键相互作用也随着阴离子浓度的降低而降低。总体来看，[PEG$_{200}$-DIL][PF$_6$]表现出比其他 IL 更好的预富集性能[图 5-7（c）]，靛蓝和靛玉红平均回收率为 97.4%和 95.7%（n=3）。该研究为特定任务离子液体的设计和合成提供了有益的参考，可用于粗提物中目标成分的纯化和预浓缩[39]。

如果待处理的分析样品存在状态为液态（如鲜榨汁液或油类），那么就可以很方便地采用传统的液-液萃取富集模式，这里举一个 DES 用于待分析样品液相萃取的例子。评估初榨橄榄油中酚类化合物的含量具有重要意义，因为它们在感官特性、健康效果和储存稳定性方面发挥着重要作用。以葡萄糖和乳酸为基础的天然低共熔溶剂被发现是初榨橄榄油中酚类化合物的良好液相萃取剂，具有高可用性、生物降解性、安全性和低成本的优势。先将橄榄榨油，向 1g 油中加入 1mL 己烷和 5mL 乳酸-葡萄糖-水（摩尔比 6∶1∶6）DES，再用涡流剧烈搅拌后，以 6000r/min 离心 10min。将上清液在 9000r/min 下进一步离心 5min。然后通过 0.45μm 尼龙过滤上清液；重复操作一次后合并萃取液，通过分光光度计在 240~400nm 的波长范围内分析样品中的酚类成分。结果发现 65 个橄榄油样品的 DES 萃取物分光光度特性与油的总酚含量密切相关，最终获得了全部样品在特征波长（257nm，324nm）处的吸光度以及相关回归模型（$n_{calibration}$=45，$n_{validation}$=20）。该实例表明 DES 可为后续提取物进行分光光度测定提供有效富集手段，甚至可以用于现场分析（如在橄榄果榨磨机中），这为酚类天然原料的绿色筛选提供一种有前途的方法[40]。

(a)

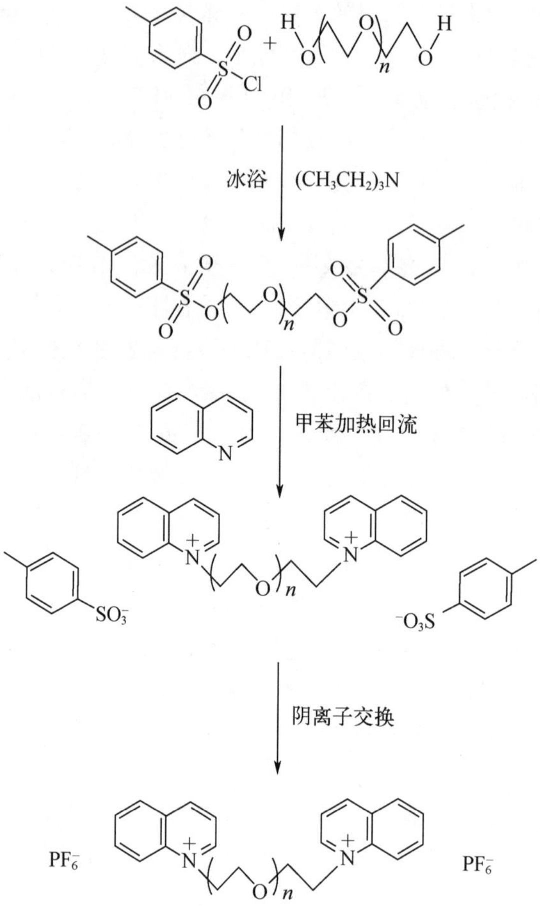

(b)

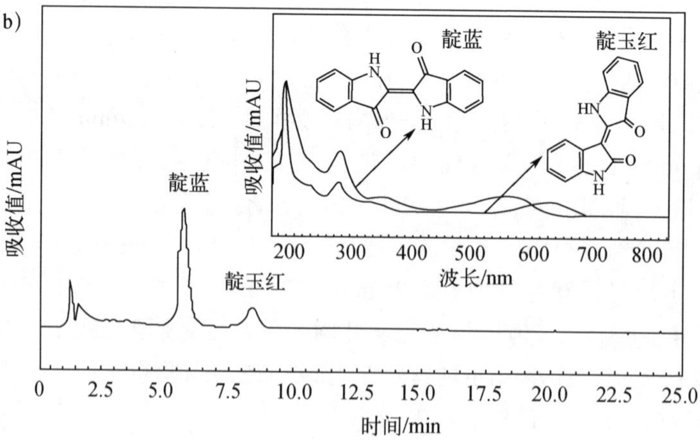

天然产物与新型绿色溶剂

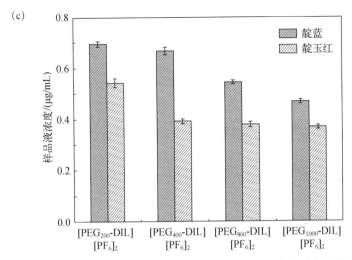

图 5-7　（a）聚乙二醇基双阳离子 IL 制备过程；（b）富集后的靛蓝和

靛玉红色谱图（c）四种 IL 萃取效果比较

离子液体浓度为 25mg/mL，固液比为 1.2∶4g/mL，30℃，10min

5.1.2.2　液相微萃取

目前，样品分析前处理技术的理想化发展方向是快速、简便、经济和高兼容性。由于传统液-液萃取技术的固有缺陷，液相微萃取（liquid-phase microextraction, LPME）就此应运而生。简单来看，LPME 就是微量的液-液萃取技术。实质上是利用两种不相溶的液体或相，通过被测物质的再分配从而实现分离，达到富集被测成分和消除干扰物质的目的；其特点是采用小体积的有机溶剂，因此目标物的富集倍数大大提高。从 20 世纪末起，针对 LPME 进行了大量开发和研究；通过多年探索与积累，目前该方法已具有简单快速、富集因子高、有机溶剂消耗极低、样品量小等诸多优点。在 LPME 技术中，通常仅需要纳升或微升规模的萃取溶剂（接受相）便可以从几微升至几百毫升的各类复杂样品相中富集目标天然产物（传统 LLE 技术则往往需要数毫升到数百毫升的溶剂），然后收集萃取相进行后续分析。全过程集采样、萃取和浓缩于一体，是一种环境友好和高效的前处理新技术。

（1）液相微萃取原理

LPME 属于平衡萃取技术，受体溶液（acceptor，即萃取相）中的分析物浓度增加到一定水平，即受体相中的分析物浓度随时间保持恒定时，系统即达到平衡状态，其中的分配系数按式（5-4）计算。总体来看，LPME 萃取回收率取决于实际的分配系数、样品量、支撑液膜体积和受体相体积。

$$K_{\text{acceptor/sample}} = \frac{C_{\text{eq, acceptor}}}{C_{\text{eq, sample}}} \tag{5-4}$$

式中，$K_{\text{acceptor/sample}}$ 是分配系数；$C_{\text{eq, acceptor}}$ 是平衡（受体相）时受体溶液样品浓度；$C_{\text{eq, sample}}$ 是平衡（供体相）时样品浓度。

（2）离子液体在液相微萃取中的应用

1996 年，Liu 和 Dasgupta 首次报道了一种新型萃取体系，其中最引人注意的就是与水不混溶的有机溶剂（1.3μL）以微滴形态悬浮在样品溶液中实现了萃取。后来，Cantwell 等人明确提出液相微萃取法（LPME）的概念。最初提出的 LPME 形式是微液（micro-droplet）-液相微萃取法（MD-LPME）；此法避免了 SPME 使用中存在的溶剂残留问题。操作时将萃取剂微滴（8μL）悬浮在聚四氟乙烯棒的末端，将该液滴直接浸入呈持续搅拌状态的水溶性样品中进行萃取。当微萃取达到平衡后，将富集有目标分析物的有机液滴直接抽回微量进样针内，然后直接进行色谱分析[41]。虽然 MD-LPME 非常简单高效，但它的悬滴稳定性较低，在提取过程中很容易丢失到样品溶液中，尤其是一些平衡时间较长的过程。1999 年，Pedersen Bjergaard 和 Rasmussen 开发了一种新的基于中空纤维的 LPME 技术（HF-LPME）[42]。在 HF-LPME 装置中，微萃取溶剂固定在多孔中空纤维的空腔内，整个体系可以在不损失微萃取溶剂的前提下剧烈搅拌或振动，进而出色地实现分析物的预浓缩和纯化；同时由于成本低，可以一次性使用。发展至今，LPME 根据与供体相接触类型主要涵盖以下三大类。

① 单滴液相微萃取（single-drop microextraction，SDME）。单滴微萃取是 LPME 技术最简单的操作模式，其中单滴液滴被用于目标物富集阶段。SDME 按操作方式可以分为：直接浸入-SDME（direct immersion SDME，DI-SDME）、顶空–SDME（headspace SDME，HS-SDME）和连续流微萃取（continuous flow microextraction，CFME），具体装置见图 5-8（a）。

DI-SDME 是将萃取剂液滴悬挂于注射器/微量进样器针头，并直接浸入水溶性的样品溶液中对目标物进行萃取。其操作简单、浓缩倍数高，但精密度较差，萃得的分析物易受样品基质和共存物干扰，且存在液滴溶解或脱落的风险，萃取过程中应尽可能避免过长的平衡时间和过快搅拌速度。

HS-SDME 则是把适宜溶剂的微滴悬挂在微量进样器的针头，暴露于快速搅动的样品溶液顶空或流动的气体样品中萃取挥发性分析物。分析物按照分配系数的大小分配于样品溶液、顶空和有机液滴三相之间。该方法对溶剂的黏度和蒸气压的要求较高，从而限制了相关溶剂的选择。

CFME 是另一种快速、简单、经济且友好的样品制备技术。该方法在 0.5mL 玻璃室中，有机液滴被保持在 PEEK 连接管的出口尖端；该管浸入连续流动的样品溶液中，充当流体输送管道和溶剂支架。萃取在溶剂液滴与流动的样品溶液连续相互作用中进行[如图 5-8（b）所示]。由于溶剂液滴与样品溶液可在动态过程中实现完全连续接触，故该方法可产生比静态 LPME 方法更高的浓缩系数。

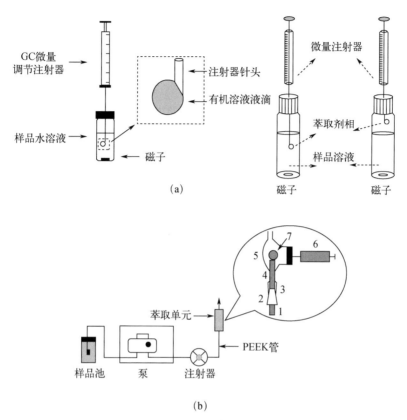

图 5-8　DI-SDME 和 HS-SDME 示意图（a）[43]和连续流微萃取系统的组装（b）[44]

1—连接 PEEK 管，插入萃取室；2—改进的移液器吸头；

3—O 形圈；4—萃取室入口；5—萃取室；6—微量注射器；7—溶剂液滴

　　经过多次成功的实践和不断改进，单滴微萃取（SDME）已成为最流行的微萃取技术之一。与传统有机溶剂液滴（例如 1-辛醇、己烷、甲苯和氯仿等）的易挥发性质相比，在低蒸气压的情况下，离子液体能够在 SDME 中形成更大、更稳定的液滴。此外，可以方便地调整阴阳离子的化学结构，从而为某些分析物提供更高的选择性，并生成具有更高黏度的 IL，以改善悬垂液滴的稳定性。除此以外，为了提高萃取效率，研究人员引入辅助技术如超声波雾化技术或表面声波等缩短萃取时间。超声波雾化提取依赖于压电元件，该压电元件机械振动以产生超声波，进而形成气溶胶。在 HS-SDME 中，通过将样品溶液与压电基板接触，可以将雾化的样品溶液引入样品顶部空间的溶剂滴中，以提高萃取效率。在 SDME 技术中，可通过表面声波将压电基板与萃取溶剂接触，搅动液滴加快传质。磁性离子液体（MIL）也被用作 SDME 萃取剂。在基于 MIL 的 SDME 中，棒状磁体用于将 MIL 直接悬浮在含水样品中或萃取瓶顶部空间中，即使在强烈搅拌下，也可以悬挂较大的微滴体积以延长采样时间。但由于磁性材料的热不稳定性，在热脱附过程中会影响分析物的检测。因此可以使用特定的纳米材料如纳米纤维素（NC）、多壁碳纳米管（MWCNT）、ZnO-纳米流体等修饰 IL 以增加液滴的黏度和稳定性，进而增强目标分析物的富集倍数。Anderson 团队首次制备了磁性离子液体（[P$_{6,6,6,14}$][Mn(hfacac)$_3$]和[P$_{6,6,6,14}$][Dy(hfacac)$_4$]，hfacac 即六氟乙酰丙酮），然后使用磁棒在顶空单滴微萃取过程中协助稳定两种磁性离子液体的小微滴；在真空条件下萃取完短链游离脂肪酸（FFA）后，含有 FFA 的 MIL 微滴被转移到顶空小瓶中进行静态顶空解吸，然后进行 GC-MS 分析。整个方法的特点是线性范围宽、分析物检测限低（低至 14.5μg/L）以及有良好的重现性（相对标准偏差低于 13%），相对回收率为 79.5%～111%[45]。Mohamadim 小组将基于磁性离子液体的单滴微萃取技术与电化学分析相结合，用于从水溶液中提取抗坏血酸，然后采用伏安法实现测定。提取过程使用单滴微萃取技术进行，其中含有抗坏血酸的磁性离子液体用磁铁分离，然后浇注到用 TiO$_2$ 改性的碳糊电极表面，对提取的抗坏血酸基于指示电极电位与电流之间的关系完成定量分析。在优化不同的实验条件后，测定抗坏血酸的线性浓度范围为 1.50～40.0nmol/L，检测限为 0.43nmol/L。该方法已成功应用于测定橙汁样品和泡腾片中的抗坏血酸[46]。

② 中空纤维液相微萃取（hollow-fiber liquid phase microextraction，HF-LPME）。有机相液滴挂在针尖非常不稳定，容易在高搅拌速度或高温下脱落，因此可引入聚丙烯中空纤维膜对其萃取过程进行保护。HF-LPME 原理类似于膜分离液相萃取法。该萃取体系的核心是利用多孔聚丙烯中空纤维作为萃取剂载体，在萃取之前，将中空纤维浸入不混溶的有机溶剂中，使之固定在中空纤维的孔中；然后将中空纤维放入装有分析物水溶液的样品瓶中，充分搅拌以加快提取速度，通过纤维孔中的有机相从水性样品中提取目标分子，并进一步富集到其内腔的受体溶液中[如图 5-9（a）所示]。在该系统中，萃取液包含在多孔中空纤维的微体积腔内，萃取剂不与样品溶液直接接触，有效避免了复杂样品中基质对萃取剂的污染，起到了微过滤和样品净化的作用。中空纤维消除了样品残留的可能性，并确保了高重现性；同时其壁上的微孔可防止高分子量对象通过，使提取过程具有一定的选择性。但是，HF-LPME 技术中萃取纤维的制备环节是研究人员需要面对的一个难点，而且由于样品需要充分的扩散，整个过程耗时较长。HF-LPME 可以在两相或三相模式下完成。在两相系统中，受体溶液与固定在孔中的有机溶剂相同，分析物收集在与 GC 兼容的有机相中。然而在三相模式中，受体溶液是另一种水相，分析物从水样中通过有机溶剂的薄膜被萃取到受体水溶液中。基于上述情况，HF-LPME 可以兼容液相色谱、毛细管电泳和原子吸收光谱等。由于 IL 的优异性能，可以将其作为 HF-LPME 的膜溶剂而固定在纤维孔中，实现对目标分析物的萃取。这已被证明是一种可行且有效的方法，尤其在天然产物分析方面逐步体现

出独特的价值。

③ 分散液相微萃取（dispersive liquid-1iquidmicroextraction，DLLME）。三元溶剂系统的 DLLME，包括样品溶液、分散溶剂和萃取剂。一般包括两个步骤：首先，通过注射器将该混合物迅速注入样品水溶液中，萃取溶剂立即分散成小液滴并使样品溶液形成雾状的混浊溶液；其次，通过离心将含有分析物的萃取溶剂液滴与水相分离，含有对象物的萃取溶剂被微量注射器注入分析仪器（GC/HPLC/AAS）中进行分析[如图 5-9（b）所示]。DLLME 在过去几年中被成功用作多种色谱和分析技术的强大预处理技术。与 SDME 类似，DLLME 是另一种新颖的样品制备技术，可实现较高的富集因子；因其低成本、简单和易于方法开发等优点而被广泛接受。与 SDME 相比，因为萃取剂相和水相之间的接触表面积极大，DLLME 的萃取时间非常短，三种组分的混合可确保在几秒钟内达到平衡。从某种意义上说，DLLME 可以被视为一种多滴微萃取技术。

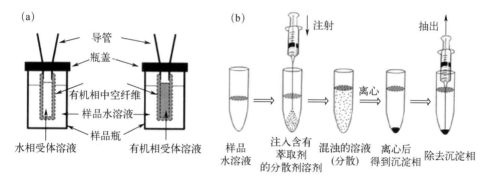

图 5-9　HF-LPME（a）和 DLLME（b）示意图[43]

液体萃取相是 DLLME 的核心部分，一些不溶于水的有机溶剂经常用作提取相，例如己烷、正辛醇和二氯甲烷等。作为它们的理想替代品，某些种类的离子液体在室温下亦为疏水性介质，能在水体系中迅速且均匀地分散，并且对于不同的有机物也是非常合适的溶剂，还可以根据需要进行设计并实现功能化。目前基于离子液体的 DLLME 主要有五种主要模式，即传统 IL-DLLME、磁性离子液体（MIL-DLLME）、温度辅助 IL-DLLME（temperature-controlled IL-DLLME，TC-IL-DLLME）、超声/微波/涡旋辅助 IL-DLLME（ultrasound-assisted，microwave-assisted or vortex-assisted IL-DLLME）以及原位 IL-DLLME（in-situ IL-DLLME）。无论采用哪种模式，疏水性的 IL 萃取效率都普遍高于使用传统溶剂。Li 等人通过 IL-DLLME 结合 HPLC 分析当归样品中的八种香豆素化合物（补骨脂素、异补骨脂素、佛手柑、异佛手柑、氧化前胡素、欧前胡素、蛇床子素和异欧前胡素）。在最佳条件下，IL-DLLME 获得的八种香豆素化合物的检测限为 0.013～0.66ng/mL，相对标准偏差（RSD，$n=9$）低于 8.4%，

IL-DLLME 的富集因子分别在 130～230 倍的范围内[47]。在彭贵龙等人的研究中，建立了 IL-DLLME 结合 HPLC 快速有效地同时测定葛根样品中的 3 种异黄酮类化合物（葛根素、大豆苷、大豆苷元）的方法，该方法准确度高、检测限低，能将葛根中微量的大豆苷和大豆苷元检测出来，从而达到分析要求[48]。

如前所述，一些离子液体在水中的溶解度具有温度敏感性，这为整个体系在均相和两相之间的切换提供了便利。在温度控制的 IL-DLLME（TC-IL-DLLME）中，首先将离子液体萃取剂在样品水溶液中加热，直到其完全溶解以彻底分散于体系中，无需添加分散剂或进一步搅拌。在加热和萃取步骤完成之后，通过降温获得由 IL 微滴组成的混浊溶液。最后，将两相混合物离心以收集富含分析物的 IL 相并进行后续分析。在 Zhang 等人[49]的研究中，成功将这种萃取方法结合高效液相色谱和二极管阵列检测（HPLC-DAD）用于测定大黄中的蒽醌类化合物。实验中以离子液体（1-己基-3-甲基咪唑六氟磷酸盐）代替常用挥发性有机溶剂对芦荟大黄素、大黄酸、大黄素、大黄酚和大黄素五种主要成分进行提取。在优化条件下，各分析物的加标回收率为 95.2%～108.5%，精密度为 1.1%～4.4%（RSD）。所有样品均表现出良好的线性关系，相关系数（R^2）为 0.9986～0.9996，方法的检出限为 0.50～2.02μg/L（S/N=3）。同样也是为了实现相的转变，除了利用 IL 的温敏性，Xiao 等人还开发了一种称为反分散液-液微萃取（reverse-DLLME）的新微萃取技术[50]，通过与 RP-LC-UV 结合测定枇杷胶囊样品中的熊果酸。其原理是，当向[C_8mim][PF_6]和乙醇相的混合物中加入水（调 pH 为 2.0）时，随着水浓度的增加，乙醇分子之间氢键结构逐渐断裂。在富水区域，乙醇分子几乎被水分子水合，而[C_8mim][PF_6]与水不溶；因此，该 IL 可以通过水与乙醇相分离并形成浑浊的溶液，熊果酸快速溶入 IL 相并达到平衡状态。离心后，[C_8mim][PF_6]的小液滴沉淀在底部，然后将整个体系以 3000r/min 离心 5min，萃取相的分散细液滴沉积在锥形试管的底部，使用微量注射器采集并将其注入 LC 分析。在优化后的实验条件下于 2.0～60.0μg/mL 内表现出良好的线性（R^2=0.9989），回收率为 95.9%～105.5%。该方法具有操作简单、快速、成本低、回收率和富集因子高的优点。

对于超声/微波/涡旋辅助的 IL-DLLME 技术而言，强化萃取溶剂在样品基质中的分散是本方法的一个重要目的。即通过外部能量介导使萃取相和分析物之间的界面接触面积增加，从而为提升萃取效率创造了有利条件。超声、微波或涡旋混合是被广泛接受的分散方法，因此在 IL-DLLME 中得到越来越多的应用。同时，在这些物理辅助过程中，体系的温度不可避免地会升高；但与在高温下挥发的有机溶剂不同，IL 的热稳定性和高蒸气压降低了萃取相蒸发的风险，故被认为是 DLLME 的高效萃取溶剂。而在原位 IL-DLLME 技术中，利用的是亲水性 IL 和阴离子交换试剂水溶液混合后会发生置换反应的原理，通过在以水相为主的体系中生成稳定的疏水性 IL 细小液滴（以体系变浑浊为表现），实现从均相到两相的转变，在此过程中目标物脱离水相进入离子液体相得到分析，同时免去了加入分散剂、反溶剂、变温或者进行搅拌等操作，故操作较为简便。

博落回（*Macleaya cordata* （Willd.） R. Br.）是一种来自罂粟科博落回属的多年生直立草本植物，基部具乳黄色浆汁；全草有大毒，入药治跌打损伤、关节炎、汗斑、恶疮、蜂螫伤，还可麻醉镇痛、消肿；作农药可防治稻蟓象、稻苞虫、钉螺等。在 Li 等人的研究中[51]，基于离子液体的超声辅助和分散液液微萃取（UAE-IL-DLLME）已成功应用于从博落回中提取六种生物碱。先将植物原料粉末（10mg）悬浮在 5mL 去离子水和 100μL[C$_6$mim][Br] 的混合物中，并用剧烈涡流使其均匀化；再将超声探头在 80℃下插入样品溶液中振荡 15min，待冷却至室温后，将样品管以 8000r/min 离心 15min；然后收集干净的上清液，向提取物中加入 30mg KPF$_6$ 后得到浑浊的溶液，此时体系中形成了大量 [C$_6$mim][PF$_6$] 的小液滴，并均匀地分散在溶液中；最后在 4℃下离心 10min 后，密度大的 IL 相沉积在底部，通过注射器吸出并通过 0.22μm 膜过滤用于 UPLC 分析。随后在多反应监测（MRM）模式下通过超高效液相色谱串联质谱（UPLC-MS/MS）对目标生物碱进行分析。结果表明，UAE-IL-DLLME 与 UPLC-MS/MS 相结合的方法在分析实际生物碱的应用中具有巨大潜力。Yu 等人应用了三种结构不同的 IL，分别是 1-丁基-3-甲基咪唑氯盐（[C$_4$mim][Cl]）、1-（6-羟乙基）-3-甲基咪唑氯盐（[HeOHmim][Cl]）和 1-苄基-3-（2-羟乙基）咪唑溴盐（[BeC$_2$OHim][Br]）作为提取溶剂，使用原位 IL-DLLME 预浓缩水样中的微囊藻毒素-RR（MC-RR）和微囊藻毒素-LR（MC-LR）；由于 [BeC$_2$mimOHIM][Br] 在结构中同时包含芳香族部分和羟基，与其他两种 IL 相比提取效率更优[52]。

近年来，对于 IL-DLLME 方法的改进与创新仍然在持续。磁分离技术在这一领域亦有越来越多的报道。将磁性纳米粒子添加到样品溶液中，有机萃取溶剂附着在粒度小、表面积大的纳米粒子上并随其进行有效的分散，同时目标分析物被快速萃取和分离。待萃取结束后，在外加磁场作用下带着富集有天然产物的有机萃取剂-磁性纳米粒子向磁铁方向迅速聚沉，相分离过程操作非常简便。收集带有分析物的纳米粒子并用适当溶剂洗脱，最后进行仪器分析测定。基于磁分离技术主要有三种形式：磁性泡腾片辅助离子液体分散液-液微萃取（magnetic effervescent tablet-assisted ionic liquid dispersive liquid-liquid microextraction，META IL-DLLME）、原位磁性提取离子液体分散液-液微萃取（magnetic retrieval ionic liquid dispersive liquid-liquid microextraction，MR-IL-DLLME）和基于磁性离子液体的分散液-液微萃取（magnetic ionic liquid-based dispersive liquid-liquid microextraction，MIL-DLLME），萃取过程如图 5-10 所示。

以原位模式将 IL-DLLME 与 Fe$_3$O$_4$ 磁性纳米粒子结合，这种方法称为原位磁性提取离子液体分散液-液微萃取，其中磁性 Fe$_3$O$_4$ 粒子被用作吸附剂来回收含有分析物的 IL，然后进行解吸。纳米颗粒本身具有很大的表面积，从而增加了 IL 和样品溶液之间的界面面积，有助于更快地传质，而且磁性纳米颗粒可以很容易地借助外部磁场从样品溶液中分离出来，可见 MR-IL-DLLME 是一种快速、简单、有效、生态友好的微萃

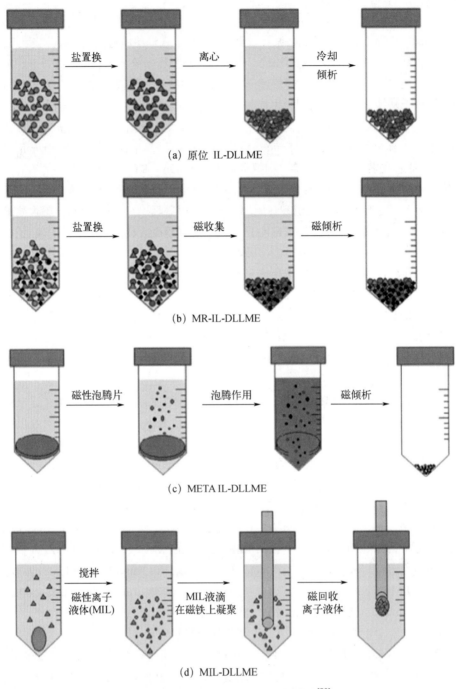

(a) 原位 IL-DLLME

(b) MR-IL-DLLME

(c) META IL-DLLME

(d) MIL-DLLME

图 5-10　IL-DLLME 方法的性能模式[53]

取技术。IL-DLLME 技术中的另一种新颖形式称为泡腾片辅助 IL-DLLME，是将萃取剂通过起泡反应进行有效分散，从而无需添加分散溶剂；这是受到了临床上广泛使用的泡腾片之启发，并创新性地应用于分析化学领域。譬如，将磁性纳米颗粒、离子液体、磷酸二氢钠二水合物和无水碳酸钠一起形成泡腾片。将该片剂加入样品后，立即出现泡腾现象，在所形成的大量二氧化碳气泡的帮助下，萃取相的细小液滴均匀地分散在样品溶液中。该方法具有提取时间短、回收率高、富集因子高、有机溶剂的消耗量低且易于操作等优点。近年来，各种新型磁性离子液体（MIL）的涌现，使得其磁性不再借助外部磁性载体引入，而是由含金属离子或者自由基的结构片段提供。MIL-DLLME 利用了具有磁性且容易合成的离子液体，符合绿色化学原则，与经典的DLLME 需要分散溶剂和离心才能将萃取剂从样品中分离出来相比，MIL-DLLME 可以通过施加外部磁场获得含有分析物的萃取相。表 5-3 对离子液体参与下的天然产物液相微萃取进行了全面总结，可见此技术在天然产物分析中应用较广，且潜力巨大。

（3）低共熔溶剂在液相微萃取中的应用

① 超声辅助液-液微萃取技术（ultrasound-assisted dispersive liquid-liquid microextraction，UALLME-DES）。基于 DES 的常规微萃取已在不少含量测定的实例中被充分证明有效，例如以薄荷醇和月桂酸组成（摩尔比为 2∶1）的低共熔溶剂萃取烟叶中 β-胡萝卜素，氯化胆碱-乙二醇在摩尔比为 1∶2 时可有效富集大豆油中的抗氧化剂。在此基础上，Khezeli 等开发了一种基于 DES 的超声辅助液-液微萃取技术，并将其成功应用于提取植物油中的酚酸物质。将含植物油样品——橄榄、杏仁、芝麻和肉桂油与三种酚酸（阿魏酸、咖啡酸和肉桂酸）的正己烷相以及萃取剂相混合后放入样品瓶中，为了使 DES 完全分散在正己烷溶液中，超声处理 5min，然后以 3000r/min 离心10min，可以观察到整个体系形成了两个澄清相（DES 富集相和正己烷相），通过微型注射器取 DES 富集相（下层相）直接注入 HPLC 进行分析。

该团队在研究中比较了乙二醇、甘油、乙二醇-氯化胆碱 DES 和甘油-氯化胆碱DES 这四种萃取剂的萃取效果。结果表明，纯乙二醇和甘油的提取效果不如由氯化胆碱参与组成的 DES，与纯乙二醇、甘油相比，两种 DES 与目标分析物之间的静电相互作用和氢键结合能力更强；而氯化胆碱-乙二醇的提取效果优于氯化胆碱-甘油的原因在于，三种目标物——阿魏酸、咖啡酸和肉桂酸也可作为 HBD 存在于体系中，这也是该研究的特别之处；从分子结构来看含三个羟基的甘油比含两个羟基的乙二醇具有更高的空间位阻，因而会阻碍此三种酚酸类物质与氯离子结合。故最终发现乙二醇-氯化胆碱（摩尔比为 2∶1）为最优 DES。最后将 50μL 该型 DES 添加到上述植物油样品和正己烷的等体积混合物中，在 30℃下超声加速提取 5min，萃取完成后，通过离心（3000r/min）进行相分离并用微型注射器取出富含 DES 的相（下层相），随后进行反相 HPLC 与 UV 定量分析。实验结果显示，本方法具有良好的线性范围（1.30～1000μg/L），三种酚酸回收率均在 94.7%以上，且 RSD 值低于 4.6%；这证明该方法不

表 5-3　离子液体参与下的天然产物液相微萃取

分析物	萃取剂	萃取技术	样品	检测手段	检测限/(μg/L)	定量限/(μg/L)	RSD/%	线性范围/(μg/L)	回收率/%	参考文献
游离脂肪酸	$[P_{6,6,6,14}]^+[Mn(hfacac)_3]^-$ 和 $[P_{6,6,6,14}]^+[Dy(hfacac)_4]^-$	MIL-SDME	牛奶	GC-MS	14.5~216	48.4~721	13	0.1~13	79.5~111	[45]
抗坏血酸	$[C_4C_1IM]^+[FeCl_4]^-$	MIL-SDME	维生素 C（泡腾片）、橙汁	伏安法	0.043	—	10.0~25.0	0.015~0.04	101~104	[46]
香豆素	$[C_4MIM][PF_6]$、$[C_6MIM][PF_6]$、$[C_8MIM][PF_6]$	IL-DLLME	当归	HPLC-UV	0.013~0.66	—	7.8~8.2	1.60~2140	102.5~126.3	[47]
葛根素、大豆苷	$[Hmim][PF_6]$	IL-DLLME	葛根	HPLC	0.219~0.503	0.791~1.677	—	5.44×10^{-6}~37.44	—	[48]
蒽醌（芦荟大黄素、大黄酸、大黄素、大黄酚和大黄素）	$[C_6MIM][PF_6]$、$[C_8MIM][PF_6]$、$[C_{10}MIM][PF_6]$	TA-DLLME	大黄	HPLC-DAD	0.50~2.02	1.56~8.40	1.1~4.4	1.56~134.40	95.2~108.5	[49]
熊果酸	$[Bmim][PF_6]$、$[Hmim][PF_6][Omim][PF_6]$	R-DLLME	枇杷胶囊	RP-LC-UV	—	—	2.4~3.1	2×10^3~6×10^4	95.9~105.5	[50]
生物碱（血根碱、鹅掌楸碱、异隐托品、二氢血根碱、二氢鹅肝素）	$[C_6MIM][PF_6]$	UAE-IL-DLLME	博落回	UPLC-MS/MS	0.02~0.08	0.07~0.25	2.15~6.36	<140	86.42~112.48	[51]
微囊藻毒素	$[Bmim][Cl]$、$[HeOHim][Cl][BeEOHim][Br]$	原位 DLLME	天然水样	HPLC-UV 和 HPLC-MS	0.003~0.7	—	3.2~10.9	0.005~50	45.0~109.7	[52]

仅回收率高而且重现性好。同时，UALLME-DES 的 LOD（0.39～0.63μg/L）低于单滴微萃取（SDME）、固相微萃取（SPME）和二氧化硅负载的离子液体（silica-supported ionic liquid）基质固相分散体（S-SIL-based MSPD）以及液-液微萃取（LLME）等方法；此外，与前三者所需时间（20～50min）相比，本方法的萃取时间更短，RSD 值也更低[54]。

② 顶空溶剂微萃取技术（head space-solvent microextraction，HS-SME）。顶空溶剂微萃取技术是一项所需溶剂最少的萃取技术，集采样、萃取、浓缩、进样于一体，操作时用微量注射器吸取微量萃取剂，再通过注射器活塞将萃取剂滴推出，使萃取剂液滴悬浮在微型注射器针头，并暴露于样品液面上方，目标化合物从样品基质中挥发出来并被溶剂液滴吸收；然后快速吸入适量顶空气体，再将其推出，再吸入顶空空气，再推出，如此重复数次，最终富集了分析物的悬浮液滴被压缩回微量注射器中，然后直接转移至色谱仪进行下一步分析。

以上过程的核心实质是目标分析物在萃取溶剂、样品溶液和样品溶液上方气相这三相之间的分配平衡。顶空溶剂微萃取实际上是在微量注射器的活塞抽动瞬间完成的；当活塞抽动速度较快时，萃取溶剂在管内壁可形成薄且均匀的一层液膜，目标分析物在样品溶液上方气相和液膜之间可以瞬间达到平衡，故增加活塞抽动次数可达到增加富集的效果。萃取剂是该萃取技术的关键之处，虽然所需量极少，但由于萃取是在样品顶空完成的，因而对其要求极高，常规的有机溶剂往往满足不了这些需求，而将蒸气压低、稳定性好的 DES 用于顶空溶剂微萃取技术则能获得令人满意的效果。在上述工作原理下，研究人员以氯化胆碱类 DES 为顶空溶剂微萃取技术的溶剂，从钝角沙蚕叶片中提取出芳樟醇、α-松油醇和乙酸叔丁酯这三种萜类化合物。实验中将叶片研磨后放入用橡胶塞密封的样品瓶中，包含 2mLDES 的 GC 进样器的针头插入密封塞，并悬浮在样品瓶的顶部空间中。然后将整个装置放在热板上加热，当样品瓶升至所需温度时，将 GC 进样器中的 2mLDES 推至针尖以形成液滴，并加热预定时间。提取过程完成后，将液滴吸回 GC 注射器中。从样品瓶中取出注射器后，将含有提取物的 DES 注入 GC 系统并进行分析。

在 HS-SME 里，所使用的 DES 需满足以下两个要求，一是目标分析物在其中的溶解度高，二是其本身在气相中的挥发性很小。基于这两个原则首先筛选了由不同比例制得的氯化胆碱-乙二醇（ChCl/EG）DES 对三种目标化合物的提取效果，最终确定 ChCl/EG（摩尔比 1∶4）的 DES 为最佳萃取剂。分子结构之间的"相似相溶"也能够解释含更多 EG 的 DES 提取效果更好，因为 EG 与芳樟醇、α-松油醇均含有羟基。整个萃取过程是一个吸附和解吸的过程，因而提取时间也是影响最终提取量的一个重要因素；而对于萜类化合物这类易挥发成分，升温有助于它们从样品中挥发出来并释放到顶空进而被萃取剂吸收，最终优化后所得的提取温度与时间分别为 100℃和 30min。在上述条件下，该法萃取的芳樟醇、α-松油醇和乙酸叔丁酯含量为 2.006ng/mL、

3.150ng/mL 和 2.129ng/mL, LOD 为 2.006～3.150ng/mL, RSD 为 2.1%～6.8%, 回收率为 79.4%～103%, 且 R^2 均大于 0.9943; 说明该法灵敏稳定、重现性好。相比于传统热回流提取法和超声提取法, 此技术提取出的芳樟醇、α-松油醇和乙酸叔丁酯均更多, 并且在后续 GC 分析之前无需去除萃取物中 DES, 操作简单省时[55]。

③ 溶剂棒微萃取 (solvent bar microextraction, SBME)。作为中空纤维液相微萃取技术中的一种, 溶剂棒微萃取是通过注入了萃取剂的一小片两边密封的中空纤维 (溶剂棒) 来完成的; 在磁力搅拌器的作用下, 溶剂棒可在样品溶液形成的涡旋中自由随机旋转, 进而完成对体系中目标分子的萃取。该过程无需使用任何注射器/进样器, 因此操作更为简单且成本低廉。与中空纤维液相微萃取相比, 这种萃取方法效率更高, 且分析物从样品溶液向萃取溶剂中的传质速度更快。由此可见, 稳定固载在溶剂棒上的萃取剂在该技术中扮演至关重要的角色; 相比于对环境和操作人员不友好的有机试剂和一些合成过程复杂、遇水分不稳定的离子液体, 具有分子内氢键的 DES 不仅廉价安全, 还能在溶剂棒微萃取过程中持续稳定地发挥作用。

研究人员开发了一种基于 DES 的新型三相溶剂棒微萃取技术 (three-phase solvent bar microextraction, SBME-DES), 用于从蔬菜和果汁样品中对槲皮素和香豆素进行预浓缩和提取。在溶剂条的制备过程中, 他们用注射器将微量 DES 的醇溶液注入中空纤维膜的腔内, 然后将纤维全部浸入 1-十一烷醇, 之后用超纯水洗去纤维外部多余有机相并密封好溶剂棒两端。在随后的萃取环节里, 将溶剂棒插入样品溶液, 在磁力搅拌下提取。在此过程中, 目标分析物首先从溶液样品中萃取到中空纤维孔中的载体 1-十一烷醇中, 然后反萃取至 DES 溶液内。萃取完成后, 从溶液中取出溶剂棒并剪开密封好的末端, 将里面的萃取剂倒出稀释后注入 HPLC-UV 进行测定。

通常, DES 的高黏度是分析物质转移的限制因素。因此, 使用水和甲醇来降低 DES 的黏度 (纯水不利于 DES 稳定)。经考察确定, 萃取剂的 DES 最优组成为: 四甲基氯化铵-乙二醇 (TMAC/EtGly) +20%甲醇, 此外在溶剂棒微萃取技术中, 要特别注意提取时间和磁力搅拌速率的控制: 提取时间过短提取不完全, 但过长 DES 会从纤维腔剥离至溶液里; 搅拌速率过低传质效率不高, 速率过高会在纤维上形成气泡降低目标分子与 DES 的接触面积。此外还考察并优化了其他萃取参数, 包括负载液膜的性质、溶液 pH、离子强度等。实验结果表明, 在最佳提取条件下, 香豆素与槲皮素在各自的线性范围 (1～500ng/mL 和 10～500ng/mL) 内相关系数 R^2 分别为 0.9993 和 0.9984, 说明线性关系优异; 回收率为 90%～94%, 相对标准偏差 RSD 值低于 3.6%, 说明该法具有良好的准确性和可重复性。与其他富集分析此两类物质技术 (如中空纤维液相微萃取、反相分散液-液体微萃取、固相萃取及超声辅助分散微固相萃取) 相比, 本法表现出更低的 RSD 和优异的 LOD (0.2～2.6ng/mL); 条件绿色、合成原料易得、提取效率高正是 DES 所带来的一系列优势[56]。

5.1.3　其他萃取方法

5.1.3.1　双水相萃取技术

双水相萃取技术（aqueous two-phase system，ATPS）凭借其条件温和、环境友好、可连续操作的特点用于样品前处理过程，现已被广泛应用于生物碱、色素、蛋白质、抗体、核酸、肽、病毒、金属离子等目标物的分析。其中含离子液体的双水相是新型双水相体系的一种，是近年来开发的一种可用于萃取分离物质的高效、温和而且绿色的分离体系，可以显著改善高聚物双水相的不足或缺陷。双水相体系（ATPS）被认为是一种经济高效的提取/浓缩/纯化技术，已广泛应用于各种生物活性化合物的分离，如蛋白质、金属离子、抗生素等。与传统的提取方法相比，ATPS 更加环保，在整个过程不使用任何有害的挥发性有机溶剂。2003 年，Rogers 及其同事发现离子液体（IL）可以与无机盐混合形成 ATPS，并且以 IL 为基础的 ATPS 具有相形成时间短、黏度低、可回收等特点，是环境友好的新型萃取技术。在过去的十年中，IL-ATPS 引起了越来越多研究人员的关注。其中以咪唑型 IL 为基础的 IL-ATPS 是众多研究中报道最多的已成功应用于许多生物活性分子和药物的提取方法。该领域的创新主要来源于两个方面，即新的提取方式或具有特殊结构和性质的新型离子液体。对于后者，胆碱类 IL 是环境友好的候选对象。

笔者团队首次报道了用于天然产物分析的基于磁性离子液体的水性两相体系（MIL-ATPS），该体系采用五种带有哌啶氧基自由基阴离子的胆碱 MIL，从黄连提取液中富集了目标生物碱后再与 HPLC-UV 耦合完成定量分析。在最佳条件下，盐酸小檗碱的分配系数为 127.68，日内（$n=6$）和日间（$n=3$）的精密度（RSD）分别为 1.40% 和 2.83%，检出限（LOD）和定量限（LOQ）分别为 0.023mg/L 和 0.077mg/L。回收率为 97.4%~101.2%。该研究为 MIL-ATPS 的应用提供了参考价值[57]。Nie 等人研究了离子液体微波辅助提取[IL-MAE，图 5-11（a）]植物中有机化合物的方法，以替代传统的有机溶剂提取，并与 ATPS 萃取体系相结合，选用[C_4mim][BF_4]提取罗布麻，随后通过添加 NaH_2PO_4 转化为上相实现萃取物的相分离和预浓缩。最后通过反相高效液相色谱法（RP-HPLC）紫外分析检测罗布麻中金丝桃苷和异槲皮苷的含量，具体操作如图 5-11 所示。最佳实验条件下，对罗布麻中金丝桃苷和异槲皮苷的检出限分别为 3.82μg/L 和 3.00μg/L。采用该方法从罗布麻水样中提取金丝桃苷和异槲皮苷，回收率分别为 97.29%和 99.40%[58]。Tan 等人成功开发了一种简单高效的基于 IL 的 ATPS 分离纯化芦荟中的蒽醌类化合物，研究了离子液体/盐类 ATPS 的相行为、相形成能力和提取能力。在最佳条件下，提取温度为 25℃，平衡时间为 10min，pH 为 4.0，使用 [C_4mim][BF_4]/Na_2SO_4 获得了最高提取效率。芦荟大黄素和大黄酚的提取效率分别为 92.34%和 90.46%。与传统的液液萃取方法相比，IL-ATPS 更高效环保，将广泛应用于其他天然活性化合物或生物产品的分析前处理过程[59]。

5.1.3.2 浊点萃取

经典的浊点萃取（cloud-point extraction，CPE）基于非离子表面活性剂的特性，在加热至一定温度（称为浊点）或通过添加盐（盐析现象）在水溶液中形成胶束，胶束将其碳氢化合物尾部朝向中心以形成非极性核，然后可以通过离心分离成两相（水相和富含表面活性剂的相），分析物通常分布于胶束的疏水核中从而实现分离。图5-11（b）总结了 CPE 操作过程。CPE 是一种快速、安全、环保、低成本的方法，广泛用于从复杂样品中分离富集分析物，具有较高的富集系数。CAROL 口服液是福建医科大学孟超肝胆医院的医院制剂，是从珍贵药材刺梨和灵芝中提取的水提物，用于治疗急慢性肝炎。在 Xu 等人的研究中[60]，以聚氧乙烯单叔辛基苯基醚（Triton X-114）和[C$_4$mim][PF$_6$]为原料，结合 HPLC 建立了一种简便、新颖的 IL-CPE 方法，并应用于富集测定 CAROL 中的芦丁和水仙花苷以及刺梨水提取物，最后使用 HPLC 进行测定。在优化的条件下，平均加样回收率为 92.1%～98.9%。芦丁和水仙花苷的检测限分别为 0.26ng/mL 和 0.30ng/mL。该方法已成功应用于复杂基质样品中两种黄酮类化合物和刺梨水提物的测定。与传统的提取方法相比，IL-CPE 表现出更高的提取效率和选择性。该方法为复方中药口服液和中药材中有效成分的测定提供了新的参考。

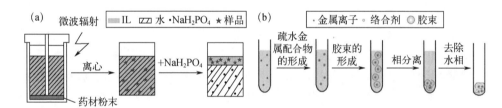

图 5-11　基于 IL 的微波辅助双水相萃取（IL-MAE-ATPS）原理图（a）[58]和
基于金属离子的浊点萃取（b）[61]

5.1.3.3 无溶剂压片萃取

基于"（结构）相似相溶"原理，笔者团队首先通过酸化反应和阴离子置换将槲皮素阳离子[Quer]$^+$、提取用 IL 常见阴离子[Cl]$^-$、[Br]$^-$、[PF$_6$]$^-$、[BF$_4$]$^-$和[FeCl$_4$]$^-$进行组合，得到五种可用于无溶剂压片的固相萃取剂（产率为 81.5%～89.2%），进而将其用于竹叶中黄酮类成分的富集与分析。无溶剂压片萃取（solvent-free pressed disc extraction，SFPDE）的具体步骤如下：①先将手动压片机（可用红外光谱制样压片机替代）所使用的不锈钢模具（模座、模套、顶柱及内模块）和玛瑙研钵用无水乙醇擦拭干净，然后将干燥洁净的竹叶剪切成小片并均匀混合以备用；②将模具按照模座在底部、模套在上的顺序放置，然后将内部模块以光滑面朝上的方式放入其中；③将干燥并研磨（通过 400 目筛）后的固态萃取剂铺展在内部模块上作为下层，然后将竹叶样品放置在下层萃取剂上作为中间层，再将等量的萃取剂粉末小心地均匀覆盖在样品表面作为上层，形成"三明治"结构；④装上压头并将模具置于压片机下加压萃取。在萃取结束时释放压力，然后剥离萃取剂和竹叶样品；经合并后，取少许含目标物的萃取剂用流动相溶解，过滤后进行下一步的 UPLC-UV 分析[见图 5-12（a）]。

固态萃取剂的结构和理化性质的不同会显著影响目标化合物的选择性富集，良好的分子间作用力是加压萃取的主要驱动力。经比较后发现在同一条件下氧鎓盐 [Quer][BF₄] 的提取率最高，[Quer][Br]、[Quer][PF₆] 和 [Quer][Cl] 的提取率居中，而 [Quer][FeCl₄] 提取效果最差。氧鎓盐提取竹叶黄酮的机理主要是氧鎓盐的阴离子与黄酮分子上的酚羟基形成氢键，随着阴离子半径的增加，在萃取过程中，氧鎓盐的熔点降低，固相向液相的转变更容易发生，从而促进了竹叶黄酮的溶解。这些氧鎓盐的熔点按 $Br^- > Cl^- > FeCl_4^- > BF_4^- > PF_6^-$ 的顺序降低；其熔点越低，阳离子和阴离子对之间的亲和力越小，与分析物形成氢键的机会就越大，因此阴离子 PF_6^- 和 BF_4^- 与黄酮分子的结合力更强；此外，亲水性阴离子 Cl^-、Br^- 和 BF_4^- 与疏水性阴离子 PF_6^-、$FeCl_4^-$ 相比，亲水性氧鎓盐被认为对黄酮类有更好的溶解性。除了阴离子作用外，还发现强缔合主要是由氧鎓盐和黄酮之间复杂的分子间相互作用驱动的，黄酮分子是酸性的并且倾向于带有负电荷，这有利于与氧鎓盐的阳离子产生静电吸引作用。此外，阳离子的大平面共轭体系与具有相似结构的黄酮分子之间还存在 π-π 堆积。综上所述，这些分子间相互作用形成了独特的分离机制，使得槲皮素类氧鎓盐这种萃取剂无法被其他溶剂替代。

加压压强是本方法的关键特征参数，可以同时影响萃取效率、选择性和后处理。一方面，较高的压强可通过增加固体基质中溶剂的扩散率来促进萃取，从而增强植物基质内部的传质。另一方面，压强的增加将导致溶质蒸气压的增加从而提高分析物的溶解度。然而实验结果表明流体密度的影响主要是在临界压力（6MPa）附近，因此，压力的持续增加会导致流体密度的大幅下降，提取率随之下降。此外，过高的压强会完全压碎植物细胞，使其他共存成分渗出从而导致提取没有选择性。总体来看，以 [Quer][BF₄] 为提取剂，在固-固质量比为 1∶1、加压时间为 120min 的提取条件下，6MPa 为较为适合的加压压强。在此条件下开展萃取动力学研究，发现准二级动力学方程拟合的相关系数（R^2=0.9994）最高，通过其拟合得到的竹叶黄酮平衡吸附量更接近于实验得到的数据。该结果表明在萃取过程中存在竹叶中的黄酮成分向萃取剂表面的迁移、在萃取剂内的扩散和与萃取剂发生相互作用的一系列步骤，此外，该过程符合准二级动力学方程也说明萃取过程涉及化学作用。表 5-4 和图 5-12（b）显示了本方法对三种主要黄酮定量富集-超高压液相色谱分析（UPLC）的效果，其中色谱流出曲线中杂峰明显减少，体现出良好的选择性；三者回收率为 94.61%～105.19%，富集因子明显高于文献中的双水相及三相微萃取技术[62, 63]。可见无溶剂加压特别适合软质微量样品的前处理及检测。

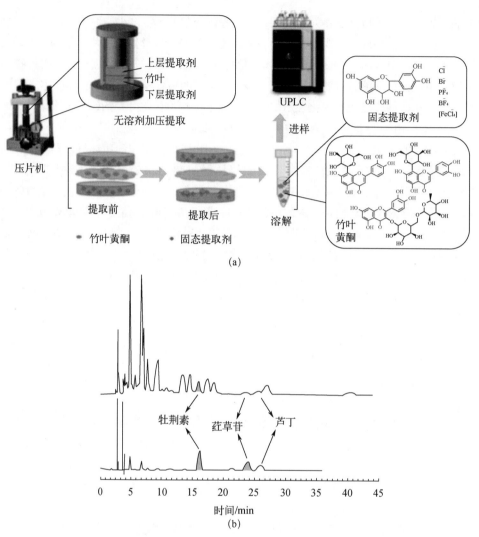

图 5-12 （a）基于"三明治"体系的无溶剂加压萃取竹叶黄酮过程及装置示意图；
（b）传统方法所得的竹叶提取物；SFDPE 法所得的竹叶提取物的色谱图对比

表 5-4 三种竹叶黄酮的线性范围、回归方程、相关系数、LOD、LOQ 和富集倍数

分析物	线性范围/ （μg/mL）	回归方程	R^2	LOD/ （μg/mL）	LOQ/ （μg/mL）	富集倍数
芦丁	3.3～200	$y=0.4274x+5.0091$	0.9994	0.02	0.06	144.11
荭草苷	6.7～125	$y=0.7977x+4.8673$	0.9991	0.02	0.07	270.66
牡荆素	4.5～100	$y=0.7374x+2.7696$	0.9972	0.03	0.10	394.22

5.1.3.4 低共熔溶剂电膜萃取技术

Hansen 等人首次建立了以疏水性 DES 作为支撑液膜 (supported liquid membrane, SLM) 用于电膜提取 (electromembrane extraction, EME) 的新方法，其中樟脑、香豆素、DL-薄荷醇和百里酚被用作非离子 DES 组分[64]。他们测试了不同的 DES 组成，以系统地研究在 SLM 传质过程中氢键和色散力/芳环叠加作用的重要性。结果发现香豆素和百里酚的混合物能形成高效的 SLM，对非极性碱、非极性酸和极性碱的提取非常彻底。在当前的文献中没有发现在大的极性窗口中对碱和酸都具有这种性能的 SLM。该支撑液膜是高度芳香化的，同时具有非常强的氢键供体和中等强度的氢键受体，其中π键高度作用对碱的传质转移非常重要，而氢键对酸起主导作用。

在本方法的具体操作中，作为主体的是由不锈钢制成的 96 孔样品板，每个孔容积为 100μL，具有 0.45μm 孔径的聚偏二氟乙烯 (polyvinylidene fluoride, PVDF) 滤膜的市售 96 孔 MultiScreen-IP 滤板 (Merck Millipore 公司，爱尔兰) 用作 SLM 和接收液载体。提取前，将 100μL 样品装入样品板中；在滤板上的相应位置，将 4μLDES 滴加到每个过滤器上以制备 SLM。过滤板随后与样品板夹紧，样品溶液进而与 SLM 接触。将 100μL 样品液移到 SLM 上方储液器中的滤板中，并连接一个带有 96 根电极棒的铝盖 (电极板)。最后将整个夹紧的 96 孔装置 (包括样品板、过滤板和电极板) 放置在 Vibramax 100 型振动板 (Heidolph 公司，德国) 上，同时将样品和电极板连接到 ES 0300e0.45 型电源 (Delta Elektronika BV 公司，荷兰)。通过施加电压和 900r/min 的振荡来启动提取。电极板具有用于提取碱性成分的阴极和用于提取酸性成分的阳极。当提取终止时，接收液被直接转移用于 UHPLC 分析，整套装置如图 5-13 所示。此外表 5-5 总结了新型绿色溶剂参与的其他天然产物样品前处理方式。

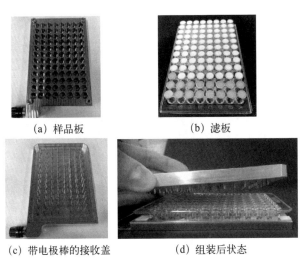

| (a) 样品板 | (b) 滤板 |

| (c) 带电极棒的接收盖 | (d) 组装后状态 |

图 5-13　EME 设备照片[64]

表 5-5 新型绿色溶剂参与下的其他天然产物样品前处理方式

分析物	IL/DES	无机盐	样品	检测技术	LOD	LOQ	RSD /%	线性范围	回收率 /%	参考文献
盐酸小檗碱	$[N_{11n2OH}][TEMPO-OSO_3]$ $(n=1\sim5)$	K_3PO_4	黄连	HPLC-UV	0.0023mg/L	0.077mg/L	1.40$\sim$2.83	0$\sim$40mg/L	97.4$\sim$101.2	[57]
金丝桃素和异槲皮苷	$[Bmim][BF_4]$	NaH_2PO_4	罗布麻	HPLC	3000$\sim$3820mg/L	—	1.02$\sim$1.13	6$\sim$70mg/L	96.26$\sim$100.13	[58]
芦荟大黄素芦荟大黄酚	$[C_4mim][BF_4]$ $[C_2mim][BF_4]$ $[C_4mim][N(CN)_2]$ $[C_6mim][Br]$ $[C_4mim][Br]$ $[C_2mim][Br]$	Na_2SO_4 $(NH_4)_2SO_4$ NaH_2PO_4 $MgSO_4$	芦荟	HPLC	0.031$\sim$0.125mg/L	0.1$\sim$0.41mg/L	1.8$\sim$3.5	6.6$\sim$35mg/L	90.46$\sim$92.34	[59]
芦丁和水仙花苷以及刺梨水提取物	$[C_4mim][PF_6]$	—	口服液（CAROL）	HPLC	—	$8.6\times10^{-4}\sim1\times10^{-3}$ mg/L	0.10$\sim$1.91	$4\times10^{-3}\sim400$mg/L	92.0$\sim$98.9	[60]

分析物	IL/DES	无机盐	样品	检测技术	LOD	LOQ	RSD/%	线性范围	回收率/%	参考文献
山柰酚-3-O-β-D-吡喃葡萄糖苷-7-O-β-D-吡喃葡萄糖苷(KGG)，山柰酚-3-O-β-D-芸香糖苷-7-O-β-D-吡喃葡萄糖苷(KRG)，木犀草素-7-O-β-D-吡喃葡萄糖苷(LG)，槲皮素-3-O-β-D-吡喃葡萄糖苷(QG)，芹菜素-5-O-β-D-吡喃葡萄糖苷(AG)，芫花素-5-O-β-D-吡喃葡萄糖苷(GG)，木犀草素(Lut)，芹菜素(Api)，芫花素(Gen)	氯化胆碱-甘油，盐酸甜菜碱-甘油，氯化胆碱-1,4-丁二醇，盐酸甜菜碱-1,4-丁二醇，氯化胆碱-1,3-丁二醇，盐酸甜菜碱-1,3-丁二醇，氯化胆碱-乙二醇，盐酸甜菜碱-乙二醇，氯化胆碱-乙二醇	—	马尾木	DES-NPCE-HPLC	芳樟醇:2.0061ng/mL; α-松油醇3.1500ng/mL; 乙酸叔丁酯2.1289ng/mL	芳樟醇:6.6870ng/mL; α-松油醇:10.500ng/mL; 乙酸叔丁酯7.0965ng/mL		KGG=20~500μg/mL; KRG=10~350μg/mL; LG=20~500μg/mL; QG=15~450μg/mL; AG=10~350μg/mL; GG=20~500μg/mL; Lut=10~350μg/mL; Api=5~300μg/mL; Gen=5~300μg/mL	97.34~102.54; 79.4~103	[65]
芳樟醇、α-松油醇和乙酸叔丁酯	乙二醇-氯化胆碱(1:2~1:5)	—	钝角沙蚕叶	HS-SME-GC						[55]
阿魏酸、咖啡酸和肉桂酸	乙二醇-氯化胆碱(1:2)、甘油-氯化胆碱(1:2)		橄榄油、杏仁、芝麻和肉桂油	UALLME-DES-HPLC-UV	0.39~0.63μg/L	1.3~2.1μg/L		1.3~1000μg/L	94.7~104.6	[54]

分析物	IL/DES	无机盐	样品	检测技术	LOD	LOQ	RSD/%	线性范围	回收率/%	参考文献
隐丹参酮, 丹参酮I和丹参酮IIA	乙二醇-氯化胆碱、甘油-氯化胆碱、1,2-丁二醇-氯化胆碱、1,3-丁二醇-氯化胆碱、1,4-丁二醇-氯化胆碱、2,3-丁二醇-氯化胆碱 (1:1~1:6)		丹参	BM-DES	1.6~1.9%			5~8ng/mL	96.1~103.9	[66]
茶碱, 可可碱, (+)-儿茶素水合物和咖啡酸	四甲基氯化铵-乙二醇 (1:1)、四甲基氯化铵-乙二醇 (1:2)、四甲基氯化铵-乙二醇 (1:3)、四甲基氯化铵-乙二醇 (1:4)		绿茶	DM-DSPE-HPLC				5~100.0μg/mL	茶碱: 91.82, 可可碱: 92.13, (+)-儿茶素水合物: 89.96 和咖啡酸: 90.73	[37]
桑色素	四甲基氯化铵-乙二醇 (1:1)、四甲基氯化铵-乙二醇 (1:2)、四甲基氯化铵-乙二醇 (1:3)、四甲基氯化铵-乙二醇 (1:4)		苹果汁、葡萄汁、洋葱稀酸稀释液和绿茶浸液样品	SPME-HPLC-UV	0.91μg/L	2.98μg/L		3~500μg/L	97.7	[37]

分析物	IL/DES	无机盐	样品	检测技术	LOD	LOQ	RSD/%	线性范围	回收率/%	参考文献
槲皮素和香豆素	四甲基氯化铵-乙二醇 (1:1)、四甲基氯化铵-乙二醇 (1:2)、四甲基氯化铵-乙二醇 (1:3)、四甲基氯化铵-乙二醇 (1:4)		苹果、橘子、菠萝和洋葱	SBME-HPLC-UV	槲皮素: 2.6ng/mL；香豆素: 0.2ng/mL	槲皮素: 8.8ng/mL；香豆素: 0.6ng/mL		槲皮素: 10～500ng/mL；香豆素: 1～500ng/mL	槲皮素: 94.4；香豆素: 90.3	[37]
挥发性单萜（薄荷醇、薄荷酮、乙酸薄荷酯、普乐、桉叶素、黄酮化合物和酚类化合物	柠檬酸-甘油 (1:2)、柠檬酸-木糖醇 (1:1)、柠檬酸-葡萄糖 (1:1)、尿素-甘油 (1:1)、尿素-木糖醇 (2:1)、尿素-葡萄糖 (2:1)、氯化胆碱-葡萄糖 (2:1)、氯化胆碱-甘油 (1:1)、氯化胆碱-木糖醇 (1:1)、氯化胆碱-葡萄糖 (5:2)		薄荷叶	HS-SPME-GC-MS				挥发性单萜: 0.479～1.253 mg/g。总酚含量: 55.23～98.27 mg/g，总黄酮含量: 7.30～21.05 mg/g	单萜类化合物、桉树脑、普来高酮、薄荷醇和乙酸薄荷酯分别为 80.1～105.8、84.6～120.1、82.4～116.0、82.3～120.7 和 80.5～97.1；酚类成分: 80.7～111.9；黄酮类成分: 90.6～104.0	[67]

5.2 液相色谱

本节将主要介绍绿色溶剂用作前处理之后的液相色谱固定相及流动相分析天然产物的研究进展。尤其是前者，已成为分析化学领域里一个新的热点方向，国内外多个课题组在此领域已成功开发出系列化的基于绿色溶剂的多种固定相，分析对象涉及天然产物、药物、精细有机物、环境污染物等。此外，相当一部分含手性中心且具有手性识别能力的绿色溶剂固定性/流动相可被用于手性物拆分，有兴趣的读者关于这点可参阅相关文献[68]。

5.2.1 液相色谱固定相

液相色谱固定相开发是一项具有挑战性的工作，为我们带来了越来越多被成功应用的商品化色谱柱。从固定相基质类型的角度来看，液相色谱固定相可以分为硅胶基质固定相、有机聚合物基质固定相、金属氧化物基质固定相、金属有机框架固定相及混合基质固定相；从分离机制上来看，一般可分为吸附、分配、亲和、离子交换、体积排阻和混合模式等。多数情况下采用化学键合法将绿色溶剂固载于合适的固定相上，这样得到的固定相在高压和高流速的情况下使用时较为稳定，甚至可以采用水作为流动相用于分析过程，从而增强了整个方法的绿色特性。其中多数情况为化学固载，少数情况下为简化操作，采用涂敷法完成固载，如将长烷基链咪唑离子液体作为一种阳离子表面活性剂用动态法包覆在 ODS 柱上（将 2mmol/L 含 5%甲醇的[C_{16}mim][Br]水溶液以 0.7mL/min 流速持续泵入反相色谱柱 90min）[69]。化学负载法虽更为稳固，但也有以下方面应予以重视和改进：①宜减少或放弃一些毒性较大的传统制备过程惯用芳香类溶剂的使用；②避免仅凭经验确立硅烷化试剂和绿色溶剂功能基的加入量，键合效率宜进一步提升；③同一类型色谱固定相的分离性能受键合量的影响，而键合量受制备方法的影响，其可控性需增强。目前中国科学院兰州化学物理研究所蒋生祥、邱洪灯课题组在此领域开展了大量系统性探索。需要说明的是，和4.1中制备型分离及5.1中固相萃取部分涉及的类似分离材料相比，本节所涉及的固定相更适用于中高压环境下的液相色谱分离，粒径尺度和分布范围更小，更利于获得理想的色谱峰形，重现性和鲁棒性更好，从而更有利于若干单体成分的基线分离和精确定量；其技术性能要求和开发难度也是三者中最高的。但这三个章节的材料结构设计、制备路线和方法、分离对象及条件完全可以相互借鉴、互相启发。目前多数关于绿色溶剂的论文和专著并没有将这些分离材料如本书一样进行严谨细致的划分，在此从读者认知的角度及参考价值方面考量将其在三个不同章节中予以论述，特此强调。

现已报道的离子液体液相色谱固定相多达十余种（如图 5-14 所示），其结构涵盖烷基咪唑类离子液体、脲基咪唑类离子液体、（酰）胺基咪唑类离子液体、苯并咪唑离子液体、喹啉类离子液体、氨基酸（酯）类离子液体、胍类离子液体、葡糖胺基离子液体、两性离子液体、双阳（哑铃型）离子液体、三阳离子液体、聚离子液体以及它们的混合体；有时是将阳离子固载在载体上，有时是将阳离子和阴离子同时固载，有时是在柱内进行聚合；有时是常规填充柱，有时是制作成毛细管整体柱用于分离分析。其中，一个典型的方案是用 N-（3-氨基丙基）咪唑、γ-异丙基三乙氧基硅烷和 1-溴十八烷为原料一锅法合成基于离子液体的反相 HPLC 固定相，长脂肪链与嵌入配体中的多个极性基团相结合，赋予了新的固定相对酚类化合物的更高亲和力[70]；也可以先进行烯基溴的硅氢加成反应，再将三氯氢硅配体固定在二氧化硅基质的表面上，然后用氯三甲硅烷封端该相，最后连接丁基咪唑并用于反相条件下分析肽类成分[71]；还有用硅烷偶联剂 3-巯基丙基三甲氧基硅烷（MPS）对活性二氧化硅先进行改性，再将离子液体 1-烯丙基-3-己基咪唑四氟硼酸盐与改性硅胶在偶氮二异丁腈（AIBN）的引发下通过自由基链转移加成反应得到固定相颗粒并通过传统的浆料填充程序装柱，在含有 1%甲醇的 0.05mol/L KH_2PO_4（pH=3）为流动相时去甲麻黄碱、麻黄碱、伪麻黄碱和甲基麻黄碱出峰时间在 3~8min[72]。胍基离子液体比常用的离子液体具有更低的毒性和更大的可设计性，同时在高效液相色谱和毛细管气相色谱固定相方面表现出良好的性能，如将六烷基胍离子液体 N, N, N′, N′-四甲基-N″, N″-二烯丙基溴化胍键合到 MPS 改性的二氧化硅表面，进而在 60MPa 下装成 150mm×4.6mm 规格色谱柱，以乙腈（CAN）/H_2O+NH_4FA 为流动相可在 20min 内完成一系列胞苷、腺苷、鸟苷、嘌呤和嘧啶类成分的分析，总体体现出亲水相互作用（HILIC）+阴离子交换机制[73]。

杯芳烃是指由亚甲基桥连苯酚单元所构成的大环化合物，于 1942 年由金克（Zinke，奥地利）首次合成，因其结构像一个酒杯而被称为杯芳烃。杯芳烃具有大小可调节的"空腔"，与环糊精和冠醚类似，能够形成主客复合物，也可用来作为离子载体。天然产物中普遍具有极性较强的苷类成分，这些成分在反相色谱柱上保留弱，由结构相似导致的极性相近者往往比较多，因此成为日常分析工作中的难点，且用常规分离方法通常需要长时间的梯度洗脱，采用硅胶固定化离子液体作固定相吸附分离这类化合物不需要流动相添加剂，且保留时间短，分离效率高。例如，用硅胶固定化杯芳烃离子液体结合亲水作用色谱分析 6 种核苷（腺嘌呤核苷、胞嘧啶核苷、鸟嘌呤核苷、胞嘧啶脱氧核苷、胸腺嘧啶脱氧核苷、腺嘌呤脱氧核苷）和 4 种皂苷（人参皂苷 Rg1、Re、Rb1 和三七皂苷 R1）[74]；在亲水作用模式下，杯芳烃固定化离子液体可以在 10min 内完全分离这四种人参皂苷（图 5-15）。固定化杯芳烃离子液体作为固定相其表面有咪唑以及其他极性基团，因而对核苷和皂苷两类极性分子具有较强的保留能力。该固定化材料对核苷的保留机制不仅受表面吸附控制，也有分配作用的参与。

上面的例子以反相分离机制为主，也有主要基于离子交换实现分离的离子液体固定相，此类介质对于分析天然的酸、酚、碱、氨基酸、肽及蛋白类成分具有重要意义。如：①通过氯丙基硅胶和甲基咪唑反应，可得到含有离子液体基团的甲基咪唑键合硅胶固定相，由于甲基咪唑键合硅胶含有一个相对体积较大的有机杂环阳离子，对于酚

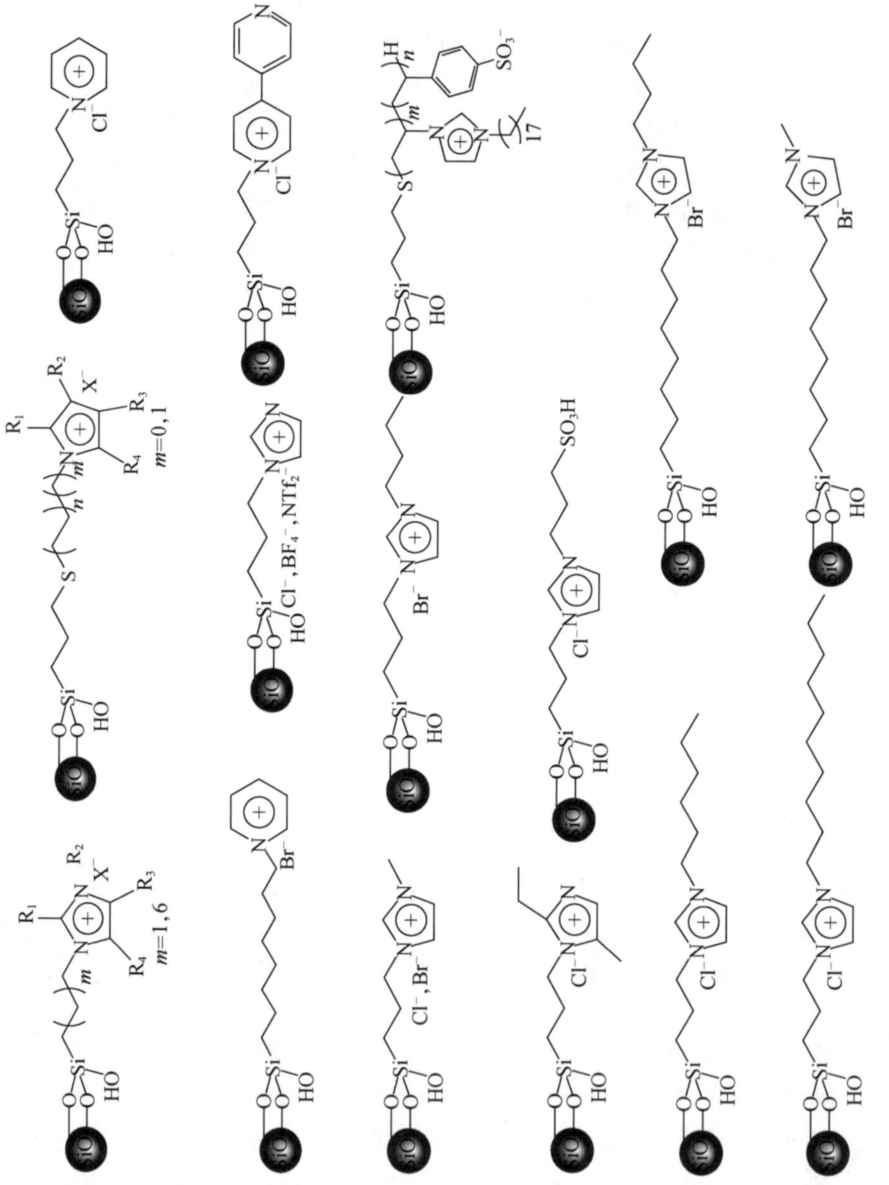

m=1, 6
m=0, 1
Cl⁻, BF₄⁻, NTf₂⁻
Cl⁻, Br⁻
SO₃H
SO₃⁻

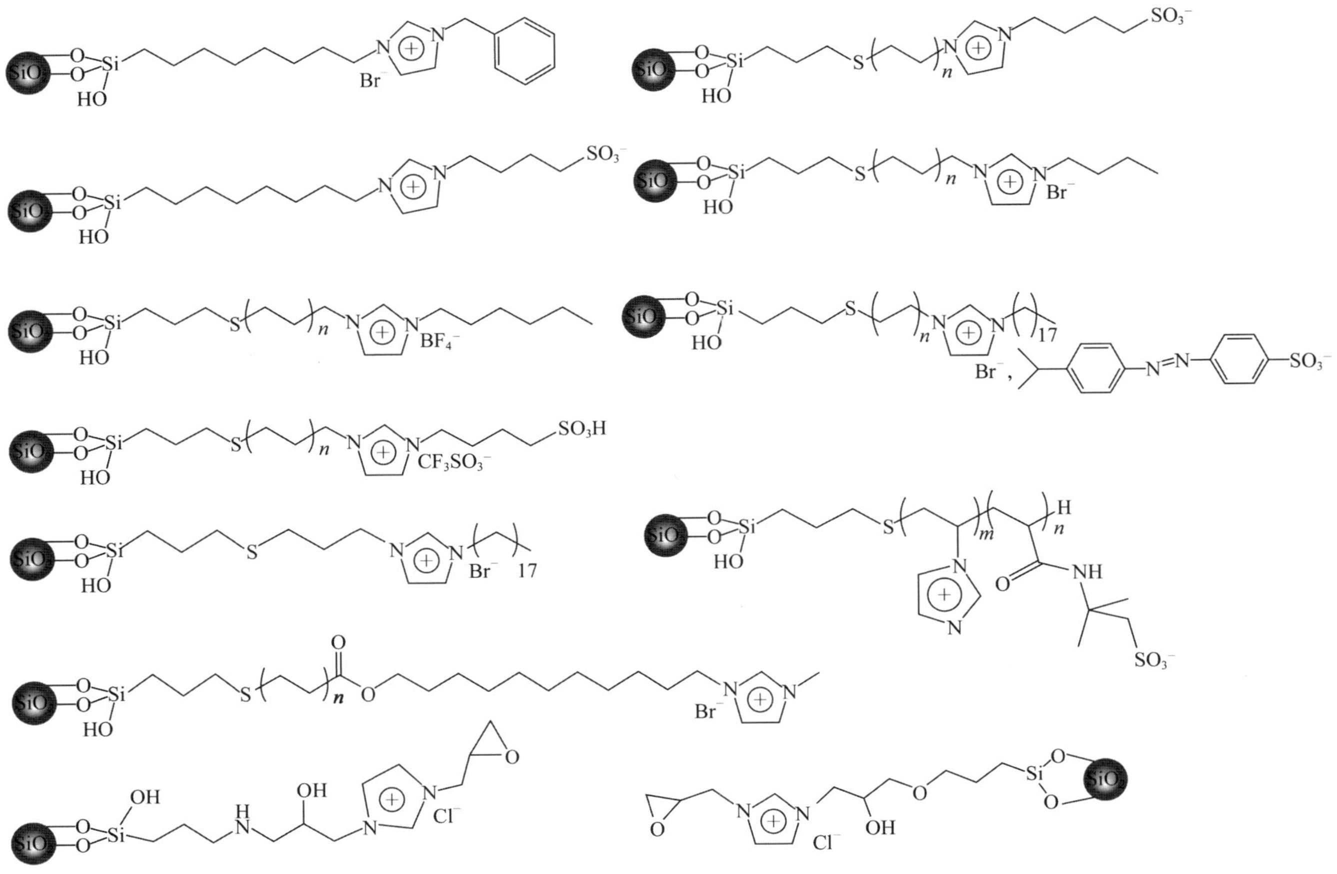

图 5-14　常见的离子液体改性硅胶色谱固定相

类、碱基等分析物具有阴离子交换能力；②也可将咪唑键合硅胶和1,3-丙烷磺内酯进一步反应制备两性色谱固定相——磺酸基咪唑键合硅胶，由于存在部分没有被磺化的咪唑阳离子，带负电荷的对象在该固定相中能得到有效分离，而带正电荷的对象由于受到较大的静电排斥作用，保留时间很短；③采用自由基链转移的方法可制备一种电荷对等的基于磺酸基咪唑离子液体键合硅胶的两性离子色谱固定相，以纯水作流动相；④将长链烷基咪唑离子液体（[C$_{12}$mim][Br]和[C$_{14}$mim][Br]）涂敷在ODS柱上用作离子色谱固定相，采用邻苯二甲酸盐作流动相；⑤用丙烯酰氯和11-溴代-1-十一醇合成11-溴代十一烷基丙烯酸酯，该产物再与1-甲基咪唑在三乙胺催化下得到1-（2-丙烯酰氧基十一烷基）-3-甲基咪唑溴盐，在偶氮二异丁腈（AIBN）引发下将该IL单体聚合到用3-巯基丙基硅烷化试剂修饰的硅胶上，流动相为甲醇-缓冲盐水溶液[75, 76]。

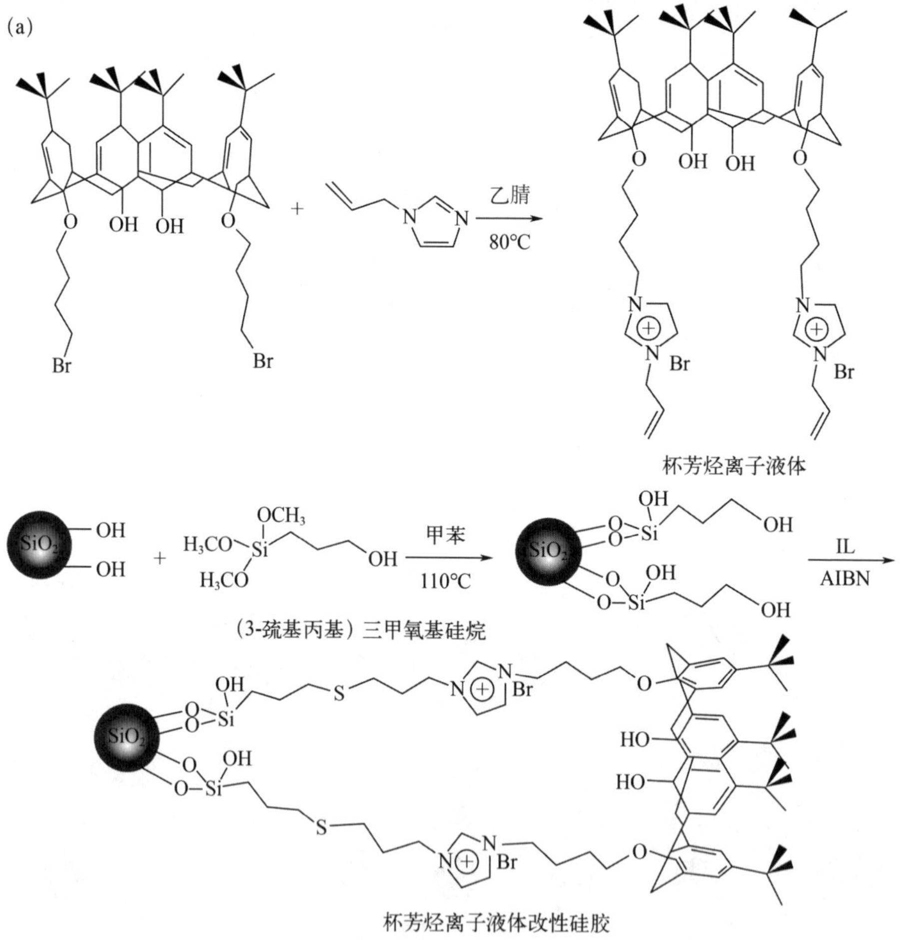

(a)

杯芳烃离子液体

（3-巯基丙基）三甲氧基硅烷

杯芳烃离子液体改性硅胶

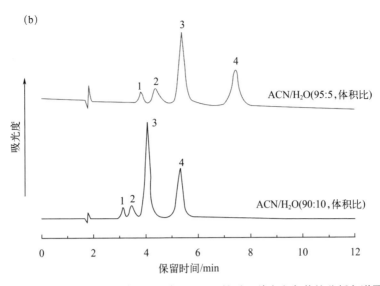

图 5-15　杯芳烃离子液体改性硅胶的制备（a）及其对四种人参皂苷的分析色谱图（b）

1—人参皂甘 Rg1；2—人参皂甘 Re；3—三七皂甘 R1；4—人参皂苷 Rb1

相较于离子液体色谱固定相，低共熔溶剂用作液相色谱固定相的报道较少，一种代表性的策略是将氯化胆碱和衣康酸或丙烯酸组成的 DES 为功能单体，在聚多巴胺功能化聚醚醚酮（PEEK）管内制备整体柱。还有一些关于将其作为固定相制备过程中溶剂使用的研究，DES 能替代一些有毒且易挥发的溶剂并有效地促进化学键合与功能化修饰中相关硅烷化反应和自由基链转移反应，也能发挥溶剂本身的均匀分散作用；产物包括碳量子点改性硅胶色谱固定相、葡糖胺亲水色谱固定相、聚乙烯咪唑改性硅胶、聚丙烯酸改性硅胶、乙烯咪唑和丙烯酸共聚改性硅胶类表面聚合型固定相等，也有使用低共熔溶剂氯化胆碱-乙二醇作为致孔剂合成具有识别能力的分子印迹液相整体柱。例如，金磊等设计并合成了一种基于低共熔溶剂的离子介导 MIP-SPE 整体柱，并用其对绿原酸的保留行为进行了研究。发现当致孔剂中的 DES（氯化胆碱-乙二醇）含量较大时，绿原酸保留时间较短，其色谱峰对称性差，谱图拖尾严重；DES 用量经过和功能单体（[C$_4$mim][BF$_4$]）含量、溶剂（DMSO）加入量进行联合优化后，整体柱保留性能可达最佳，该研究为绿原酸印迹聚合物的绿色合成提供了新的思路[77]。除了用于小分子的液相色谱整体柱，研究人员以 IL（1-烯丙基-3-丁基咪唑溴盐）和丙烯酰胺为双单体，另一种类型的双子型 IL（1,2-双[N,N-乙烯基咪唑]乙烷双溴盐）和 N,N-甲基双丙烯酰胺作为双交联剂，氯化胆碱-乙二醇（1∶2）DES 作为致孔剂制备了不锈钢外壳的整体柱（50mm×4.6mm），进而选择分子大小、等电点和电荷有很大差异的牛血清白蛋白和溶菌酶作为印迹模板，评价了此类绿色溶剂型分子印迹聚合物整体柱对大分子的识别性能；模板单体摩尔比、总单体浓度、交联密度等重要因素均对分离性能产生不同程度的影响[78]。还有研究人员曾制备了两种新的接枝硅胶共聚物固定相，同时将其应用于亲水性相互作用色谱（HILIC）[79]。该研究以 DES 为新溶剂，在二氧化硅表面通过巯基双键速配接合反应，制备了 2-（二甲胺基）甲基丙烯酸乙酯（DMAEMA）与衣康酸（IA）和丙烯酸（AA）的共聚反应。通过分离核苷、碱基、糖类和氨基酸来评价它们的亲水性。与已有报道的聚衣康酸接枝二氧化硅（Silo-PIA）和聚丙烯酸接枝二氧化硅（Silo-PAA）固定相相比，这两种新型的共聚物接枝二氧化硅在 HILIC 中具有更高的选择性和更好的极性分析分离能力。此外 DES 还被成功地用于球形多孔二氧化硅的快速表面改性（合成过程见图 5-16）以制备高效液相色谱的固定相[80]。与有机溶剂相比，新型反应介质具有对硅球的高分散性和不挥发性等优点。该改性固定相可以用于人参皂苷、黄酮苷、核苷等天然产物组分。

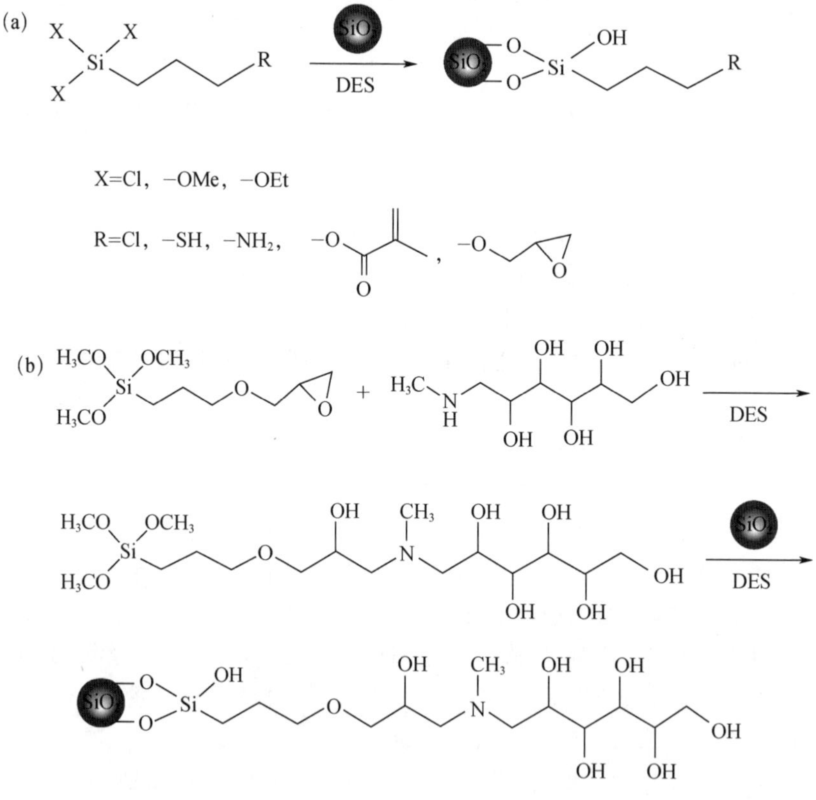

图 5-16　硅化反应采用 DES 作为反应介质（a）和
氨基葡萄糖修饰的硅胶球形固定相的合成路线（b）

当以硅胶为载体制备的 DES 为功能基的相关色谱固定相时，也可以采用类似离子液体的简单涂敷和化学法两种主要方式。化学法如通过硅醇基和氯化胆碱之间的取代反应将后者和尿素（摩尔比1：2）组成的 DES 固载在正相硅胶上，当其用于分离阿魏酸这一典型的天然有机酸（带负电荷）时所体现出的色谱行为明显是基于在氯化胆碱阳离子上发生的阴离子交换效应[81]。至于涂敷法，由于具有较高黏度同时可与硅醇羟基形成较强氢键，所以 DES 比较容易在硅胶表面形成固定相层（膜），但在含水样品或者流动相的冲洗下该氢键的稳定性会受到影响。可能的解决方案包括：让可聚合的氢键供体与氢键受体在载体上发生共聚反应；采用疏水性 DES 作为固定相同时水溶剂作为洗脱剂；在正相液相色谱中使用亲水性 DES 固定相等。一般分离机制均以氢键和离子交换作用为主。邱洪灯课题组总结了低共熔溶剂在色谱技术各个方面（包括固定相、流动相以及色谱材料的制备过程）的应用，重点讨论了 DES 的引入对色谱性能的影响，为进一步开发 DES 在色谱中的应用提供了指导[82]。总体来看，受稳定性等多种因素影响，DES 在固相萃取材料上的开发应用远比色谱固定相方面要多，而从目前低共熔溶剂具有的分离潜质来看，DES 也完全可以作为适合于天然产物的分离介质直接在色谱固定相上发挥作用，此部分研究亟待进一步开展。

5.2.2 液相色谱流动相添加剂

同样的，绿色溶剂也可用作液相色谱流动相的组分（量少时一般视为添加剂），在大幅度改善分离的同时由于在反相固定相上保留较弱，尚未有报道发现相关溶剂在低使用浓度下对色谱柱使用寿命造成明显的不良影响。以离子液体为例，最常见的分离体系是在非极性固定相（$C_{8\sim18}$柱、苯基柱和五氟苯基柱等，其中最常见者为 C_{18} 反相柱）中使用含有一定比例咪唑类离子液体（如亲水性的[C_4mim][BF_4]）[83]，实验结果提示使用含有不同离子液体的洗脱液时，生物碱的保留率、分离选择性和洗脱顺序不同；IL 浓度的增加导致了硅烷醇阻断的增加，从而减少了生物碱阳离子与游离硅烷醇基团之间的相互作用，并在大多数情况下导致了生物碱保留率的降低、峰对称性的改善和理论板数的增加。另外，上述离子液体在 210nm 处有吸收，在选择检测波长时应注意此类流动相添加剂的紫外吸收波长；一般咪唑类离子液体截止波长为 227～231nm，吡啶类为 271～272nm（水-甲醇流动相）。在这些流动相体系的配制中，研究人员往往将离子液体加入水相（纯水或者缓冲盐）后再和有机相（甲醇、乙腈）混合，并用酸碱调整合适的 pH 值用于分离；或将离子液体直接配制成水溶液（较难溶解的离子液体可以先用极少量甲醇溶解后再与水混溶）；也有部分研究在组成流动相的有机相和水相中同时加入同摩尔浓度的离子液体，这样可以确保在使用梯度洗脱时，离子液体在整个流动相体系中的浓度不会随着有机相和水相的配比变化而变化，而使其影响机制复杂化。分析对象则以各种生物碱（如莨菪类、吲哚类、辣椒素类、吲哚里西啶类）最为多见。通过可待因、小檗碱、波尔定碱等 13 种生物碱成分在不同色谱柱（C_{18}、苯基和五氟苯基柱）上的分离结果来看，流动相中加入离子液体后目标成分在保留率、峰对称性和塔板数方面都有所改变，提示其具有分离促进作用。也有研究者反其道而行之，以常见生物碱形成的离子液体[如 N,N-二甲基-麻黄碱-二（三氟甲基磺酰）亚胺盐]作为流动相添加剂用于分离。

从操作难易程度上来看，此方法较离子液体固定相更容易实现，使用成本也较低。从内在机制上来看，在常规流动相中所加入的离子液体分别解离成阴离子和阳离子。离子液体中带正电的阳离子基团能吸附在固定相上，从而屏蔽掉其颗粒表面的硅羟基，进而抑制拖尾，改善色谱峰型，使带正电的分析物（如生物碱）容量因子减少，缩短其保留时间，提高分离度。在低浓度下，一般排斥质子化的分析物，容量因子缩短。另外，阳离子部分的不饱和共轭体系环及碳链所具有的疏水性质，使其易于吸附在固定相上，从而增强了固定相的疏水性质，分析物容量因子升高，这一点在离子液体浓度较大时体现得尤为明显。离子液体的阴离子部分则主要作用于流动相同质子化型的分析物，通过形成离子对影响分析物的色谱行为及调整峰形，也可基于离子排斥作用使带负电的分析物（如酚酸类成分）容量因子减少。研究者可以根据溶质计量置换保留模型（SDM-R）探索离子液体对溶质保留的影响机制。该模型可以揭示离子液体浓度对数与各成分保留值（容量因子，K）对数之间的关系；若两者之间呈现良好线性关系，可以证明离子液体发挥了预期溶剂化作用和吸附置换剂作用，即离子液体优先被色谱固定相吸附（将固定相溶剂化），并与天然产物分子存在竞争性吸附。若色谱柱对离子液体的吸附强于对某成分的吸附，该化合物的色谱峰出峰时间则会明显偏早；而其他吸附作用强于离子液体的成分则会出峰偏后。若线性相关关系不佳，说明此浓度或离子液体碳链长度下离子液体与色谱固定相亲和势过大，形成的溶剂化层不再是理想的单分子层。

在相同阴离子不同碳链长度的阳离子进行分离结果比较时，在同一色谱分析条件下，保留时间一般随着碳链长度的增加而延长（反相体系）；碳链过长则会引起流动相黏度上升，导致体系平衡时间延长，柱效有所降低，基线噪声波动明显，重现性下降；如果碳链长度相差不大（如相差 1～2 个碳原子），有时目标成分的保留时间和峰形变化也许并不大，但检测的灵敏度可能差异明显，故可以此为最终选择依据。当阳离子相同时，碱性成分保留时间常常随着离液序列的升高而延长（如 $PF_6^- > BF_4^- > Cl^-$），这是因为越高的离液序列，越易与生物碱生成中性离子对，从而促使其在色谱柱上的保留增强，出峰更慢。离子液体添加剂的浓度一般不超过 30mmol/L，在已获得良好分离度、峰形和塔板数的情况下，继续增加离子液体浓度，往往会使得各目标成分保留减少，同时溶剂峰和背景吸收同时增强，使得天然产物色谱峰吸收相对减弱，有时还会生成前延峰。流动相 pH 也是影响分离效果的重要因素，一方面，pH 会决定酸性或碱性成分在流动相中的存在状态；以生物碱为例，pH 越低，生物碱质子化酸存在的比例越大，极性也就越大，保留时间变小。另一方面，流动相中越来越多的 H^+ 会和离子液体阴离子如 BF_4^-/Cl^- 形成 HBF_4/HCl，导致上述阴离子对保留作用的贡献越来越小，也会出现保留减少的结果。当使用缓冲盐时，从阳离子来看，一般体积小的钠盐效果优于钾盐；而常用阴离子——磷酸盐和醋酸盐在不同 pH 下缓冲容量尚有区别，需要加以比较。由于离子强度增加，使得目标分子极性基团间的相互作用被削弱，产生促溶效应；进而导致色谱柱饱和容量增加，分离效果和峰形随之改善。但过高的离子强度对液相色谱系统的侵蚀作用更加明显。温度对分离的影响可以用范托夫方程去描述。一般情况下，如果温度升高后各保留组分的容量因子减少、出峰时间提前，则说明高温情况下相关天然产物分子的电离常数减弱（反之增强），形成质子化的比例减少，进而与离子液体形成相应中性离子对的比例变小，保留减弱。表 5-6 总结了离子液体用作流动相添加剂的部分案例。

表 5-6　代表性的离子液体用于 HPLC 流动相添加剂的应用案例

天然产物（多成分按出峰顺序排列）	流动相	固定相	其他条件	保留时间/min	参考文献
水杨酸	甲醇–3mmol/L[C_4mim][BF_4]（乙酸调 pH3.0）（体积比 60:40）	Zorbax-C_{18}（250mm×4.6mm，5μm）	1.0mL/min 30℃ 300nm	4.4	[85]
绿原酸、咖啡酸、莨菪碱和芦丁	0.01mol/L[C_4mim][BF_4]的甲醇-水溶液（体积比 40:60）	Optimapak-C_{18}（150mm×4.6mm，5μm）	0.5mL/min 室温 325nm	4～20	[86]
苦参碱，槐定碱，氧化槐果碱，氧化苦参碱	甲醇–0.1% 磷酸水溶液（含 0.22mmol/L[C_4mim][BF_4]）（体积比 5:95）	AgilentTC-C_{18}（250mm×4.6mm，5μm）	1.0mL/min，30℃，205nm	10～30	[87]
药根碱，表小檗碱，黄连碱，巴马汀和小檗碱	甲醇–25mmol/L[C_6mim][BF_4]水溶液（体积比 25:75）	Spherigel-C_{18}（250mm×4.6mm，5μm）	1.0mL/min，室温，345nm	8～25	[88]
黄柏碱，木兰花碱，药根碱，巴马汀，小檗碱	乙腈（含 5mmol/L[C_4mim][BF_4]）–0.1%H_3PO_4 水溶液（含 5mmol/L[C_4mim][BF_4]）（体积比 10:90～32:68，0～15min；32:68～40:60，15～17min；体积比 40:60，15～25min）	Kromasil-C_{18}（250mm×4.6mm，5μm）	1.0mL/min，30℃，284nm	10～25	[89]
去甲麻黄碱、麻黄碱、伪麻黄碱和甲基麻黄碱	20.8mmol/L[C_4mim][BF_4]水溶液（pH=3）	Chromatorex-C_{18}（100mm×4.6mm，5μm）	1.0mL/min，室温，252nm	5～18	[90]
异钩藤碱和钩藤碱	甲醇–16.7mmol/L KH_2PO_4 水溶液（含 20mmol/L[C_6mim][BF_4]）（体积比 37:63）	InertSustain-C_{18}（150mm×4.6mm，5μm）	1.0mL/min，25℃，245nm	6～10	[91]
士的宁，去氢吴茱萸碱，硫酸长春碱和利血平	乙腈–0.1% 磷酸水溶液（含 3mmol/L[C_4mim][Cl]）（体积比 8:92～35:65，0～15min；35:65～90:10，15～30min；pH=3）	DiamonsilPlus-C_{18}（250mm×4.6mm，5μm）	1.0mL/min，30℃，242nm	10～25	[92]

天然产物（多成分按出峰顺序排列）	流动相	固定相	其他条件	保留时间/min	参考文献
山莨菪碱，东莨菪碱和阿托品	乙腈–30mmol/LNa$_3$PO$_4$水溶液（含1mmol/L[C$_8$mim][PF$_6$]）（体积比15:85）	Phenomenex-C$_{18}$（250mm×4.6mm，5μm）	1.0mL/min，室温，210nm	6～20	[93]
黄连碱、血根碱、氯化小檗碱、白屈菜红碱	乙腈–8.0%氯化胆碱和乙二醇DES水溶液（体积比32:68）	FujiSilysia-C$_{18}$（150mm×4.6mm，5μm）	1.0mL/min，30℃，345nm	4～8	[94]
莲心碱、异莲心碱和甲基莲心碱	甲醇–30mmol/L[C$_6$mim][BF$_4$]水溶液（体积比25:75，pH=3）	Spherigel-C$_{18}$（250mm×4.6mm，5μm）	1.0mL/min，室温，280nm	5～12	[95]
降二氢辣椒碱、辣椒碱和二氢辣椒碱	甲醇–5.2mmol/L[C$_4$mim][BF$_4$]（体积比30:70）	AgilentTC-C$_{18}$（150mm×4.6mm，5μm）	0.7mL/min，25℃，280nm	5～12	[96]
5′-单磷酸胞苷、5′-单磷酸尿苷、5′-单磷酸鸟苷、5′-单磷酸肌苷、5′-单磷酸腺苷	23mmol/L[C$_4$mim][BF$_4$]水溶液（pH=6.5～7）	Hypersil-C$_{18}$（150mm×4.6mm，5μm）	1.0mL/min，25℃，360nm	4～20	[97]
去甲肾上腺素、肾上腺素和多巴胺	25mmol/L[C$_4$mim][BF$_4$]/[C$_2$mim][BF$_4$]/[C$_4$mim]Cl/[Bpy][BF$_4$]水溶液（pH=3）	Chromatorex-C$_{18}$（250mm×4.6mm，5μm）	1.0mL/min，25℃，280nm	2～10	[98]
真峭胺、脱氧肾上腺素和酪胺	32mmol/L[C$_2$mim][BF$_4$]水溶液（pH=4）	Spherigel-C$_{18}$（250mm×4.6mm，5μm）	1.0mL/min，30℃，273nm	3～8	[99]
赤霉素，3-吲哚乙酸和脱落酸	甲醇–0.1%冰醋酸水溶液（含10mmol/L[C$_4$mim][BF$_4$]或[C$_4$mim][Br]）（体积比35:75）	Zorbax80AExtend-C$_{18}$（250mm×4.6mm，5μm）	1.0mL/min，30℃，254nm	2.5～8 或 2.5～12.5	[100]
尿嘧啶、6-氯腺苷、次黄嘌呤、脲嘧啶、胞嘧啶与胞苷	乙腈-氯化胆碱和乙二醇（摩尔比1:3）DES（体积比95:5）	自制色谱柱C$_{18}$（150mm×4.6mm，3μm）	1.0mL/min，25℃，254nm	8～60	[84]

和离子液体性质相似，低共熔溶剂也可以作为流动相添加剂用于天然产物的分析过程，甲醇和乙腈也常被用来和它们搭配形成流动相。除了形成常见的反相体系，这样的组合还可以形成无水条件下的亲水作用色谱模式，即直接将低共熔溶剂与甲醇或乙腈混合，其中前者扮演强溶剂作用，其比例与天然产物分析物的容量因子成反比，比例越大，出峰越靠前。而在反相体系中，甲醇或乙腈则是强溶剂。和离子液体类似，在此体系中同样观察到氢键受体上的碳链长度越长、目标保留时间越长的现象[84]，表明两类绿色溶剂对分离效果的影响机制也存在共同之处。研究人员选用常规反相硅胶柱（150mm×4.6mm，3μm），以乙腈与氯化胆碱-乙二醇（摩尔比为1∶3）的混合溶液为流动相，考察了6个碱基与核苷的色谱分离效果。结果表明，与传统的水相流动相条件相比，在加入低共熔溶剂改性后的流动相条件下，碱基与核苷分离效果得到明显的改善，尤其是胞嘧啶与胞苷能达到完全分离，色谱分离效果见图5-17（a）。同时，随着低共熔溶剂在乙腈中浓度的增加，6个碱基与核苷在色谱柱上的保留均有不同程度的减小，其中胞苷的保留减小最为显著。此外随着柱温的升高，碱基与核苷的保留同样有所减小。目前有限的实验数据表明，DES对碱性化合物分离的主要影响来自于氢键受体的性质，而氢键供体可能只能提供较弱的组合效应。具体而言，前者（如氯化胆碱类季铵盐）可以以类似离子液体的方式与二氧化硅表面残留的去质子化硅醇基产生有效的相互作用，也可以与C$_{18}$链发生作用，从而抑制拖尾、改善峰的形状和分辨率[如图5-17（b）]；而后者（如乙二醇）可缩短保留时间，发挥次要作用。这点已经通过和（与氢键受体）具有相同阴离子的离子液体（如[C$_4$mim][Cl]）流动相添加剂的比较研究得到了证明。图5-18展示了氯化胆碱-乙二醇DES作为流动相添加剂改善季铵碱的HPLC分离机制[94]。

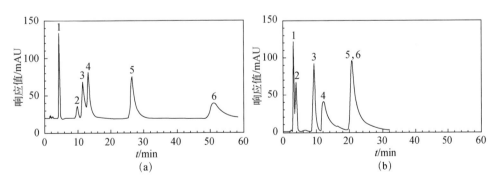

图5-17 DES改性流动相（a）与传统水相流动相（b）条件下
色谱分离效果的比较[84]

1—尿嘧啶；2—氯腺苷；3—次黄嘌呤；4—脲嘧啶；5—胞嘧啶；6—胞苷

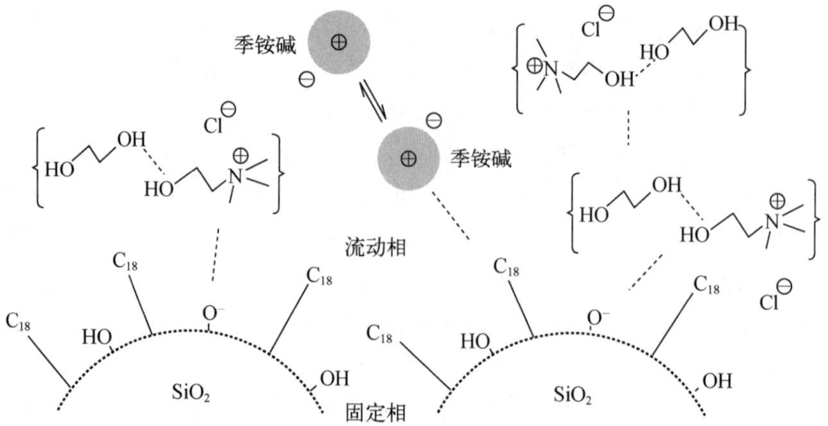

图 5-18　氯化胆碱-乙二醇 DES 作为流动相添加剂改善季铵碱的 HPLC 分离机制[94]

5.3　电泳及电色谱

自 1981 年 Jorgenson 和 Lukacs 创立现代毛细管电泳（capillary electrophoresis, CE）技术以来，CE 已发展成为一种高度成熟且用途广泛的分离技术。经过四十几年的开发研究和仪器商业化，CE 在成熟的分析技术中占据了一席之地。作为 HPLC 和 GC 的补充分析技术，CE 具有许多更有优势的特性，例如分离效率高、操作简便、分析时间短以及样品和电解质消耗量低。

作为一种以高压直流电场为驱动力的新型液相分离分析技术，毛细管电泳是基于带电组分在高电场中迁移率的不同而实现分离。分离通过使用高电场分别产生缓冲溶液和离子物质的电渗流（EOF）和电泳流，通常在内表面带负电荷的硅烷醇基团的熔融石英毛细管中进行，裸露内表面的硅烷醇基团毛细管可以在 pH>3 的条件下发生离子化，因此毛细管柱的内表面带负电。缓冲液中的游离正离子可吸附在毛细管内壁上，形成双电层。当对毛细管柱施加电压时，自由阳离子向阴极移动，从而形成电渗流。由于电荷依赖于 pH 值，EOF 的大小随 pH 值而变化。为了有效分离，缓冲液 pH 值的变化起着重要作用。带电离子在外加电场的作用下向相反电极方向迁移，电泳迁移率取决于特定分子的原子半径、电荷和黏度。粒子移动的速率取决于施加的电场场强。随着场强增大，粒子的迁移率增大，但是中性粒子不受影响。电荷越大、原子半径越小的离子移动得更快。由于 CE 发展出多种分析模式，因此可以应用于多种分析物。迄今为止，根据背景电解质（background electrolyte, BGE）的组成以及毛细管的性质，存在不同的 CE 模式，例如毛细管自由电泳、毛细管凝胶电泳、胶束电动色谱、毛细管电色谱（CEC）和非水毛细管电泳等。

IL 具有电化学性质优异、热稳定性高和极性可设计的优势，可作为缓冲添加剂或电渗流改性剂，已推动电泳分析技术取得了明显进展。此外，从绿色分析化学观点上看，IL 在分离技术尤其是在 CE 中作为流动相添加剂使用，可提高分离度和峰对称性，减少有机溶剂和添加剂的使用量，并在提高分析速度和分析性能的同时降低能耗，因此将 IL 与 CE 结合引起了人们的极大关注。由于其高黏度和导电性，IL 主要用作背景电解质的添加剂，主要原因如下：首先 IL 具有很强的溶解化合物的能力；其次，IL 容易吸附在毛细管壁的硅烷醇基团上，从而提供了动态涂层的方法，可以改变 BGE 的电导率和黏度从而可以改变电渗速度，有助于提高分离选择性；第三，根据阳离子的性质，IL 可以提供新的相互作用体系，特别是形成新的离子对或离子偶极，还可以提供例如范德华相互作用或氢键等其他相互作用。IL 提供的相互作用包括：①可以与分析物相互作用，也可以与毛细管壁相互作用；②毛细管壁附近的 BGE 中存在的游离 IL 阳离子，分析物与 IL 阳离子之间可以发生竞争性相互作用等，这些现象对 CE 分离具有重要的影响。

5.3.1 毛细管区带电泳

毛细管区带电泳（capillary zone electrophoresis，CZE）被认为是最简单的 CE 形式，分离机制基于质荷比之间的差异。熔融石英毛细管填充有某种类型的电解质溶液，称为运行缓冲液或背景电解质。石英毛细管内表面带负电，和溶液接触时形成双电层。向毛细管施加高压电场，双电层中的水合阳离子引起流体朝负极方向移动的现象叫电渗。粒子在毛细管内电解质中的迁移速度等于电泳和电渗流两种速度的矢量和。正离子的运动方向和电渗流一致，故最先流出；中性粒子的电泳速度为 0，其迁移速度相当于电渗流速度，但因电渗速度一般大于电泳流速度，故中性粒子将在带电离子之后流出。这样各种粒子因迁移速度不同而被分离。CE 仪器装置一般由一个高压电源、一根毛细管、一台检测器及两个供毛细管两端插入又可和电源相连的缓冲液贮瓶组成（如图 5-19 所示）。该系统中使用的各类检测器包括紫外-可见光谱检测器、荧光检测器、放射性物质辐射检测器、激光诱导荧光检测器、电导检测器、电化学检测器和质谱仪等。

受到内部毛细管表面和分析物之间相互作用的影响，CE 分析的主要缺点是分离的重现性低。基于 IL 的高电导率和与水的可混溶性的优势，将 IL 用作电解质或电解质添加剂（通过共价键合或动态涂层）来修饰毛细管壁以提高 CE 分离性能。与传统的盐不同，IL 阳离子的低电荷密度允许分析物和离子之间发生更广泛的相互作用，如分散型、氢键、静电和离子诱导的偶极子相互作用，在分离过程中使得 IL 独具优势。在天然产物的分离中，盐析作用和亲水作用都有利于增加天然化合物在水中的溶解度，可以针对目标分析物设计 IL 化学结构，使 IL 与常规盐相比具有更广泛的疏水性或亲水性，从而使萃取和分离性能得以加强。在最近的研究中，使用 CZE 作为分离技术研究最多的是酚类、生物碱和碳水化合物，例如儿茶素、没食子酸槲皮素、乌头碱、蔗糖等。

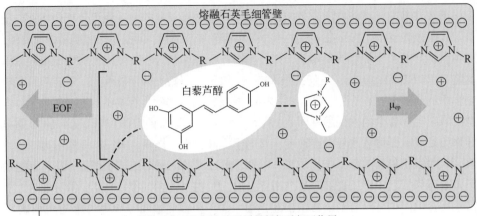

pH=4 ----- 氢键或离子偶极子/离子诱导偶极子相互作用

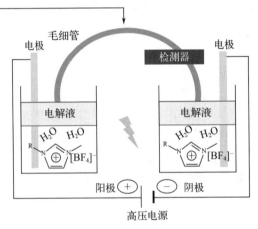

图 5-19　基于 IL 的毛细管电泳分离[101]

　　针对黄酮类化合物，离子液体 1-乙基-3-甲基咪唑四氟硼酸盐和 1-丁基-3-甲基咪唑四氟硼酸盐曾被用于毛细管电泳法测定中草药天竺葵中的一系列目标活性组分。为了研究 CE 中离子液体的特性，还使用硼酸盐作为电解质进行比较。相关研究讨论了 IL 和硼酸盐在 CE 中分离效果的差异，并展示了使用 IL 作为电解质进行分离的 CE 的优势。在短时间内（5～6min），使用 IL 的 CE 方法的检测限（0.137～0.642μg/mL）低于硼酸盐（0.762～1.036μg/mL）。离子液体法 CE 的线性范围下限为 1.100～2.656μg/mL，低于硼酸盐法 CE 的线性范围下限（2.188～5.313μg/mL）[102]。研究人员建立了一种用于分离沙棘中草药提取物及其药物制剂（辛达康片）中天然黄酮类化合物槲皮素、山奈酚和异鼠李素的 CZE 方法。在该方法中，使用 1-烷基-3-甲基-咪唑鎓为添加剂，研究和讨论了烷基、阴离子以及 IL 浓度的影响，分离机制可能是 IL 的咪唑鎓阳离子与黄酮类之间的氢键相互作用[103]。也有研究团队以 1-烷基-3-甲基咪唑基离子液体为电解质添加剂，采用毛细管区带电泳法建立了从华北风毛菊中分离鉴定 6 种活性黄酮苷元-O-糖苷的添加剂。为了研究了 IL 在毛细管电泳中的特征，分别对烷基、阴离子和 IL 浓度的影响进行了研究。在 20mmol/L 硼酸缓冲液中加入 5mg/mL1-乙基-甲基咪唑四氟硼酸盐，pH 为 9.00，外加电压为 15kV，毛细管温度保持在 25℃时分离效果最佳。6 次重复进样的迁移时间和峰面积的相对标准偏差分别为 0.75%～1.45%、3.18%～3.91%[104]。Xiao 等人还开发了一种以 IL 作为添加剂的 CZE 方法，用于同时测定葛根中的八种异黄酮化合物，分别是洋葱素、黄豆苷、染料木苷、生物链素 A、芒柄花素、葛根素、染料木素和大黄素。使用 30mmol/L 的四硼酸钠和 50mmol/L 的 1-丁基-3-甲基咪唑鎓四氟硼酸盐作为添加剂，在 pH=9.5、施加 18kV 电压、毛细管温度为 25℃的条件下获得较好的分离效果，该方法经过充分验证成功应用于测定葛根样品中的八种分析物，说明以 IL 作为添加剂的 CZE 是分析天然产物很有前景的方法[105]。

对于酚类化合物，Yanes 等人首次报告应用[N$_{nnnn}$][BF$_4$]作为运行电解质成功分离和分析葡萄籽中酚类化合物，即（−)-表儿茶素、（+)-儿茶素、（−)-儿茶素没食子酸酯、（−)-没食子儿茶素没食子酸酯、（−)-表儿茶素没食子酸酯、没食子酸和反式白藜芦醇。在第一种方法中，将仅含 Na[BF$_4$]和含有 150mmol/L[N$_{2222}$][BF$_4$]的柠檬酸盐溶液作为运行缓冲液进行评估比较。当使用 Na[BF$_4$]作为主要缓冲液时，仅鉴定出两种酚类化合物（表儿茶素和儿茶素）；然而当应用 IL 时，可以实现整个混合物的有效分离[106]。该课题组也以 1-烷基-3-甲基咪唑基离子液体为主要电解质溶液，成功分离鉴定了葡萄籽提取物中的部分酚类成分。电泳方法被证明简单可靠，在迁移时间方面提供了良好的重现性[107]。

基于 IL 的 CZE 也被用于分离蒽醌类化合物，如以 1-丁基-3-甲基咪唑鎓基为主要运行电解液，以 β-环糊精为改性剂，成功分离鉴定了匙萼木提取物中的四种蒽醌类化合物。该方法可用于蒽醌类化合物的纯化鉴定、天然产物分离、化学反应等中部分蒽醌类化合物的检测[108]，有研究课题组使用基于 1-丁基-3-甲基咪唑四氟硼酸盐的离子液体作为流动电解液，开发了一种新颖且非常简单的毛细管电泳方法，用于分析乌头植物中的乌头碱成分[114]。还有研究提出一种仅使用 1-烷基-3-甲基咪唑鎓基离子液体作为背景电解质的毛细管区带电泳方法，用于同时测定大黄中的五种蒽醌衍生物，包括芦荟大黄素、大黄素、大黄酚、大黄素甲醚和大黄酸，实现了大黄样品中五种蒽醌衍生物的有效分离；此外还研究了蒽醌阴离子与咪唑鎓阳离子之间的离子缔合反应，根据获得的离子缔合常数，系统地阐明了影响离子缔合性的因素；所提出的技术具有简单、快速和高选择性的优点，该研究为大黄提供了一种采用 CZE 进行质量控制的补充方法[110]。此外对于糖类，Vaher 等提出以咪唑类离子液体作为 CE 的背景电解质 BGE，该方法用于测定某些蔬菜汁中的蔗糖、葡萄糖和果糖[111]。

5.3.2　胶束电动色谱和微乳液电动色谱

作为 CZE 的扩展，Terabe 等人开发了胶束电动色谱（micellar electrokinetic capillary chromatography，MEKC）。MEKC 是将色谱和电泳原理相结合的分离模式，其基本装置和检测方法与 CZE 相同，区别在于 MEKC 在缓冲溶液中加入了表面活性剂形成的胶束，是一种基于 CE 的技术，使用胶束进行增溶。通过使用同时含有疏水性和亲水性基团（带电或中性）的表面活性剂，以高于其临界胶束浓度加入电解质溶液中形成胶束。在 MEKC 分离中，胶束与电解质溶液有不同的迁移性质，分离机理是基于溶质在胶束和溶液中的分配系数不同。目前，MEKC 技术已成为分离中性和离子型分析物的热门技术。十二烷基硫酸钠（sodium dodecyl sulfate，SDS）是 MEKC 应用中最常用的表面活性剂，具有低临界胶束浓度，并可以提供良好的选择性和分离效率。当分析物添加到胶束溶液中时，SDS 会根据其在胶束与周围相之间的分配系数进行分配，如图 5-20（a）所示。理论上，如果分析物完全掺入胶束中，将以与胶束相同的速度迁移；如果分析物完全保留在本体溶液中，将以 EOF 迁移。然而，基于其分配系数，分配物通常以这两个极端之间的速度迁移，即分析物的迁移时间（t_R）处于胶束的迁移时间（t_{mc}）和本体溶液的迁移时间（t_0）之间，如图 5-20（c）所示。

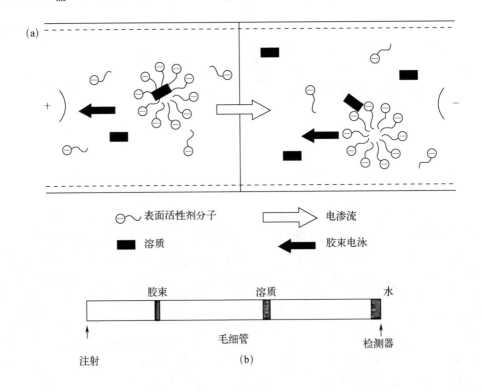

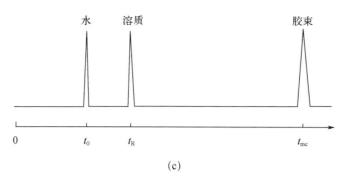

图 5-20　MEKC 分离原理示意图（a）[117]以及水、溶质和胶束的理想混合物的
迁移行为（b）和胶束电动色谱电泳图（c）（t_0、t_R 和 t_{mc} 分别是
水（或 EOF）、溶质和胶束的迁移时间）[112]

在 MEKC 中，向运行缓冲液中添加表面活性剂后会形成胶束，进而实现分离中性和离子型分析物的目的。在某些情况下，可以使用其他改性剂以提高效率、选择性和重现性。由于最常用的表面活性剂 SDS 胶束在水性介质中的强疏水核，特别是在处理高疏水性化合物时，基于 SDS 的 MEKC 技术中，所有化合物都倾向于完全掺入胶束中而导致选择性不足，此时需要用微乳液电动色谱（microemulsion electrokinetic chromatography，MEEKC）来改善。尽管模式与 MEKC 相似，但在 MEEKC 微乳液体系中，微乳液的存在提供了更大的疏水体积/表面积，使得疏水性高的化合物可能更容易穿透胶束。因此，MEEKC 比 MEKC 适用于更多的分析物。近年来，开发了新型的基于 IL 的微乳（microemulsion，ME），如水包离子液体（IL/W）、离子液体包水（W/IL）和油包离子液体（IL/O），分离机制如图 5-21 所示。

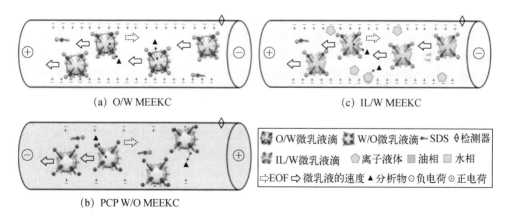

(a) O/W MEEKC　　　　　　　　　　　(c) IL/W MEEKC

(b) PCP W/O MEEKC

图 5-21　MEEKC 分离机制[113]

将 IL 作为添加剂或电解质在 MEKC 或 MEEKC 中使用，可以有效中和 SDS 表面的负电荷，减少静电排斥；还可改变微乳液本身的特性，从而改变分析物在两相之间的分布情况，增加分离能力，这使得 IL 可以作为普通离子表面活性剂的潜在替代品在MEKC 中使用。近年来 IL 主要被用于酚类物质的分析，例如[C$_4$mim][BF$_4$]曾经作为MEKC 中的改性剂被用来分离五味子种子中的木脂素（五味子、脱氧五味子、γ-五味子和五味子 A）。结果表明[C$_4$mim][BF$_4$]是改善木脂素分离的有效添加剂，所建立的方法具有快速性和高选择性，非常适用于不同五味子样品的快速测定；使用 SDS 作为硼酸盐-磷酸盐（1:1）背景电解质的添加剂分离木脂素得到的分离效果并不理想；还证明将[C$_4$mim][BF$_4$]添加到表面活性剂体系中可显著改善木脂素分离和 MEKC 分辨率，可能是带正电的咪唑鎓阳离子和带负电的 SDS 表面胶束之间发生静电吸引力的结果，可有效减少静电排斥[114]。[C$_4$mim][BF$_4$]也用作 MEKC 中的一种添加剂，用于从黄芩提取物中分离黄酮（黄芩素、黄芩苷和汉黄芩素）。咪唑鎓阳离子和微乳液液滴之间的相互作用改变了微乳液本身的特性，从而可能改变分析物的分布，同时增加分离能力，添加 IL 后黄酮的分离得到改善是由于黄酮与咪唑鎓离子之间的氢键、静电和色散力相互作用驱动使其分布到微乳液相中[115]。

5.3.3　毛细管凝胶电泳

从毛细管自由电泳衍生出用凝胶作为支持物进行电泳的方式，被称为毛细管凝胶电泳（capillary gel electrophoresis，CGE），也称为毛细管筛分电泳。CGE 具有许多优势，这些优势包括可以在线检测以及自动化操作，具有强大的分离能力以及准确的蛋白质定量和分子量测定能力。毛细管凝胶电泳是基于筛分机理进行分离的，使用交联或线性的聚合物凝胶网络充当分子筛。小分子受聚合物筛的干扰较小，与大分子相比迁移速度更快。大多数蛋白质应用中使用的聚合物凝胶能够分离 10～250kDa 之间的蛋白质。在生物制药行业，CGE 通常替代 SDS-PAGE 用于抗体制剂的质量控制。在病毒疫苗领域，CGE 已用于甲型流感病毒的聚糖、轮状病毒 VP7 糖蛋白的分析以及轮状病毒样颗粒的确定和检测重组 G 型肝炎病毒蛋白[116]。凝胶是毛细管电泳的理想介质，黏度大，能减少分析物的扩散，所得到的峰型尖锐且柱效高，可以实现理想的分离效果。最初琼脂糖和交联聚丙烯酰胺（CPA）用作筛分基质，这些基质直接在毛细管柱内部制备。在 20 世纪 90 年代初期引入线性聚丙烯酰胺（LPA）替代 CPA，但凝胶制备仍采用毛细管内聚合的方法。这些色谱柱的寿命是有限的（通常少于 10 次），并且可重复性很差。目前，水溶性线性或微支化聚合物可替代传统基质，例如线性聚丙烯酰胺、聚乙二醇、聚环氧乙烷、葡聚糖、支链淀粉和交联聚丙烯酰胺等；而最新的聚离子液体、聚低共熔溶剂以及长链离子液体自组装形成的凝胶在此领域的应用前景非常可观。

5.3.4　非水毛细管电泳

非水毛细管电泳法（non-aqueous capillary electrophoresis，NACE）是在 CZE 的基础上用有机溶剂完全替代水作为电解液。近年来，出现了许多有关 NACE 的报道，研究结果普遍表明使用非水系统代替水性缓冲溶液为更好的分离效果提供了可能性，特别是改变有机溶剂和比例可提高选择性，从而应用于复杂的样品分离。在非水毛细管电泳技术中，通过使用有机溶剂使疏水化合物的溶解度有所提高。此外，在 NACE 中 EOF 速度更高，使用该技术可以获得更高的分离效率，而有机溶剂的使用使得在线质谱检测成为可能。在 NACE 技术中，几种有机溶剂例如甲醇、N-甲基甲酰胺、N,N-二甲基甲酰胺、二甲基亚砜和乙腈等被作为电解液。在这些溶剂中，乙腈具有最大的介电常数与黏度比，从而导致较高的电渗流速度，实现快速分离。IL 与乙腈的可混溶性使它们用于调整分析物在 CE 中的迁移率和分离度。通常，EOF 速度随 IL 浓度的增加而降低，因为 EOF 是在电解质离子和内部毛细管表面（酸性硅烷醇基）之间形成双层静电力的结果；当 IL 用作添加剂或电解质时，IL 离子与内部毛细管表面（动态覆盖内壁）之间建立了牢固的相互作用，从而改变了表面电荷。通过增加 IL 浓度，更多的 IL 离子将存在于扩散层中，从而降低了 Zeta 电位，使得 EOF 速度降低。在现有报道中发现使用[C_2C_1Im]Cl 和[C_2C_1Im][HSO_4]作为 NACE 主要电解质，能够很好地分离黄酮类物质。使用 1-乙基-3-甲基咪唑鎓离子液体山奈酚、木犀草素和槲皮素可以在低 IL 浓度的正电压和高 IL 浓度的负电压条件下实现分离，检测限范围为 0.3~0.5μg/mL，比之前报道的方法低 3~10 倍。该方法被证明在分析天然产物中黄酮类化合物具有巨大潜力。IL 增加了黄酮类化合物在乙腈中的溶解度，因此显示出更好的分离效果[116]。

5.3.5　毛细管电色谱

毛细管电色谱（capillary electrochromatography，CEC）是一种混合分离技术，结合了 CE 和 HPLC 的优点。在 CEC 中，分析物可以通过固定相和流动相之间的分配（色谱相互作用）以及它们在电泳迁移率上的差异的组合作用进行分离。因此，与经典的 CE 和 LC 相比，CEC 通常具有更高的分离效率和选择性。此外，CEC 显示出溶剂消耗量低和样品体积要求低的优势，以及更高的灵敏度及其与质谱的可兼容性。根据柱形的不同，CEC 分为颗粒填充 CEC、整体式 CEC 和开管式 CEC 三种模式。近年来已经报道了一些用于 CEC 的基于 IL 或 PIL 的整体柱。研究人员曾尝试引入 1-丁基-3-甲基咪唑四氟硼酸盐（[C_4mim][BF_4]）作为硅胶整体柱的动态涂层，用于酚类和核苷单磷酸酯的毛细管电色谱。该色谱柱上六种酚类的迁移时间达到满意的重复性，相对标准偏差值分别小于 0.90%和 4.31%。与未改性的硅胶整体柱相比，IL 动态涂覆的整体柱可以实现酚类和单磷酸核苷的有效分离[117]。

在整个毛细管中保持 IL 涂层薄膜的均匀性是很困难的，因为许多基于 IL 的固定相在高温下可能有凝聚或聚集的趋势。已经开发了基于 PIL 的固定相来规避这一缺陷。同时，值得注意的是，PIL 因其独特的特性已被用作固相微萃取中的固定相涂层、GC 和 HPLC 中的固定相以及 CE 中的涂层。在 Liu 等人的研究中，通过将自由基共聚分别与非水解溶胶-凝胶（nonhydrolytic sol-gel，NHSG）工艺、水解溶胶-凝胶法和有机聚合相结合的方法制备了基于（[VC$_{12}$Im][Br]）的聚合离子液体（PIL）整体柱。在毛细管电色谱模式下，这些色谱柱分别用于分离烷基苯、苯胺和蛋白质。结果表明，基于 NHSG 的混合 PIL 整体柱在三种类型的柱中表现出最高的柱效，可以很好地用于分离蛋清样品[118]。

总而言之，CE 分离效率通常会受到分析物和内部毛细管表面的硅烷醇基团之间发生的相互作用强度以及 EOF 速度的影响，而 EOF 速度取决于电解质的 pH 值。IL 已成功用作水性和非水性 CE 中的添加剂或电解质（见表 5-7），其阳离子和阴离子都会对分离机理和分析技术的性能产生影响。相对而言，DES 在电泳及电色谱领域的应用尚在起步阶段，已有研究证实在特定的 β-环糊精分离体系中添加胆碱类低共熔溶剂可明显提升毛细管电泳法分离效率，缩短分离时间，并可与在体系中同时引入的、具有体积排斥效应的大分子进行协同。氯化胆碱-亚甲基丁二酸（衣康酸）曾作为功能单体，乙二醇二甲基丙烯酸酯作为交联剂，异丙醇和 PEG 400 作为二元成孔剂，通过共聚反应制备整体柱固定相用于毛细管电色谱；该固定相的功能单体具有生物相容性且易于制备，衣康酸可提供双键，使 DES 能参与共聚反应[119]。所得整体柱通过傅里叶变换红外光谱和扫描电子显微镜进行表征，显示出多孔的整体结构，具有良好的渗透性。当该 DES 整体柱作为毛细管电色谱的分离柱时，对中性化合物、酚类、甲苯胺类、核苷类、核苷酸碱基和生物碱的分离性能优异。吴茱萸碱、吴茱萸次碱和脱氢伏二胺是中药吴茱萸中主要活性生物碱，具有神经保护、降压、抗炎等作用。在流动相为 50% 乙腈，缓冲液为 10mmol/L 磷酸盐（pH=9），进样为 10kV×6s 的条件下，三种生物碱在整体柱上得到良好分离。在 pH=9 的环境下，带正电荷的脱氢伏二胺、吴茱萸碱和吴茱萸碱先后流出，该次序是基于三者电泳迁移速度及其与整体柱 DES 固定相的作用强度共同决定。

5.4　气相色谱

在气-液色谱模式下，固定液首先要具有适当的溶解能力；根据相似相溶原理，被分离组分在其中的分配比不同，进而达到分离的目的。当然，好的固定液还必须具有一定的黏度、较低的蒸气压等特点，而它们正是不少绿色溶剂相比传统溶剂的优势所在。离子液体用作气相色谱（GC）固定相由来已久，1959 年 Barber 首次使用硬脂酸和二价金属离子的熔盐作为 GC 固定相，测定了烃类、酮类、醇类和胺类在 156℃下的保留行为。Poole 等在 1982 年发现乙基季胺硝酸盐作 GC 固定相时可在 40～120℃

表5-7　由CE使用IL作为运行电解质或添加剂分析的天然产物

分析物	离子液体	样品	分离方法	最佳分离条件	LOD/(μg/L)	LOQ/(μg/L)	RSD/%	线性范围/(μg/L)	回收率/%	参考文献
青蒿素、优咄替林、组氨酸、5,7,4'-三羟基-6,3',5'-三甲氧基黄酮	$[C_2C_1Im][BF_4]$、$[C_4C_1Im][BF_4]$、$[C_4C_1Im][PF_6]$	天竺葵	CZE	IL浓度:30mmol/L;β-环糊精浓度:5mmol/L;溶剂:水;pH:11.2;电压:20kV	0.64~0.14	—	<6.40	0.980~560.0	—	[102]
槲皮素、山柰酚、异鼠李素	$[C_2C_1Im][BF_4]$、$[C_3C_1Im][BF_4]$、$[C_4C_1Im][BF_4]$、$[C_5C_1Im][BF_4]$、$[C_4C_1Im][PF_6]$、$[C_4C_1Im]Br$、$[C_4C_1C_1Im][C_4C_1C_1Im][BF_4]$	刺棘	CZE	IL浓度:4mmol/L;硼酸盐缓冲剂:20mmol/L;电压:20kV	1~5	—	<4.30	2~300	—	[106]
山柰酚-3-O-β-吡喃葡萄糖苷、山柰酚-3-O-α-L-吡喃鼠李糖苷、山柰酚-7-7-甲氧基-3-O-α-L-吡喃鼠李糖苷、槲皮苷、槲皮苷-3-O-β-D-吡喃葡萄糖苷、槲皮苷-3-O-α-L-吡喃鼠李糖苷	$[C_2C_1Im][BF_4]$、$[C_3C_1Im][BF_4]$、$[C_4C_1Im][BF_4]$、$[C_5C_1Im][BF_4]$、$[C_4C_1Im][PF_6]$、$[C_4C_1Im]Br$、$[C_4C_1Im]I$、$[C_4C_1C_1Im][BF_4]$	华北风毛菊	CZE	IL浓度:5mmol/L;硼酸盐缓冲液浓度:20mmol/L;溶剂:水;pH:9;电压:20kV	0.5~5	—	0.75~1.45	2~400	90.4~101.5	[104]
洋葱素、黄豆苷、染料木苷、芒柄花素A、生物链素、葛根素、染料木素和大黄素	$[N_{1111}][BF_4]$、$[C_4C_1Im][BF_4]$、$[C_4C_1pyr]Br$、$[C_8C_1Im]Cl$	葛根	CZE	IL浓度:50mmol/L;四硼酸钠浓度:30mmol/L;溶剂:水;pH:9.5;电压:18kV	1.72~4.92	3.64~9.84	1.1~6.6	8.55~475	90.5~107.5	[105]

分析物	离子液体	样品	分离方法	最佳分离条件	LOD/(μg/L)	LOQ/(μg/L)	RSD/%	线性范围/(μg/L)	回收率/%	参考文献
(-)-表儿茶素、(+)-儿茶素、(-)-儿茶素没食子酸酯、(-)-没食子儿茶素没食子酸酯、(-)-表儿茶素没食子酸酯、没食子酸和反式-白藜芦醇	$[N_{1111}][BF_4]$、$[N_{2222}][BF_4]$、$[N_{3333}][BF_4]$	葡萄籽	CZE	IL浓度:150mmol/L;pH:4;电压:20kV;分析时间:38min	—					[106]
(-)-表儿茶素、(+)-儿茶素、(-)-儿茶素没食子酸酯、(-)-没食子儿茶素没食子酸酯、(-)-表儿茶素没食子酸酯、没食子酸和反式-白藜芦醇	$[C_2C_1Im][BF_4]$、$[C_2C_1Im][PF_6]$、$[C_2C_1Im][NO_3]$、$[C_2C_1Im][CF_3SO_3]$、$[C_4C_1Im][BF_4]$、$[C_4C_1Im][PF_6]$	葡萄籽	CZE	IL浓度:150mmol/L;pH:4;电压:20kV;分析时间:27min	—					[107]
1,3-二羟基-2-羟甲基-9,10-蒽醌-3-O-β-D-二甲苯酰(1-6)-β-D-葡萄糖苷、1-羟基-2-甲基-3-羟甲基-9,10-蒽醌-1-O-β-D-葡萄糖苷、1-甲氧基-2-甲基-3-羟基-9,10-蒽醌(甲基异茜草素-1-甲基醚)、1-甲氧基-2-甲酰基-3-羟基-9,10-蒽醌	$[C_4C_1Im][BF_4]$	匙羹藤木	CZE	IL浓度:60mmol/L;pH:10;电压:20kV;β-环糊精浓度:4mmol/L	0.19~3.75	—	0.6~5.3	2.0~500	90~107	[108]
乌头碱、海帕乌头碱、中乌头碱	$[C_4C_1Im][BF_4]$	乌头	CZE	IL浓度:35mmol/L;溶剂:水;pH:8.5;电压:15kV	2.94~3.20	—	0.6~6.4	15.6~500	91.0~106.6	[109]

分析物	离子液体	样品	分离方法	最佳分离条件	LOD/(μg/L)	LOQ/(μg/L)	RSD/%	线性范围/(μg/L)	回收率/%	参考文献
芦荟大黄素、大黄素、大黄酚、大黄素甲醚、大黄酸	$[C_2C_1Im][BF_4]$、$[C_4C_1Im][BF_4]$	大黄	CZE	IL浓度：90mmol/L；pH：10；电压：20kV	0.33～0.62	—	—	1.4～135	98.4～106	[110]
蔗糖、D-半乳糖、D-葡萄糖、D-果糖和D-核糖	$[C_2C_1Im]Cl$、$[C_4C_1Im]Cl$、$[C_{12}C_1Im]Cl$、$[C_2C_1Im][C_2SO_4]$、$[C_2C_1Im][C_8SO_4]$	蔬菜汁	CZE	IL浓度：20mmol/L；NaOH浓度：30mmol/L；溶剂：水；电压：20kV	0.06～0.08	0.20～0.50	2.3～7.7	—	—	[111]
五味子素、五味子素A、脱氧五味子素	$[C_4C_1Im][BF_4]$	五味子	MEKC	IL浓度：10mmol/L；5mmol/L硼酸盐+5mmol/L磷酸盐+20mmol/LSDS；溶剂：水；pH：9.2；电压：25kV	0.4～0.7	—	1.56～2.38	0.025～5	97.01～105.87	[114]
黄芩素、黄芩苷、汉黄芩素	$[C_4C_1Im][BF_4]$	黄芩	MEKC	微乳液：0.88g/mL SDS+0.8%（体积分数）乙酸乙酯+0.2%（体积分数）丁醇+92.5%水（体积分数）25%（体积分数）乙腈+7.5mmol/L $[C_4C_1Im][BF_4]$+10mmol/LNaH$_2$PO$_4$；pH：8.2；电压：17.5kV	0.39～1.05	—	0.77～6.23	3.12～800	94.6～104	[115]
山奈酚、槲皮素、木犀草素	$[C_2C_1Im]Cl$、$[C_2C_1Im][HSO_4]$、$[C_2C_1Im][BF_4]$	车前草	NACE	IL浓度：5mmol/L；溶剂：乙腈；电压：20kV	0.3～0.5	—	1.09～3.57	$6.24×10^{-6}$～37.44	86.0～107.3	[116]

范围内用于分离醇类和苯的单功能团取代衍生物；这是一种具有静电力和氢键力的极性固定相，胺类与其有强烈的作用而不能从色谱柱洗脱出来。1999 年 Armstrong 等人首次正式将 1-丁基-3-甲基咪唑离子液体物（[C$_4$mim][PF$_6$]和[C$_4$mim][Cl]）用作 GC 固定相，由此成为本领域最权威的研究团队之一，同时通过和美国 Sigma-Aldrich 集团旗下 Supelco（色谱科/思必可）公司的合作持续地推动一系列离子液体固定相的商品化。在获得了此类固定相麦克雷诺（McRynold）常数和 Abrham 溶剂化参数的基础上，研究发现离子液体在分离非极性物质或弱极性物质（如烃类、醚类、芳香类等）时表现出类似非极性或弱极性固定相的保留行为，而当分离含有酸性或碱性官能团的分子（如酚、胺、酰胺及羧酸）时，则表现出强极性固定相的保留行为，故具有双重色谱性质（即分离非极性化合物时保留非极性化合物，分离极性化合物时保留极性化合物，这与离子液体结构中同时具有类似表面活性剂的非极性和极性结构片段有关）。就上述两种离子液体相比较而言，[C$_4$mim][PF$_6$]对非极性物质具有强相互作用，而[C$_4$mim][Cl]对质子供体和受体化合物具有更强的作用，这个现象可以用自由能的变化来解释。目前用作 GC 固定相的 IL 根据其阳离子的不同分为咪唑类、季铵类、季磷类、吡啶类、苯丙氨酸类、亮氨酸类、胍类等，其中咪唑类因其数目众多及良好的色谱选择性被应用最多，成为了目前商品化离子液体 GC 柱的主流（如 SLB-IL 系列中的 82、100、111 等型号）。

　　除了黏度和蒸气压比较适宜，离子液体还具有较好的表面张力、热稳定性和极性。对毛细管壁如果没有很好的湿润性，绿色溶剂形成的固定相就无法被涂渍成一层均匀、牢固的薄膜，这样就不可能获得较高的柱效。常见的 1-丁基-3-甲基咪唑六氟磷酸盐，1-己基-3-甲基咪唑六氟磷酸盐和 1-辛基-3-甲基咪唑六氟磷酸盐的表面张力分别为 44.81mN/m、39.02mN/m 和 35.16mN/m，这样的张力水平正好可以让离子液体均匀铺展在未经处理的石英毛细管内壁上。另外，离子液体的热稳定性随其阴阳离子的不同有很大的差异；就常规咪唑类离子液体而言，其阴离子具有低亲和性及共轭键时（如三氟磺酸基、三氟甲基磺酰亚胺阴离子等）就有很高的热稳定性（≥260℃），反之具有亲和性强的阴离子（如卤素基）时其热稳定性就不如前者。当这些咪唑类离子液体作为气相色谱固定相时，液膜涂层对热不稳定的问题有时就会暴露出来。随着色谱柱温度的升高，固定相分子的运动加剧，阴、阳离子间的平均距离增大，这使阴、阳离子间的作用力（色散力、偶极作用和氢键作用）减弱，因此色谱柱的漂移呈现随温度升高而增大的趋势。更有甚者在 200℃以上固定相可能会出现明显流失，导致柱效下降；若控制其使用温度又会让实际分析受到限制，故此问题成为了近十年来着力解决的技术瓶颈之一。发展新型热稳定性好的离子液体、改善其成膜热稳定性是提高此类气相色谱固定相柱效的关键。究其原因，往往是由于上升的温度对离子液体的黏度产生显著影响，其黏度随温度增加快速下降，离子液体收缩、聚集，易使原有均匀液膜涂层遭到不同程度的破坏。然而，直接将常规离子液体用作色谱固定相时，柱效不高；常规离子液体在常温下的黏度较高，但随着温度的升高，黏度降低，固定液的涂层被破坏。为解决此类问题，一方面可以将羟基等易形成氢键的基团引入咪唑母核, 即通过结构修饰的途径增强其内部分子间相互作用, 通过氢键效应提高液膜稳定性和黏度; 另一方面, 可以将离子液体通过氮气压入毛细管中后在引发剂偶氮二异丁腈 (AIBN) 的作用下发生自由基共聚反应得到聚离子液体固定相, 比非聚合型离子液体固定相更稳定, 分离能力更强, 故成为了目前解决此类问题的常用手段, 同时也被借鉴到离子液体液相色谱固定相的制备上。最后, 由于离子液体结构导致本身极性就很强, 故其形成的固定相极性比常见的极性最强的 TCEP[1, 2, 3-三 (2-氰乙氧基) 丙烷] 固定相还要高, 这点从其麦克雷诺常数所处的水平范围就可以得到反映; 但其选择性特征又与传统极性固定相具有很大差别, 能够弥补后者的空白区域。这样无疑拓展了其分离对象范围, 便于分析更多不同类型和极性的天然产物。从离子液体结构对固定相极性的影响规律来看, 具有相同阴离子的固定相随着烷基碳链的增长极性表现为依次减弱的趋势; 具有相同烷基取代基的固定相随着阴离子体积的减小, 其极性也表现出依次减弱的趋势, 并且减弱的幅度随着烷基碳链的增长而变小。这些现象表明阴、阳离子间的静电作用是影响离子液体固定相麦克雷诺常数变化的主因。较短的阳离子取代基和体积较小的阴离子使样品分子更容易接近阴、阳离子电荷中心, 与固定相之间的作用力更强。

目前, 离子液体 GC 固定相已成功用于许多天然产物分析中。如 SLB-IL82 型[即 1, 12-二 (2, 3-二甲基咪唑) 十二烷二 (三氟甲基磺酰基) 亚胺, 麦克雷诺常数为 3638]、100 型[即 1, 9-二 (3-乙烯基咪唑) 壬烷二 (三氟甲基磺酰基) 亚胺, 麦克雷诺常数为 4437]和 111 型[即 1, 5-二 (2, 3-二甲基咪唑) 戊烷二 (三氟甲基磺酰基) 亚胺, 麦克雷诺常数为 5150], 也可以将离子液体 (如[C_4mim][PF_6]) 和碳纳米管作为混合 GC 固定相 (麦克雷诺常数均值为 408), 用于分析来自于水藻、鱼脂、牛油、牛奶和食用油等对象中的脂肪酸 (如图 5-22; 包括顺反和位置异构体), 具有高选择性和低柱流失; 可得到详细的脂肪酸分布结果, 效果优于二丙氰聚硅氧烷柱。

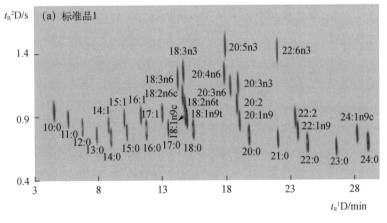

图 5-22

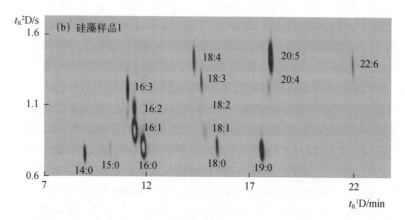

(b) 硅藻样品1

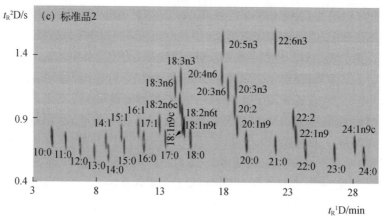

(c) 标准品2

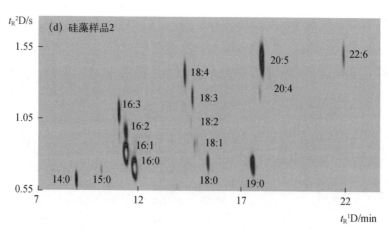

(d) 硅藻样品2

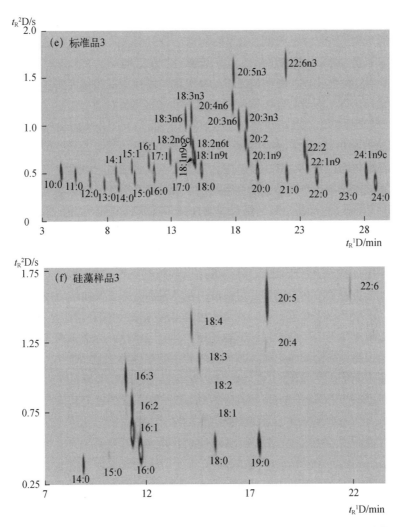

图 5-22　37 种脂肪酸甲酯标准品及硅藻样品的二维气相色谱分离结果[120]

标准品 1 和样品 1：安捷伦 DB-1MS 0.10mm ID 柱+色谱科 4m×0.25mm×0.2μmSLB-IL100 柱。标准品 2 和
样品 2：安捷伦 DB-1MS 0.10mm ID 柱+色谱科 4m×0.25mm×0.2μm SLB-IL82 柱。标准品 3 和样品 3：安捷
伦 DB-1MS 0.10mm ID 柱+安捷伦 4m×0.25mm×0.2μm HP-88 柱

　　上述色谱柱中，饱和脂肪酸的洗脱温度随它们的极性降低而增加。另外，111 型
在 120℃柱温下可以分离食用油硬脂酸中所有顺式-C18：1 位置异构体，把柱温提高
到 160℃可以分离反式-6-C18：1 和反式-7-C18：1 异构体；用 60m 长 110 型色谱柱可
把鱼类脂中 C20：13 和 C20：11 异构体实现基线分离，分离因子为 1.02，分离度为
1.57。此外 82 型色谱柱以 5℃/min 程序升温，可以完成 37 种脂肪酸甲酯的分离和分

析。在分析来自海藻的脂肪酸甲酯时，与聚乙二醇和氰基丙基取代的极性固定相相比，离子液体固定相 SLB-IL82 及 SLB-IL100 体现出与之相当的分离能力，且柱流失较低；其选择性和极性类似于极性双氰基丙基硅酮 GC 固定相（如 HP-88）。在二维分离（GC×GC）中，如果使用非极性聚二甲基硅烷色谱柱与这些极性离子液体柱组合，可以对一系列具有不同碳数和不饱和度的脂肪酸实现良好分离[120]。

此外，很多植物和中草药中富含天然精油（芳香油），医药领域称挥发油（essential oils），也是气相色谱的常见分析对象。它们是采用蒸馏、浸提、压榨以及吸附等物理方法从芳香植物的花、草、叶、枝、根、茎、皮、果实或树脂中提取出来的具有香气的油状物质，往往是一系列成分的混合物（十余种到几百种），化学组成复杂。由于植物性天然精油的主要成分都是具有挥发性和芳香气味的油状物，是植物芳香的精华，因此也把植物性天然香料统称为精油。以双阳离子的 1-乙烯基-3-壬基咪唑双[（三氟甲基）磺酰基]亚胺盐（缩写为[NVim][NTf$_2$]）和 1, 9-二（3-乙烯基咪唑）壬烷双[（三氟甲基）磺酰基]亚胺盐（[NVim]$_2$C$_9$[NTf$_2$]$_2$）按 1∶1 组成的混合固定相（30m×0.25mm，膜厚 0.125μm）可对来自肉桂、茴香、肉豆蔻的精油成分进行良好的分离，11～20 种挥发性成分都能在 30min 之内实现基线分离（化学组成如表 5-8 所示，色谱条件如图 5-23 所示），效果比单独使用一种离子液体和聚硅氧烷都要好，这证明混合固定相之间具有协同作用[121]。制作离子液体气相色谱柱时，使用浓度为 0.20g/mL 的涂层溶液（二氯甲烷为溶剂）在 40℃下对氯化钠预处理后的石英熔融毛细管进行静态涂渍，毛细管末端用火焰密封；然后在烘箱中以 1℃/min 的速度从 40℃加热至 80℃。

表 5-8　精油中的目标化合物

来源	编号	化合物名称	分子量	分子式	结构类型
茴香油	1	α-蒎烯	136	C$_{10}$H$_{16}$	单萜
	2	β-蒎烯	136	C$_{10}$H$_{16}$	单萜
	3	β-月桂烯	136	C$_{10}$H$_{16}$	单萜
	4	α-水芹烯	136	C$_{10}$H$_{16}$	单萜
	5	D-柠檬烯	136	C$_{10}$H$_{16}$	单萜
	6	p-伞花烃	134	C$_{10}$H$_{14}$	芳香烃
	7	茴香酮	152	C$_{10}$H$_{16}$O	芳香酮
	8	艾草醚	148	C$_{10}$H$_{12}$O	芳香醚
	9	反式茴香醚	148	C$_{10}$H$_{12}$O	芳香醚
	10	4-甲氧基苯甲醛	136	C$_8$H$_8$O$_2$	芳香醛
	11	对乙酰基茴香醚	164	C$_{10}$H$_{12}$O$_2$	芳香醚
肉桂油	1	α-蒎烯	136	C$_{10}$H$_{16}$	单萜
	2	α-水芹烯	136	C$_{10}$H$_{16}$	单萜

来源	编号	化合物名称	分子量	分子式	结构类型
肉桂油	3	β-水芹烯	136	$C_{10}H_{16}$	单萜
	4	甲基-2-（1-甲基乙基）苯	134	$C_{10}H_{14}$	芳香烃
	5	3,7-二甲基-1,6-辛二烯-3-醇	154	$C_9H_{18}O$	醇
	6	β-石竹烯	204	$C_{15}H_{24}$	倍半萜
	7	异黄樟素	162	$C_{10}H_{10}O_2$	芳香醚
	8	α-石竹烯	204	$C_{15}H_{24}$	倍半萜
	9	2-甲氧基-3-（2-丙烯基）苯酚	164	$C_{10}H_{12}O_2$	酚
	10	（E）-肉桂醛	132	C_9H_8O	芳香醛
	11	（E）-乙酸桂皮酯	176	$C_{11}H_{12}O_2$	芳香酯
	12	2-甲氧基-4-（2-丙烯基）苯酚醋酸酯	206	$C_{12}H_{14}O_3$	芳香酯
	13	苯甲酸苄酯	212	$C_{14}H_{12}O_2$	芳香酯
豆蔻油	1	2-甲基-5-（1-甲基乙基)-双环[3.1.0]六角-2-烯	136	$C_{10}H_{16}$	单萜
	2	α-蒎烯	136	$C_{10}H_{16}$	单萜
	3	β-蒎烯	136	$C_{10}H_{16}$	单萜
	4	4-亚甲基-1-（1-甲基乙基）双环[3.1.0]己烷	136	$C_{10}H_{16}$	单萜
	5	3-蒈烯	136	$C_{10}H_{16}$	单萜
	6	α-菲仑烯	136	$C_{10}H_{16}$	单萜
	7	4-蒈烯	136	$C_{10}H_{16}$	单萜
	8	D-柠檬烯	136	$C_{10}H_{16}$	单萜
	9	β-菲仑烯	136	$C_{10}H_{16}$	单萜
	10	1-甲基-4-（1-甲基乙基)-1,4-环己二烯	136	$C_{10}H_{16}$	单萜
	11	1-甲基-2-（1-甲基乙基）苯	134	$C_{10}H_{14}$	芳香烃
	12	1-甲基-4-（1-甲基亚乙基）环己烯	136	$C_{10}H_{16}$	单萜
	13	4-甲基-1-（1-甲基乙基)-3-环己烯-1-醇	154	$C_{10}H_{18}O$	含氧单萜
	14	松油醇	154	$C_{10}H_{18}O$	含氧单萜
	15	异黄樟素	162	$C_{10}H_{10}O_2$	芳香醚
	16	丁香酚	164	$C_{10}H_{12}O_2$	酚
	17	甲基异丁香酚	178	$C_{11}H_{14}O_2$	酚
	18	肉豆蔻酯	192	$C_{11}H_{12}O_3$	芳香酯
	19	氧化异丁香酚	164	$C_{10}H_{12}O_2$	酚
	20	榄香素	208	$C_{12}H_{16}O_3$	芳香酯

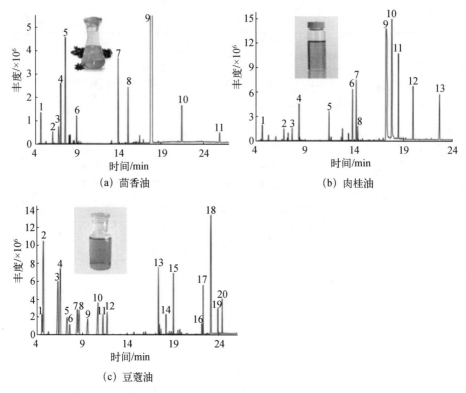

图 5-23 色谱条件：茴香油为 60℃，5min，8℃/min，180℃，10min；肉桂油为 60℃，5min，10℃/min，200℃，5min；豆蔻油为 60℃，10min，10℃/min，200℃，6min[126]

　　同时，为了改善离子液体构成的单一组分固定相分离度不好或峰形不对称导致柱效低的状况，混合型固定相的发展也引起了科研人员的重视。陆续出现环糊精-离子液体混合固定相、杯芳烃-离子液体混合固定相、葫芦脲-离子液体混合固定相，三醋酸纤维素-聚硅氧烷离子液体混合固定相、有机硅改性聚氨酯液晶-聚离子液体混合固定相等。相比化学修饰法，这些物理混合型固定相制备方法简单，通过引入环糊精、杯/柱芳烃、葫芦脲及冠醚这些超分子体系可以在离子液体原有的分离机制上引入主-客体识别作用；纤维素可明显改善三取代芳香化合物位置异构体及壬烷（C_9）同分异构体的分离选择性，液晶也对多芳异构体具有独特分离效果。此外，在前一种情况下，超分子体系与离子液体并非两种单一固定相的单纯加和，也不等同于前者在后者中的简单分散，两者往往通过包合和氢键等作用形成复合物，暴露出来的活性位点可对天然分析物产生保留机制和作用力差异。

　　低共熔溶剂具有不易挥发、低毒可降解、价格低廉、溶解性能和热稳定性良好、容易得到且易于制备等优点，还可以通过选择合适的组成和配比来调节其性能，这些优势也使 DES 十分适合作为气相色谱分析中的固定液。以价格低廉、易于获得的硅藻土为基质,将其与低共熔溶剂按质量比为 10∶0.1～10∶1 均匀混合即可制得用于分析挥发性成分的固定相。所述低共熔溶剂的氢键受体选自四丁基氯化铵、四丁基溴化铵、甲基三辛基氯化铵、十八烷基三甲基氯化铵、氯化胆碱、甜菜碱中的一种,低共熔溶剂的氢键供体为己醇、辛醇、十二醇、丙三醇或乙二醇;氢键受体与氢键供体的摩尔比为 1∶1～1∶3,优选为 1∶2。上述含低共熔溶剂固定相的制备方法为:将氢键受体与氢键供体混合,在水浴中加热搅拌直至形成澄清透明液体得到低共熔溶剂;硅藻土过 80～100 目筛,清洗烘干后备用;将低共熔溶剂与硅藻土混合于甲醇或乙腈等挥发性有机溶剂中混匀,旋干并将其压紧于色谱柱中,该柱含 DES 固定相的填充量为 0.12～0.16g/cm³,可有效用于分析醇类及其混合物。

5.5 薄层色谱

薄层色谱(TLC)自 1938 年发明以来,自身的理论和技术都得到长足的发展,其应用范围极其广泛,成为现代实验室不可或缺的一种技术手段。TLC 既可以作为一种定性分析技术,也可以用于定量分析;不仅可以用来指导柱色谱分离,还可以直接用来分离制备天然产物;斑点的数目和大小可以反映化学组成,斑点原本的颜色及其被显色剂作用后的颜色还可以反映化合物具有的官能团或结构类型。故 TLC 在天然产物的研究中占有不可或缺的一席之地。薄层色谱具有能够图像化用以直接观测并传达色谱结果、速度快、灵敏度高、溶剂消耗少、制备量大、成本低、操作简单方便等优点,在我国各版药典中的应用增幅较大,且除矿物药外均有专属性强的薄层色谱鉴别方法。薄层色谱法一直以吸附方式为主,而硅胶是薄层色谱法中最常用的吸附剂,具有多孔结构,其吸附性能由表面极性的硅醇基所提供,不同天然产物在固定相上的吸附力存在差异故而得到分离。用硅胶也可以进行分配色谱分离,即在硅胶表面涂敷一层其他介质作为固定相,分离过程利用试样组分在流动相与此固定相之间的不同分配而完成,迁移速度较快的斑点所对应的化合物在流动相/固定相中的分配比较大,从而和迁移较慢的化合物实现分离;此时硅胶仅作为固定相的载体(相当于纸色谱中的滤纸),对分离不起作用。总体看来,流动相一般为两种或两种以上有机溶剂组成(如氯仿-甲醇、石油醚-乙酸乙酯),分离极性天然产物时多采用含水体系(如经典的 BAW系统,即正丁醇∶乙酸∶水=4∶1∶5,上层)。从分离机制上来看,绿色溶剂也可以作为薄层色谱固定相和展开剂(流动相)的添加剂。尤其是当用作后者时,也可以发挥类似在液相色谱中抑制硅羟基活性、减少拖尾的作用。这点对于碱性成分(在此主要为天然生物碱)意义明显,可替代乙二胺、三乙胺等 pH 调节剂改善斑点形状并通过其所能提供的特殊分子间作用优化分离。已有文献[122]报道了一个很好的将咪唑类离子液体添加到薄层色谱和高效液相色谱的流动相中进行对比研究的例子。可以发现在正相薄层色谱、反相薄层色谱和反相高效液相色谱中,离子液体显著地影响了被分析物的保留行为，增强了分离过程的选择性，改善了分离效果。在离子液体用量较小的情况下（体积分数 0.5%），TLC 和 HPLC 都能达到很好的分离效果。对于反相薄层色谱，$[C_2mim][BF_4]$ 被加入乙腈-水的混合溶剂（体积比 7 : 3）中作为展开剂，且在低加入量下其用量与分析物 R_f 呈现正相关。

麻黄碱类成分是来源于天然产物中的常见生物碱，普遍具有兴奋作用和成瘾性；此类成分可以与正相硅胶板产生强吸附作用，当使用纯甲醇或乙腈为展开剂时无法将其展开并分离（$R_f < 0.1$），斑点互相重叠且拖尾严重。当将少量 $[C_2mim][BF_4]$ 或 $[C_4mim][BF_4]$ 加入甲醇或者乙腈作为展开剂时，可以明显改善上述情况。离子液体的加入可以抑制硅羟基和相关化合物之间的相互作用，斑点形状变圆变小。当使用体积分数为 1% 的 $[C_4mim][BF_4]$ 离子液体-乙腈溶液作为展开剂时，四种常见麻黄碱在普通硅胶 G 板上的 R_f 大小顺序为去甲基麻黄碱 > 麻黄碱 > 伪麻黄碱 > 甲基麻黄碱（茚三酮显色）。而当该离子液体体积分数增加为 8% 时，硅胶颗粒表面存留大量的疏水性烷基取代咪唑基团，分离机制变为反相分配色谱，四种生物碱的 R_f 大小顺序变为伪麻黄碱 > 麻黄碱 > 去甲基麻黄碱 > 甲基麻黄碱（与 HPLC 反相色谱柱上的出峰顺序一致），且比体积分数为 1% 时四者之间的分离度更大。以上结果说明，在离子液体用量较少以致无法在所有硅胶颗粒表面形成均一疏水层时，往往在薄层上体现的是正相吸附和反相分配并存的复杂机制，分析物的 R_f 大小顺序由两种机制中的强者所决定[123]。当阳离子变为 $[C_2mim]^+$ 之后，四种生物碱的 R_f 变化随其加入量的改变更为明显，这是因为离子液体对硅胶羟基的抑制一定程度上就是阳离子在其表面的电荷交换，阳离子越小空间位阻越小，电荷交换越容易，对硅胶的影响就越大。而当阳离子为 $[C_4mim]^+$ 保持不变，阴离子换为疏水的 $[PF_6]^-$ 之后，离液性增强，更容易涂覆到固定相表面，故在相同加入量的情况下对硅胶的正相吸附抑制作用也更明显。此外，$[C_2mim][BF_4]$ 和 $[C_1mim][CH_3SO_4]$ 还被成功用作多肽分离展开剂的添加剂，对于此类被视为薄层色谱分析难点的化合物类型，离子液体表现出明显的改善分离的效果[124, 125]；一个包含有脂-水分配系数（clog$P$）、折射率（R_I）、角能量（E_A）和二面体能量（E_D）的定量结构-保留模型（QSRR）能够很好的预测多肽在由含有离子液体的展开剂及正相薄层固定相构成的分离体系中的保留行为。此外，免费的 ACD 软件（AdvancedChemistry Development 公司，多伦多，加拿大）可以用来模拟上述体系中分离效果以帮助研究者确定最佳分离条件（图 5-24），该功能与用于构建液相色谱分析条件的 Drylab 软件（Rheodyne 公司，罗奈尔德公园市，美国）类似。

除了在气相色谱上实现二维分离（GC×GC）和上述薄层上实现一维分离之外，离子液体还可用于薄层色谱的二维分离。如别隐品碱（A）、小檗碱（Be）、粗体碱（Bo）、白屈菜碱（Ch）、罂粟碱（Pa）、依米丁（E）、哥伦巴（Col）、马格诺啡碱（M）、巴马汀（Pal）、黄连碱（Cop）以及黄连提取物在商品化的 20cm×20cm Multi-KCS5 薄层板上（Whatman 公司，美斯顿，英国）先后进行了纵、横方向上的两次分离（图 5-25）。

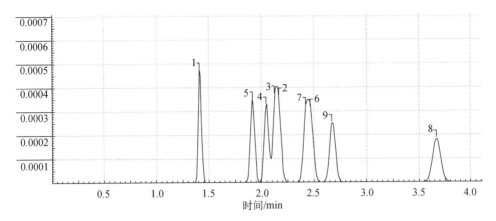

图 5-24　9 种多肽在 TLC 上分离效果的计算机模拟

Merck 公司硅胶 60F$_{254}$ 薄层板，5cm×7.5cm×0.2cm；展开剂为含有 1.5%[C$_2$mim][BF$_4$]

和 0.1% 甲酸的乙腈-水溶液，体积比 46∶54

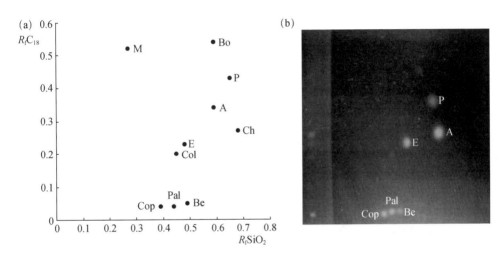

图 5-25　R（NP）与 R（RP）的 2D-TLC 体系（a）[RP：80% 甲醇-20% 水（体积分数）-0.05mol/L 二乙胺（C$_{18}$F）板；NP：正相洗脱液 75% 甲醇-24.75% 乙基甲基酮-0.25% 1-丁基-3-甲基咪唑四氟硼酸盐（体积分数）在硅胶（K5F）板]和 RP 体系（b）[80% 甲醇-20% 水（体积分数）-0.05mol/L 二乙胺，NP 体系：75% 甲醇-24.75% 乙基甲基酮-0.25% [C$_4$mim][BF$_4$]（体积分数），通过 2D-TLC 分离得到的 10　种标准生物碱在 366nm 紫外灯下显影]

该"双相"（dual-phase）板具有一个平行于正相硅胶薄层区域的 C$_{18}$ 反相硅胶区带（3cm 宽），便于在同一块板上以不同分离机制实现复杂样品的二维展开和全面分析。操作时先使用水流动相（80% 甲醇-水–0.05mol/L 二乙胺）进行第一维度（反相体系）分离，以含有离子液体的流动相（75% 甲醇–24.75% 乙基甲基酮–0.25%[C$_4$mim][BF$_4$]）进行第二维度（正相体系）分离。样品先用点样器点在 3cm 宽的反相硅胶区距离边缘 1cm 处的起始线上，蒸汽饱和平衡 20min 后用第一种展开剂展开，结束后在 110℃下干燥 40min；然后将反相区作为出发区放入色谱展开缸并同样饱和 20min 后用第二种展开剂展开并结束全部的分离，各生物碱斑点在 254nm 和 366nm 紫外光下观察其最终停留位置[126]。

当然，离子液体不仅可以在上述研究中加入展开剂（流动相）使用，也可以将其加入固定相发挥分离作用，只需简单地物理混合至均匀即可，这样特别容易被那些对于离子液体并不熟悉的研究人员熟练掌握。固载到固定相上的离子液体种类可以通过先用于展开剂添加剂的方式进行筛选，再优化其固载化方式和条件。如可以用 1-丁基-3-甲基咪唑四氟硼酸盐或溴盐离子液体的甲醇溶液（浓度为 0.2%～0.5%）预先处理硅胶 G 薄层板，待甲醇挥干后再以 0.2%二乙胺甲醇溶液为展开剂进行分离[127]。在这种模式下，离子液体将薄层色谱法从吸附机制变为了分配机制，相较于作为展开剂的添加剂更能改善碱性物质的分离效果及改善拖尾，斑点更为圆整清晰，分离效能更高。在另一个实例中，硅胶 G 和甲基咪唑盐酸盐水溶液（浓度 0.1%～10.0%）按 3:1 比例混合，生成的匀浆以机械振动 15min，然后涂布在洁净玻璃板上形成 0.25mm 厚的薄层；室温下风干后再在 100℃下活化 1h 即可使用。当使用 2-甲基四氢呋喃为展开剂时，浓度为 5%的 IL 铺制的薄层板对胆酸钠（R_f=0.53）、脱氧胆酸钠（R_f=0.83）和牛磺胆酸钠（R_f=0.02）三者分离效果最好[128]（图 5-26）。

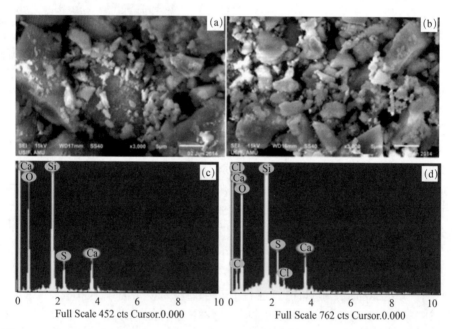

图 5-26 硅胶 G（a）和硅胶 G 浸渍 5%1-甲基咪唑氯化物（b）的扫描电镜图以及硅胶 G（c）和硅胶 G 浸渍 5%1-甲基咪唑氯化物（d）的能量色散 X 射线光谱图[128]

笔者团队开展了同一离子液体用作展开剂添加剂和薄层固定相的比较研究。考虑到季胺型生物碱在显酸性的正相硅胶板上往往出现强保留行为，传统的展开剂中要加入足量的碱性 pH 调节剂（如苯-乙酸乙酯-甲醇-异丙醇-浓氨水体系，体积比为12∶6∶3∶3∶1；或乙酸乙酯-氯仿-甲醇-二乙胺体系，体积比为 8∶2∶2∶1）；为了同时发挥分子间特殊相互作用和改善斑点形状，在此首次使用碱性离子液体 [C$_4$mim][OH] 的甲醇溶液作为展开剂用于此类生物碱的分离。图 5-27（a）显示了离子液体浓度和小檗碱 R_f 之间的关系，以及小檗碱和四氢巴马汀两种生物碱在薄层板上的迁移速度差异（[C$_4$mim][OH]:甲醇=1∶20，体积比）与相关分子间相互作用。为了让离子液体更加稳定地存在于薄层固定相上，本团队也首次将负载了离子液体的环糊精或金属-有机骨架与硅胶混合后以自然延流的方式铺制薄层板，同样实现了预期的分离效果。当然，也可以通过更为复杂的化学修饰法将离子液体键合到固定相上用于薄层分离，键合方法可参考 4.1 和 5.1 相关内容。在上面的比较研究中，合成了键合型 [C$_4$mim][OH] 薄层固定相，即：将等物质的量的 N-甲基咪唑和 3-氯丙基三甲氧基硅烷在 100℃和 N$_2$ 保护下搅拌至完全反应，残余物用乙酸乙酯洗涤三次，真空干燥后获得黏稠的淡黄色液体；在无水条件下将其添加到薄层色谱硅胶的甲苯悬浮液中回流 24h。过滤后产物依次用甲苯和丙酮洗涤，再在 60℃下真空干燥获得 SiO$_2$·Im$^+$·Cl$^-$；然后将该产物和 KOH 乙腈溶液通过搅拌进行阴离子交换，用水和丙酮清洗后脱溶剂，并在室温下真空干燥 12h 得到 SiO$_2$·Im$^+$·OH$^-$。该固定相对两种生物碱的分离效果比物理负载了 [C$_4$mim][OH] 的硅胶板更好且更稳定，可用于含有这些成分的药物的薄层扫描定量分析。值得注意的是，此时小檗碱和四氢巴马汀的迁移速度较图 5-27（b）发生如期反转，即小檗碱在前，四氢巴马汀在后。该薄层板经过醋酸水溶液简单洗脱及干燥处理后可以再次使用，减少了因使用 IL 而增加的实验成本。

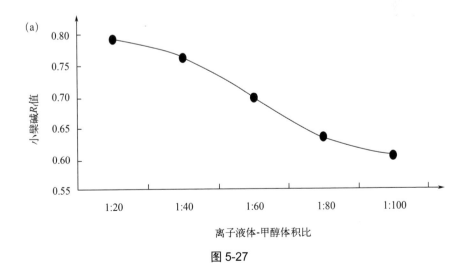

图 5-27

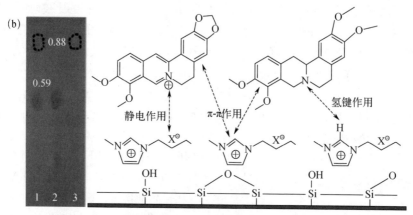

图 5-27　离子液体-甲醇体积比对小檗碱 R_f 的影响（a）及小檗碱、四氢巴马汀在不同分子间作用下的分离结果（b）

1—两者混合物；2—小檗碱；3—四氢巴马汀

5.6　波谱分析

除了色谱分析外，波谱分析是另一个技术手段多、关注度较大、同时具有定量定性作用的研究领域，新型绿色溶剂在此同样可以大有作为。例如，红外光谱不但可以用来研究天然产物结构中各特征基团的振动/转动频率、所处的化学环境以及结构的确证，还可以用来跟踪天然产物的提取、反应过程。无论分子量大小，碳水化合物在离子液体中都具有较好的溶解性，其在离子液体中的浓度测定可以由红外光谱完成。以葡萄糖为例，在天然产物提取物及糖苷化或水解反应中都有可能出现，若能用较为简单的光谱法对其进行分析和在线检测则会较色谱法更具优势。在此，首先配制具有不同浓度（5%、10%、15%和20%，质量分数）的 α-D-葡萄糖-[C$_2$mim][OAc]溶液（将两者在 45℃下混匀并搅拌 48h），该混合溶液的红外光谱由分辨率为 2cm^{-1} 的 NicoletModel360 型红外光谱仪在衰减全反射（ATR）模式下测定。该光谱仪在瞬变电磁场上装有一颗钻石晶体，可以与样品发生作用；设置反射次数为 1，穿透深度约为波长的 1/5。光谱记录由吸收转为消光，即纵坐标由吸光度（A）变为消光度（E），横坐标仍为波数（cm^{-1}）。E 和 A 的关系为：$E=-\lg(1-A)$，且 E 同样与样品浓度和光程成正比。三种不同浓度下的红外消光图谱如图 5-28 所示，其中 0%即为纯离子液体[C$_2$mim][OAc]的消光光谱。为了准确定量测量浓度，还需要选择合适的检测波数。理想的检测波数对葡萄糖浓度的变化需非常灵敏，同时建立的消光度-浓度关系曲线要具有较高的相关系数，这两个要求缺一不可。通过最小二乘拟合算法及最佳拟合线性函数斜率谱的比较筛选发现，约有 100 个波数均符合条件，其中 1171～1782cm^{-1} 中合适的波数处主要对应离子液体[C$_2$mim][OAc]的吸收，3194～3315cm^{-1}中合适的波数处主要对应葡萄糖的吸收，R^2均大于0.9920。本法为碳水化合物的浓度分析提供了一条新途径[129]。

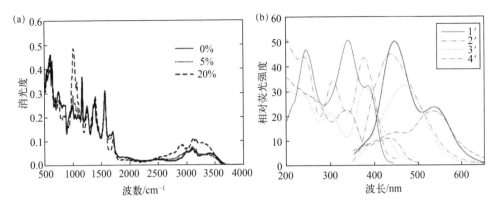

图5-28　三种浓度下葡萄糖–[C$_2$mim][OAc]溶液的红外消光光谱图（a）和加入[C$_8$mim][PF$_6$]
后黄连碱（1′）、小檗碱（2′）、药根碱（3′）和巴马汀（4′）的荧光增强谱（b）

　　荧光光谱法是一种灵敏、快速和简便有效的对物质进行定性和定量分析的方法。在对物质定性分析方面，三维荧光光谱应用较多，主要是通过直观比较光谱图的某些参数来对物质进行分类鉴别，具有一定人为性和不确定性。在定量分析方面，荧光光谱法适用于分子中具有大的共轭双键结构或刚性平面结构的物质，反之，对于荧光强度弱的化合物则体现了一定的局限性。天然产物中不乏具有荧光吸收的成分，香豆素类的天蓝色荧光、黄酮类的黄色荧光、蒽醌衍生物的棕色至棕红色荧光以及叶绿素的红色荧光等等，都反映了其特征性光谱行为，而绿色溶剂的加入可能会对该荧光有增强或者淬灭的效果，从而具有作为特定天然产物分析技术开发的价值。例如通过对小檗碱、巴马汀、药根碱和黄连碱荧光光谱的研究发现，它们100ng/mL的水溶液本身荧光强度都很弱，但在加入一些常见的烷基取代咪唑类六氟磷酸盐后会显著增加，其中[C$_8$mim][PF$_6$]的增加幅度比[C$_4$mim][PF$_6$]和[C$_6$mim][PF$_6$]都大。四者的激发/发射波长从376nm/435nm、338nm/532nm、379nm/465nm和338nm/445nm分别变为348nm/518nm、350nm/520nm、347nm/519nm和360nm/545nm，变化幅度之大表明不仅仅是加入离子液体之后带来的黏度变化和溶剂化作用的影响，阴离子的种类也会产生影响。阴离子会结合异喹啉类生物碱阳离子后影响其荧光性质，如改变辐射速率常数和发挥无辐射性去激活效应。其实离子液体和这些生物碱潜在的分子间相互作用已在本书中多处讨论过，复杂缔合物的出现正是导致激发/发射波长改变的根本原因。进一步发现，以此得到的荧光增强谱定量效果理想，四者浓度和相对荧光强度分别在0.8～130ng/mL、0.9～160ng/mL、0.7～140ng/mL和0.6～110ng/mL存在良好的线性关系。

此外，当有大量 K^+、NH_4^+、Ca^{2+}、Zn^{2+}、Mg^{2+}、Br^-、SO_4^{2-}、PO_3^-、Fe^{2+}，尿素，草酸，葡萄糖、α-乳糖，淀粉，糊精、聚乙烯醇、硬脂酸镁等同处样品溶液中时也不会对定量分析造成影响，抗干扰能力强，特别适合以上痕量生物碱在不同制剂和生物样品中的检测[130]。

离子液体凭借其与天然产物分子间特殊相互作用，可以用于后者的核磁共振波谱分析。如一些在常规条件下不易区分的位置异构体、顺反异构体、差向异构体乃至手性异构体相关 C、H 信号都可以通过与离子液体作用前后的化学位移变化情况加以辨别，绿色溶剂在此可以发挥"助溶剂"+"位移试剂"的双重作用，能体现类似主-客体化学的效果，而且离子液体本身的信号位移（如观测具有 BF_4^-、PF_6^- 离子液体的 ^{19}F-NMR 信号，氟原子本身是重要的氢键位点）也可提供判断依据。这部分的研究目前亟待开展。最后，从性质上来看，其实绿色溶剂不少特点与质谱分析中的基质存在相似之处；基质既能发挥分散分析物/减少其分子间作用力的作用，又可以吸收脉冲激光的大部分辐射能量起到缓冲层的效果，所以在基质辅助激光解吸质谱（MALDI）中应用很广，常见的如 α-氰基-4-羟基肉桂酸、芥子酸、2,5-二羟基苯甲酸、蒽三酚、3-羟基吡啶甲酸、6-氮杂-2-硫代胸腺嘧啶、吲哚乙酸和一些盐类，其中一些连结构都与新型绿色溶剂有几分相似。受此启发，研究人员也在考虑使用合适的离子液体或低共熔溶剂替代这些传统的基质。

尽管目前从理论上分析是可行的，但已有结果表明，纯经典离子液体大多不适合作为 MALDI 基质，少数咪唑类离子液体和季胺类离子液体作为基质时能表现出用量少、制备样品简单、重现性好的特性；此类基质具有低蒸气压，因此在质谱（$1×10^{-5}$～$1×10^{-7}Pa$）真空条件下很稳定，基质样品在高真空条件下储存 24h 以上外观和质量都没有明显变化。在多数情况下，是将适量 IL 掺杂到已知 MALDI 基质中混合使用，这种方式特别适合分析氨基酸、肽和蛋白质；同时离子液体还可以提升 3-羟基吡啶甲酸基质的稳定性，后者被发现在长时间的高真空条件下不够稳定。此外，在这些基质中可实现样品分散的均匀性；通过表征证明黏性液体表面仍然是高度均匀的，甚至出现少许结晶的基质也比传统固体基质（如 2,5-二羟基苯甲酸）具有更高的均匀性。但此类基质性能上还存在优化空间，通过结构上的改进可进一步抑制分析物的热解，从而提高测试过程的灵敏度，这也为天然大分子的质谱测定提供了一条新的思路。Armstrong 及其同事介绍了一类适用于 MALDI 基质的新型离子液体[131]，由结晶 MALDI 基质（如 CCA、DHB 或 SA）与有机碱（如三丁胺、吡啶或 1-甲基咪唑）等物质的量混合形成（如图 5-29 所示）。更深入地了解这一类 ILM 的理论背景是未来可能量身定制新型基质的先决条件，但从目前来看新出现的基质类暂时不会取代经典的已知基质和方法，但它们将把 MALDI-MS 原理的适用范围扩展到尚未测试的整个天然化合物范围，从这个角度而言新型绿色溶剂与波谱分析的结合远未达到其边界[132]。

(室温)离子液体　←　IL　→　离子(液体)基质

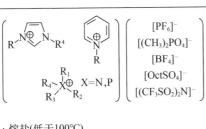

- 熔盐(低于100℃)
- 不燃烧
- 低蒸气压
- "设计溶剂"用于
  - 化学合成和催化
  - 生物催化作用
  - 分析化学
- 不适合作为MALDI基质

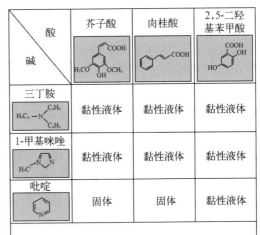

酸 / 碱	芥子酸	肉桂酸	2,5-二羟基苯甲酸
三丁胺	黏性液体	黏性液体	黏性液体
1-甲基咪唑	黏性液体	黏性液体	黏性液体
吡啶	固体	固体	黏性液体

- MALDI基质的等摩尔混合物有机碱
- 适用于MALDI基质

图 5-29　离子液体的常见类别以及在质谱分析中的潜在应用[133]

(室温)离子液体不适合作为MALDI基质；酸性MALDI基质和有机碱的正确组合可促成离子（液体）基质（ILM/IM）的形成，其中许多ILM会形成黏性液体，其他ILM可能在MALDI靶上形成部分结晶

5.7　电化学分析

近年来，作为一种快速、灵敏、经济、高效、操作简单、易于现场分析的检测手段，电化学分析越来越频繁地被用于天然产物的定量及相关原料和产品的质量控制。Xing 等采用邻苯二甲酸酐、尿素、氯化钯以及钼酸铵构筑了一种酞菁钯基纳米复合材料 PdPc，随后在硫酸溶液中将其与多壁碳纳米管（MWCNT）混合，经过一系操作后得到了目标 PdPc-MWCNTs-Nafion/GCE 工作电极（working electrode，WE）[134]。研究人员通过 3 步开发了独特的核心环形 ZnO-Au 纳米颗粒/还原石墨烯复合材料[135]。此外，Yalikun 等人通过溶剂热反应和高温热处理制备了多孔碳电极包封的 Mg-Al-Si 合金纳米簇[136]；通过沉淀聚合制备出的分子印迹聚离子液体-石墨烯复合材料（MIP/IL-GR）也被用来作为电极材料检测天然产物[137]。以 IL 和 DES 为代表的新型绿色溶剂电导率高，电化学窗口宽，且稳定性好，加上其本身对天然产物较强的分子识别能力，特别适合用于制备高导电性和高选择性的电化学传感材料。

基于此，笔者团队首先发现部分长碳链咪唑基氨基酸类 IL[$C_n$mim][AA]在浓度较高时会在加热-冷却过程中，通过自组装形成超分子水凝胶，其中[$C_n$mim][L-Phe]在自聚集过程中呈现出明显的纤维状结构。进而考察了不同凝胶的相转变温度（$T_{gel-sol}$）以及最小凝胶浓度（MGC）。此外，超分子水凝胶均表现出温度和 pH 的双重敏感性以及较好的电化学催化性能。在此基础上，通过层层涂覆法修饰玻碳电极（glass carbon electrode，GCE），构筑了由多壁碳纳米管、[$C_n$mim][AA]和壳聚糖（chitosan，CS）组成的具有三层结构的电化学传感器[$C_n$mim][AA]/MWCNT/GCE（图 5-30）。玻碳电极在使用前要进行活化处理，即在-1V 和 1V 的电压范围内以 0.5mol/L H_2SO_4 作为支持电解质，以 0.05V/s 的速度进行循环伏安（cyclic voltammograms，CV）扫描 50 圈，以激活裸 GCE 的电极感应区。随后依次在抛光布上用 0.3 µmol/L 和 0.05 µmol/L 的氧化铝粉末抛光 GCE，将玻碳电极打磨至呈镜面状态后分别用乙醇和超纯水超声三次，最后用 N_2 吹干 GCE 表面备用。制备修饰电极时，先将多壁碳纳米管超声分散于去离子水中，制备成浓度为 1mg/mL 的混悬液，分三次（每次 3 µL）取 9 µL 该混悬液涂覆于 GCE 表面制备 MWCNT/GCE，室温晾干后取一定量的 IL 凝胶因子水溶液滴加于 MWCNT/GCE 表面，冷却干燥后得到[$C_n$mim][AA]/MWCNT/GCE，另取 3 µL 质量分数为 0.5%的壳聚糖（溶于 0.5mol/L 乙酸）溶液涂覆到[$C_n$mim][AA]/MWCNT/GCE 上，室温下干燥后得到具有三层复合结构的修饰电极[$C_n$mim][AA]/MWCNT/CS/GCE。所制备好的电极在使用前均储存于 4℃下的干燥环境中。

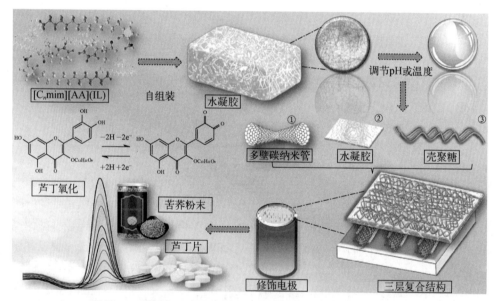

图 5-30　新型离子液体基超分子水凝胶电化学检测芦丁示意图

在应用于分析检测前，首先在 Fe^{2+}/Fe^{3+} 探针溶液中通过循环伏安法（CV）比较了不同 IL 修饰电极的电化学性能，确定出最佳的传感器为修饰量为 2µL 的[C_{14}mim][L-Phe]/MWCNTs/CS/GCE。随后将该传感器用于黄酮化合物芦丁的电化学检测中，考察了 pH 和扫速对结果的影响，通过差分脉冲伏安（differential pulse voltammetry，DPV）建立了芦丁分析的工作曲线。结果表明芦丁氧化峰电流强度与浓度的线性范围为 0.5～5μmol/L 和 5～100μmol/L，检测限 LOD 为 0.05μmol/L（$S/N=3$）。随后通过稳定性、重复性、重现性以及抗干扰性等实验证明了修饰电极的可靠性。分别采用密度泛函法（DFT）和 Gromacs 分子动力学模拟深入研究了[C$_n$mim][AA]与芦丁的相互作用位点/机理以及芦丁修饰电极表面的扩散行为。DFT 研究表明芦丁和 IL 之间具有强氢键作用，分子动力学模拟了芦丁从水溶液扩散至 IL 电极表面的过程，证实后者对芦丁具有明显的吸附与亲和作用。

参考文献

[1] Tian M, Bi W, Row K H. Solid-phase extraction of liquiritin and glycyrrhizic acid from licorice using ionic liquid-based silica sorbent[J].Journal of Separation Science, 2009, 32（23-24）:4033-4039.

[2] Tian M, Yan H, Row K H. Solid-phase extraction of tanshinones from *Salvia Miltiorrhiza* Bunge using ionic liquid-modified silica sorbents[J]. Journal of Chromatography B, 2009, 877（8）: 738-742.

[3] 王志兵, 赵洋, 辛楠, 等. 硅胶固载离子液体基质固相分散法提取蜂房中的酚酸和黄酮类化合物[J]. 现代食品科技, 2015, 31（3）: 158-164.

[4] Fontanals N, Borrull F, Marcé R M. Ionic liquids in solid-phase extraction[J]. Trends in Analytical Chemistry, 2012, 41: 15-26.

[5] Fang L, Tian M, Yan X, et al. Dual ionic liquid-immobilized silicas for multi-phase extraction of aristolochic acid from plants and herbal medicines[J]. Journal of Chromatography A, 2019, 1592: 31-37.

[6] Tashakkori P, Erdem P, Seyhan B S. Molecularly imprinted polymer based on magnetic ionic liquid for solid-phase extraction of phenolic acids[J]. Journal of Liquid Chromatography & Related Technologies, 2017, 40（13）: 657-666.

[7] Li J, Hu X, Guan P, et al. Preparation of "dummy" L-phenylalanine molecularly imprinted microspheres by using ionic liquid as a template and functional monomer[J]. Journal of Separation Science, 2015, 38（18）: 3279-3287.

[8] Tian M, Row K H. SPE of Tanshinones from *Salvia miltiorrhiza* Bunge by using imprinted functionalized ionic liquid-modified silica[J]. Chromatographia, 2011, 73（1）: 25-31.

[9] Tian M, Bi W, Row K H. Molecular imprinting in ionic liquid-modified porous polymer for recognitive separation of three tanshinones from *Salvia miltiorrhiza* Bunge[J]. Analytical and Bioanalytical Chemistry, 2011, 399（7）: 2495-2502.

[10] Xiao D, Yuan D, He H, et al. Mixed hemimicelle solid-phase extraction based on magnetic carbon nanotubes and ionic liquids for the determination of flavonoids[J]. Carbon, 2014, 72: 274-286.

[11] Farzin L, Shamsipur M, Sheibani S. Solid phase extraction of hemin from serum of breast cancer patients using an ionic liquid coated Fe$_3$O$_4$/graphene oxide nanocomposite, and its quantitation by using FAAS[J]. Microchimica Acta, 2016, 183（9）: 2623-2631.

[12] Yohannes A, Yao S. Preconcentration of tropane alkaloids by a metal organic framework（MOF）-immobilized ionic liquid with the same nucleus for their quantitation in Huashanshen tablets[J]. Analyst, 2019, 144（23）: 6989-7000.

[13] Hou X, Liu S, Zhou P, et al. Polymeric ionic liquid modified graphene oxide-grafted silica for solid-phase extraction to analyze the excretion-dynamics of flavonoids in urine by Box-Behnken statistical design[J]. Journal of Chromatography A, 2016, 1456: 10-18.

[14] Nemati M, Farajzadeh M A, Afshar M M R. Development of a surfactant-assisted dispersive solid phase extraction using deep eutectic solvent to extract four tetracycline antibiotics residues in milk samples[J]. Journal of Separation Science, 2021, 44（10）: 2121-2130.

[15] 柴美红. 基于杂化单体的整体柱的制备及性能研究[D]. 天津：天津医科大学, 2019.

[16] 倪睿. 离子液体和低共熔溶剂磁性固相萃取用于染料及蛋白质的分离分析研究[D]. 长沙：湖南大学, 2020.

[17] Xu K, Wang Y, Li Y, et al. A novel poly（deep eutectic solvent）-based magnetic silica composite for solid-phase extraction of trypsin[J]. Analytica Chimica Acta, 2016, 946: 64-72.

[18] 万益群, 熊辉煌, 万昊, 等. 一种基于低共熔溶剂体系的磁性温敏型分子印迹聚合物的制备方法及其应用：CN114507317A[P]. 2022-05-17.

[19] Zhao Z, Zhao J, Liang N, et al. Deep eutectic solvent-based magnetic colloidal gel assisted magnetic solid-phase extraction: A simple and rapid method for the determination of sex hormones in cosmetic skin care toners[J]. Chemosphere, 2020, 255: 127004.

[20] Fiscal L J A, Obando C M, Rosero M M, et al. Ionic liquids intercalated in montmorillonite as the sorptive phase for the extraction of low-polarity organic compounds from water by rotating-disk sorptive extraction[J]. Analytica Chimica Acta, 2017, 953: 23-31.

[21] Liu J F, Li N, Jiang G B, et al. Disposable ionic liquid coating for headspace solid-phase microextraction of benzene, toluene, ethylbenzene, and xylenes in paints followed by gas chromatography–flame ionization detection[J]. Journal of Chromatography A, 2005, 1066（1）: 27-32.

[22] Amini R, Rouhollahi A, Adibi M, et al. A novel reusable ionic liquid chemically bonded fused-silica fiber for headspace solid-phase microextraction/gas chromatography-flame ionization detection of methyl tert-butyl ether in a gasoline sample[J]. Journal of Chromatography A, 2011, 1218（1）: 130-136.

[23] Pena P F, Marcinkowski Ł, Kloskowski A, et al. Ionogel fibres of bis（trifluoromethanesulfonyl）imide anion-based ionic liquids for the headspace solid-phase microextraction of chlorinated organic pollutants[J]. Analyst, 2015, 140（21）: 7417-7422.

[24] Cagliero C, Ho T D, Zhang C, et al. Determination of acrylamide in brewed coffee and coffee powder using polymeric ionic liquid-based sorbent coatings in solid-phase microextraction coupled to gas chromatography–mass spectrometry[J]. Journal of Chromatography A, 2016, 1449: 2-7.

[25] Feng J, Sun M, Bu Y, et al. Facile modification of multi-walled carbon nanotubes–polymeric ionic liquids-coated solid-phase microextraction fibers by on-fiber anion exchange[J]. Journal of Chromatography A, 2015, 1393: 8-17.

[26] Gao Z, Li W, Liu B, et al. Nano-structured polyaniline-ionic liquid composite film coated steel wire for headspace solid-phase microextraction of organochlorine pesticides in water[J]. Journal of Chromatography A, 2011, 1218（37）: 6285-6291.

[27] Wanigasekara E, Perera S, Crank J A, et al. Bonded ionic liquid polymeric material for solid-phase microextraction GC analysis[J]. Analytical and Bioanalytical Chemistry, 2010, 396（1）: 511-524.

[28] Zheng J, Li S, Wang Y, et al. In situ growth of IRMOF-3combined with ionic liquids to prepare solid-phase microextraction fibers[J]. Analytica Chimica Acta, 2014, 829: 22-27.

[29] Pena P F, Marcinkowski Ł, Kloskowski A, et al. Silica-based ionogels: Nanoconfined ionic liquid-rich fibers

for headspace solid-phase microextraction coupled with gas chromatography-barrier discharge ionization detection[J]. Analytical Chemistry, 2014, 86（23）: 11640-11648.

[30] 王秀琴, 潘蕾, 田雨, 等. 离子液体改性三聚氰胺-甲醛气凝胶用于管内固相微萃取的研究: 中国化学会第十三届全国分析化学年会论文集（二）[C]. 2018.

[31] Sun M, Bu Y, Feng J, et al. Graphene oxide reinforced polymeric ionic liquid monolith solid-phase microextraction sorbent for high-performance liquid chromatography analysis of phenolic compounds in aqueous environmental samples[J]. Journal of Separation Science, 2016, 39（2）: 375-382.

[32] Pelit F O, Pelit L, Dizdaş T N, et al. A novel polythiophene-ionic liquid modified clay composite solid phase microextraction fiber: Preparation, characterization and application to pesticide analysis[J]. Analytica Chimica Acta, 2015, 859: 37-45.

[33] Pacheco F I, Trujillo R M J, Kuroda K, et al. Zwitterionic polymeric ionic liquid-based sorbent coatings in solid phase microextraction for the determination of short chain free fatty acids[J]. Talanta, 2019, 200: 415-423.

[34] Crucello J, Miron L F O, Ferreira V H C, et al. Characterization of the aroma profile of novel Brazilian wines by solid-phase microextraction using polymeric ionic liquid sorbent coatings[J]. Analytical and Bioanalytical Chemistry, 2018, 410（19）: 4749-4762.

[35] Mousavi F, Pawliszyn J. Silica-based ionic liquid coating for 96-blade system for extraction of aminoacids from complex matrixes[J]. Analytica Chimica Acta, 2013, 803: 66-74.

[36] López D J, Anderson J L, Pino V, et al. Developing qualitative extraction profiles of coffee aromas utilizing polymeric ionic liquid sorbent coatings in headspace solid-phase microextraction gas chromatography-mass spectrometry[J]. Analytical and Bioanalytical Chemistry, 2011, 401（9）: 2965-2976.

[37] Majidi S M, Hadjmohammadi M R. Alcohol-based deep eutectic solvent as a carrier of $SiO_2@Fe_3O_4$ for the development of magnetic dispersive micro-solid-phase extraction method: Application for the preconcentration and determination of morin in apple and grape juices, diluted and acidic extract of dried onion and green tea infusion samples[J]. Journal of Separation Science, 2019, 42（17）: 2842-2850.

[38] Li G, Row K H. Ternary deep eutectic solvent magnetic molecularly imprinted polymers for the dispersive magnetic solid-phase microextraction of green tea[J]. Journal of Separation Science, 2018, 41（17）: 3424-3431.

[39] Nie L, Wang L, Song H, et al. Preconcentration of indigotin and indirubin from indigowoad roots with novel quinoline ionic liquids with determination by high-performance liquid chromatography[J]. Analytical Letters, 2015, 48（8）: 1257-1274.

[40] Paradiso V M, Clemente A, Summo C, et al. Towards green analysis of virgin olive oil phenolic compounds: Extraction by a natural deep eutectic solvent and direct spectrophotometric detection[J]. Food Chemistry, 2016, 212: 43-47.

[41] Jeannot M A, Cantwell F F. Solvent microextraction into a single drop[J]. Analytical Chemistry, 1996, 68（13）: 2236-2240.

[42] Pedersen-Bjergaard S, Rasmussen K E. Liquid-liquid-liquid microextraction for sample preparation of biological fluids prior to capillary electrophoresis[J]. Analytical Chemistry, 1999, 71（14）: 2650-2656.

[43] Zhang P, Hu L, Lu R, et al. Application of ionic liquids for liquid-liquid microextraction[J]. Analytical Methods, 2013, 5（20）: 5376-5385.

[44] Liu W, Lee H K. Continuous-flow microextraction exceeding1000-fold concentration of dilute analytes[J]. Analytical Chemistry, 2000, 72（18）: 4462-4467.

[45] Trujillo R M J, Pino V, Anderson J L. Magnetic ionic liquids as extraction solvents in vacuum headspace single-

drop microextraction[J]. Talanta, 2017, 172: 86-94.

[46] Jahromi Z, Mostafavi A, Shamspur T, et al. Magnetic ionic liquid assisted single-drop microextraction of ascorbic acid before its voltammetric determination[J]. Journal of Separation Science, 2017, 40（20）: 4041-4049.

[47] Li L H, Zhang H F, Hu S, et al. Dispersive liquid–liquid microextraction coupled with high-performance liquid chromatography for determination of coumarin compounds in Radix *Angelicae Dahuricae*[J]. Chromatographia, 2012, 75（3）: 131-137.

[48] 彭贵龙, 周光明, 秦红英, 等. 离子液体分散液相微萃取–HPLC 测定葛根中葛根素, 大豆苷和大豆苷元含量[J]. 中国中医药信息杂志, 2014, 21（10）: 67-70.

[49] Zhang H F, Shi Y P. Temperature-assisted ionic liquid dispersive liquid-liquid microextraction combined with high performance liquid chromatography for the determination of anthraquinones in Radix et *Rhizoma Rhei* samples[J]. Talanta, 2010, 82（3）: 1010-1016.

[50] Xiao Y J, Li N B, Hong Q L. Determination of ursolic acid in force loquat capsule by ultrasonic extraction and ionic liquid based reverse dispersive LLME[J]. Chromatographia, 2010, 71（9）: 839-843.

[51] Li L, Huang M, Shao J, et al. Rapid determination of alkaloids in *Macleaya cordata* using ionic liquid extraction followed by multiple reaction monitoring UPLC–MS/MS analysis[J]. Journal of Pharmaceutical and Biomedical Analysis, 2017, 135: 61-66.

[52] Yu H, Clark K D, Anderson J L. Rapid and sensitive analysis of microcystins using ionic liquid-based in situ dispersive liquid-liquid microextraction[J]. Journal of Chromatography A, 2015, 1406: 10-18.

[53] Rykowska I, Ziemblińska J, Nowak I. Modern approaches in dispersive liquid-liquid microextraction （DLLME）based on ionic liquids: A review[J]. Journal of Molecular Liquids, 2018, 259: 319-339.

[54] Khezeli T, Daneshfar A, Sahraei R. A green ultrasonic-assisted liquid-liquid microextraction based on deep eutectic solvent for the HPLC-UV determination of ferulic, caffeic and cinnamic acid from olive, almond, sesame and cinnamon oil[J]. Talanta, 2016, 150: 577-585.

[55] Tang B, Bi W, Zhang H, et al. Deep eutectic solvent-based HS-SME coupled with GC for the analysis of bioactive terpenoids in *Chamaecyparis obtusa* leaves[J]. Chromatographia, 2014, 77（3）: 373-377.

[56] Nia N N, Hadjmohammadi M R. The application of three-phase solvent bar microextraction based on a deep eutectic solvent coupled with high-performance liquid chromatography for the determination of flavonoids from vegetable and fruit juice samples[J]. Analytical Methods, 2019, 11（40）: 5134-5141.

[57] Nie L R, Song H, Yohannes A, et al. Extraction in cholinium-based magnetic ionic liquid aqueous two-phase system for the determination of berberine hydrochloride in *Rhizoma coptidis*[J]. RSC Advances, 2018, 8（44）: 25201-25209.

[58] Lin X, Wang Y, Liu X, et al. ILs-based microwave-assisted extraction coupled with aqueous two-phase for the extraction of useful compounds from Chinese medicine[J]. Analyst, 2012, 137（17）: 4076-4085.

[59] Tan Z, Li F, Xu X. Isolation and purification of aloe anthraquinones based on an ionic liquid/salt aqueous two-phase system[J]. Separation and Purification Technology, 2012, 98: 150-157.

[60] Xu X, Huang L, Wu Y, et al. Synergic cloud-point extraction using [C$_4$mim][PF$_6$] and Triton X-114as extractant combined with HPLC for the determination of rutin and narcissoside in *Anoectochilus roxburghii*（Wall.）Lindl. and its compound oral liquid[J]. Journal of Chromatography B, 2021, 1168: 122589.

[61] Mortada W I. Recent developments and applications of cloud point extraction: A critical review[J]. Microchemical Journal, 2020, 157: 105055.

[62] 戈延茹, 潘如, 傅海珍, 等. 离子液体双水相溶剂浮选法分离/富集桑黄黄酮类成分[J]. 分析化学, 2012,

40（2）：317-320.

[63] Zhang L S, Hu S, Chen X, et al. A new ionic liquid-water-organic solvent three phase microextraction for simultaneous preconcentration flavonoids and anthraquinones from traditional Chinese prescription[J]. Journal of Pharmaceutical and Biomedical Analysis, 2013, 86: 36-39.

[64] Hansen F A, Santigosa-Murillo E, Ramos-Payán M, et al. Electromembrane extraction using deep eutectic solvents as the liquid membrane[J]. Analytica Chimica Acta, 2021, 1143: 109-116.

[65] Qi X L, Peng X, Huang Y Y, et al. Green and efficient extraction of bioactive flavonoids from *Equisetum palustre* L. by deep eutectic solvents-based negative pressure cavitation method combined with macroporous resin enrichment[J]. Industrial Crops and Products, 2015, 70: 142-148.

[66] Wang M, Wang J, Zhang Y, et al. Fast environment-friendly ball mill-assisted deep eutectic solvent-based extraction of natural products[J]. Journal of Chromatography A, 2016, 1443: 262-266.

[67] Jeong K M, Jin Y, Yoo D E, et al. One-step sample preparation for convenient examination of volatile monoterpenes and phenolic compounds in peppermint leaves using deep eutectic solvents[J]. Food Chemistry, 2018, 251: 69-76.

[68] Nie L R, Yohannes A, Yao S. Recent advances in the enantioseparation promoted by ionic liquids and their resolution mechanisms[J]. Journal of Chromatography A, 2020, 1626: 461384.

[69] 邱洪灯, 孙敏, 刘霞, 等. 十六烷基咪唑离子液体涂覆 C_{18} 固定相分离无机阴离子: 第十七届全国色谱学术报告会论文集[C]. 2009.

[70] Zhang M, Tan T, Li Z, et al. A novel urea-functionalized surface-confined octadecylimidazolium ionic liquid silica stationary phase for reversed-phase liquid chromatography[J]. Journal of Chromatography A, 2014, 1365: 148-155.

[71] Chitta K R, Van Meter D S, Stalcup A M. Separation of peptides by HPLC using a surface-confined ionic liquid stationary phase[J]. Analytical and Bioanalytical Chemistry, 2010, 396（2）: 775-781.

[72] Liu S J, Zhou F, Xiao X H. Surface confined ionic liquid-a new stationary phase for the separation of ephedrines in high-performance liquid chromatography[J].Chinese Chemical Letters, 2004（9）: 15.

[73] Qiao L, Sun R, Tao Y, et al. Surface-confined guanidinium ionic liquid as a new type of stationary phase for hydrophilic interaction liquid chromatography[J]. Journal of Separation Science, 2021, 44（18）: 3357-3365.

[74] Hu K, Zhang W, Yang H, et al. Calixarene ionic liquid modified silica gel: A novel stationary phase for mixed-mode chromatography[J]. Talanta, 2016, 152: 392-400.

[75] 顾桐年, 马小涵, 张明亮, 等. 离子液体固定相离子色谱法测定淀粉中的顺反式丁烯二酸[J]. 分析测试学报, 2014, 33（6）: 728-731.

[76] 邱洪灯. 基于离子液体的离子色谱固定相研究[D]. 兰州: 中国科学院兰州化学物理研究所, 2008.

[77] 金磊, 牟丽娜, 卫泽辉. 基于低共融溶剂的离子介导印迹整体柱对绿原酸保留行为研究[J]. 广东化工, 2019,（6）: 45-46.

[78] Ma W, An Y, Row K H. Preparation and evaluation of a green solvent-based molecularly imprinted monolithic column for the recognition of proteins by high-performance liquid chromatography[J]. Analyst, 2019, 144（21）: 6327-6333.

[79] Hu Y, Cai T, Zhang H, et al. Two copolymer-grafted silica stationary phases prepared by surface thiol-ene click reaction in deep eutectic solvents for hydrophilic interaction chromatography[J]. Journal of Chromatography A, 2020, 1609: 460446.

[80] Gu T, Zhang M, Chen J, et al. A novel green approach for the chemical modification of silica particles based on deep eutectic solvents[J]. Chemical Communications, 2015, 51（48）: 9825-9828.

[81] Tang B, Park H E, Row K H. Preparation of chlorocholine chloride/urea deep eutectic solvent-modified silica and an examination of the ion exchange properties of modified silica as a Lewis adduct[J]. Analytical and Bioanalytical Chemistry, 2014, 406（17）: 4309-4313.

[82] Cai T P, Qiu H D. Application of deep eutectic solvents in chromatography: A review[J]. Trends in Analytical Chemistry, 2019, 120: 115623.

[83] Petruczynik A. Effect of ionic liquid additives to mobile phase on separation and system efficiency for HPLC of selected alkaloids on different stationary phases[J]. Journal of Chromatographic Science, 2012, 50（4）: 287-293.

[84] 谭婷, 乔鑫, 万益群, 等. 低共熔溶剂——新型亲水作用色谱流动相改性剂[J]. 色谱, 2015, 33（9）: 934-937.

[85] 董影杰, 于泓, 黄旭, 等. 离子液体作高效液相色谱流动相添加剂测定水杨酸[J]. 分析测试学报, 2011, 30（3）: 302-306.

[86] Li S, Tian M, Row K H. Effect of mobile phase additives on the resolution of four bioactive compounds by RP-HPLC[J]. International Journal of Molecular Sciences, 2010, 11: 2229-2240.

[87] 亓亮, 张婧, 张志琪. 以离子液体作流动相添加剂的高效液相色谱法测定复方苦参注射液中 4 种生物碱[J]. 色谱, 2013, 31（003）: 249-253.

[88] 严新宇, 张立衡, 王延翠, 等. 离子液体作为流动相添加剂高效液相色谱法同时测定黄连中 5 种生物碱[J]. 分析试验室, 2017, 36（10）: 1210-1214.

[89] 姜昕易, 张晖芬, 王胜男, 等. ILs-HPLC 同时测定黄柏中 5 种生物碱含量[J]. 中国中药杂志, 2014, 39（19）: 3808-3812.

[90] He L, Zhang W, Zhao L, et al. Effect of 1-alkyl-3-methylimidazolium-based ionic liquids as the eluent on the separation of ephedrines by liquid chromatography[J]. Journal of Chromatography A, 2003, 1007（1）: 39-45.

[91] 田玲, 姚成, 边敏. 以离子液体为流动相添加剂的高效液相色谱法测定钩藤药材中钩藤碱和异钩藤碱[J]. 理化检验（化学分册）, 2018, 54（02）: 138-141.

[92] 张媛媛, 胡燕珍, 田莹莹, 等. 离子液体作流动相添加剂高效液相色谱法分离吲哚类生物碱[J]. 药物分析杂志, 2019, 39（11）: 2028-2033.

[93] 方海红, 朱益雷, 魏惠珍, 等. 离子液体作流动相添加剂高效液相色谱法分离莨菪类生物碱[J]. 分析测试学报, 2016, 35（5）: 614-617.

[94] Tan T, Zhang M, Wan Y, et al. Utilization of deep eutectic solvents as novel mobile phase additives for improving the separation of bioactive quaternary alkaloids[J]. Talanta, 2016, 149: 85-90.

[95] 王红敏, 唐岩, 孙爱玲, 等. 离子液体为流动相添加剂高效液相色谱法同时测定莲子心中莲心碱, 异莲心碱和甲基莲心碱[J]. 聊城大学学报（自然科学版）, 2017, 30（3）: 35-40.

[96] 边敏, 杨勇, 周昊. 以离子液体作流动相添加剂高效液相色谱法分离辣椒素类生物碱[J]. 分析测试学报, 2013, 32（002）: 174-178.

[97] Zhang W Z, He L J, Liu X, et al. Ionic liquids as mobile phase additives for separation of nucleotides in high-performance liquid chromatography[J]. Chinese Journal of Chemistry, 2004, 22（6）: 549-552.

[98] Zhang W, He L, Gu Y, et al. Effect of ionic liquids as mobile phase additives on retention of catecholamines in reversed-phase high-performance liquid chromatography[J]. Analytical Letters, 2003, 36（4）: 827-838.

[99] Tang F, Tao L, Luo X, et al. Determination of octopamine, synephrine and tyramine in Citrus herbs by ionic liquid improved 'green' chromatography[J]. Journal of Chromatography A, 2006, 1125（2）: 182-188.

[100] 江海亮, 应丽艳, 王强, 等. 离子液体作添加剂对高效液相色谱分离植物激素的影响[J]. 分析化学, 2007, 35（9）: 1327-1330.

[101] Soares B, Passos H, Freire C S R, et al. Ionic liquids in chromatographic and electrophoretic techniques: toward additional improvements in the separation of natural compounds[J]. Green Chemistry, 2016, 18（17）: 4582-4604.

[102] Qi S, Li Y, Deng Y, et al. Simultaneous determination of bioactive flavone derivatives in Chinese herb extraction by capillary electrophoresis used different electrolyte systems—Borate and ionic liquids[J]. Journal of Chromatography A, 2006, 1109（2）: 300-306.

[103] Yue M E, Shi Y P. Application of 1-alkyl-3-methylimidazolium-based ionic liquids in separation of bioactive flavonoids by capillary zone electrophoresis[J]. Journal of Separation Science, 2006, 29（2）: 272-276.

[104] Yue M E, Xu J, Hou W G. Analysis of bioactive flavonoid-O-glycosides in *Saussurea mongolica* Franch by capillary zone electrophoresis using ionic liquids as the additive[J]. Journal of Food and Drug Analysis, 2011, 19（2）: 5.

[105] Xiao W, Wang F Q, Li C H, et al. Determination of eight isoflavones in *Radix Puerariae* by capillary zone electrophoresis with an ionic liquid as an additive[J]. Analytical Methods, 2015, 7（3）: 1098-1103.

[106] Yanes E G, Gratz S R, Stalcup, A M. Tetraethylammonium tetrafluoroborate: a novel electrolyte with a unique role in the capillary electrophoretic separation of polyphenols found in grape seed extracts[J]. Analyst, 2000, 125（11）: 1919-1923.

[107] Yanes E G, Gratz S R, Baldwin M J, et al. Capillary electrophoretic application of 1-alkyl-3-methylimidazolium-based ionic liquids[J]. Analytical Chemistry, 2001, 73（16）: 3838-3844.

[108] Qi S, Cui S, Chen X, et al. Rapid and sensitive determination of anthraquinones in Chinese herb using 1-butyl-3-methylimidazolium-based ionic liquid with β-cyclodextrin as modifier in capillary zone electrophoresis[J]. Journal of Chromatography A, 2004, 1059（1）: 191-198.

[109] Qi S, Cui S, Cheng Y, et al. Rapid separation and determination of aconitine alkaloids in traditional Chinese herbs by capillary electrophoresis using 1-butyl-3-methylimidazoium-based ionic liquid as running electrolyte[J]. Biomedical Chromatography, 2006, 20（3）: 294-300.

[110] Tian K, Wang Y, Chen Y, et al. Application of 1-alkyl-3-methylimidazolium-based ionic liquids as background electrolyte in capillary zone electrophoresis for the simultaneous determination of five anthraquinones in Rhubarb[J]. Talanta, 2007, 72（2）: 587-593.

[111] Vaher M, Koel M, Kazarjan J, et al. Capillary electrophoretic analysis of neutral carbohydrates using ionic liquids as background electrolytes[J]. Electrophoresis, 2011, 32（9）: 1068-1073.

[112] Terabe S. Micellar electrokinetic chromatography for high-performance analytical separation[J]. The Chemical Record, 2008, 8（5）: 291-301.

[113] Yang H, Ding Y, Cao J, et al. Twenty-one years of microemulsion electrokinetic chromatography（1991–2012）: A powerful analytical tool[J]. Electrophoresis, 2013, 34（9-10）: 1273-1294.

[114] Tian K, Qi S, Cheng Y, et al. Separation and determination of lignans from seeds of Schisandra species by micellar electrokinetic capillary chromatography using ionic liquid as modifier[J]. Journal of Chromatography A, 2005, 1078（1-2）: 181-187.

[115] Zhang H, Tian K, Tang J, et al. Analysis of baicalein, baicalin and wogonin in *Scutellariae radix* and its preparation by microemulsion electrokinetic chromatography with 1-butyl-3-methylimizolium tetrafluoborate ionic liquid as additive[J]. Journal of Chromatography A, 2006, 1129（2）: 304-307.

[116] Van Tricht E, Geurink L, Pajic B, et al. New capillary gel electrophoresis method for fast and accurate identification and quantification of multiple viral proteins in influenza vaccines[J]. Talanta, 2015, 144: 1030-1035.

[117] Tian Y, Feng R, Liao L, et al. Dynamically coated silica monolith with ionic liquids for capillary electrochromatography[J]. Electrophoresis, 2008, 29（15）: 3153-3159.

[118] Liu C, Deng Q, Fang G, et al. Facile preparation of organic-inorganic hybrid polymeric ionic liquid monolithic column with a one-pot process for protein separation in capillary electrochromatography[J]. Analytical and Bioanalytical Chemistry, 2014, 406（28）: 7175-7183.

[119] Wang R, Mao Z, Chen Z. Monolithic column with polymeric deep eutectic solvent as stationary phase for capillary electrochromatography[J]. Journal of Chromatography A, 2018, 1577: 66-71.

[120] Gu Q, David F, Lynen F, et al. Evaluation of ionic liquid stationary phases for one dimensional gas chromatography-mass spectrometry and comprehensive two dimensional gas chromatographic analyses of fatty acids in marine biota[J]. Journal of Chromatography A, 2011, 1218（20）: 3056-3063.

[121] Qi M, Armstrong D W. Dicationic ionic liquid stationary phase for GC-MS analysis of volatile compounds in herbal plants[J]. Analytical and Bioanalytical Chemistry, 2007, 388（4）: 889-899.

[122] Marszałł M P, Bączek T, Kaliszan R. Reduction of silanophilic interactions in liquid chromatography with the use of ionic liquids[J]. Analytica Chimica Acta, 2005, 547（2）: 172-178.

[123] 吕芳, 何丽君, 伍艳, 等. 离子液体作薄层色谱添加剂对麻黄碱分离的影响[J]. 化学试剂, 2006, 28（9）: 551-552, 574.

[124] Bączek T, Marszałł M P, Kaliszan R, et al. Behavior of peptides and computer-assisted optimization of peptides separations in a normal-phase thin-layer chromatography system with and without the addition of ionic liquid in the eluent[J]. Biomedical Chromatography, 2005, 19（1）: 1-8.

[125] Bączek T, Sparzak B. Ionic liquids as novel solvent additives to separate peptides[J]. Zeitschrift für Naturforschung C, 2006, 61（11-12）: 827-832.

[126] Tuzimski T, Petruczynik A. Application of mobile phases containing ionic liquid for the separation of a mixture of ten selected isoquinoline alkaloids by 2D-TLC and identification of analytes in *Rhizoma Coptidis*（Huang Lian）Extract by TLC and HPLC—DAD[J]. JPC-Journal of Planar Chromatography - Modern TLC Journal of Planar Chromatography, 2017, 30（4）: 245-250.

[127] 纪平, 马郑, 郭兴杰. 离子液体用于牛磺罗定及有关物质的薄层色谱分离[J]. 中国医药工业杂志, 2009, 7: 526-528.

[128] Mohammad A, Mobin R. Ionic liquid as separation enhancer in thin-layer chromatography of biosurfactants: mutual separation of sodium cholate, sodium deoxycholate and sodium taurocholate[J]. Journal of Analytical Science and Technology, 2015, 6（1）: 16.

[129] Kiefer J, Obert K, Bösmann A, et al. Quantitative analysis of alpha-D-glucose in an ionic liquid by using infrared spectroscopy[J]. Chemphyschem A European Journal of Chemical Physics & Physical Chemistry, 2010, 9（9）: 1317-1322.

[130] Wu H, Zhang L B, Du L M. Ionic liquid sensitized fluorescence determination of four isoquinoline alkaloids[J]. Talanta, 2011, 85（1）: 787-793.

[131] Armstrong D W, Zhang L K, He L, et al. Ionic liquids as matrixes for matrix-assisted laser desorption/ionization mass spectrometry[J]. Analytical Chemistry, 2001, 73（15）: 3679-3686.

[132] Tholey A, Heinzle E. Ionic（liquid）matrices for matrix-assisted laser desorption/ionization mass spectrometry—applications and perspectives[J]. Analytical and Bioanalytical Chemistry, 2006, 386（1）: 24-37.

[133] Hurtado P, Hortal A R, Martínez-Haya B. Matrix-assisted laser desorption/ionization detection of carbonaceous compounds in ionic liquid matrices[J]. Rapid Communications in Mass Spectrometry, 2007, 21

（18）: 3161-3164.

[134] Xing R, Yang H, Li S, et al. A sensitive and reliable rutin electrochemical sensor based on palladium phthalocyanine-MWCNTs-Nafion nanocomposite[J]. Journal of Solid State Electrochemistry, 2017, 21（5）: 1219-1228.

[135] Yang S L, Li G, Feng J, et al. Synthesis of core/satellite donut-shaped ZnO–Au nanoparticles incorporated with reduced graphene oxide for electrochemical sensing of rutin[J]. Electrochimica Acta, 2022, 412: 140157.

[136] Yalikun N, Mamat X, Li Y, et al. Taraxacum-like Mg-Al-Si@ porous carbon nanoclusters for electrochemical rutin detection[J]. Microchimica Acta, 2019, 186: 1-8.

[137] Lu Y, Hu J, Zeng Y, et al. Electrochemical determination of rutin based on molecularly imprinted poly（ionic liquid）with ionic liquid-graphene as a sensitive element[J]. Sensors and Actuators B: Chemical, 2020, 311: 127911.

第 6 章

新型绿色溶剂参与下的天然产物合成及衍生化

天然产物种类来源广、附加值高、开发潜力大，是巨大的绿色资源宝库，在能源、材料、化工、生物医药以及食品、农业等领域发挥了重要的作用。对于具有生物活性的先导化合物开发的关注度却逐渐下降，部分原因在于天然产物在制备和生产上存在不可忽视的问题。首先，多数天然产物在自然界中的含量极低，例如具有抗癌活性的紫杉醇，主要来源于几种红豆杉属植物树皮，而要得到 1kg 的紫杉醇则需要消耗10000kg 的树皮，且剥取树皮后植物死亡，严重影响了天然资源的持续开发利用。若仅仅依靠天然来源的紫杉醇，对巨大的治疗需求而言绝对是杯水车薪，造成的环境破坏也不可估量。对于生长周期长、人工育苗存活率低、生长环境要求高的植物，直接从中提取有效成分不仅产量供不应求，成本也更加高昂。高效的生物活性与匮乏的原料供给形成巨大的断裂，科学家们不断地开辟多种天然产物全合成或半合成方法来扩宽其生产渠道，这就为绿色溶剂提供了另一个展示自身多功能性的平台。

此外，直接将天然产物作为药物应用于人体存在溶解度不佳、副作用强、作用时间短、稳定性弱等弊端，当用于能源、材料、化工等领域同样可能也存在性状不够理想、功能需要完善的情况，那么对天然产物进行有针对性的修饰以改善上述弊端或开发出具有新型结构及功能的产物一直是本领域的另一个研究热点。这里举一个天然大分子的例子，具有可调材料性质的纤维素衍生物是现有石油衍生聚合物材料的很有前途的生物基替代品。按照反应生成物的结构特点可以将纤维素衍生物分为纤维素醚和纤维素酯以及纤维素醚酯三大类。实际商品化应用的纤维素酯类有纤维素硝酸酯、纤维素乙酸酯、纤维素乙酸丁酸酯和纤维素黄酸酯。纤维素醚类有甲基纤维素、羧甲基纤维素、乙基纤维素、羟乙基纤维素、氰乙基纤维素、羟丙基纤维素和羟丙基甲基纤维素等。此外，还有酯醚混合衍生物。然而，纤维素的化学修饰非常具有挑战性，通常需要苛刻的条件和复杂的增溶或活化步骤。因此，开发更友好且更可持续的新型纤维素衍生化方法正引起人们的极大兴趣。

如前所述，天然产物从结构上来看，包括生物碱、萜类、甾体、香豆素、木脂素、酚酸、黄酮、醌类、糖类、氨基酸与蛋白质等多种类型，这些成分具有的特征有机官能团可进行相应的衍生化反应。例如生物碱的碳氮双键可进行还原反应，有机酸的羧基可与醇羟基发生酯化反应，糖苷键可发生水解反应等。从当前来看，传统的天然产物全合成与结构衍生化多使用乙醇、二氯甲烷、甲苯、吡啶等有机溶剂，需要进行一系列后处理步骤去除上述溶剂；这些试剂多具有明显的危害性，微量残留即可给天然产物的后续开发应用带来隐患。同时，很多参与反应的催化剂结构复杂、价格昂贵且不够友好，其催化效率、选择性和稳定性也有待提高。将绿色溶剂应用于天然产物的合成与结构衍生化是解决上述问题的重要途径，具有活性高、催化效果强、溶解力宽泛、稳定性好、功能可调控、应用形式多、原料适用性强、生产成本低等优势，在有机合成反应中被广为应用，将绿色溶剂用于天然产物制备潜力巨大。总体来看，由于新型绿色溶剂优良的溶剂性能及结构可设计性，它们在催化和合成领域的作用方式主要包括四种：①作为溶剂；②作为溶剂和催化剂；③作为均相催化配体；④作为两相反应中的催化介质。涉及的体系则有化学催化及酶催化体系。离子液体和低共熔溶剂所参与的天然产物衍生化反应按类型主要分为以下四类，在此逐一进行介绍。

6.1　成苷反应（糖苷化反应）

单糖的环状结构中含有半缩醛羟基，这个异头位羟基较其他羟基活泼，容易与其他分子中的羟基、氨基、巯基（或活泼氢原子）发生反应，脱去一分子水形成糖苷键而成苷（旧称甙或配糖体）。例如，葡萄糖和甲醇发生成苷反应可生成 α-D-甲基葡糖苷和 β-D-甲基葡糖苷，它们分别是由 α-D-葡萄糖或 β-D-葡萄糖的异头位羟基与甲醇的羟基脱水而生成。糖苷分子包括糖的部分和非糖部分，其中非糖部分称为糖苷配基，也可称为糖基受体。例如甲基葡萄糖苷中的甲基就是糖基受体。糖苷的两部分是通过糖苷键连接的。糖苷键的顺利形成是成苷反应中的关键点，而糖苷化反应的顺利进行又包含三个主要因素，即糖基供体、糖基受体和催化体系的选择。目前大多采用Koenigs-Knorr法和相转移催化法。这两种方法都是以溴代糖为起始原料，而溴代糖的合成需要用到大量的强酸，对设备的腐蚀性大。因此绿色溶剂的使用与推广亟待进行。离子液体作为一种新的绿色介质在合成方面有许多应用，其优良的溶解能力促进了多种化学转化的发生，其中包括糖类的乙酰化作用、邻位酯化、羰基化反应以及成苷反应；相比之下，低共熔溶剂在本领域的应用极少，所以本节将重点介绍前者参与的成苷反应。当前热点围绕离子液体作为溶剂和催化载体在苷化反应涉及收率、副产物的生成以及立体选择性等方面；继 Fisher 糖苷化反应之后[1]，又涌现了许多创新的糖苷化反应策略。

6.1.1 新型绿色溶剂作为催化剂和溶剂参与的糖苷化反应

例如，将室温下的离子液体作为介质，用未保护和未激活的供体进行糖苷化反应，可以以较好的收率合成简单的苄基糖苷、双糖苷和寡糖[2]，其中涉及糖苷化反应中立体选择性的问题。在苄基醇为糖基供体、单糖 α/β 混合物为糖基受体、室温下离子液体1-乙基-3-甲基咪唑苯甲酸盐$[C_2mim][Ba]$为介质的条件下，反应后只生成 α-糖苷，选择性较为明显。但是，此研究只涉及了一种离子液体（$[C_2mim][Ba]$），缺乏和其他离子液体催化效果及选择性的比较；而且在投入大量醇受体后，还加入了 Amberlite IR-120（H^+）或 TsOH 促进反应的进行，与 IL 共同发挥催化作用。其后，有团队比较了几种商品化的离子液体，所得到的理想体系为1-丁基-3-甲基咪唑三氟甲磺酸盐$[C_4mim][OTf]$、强路易斯酸三氟甲烷磺酸钪 $Sc(OTf)_3$ 和5当量的醇，反应后 α-异构体仍然是主要产物[3]。这个现象可以被合理地解释为，糖基化反应通过一个含氧碳正离子发生，这个含氧碳正离子在相关 IL 中可以稳定存在。然而现有研究仍存在一些问题，如无活性的糖基供体参加反应时需要大量的糖基受体，而该反应过程产生的大量水和甲醇会与糖基受体发生竞争反应，使得收率降低。基于此，考虑到离子液体不挥发的性质，可以尝试通过减少压力的条件，选择性地从反应混合物中除去生成的甲醇和水，并且在离子液体中加入少量的质子酸催化，可以得到较为理想的产率[4]。

成苷反应的合成步骤通常涉及糖分子上羟基的较为烦琐的选择性保护和脱保护过程，若能实现一锅法制备糖苷则可减少许多人力、时间及试剂消耗。例如 Sau 等报道了一种环保无味的制备1,2-反式-硫代和硒代糖苷的新方法[5]。在一锅法条件下，以多种咪唑类离子液体为介质，结合使用三乙基硅烷和 $BF_3 \cdot OEt_2$（即三氟化硼乙醚配合物；作为 Lewis 酸，它还可以催化环氧的开环和重排反应、羧酸的酯化反应和 Trityl 醚的断裂反应等），还原裂解二硫化物和二硒化物，在原位上与乙酰基糖基衍生物发生反应。结果如表 6-1 所示，可以发现以离子液体1-丁基-3-甲基咪唑四氟硼酸盐（$[C_4mim][BF_4]$）为介质时反应效果最佳。研究人员还采用己内酰胺与对甲基苯磺酸制备了一种低毒性的酸性离子液体己内酰胺对甲基苯磺酸（$[CP][p\text{-}TSA]$）[6]，用核磁共振氢谱对其结构进行了表征，并用吡啶作探针的红外图谱法证明该离子液体是一种 Brønsted 酸；以该离子液体作催化剂，在微波辅助条件下研究用葡萄糖与正辛醇合成辛基糖苷的反应条件。研究结果表明：与常用的糖苷合成方法相比，微波的辐射可以缩短辛基糖苷的反应时间，而对产率的影响不大；在优化后的合成条件下，即微波功率为 600W、反应温度为 120℃、反应时间为 10min、醇糖物质的量比为 6∶1、催化剂的质量为葡萄糖质量 4% 时，产率可以达到 72%。此外，当苯并噻唑类 IL[HBth][HSO_4]被成功地引入结晶性硅铝酸盐沸石分子筛 HZSM-5 的表面及孔道内后，可作为固相催化剂用于烷基糖苷的合成；当催化剂用量为 1.5%（以葡萄糖与辛醇的总质量为基准）、反应温度为 105℃、n（正辛醇）∶n（无水葡萄糖）=6∶1 时，辛基糖苷得率可达 148.86%[7]。

表 6-1 不同离子液体作为介质对苷化反应的影响

序号	糖基供体	产物硫苷	离子液体	反应时间/h	产率/%
1			$[C_4mim][BF_4]$	1.0	85
2			$[C_4mim][PF_6]$	3.5	76
3			$[C_4mim][OTf]$	7.0	55
4			$[C_4mim][Cl]$	10.0	40

香茅醇葡萄糖苷是一种潜香类物质,以 β-五乙酰葡萄糖为原料,在离子液体 1-丁基-3-甲基咪唑四氟硼酸盐作用下,与香茅醇反应可一步得到香茅醇-β-葡萄糖苷;该法原料易得,操作简便,收率 62%。通过比较发现,同一阳离子的氯盐/硝酸盐/六氟磷酸盐没有任何催化活性,当温度为 10℃时,反应速度较慢,需要过夜才能反应完全;50℃时则反应速度较快,但同时水解速度加快,使产率降低。而在 30℃时,反应进行得最好。若以常用的三氟化硼乙醚为路易斯酸,二氯甲烷为溶剂,则只能得到香茅醇进攻乙酰基的产物而不能获得香茅醇-β-葡萄糖苷[8]。在另一实例中,采用酰基保护的糖类和酰基保护的胞嘧啶作反应物,将酸性或偏酸性的离子液体作为催化剂,在不超过 55℃和 20h 的条件下反应,可制得相应酰基保护的胞苷衍生物。然后皂化脱去保护基,最终获得胞苷[9]。

相比于上述常见阴离子,含有金属元素(如 Fe/Zn/Al/Cu 等)阴离子的功能化离子液体往往催化作用较强。例如,以$[C_4mim][Cl]/FeCl_3$(三氯化铁/氯化丁基甲基咪唑)离子液体作为 α-生育酚与 β-D-五乙酰吡喃型葡萄糖糖基化的反应介质和催化剂。研究结果表明,离子液体的催化活性与其酸强度密切相关;离子液体的酸性越强,对此糖基化反应催化活性越高。在 $FeCl_3$ 与$[C_4mim][Cl]$摩尔比为 2 的$[C_4mim][Cl]/2FeCl_3$离子液体中,α-生育酚与 β-D-五乙酰吡喃型葡萄糖在 45℃下反应 3h,α-生育酚的转化率最高可达 70.2%。同有机溶剂作为反应介质相比,新方法反应条件更加温和,反应时间更短。该型室温离子液体具有更好的催化活性,并与产物形成两相便于分离;此外催化体系可循环使用,且对环境友好[10]。

在此也有离子液体仅单纯地发挥溶剂作用的例子,如 1-丁基-3-甲基咪唑醋酸盐($[C_4mim][OAc]$中亚油酸接枝的壳寡糖的均相合成及其在水溶液中自行聚集性能研究[11]。这项工作系统探索了离子液体对取代度、表面活性以及亚油酸接枝的壳寡糖自行聚集行为的影响。结果表明,离子液体参与形成的均相体系与传统溶剂相比较会导致更高的取代度,而且在离子液体中合成的亚油酸接枝的壳寡糖有更好的表面活性($CMC=1.1\times10^{-4}$ g/mL);除此以外,在水溶液中,这一产物还可以更好的球形和更窄的粒径分布(30～40nm)聚集成纳米胶束。该发现证明了离子液体作为溶剂用于合成壳寡糖衍生物是一种高效、环境友好的途径，而且产物亚油酸接枝的壳寡糖微胶粒也满足作为改良药物转导载体的基本需求。

糖类的生物应用驱动着人们探索糖基化的立体选择性，也促进了立体糖基化反应的供体、受体、催化剂和溶剂技术的改进。从现有方法来看，空间位阻和电子效应在很大程度上能够影响糖基化反应的立体选择性，以往关于这方面的报道是通过引入合适的保护基以及后续的偶联反应得到高选择性的糖基化产物。但是，这类由底物控制的反应十分依赖底物的结构，往往不具备很好的普适性，故糖苷键的立体选择性构建仍然是一个难点。环境友好型的离子液体作为溶剂和催化剂已经被证明了有较高的产率、立体选择性的控制和离子液体的循环使用性。尽管当前已有一些将其用于本领域的尝试，但是仍需要持续地探索同时适用于实验室和工业化制备的绿色合成方法。例如可以在室温离子液体中，通过加入银盐和季铵盐作为相转移催化剂，可以较高的收率有效合成 β-糖基-1-酯[12]。基于对四种不同的室温离子液体、八种金属盐、四种季铵盐在糖基化反应中所体现出的效果，可以发现离子液体 1-己基-3-甲基咪唑三氟甲基磺酸盐[C_6mim][OTf]、Ag_2O、碘化四丁基季铵盐（TBAI）这个组合的协同作用效果最佳，产率可增至 93%，而普通溶剂只有 39%；所得产物均为 β 构型，而且反应后产物、离子液体和两个促进剂的混合物可以利用硅胶色谱柱分离，多次循环使用后的离子液体未使反应的产率出现明显的下降。从机理上分析，室温离子液体将会增加溴代糖基、脂肪酸或芳香酸以及 Ag_2O 多相间的相互作用，TBAI 也会协助增加其溶解能力。离子液体中合适的阴离子会与羰基碳正离子发生相互作用并使其更加稳定，最终中间产物的羰基碳正离子会被羧基负离子以类似于 S_N2 的亲核取代反应机制攻击得到相应的立体选择性产物。

在上述研究的基础上，笔者团队对于两种代表性五环三萜皂苷元——齐墩果酸和熊果酸在离子液体催化下的苷化反应进行了探索。以齐墩果酸为例，其结构中 C-4 位的两个甲基使其空间位阻非常大，这就使邻位 C-3 位羟基的苷化反应很难发生，故选择了反应活性非常高的糖基三氯乙酰亚胺酯为糖基供体，同时选择较大结构的苯甲酰基为糖环羟基的保护基，旨在仅获得 β 构型的皂苷，同时避免原酸酯等副产物的生成。而齐墩果酸 C-28 位上的羧基会对定向糖苷化反应产生影响，在此引入烯丙基保护羧基，从而制得糖基受体齐墩果酸烯丙酯。再将该产物作为糖基受体，与前面得到的糖基配体全苯甲酰化三氯乙酰亚胺酯发生苷化反应，这一步中[如图 6-1（a）所示]，引入离子液体作为催化剂后的反应条件为：将三氯乙酰亚胺酯（0.72g，0.97mmol）、C-28 位保护的齐墩果酸（0.37g，0.74mmol）、4Å 型分子筛 0.50g 加入 5mL 常用溶剂（如二氯甲烷等）中，室温搅拌至完全溶解，向其中分别滴加三氟甲磺酸三甲基硅酯（TMSOTf，其作用为活化 OAc 基团中的羰基氧）和不同种类的 IL（0.055mmol），并增加空白对照；所有平行反应均在未优化的统一条件下室温反应 2h 后进行比较，通过 2h 内产率分析离子液体是否有催化效果和不同催化剂的性能差异及趋势。比较前滴加

3 滴三乙胺终止反应，减压过滤、浓缩，将反应混合物通过硅胶柱色谱（石油醚:乙酸乙酯=4：1），得到浅黄色的固体，其 R_f 为 0.43（展开剂为石油醚:乙酸乙酯=3：1）。后续单因素探索皆以此反应操作为基础，不再赘述。其结果如图 6-1（b）所示。

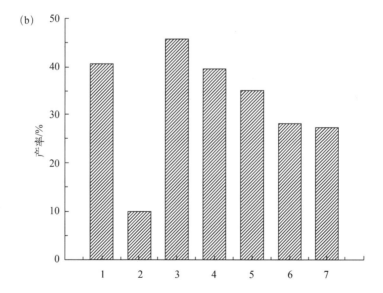

图 6-1　齐墩果酸皂苷的合成关键步骤（a）和不同催化剂对苷化反应产率的影响（b）

1～7 依次为 TMSOTf、空白、[C$_4$mim][OTf]、[C$_4$mim][BF$_4$]、

[C$_4$mim][Tf$_2$N]、[C$_4$mim][MeSO$_4$]和[C$_4$mim][PF$_6$]

从上图可以看出，离子液体[C_4mim][Tf_2N]、[C_4mim][MeSO_4]和[C_4mim][PF_6]虽然有催化活性，但是仍与 TMSOTf 的催化效果相差较大，而[C_4mim][OTf]和[C_4mim][BF_4]的催化活性高于 TMSOTf 或与之相近，同时产率仍有提升空间，综合考虑可能是因为离子液体的酸性不够，拟加入相对应的质子酸调节体系酸性，探究新体系催化效果。故在原来反应的基础上，分别加入 1mol/% IL 量相对应的质子酸，其他反应条件不变，实验结果如表 6-2 所示。从表中数据可以看出反应体系中加入[C_4mim][OTf]和[C_4mim][BF_4]两种离子液体以及它们的质子酸后，催化活性显著提高，且[C_4mim][OTf]略优于[C_4mim][BF_4]。下面将两种离子液体加入反应条件考察中进行遴选比较。

表 6-2　离子液体中加入相对应质子酸催化的苷化反应

序号	催化剂	质子酸	质子酸比例/%	产率/%
1	[C_4mim][OTf]	HOTf	1	70.1
2	[C_4mim][OTf]	HOTf	0.01	50.2
3	[C_4mim][OTf]	HOTf	0.1	63.7
4	[C_4mim][OTf]	HOTf	10	35.8
5	[C_4mim][BF_4]	HBF_4	1	61.3
6	[C_4mim][Tf_2N]	HNTf_2	1	60.1
7	[C_4mim][PF_6]	HPF_6	1	55.2

从表 6-2 的实验结果可以看出，离子液体加质子酸的反应体系获得产率要优于传统 Lewis 酸，同时 TLC 跟踪分析结果提示 TMSOTf 为催化剂时副产物较少，因此又设计序号为 8、9 的两组实验，结果发现[C_4mim][OTf]+TMSOTf 构成催化体系时，反应时间短，产率进一步提高，且由 TLC 检测结果发现几乎没有副产物生成。序号 10、11 的催化体系合成方法可参考相关文献[13]，两组实验考虑到了相转移催化剂以及氧化银催化的影响，但是催化效果较差。接下来则研究以齐墩果酸和熊果酸两种常见的三萜皂苷元为对象，两者 C-28 位保护的中间体在具烷基咪唑类 IL 为溶剂、TMSOTf 为催化剂的苷化反应体系中的产物收率。由图 6-2 可知，当阴离子为[OTf]$^-$固定不变、阳离子上取代链长度从 C_2 变化到 C_10 时，产物收率先增加后降低，C_4 时均达到最高水平；而当阳离子固定为[C_4mim]$^+$不变、几种常用的 IL 催化剂阴离子进行比较时，[C_4mim][OTf]的催化最好且高于 TMSOTf。其他 IL 虽然有催化活性但是仍低于路易斯酸。

此外，通过和表 6-3 中所列举的其他催化体系比较后可以发现，[C_4mim][OTf]+TMSOTf 构成的催化体系所得到的产物收率最高，超过 CH_2Cl_2+TMSOTf 体系 30%以上，优势非常明显，且避免了不友好、易挥发溶剂的使用。

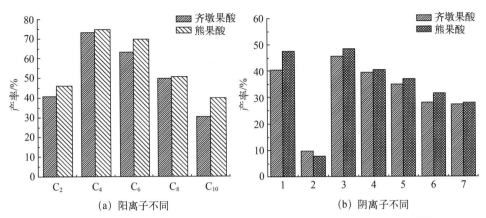

图 6-2　齐墩果酸和熊果酸在不同催化剂体系下对苷化反应产率的影响[13]

1~7 依次为 TMSOTf、空白样、[C_4mim][OTf]、[C_4mim][BF_4]、

[C_4mim][Tf_2N]、[C_4mim][$MeSO_4$]和[C_4mim][PF_6]

表 6-3　不同催化体系的苷化反应结果

项目	溶剂	催化体系	产物收率/%
1	CH_2Cl_2	TMSOTf	40.6
2	CH_2Cl_2	[C_4mim][OTf]/HOTf	70.1
3	CH_2Cl_2	[C_4mim][BF_4]/[HBF_4]	61.3
4	PhMe	[C_4mim][OTf]/HOTf	56.4
5	PhMe	[C_4mim][BF_4]/[HBF_4]	50.7
6	MeCN	[C_4mim][OTf]/HOTf	65.2
7	MeCN	[C_4mim][BF_4]/[HBF_4]	58.6
8	[C_4mim][OTf]	TMSOTf	72.9
9	[C_4mim][BF_4]	TMSOTf	63.0
10	[C_4mim][OTf]/TBAI	AgO_2	47.8
11	[C_4mim][BF_4]/TBAI	AgO_2	40.5

6.1.2　新型绿色溶剂支载的糖苷化反应

　　寡糖具有重要的生理活性和药理活性，因此研究人员一直致力于发展有效可行的方法来合成这类化合物。寡糖合成中复杂、耗时的色谱分离纯化技术必不可少，如能省去相关分离过程就可以大大提升寡糖的合成效率，更容易实现自动化。寡糖以相关树脂为载体的固相合成策略已经引起人们的极大关注，其中每一步反应完成后都不需要分离，只需要简单地冲洗树脂就能够除去过量的反应试剂，这简化了分离纯化的过

程。但是从另一方面来看，固相支载的合成策略一般反应速度慢，并且需要大量的溶剂驱动反应，还有复杂的保护糖基过程，这就意味着消耗和成本的增加。以聚乙二醇为基础的可溶性的高分子载体曾被用于解决上述问题，但是也存在一些局限性，如负载能力较低、在反应过程中的溶解性差、易溶于水、不溶于有机溶剂等。通过使用新的聚合物、链接体和新途径已经成功合成了许多复杂的低聚糖和糖复合物。一些独特的液相策略已经被应用于解决多肽固相合成法（SPPS）涉及的问题，在这些策略中，反应自身可以在均相条件下进行，而且纯化的产物可以通过简单的相分离得到。这种方法突出的地方包括功能化支撑材料的使用，比如可溶性聚合物、氟化物或离子液体作为平台进行化学合成。这些支载材料普遍具有在不同溶剂中可设计的溶解性，而这正是新型绿色溶剂的优势所在；在此策略下被支载的反应物可以在一种溶剂中进行高效的均相反应，并且在另一种溶剂中进行简单的产物纯化，而不需要柱色谱分离。

由于离子液体的溶解性可以根据需要通过改变阴离子和阳离子来调节，从而使反应体系的相切换成为可能。同时利用此性质可以将小分子量的离子液体作为可溶性支载体进行有机合成反应，底物固定在离子液体上。由于这些化合物分子量小，其衍生物都是低分子量载体，因此可以保持与在溶液相中一样的反应活性，并且能够通过各种传统的色谱手段检测反应进程。许多研究小组已经成功地利用离子液体支载的合成策略合成了许多小分子的化合物库、多肽、寡糖核苷酸、寡糖。例如，有两个团队几乎同时首次报道了离子液体作为可溶性和功能性的支载体用于寡糖合成。两种方法都是依靠咪唑阳离子与糖苷 C-6[14]或者 C-4[15]通过酯键连接起来的。一个是将用亚砜活化支载的 1-甲基咪唑四氟硼酸盐（[Mim][BF$_4$]）用于合成 $β$-（1→6）-糖苷化反应，连续的氧化/偶联反应之后得到三糖[14]。另一个用三氯乙酰胺（TCA）支载的 1-甲基咪唑六氟硼酸盐（[Mim][PF$_6$]）供体在−40℃下发生 $α$-和 $β$-（1→6）-糖苷化反应得到二糖，纯度可达 90%～95%[15]。除此以外，离子液体还可以支载连续的 $α$-（1→4）-糖苷化反应[16]。仅用简单的液-液萃取纯化中间体，就可以实现几个连续的偶联步骤。回收的离子液体支载体可以被高效地循环使用，而且还被证明对偶联反应的立体选择性有积极的影响（如图 6-3）。他们首先合成了最初支载的 C-1 位被激活的受体/供体单糖 **10**，C-4 位有一个自由的羟基，并且为了形成 $α$-产物，选用了没有邻基参与的苄基保护 C-2 位的羟基，排除了参与溶剂对离子液体支载对反应立体选择性的影响；以二氯甲烷为溶剂，加入 1.5 当量的 TCA 供体和强路易斯酸三氟甲磺酸三甲基硅酯（TMSOTf），室温下反应 3h 得到相应的产物。

除了合成糖苷，还可以用离子液体支载合成糖[17]，在该领域日本学者较为活跃。此研究利用了固-液相产物分离技术，增加了合成过程的总效率，由此可见合成与分离技术之间存在的密切联系。整个合成策略基于 9-芴甲氧羰基（Fmoc）作为羟基和胺的保护基，用于糖基三氯乙酰亚胺酯的制备；肽和多糖链的延伸需要反复地脱去活性基团的保护基，并且连续的 Fmoc-脱保护反应需在温和的条件下进行，以免影响酸性条件下不够稳定的糖苷键。采用高反应活性的三氯乙酰亚胺酯以及 Fmoc-保护策略成功地合成了 7 种寡糖,产率可达 75%～91%。近年 Yuta 等[18]用离子液体支载的糖基受体作为分子内电解液和独立的支载体,以"一锅法"连续地实现了免电解液的电化学糖苷化反应和 Fmoc-脱保护,确保了寡糖结构的迅速构建。此方法还成功地运用到 TMG-chitotriomycin(2008 年由 Kanzaki 等从链霉菌中分离鉴定出具有 TMG 即 N-三甲基葡萄糖铵奇特结构的四糖化合物)前体的合成(见图 6-4)。

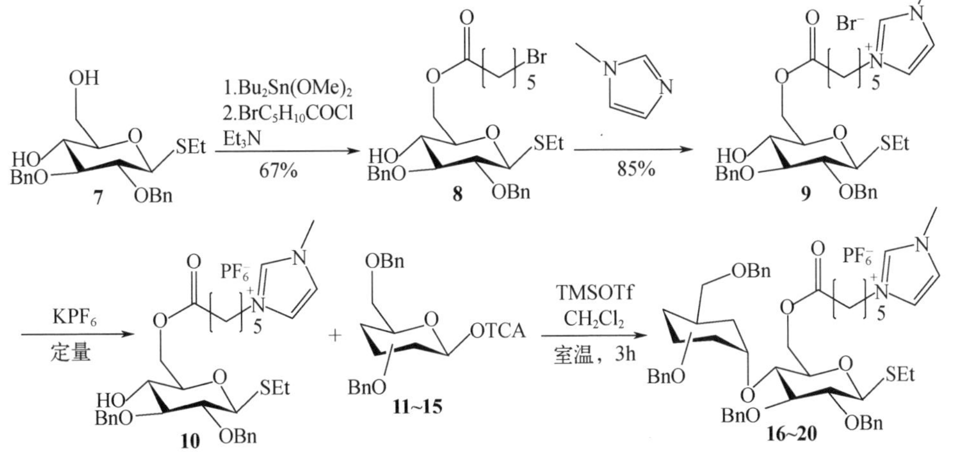

图 6-3　离子液体支载法应用于合成 α-(1→4)苷

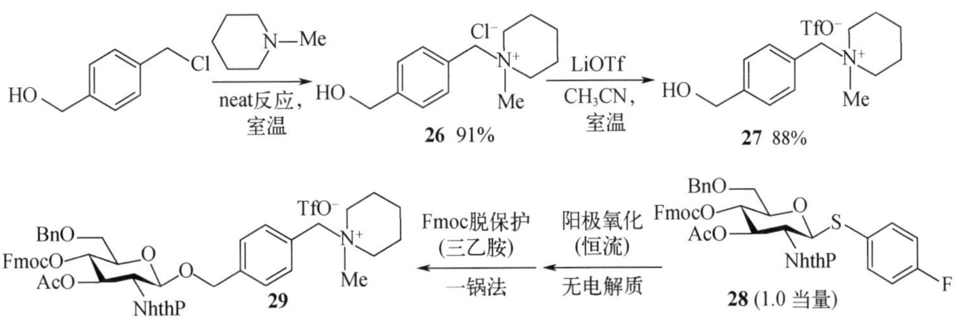

图 6-4　无电解质电化学糖基化用于合成离子液体支载的单糖糖基受体

该法先用两步反应制备了 IL-tag 27;该产物有苄羟基,苄羟基可以连接 IL-tag 和寡糖。然后通过无电解液的电化学糖苷化反应将 IL-tag 引入单糖,并进行了反应条件优化。结果表明,在 CH₃CN 为溶剂、1.3F/mol 电流、−20℃的条件下,加入过量的 IL-tag(1.4 当量)为最优反应条件,产率可达 86%。之后他们又研究了离子液体支载的双糖糖基受体合成的无电解液的电化学糖苷化反应,同样进行了反应条件的优化。反应结果表明，以 CH_2Cl_2-CH_3CN（1∶1）为共溶剂，加入 2.0 当量的糖基供体 3，在 2.0F/mol 电流和−60℃条件下搅拌 2h，升温至 0℃，最佳产率可达 93%。最后研究了在最优反应条件下 TMG-chitotriomycin 前体合成的无电解液的电化学糖苷化反应，并获得满意结果。

6.1.3 新型绿色溶剂参与的酶促糖苷化反应

除了在上述体系中实现糖苷化，越来越多研究人员正在考虑新型绿色溶剂与酶体系的结合。从环境友好的角度来看，酶反应在有机合成中的价值被高度重视，并且在制药和食品工业已经达到相当高的水平。酶是促成化学反应并使其过程更加绿色的关键成分。人们早就认识到，酶在高浓度的盐水中很快就会失去活性。因此，从生物学的观点来看，酶的反应发生在盐介质中似乎是一个愚蠢的想法。然而，IL 和 DES 现在已经被尝试用作生物转化的反应介质，并成功地运用于各种酶催化的反应当中，例如脂肪酶、糖苷酶、纤维素酶等，重新拓展了学术界对酶反应体系的认知。例如，可将甜菜碱和壬二酸形成的离子液体加入 α-糖苷酶中获得超分子催化剂，所述 α-糖苷酶以含 α-糖苷酶的纯化蛋白、粗酶液或纯化细胞的形式存在；再将所述超分子催化剂加入对苯二酚和蔗糖的混合反应体系进行催化反应，得到产物熊果苷；该成分能够通过抑制体内酪氨酸酶的活性，阻止黑色素的生成，从而减少皮肤色素沉积、祛除色斑，同时还有杀菌、消炎的作用，主要应用于化妆品中。这一将离子液体与酶相结合的技术大幅提升了目标的产量，证实了基于两者所建立的超分子催化体系具有巨大潜力。又如，在 β-半乳糖苷酶催化 N-乙酰葡萄糖胺生产乳糖的反应中，由于产物 N-乙酰乳糖胺的竞争性二级水解使产率受到抑制。此反应在 1,3-二甲基咪唑甲基硫酸酯与水（体积比 25∶75）的混合溶剂中进行时，产率可达 58%，而在水-缓冲液体系中进行时，产率仅为 30%[19]。此研究表明在 α-半乳糖苷酶催化下，加入该 IL 作为共溶剂对一系列醇的半乳糖苷化动力学过程会产生影响；与水相比，IL 可以提高酶向受体亲核试剂的糖基转移选择性，进而提高产物最大得率，同时效果优于参与比较的 D-木糖和甘油[20]。

关于低共熔溶剂在本方向上的应用也有一例。过度采挖、资源匮乏、不耐高温、无法人工大面积栽培等原因，限制了从野生红景天（*Rhodiola rosea* L.）中大量提取红景天苷的可行性。目前主要通过愈伤组织悬浮培养和化学合成的方法获取红景天苷，这些方法的主要缺点是化学合成红景天苷大多需要选择性保护或活化或使用昂贵的金属催化剂，且产率低、纯度低、成本高以及反应时间长，因而难以投入实际应用。为解决此难题，现已有研究[21]以氯化胆碱和甘油加热搅拌合成的低共熔溶剂作为反应溶剂，采用 β-D-葡萄糖苷酶生物催化糖基化合成红景天苷，底物（以葡萄糖计）转化率可达 30% 以上。此技术所采用的 DES 绿色无毒，对于反应底物溶解度较高，且具有良好的生物相容性，制备方法具有操作简单，高效环保，条件温和，成本低廉等优点。

最近的一个例子也是将 DES 作为新的反应介质用于 α-淀粉酶催化生成烷基糖苷[22]。但是 α-淀粉酶在研究合成的多个纯 DES 中就会几乎完全失活，而作为辅助溶剂，在以醇、糖和酰胺作为氢键供体的 DES 中表现较佳。像所有的保留糖苷酶一样，α-淀粉酶也可以催化转变反应，这是由于除了水以外的其他分子作为糖基受体的亲和力。糖是研究中最有效的受体群（转糖基化反应），但糖基残基也可能转变为醇（醇解反应）。由于在这些反应中，水是天然的介质，因此转移产率总是受到水解竞争的限制。DES 通常由盐（最常见的季铵盐，如氯化胆碱）和作为氢键供体的络合剂（如尿素）组成。因此用替代溶剂（如 DES）取代传统的水溶剂，有利于转糖基化活性，这说明人们可以采用酶工程、酶制剂等技术来改进工业上相关烷基糖苷的合成。但是由于 DES 黏度较高，通常需要高于 50℃的温度来使其融化，或简单地降低介质黏度，因此通常适用于热稳定较好的酶。

6.2 还原反应

还原反应是天然产物结构修饰常用的手段之一，可以降低天然产物的饱和度或增加结构中的碳链长度，从而改善其溶解度或生物活性。如将青蒿素还原为二氢青蒿素，前者的环状酯基转变为后者的醚键和醇羟基；双氢青蒿素治疗疟疾的效果要优于青蒿素，是一种理想的口服治疗药，且对于恶性疟疾的效果作用尤为明显，该药品适用人群也相对比较广，副作用也比青蒿素少。而且，双氢青蒿素药效不仅胜于青蒿素，临床试验还表明虽为口服途径给药，但其疗效与注射用青蒿琥酯相当，且优于肌肉注射的蒿甲醚，而在毒性、复燃率及成本方面均低于上述两种药物。

天然产物的还原反应中，常见的还原剂为氢气、硼氢化试剂与氢化锂铝（LiAlH$_4$）等，常用的溶剂一般为乙醇、甲醇、苯、丙酮、乙酸乙酯等挥发性有机溶剂，随着绿色溶剂离子液体的新种类不断涌现，有许多离子液体也被用于天然产物还原的反应介质。天然产物化学结构多样，因此还原反应的类型也较为多样。例如具有碳碳不饱和键的天然产物可被氢化还原成烯烃或烷烃；羧酸、酰氯、酯基可被还原制备初级醇；还原含有醛基或酮羰基的天然产物制备二级醇等。根据分子化学结构中不饱和键的差别，还原反应可分为以下三类进行介绍。

6.2.1 碳碳双键还原

加氢反应是一类重要的合成反应，值得注意的是离子液体对氢气的溶解性均高于常规溶剂，可使两相体系中反应速率加快，因而在有机合成中离子液体常用来作为这类反应的溶剂。天然产物的很多结构中都含有碳碳双键，离子液体参与其氢化反应的报道也不胜枚举。另外常见天然产物中不少结构还含有苯环，由于苯环结构中具有一个稳定的大 π 键，虽然在一定条件下能够发生双键的加成反应生成环己烷，但反应极难进行，已有研究人员采用离子液体作为反应介质实现苯的加氢还原。例如在离子液体 $[C_4mim][BF_4]$ 中以 $[H_4Ru_4(\eta^6-C_6H_6)_4][BF_4]_2$ 为催化剂的苯加氢反应。苯在 $[C_4mim][BF_4]$ 中具有良好的溶解性，而加氢产物环己烷在离子液体中完全不溶。随着反应的进行，苯与离子液体形成的均相体系逐渐转变为环己烷与离子液体形成的非均相体系。反应 2.5h 后转化率即可达到 91%，反应结束后通过简单的相分离即能实现催化剂与产物的分离。由于催化剂对离子液体是惰性的，故可以重复使用。与以水为极性相的两相体系（转化率为 88%）相比，使用离子液体在转化率、产物分离以及催化剂的回收方面均更优越。研究表明，在不同碳链长度的离子液体[Cmim][BF$_4$]、$[C_4mim][BF_4]$、$[C_6mim][BF_4]$、$[C_8mim][BF_4]$ 中，随着离子液体阳离子侧链长度的增加，苯的溶解度显著增加，但在不同离子液体中反应的转化频率即 TOF 值（单位时间内单位活性中心转化了的反应物分子数，为催化活性的常用评价指标）没有明显差异[23]。

柠檬醛是开链单萜中最重要的代表之一，存在于枫茅油和山苍子油中。柠檬醛可用于制造柑橘香味食品香料，主要用于配制柠檬、柑橘和什锦水果型香精，亦为合成紫罗兰酮和薄荷醇的主要原料。薄荷醇具有天然的薄荷香味和冰凉效果，被广泛使用在香料和饮品中。由柠檬醛催化加氢合成薄荷醇主要经历 3 个步骤，首先柠檬醛加氢生成香茅醛，其次香茅醛环化与异构化生成胡异薄荷醇，最后胡异薄荷醇加氢合成薄荷醇，其中第一步是合成的关键步骤。常规的合成方法获得的产物较复杂，或得到未闭环的香茅醛，或得到直链饱和醇和胡异薄荷醇，且催化剂昂贵、选择性低。国内有学者制备了双功能催化剂 Ni-Cu/SiO$_2$，在亲水性离子液体[C$_4$mim][BF$_4$]、疏水性离子液体[C$_4$mim][PF$_6$]以及 Lewis 酸碱度可调的离子液体[C$_4$mim][Al$_m$Cl$_n$]中对柠檬醛的催化加氢进行研究。结果发现相比于有机溶剂，使用这些离子液体可以降低反应条件，对该反应也有一定的促进作用；具体来看，离子液体使得柠檬醛结构中的 2 位 C=C 键加氢更为容易。尤其使用[C$_4$mim][Al$_m$Cl$_n$]时，能有效提供香茅醛闭环形成胡异薄荷醇的路易斯酸环境，从而促进香茅醛闭环的发生并提高薄荷醇的收率。在 2MPa、80℃的反应条件下，柠檬醛的转化率达到 100%，对薄荷醇的选择性达 88.6%。该反应催化剂和离子液体均可回收使用，离子液体在重复使用 10 次后反应的选择性才略有下降[24]。

马来酸，即顺丁烯二酸或失水苹果酸，可通过一系列反应制备乙醛酸、顺丁烯二酸酐、丙烯酸、丁二酸、内消旋酒石酸、一元和二元的酯或酰胺等产物。当使用离子液体[C$_4$mim][BF$_4$]作为溶剂时，马来酸在玻碳（GC）电极上可通过电化学还原获得产物丁二酸。当采用循环伏安法（CV）、计时电量法（CA）和电化学原位红外反射光谱（In situ FT-IR）从分子水平对该过程进行分析时，相关结果表明[C$_4$mim][BF$_4$]中马来酸在 GC 电极上的还原为不可逆过程，扩散系数 $D=9.62\times10^{-8}$ cm^2/s；对反应机制进行研究发现，马来酸在离子液体[C$_4$mim][BF$_4$]和水溶液中的电还原生成丁二酸的机理不同，在[C$_4$mim][BF$_4$]中马来酸还原发生在其中的一个羧基上；即马来酸首先获得一个电子生成阴离子自由基，随后获得一个电子生成二价阴离子；或者获得一个电子并在 2 个 H$^+$ 的作用下生成醛类和水[25]。

类似的电化学法也被用于香豆素还原，可在由玻碳电极（工作电极）、螺旋铂丝电极（辅助电极）和银电极（参比电极）构成的三电极体系以及离子液体[C$_4$mim][BF$_4$]作为溶剂的条件下发生相关反应。当扫描速度 v 由 0.01V/s 增至 0.2V/s 过程中，还原峰的峰电流逐渐增大，峰电位逐步负移，而且峰电流 I_p 与 $v^{1/2}$ 成正比；当扫描速度为 0.1V/s 时，还原峰电位为−1.75（$vs.$ Ag）。同时，峰电流 I_p 也随着底物浓度的增大而增大。两者都符合 Randles-Sevcik 公式，说明电极动力学过程由香豆素向电极/溶液界面的扩散所控制；香豆素作为该离子液体中的电活性物质，在电极界面的传质是线性扩散。相同电位下，电流随扫描速度加快而增大，是因为电极过程为扩散控制，扫描速度加快达到同样的电位所需的时间越短，扩散层越薄，扩散流量越大，所以电流越大；而当温度升高时，离子液体的黏度下降，电活性物质的动能增大，热运动和反应速度均加快，所以峰电流也增大；在实验范围内峰电流与温度成正比，再次证明这是一个扩散控制过程。此外，如果向该体系中加水，会稀释 IL，使体系黏度降低，这有利于底物在溶液中的扩散，故也可以促进香豆素在电极上的还原[26]。

除离子液体外，DES 也可用于碳碳双键还原；2020 年首次报道了高浓度 5-羟甲基糠醛（HMF）在 DES（氯化胆碱-尿素、氯化胆碱-乙二醇和氯化胆碱-甘油，摩尔比均为 1∶2）中的氢化反应，以 NaBH$_4$ 为还原剂，180min 以内高浓度的 HMF（浓度高达 40%）在氯化胆碱-甘油中可选择性加氢生成 2,5-双羟甲基呋喃（BHMF）。该反应中 DES 为催化剂能降低硼氢化钠负荷、减少副反应、提高 HMF 的回收率，最终产物 BHMF 可以用乙酸乙酯萃取分离获得，且纯度高，回收率高达 80%。DES 在该反应中可以实现高浓度底物的转化[27]。

6.2.2 碳氧双键还原

苯甲醛又称为安息香醛，因为具有类似苦杏仁的香味，曾被称为苦杏仁油。苯甲醛天然存在于苦杏仁油、藿香油、风信子油、依兰油等植物精油中，此外，苯甲醛也以苷的形式广泛存在于植物的茎皮、叶或种子中。苯甲醛是重要的工业原料，在医药、染料、香料和树脂工业中有广泛的应用，可用作溶剂、增塑剂和低温润滑剂等。苯甲醛的醛基可被还原成羟基生成苯甲醇，后者是最简单的含有苯基的脂肪醇，可用作化妆品的添加剂、药膏的防腐剂、材料的干燥剂及稳定剂、照相显影剂以及溶剂等。基于其广泛且重要的作用，制备苯甲醇成为学术界和产业界共同关注的热点。在传统途径中，由苯甲醛还原成苯甲醇一般是在碱性条件下通过坎尼扎罗反应歧化生成醇与酸，再使用非极性溶剂萃取苯甲醇。该方法会使用 KOH 等强碱，且后处理步骤会使用大量的有机溶剂，不符合绿色化学理念。

使用离子液体能避免使用上述有毒有害试剂，且能取得较高的产率。例如在 [C$_4$mim][BF$_4$]中，可通过电化学还原苯甲醛合成苯甲醇，反应产率为 70%，选择性为

100%。该反应以离子液体为反应介质，不仅避免了有机溶剂的使用，且条件温和，成本低廉[28]。此外，苯甲醛结构中的羰基不仅可以被还原为醇羟基，还能发生还原胺化反应生成胺类化合物，后者是很多医药中间体的原料，在合成和组合化学中有广泛的应用。离子液体已被成功地应用在苯甲醛的还原胺化反应中。例如醇胺离子液体 *N, N*-二甲基乙醇胺乳酸盐[DMEA][Lac]参与的苯甲醛还原胺化[图 6-5（a）]，可以在室温下就实现苯甲醛 98%以上的转化率。且经过底物扩展后，证实该离子液体对各种芳香醛的还原胺化均有良好的催化活性，底物适应性非常广泛，在反应中[DMEA][Lac]可以同时作为催化剂和反应溶剂[29]。该反应使用硼氢化钠作为还原剂，传统溶剂水或乙醇能与硼氢化钠发生反应，因而还原剂会被部分消耗，而离子液体作为溶剂不会使还原剂硼氢化钠发生水解。此外，机理研究表明离子液体能有效促进中间体亚胺的生成，在中间体的生成步骤中，离子液体阳离子上的羟基作为氢键供体活化苯甲醛的羰基，阴离子作为氢键受体活化苯胺的 N—H 键，使苯甲醛和苯胺反应脱去一分子水形成亚胺中间体，随后硼氢化钠在离子液体中缓慢释放出氢负离子 H^-，将亚胺还原为目标产物[图 6-5（b）]。

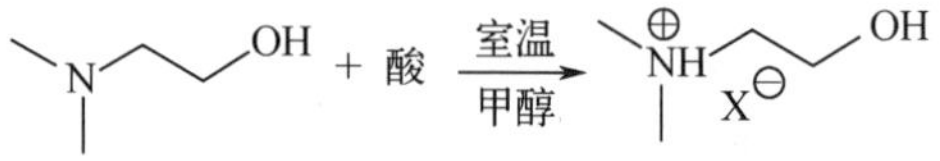

酸=乙酸、乳酸、硫酸、磷酸、三氟乙酸

X=CH_3COO^-、$CH_3CH(OH)COO^-$、HSO_4^-、$H_2PO_4^-$、CF_3COO^-

(a)

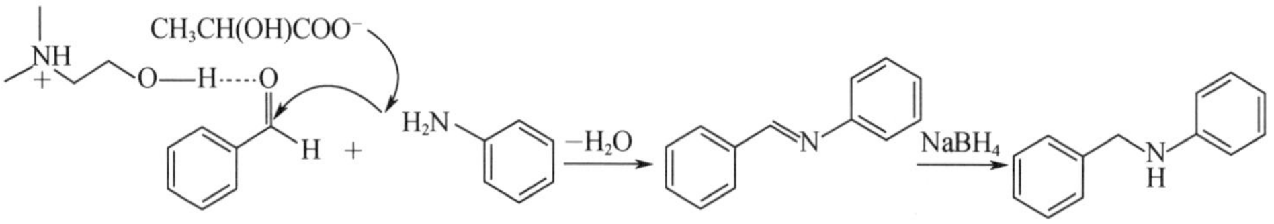

(b)

图 6-5　醇胺离子液体的合成（a）[29]和

离子液体参与苯甲醛和苯胺还原胺化反应可能的机理（b）[30]

苯乙酮，又称乙酰苯，是最简单的芳香酮，其芳核直接与羰基相连。苯乙酮以游离状态存在于一些植物的香精油中，有像山楂的香气，可以被用来配制香料，也可用作制药及其他有机合成的原料。苯乙酮的结构中具有一个酮羰基，可以被还原生成苏合香醇（也称 1-苯乙醇或 *α*-苯乙醇）。产物苏合香醇则是一种具有淡栀子花香味的无色液体，国家标准 GB 2760—2014 规定为暂时允许使用的食用香料，主要用以配制草莓和热带水果型香精。目前离子液体已被用作苯乙酮还原的反应介质，例如在离子液体[C_4mim][Br]–水混合体系中用硼氢化钠电还原苯乙酮。在纯水反应溶剂中加入一定量的 IL，底物和溶于水的硼氢化钠由一个两相体系转变为一个均相体系，IL 起到了相转移催化的作用，从而反应速率加快，产率也进一步提高。当水和离子液体的体积比是 5∶1 时，苏合香醇的产率为 75%。底物拓展后发现，该反应体系能将脂肪族和芳香族的羰基化合物都还原成相应的醇，且反应速率和产率都较常规有机溶剂更优。此外，[C₄mim][Br] 在重复使用 6 次后，苏合香醇的产率仍能达到 72%[30]。

6.2.3 碳氮双键还原

天然产物中，生物碱是一类代表性的含碳有机化合物，其种类繁多，活性显著，以生物碱为先导化合物开发出具有更强生物活性的医药中间体的研究亦不胜枚举。其中将生物碱结构中的碳氮双键进行还原是一类具有代表性的衍生化反应。众所周知，黄连素（小檗碱）是一种著名的异喹啉生物碱。据报道，四氢黄连素（THB）和二氢黄连碱（DHB）是其两种重要的氢化衍生物，具有很强的神经保护和抗炎活性。在小檗碱的还原过程中，只还原碳氮双键得到二氢小檗碱，二氢小檗碱结构中的碳碳双键还原则得到四氢小檗碱。传统方法是将盐酸小檗碱溶于甲醇或乙醇中，再用硼氢化试剂将盐酸小檗碱结构中的双键还原。但使用传统醇类作为溶剂对环境和人体有害，而且由极性大、水溶性强的起始物还原生成的脂溶性产物不易析出，因此需要浓缩进而重结晶等后处理过程，且还原剂硼氢化钠会发生醇解。更重要的是，根据目前的文献，缺乏关于还原程度控制和选择性还原的报道，不同的反应体系如何影响产物组成也引起了笔者团队的浓厚兴趣。因此，迫切需要新的方法来进行类似的反应，同时需要进一步阐明 THB 和 DHB 的控制合成机制。考虑到 Brønsted 酸性离子液体可能对生物碱分子更具有亲和力，这将促进其溶解并提高反应过程中的还原效率。此外，酸性离子液体的催化活性已经在许多反应中得到证明。在此，笔者团队选用苯并噻唑和 8-OH-喹啉类离子液体（[C₂mim][H₂PO₄]，[C₂mim][HSO₄]，[C₃mim][H₂PO₄]，[C₃mim][HSO₄]，[C₄mim][H₂PO₄]，[C₄mim][HSO₄]，[HBth][H₂PO₄]，[HBth][HSO₄]，[Hyqu][H₂PO₄] 和 [Hyqu][HSO₄]）作为催化剂，在统一条件下比较它们将小檗碱（BH）还原为二氢小檗碱与四氢小檗碱的能力（图 6-6）。称量 0.5g BH 并将其溶于 25mL 0.006mol/L IL 水溶液中，再将 0.1g NaBH₄ 预先溶于 1mL 超纯水，然后分批滴加入 BH 的溶液中；进而在 50℃下搅拌反应 40min，再将整个体系转移至冰浴中冷却 15min 进行淬灭反应，随后产物以沉淀形式析出并进行分析。结果如图 6-6（b）所示，对于咪唑型 IL，阴离子为 $H_2PO_4^-$ 的 IL 催化性能随着阳离子烷基链长度的增加而增强，阴离子为 HSO_4^- 的 IL，随着咪唑环侧链的增加，其催化性能先提高随后降低。对于苯并噻唑型 IL，在 [HBth][H₂PO₄] 中比在 [HBth][HSO₄] 中反应更有利于 DHB 的形成，而在后者中可以获得更高的 THB 产率。BH 的转化率在 [HBth][HSO₄] 中最高，这可能是由于 HSO_4^- 可以电离出 H⁺，因此 [HBth][HSO₄] 的酸性相对更强，催化活性更强，从而可以影响化学反应速率，且苯并噻唑结构也使其与反应物具有较强的亲和性。类似地，对于 8-OH-喹啉类 IL，通过 $H_2PO_4^-$ 获得的 DHB 的产率高于 HSO_4^-，在 $H_2PO_4^-$ 中 THB 的产率低于 HSO_4^-。总体上咪唑类的选择性低于另两类 IL。

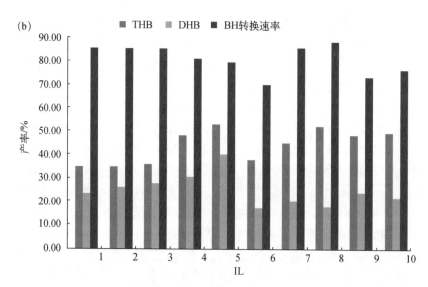

图 6-6　BH 还原反应历程和相关产物（a）以及
不同离子液体的反应结果（b）

1～10号离子液体依次为：$[C_2mim][H_2PO_4]$、$[C_2mim][HSO_4]$、$[C_3mim][H_2PO_4]$、$[C_3mim][HSO_4]$、
$[C_4mim][H_2PO_4]$、$[C_4mim][HSO_4]$、$[HBth][H_2PO_4]$、$[HBth][HSO_4]$、$[Hyqu][H_2PO_4]$和$[Hyqu][HSO_4]$

在上述研究的基础上，笔者团队又分别在研磨、微波、加压和超声四种物理强化手段中将小檗碱结构中的碳氮双键加以还原。研磨法是将 0.5g 过 100 目筛后的干燥 BH 粉末置于研钵中，加入等当量的 NaBH$_4$（0.1g，预先溶于 1mL 水）以 60r/min 的搅拌速度在室温下均匀研磨 0.5～4h，反应结束后将产物过 80 目筛，干燥 48h 后进行检测。微波辐射和超声均在多功能超声+微波集成反应器中进行，具体操作为将 0.5g BH 和 0.1g NaBH$_4$（预溶于 1mL 水中）充分混合，并在一定微波和超声功率下反应。加压法是在无溶剂条件和室温下，向反应物中加入 0.035g（相当于 0.006mol/L）[HBth][HSO$_4$]并施加 10～30MPa 的压力反应 5～25min。在上述实验条件下，THB 产率的大小顺序为加压>微波辐射>研磨>超声；DHB 的产率大小依次为微波辐射>加压>研磨>超声。实验结果证明离子液体仍然体现了较好的催化活性，且在不同的合成方式下二氢小檗碱和四氢小檗碱的选择性不同，相关主要操作条件对两者产率的影响规律如图 6-7（a）～（d）所示。

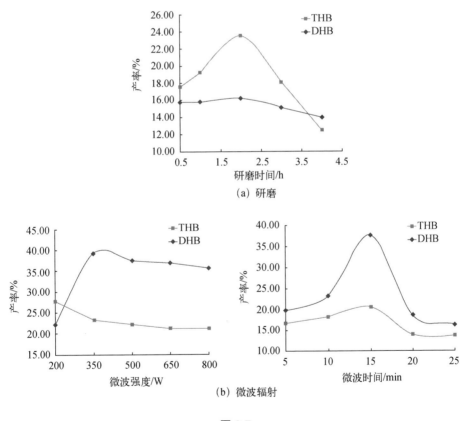

图 6-7

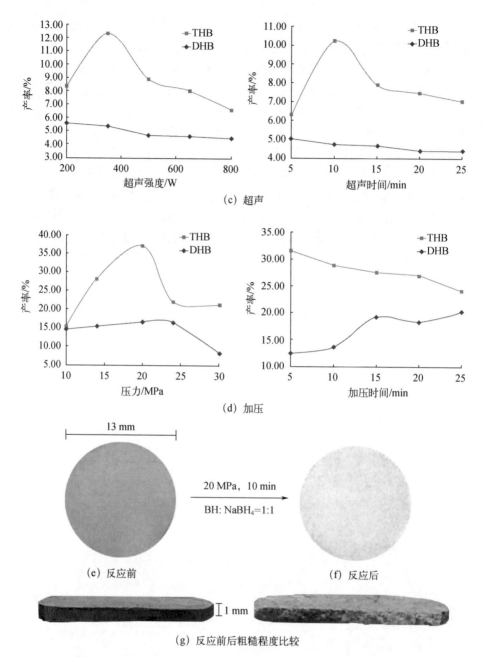

（c）超声

（d）加压

（e）反应前

20 MPa，10 min

BH: NaBH₄=1:1

（f）反应后

（g）反应前后粗糙程度比较

图 6-7　不同反应条件对还原产物产率的影响以及压片反应的外观

　　其中比较特别的是加压法，在轴向机械压缩过程中，反应体系将经历"压缩-压实-板结"三个阶段[见图 6-7（e）和图 6-7（f）]。施加在固体颗粒上的压缩力、剪切力和摩擦力使其不断破碎，造成颗粒间的间隙减小，接触面积增大。理论上来说，增加压力会导致单位体积活性分子的增加，这可以增加分子有效碰撞的概率，促进反应进行。反应前的片剂，其横截面较为紧密光滑，而反应结束后，固体片变得蓬松粗糙 [见图 6-7 （g）]，这是由于反应中有水生成，增大了片剂的孔隙率。动力学研究结果提示，不管是在溶液还是无溶剂环境中，本反应都更符合伪二级动力学，说明其速率决定步骤与分子间的化学作用而非物理扩散有关[31]。

6.3 缩合反应

缩合反应是一类常见的反应类型，一般指羟醛缩合或醇醛缩合，可以合成多种生物活性分子和天然产物，是构建物质结构中 C—C 键的关键步骤。具有 α-H 的醛或酮，在碱催化下生成碳负离子，然后碳负离子作为亲核试剂对醛或酮进行亲核加成，生成 β-羟基醛，β-羟基醛受热脱水生成 α-β 不饱和醛或酮。在稀碱或稀酸的催化下，两分子的醛或酮可以互相作用，其中一个醛（或酮）分子中的 α-氢加到另一个醛（或酮）分子的羰基氧原子上，其余部分加到羰基碳原子上，生成一分子 β-羟基醛或一分子 β-羟基酮。通过缩合反应可以在分子中形成新的碳碳键，从而增长碳链，是化合物衍生化常见的手段之一。天然产物的结构修饰有很多是通过缩合反应增长碳链，从而提高天然产物的脂溶性。

含羰基化合物和活性亚甲基化合物的缩合反应是 Knoevenagel 缩合的一个主要分支，在天然产物等多个方向上有着广泛的应用。传统的方法是用 Lewis 酸或碱作为催化剂，但存在反应耗时长、产物收率低、催化剂不能重复使用等缺点，因而很多学者将目光转向了新型绿色溶剂。目前离子液体已被成功应用于芳香醛与腈类化合物的缩合反应。天然苯甲醛广泛存在于植物界，特别是在蔷薇科植物中，主要以苷的形式存在于植物的茎皮、叶或种子中，例如苦杏仁中的苦杏仁苷。苯甲醛天然存在于苦杏仁油、藿香油、风信子油、依兰油等精油中。苯甲醛和丙二腈的 Knoevenagel 缩合反应是形成碳碳双键的有效途径，可得到活性中间体或良好的配体，故被应用于许多有机反应中。苯甲醛与丙二腈反应的缩合产物苯亚甲基丙二腈是电荷转移复合物，在当前各相关领域体现了较好的应用前景。如沈加春等将功能化脯氨酸离子液体固载于 SBA-15 介孔分子筛上制备了 IL-Pro/SBA-15 催化剂，离子液体固载后并未破坏 SBA-15 分子筛有序的六方介孔结构，且具有较高的热稳定性。该催化剂在苯甲醛和丙二腈为底物的缩合反应中表现出较高的活性，产率高达 94%。经过简单过滤分离后催化剂可以重复使用 7 次以上，且催化活性保持不变[32]。笔者团队曾将一系列具有温敏性的中性苯并噻唑离子液体用于催化苯甲醛的缩合反应，此类离子液体的催化机理如图 6-8 所示。

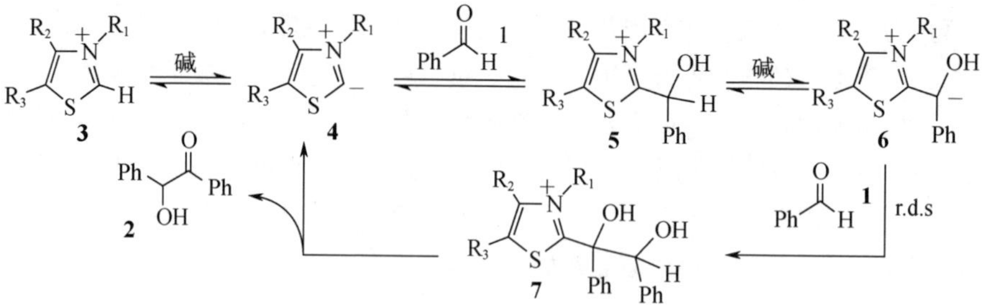

图 6-8 噻唑盐催化安息香缩合机理[32]

由于噻唑盐 2 位的质子较咪唑盐结构中 2 位的质子更容易离去，因而噻唑盐比咪唑盐更易在碱性条件下失去质子而生成卡宾，进而更高效地催化安息香缩合反应[33]。因此，噻唑类离子液体将较咪唑类离子液体更适于作为该反应的催化剂。在无其他溶剂条件下，我们使用 t-BuOK 作为助催化剂，于 150℃下搅拌反应 12h，苯并噻唑盐离子液体[C₄Bth][PF₆]能催化苯甲醛生成 2-羟基-1,2-二苯乙酮，产物收率达 40.5%。相同的条件下，使用离子液体[C₄Bth][BF₄]、[C₅Bth][PF₆]、[C₅Bth][BF₄]、[C₆Bth][PF₆]可以分别获得 53.3%、38.6%、49.9%、37.2%的产物收率。可见，在阳离子结构相同的情况下，阴离子为 BF₄⁻的离子液体较阴离子为 PF₆⁻的离子液体具有较高的催化活性；而在阴离子相同的情况下，阳离子烷基取代链对产物收率有一定影响，随着烷烃侧链的延长，产物收率缓慢下降。

在此基础上，结合离子液体催化安息香缩合反应的相关文献报道，对上述苯并噻唑类 IL 催化安息香缩合反应的构效关系进行简要探讨。图 6-9 列举了一系列用于催化安息香缩合的 IL 催化剂，所有结构中起催化作用的基团均是 2 位质子被碱游离之后得到的卡宾。对于阴离子结构相同的 IL，噻唑环阳离子较咪唑环阳离子中 2 位质子受到 1 位和 3 位原子的吸电子诱导效应更强，进而更容易在碱的作用下离去而生成卡宾，因而噻唑类可能较咪唑类 IL 具有更好的催化效果。对于阳离子结构完全相同的 IL，阴离子的结构对催化效率影响较大，目前常认为阴离子 BF₄⁻或 PF₆⁻较阴离子 Br⁻或 I⁻的空间位阻大而不利于催化反应的进行。例如：在加热回流时，保持其他反应条件均相同，IL-10 能催化安息香缩合反应获得 76%的产物收率，而具有 BF₄⁻或 PF₆⁻阴离子结构的 IL-8 或 9 均不能催化该反应的进行。然而，使用电化学方法却能用 IL-8 或 9 催化安息香缩合并获得高达 84%的产物收率，从而说明阴离子的空间阻碍作用对该类离子液体的催化性能并不起决定性作用，但可能会减慢催化反应速率。最近的文献研究亦指出，阴离子并不对离子液体催化剂的催化活性产生决定性作用，而产物收率受反应条件的影响较大[34]。更值得一提的是，具有 BF₄⁻或 PF₆⁻阴离子结构离子液体常较 Br⁻或 I⁻阴离子的离子液体在水和空气中具有更高的稳定性，并且 BF₄⁻或 PF₆⁻这种高极性但不参与配位作用的阴离子在一定程度上利于阳离子中间体反应的进行[35]。

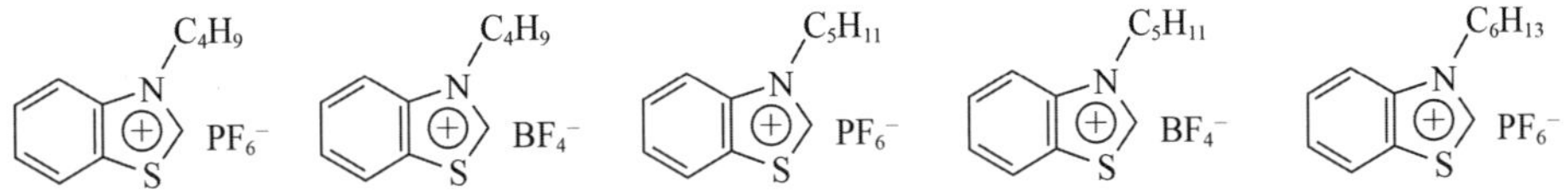

[C4Bth][PF6]　[C4Bth][BF4]　[C5Bth][PF6]　[C5Bth][BF4]　[C6Bth][PF6]

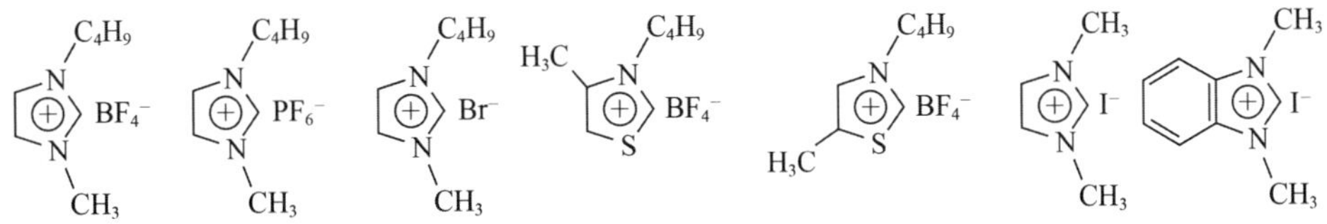

8　9　10　11　12　13　14

图 6-9　用于安息香缩合的离子液体催化剂

阳离子为噻唑环结构、阴离子为 BF_4^-的离子液体（IL-**11** 或 **12**）符合上述分析结果，曾被用于催化安息香缩合，每次能催化 1mol 苯甲醛在加热反应 7d 的条件下以 80%的转化率生成安息香[36]。同时，Miyashita[37]等人研究了 IL-**13** 与 **14** 的催化性能，指出含有苯并环结构的离子液体与底物苯甲醛的苯环之间存在π-π作用而利于获得高的催化效率。因而在噻唑类离子液体基础上开发的苯并噻唑盐离子液体有望成为安息香缩合更加优良的催化剂。目前优化条件下得到的最高收率为 65.3%，该值与维生素 B_1 作为催化剂所得收率值相当；所用方法为易于工业操作的加热回流方式，已经初步显示出了实际应用价值。诚然，所建立的操作方法仍存在不足，如收率居中、反应时间较长等。因此进一步优化条件提高产物收率仍具有实际应用研究价值，以此为基础进行深入的构效关系探究十分必要。随后，笔者团队还使用离子液体[C_4Bth][BF_4]作为催化剂，成功建立了苯甲醛、乙酰乙酸乙酯、尿素三组分的 Biginelli 缩合反应工艺，当 n（苯甲醛）∶n（乙酰乙酸乙酯）∶n（尿素）∶n（[C_4Bth][BF_4]）=1∶1∶1.6∶0.05、反应温度为 105℃、反应时间为 1.5h 时，可获得 93.4%的产物高收率。

随着研究的不断发展，人们发现咪唑等类型离子液体的原料价格昂贵，同时存在毒性大、降解难等弊端。为克服传统离子液体的上述缺点，低共熔溶剂逐渐被用于苯甲醛参与的缩合反应，具有较好的官能团兼容性和较广的底物适用性。如选择 1.0mmol 苯甲醛、1.0mmol 丙二腈和 1.0mmol 间苯二酚作为反应底物，低共熔溶剂氯化胆碱-乳酸用量为 2.0g、反应温度为 90℃时，产率达到最大水平 91%。反应完毕以后，将含有该 DES 的水相通过旋转蒸发仪除去水，即可用于下一次的循环使用，且重复使用 5 次后未见产率下降。DES 作为催化剂能活化羰基，使羰基碳的亲电性增加，从而促进反应的进行[38]。此外 3-（环己基二甲胺）丙烷-1-磺酸盐（SB3-Cy）可与（1S）-（+）-10-樟脑磺酸（CSA）合成 DES，由于该 DES 本身具有酸性，故不需要另外添加酸催化剂即可催化醛发生 Claisen-Schmidt 反应合成取代的查耳酮[39]。

与苯甲醛类似，糠醛也是一种来源于天然的常用平台化合物。徐玥等[40]制备了不同碳链长度（$C_2 \sim C_6$）的咪唑基双核碱性功能化离子液体[图 6-10（a）]催化糠醛（或苯甲醛）与丙二腈（或氰乙酸乙酯）的 Knoevenagel 缩合反应。5 种双阳离子碱性咪唑离子液体均表现出良好的催化性能，目标产物均在 70%以上。在[Mim]$_2$（CH$_2$）$_6$[OH]$_2$ 的催化下，苯甲醛和氰基乙酸乙酯的缩合反应产率达到 91.5%，糠醛与氰基乙酸乙酯的反应收率为 88.5%；在[Mim]$_2$（CH$_2$）$_4$[OH]$_2$ 催化下，糠醛与丙二腈的收率为 93.2%。研究表明苯甲醛和糠醛在所使用的 5 种碱性双阳离子咪唑基离子液体的催化下均能和氰基乙酸乙酯和丙二腈等活泼亚甲基化合物发生缩合反应，且反应速度快，产物收率高，结果表明该系列离子液体是良好的缩合反应催化剂[40]。此外，以 L-脯氨酸为原料合成了离子液体功能化脯氨酸前驱体（IL-Pro），并将其固载到 SBA-15 介孔分子筛制得 IL-Pro/SBA-15 催化剂，在以苯甲醛和丙二腈为底物的 Knoevenagel 反应中表现出较高的活性，缩合产物收率高达 94%；经简单分离后催化剂可重复使用 7 次以上[图 6-10（b）][41]。

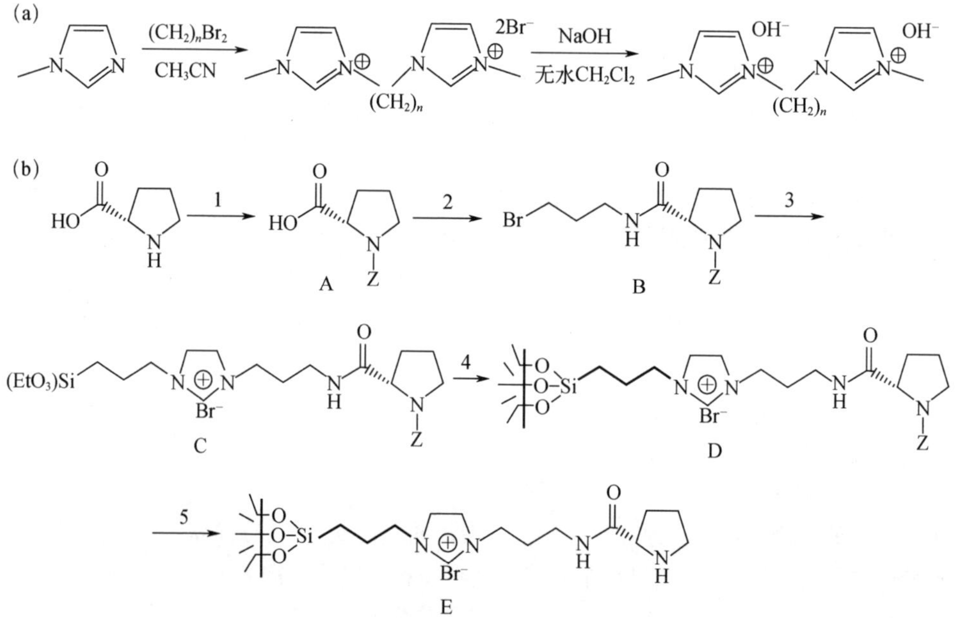

图 6-10　双核碱性功能化离子液体的制备（a）[40]
以及 IL-Pro/SBA-15 催化剂的制备（b）[41]

除 IL 外，以糠醛和环戊酮为原料，在不同酸或醇作为氢键供体、以氯化胆碱作为氢键受体的 DES 也可作为羟醛缩合溶剂，可得一级缩合产物 2-（2-呋喃基亚甲基）环戊酮（C_{10}）和二级缩合产物 2，5-二（2-呋喃基亚甲基）环戊酮（C_{15}）。结果表明，在相同条件下，乳酸-氯化胆碱（La/ChCl）形成的 DES 体系（溶剂+催化剂）中产物的选择性和总收率均最理想；而在乙酸、柠檬酸以及醇和氯化胆碱形成的 DES 体系中，产物总选择性和总收率都整体大幅下降；故机制可能与反应体系的酸性强弱有关。而且，当乳酸与氯化胆碱的摩尔比为 8∶1 时，在 100℃下反应 210min，糠醛可全部转化，缩合产物 C_{10} 和 C_{15} 的选择性分别为 52.79%、46.67%，总收率为 99.46%[42]。

香豆素（coumarins）是重要的天然产物之一，以苷的形式存在于许多植物中，具有黑香豆的浓重香味，亦具有新刈草甜香及巧克力气息，留香长久。香豆素可分为简单香豆素类，只有苯环上有取代基的香豆素；呋喃香豆素类，香豆素核上的异戊烯基常与邻位酚羟基（7-羟基）环合成呋喃或吡喃环；吡喃香豆素类，香豆素 C-6 或 C-8 异戊烯基与邻酚羟基环合成 2,2-二甲基-α-吡喃环结构，形成吡喃香豆素和双香豆素类；异香豆类及其他香豆素等。很多香豆素都具有重要的生物活性，例如可用于治疗关节炎和心绞痛的瑞香素、能抑制 HIV-1 逆转录酶活性的胡桐内酯类香豆素、具有抗凝血功能的双香豆素等。香豆素不仅可以入药，还是生产香料和多种其他化工品的原料，因而在化工生产中应用较为广泛[43]。

目前以离子液体作为催化剂已成功用于制备香豆素。Harjani 等[44]在 2002 年报道了 Lewis 酸性离子液 1-丁基-3-甲基咪唑氯铝酸[C_4mim][Cl]/AlCl$_3$ 催化 2-羟基苯甲醛与丙二酸二乙酯缩合制备香豆素[图 6-11（a）]。仅需在离子液体中反应数分钟，3-羧酸乙酯香豆素的产量便可达到 78%～92%。Liu 等[45]研究了在离子液体 1-乙基-3-甲基咪唑四氟硼酸盐[C_2mim][BF$_4$]中以 L-脯氨酸作为催化剂，合成了一系列香豆素。在室温条件下，水杨醛及其衍生物与乙酰乙酸乙酯缩合反应得到的产品具有较高的产率。脂溶性产物可以在水溶液中分层，而催化剂和离子液体保持在水相，可重复使用多次催化性能仍无明显降低。Valizadeh 等报道了以不同离子液体作为溶剂合成香豆素的反应：在[C_4mim][Br]中水杨醛和活泼亚甲基化合物在碳酸钾的催化下可合成一系列香豆素；以[C_4mim][PF$_6$]或[C_4mim][BF$_4$]作为反应介质，甲醇钠作为催化剂，2-羟基苯甲醛或其衍生物与丙二酸二甲酯或者丙二酸二乙酯的缩合反应在 5.5h 以内，香豆素的产量为 60～89%[46,47]。离子液体不仅可以作为香豆素合成的溶剂，还可作为该类反应的催化剂。Yadav 等[48]报道了由水杨醛与 2-苯基噁唑-5-酮通过 Knoevenagel 缩合合成 3-苯甲酰氨基香豆素的一步合成法研究表明，[C_4mim][OH]作为催化剂，在乙腈中室温下反应 10～15h，产物收率可达 85%～97%。催化剂[C_4mim][OH]在重复使用后催化性能无降低。

双香豆素是最重要的香豆素化合物之一，具有抗炎、抗结核、抗凝血和抗病毒等活性。双香豆素类化合物一般通过 2 当量的 4-羟基香豆素和醛在催化剂的作用下发生缩合反应得到，目前已开发出多种催化剂，如分子碘、氯化锰、氯化锌、十二烷基磺酸钠、四丁基溴化铵等，但它们的价格一般比较昂贵，且在反应过程中会使用大量挥发性有机溶剂，也难以实现循环套用。离子液体曾被作为香豆素合成的催化剂，取得了良好的反应效果，如使用生物相容性高、价格低廉的胆碱类离子液体水溶液催化合成双香豆素[图 6-11（b）][49]。不同条件下离子液体作为催化剂合成双香豆素的产率如表 6-4、表 6-5、表 6-6 所示。

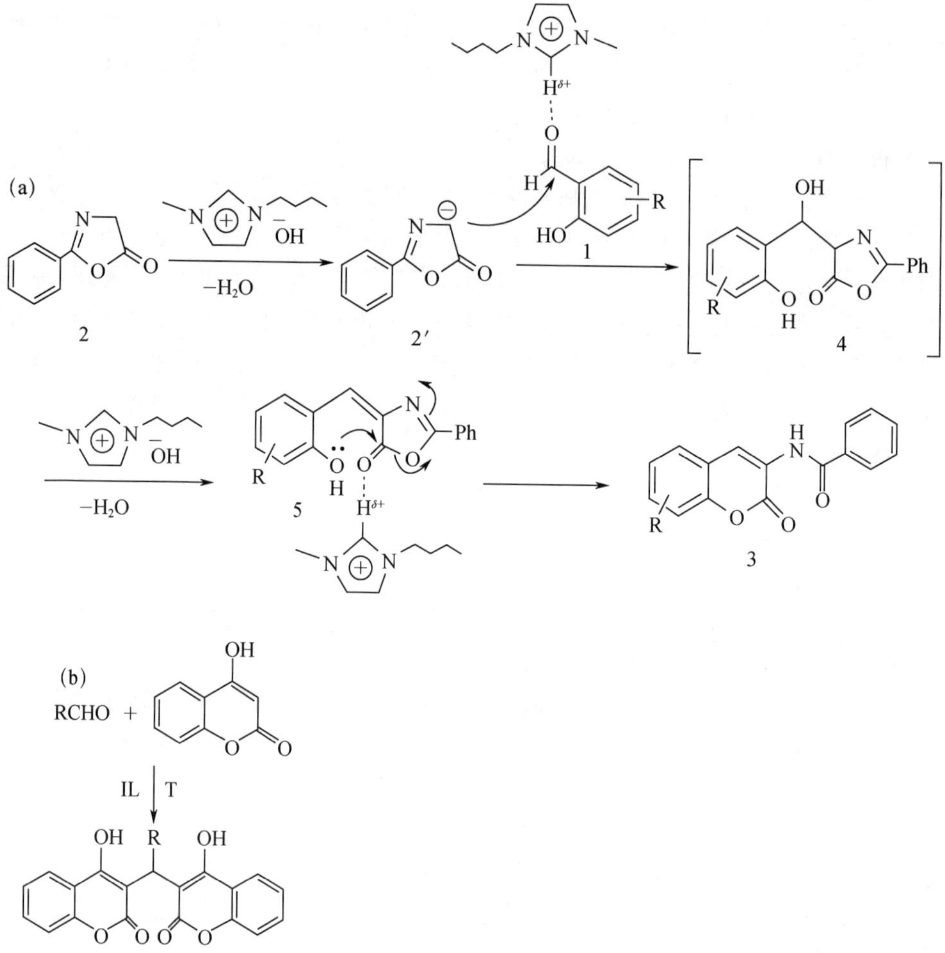

图 6-11　[C₄mim][OH]催化合成 3-苯甲酰氨基香豆素反应机理（a）[44]和
离子液体催化合成双香豆素（b）[49]

表 6-4　不同阴离子的胆碱类离子液体催化合成香豆素的产率[49]

离子液体	反应时间/h	产率/%
[Choline][OH]	2	82
[Choline][OAc]	2	74
[Choline][H₂PO₄]	4	55
[Choline][HSO₄]	4	47

表 6-5　不同离子液体用量的胆碱类离子液体催化合成香豆素的产率[49]

离子液体	反应时间/h	离子液体用量 （反应物:催化剂）	产率/%
[Choline][OH]	2	1 : 2 : 0.1	81
[Choline][OH]	2	1 : 2 : 0.5	90
[Choline][OH]	4	1 : 2 : 1	96
[Choline][OH]	4	1 : 2 : 1.5	99
[Choline][OH]	4	1 : 2 : 2	97

表 6-6　不同温度的胆碱类离子液体催化合成香豆素的产率[49]

离子液体	反应时间/h	离子液体用量 （反应物:催化剂）	温度/℃	产率/%
[Choline][OH]	2	1 : 2 : 1.5	室温	80
[Choline][OH]	2	1 : 2 : 1.5	35	85
[Choline][OH]	4	1 : 2 : 1.5	50	99
[Choline][OH]	4	1 : 2 : 1.5	70	98

碱性越强的离子液体催化性能越强，使用阴离子为氢氧根的离子液体在 50℃下反应 2h 即可达到 82%的产率。实验表明，在循环使用 5 次以后，离子液体的催化活性没有明显的降低。由此可见，离子液催化剂不仅价格低廉，易于制备，具有较强的生物兼容性和可降解能力，而且催化效果优良，还能重复使用多次，相较于传统的催化体系更为理想。

6.4　酯化与酯交换反应

酯化反应是制备天然产物衍生物的重要途径之一，具有醇（酚）羟基与羧基的天然产物均可发生酯化反应，例如黄酮、酚酸和糖类等。经酯化反应后，天然产物的溶解性和 pH 值都得以改善，有利于生物体吸收。天然产物的酯化一般使用挥发性的有机溶剂作为反应介质，这些有机溶剂对天然产物的溶解度不佳，且存在有毒有害、易挥发等弊端，因而很多天然产物的酯化都开始采用基于新型绿色溶剂的反应体系，其中涉及的主要类型为酚类和酸性成分。

6.4.1 酚类酯化反应

苯酚是最简单的酚类化合物，最初是在煤焦油中发现的，故又称石炭酸。苯酚与乙酸酯化反应合成的乙酸苯酯可用作溶剂和药物合成中间体。传统的合成方法是通过苯酚钠与乙酸酐反应或由苯酚和乙酰氯反应，但第一种方法存在设备腐蚀严重和设备利用率低等缺点，且乙酸酐有刺激性气味，其蒸气为催泪毒气；第二种方法虽然所得乙酸苯酯的收率较高，但乙酰氯属高危化学品，在空气中受热分解释出剧毒的光气和氯化氢气体，遇水或乙醇会剧烈反应甚至爆炸。因而研究人员将目光转向了离子液体。在吡啶丙基磺酸 IL 的催化下，以苯酚和乙酸为原料合成乙酸苯酯，该反应中 IL 同时也作为溶剂。结果表明哌啶丙基磺酸 IL 具有很高的催化活性，反应 2h、4h、6h 后，分别得到乙酸苯酯的产率为 39.9%、68.8%和 88.1%。IL 没有腐蚀性和挥发性，使用过程中较为安全，相比于传统方法可操作性更强[50]。

黄酮属于结构稍复杂的天然酚类化合物，在自然界中分布广泛，具有优良的抗氧化抗增殖等生物活性，但黄酮具有 $C_6-C_3-C_6$ 的刚性平面结构，分子间排列紧密，因而大多数黄酮类物质的溶解性较差，导致其生物利用度不高。对黄酮的结构进行改造修饰，通过酯化反应引入脂溶性基团是提高黄酮溶解度和生物活性的有效途径之一。常见的反应介质如丙酮、吡啶等大多具有毒性且黄酮在这些溶剂中溶解度较差，而离子液体不挥发，溶解性能优异，因此有很多研究人员将离子液体作为黄酮酯化的反应溶剂，并取得了良好的应用效果，用离子液体做反应溶剂不仅可以提高黄酮的溶解度，还能提高催化剂的区域选择性。

例如以离子液体[C_4mim][BF_4]为溶剂，芦丁[图 6-12（a）]和柚皮苷[图 6-12（b）]的羟基分别与有机酸发生酯化反应。研究结果表明，离子液体的使用，可大大提高反应转化率和催化剂的区域选择性。通过与常规有机溶剂相比发现，在离子液体[C_4mim][BF_4]中的反应速率是在有机溶剂中的 4 倍，单酰化柚皮苷产率是叔丁醇中的 1.5 倍[51]。此外，在离子液体[C_4mim][BF_4]中催化酚糖苷和黄酮糖苷（水杨苷、水杨醛葡糖苷、马栗树皮苷和柚皮苷）反应，合成水杨苷-6"-O-丁酸酯、水杨醛葡糖苷-6"-O-丁酸酯、马栗树皮苷-6"-O-丁酸酯和柚皮苷-6"-O-丁酸酯，研究发现，该离子液体对所有糖苷的溶解性均较好，反应转化率也很高。同有机溶剂中的反应相比，离子液体[C_4mim][BF_4]中产率有了很大提高[52]。香豆素属于另一类具有 C_6-C_3 母核的酚类成分，研究人员还在 14 种室温离子液体中以马栗树皮苷和脂肪酸为原料合成马栗树皮苷-6"-O-酯基衍生物[53]。在马栗树皮苷的诺维信脂肪酶 435（Novozym435）催化酯化[图 6-12（c）]反应中，发现离子液体的阴离子对反应的影响较大，当阴离子为 BF_4^-、PF_6^-、Tf_2N^- 时均可发生反应；而当阴离子为 Cl^-、TFA^-、$(CN)_2N^-$ 时不发生反应。

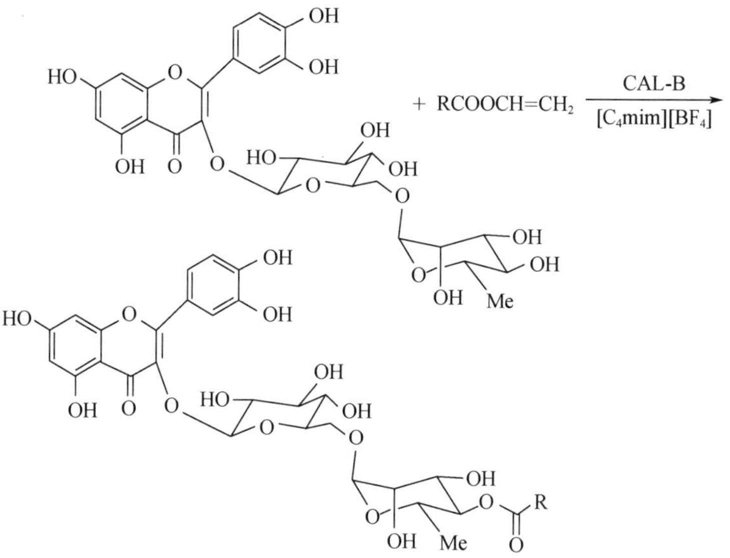

(a) 芦丁

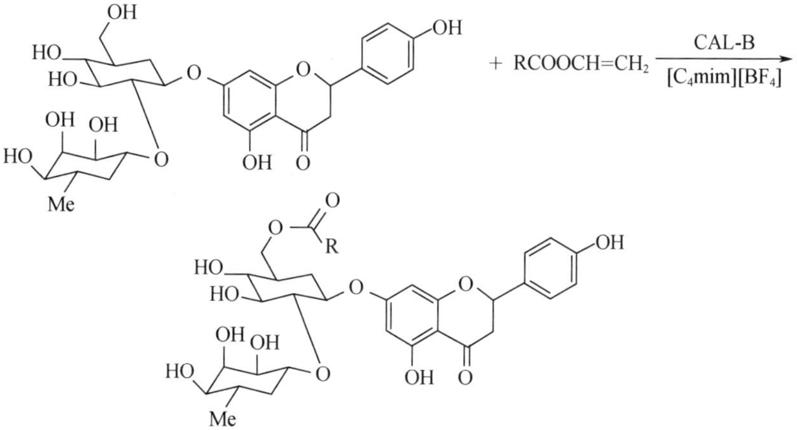

(b) 柚皮苷

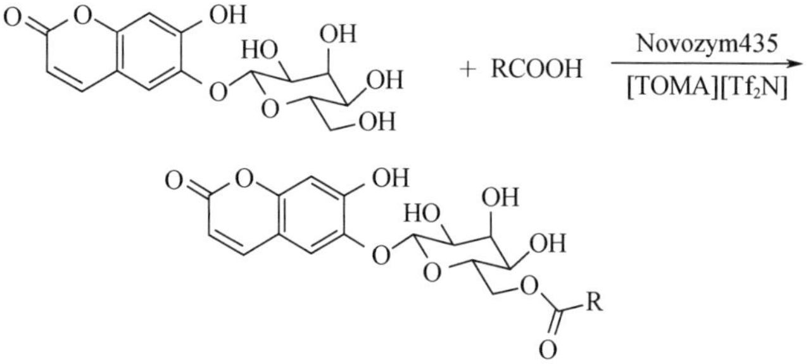

(c) 马栗树皮苷

图 6-12 离子液体中黄酮类化合物的酯化反应[51, 52]

6.4.2　有机酸酯化反应

　　有机酸是广泛存在于自然界中的酚酸化合物，通过对其结构中的羧基进行酯化反应可提高其脂溶性，从而增强其生物活性。此外，以天然有机酸为原料可以生产出很多香料，例如以乙酸（醋酸）为原料生产乙酸辛酯和乙酸环己酯，以乳酸为原料生产乳酸乙酯等。作为结构最简单的有机酸之一，乙酸在自然界分布很广，例如在水果或者植物油中，但是主要以酯的形式存在。在动物的组织内、排泄物和血液中以游离酸的形式存在。乙酸的衍生物乙酸酯是生产可食用香料的原料，这些香料被广泛应用于食品、饮料、奶油和酒类生产中。有研究人员采用离子液体 1-丁基-3-甲氧基咪唑对甲苯磺酸盐和 1-（3-磺酸基）丙基-3-甲基咪唑对苯磺酸作为催化剂，成功合成了乙酸辛酯和乙酸环己酯。当用后者作为催化剂催化乙酸和辛醇生成乙酸辛酯时，仅需 15mL离子液体，回流反应 2.5h 即能达到 91.5% 的酯化率，而且离子液体在重复使用 6 次后，酯化率仍能保持在 90.5% 以上。以乙酸和环己醇为原料，1-（3-磺酸基）丙基-3-甲基咪唑对苯磺酸作为催化剂，在微波辐射功率 625W、加热时间 25min、IL 用量 4%、n（酸）：n（醇）=1：1.5 的条件下乙酸环己酯产率达到 92.3%[54, 55]。

　　具有抗菌和抗病毒活性的咖啡酸是一种在植物界中天然存在的酚酸。咖啡酸的脂溶性较差，通过酯化反应制备咖啡酸酯可促进咖啡酸透过生物细胞膜。咖啡酸易溶于热水和乙醇，因此常用的酯化反应溶剂为水或乙醇，但咖啡酸酯在常规溶剂中的产率和转化率不甚理想。将溶剂替换为疏水性强的离子液体则显著提高了咖啡酸酯的产率。例如在离子液体[C_2mim][Tf_2N]中咖啡酸与苯乙醇的反应[图 6-13（a）]，咖啡酸的转化率和咖啡酸苯乙酯的产率可分别达到 98.76% 和 63.75%[56]。值得一提的是，在亲水性离子液体中，咖啡酸的酯化产率并不高，甚至在亲水性离子液体[C_4mim][BF_4]、[C_4mim][CF_3SO_3]中几乎不发生反应。以[C_4mim][Tf_2N]离子液体为溶剂，酶催化咖啡酸甲酯进行酯交换反应，合成咖啡酸苯乙酯类似物时反应产率达到 97.6%[57]。[C_4mim][X]、[C_4mim][Tf_2N]和[C_4mim][PF_6]中以咖啡酸和 1-丙醇为原料合成咖啡酸丙酯，产物的产率最高可达到 98.5%[58]。

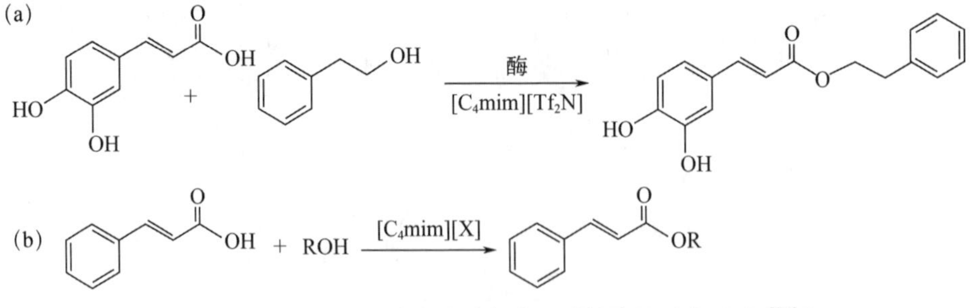

图 6-13　[C_2mim][Tf_2N]中咖啡酸与苯乙醇的酯化反应（a）[54]和
咪唑离子液体催化肉桂酸酯化反应（b）[59]

肉桂酸是从肉桂皮或安息香分离出的有机酸，在医药食品、化妆品行业及其他精细化工领域有广泛应用。用肉桂酸可制备 L-苯丙氨酸、肉桂酸酯等多种医药中间体。肉桂酸常见的酯类衍生物如肉桂酸甲酯和肉桂酸乙酯，传统的合成方法是将肉桂酸和甲醇或乙醇在浓硫酸的催化下进行反应，该方法存在反应时间长、选择性差、副产物多、设备腐蚀严重等问题，用离子液体作为该反应的反应介质与催化剂可有效规避上述弊端。例如用阴离子为 BF_4^-、Br^-、PF_6^- 等咪唑 IL 和 $AlCl_3$ 构成的催化剂催化合成肉桂酸甲酯，发现 $[C_4mim][BF_4]/AlCl_3$ 为催化剂时，肉桂酸甲酯的收率最高，可达到98.8%。离子液体 $[C_4mim][BF_4]$ 与 $AlCl_3$ 形成的催化体系在重复使用 5 次后仍然能达到 90% 以上的肉桂酸甲酯产率。类似地，用不同阴离子的咪唑离子液体做催化剂，催化乙醇和肉桂酸发生酯化反应生成肉桂酸乙酯[图 6-13（b）]，$[C_4mim][BF_4]$ 可获得最高 90.3% 的产物收率（表 6-7），且离子液体 $[C_4mim][BF_4]$ 重复使用 5 次后，其催化活性几乎未减弱。用离子液体做催化剂不仅产率相对较高，且合成过程中无需加入带水剂和安装分水装置，操作较为简便，也避免了采用浓硫酸造成的设备腐蚀。在肉桂酸甲酯化或乙酯化的反应中，IL 的阴离子影响较为显著；当阴离子为 BF_4^- 时，催化反应的产品收率较高，而在阴离子为 X^- 的离子液体中反应产物的收率则较低[59]。

表6-7　不同离子液体催化肉桂酸酯化的产率[59]

催化剂	肉桂酸甲酯产率/%	催化剂	肉桂酸乙酯收率/%
$[C_4mim][Br]/AlCl_3$	56.2	$[C_4Bmim][Br]$	65.2
$[C_4mim][BF_4]/AlCl_3$	98.8	$[C_4mim][BF_4]$	90.3
$[C_4mim][PF_6]/AlCl_3$	86.4	$[C_4mim][PF_6]$	62.3
浓 H_2SO_4	72.2	浓 H_2SO_4	60.0

阿魏酸是一种存在于阿魏、当归、川芎、升麻、酸枣仁等中药材中的酚酸，具有清除自由基和抗血小板凝集的作用，在医药保健品、化妆品和食品行业有广泛的用途。阿魏酸常见的两种亲脂性衍生物为阿魏酸甘油酯和二阿魏酸甘油酯，这两种酯化衍生物均是通过酯交换反应得到，但存在产率低、耗时长、需要特殊溶剂等缺点。在咪唑类离子液体 $[C_2mim][PF_6]$ 中反应 10h 后，阿魏酸的转化率可达到 100%，阿魏酸甘油酯和二阿魏酸甘油酯的产率分别为 55% 和 45%。研究表明离子液体阳离子链长对反应转化率影响不大，具有疏水性阴离子的离子液体反应转化率明显优于极性较大的亲水性离子液体[59]。

油酸是一种主要来源于自然界的单不饱和 Omega-9 脂肪酸，又称顺-9-十八碳烯酸，以甘油酯的形式广泛存在于动植物体内，油脂经水解即得油酸。油酸在植物油中的含量随植物种类变化较大，例如橄榄油含 82.6%，花生油含 60.0%，芝麻油含 47.4%，大豆油含 35.5%，向日葵籽油含 34.0%，棉籽油含 33.0%，红花油含 18.7%，茶油中含量可高达 83%；在动物油中，猪油含 51.5%，牛油含 46.5%，鲸油含 34.0%，奶油含 18.7%[60]。油酸结构中含有一个羧基，可以与醇类发生酯化反应生成油酸酯，例如与甲醇反应生成油酸甲酯，后者是去垢剂、乳化剂、润湿剂及稳定剂的中间体。目前油酸甲酯的合成多是采用浓硫酸等无机强酸作为催化剂，存在污染环境、后处理烦琐、腐蚀设备以及不能循环使用等缺点，而 Brønsted 酸性离子液体可以有效规避上述弊端。研究人员曾使用 Brønsted 酸性离子液体 2-吡咯烷酮硫酸氢盐[Hnhp][HSO₄]作为催化剂合成油酸甲酯，所使用的[Hnhp][HSO₄]通过一步合成法即可制备。结果表明当催化剂用量为油酸的 12.5%时，在 70℃下反应 3h，酯化率可以达到 97.54%。反应结束后催化剂离子液体和产物自动分成了两相，因而催化剂很容易进行回收，相比于无机强酸，产物的后处理步骤也更简便。该离子液体在重复使用 5 次后，仍然保持较高的催化活性。虽然在酯化率上相比于硫酸等无机强酸略低一些，但该离子液体价格低廉，易于制备，可重复使用且对设备没有腐蚀性，为油酸酯化反应提供了一种可替代的催化体系[61]。

水杨酸源自植物柳树皮提取物，是一种天然的消炎药。在皮肤科常用于治疗各种慢性皮肤病如痤疮（青春痘）、癣等，可以祛角质、杀菌、消炎，国际主流祛痘产品都是含水杨酸的，浓度通常是 0.5%～2%，医用浓度一般是 10%。此外常用的感冒药阿司匹林就是水杨酸的衍生物乙酰水杨酸钠。托品类离子液体在前面的章节主要用来提取和分离，在此笔者团队也计划考察其催化酯化的能力。首先合成并确证了八种托品类离子液体，其阴离子都是在离子液体构建的催化体系中极其常见的[如图 6-14（a）所示]。以其制备阿司匹林的反应过程十分简便，本过程不再使用其他溶剂作为反应溶剂，反应初始体系中只存在底物水杨酸、酰化试剂乙酸酐及作为催化剂的目标离子液体。水杨酸(SA)的转化率(conversion)、阿司匹林收率(yield)及反应选择性(selectivity)根据式（6-1）、式（6-2）和式（6-3）求得。

$$水杨酸转化率 = 1 - \frac{m_{SA(r)}}{m_{SA(i)}} \times 100\% \tag{6-1}$$

$$阿司匹林收率 = \frac{m_e}{m_i} \times 100\% \tag{6-2}$$

$$反应选择性 = \frac{阿司匹林收率}{水杨酸转化率} \times 100\% \tag{6-3}$$

式中，$m_{SA(i)}$ 和 $m_{SA(r)}$ 分别为水杨酸初始质量和反应后的残留量；m_e 和 m_i 分别为阿司匹林实际生成量和理论生成量。

不同离子液体的反应结果如图 6-14（a）所示（0.01mol 水杨酸，0.02mol 乙酸酐以及 1mmol 的离子液体，在 90℃搅拌反应 40min），可见随着催化剂的酸度增加，底物的转化率增大，但是随着催化剂酸度增加，副反应产物增多，反应的选择性下降，致使目标产物收率下降。从反应后体系的颜色可以看出，催化剂的酸性越强，反应后的颜色越深（无色→浅棕色）。实验中设计了空白组以及硫酸催化实验组，无溶剂参与的情况下，受热后反应体系仍是均相体系，而且底物和酰化试剂分子碰撞几率增加，从而使得空白组的转化率接近85%；但底物分子间副反应发生的概率也有上升，反应选择性相比于酸性较弱的离子液体低。根据产物收率和反应选择性数据，同时考虑离子液体的制备原料的来源和成本，最终选择托品醇类IL——N-（3-丙磺酸）托品醇对甲苯磺酸盐[Trps][OTs]作为催化阿司匹林的最优催化剂。考察其用量的实验细节如下：0.01mol 水杨酸、0.03mol 乙酸酐以及一定量的离子液体[Trps][OTs]混合升温至80℃，搅拌反应30min，反应结果如图6-14（b）所示，随着离子液体量增加，底物的转化率、目标产物收率以及反应的选择性均呈增加的趋势，当底物水杨酸为 0.01mol 时，离子液体用量增加至1.5mmol后，底物转化率趋于稳定不再升高。1.5mmol 的离子液体催化剂参与反应时的目标产物产率比无离子液体存在时的产率高出20%左右，因此可以看出目标离子液体的催化效果比较理想，催化体系最终选择的离子液体量为1.5mmol。

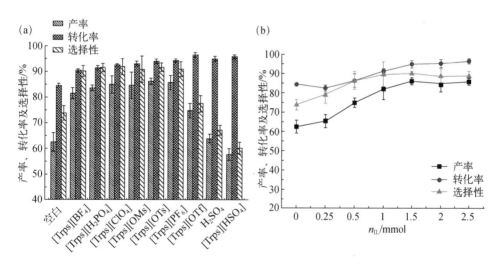

图6-14　离子液体类别（a）及用量（b）对酯化反应的影响

上述反应结束采用等体积的蒸馏水和乙酸乙酯洗涤反应粗产物，水相再次使用等体积乙酸乙酯洗涤，减压蒸馏除去水和乙酸得到的黏稠液体即为离子液体，可至少循环使用5次。最后对离子液体的催化机理进行分析，[Trps][OTs]离子液体的阳离子结构上存在磺酸基团，一定条件下可以电离出质子，质子除了可逆性地与阳离子磺酸基团结合，也可以与阴离子对甲苯磺酸根结合，最终的构成比例可以通过两组电离过程的电离平衡常数确定。功能化酸性离子液体催化水杨酸生成酯化产物的过程中，可能的催化机理主要如图 6-15 所示。

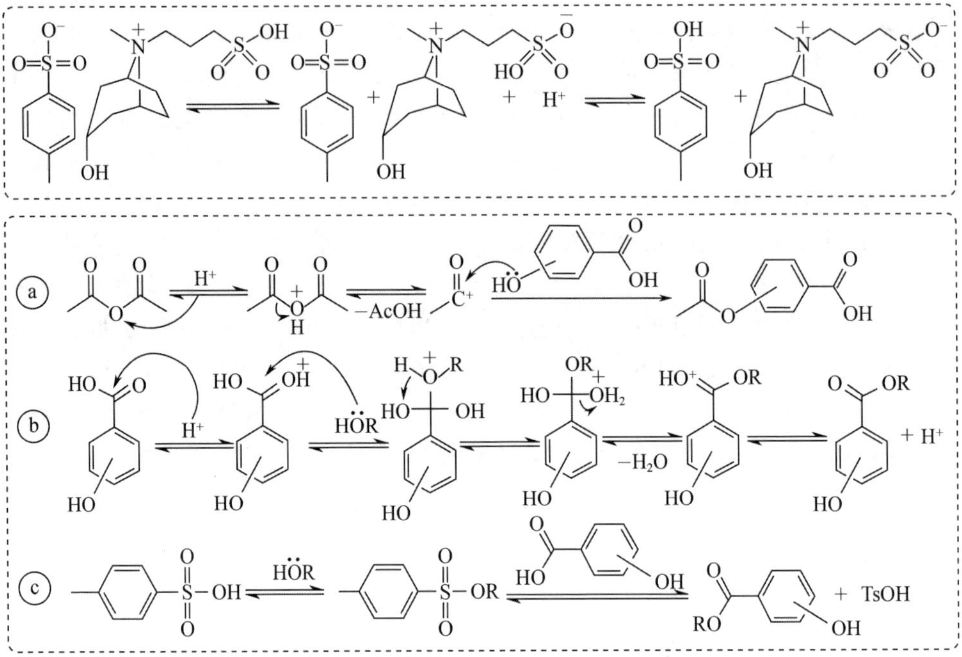

图 6-15　[Trps][OTs]催化合成水杨酸酯类衍生物的机理分析

在上述机制中，当水杨酸（或间、对羟基苯甲酸）与乙酸酐反应时，主要经历一个产生羰基碳正离子的过程（图 6-15 中途径 a），经质子化后的乙酸酐解离形成羰基碳正离子再进攻水杨酸的羟基氧上孤对电子生成酯化产物。当水杨酸与脂肪醇反应时，反应机理可能存在两条路径（图 6-15 中途径 b 和 c）：一是质子化后的羰基碳与亲核试剂反应，脱去一分子水成酯；二是对甲苯磺酸与醇先成酯后，再与水杨酸羰基进行亲核加成，脱去对甲苯磺酸根后得到酯化产物。此外，除了托品类离子液体，较为特殊的 8-羟基喹啉硫酸氢盐类离子液体也被笔者团队成功用于一系列长链脂肪酸乙酯化的反应中。

与离子液体类似，DES 在酚酸的酯化反应中也有广泛应用，且反应机理研究表明，尿素的碱性往往有利于酸性成分的酯化。在水杨酸和乙酸酐制备阿司匹林的反应中，DES 既是催化剂又是反应介质，尿素（作为 HBD）的碱性以及和酸酐的氢键作用使乙酸酐的羰基更易受到羟基的亲核进攻，该反应具有绿色、高效、副反应少的特点，分离产率可高达 94%[62]。2020 年，氯化胆碱和咖啡酸制备成的 DES 被发现在阳离子交换树脂催化下能高效合成亲脂性咖啡酸酯[63]。在制备其他酯类如乙酸异戊酯、对硝基苯甲酸乙酯等过程中，DES 也体现了理想的性能，并可重复多次使用。2021 年，四正丙基溴化铵-硼酸催化合成月桂酸单甘油酯也获得了成功，与其他无机酸催化剂相比，质量分数为 20% 的 DES 可以明显提高反应的选择性[64]。同年另一个非常具有创新性的例子是，国外学者使用吲哚和乙醛酸/丙酮酸为原料合成了 (±)-Oxoaplysinopsin B；在该反应中，二甲基脲既是 DES 的组分，又作为反应物参加了反应，这给研究人员提供了极大的启示[65]。

6.4.3 其他成分酯化反应

维生素 C，别名抗坏血酸，富含于多种常见瓜果蔬菜，可用来美白与抗氧化。其分子中第 2 及第 3 位上两个相邻的烯醇式羟基极易解离而释出 H[+]，故具有酸的性质。维生素 C 是一种多羟基化合物，结构中的羟基可与羧基发生酯化反应，生成抗坏血酸酯，常见的抗坏血酸酯如硬脂酸-L-抗坏血酸酯和抗坏血酸棕榈酸酯等，均为高效抗氧化剂，具有维生素 C 的全部生理活性，同时又克服了维生素 C 怕热、怕光、怕潮的缺点，稳定性和氧清除性能更强。在离子液体 [C_4mim][BF_4] 中合成 L-抗坏血脂肪酸酯，相较于传统的叔丁醇等有机溶剂，催化剂酶的活性更高，产率也更高[66]。

甾醇一般指固醇，甾醇及其衍生物可降低胆固醇的生物活性，但甾醇在水和油中的溶解度较差，限制了甾醇的应用。为了提高甾醇的溶解性，一般是将甾醇和脂肪酸反应转化成对应的酯。甾醇酯化一般为化学合成法和酶合成法。酶合成植物甾醇酯具有明显的优势，如副产物少、环境友好。然而，受底物性质、传质效率和可用于常规溶剂或无溶剂体系的生物催化剂有限可用性的限制，酶合成的生产率相对较低。此外，酶的高成本和从产品中分离酶的困难限制了其工业应用。因此，探索更有效、更经济的生物催化反应体系对植物甾醇酯的合成具有重要意义。离子液体对酶有保护作用且能增加酶的稳定性，可对酶的特异性产生积极影响，还具有可回收性，因而被用来作为甾醇酯化的溶剂。例如以离子液体微乳（[C_4mim][PF_6]/Tween20/H_2O）为可重复使用的反应介质，利用假丝酵母脂肪酶（CRL）酯化植物甾醇。在水与吐温 20 的摩尔比为 5∶4、吐温 20 的浓度为 305mmol/L、温度为 50℃、pH 值为 7.4 的条件下，反应 24h 和 48h 的转化率分别为 87.9% 和 95.1%，酶负荷的 10%（质量分数，相对于总反应物）。此外，以正己烷为萃取剂，脂肪酶微乳液可重复使用至少 7 次（>168h），转化率无明显变化（仍能达到 82.5%），同时达到了简单分离纯化的目的[67]。

6.4.4 酯交换反应

毛叶山桐子是我国的本土油料植物，具有分布范围广，对土壤、气候等要求不高，适应性较强的特点。毛叶山桐子果实含油量达到 36%~38%，高于菜籽油，可以与麻疯树油及棕榈油相媲美，而单株产油量高达 200~300kg，是它们的数十倍之多，并且盛产期长达 70~100 年。随着人工育种和栽培技术的进步，目前大规模的毛叶山桐子人工种植已经形成，可以作为我国发展生物柴油产业的理想原料。笔者团队基于其原油和温敏性苯并噻唑离子液体开发了一套酯交换工艺。考虑到原油的酸值为

15.56mg/g，游离脂肪酸较高，采用酸催化工艺能够避免繁杂的精制过程，故在此使用酸性苯并噻唑甲烷磺酸盐离子液体。将催化剂苯并噻唑甲烷磺酸盐离子液体、无水甲醇及适量的毛叶山桐子油加入三口烧瓶中，加热到一定温度下反应一段时间，将反应混合液转至分液漏斗中，静置分层，上层为产物生物柴油相，下层为甘油和甲醇及离子液体的混合物。收集上相水洗，直到水洗液显中性为止。下层降温使离子液体析出，过滤回收离子液体进行重复使用。通过分析产品和原料中甘油含量得出酯交换反应转化率。反应的实际过程如图6-16（a）所示，可明显看出，在反应前后体系都呈现非均相，而在反应中，反应体系呈现均相。反应过程中温敏性非常显著。析出的离子液体于80℃真空干燥4～5h直接用于下一次反应，5次重复使用后仍然具有很好的催化效果。

从图6-16（b）中反应时间对转化率的影响曲线可以看出，酸催化酯交换反应速度较慢；在反应初期，转化率增加随时间变化较为明显，之后随着反应时间的延长，转化率增加不再明显，说明酯交换反应基本上已经达到化学平衡状态。较长的反应时间可能是由于酸催化酯交换反应是在较高的温度下进行的，此时，甲醇基本上都以气态形式存在于反应体系中，酯交换反应于气液两相界面上进行，故而反应速度较慢。对比苯并噻唑甲烷磺酸盐离子液体与浓硫酸的催化效率可以发现，苯并噻唑甲烷磺酸盐离子液体催化这一反应达到平衡的时间（6h）略长于浓硫酸的催化过程（5h），这可能是由于前者的酸性弱于后者。

由于催化机理类似，上述离子液体与浓硫酸催化一样都是属于酸催化，反应需要在较高的温度下进行。图6-16（c）揭示了温度对苯并噻唑甲烷磺酸盐离子液体及浓硫酸催化毛叶山桐子油制备生物柴油的影响。从图中可以看出，在实验温度范围内两种催化剂表现出转化率随温度升高而升高的趋势，但随反应温度的升高转化率增幅却逐渐减小，说明随反应温度的升高，反应温度的变化对酯交换反应的影响越来越小。在高温下，苯并噻唑甲烷磺酸盐离子液体的催化效率与浓硫酸相当，但由于浓硫酸具有强的氧化性，温度过高，浓硫酸对油脂的碳化作用也会加强，使得生物柴油产品的色泽加深，不利于后续处理。

催化剂用量是酯交换过程中另一个重要因素，从图6-16（d）中可以看出，苯并噻唑甲烷磺酸盐离子液体与浓硫酸表现出不同的影响趋势。浓硫酸的用量对生物柴油的转化率都表现出二次曲线的影响，这是由于催化剂用量太少，催化效果不好，反应速度会很慢，反应的转化率不高；催化剂用量过多，由于浓硫酸的作用强，会使油脂发生碳化，并带来许多副反应的发生，因此，催化剂用量过多或过少都会影响生物柴油的产率。对于苯并噻唑甲烷磺酸盐离子液体，增加离子液体的用量可以带来转化率的增加，只是增势减缓，并不会带来转化率的下降。这可能是因为，苯并噻唑甲烷磺酸盐为酸性离子液体，没有强的氧化性，不会使油脂发生碳化等副反应而导致生物柴油的转化率下降。最后，笔者团队将上述离子液体催化工艺与常用的三种传统催化剂进行了全面比较，如表6-8所示。

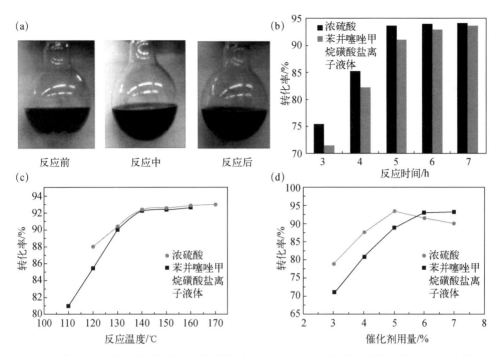

图 6-16 苯并噻唑甲烷磺酸盐离子液体催化毛叶山桐子油制备生物柴油的过程（a）及生物柴油转化率与反应时间（b）、反应温度（c）、催化剂用量（d）的关系

表 6-8 毛叶山桐子油制备生物柴油的工艺过程比较

催化工艺		均相碱 （氢氧化钾）	均相酸 （硫酸）	固体碱 （镁铝复合氧化物）	离子液体
最佳工艺条件	温度/℃	60	150	60	150
	时间/h	1	5	4	5
	醇油摩尔比	6∶1	15∶1	6∶1	15∶1
	催化剂用量	1%油重	5%油重	1.4%油重	6%油重
	转化率/%	95.5	93.5	91.6	92.4
工艺特点	生产条件	温和，常温常压即可	高温	温和，常温常压即可	高温
	甲醇用量	较少	非常大	较少	较大
	转化率	非常高	较高	相对较低	较高
	生产周期	短	较长	较长	较长
	催化剂	成本低，但不能回收使用	成本低，但不能回收使用	成本较高，但能回收使用	成本较高，但能回收使用
	废水	产生大量碱性废水	产生大量酸性废水	废水少	废水少

可以发现：对于均相酸催化工艺，虽然工业化较容易实现，但需要高能耗、大量的甲醇及较长的生产周期，且工艺也不环保，目前工业上采用这种工艺不多。酸性离子液体作为新型的环保型催化剂用来制备生物柴油的工艺，解决了传统酸催化的产生大量工业废水及催化剂回收的问题，但依然存在能耗偏高及生产周期较长等问题，需要通过有效回收降低离子液体使用成本。对于固体碱催化工艺，具有常温常压下就可以进行、能耗相对较低、甲醇用量相对较低、废水少等优势，但催化剂成本较高，且生产周期较长，产品效益相对就会降低。如果能够开发出经济的固体碱催化剂，工业前景就较为乐观。对于传统均相碱催化工艺，设备要求低，常温常压即可进行，能耗较低，甲醇用量相对较低，生产周期短，但是生产过程中，会产生大量的废水。但与其他工艺相比，其总体生产成本较低，且工艺过程简单，故为目前工业上主要采用的工艺过程。

对于低共熔溶剂而言，2008年首次报道的在DES中进行酶催化的研究就是用于酯交换反应。该研究在氯化胆碱和尿素组成的低共熔溶剂中，以乙酸戊酯和丁醇酯为原料系统研究了酯和醇之间交换反应酶的活性[图6-17（a）][68]。研究表明酶在氯化胆碱-尿素的水溶液非常不稳定，但是该酶在氯化胆碱-尿素组成的低共熔溶剂中却很稳定。在酯交换反应中，虽然有尿素的存在，生物酶的活性却仍然保持良好。随后，也有报道在氯化胆碱和甘油组成的低共熔溶剂中脂肪酶催化的酯交换反应[69]。研究者以山梨酸乙酯和1-丙醇为原料，在各种低共熔溶剂体系中以诺维信脂肪酶435（Novozym435）催化酯交换反应[图6-17（b）]。结果表明在氯化胆碱-尿素体系中酶的活性[>1 μmol/（min·g）]和选择性（>99%）均比较高。

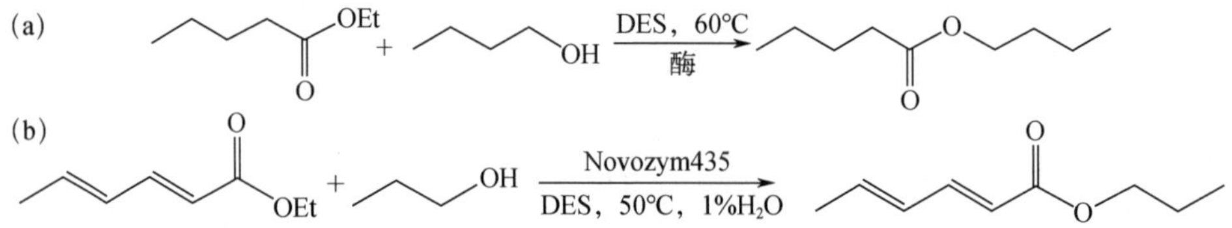

图6-17　DES催化乙酸戊酯（a）和山梨酸乙酯（b）的酯交换反应[69]

另外，该课题组还研究了在胆碱基质的低共熔溶剂中生物柴油的合成方法。生物柴油是一种可再生和可生物降解的燃料。其来源广泛，如植物油、动物脂肪或者其他可再生的酯类。目前认为甘油三酯在酶的条件下转化为生物柴油的方式是最为绿色的。但是相应地也产生了一些问题，如成本高、原油和废油中的一些杂质会使得脂肪酶失活以及挥发性有机溶剂的使用等。2013年，该课题组[70]报道了应用胆碱基的低共熔溶剂作为溶剂以大豆油为原料在酶催化条件下制备得到生物柴油的方法。该方法采用胆碱基质的低共熔溶剂，克服了成本高的问题，而且低共熔溶剂无毒，与脂肪酶的生物相容性好。结果表明，最佳的反应条件为氯化胆碱-甘油（1：2）组成的低共熔溶剂与甲醇以7：3的比例混合，以诺维信脂肪酶435作为催化剂，在50℃下反应24h，甘油三酯的最高产率为88%。

6.5 酰化反应

6.5.1 黄酮酰化反应

前文提到黄酮的刚性结构导致其溶解性不佳，因而可以将黄酮化合物进行酯化反应提高其溶解性，酰化反应也是提高黄酮溶解性的手段之一，其结构中可以酰化的活泼羟基较多。例如在咪唑离子液体中以固定化南极假丝酵母脂肪酶B（CAL-B）催化水飞蓟宾的伯羟基与脂肪酸酯发生酰化反应（图6-18），离子液体中的酶促过程在很大程度上取决于所用阳离子和阴离子的烷基链长度。研究表明以离子液体为溶剂时，阴离子为BF_4^-的转化率高于阴离子为PF_6^-的反应体系；在阴离子为BF_4^-的反应体系中，阳离子烷基链越长反应产率越高，以$[C_8mim][BF_4]$为反应介质产率最高可达到75.8%[71]。当以丙酮为体系溶剂进行比较时，可以发现在两种反应介质中，生物催化过程中（仅用一步）形成的水飞蓟宾酯的产量都很高（>40g/L）。

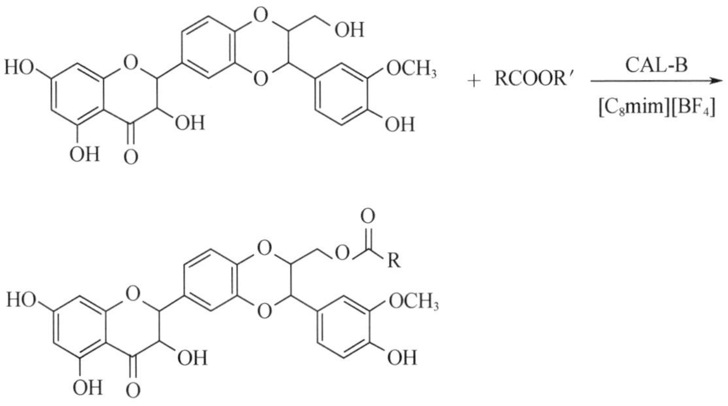

图6-18　离子液体中水飞蓟宾的脂肪酶B（CAL-B）酰化反应[71]

6.5.2 糖类酰化反应

糖类是自然界中广泛分布的一类重要的有机化合物。日常食用的蔗糖、粮食中的淀粉、植物体中的纤维素、人体血液中的葡萄糖等均属糖类。糖类在生命活动过程中起着重要的作用，是一切生命体维持生命活动所需能量的主要来源。植物中最重要的糖是淀粉和纤维素，动物细胞中最重要的多糖是糖原。糖种类繁多，可分为单糖、二糖和多糖等。糖是多羟基醛或多羟基酮有机化合物，因而糖可以发生衍生化反应生成各种糖的衍生物，这些糖衍生物在医药、食品及化工领域有着非常广泛的应用。酰化反应是糖类衍生化的常用手段之一，离子液体现已成功应用于糖的酰化。糖一般不溶于传统的有机溶剂，而在许多 IL 中却具有很高的溶解性，往往可获得较高的产物收率。

(1) 单糖酰化

如图 6-19 所示，可用 CAL-B 催化葡萄糖乙酰化[72]。虽然这个 6-O-乙酰化反应在有机溶剂如丙酮和四氢呋喃中可以进行，但 3-O 位的进一步乙酰化也会发生。在丙酮中进行反应时，生成乙酰化产物的收率为 72%，其中 76% 是所需要的 6-O-乙酰化合物（选择性约为 3:1）。在四氢呋喃中，生成产物的收率为 99%，但只有 53% 是理想的 6-O-乙酰化合物（约为 2:1 的选择性）。以丙酮和四氢呋喃（THF）为溶剂时转化率和区域选择性都较低：在丙酮中，转化率为 42%，82% 为 6-O-乙酰基化合物（选择性约为 5:1），而在 THF 中，转化率为 50%，85% 为 6-O-乙酰基化合物（选择性约为 6:1）。低选择性可能与葡萄糖在这些有机溶剂中的溶解性差有关（60℃时的溶解度为 0.02~0.04mg/mL）。葡萄糖仍然是悬浮物，初始生成的 6-O-乙酰化更容易溶解，然后进一步乙酰化得到 3, 6-O-二乙酰基衍生物。

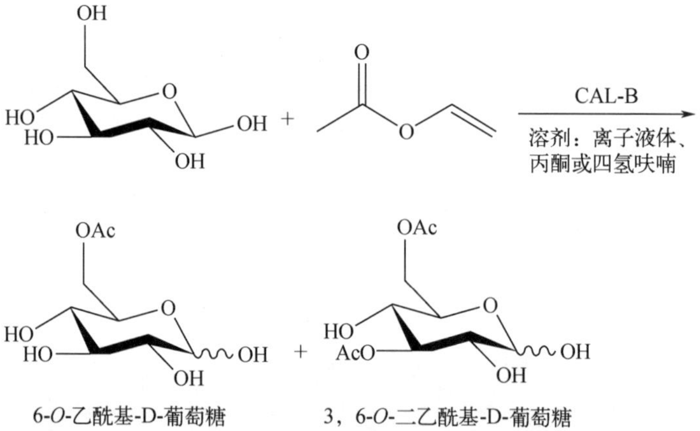

6-O-乙酰基-D-葡萄糖   +   3, 6-O-二乙酰基-D-葡萄糖

图 6-19 不同溶剂中 CAL-B 催化葡萄糖乙酰化反应过程[72]

此糖脂反应在未纯化的离子液体中不发生反应，而在纯化后的所有离子液体中，葡萄糖的酰化反应都很顺利。此外，离子液体对单乙酰化的选择性比在有机溶剂中高得多。6-O-乙酰化反应在含有四氟硼酸阴离子的 7 种离子液体中具有 88%~99% 的选择性，转化率为 42%~99% 不等。该反应的最佳离子液体为 1-甲乙醚-3-甲基咪唑四氟硼酸盐[MOEmim][BF$_4$]，其乙酰化产物的收率为 99%，其中 93% 为理想的 6-O-乙酰基

化合物。六氟磷酸为阴离子的[C₄mim][PF₆]离子液体反应较慢（转化率29%），选择性低（单乙酰39%）。

葡萄糖溶于最佳离子液体[MOEmim][BF₄]（在55℃下的溶解度约为5mg/mL）中的浓度约为丙酮或THF的100倍。葡萄糖在最差的离子液体[C₄mim][PF₆]中溶解性较差，在55℃时溶解度<1mg/mL。对于葡萄糖在离子液体中的乙酰化，离子液体对葡萄糖的溶解能力是一个重要的因素。总之，不溶性葡萄糖在传统有机溶剂中乙酰化得到可溶性较好的6-O-乙酰基葡萄糖，再乙酰化得到3, 6-O-二乙酰基葡萄糖[（2～3）∶1混合物]，然而，离子液体中葡萄糖的乙酰化只生成6-O-乙酰葡萄糖（选择性>13∶1，最高至>50∶1）[72]。

(2) 多糖酰化

离子液体不仅可以用于单糖的酰化反应，也能作为多糖酰化反应的溶剂。这里也包括无酶和酶促反应两种途径。例如，离子液体1-烯丙基-3-甲基咪唑氯盐[Amim][Cl]为反应介质、以微晶纤维素为原料，可以实现离子液体中纤维素与酸酐均相酰化反应。通过考察纤维素初始羟基浓度（0.21～0.85mol/L）及反应温度（353～373K）对酰化反应速率的影响，可以发现随着离子液体中纤维素羟基浓度的增大和反应温度的升高，纤维素酰化反应的速率都呈增大趋势；纤维素乙酐酰化及乙酐、丁酐混合酸酐酰化反应的动力学反应级数均为1，表观活化能分别为19.03kJ/mol和20.04kJ/mol[73]。

笔者团队以酱油渣中的纤维素为原料、苯甲酰氯为酰化剂、离子液体为溶剂+助催化剂，通过苯甲酰化反应制备了纤维素苯甲酸酯：将0.4g的纤维素加入到离子液体中，纤维素浓度为4%（占离子液体的质量分数），置于90℃油浴中搅拌9～12h至纤维素全部溶解；通氮气进行保护，升温并加入苯甲酰氯进行反应，结束后降温，用100mL蒸馏水沉淀，在室温下搅拌30min；然后离心20min，用蒸馏水洗涤数次直到中性；最后再用80%的乙醇洗涤，直到上清液为无色，产物在45℃真空下干燥24h。在此条件下比较了[Amim][Cl]、[C₂mim][Cl]和[C₄mim][Cl]中纤维素的苯甲酰化效果（产物取代度依次为0.52、0.63、0.56；产率依次为16.5%、7.9%、10.3%），进而选择其中产率最优、对纤维素溶解最快的[Amim][Cl]，考察了苯甲酰氯用量、反应时间和反应温度对纤维素苯甲酸酯取代度的影响。结果表明：当反应温度为80℃，反应时间为90min，苯甲酰氯与纤维素葡萄糖单元摩尔比为4∶1时，纤维素的均相苯甲酰化效果较好。

为了验证[Amim][Cl]在多糖酰化中的普适性，笔者团队又以从酱油渣中提取的半纤维素为原料、乙酸酐为酰化剂、离子液体为溶剂，通过均相酰化反应制备了醋酸半纤维素：将0.4g半纤维素以质量分数2.6%加入到离子液体中，置于90℃油浴中搅拌2h至半纤维素完全溶解；然后通氮气进行保护，升温并加入乙酸酐进行反应，反应结束后降温，加入40mL 65%乙醇沉淀，在室温下搅拌30min，然后离心20min；得到的沉淀用 100mL 80%乙醇洗两次，产物在 45℃真空下干燥 24h。以此条件比较了离子液体[Amim][Cl]和[C₄mim][Cl]中半纤维素的乙酰化效果，结果发现两者对半纤维素的溶解速度和反应速度均显著快于纤维素；而且[Amim][Cl]中的乙酰化产物的取代度 (1.65) 比[C₄mim][Cl]中更高 (1.57)。故选择[Amim][Cl]对半纤维素的乙酰化工艺参数进行优化。结果表明：反应温度为 100℃，乙酸酐用量和半纤维素葡萄糖单元羟基摩尔比为 22：1，反应时间为 20min 时，半纤维素乙酰化效果最好，取代度最终可达 1.68。对改性前后的天然半纤维素的 IR 图谱进行比较，a 为未改性的天然半纤维素，896cm⁻¹ 处的尖锐吸收峰是糖单元之间 β-糖苷键的特征峰，这证实了木糖单元通过 β 键形成了酱油渣半纤维素的主链；b 为半纤维素在离子液体[Amim][Cl]中乙酰化的半纤维素，在 1747cm⁻¹ （C=O）、1373cm⁻¹ （—C—CH₃）和 1235cm⁻¹ （—C—O—）处 3 个重要酯吸收峰的存在，证明半纤维素发生了乙酰化反应。b 中 3427cm⁻¹ 处的吸收峰强度显著降低，表明未改性半纤维素在乙酰化后羟基减少。在 a 的 1043cm⁻¹ 处和 b 的 1047cm⁻¹ 处的吸收峰是葡萄糖单元 C—O—C 连接的 C—O 伸缩振动产生的。在 a 的 1643cm⁻¹ 处和 b 的 1632cm⁻¹ 处的小吸收峰是由水产生的。在 1840~1760cm⁻¹ 之间无吸收峰，说明产物中不存在未反应的乙酸酐。而且在 1700cm⁻¹ 处无羧基吸收峰存在，表明了反应中未产生乙酸副产物[73]。

在另一种途径中，研究人员实现了以酶促法完成魔芋葡甘聚糖与醋酸乙烯酯之间的酰化反应；在离子液体[Cₙmim][BF₄] （n=2，4，8）和[C₄mim][PF₆]中得到的酰化产物相较于叔丁醇为溶剂时表现出更高的取代度和热稳定性。且在离子液体溶剂体系中，酰化反应只发生在糖单元的 C₆—OH 位。此外，在这 4 种离子液体中对酶催化剂处理 6h 后，酶仍然可保持 79%以上的初始活性，而在纯粹的叔丁醇中，酶仅保持 15%的初始活性[74]。再如以离子液体[C₄mim][BF₄]作为反应溶剂，固定化脂肪酶催化百合多糖与乙酸乙烯酯的酰化反应，催化剂酶的活性在离子液体中得到了提高且表现出很强的区域选择性，酰化反应同样仅发生在 C₆—OH 上[75]。由此可见使用 IL 不仅反应稳定性和区域选择性提高，且能保持酶的催化性能。

6.6　其他反应（缩醛/聚合/脱水/氧化/环化/脱羧等）

笔者团队还开展了温敏性苯并噻唑 IL 中芳香醛缩醛的合成反应尝试，具体条件如下：

① 苯甲醛与甲醇的缩合反应：苯甲醛 0.05mol，甲醇 0.15mol，离子液体 0.01mol 加入带有磁力搅拌器和加热装置的圆底烧瓶中，搅拌加热，80℃反应 2h 后，停止反应，冷却至室温，离子液体析出，过滤回收离子液体，将滤液用无水硫酸镁干燥后用于 HPLC 分析，计算醛的转化率。反应式如下：

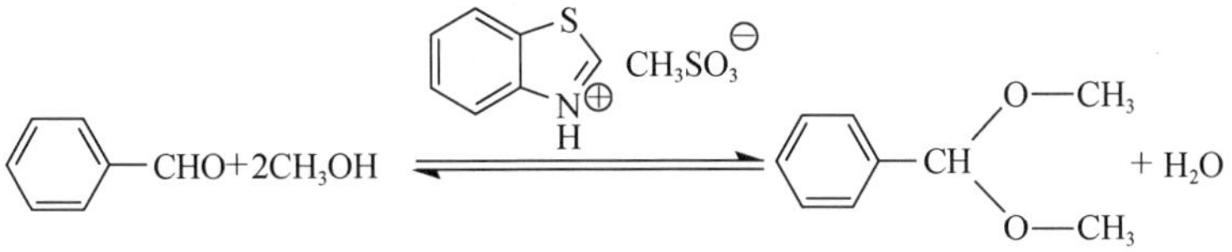

② 苯甲醛与乙醇的缩合反应：苯甲醛 0.05mol，乙醇 0.15mol，离子液体 0.01mol 加入带有磁力搅拌器和加热装置的圆底烧瓶中，搅拌加热，80℃反应 2h 后，停止反应，冷却至室温，离子液体析出，过滤回收离子液体，将滤液用无水硫酸镁干燥后用于 HPLC 分析，计算醛的转化率。反应式如下：

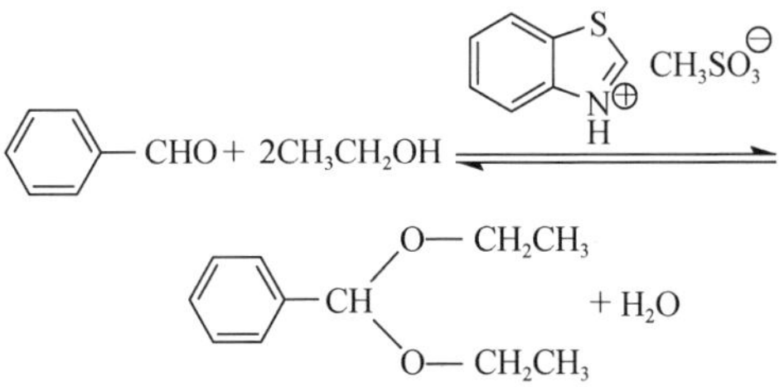

③ 苯甲醛与正丙醇的缩合反应：苯甲醛 0.05mol，正丙醇 0.15mol，离子液体 0.01mol 加入带有磁力搅拌器和加热装置的圆底烧瓶中，搅拌加热，80℃反应 2h 后，停止反应，冷却至室温，离子液体析出，过滤回收离子液体，将滤液用无水硫酸镁干燥后用于 HPLC 分析，计算醛的转化率。反应式如下：

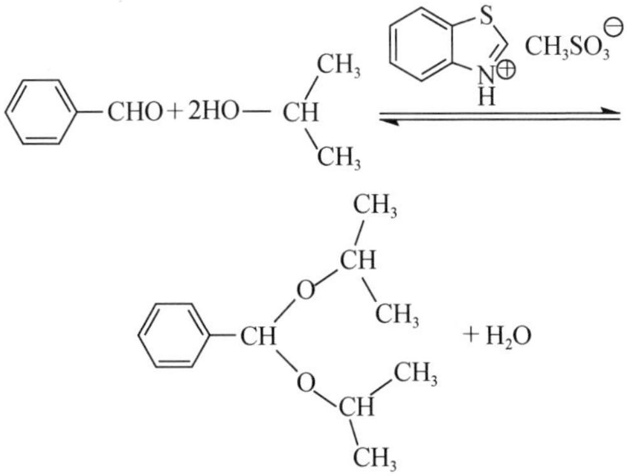

④ 苯甲醛与异丙醇的缩合反应：苯甲醛 0.05mol，异丙醇 0.15mol，离子液体 0.01mol 加入带有磁力搅拌器和加热装置的圆底烧瓶中，搅拌加热，80℃反应 2h 后，停止反应，冷却至室温，离子液体析出，过滤回收离子液体，将滤液用无水硫酸镁干燥后用于 HPLC 分析，计算醛的转化率。反应式如下：

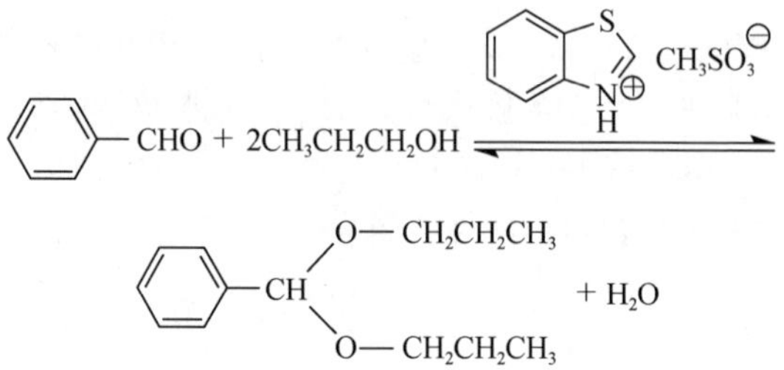

⑤ 苯甲醛与正丁醇的缩合反应：苯甲醛 0.05mol，正丁醇 0.15mol，离子液体 0.01mol 加入带有磁力搅拌器和加热装置的圆底烧瓶中，搅拌加热，80℃反应 2h 后，停止反应，冷却至室温，离子液体析出，过滤回收离子液体，将滤液用无水硫酸镁干燥后用于 HPLC 分析，计算醛的转化率。反应式如下：

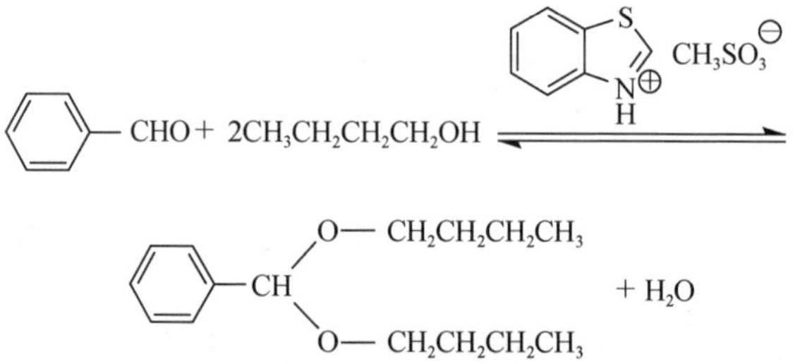

⑥ 苯甲醛与异丁醇的缩合反应：苯甲醛 0.05mol，异丁醇 0.15mol，离子液体 0.01mol 加入带有磁力搅拌器和加热装置的圆底烧瓶中，搅拌加热，80℃反应 2h 后，停止反应，冷却至室温，离子液体析出，过滤回收离子液体，将滤液用无水硫酸镁干燥后用于 HPLC 分析，计算醛的转化率。反应式如下：

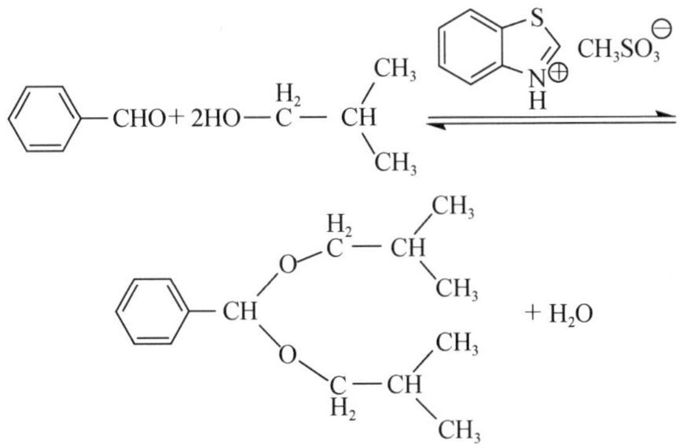

⑦ 苯甲醛与仲丁醇的缩合反应：苯甲醛 0.05mol，仲丁醇 0.15mol，离子液体 0.01mol 加入带有磁力搅拌器和加热装置的圆底烧瓶中，搅拌加热，80℃反应 2h 后，停止反应，冷却至室温，离子液体析出，过滤回收离子液体，将滤液用无水硫酸镁干燥后用于 HPLC 分析，计算醛的转化率。反应式如下：

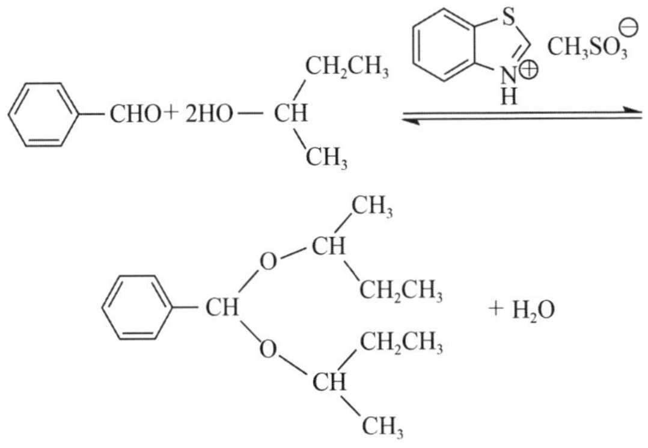

⑧ 苯甲醛与叔丁醇的缩合反应：苯甲醛 0.05mol，叔丁醇 0.15mol，离子液体 0.01mol 加入到带有磁力搅拌器和加热装置的圆底烧瓶中，搅拌加热，80℃反应 2h 后，停止反应，冷却至室温，离子液体析出，过滤回收离子液体，将滤液用无水硫酸镁干燥后用于 HPLC 分析，计算醛的转化率。反应式如下：

$$\text{C}_6\text{H}_5\text{—CHO} + 2\,\text{HOC}(\text{CH}_3)_3 \xrightarrow[\text{[HBth]}]{\text{[CH}_3\text{SO}_3]^{\ominus}} \text{C}_6\text{H}_5\text{CH}[\text{OC}(\text{CH}_3)_3]_2 + \text{H}_2\text{O}$$

⑨ 在此先以苯甲醛与正丁醇为模型反应底物，固定苯甲醛用量为 0.05mol，正丁醇用量为 0.15mol，离子液体用量为苯甲醛物质的量的 20%，反应时间 2h，反应温度 80℃，考查了三种阴离子不同的新型离子液体的催化效果，结果如表 6-9 所示。实验结果表明，新型离子液体对缩醛反应也具有很好的催化活性，转化率在 80% 以上，催化活性顺序为：[HBth][CF$_3$SO$_3$] > [HBth][CH$_3$SO$_3$] > [HBth][p-TSA]，这与酸度测定的大小顺序相一致。同时，离子液体[HBth][CH$_3$SO$_3$]和[HBth][p-TSA]在反应体系冷却后也可以自动析出，表现出温敏型离子液体的特性，使得离子液体可以通过液-固分离（过滤）来进行回收。综合离子液体的催化性能和回收特性进行考虑，离子液体[HBth][CH$_3$SO$_3$]的催化效果最好，转化率达到 95%，并且方便回收。该结果进一步证明了新型离子液体[HBth][CH$_3$SO$_3$]作为温敏型离子液体在催化性能和回收特性上的独特优势。

表 6-9　不同阴离子的苯并噻唑离子液体对缩醛反应的影响

实验组	IL 催化剂	IL 是否可以降温析出（是/否）	转化率/%
1	[HBth][CH$_3$SO$_3$]	是	95.0
2	[HBth][CF$_3$SO$_3$]	否	98.7
3	[HBth][p-TSA]	是	80.6

基于表 6-9 的结果，继续选用离子液体[HBth][CH$_3$SO$_3$]为催化剂，固定苯甲醛用量为 0.05mol，醇用量为 0.15mol，离子液体用量为苯甲醛物质的量的 20%，反应时间 2h，反应温度 80℃考查其对不同结构反应底物的催化效果，结果如表 6-10 所示。从表中可以看出，该离子液体对多种醇的缩合反应具有很好的催化效果。由于醛与醇的缩

合反应为亲核加成反应，亲核试剂的亲核能力和空间位阻效应对反应结果有较大的影响。随着碳链的增长，与羟基相连的烃基给电子能力增强，使羟基氧原子的亲核能力得到提高，从而使反应活性增强，转化率略有提高（实验组1、2、3）。但是当继续增加碳链长度时，空间位阻变大，使反应变得困难，降低了转化率（实验组5、6）。同理，实验组4、7、8中，随着空间位阻的增大，醛的转化率逐渐降低。在反应现象方面，除甲醇的体系外，离子液体均可以在反应完成并冷却至室温后自发沉淀析出，整个反应过程表现为液-固两相→均相→液-固两相的催化系统。由此证明离子液体[HBth][CH$_3$SO$_3$]在缩醛反应中也能表现出温敏型离子液体的性质，可以均相催化反应并通过过滤予以回收和重复使用。

表 6-10 离子液体[HBth][CH$_3$SO$_3$]催化不同底物的缩醛反应

实验组	醇溶剂	离子液体是否可以降温析出 （是/否）	转化率/%
1	甲醇	否	98.6
2	乙醇	是	99.1
3	正丙醇	是	99.4
4	异丙醇	是	76.5
5	正丁醇	是	95.0
6	异丁醇	是	92.3
7	仲丁醇	是	73.6
8	叔丁醇	是	60.8

作为多糖类化合物的典型代表，纤维素一直是学界研究的热点。对纤维素结构改性的研究层出不穷，纤维素接枝共聚物是热点之一。由于天然纤维素具有的高结晶性和难溶性使得许多改性纤维素的化学反应只能在多相介质中进行，用离子液体作为溶剂可以使得纤维素改性均相反应顺利进行，目前离子液体是实现纤维素均相反应最有效的介质。张文凯以离子液体[C$_4$mim][Cl]为反应介质，采用开环接枝聚合法，将纤维素接枝聚己内酯合成了纤维素接枝聚己内酯共聚物，如图6-20所示。在80℃下搅拌90min，纤维素即溶解于离子液体中形成溶液。此外，对于合成的接枝产物，在少量离子液体存在的情况下，该聚合物溶解性特别好，甚至能溶于水；当去除离子液体后其溶解度明显下降[76]。

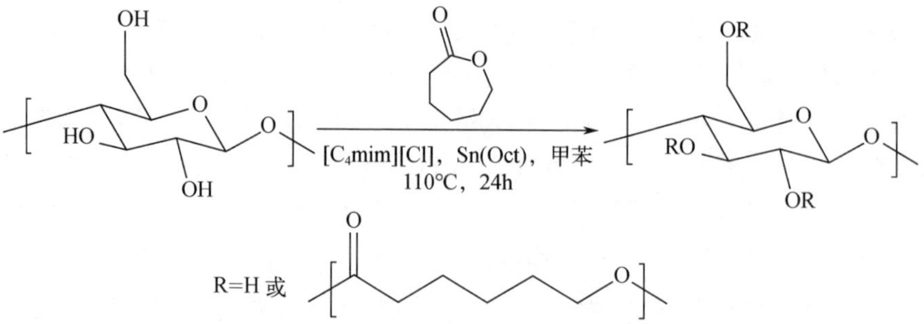

图 6-20   离子液体[C₄mim][Cl]中合成纤维素接枝聚己酯共聚物[76]

在脱水反应中，DES 被首次成功应用于 5-乙氧基甲基糠醛（EMF）的合成[见图 6-21（a）]，而现有的催化剂主要为 $H_3PW_{12}O_{40}$、$FeCl_3$、$AlCl_3$、$BF_3 \cdot (Et)_2O$、H_2SO_4、HCl、1-（4-磺酸）甲基咪唑磷钨酸盐（$[MimBS]_3PW_{12}O_{40}$）和强酸性阳离子交换树脂；此外带有磺酸基的离子液体也被使用过，而 DES 的催化性能亟待探索。新的反应体系基于"一锅法"，首先在 DES 和乙醇中，果糖脱去三分子水生成 5-羟甲基糠醛（HMF），HMF 再在 DES 的作用下与乙醇醚化生成 EMF，这两步反应都是酸催化反应，而 DES 的氢键供体具有酸性，不需再加酸性催化剂，为此研究人员选用了一系列酸性氢键供体的 DES 作为催化剂进行比较。在各种备选 DES 中，氯化胆碱-草酸的组合在微波辐射和 343K 下 3h 内产生最高的 D-果糖转化率（92%）和 EMF 产率（74%）。微波辐射在低得多的温度下显著提高了反应速率，并实现了高产率。而许多研究表明，反应时间长是一锅合成 EMF 的主要缺点，反应时间的增加也增加了副产物的形成，并导致 EMF 的选择性降低。该反应体系中的 DES 也是可重复使用的，并且显示出长达四个周期的良好催化活性，而且全过程中使用的所有原材料都来源于天然生物质，绿色且具有实用价值[77]。

在环合反应中，可使用简单脂肪胺与 2,5-己二酮在氯化胆碱-尿素 DES 中发生 Paal-Knorr 反应合成吡咯[图 6-21（b）]，与氯化胆碱-尿素-甘油 DES 相比较，氯化胆碱-尿素 DES 具有更高的催化 Paal-Knorr 反应的活性，其原因是尿素比甘油的氢键形成能力更强。整个反应条件相当温和，不需要添加额外的 Brønsted 或 Lewis 酸催化剂。DES 廉价、无毒且可回收，这些反应条件简单且环保[78]。

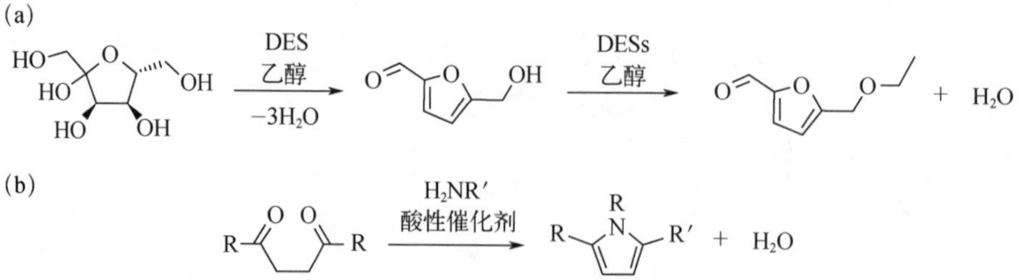

图 6-21   DES 催化 5-乙氧基甲基糠醛（EMF）的合成（a）和催化 2,5-己二酮合成吡咯（b）[78]

在氧化反应的应用方面，研究人员还尝试以氯化胆碱和甲磺酸形成的 DES 作为催化剂合成环氧大豆油，并发现反应温度、催化剂用量、H_2O_2 用量、乙酸用量均可对大豆油环氧值产生明显影响。研究表明，氯化胆碱-甲磺酸具有较好的催化环氧化反应性能，通过响应面分析法优化的环氧大豆油最佳合成条件为：反应温度 73℃，催化剂用量 4.8%，H_2O_2 用量为 72%，反应时间 3.6h，乙酸用量 9%。此条件下环氧大豆油的环氧值为 6.98，与模型预测值基本相符。与传统有机酸催化比较，DES 催化剂更易分离，更符合绿色合成要求[79]。此外，DES 可被用于无金属和无碱存在的脱羧反应，反应对象如肉桂酸衍生物；其机制为 DES 中的氢键供体尿素组分具有碱性，能有效促进此类羧酸的脱羧反应，从而获得含有特殊取代基的苯乙烯系列产物。该方法可再生且经济高效，具有重要应用价值[80, 81]。

参考文献

[1] Caro H, Graebe C, Liebermann C. UeberFabrikation von künstlichem Alizarin[J]. Berichteder Deutschen Chemischen Gesellschaft, 2023, 3（1）：359-360.

[2] Park T J, Wewer M, Yuan X, et al. Glycosylation in room temperature ionic liquid using unprotected and unactivated donors[J].Carbohydrate Research, 2007, 342（3-4）:614-620.

[3] Jacques A, Gwenaelle Z. Ionic liquid promoted atom economic glycosylation under Lewis acid catalysis[J].Green Chemistry, 2009, 11（8）:1179-1183.

[4] Kuroiwa Y, Sekine M, Tomono S, et al. A novel glycosylation of inactive glycosyl donors using an ionic liquid containing a protic acid under reduced pressure conditions[J]. Tetrahedron Letters, 2010, 51（48）: 6294-6297.

[5] Sau A, Misra A K. Odorless eco-friendly synthesis of thio- and selenoglycosides in ionic liquid[J]. Cheminform, 2011, 42（51）: 1905-1911.

[6] 江文辉, 文鹤林. 采用微波辅助离子液体催化合成辛基糖苷[J]. 中南大学学报（自然科学版）, 2010, 41（5）：1714-1717.

[7] 黄煜, 周贤威, 房连顺, 等. HZSM-5 固载离子液体催化合成烷基糖苷及其动力学[J]. 精细化工, 2021, 38（11）：2312-2321.

[8] 陈欢生, 蔡德武, 陈伟群. 香茅醇葡萄糖苷的合成[J]. 香料香精化妆品, 2016（5）：31-33.

[9] 姚其正, 王笃政, 王玉祥, 等. 一种制备胞苷的新方法：CN201210088690.1[P]. 2023-03-30.

[10] 刘艳梅, 应敏, 杨志杰, 等. [Bmim]Cl/FeCl₃ 离子液体催化 α-生育酚与 β-D-五乙酰葡萄糖的糖基化反应[J]. 有机化学, 2006, 26（9）：1286-1290.

[11] Liu Y, Huang Y, Boamah P O, et al.Homogeneous synthesis of linoleic acid-grafted chitosan oligosaccharide in ionic liquid and its self-assembly performance in aqueous solution[J].Journal of Applied Polymer Science, 2015, 132（13）:41727.

[12] Cui Y, Xu M, Yao W, et al. Room-temperature ionic liquids enhanced green synthesis of β-glycosyl 1-ester[J]. Carbohydrate Research, 2015, 407: 51-54.

[13] Zhang T, Li X, Song H, et al. Ionic liquid-assisted catalysis for glycosidation of two triterpenoid sapogenins[J]. New Journal of Chemistry, 2019, 43: 16881-16888.

[14] He X, Chan T H. Ionic-tag-assisted oligosaccharide synthesis[J]. Synthesis, 2006, 10：1645-1651.

[15] Huang J, Lei M, Wang Y A. Novel and efficient ionic liquid supported synthesis of oligosaccharides[J]. Tetrahedron Letters, 2006, 47（18）：3047-3050.

[16] Matthieu P, Hubert-Roux M, Martin C, et al.First examples of α-（1→4）-glycosylation reactions on ionic liquid supports[J].European Journal of Organic Chemistry, 2010, 33:6366-6371.

[17] Li D X. Glycopeptide synthesis on an ionic liquid support[J]. Organic Letters, 2014, 16（11）：3008-3011.

[18] Yuta I, Norihiko S, Kei K, et al. Total synthesis of TMG-chitotriomycin based on an automated electrochemical assembly of a disaccharide building block[J]. Beilstein Journal of Organic Chemistry, 2017, 13: 919-924.

[19] Lang M, Kamrat T, Nidetzky B. Influence of ionic liquid cosolvent on transgalactosylation reactions catalyzed by thermostable beta-glycosylhydrolaseCel B from *PyrococcusFuriosus*[J]. Biotechnology & Bioengineering, 2010, 95（6）：1093-1100.

[20] 张嘉恒，王振元，吴称玉，等. 一种基于离子液体的生物催化体系生产 α-熊果苷的方法：CN202210228104.2[P]. 2023-12-08.

[21] 张立伟，程启斌. 一种酶法制备红景天苷的方法与流程：CN106222218A[P]. 2016-07-31.

[22] Miranda-Molina A, Xolalpa W, Strompen S, et al. Deep eutectic solvents as new reaction media to produce alkyl-glycosides using alpha-amylase from *Thermotoga maritima*[J]. International Journal of Molecular Sciences, 2019, 20（21）：5439.

[23] Dyson P J, Ellis D J, Henderson W, et al. A comparison of ruthenium-catalysed arene hydrogenation reactions in water and 1-alkyl-3-methylimidazolium tetrafluoroborate ionic liquids[J]. Advanced Synthesis & Catalysis, 2010, 345: 216-221.

[24] 念保义，徐刚，吴坚平，等. 离子液体中柠檬醛选择性催化加氢合成薄荷醇的研究[J]. 浙江大学学报（理学版），2007, 34（5）：556-559.

[25] 陈声培，楼乔奇，陈燕鑫，等. 马来酸在离子液体[Bmim]BF$_4$ 中的电化学还原和原位红外光谱研究[J]. 精细化工, 2008, 25（11）：1110-1113.

[26] 王欢，薛腾，张爱健，等. 香豆素在离子液体（[Bmim]BF$_4$）中的电还原行为[J]. 高等学校化学学报, 2006, 27（6）：1135-1137.

[27] Wang T, Wei J, Liu H, et al. Synthesis of renewable monomer 2, 5-bishydroxymethylfuran from highly concentrated 5-hydroxymethylfurfural in deep eutectic solvents[J]. Journal of Industrial and Engineering Chemistry, 2020, 81: 93-98.

[28] 冯秋菊，李峰，肖永来，等. 离子液体[Bmim]BF$_4$ 溶液中电化学还原苯甲醛合成苯甲醇[J]. 吉首大学学报（自然科学版），2016, 37（2）：47-50.

[29] 白淑坤. 醇胺类离子液体在 C-C 及 C-X 键构建反应中的应用[D]. 新乡：河南师范大学, 2015.

[30] 苏策，张磊，张应鹏. 离子液体/水混合溶剂促进醛酮还原反应[J]. 兰州理工大学学报, 2008, 34（4）：74-76.

[31] Tang J, Toufouki S, Yohannes A, et al. Reactive behavior of isoquinoline alkaloid in a green reduction process assisted by ionic liquids and solvent-free techniques[J]. Reaction Chemistry & Engineering, 2021, 6: 67-73.

[32] 沈加春，郭建平，孙艳美，等. SBA-15 固载离子液体功能化脯氨酸的制备及其催化 Knoevenagel 缩合反应[J]. 催化学报, 2010, 31（7）：827-832.

[33] Teng Z, Hao H, Jun D, et al. Novel 3-methyl-2-alkylthio benzothiazolyl-based ionic liquids: synthesis, characterization, and antibiotic activity[J]. Molecules, 2018, 23（8）:2011.

[34] Audrey A, Bruce P, Giang V T. Synthesis of imidazolium and pyridinium-based ionic liquids and application of 1-alkyl-3-methylimidazolium salts as pre-catalysts for the benzoin condensation using solvent-free and microwave activation[J]. Tetrahedron, 2010, 66（6）：1352-1356.

[35] 姜方胜. 新型手性咪唑鎓盐的合成和咪唑鎓盐离子液体的制备及催化苯偶姻缩合反应[D]. 成都：四川大学, 2004.

[36] Davis J H, Forrester K J. Thiazolium-ion based organic ionic liquids（OILs）: Novel OILs which promote the benzoin condensation[J]. Tetrahedron Letters, 1999, 40（9）: 1621-1622.

[37] Miyashita A, Suzuki Y, Iwamoto K I, et al. Catalytic action of azolium salts vi preparation of benzoins and acyloins by condensation of aldehydes catalyzed by azolium salts[J]. Chemical & Pharmaceutical Bulletin, 1994, 42（12）: 2633-2635.

[38] 王英磊, 李文欢, 宋晓静, 等. 低共熔溶剂中 2-氨基-7-羟基-3-氰基-4-芳基-4H-色烯的绿色合成[J]. 化学试剂, 2021, 43（6）: 852-856.

[39] Tiecco M, Germani R, Cardellini F. Carbon-carbon bond formation in acid deep eutectic solvent: chalcones synthesis via Claisen-Schmidt reaction[J]. RSC Advances, 2016, 10: 1039.

[40] 徐玥, 梁金花, 任晓乾, 等. 双核碱性功能化离子液体催化 Knoevenagel 缩合反应[J]. 南京工业大学学报（自然科学版）, 2012 , 34（1）: 105-108.

[41] Shen J C, Guo J P, Sun Y M, et al. Knoevenagel condensation catalyzed by immobilized ionic liquids-proline on SBA-15[J]. Chinese Journal of Catalysis, 2010, 31（7）: 827-832.

[42] 王严严, 刘云云, 董继先, 等. 低共熔溶剂体系中糠醛与环戊酮合成生物燃料中间体的研究[J]. 太阳能学报, 2021, 42（08）: 478-482.

[43] 孔令义. 香豆素化学[M]. 北京：化学工业出版社, 2008.

[44] Harjani J R, Nara S J, Salunkhe M M. Lewis acidic ionic liquids for the synthesis of electrophilic alkenes via the Knoevenagel condensation[J]. Tetrahedron Letters, 2002, 43（6）: 1127-1130.

[45] Liu X H, Fan J C, Liu Y, et al. L-Proline as an efficient and reusable promoter for the synthesis of coumarins in ionic liquid[J]. Journal of Zhejiang University-Science B, 2008, 9（12）: 990-995.

[46] Valizadeh H, Shockravi A, Gholipur H. Microwave assisted synthesis of coumarins via potassium carbonate catalyzed knoevenagel condensation in1-n-butyl-3-methylimidazolium bromide ionic liquid[J]. Cheminform, 2010, 38（47）: 867-870.

[47] Valizadeh H, Vaghefi S. One-pot wittig and Knoevenagel reactions in ionic liquid as convenient methods for the synthesis of coumarin derivatives[J]. ChemInform, 2010, 40（38）: 1676-1678.

[48] Yadav L D S, Singh S, Vijai K. One-pot [Bmim]OH-mediated synthesis of 3-benzamidocoumarins[J]. Tetrahedron Letters, 2009, 50: 2208-2212.

[49] Zhu A, Bai S, Li L, et al. Choline hydroxide: An efficient and biocompatible basic catalyst for the synthesis of biscoumarins under mild conditions[J]. Catalysis Letters, 2015, 145（4）: 1089-1093.

[50] 黎良枝, 龚润曾, 顾敏娜. 吡啶丙基磺酸离子液体催化乙酸与苯酚反应的研究[J]. 化学教学, 2010（7）: 12-13.

[51] Katsoura M H, Polydera A C, Tsironis L, et al. Use of ionic liquids as media for the biocatalytic preparation of flavonoid derivativeswith antioxidant potency[J]. Journal of Biotechnology, 2006, 123（4）: 491-503.

[52] Katsoura M H, Polydera A C, Katapodis P, et al. Effect of different reaction parameters on the lipase-catalyzed selective acylation ofpoly-hydroxylated natural compounds in ionic liquids[J]. Process Biochemistry, 2007, 42（9）: 1326-1334.

[53] Lue B M, Guo Z, Xu X. Effect of room temperature ionic liquid structure on the enzymatic acylation of flavonoids[J]. Process Biochemistry, 2010, 45（8）: 1375-1382.

[54] 张小曼. 离子液体催化合成食用香料乙酸辛酯的研究[J]. 中国食品添加剂, 2010（2）: 72-74.

[55] 韩晓祥, 武晓丹, 周凌霄, 等. 微波辐射离子液体催化合成乙酸环己酯[J]. 中国食品学报, 2012, 12

（10）：82-89.

[56] Wang J, Li J, Zhang L, et al. Lipase-catalyzed synthesis of caffeic acid phenethyl esterin ionic liquids: Effect of specific ions and reaction parameters[J]. Chinese Journal of Chemical Engineering, 2013, 21（12）：1376 - 1385.

[57] Kurata A, Kitamura Y, Irie S, et al. Enzymatic synthesis of caffeic acid phenethyl esteranalogues in ionic liquid[J]. Journal of Biotechnology, 2010, 148（2）：133-138.

[58] Pang N, Gu S S, Wang J, et al. A novel chemoenzymatic synthesis of propyl caffeate using lipase-catalyzed transesterification in ionic liquid[J]. Bioresource Technology, 2013, 139: 337-342.

[59] 陈卓, 李勇, 王强, 等. 室温离子液体催化肉桂酸甲酯的合成[J]. 贵州科学, 2007, 25（2）：43-46.

[60] Sale-Campos H, Souza P R, Peghini B C, et al. An overview of the modulatory effects of oleic acid in health and disease[J]. Mini-Reviews in Medicinal Chemistry, 2013, 13（2）：201-210.

[61] 张啸, 王昌梅, 杨红, 等. 离子液体[Hnhp]HSO$_4$催化油酸酯化反应的工艺条件优化[J]. 粮油加工（电子版）, 2015, 4（5）：39-42.

[62] 王英磊, 陈鑫, 常双强, 等. 低共熔溶剂氯化胆碱-尿素催化合成阿司匹林[J]. 精细石油化工, 2018, 35（6）：72-75.

[63] Wang X, Sun S, Hou X. Synthesis of lipophilic caffeoyl alkyl ester using a novel natural deep eutectic solvent[J]. ACS Omega, 2020, 5（19）：11131-11137.

[64] 申子龙. 硼酸基低共熔溶剂强化月桂酸单甘油酯的合成过程[D]. 上海：华东理工大学, 2021.

[65] Sathieshkumar P P, Saibabu M D A, Nagarajan R A C. Approach for the synthesis of 5-（indol-3-yl）hydantoin: An application to the total synthesis of （±）-Oxoaplysinopsin B[J]. The Journal of Organic Chemistry, 2021, 86（5）：3730-3740.

[66] Park S, Viklund F, Hult K, et al. Vacuum-driven lipase-catalysed direct condensation of L-ascorbic acid and fatty acids in ionic liquids: Synthesis of a natural surface active antioxidant[J]. Green Chemistry, 2003, 5（6）：715-719.

[67] Zeng C, Qi S, Li Z, et al. Enzymatic synthesis of phytosterol esters catalyzed by *Candida rugosa* lipase in water-in-[Bmim]PF$_6$ microemulsion[J]. Bioprocess and Biosystems Engineering, 2015, 38（5）：939-946.

[68] Gorke J T, Srienc F, Kazlauskas R J. Hydrolase-catalyzed biotransformations in deep eutectic solvents[J]. Chemical Communications, 2008（10）：1235-1237.

[69] Zhao H, Baker G A, Holmes S. New eutectic ionic liquids for lipase activation and enzymatic preparation of biodiesel[J]. Organic & Biomolecular Chemistry, 2011, 9: 1908-1916.

[70] Zhao H, Zhang C, Crittle T D. Choline-based deep eutectic solvents for enzymatic preparation of biodiesel from soybean oil[J]. Journal of Molecular Catalysis B: Enzymatic, 2013, 85-86: 243-247.

[71] Theodosiou E, Katsoura M H, Loutrari H, et al. Enzymatic preparation of acylated derivatives of silybin in organic and ionic liquid media and evaluation of their antitumor proliferative activity[J]. Biocatalysis and Biotransformation, 2009, 27（3）：161-169.

[72] Park S, Kazlauskas R J. Improved preparation and use of room-temperature ionic liquids in lipase-catalyzed enantio-and regioselective acylations[J]. Journal of Organic Chemistry, 2001, 66: 8395-8401.

[73] 黄科林, 吴睿, 李会泉, 等. 纤维素在离子液体中均相酰化反应动力学[J]. 化工学报, 2011, 62（7）：1898-1905.

[74] Chen Z G, Zong M H, Li G J. Lipase-catalyzed acylation of konjac glucomannan in ionic liquids[J]. Journal of Chemical Technology and Biotechnology, 2006, 81（7）：1225-1231.

[75] Chen Z G, Zhang D N, Han Y B. Lipase-catalyzed acylation of lily polysaccharide in ionic liquid-containing

systems[J]. Process Biochemistry, 2013, 48（4）: 620-624.

[76] 张文凯. 离子液体在天然多糖溶解及接枝改性中的应用研究[D]. 广州: 中山大学, 2010.

[77] Gawade A B, Yadav G D. Microwave assisted synthesis of 5-ethoxymethylfurfural in one pot from D-fructose by using deep eutectic solvent as catalyst under mild condition[J]. Biomass & bioenergy, 2018, 11:38-43.

[78] Handy S, Lavender K. Organic synthesis in deep eutectic solvents: Paal-Knorr reactions[J]. Tetrahedron Letters, 2013, 54（33）: 4377-4379.

[79] 杨心雅, 端木佳辉, 毛晓锐, 等. 低共熔溶剂催化合成环氧大豆油工艺研究[J].中国粮油学报, 2021, 36（10）: 110-114.

[80] Sai Y W, Lee K M. Enhanced cellulase accessibility using acid-based deep eutectic solvent in pretreatment of empty fruit bunches[J]. Cellulose, 2019, 26: 9517-9528.

[81] Sheng W B, Sumera Y, Chen C, etal. Metal-free and base-free decarboxylation of substituted cinnamic acids in a deep eutectic solvent[J]. Synthetic Communications, 2020, 50（4）: 1-6.

第 **7** 章

新型绿色溶剂与天然产物降解

　　天然产物降解，主要包括水解、醇解、乙酰解、氧化裂解、酶解、微生物降解等；该领域覆盖相当广泛，而且具有较强的实用性，在高附加值产物制备、化工原料、废弃物处理、新材料开发、中药制药、食品加工、饲料肥料、能源燃料及基础研究方面均能体现出明显的价值。从文献数目和应用广度来看，绿色溶剂对于天然大分子的水解是获得关注较多的一个方面。作为一类重要的化学反应，水解也是天然产物化学的一项常见研究内容和技术手段。通过键的断裂和数个作为组成单元的较简单化合物的生成，水解不仅可为复杂化学成分的结构研究予以支持，还可为制备重要的水解产物提供途径。研究新的催化剂和反应路线，避免使用难回收、副反应多、易导致污染的液体酸、碱催化剂一直是水解研究领域的热点和难点。目前天然活性成分水解研究发展不及分离分析方面的研究，其中重要的原因之一就是缺乏新技术和新方法的推动，如能立足与前面各章类似的新型绿色化学介质，以其为契机将紧密联系的提取、分离、催化等有关方面研究在天然产物分子这一领域结合起来进行全面而系统的研究则让人期待。那么之前所述的离子液体或低共熔溶剂能否胜任这一角色呢？本章即对于有关绿色溶剂及其功能化家族在天然产物降解领域（尤其是水解）的应用作一介绍，对象涵盖以糖苷键和肽键为主所构成的糖类、苷类和蛋白质类。

7.1　苷类

　　苷类，又称配糖体，是由糖或糖衍生物的端基碳原子与另一类非糖物质（称为苷元或配基）连接形成的化合物，常见的苷元有黄酮、苯丙素、萜类、甾体等等。不同于第 6 章采用绿色溶剂制备苷类，本章则是通过化学水解或生物水解途径将其生成糖与苷元。有些植物体内原存在的苷中有数个糖分子，称为一级苷，水解时可先脱去部分糖分子生成含糖分子较少的次级苷，次级苷进一步水解得糖与苷元。苷类水解成苷元后，在水中的溶解度一般都会大大降低，生物活性也往往随着分子体积和脂-水分配系数的改变发生明显变化，故水解往往是从天然产物中获得有价值的苷元产物之重要手段。

上述生物水解中最常见的是酶水解，水解条件温和且具有高度专属性，但成本高而水解效率低，同时酶催化的溶剂环境亟待拓展。化学水解常包括酸水解、碱水解和Smith 裂解。其中 Smith 裂解基于高碘酸氧化，特点是条件温和，反应可定量进行，适用于一般酸水解时苷元结构容易改变的苷，可用于水解碳苷。碱水解适用范围较窄，一般针对酯苷键（如齐墩果酸 C-28 位羧基连糖后形成的苷）。在最为常用的酸催化水解中，苷键在富含 H⁺ 的环境下发生断裂，反应一般在水中或者稀醇中进行均相反应，所用的酸有盐酸、硫酸、乙酸和甲酸等中强酸，或者是采用便于回收的固体酸（如强酸性离子交换树脂）进行非均相反应。苷发生酸催化水解反应的机理是：苷键原子首先发生质子化，然后苷键断裂生成苷元和糖的阳碳离子中间体，在水中阳碳离子经溶剂化，再脱去氢离子而形成糖。按照苷键原子的不同，酸水解的难易顺序为 N-苷>O-苷>S-苷>C-苷，即最容易水解的为 N-苷，最难水解的为 C-苷。糖部分的取代基也会对水解难易程度造成影响，因为后者与苷键 O 原子接受质子（即质子化）能力强弱有关。苷键上的 O 原子越能接受质子（实质是，苷键 O 原子上的电子云密度越大，越易质子化），相应的糖苷在诱导效应的作用下越容易水解。所以水解难度为 2-氨基糖苷<2-羟基糖苷<3-去氧糖苷<2-去氧糖苷<2，3-二去氧糖苷。最后，由于存在空间位阻效应，在诸多吡喃糖苷中，吡喃环上 C-5 位的取代基越大越难于水解，故五碳糖苷最容易水解（因其 C-5 位上无取代基存在），C-5 上具有大取代基团的糖苷最难水解，所以通常有如下难易顺序：五碳糖苷>甲基五碳糖苷>六碳糖苷>七碳糖苷>糖醛酸苷。抛开较难回收的问题不论，酸水解往往条件较为苛刻（高温、高压），所以容易对苷元的结构产生影响（脱水、开环、异构化等），这是需要在基础研究及技术开发中予以重点考量和特别关注的地方。

由于离子液体的特殊性质，在本领域中最开始被用作水解或酶解用溶剂，尤其是作为酶在非水环境下的催化介质得以应用，曾经引发和超临界流体用作降解介质一样的广泛关注。但一方面部分离子液体在水解反应中作为溶剂时并不稳定，如氯代咪唑离子液体极易水解而变黄，$[PF_6]^-$ 和 $[BF_4]^-$ 阴离子由于水解作用而在原位产生 HF 的案例也已经屡见不鲜了；另一方面，离子液体本身可以携带酸性基团，直接发挥催化水解的作用，同时扮演溶剂+催化剂的双重角色，若只用作反应溶剂则对其功能挖掘利用不够。以离子液体作为水解反应催化剂有许多优点。第一，由于离子液体具有可回收性，可以循环使用，从而减少了排放，提高了经济效益；第二，离子液体在常温下为液态，并且液程很宽，能在均相条件下催化反应，因此催化效率高；第三，离子液体容易通过反萃、吸附等途径与目标产物分开，便于目标物质的回收与离子液体的重复利用；最后，离子液体具有可设计酸性和取代无机酸催化剂的潜力，与无机酸相比，离子液体对设备的腐蚀少，对环境的污染小。因此离子液体在催化各种降解反应的研究中应受到重视。对于天然苷类成分的降解，这一开创性的探索始见于 2008 年前后。

大豆异黄酮是普遍存在于豆科植物中的一种广为人知的活性成分，是纯天然的植物雌激素。但大豆中的异黄酮大多以糖苷的形式存在，生物效应差，肠内难以吸收，说明大豆异黄酮需要水解成相应的苷元方可更好地为机体利用。之前最常用的水解方法为酶水解和盐酸/硫酸水解，但都有一些不足之处。在此，携带有磺酸基的咪唑及吡啶类阳离子、具有酸性的硫酸氢根/磷酸二氢根/对甲苯磺酸根阴离子的离子液体被首次尝试水解此类天然黄酮苷。在 30mL 50%乙二醇-水溶液中，30mg 大豆异黄酮苷于 100℃下水解 8h，通过比较最后发现 0.6mmol 的 1-磺酸丁基-3-甲基咪唑硫酸氢盐离子液体 $[HSO_3C_4mim][HSO_4]$催化效果超过其他离子液体，且在转化率和产率两个指标上甚至超过相同浓度的硫酸；而$[C_4mim][BF_4]$和$[C_4mim][Br]$的产率及转化率比上述酸性 IL 都低得多，推测是在其反应条件下生成的黄酮苷元转化成了其他副产物。当酸性阴离子相同时，磺酸侧链或阳离子母核的变化（咪唑环/吡啶环）只会导致轻微的反应活性差异，所以 IL 的阴离子最为关键；不同阴离子的 Brønsted 酸性排序为硫酸氢根>磷酸二氢根>对甲苯磺酸根。就水解对象来看，三种异黄酮苷也体现了不同的反应活性，其中黄豆黄苷（glycitin）比染料木素（genistin）和大豆苷（daidzin）具有更高的反应活性，在其苷元母核成苷的 C-7 羟基邻位（C-6）有一个甲氧基，可以增强苷键 O 原子接受质子（即质子化）的能力。就反应溶剂而言，纯水无法达到 50%乙二醇-水混合溶剂的催化效果，尽管后者因为沸点更高而对离子液体回收不利。水解反应结束后，会得到固-液两相体系，苷元主要分布在固相中。过滤后滤液减压浓缩除去乙二醇和水，得到离子液体和葡萄糖的混合物，然后加入乙醇溶解前者，过滤除去未溶解的葡萄糖。滤液真空蒸发乙醇后便可得到$[HSO_3C_4mim][HSO_4]$并继续投入新的反应。但结果提示二次反应中转化率和产率都出现明显下降，说明上述后处理操作尚有优化空间[1]。

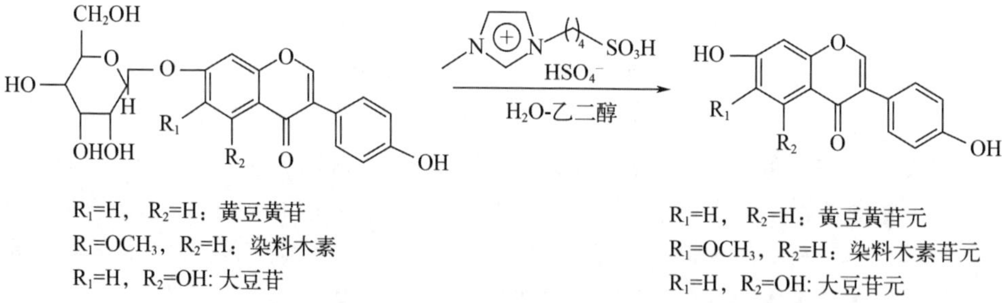
CH₂OH
HO
H
OHOH
R₁
R₂
O
OH
N
N
4
SO₃H
HSO₄⁻
H₂O-乙二醇
HO
R₁
R₂
O
OH
R₁=H，R₂=H：黄豆黄苷
R₁=OCH₃，R₂=H：染料木素
R₁=H，R₂=OH: 大豆苷
R₁=H，R₂=H：黄豆黄苷元
R₁=OCH₃，R₂=H：染料木素苷元
R₁=H，R₂=OH: 大豆苷元

图 7-1　黄酮苷由离子液体催化水解为黄酮苷元的反应路线

图 7-1 为黄酮苷由离子液体催化水解为黄酮苷元的反应路线。考虑到上例中常规加热水解速度较慢，水解时间长达 8h，而微波加热效率较高，可以在不加热容器的情况下快速加热整个样品，能最大程度上减少样品本身的温度梯度，提高离子液体催化水解速度。基于此，离子液体-微波水解提取技术应运而生。这次的对象是杨梅叶中黄

酮苷，水解目标物为杨梅素和槲皮素两种主要黄酮苷元，二者产率作为水解效果考察指标。水解条件为：干燥杨梅叶粉末 1g，水解温度 70℃，时间 10min，20.0mL 浓度为 1.50mol/L 的离子液体水溶液作为水解溶剂，待考察离子液体包括一系列乙基/丁基取代咪唑溴盐、氯盐、四氟硼酸盐、磷酸二氢盐、硫酸盐和二氰氨盐，以及 1-乙酸-3-甲基咪唑氯盐、正丁基吡啶氯盐、四甲铵氯盐，以水为空白对照。结果发现效果位居一二的分别是$[C_4mim][HSO_4]$和$[HOOCH_2mim][Cl]$，由于能够电离出足够多的氢离子，两者的水解效果远超其他离子液体；$[C_4mim][H_2PO_4]$的酸度不强，水解效果还不如能产生 HF 的四氟硼酸盐。$[C_4mim][HSO_4]$在浓度为 2mol/L 时产率最高，继续增加浓度反而会导致苷元降解；类似地，当温度超过 70℃、时间超过 10min 时杨梅素和槲皮素的降解也会加剧。为了进一步验证，2.5mol/L 的$[C_4mim][Br]$水溶液（含 0.80mol/L HCl）和 95%乙醇（含 0.70mol/L HCl）在微波水解和常规加热水解模式下与前面的水解条件进行了对比，其中在$[C_4mim][Br]$和 HCl 的组合中，前者主要用于提升黄酮苷在水中的溶出度，后者则发挥水解效果。结果如表 7-1 所示，提示基于$[C_4mim][HSO_4]$的微波水解技术在产率、速率和节省试剂消耗方面全面占优，同时$[C_4mim][Br]$和乙醇水溶液在无酸存在的情况下全无水解效果。此外，杨梅叶样品水解前后的红外光谱分析证明，$[C_4mim][HSO_4]$水解条件非常温和，以木质素、纤维素、半纤维素等碳水化合物构成的植物基质化学组成没有发生明显改变，离子液体溶液中大量水分子的存在能阻断其与碳水化合物间的强相互作用从而防止了后者的降解，而细胞液中的黄酮苷通过细胞内外浓度差扩散出来并在提取中被同步水解。

表 7-1　杨梅叶杨梅素和槲皮素的提取率比较（$n=3$）

方法	溶剂体系	液固比 /（mL/g）	水解时间 /min	产率/平均值 ± SD/（mg/g）	
				杨梅素	槲皮素
微波法	2.5mol/L $[C_4mim][Br]$（含 0.8mol/L HCl）	30∶1	10	11.42 ± 0.46	1.00 ± 0.05
	2.0mol/L $[C_4mim][HSO_4]$	30∶1	10	12.69 ± 0.38	1.18 ± 0.06
	95%乙醇（含 0.7mol/L HCl）	30∶1	10	11.11 ± 0.51	0.82 ± 0.05
70℃ 加热法	2.5mol/L $[C_4mim][Br]$（含 0.8mol/L HCl）	40∶1	10	8.44 ± 0.42	0.51 ± 0.05
		40∶1	20	9.86 ± 0.39	0.64 ± 0.06
		40∶1	120	10.29 ± 0.76	0.75 ± 0.10

注：每个产率值为三个独立实验的平均值和标准差（SD）。

　　与上述研究同一时期，笔者团队也开展了来自刺梨中的芦丁的离子液体催化水解研究，与上述研究对象不同的是，芦丁为双糖类黄酮苷，水解难度更大。刺梨（*Rosa roxburghii* tratt）是中国云贵和攀西高原所特有的野生植物资源，体内富含多种有益人体的活性成分，可以直接食用，亦可入药用于抗感染、抗癌、治疗坏血病、抗衰老等多种医疗用途，其中抗氧化活性成分主要是芦丁及维生素 C。笔者以 7 种咪唑类酸性离子液体（如表 7-2 所示）取代无机酸用于水解芦丁制备槲皮素，以转化率为主要指标，在相同的反应条件下考察筛选催化效率最佳的离子液体，并采用响应面法对反应条件进行了优化，进而分析了最佳反应条件下的动力学特征[2]。结果提示$[Mim][HSO_4]$和$[HSO_3C_3mim][HSO_4]$（后者即$[PSmim][HSO_4]$）这两种离子液体的催化效果最好，催化效率都达到了 90%以上。$[C_4mim][HSO_4]$离子液体的催化效率略低于 80%。而$[Mim][p\text{-}TSA]$、$[Mim][TfO]$以及$[Mim][MeSO_3]$这三种离子液体的催化效果连 10%也没有达到。这证明了酸性的强弱对水解反应至关重要（这点与酯化反应类似）。而离子液体酸性的强弱是由其阳离子和阴离子的结构所决定的。对比三种阳离子$[Mim]^+$、$[HSO_3C_3mim]^+$ 以及 $[C_4mim]^+$ 可以看出，在相同的阴离子结构下 $[Mim]^+$ 型和 $[HSO_3C_3mim]^+$型的离子液体酸性强于$[C_4mim]^+$型，其中由于$[HSO_3C_3mim]^+$中的质子比$[Mim]^+$型更容易电离，故$[HSO_3C_3mim]^+$的酸性最强。当阴离子不是强酸性离子或者不能提供游离的质子时，如$[Mim][p\text{-}TSA]$、$[Mim][TfO]$以及$[Mim][MeSO_3]$，离子液体体现出的酸性就很弱，所以这四种离子液体的催化效果很差。由此可以看出阴离子对离子液体酸性的影响是很显著的。其中 $H_2PO_4^-$比 HSO_4^-的酸性要弱，这是因为后者比前者更容易电离出 H^+，所以$[HSO_3C_3mim][HSO_4]$催化效果优于$[HSO_3C_3mim][H_2PO_4]$。从表 7-2 中可以看出，$[HSO_3C_3mim][HSO_4]$的催化水解效率最高，达到水解最高效率所用的时间最短，因此选择$[HSO_3C_3mim][HSO_4]$作为催化芦丁水解槲皮素的最佳离子液体。

表 7-2　用于刺梨芦丁水解的七种离子液体的酸碱性比较

编号	离子液体	阳离子	阴离子	pH
A	$[Mim][HSO_4]$		HSO_4^-	1.2
B	$[Mim][p\text{-}TSA]$		$p\text{-}TSA^-$	5.6
C	$[Mim][TfO]$		$CF_3SO_3^-$	5.7

编号	离子液体	阳离子	阴离子	pH
D	[Mim][MeSO₃]		$MeSO_3^-$	4.9
E	[C₄mim][HSO₄]		HSO_4^-	1.6
F	[HSO₃C₃mim][HSO₄]		HSO_4^-	1.0
G	[HSO₃C₃mim][H₂PO₄]		$H_2PO_4^-$	1.5

注：七种离子液体的 pH 值是在室温下以 pH 计对 20mmol/100mL 离子液体水溶液进行测定而获得的。

当最佳离子液体[HSO₃C₃mim][HSO₄]确定后，其用量也会对反应液的酸性产生影响，从而对芦丁的水解效率产生影响，故也是影响芦丁水解效率的一个重要因素。图 7-2 (a) 为不同的离子液体水解芦丁的效果比较。在温度为 95℃、时间为 3h 的条件下，选取 0、0.1mol/L、0.15mol/L、0.20mol/L、0.25mol/L 5 个梯度对离子液体用量进行考察，结果表明当其浓度小于 0.2mol/L 时，芦丁的水解效率随着离子液体浓度的增加而增加，当离子液体的浓度超过 0.2mol/L 时，芦丁的水解率几乎不再增加。此外，从不同温度下的水解率来看，96℃时最高，100℃时反倒有所下降，提示对热不稳定的黄酮苷元不适合在此高温下长时间加热。基于 Box-Behnken Design（BBD）实验所获得的多元线性方程如式（7-1）所示：

$$R=[-0.63+0.53A+1.17B+0.22C-0.35AB-0.20AC-0.28A^2-0.51B^2] \times 100\% \quad (7\text{-}1)$$

式中，R 为水解率，%；A 为时间，h；B 为温度，℃；C 为 IL 摩尔浓度，mol/L。

模型的 F 值为 50.45，$R^2=0.9751$，P 值 < 0.0001，体现了高度显著性；回归模型能够很好地与实际测量值拟合，可以用于响应值的预测。按照线性系数值的大小，温度对水解效率影响最大，其次是水解时间，并且两者的交互作用明显，P 值最小（$P<0.01$）。而且响应曲面均为开口向下的凸形曲面，说明在因素设计范围内存在最大值。考虑到时间被发现为水解效果的显著影响因素之一，而之前的报道对此缺乏专门研究，在此进一步开展了反应动力学调查。结果发现水解率在前 1h 左右上升迅速，而后

明显趋缓。在最佳水解条件下（0.61g 芦丁，温度为 98.5℃、IL 用量为 2.84g/100mL、时间为 1.05h），反应过程符合一级动力学，拟合方程为 $y=-1.678x-4.400$。其中，y 是芦丁浓度差（初始浓度减去实时浓度）的自然对数值，x 是反应时间（min），相关系数 $R^2=0.9984$，速率常数为 $1.678h^{-1}$。

考虑到前面的研究后处理效果不理想，本研究最后仔细探索了离子液体水解芦丁后的重复利用问题。在水解反应过后，将反应液混合物过滤并收集滤液，然后滤液用减压蒸馏除去水分便可得到浓缩的富含杂质的粗离子液体，然后用无水乙醇稀释离子液体，水解产生的葡萄糖和鼠李糖就此析出，过滤除去糖类杂质后将滤液减压浓缩，浓缩液用 20mL 的丙酮洗涤三次，最后旋除残余丙酮，得到棕色黏稠的液体。将所得液体直接用于水解芦丁。循环使用离子液体的结果如图 7-2（b）所示。在最优条件下重复使用了 9 次离子液体，反应时间没有延长，每次的转化率下降得都不明显，均大于 98.5%。在 9 次重复使用中芦丁的水解转化率始终保持在一个较高的水平，有限的降低可能是杂质含量增高所致；结果证明后处理操作能使离子液体得到有效循环，从而提升了水解工艺的经济性。

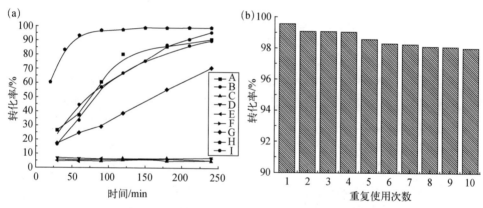

图 7-2　不同的 IL 水解芦丁的效果比较（a）（其英文编号同表 7-2）
和[HSO$_3$C$_3$mim][HSO$_4$]的重复使用性能考察（b）

同样是针对黄酮苷，醇解是另一条降解途径。研究人员采用离子液体 1-正丁基咪唑四氟硼酸盐（[C$_4$mim][HSO$_4$]）为催化剂，其用量为 0.036g/mL，反应温度为（104 ± 1）℃，反应时间为 100min；在此条件下，三种异黄酮糖苷的转化率均接近 100%；醇解反应结束后，常温冷却后生成的苷元在正丁醇中形成结晶，通过简单的抽滤就可以得到目标产物，然后通过旋蒸以及乙醚萃取等操作回收离子液体。另外，催化剂的稳定性测试结果表明，[C$_4$mim][HSO$_4$]经 3 次循环使用后，活性未见明显变化。为了方便使用、减少损耗并开展比较研究，采用浸渍法（包括干法和湿法）将该离子液体固定于硅胶后用于催化醇解反应。结果表明，该固定化离子液体在首次使用时也具有较高催化活性（三种异黄酮糖苷转化率均达100%），但稳定性差；即离子液体容易泄露，难以重复使用；这是因为离子液体与硅胶只能通过简单的物理吸附进行结合，其相互作用力较弱；另外，离子液体酸性过强会对硅胶结构造成破坏，故有必要进一步改进固定化离子液体的方法[3]。此外，孙国霞曾成功构建了微波强化离子液体共溶剂选择性酶促水解芦丁产异槲皮苷的新体系，$[C_2mim][BF_4]$体系的最适条件为：pH=5.0，离子液体体积分数10%，底物浓度0.71g/L，酶浓度0.01g/mL；在新体系中，芦丁转化率99.65%，异槲皮苷得率99.27%，反应效率提高了120倍[4]。

由于前面的研究对象都是黄酮苷，酸性离子液体对于其他结构类型的苷类成分降解效果不得而知，其在天然产物研究中的普适性和有效性需进一步验证。笔者团队随即开展了其对天然甾体皂苷的水解研究。穿山龙（*Rhizoma Dioscoreae* Nipponicae），又名穿地龙、穿龙骨、野山药等，是薯蓣科薯蓣属多年生藤本植物穿山龙的根茎。主要产于陕西、安徽、四川、黑龙江、内蒙古、江苏等地。动物实验表明穿山龙总皂苷具有减慢心率、增强心肌收缩力、改善冠脉循环、降低动脉血压等作用。穿山龙皂苷结构类型上属于甾体皂苷，其中水不溶性的皂苷主要为薯蓣皂苷和纤细皂苷，它们水解均可生成薯蓣皂苷元（diosgenin）。该皂苷元不仅自身具备生物活性，同时也是重要的制药工业原料；将薯蓣皂苷元经过一系列的化学反应，可以制备许多重要的医药中间体，如孕甾双烯酮醇、去氢表雄酮等。薯蓣皂苷元的常规提取方法为酸水解法，是将穿山龙药材浸润在质量分数为3%的硫酸或者盐酸中，并通入蒸汽加压水解8h，过滤后将水解后的滤渣水洗至中性，低温干燥，除去水分，用有机溶剂或者汽油连续回流提取20h左右，浓缩结晶即得到薯蓣皂苷元粗品。整个过程耗时耗能偏多，且无机酸的使用会对设备带来损害，并且会产生一系列的环境污染问题。$[HSO_3C_3mim][HSO_4]$已在前面的实验中被证明是催化水解效果最好的强酸性离子液体，在此猜想是否也会是催化水解薯蓣皂苷的最佳催化剂+溶剂。考虑到超声波能在液体中迅速传播并产生空化效应，巨大的剪切力可有效破坏植物细胞壁，导致薯蓣皂苷更易从细胞内释放出来，有利于提高薯蓣皂苷元的产率，在此建立了超声提取-离子液体水解甾体皂苷工艺[5]：将穿山龙药材粉碎，精确称取2.0g样品到50mL锥形瓶中，加入40mL一定浓度的离子液体溶液，于300W超声波中提取30min后加热回流水解，过滤得固体残渣，收集滤液以重复使用；用蒸馏水将滤渣洗涤至中性，洗涤后的滤渣在60℃充分干燥，再加入40mL正己烷回流提取，结束后过滤并将滤液减压蒸馏即可得到纯净的薯蓣皂苷元。图7-3的结果证实了在同一操作条件下，$[HSO_3C_3mim]$ $[HSO_4]$在八种IL中仍然效果最佳，而且此提取-水解工艺中2.0mol/L为该IL的最佳浓度，而用于水解芦丁的同一IL只需0.2mol/L；此外回流5h后皂苷水解才趋于完成，从水解时间上也长于芦丁，这都提示皂苷比黄酮苷更难水解。

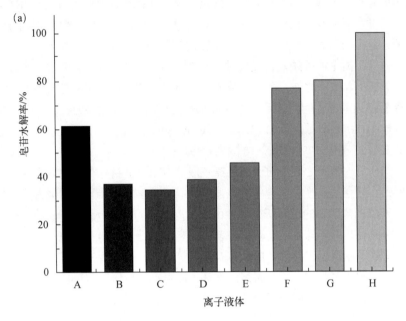

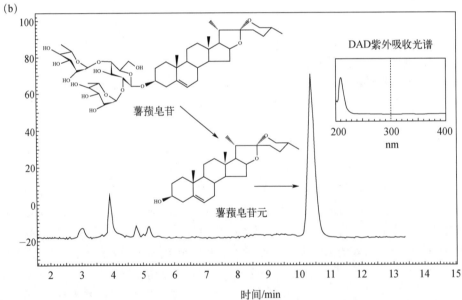

图 7-3　八种离子液体对皂苷水解率的影响（a）（A: [Mim][HSO$_4$]，　B: [Mim][p-TSA]，　C: [Mim][TfO]，　D: [Mim][MeSO$_3$]，　E: [C$_4$mim][H$_2$PO$_4$]，　F: [C$_4$mim][HSO$_4$]，　G: [HSO$_3$C$_3$mim][H$_2$PO$_4$]，　H: [HSO$_3$C$_3$mim][HSO$_4$]）和水解物的 HPLC-DAD 谱图（b）

为了使后处理环节的操作更加便捷，增强离子液体的回收，发挥非均相催化的优势，研究人员在累积了足够的离子液体用作水解催化剂+溶剂的前期研究后，自然而然会从技术创新的角度考虑将离子液体固载后用作固相催化剂。同样是催化水解（异）黄酮糖苷的方法，可以通过合理的阴、阳离子设计先制备酸性强、热稳定性好的离子液体，再将其固定在硅胶或三氧化二铝上制备成非均相催化剂，装入固定床反应器。再将苷类原料溶解于反应溶剂，通过以固定化酸性离子液体装载的固定床反应器进行水解反应，反应完成后获得游离型苷元产品，离子液体非均相催化剂经过简单处理后即可用于下一次水解，循环使用性能稳定。针对具体的大豆异黄酮苷而言，IL 仍然选用甲基丁基或甲基丙基咪唑硫酸氢盐，将 500℃下充分煅烧后的硅胶（或氧化铝）完全浸没其中并在室温下搅拌 24h，然后用二氯甲烷抽提掉过量未吸附的离子液体，真空干燥后得到 IL 固相催化剂（固载量在 20%左右）；也可以采用溶胶-凝胶法，将上述离子液体、三丁氧基铝和正丁醇混合均匀，然后加入浓硝酸和水，在 60℃下回流 4h 成胶，老化干燥后备用（固载量在 40%左右）。使用时将其装入 1.0cm×25cm 的固定床反应器，在反应液流速为 0.2mL/min、反应器出口压力 0.1~0.3MPa 和 100℃的条件下，大豆异黄酮苷的最高水解率接近 100%，水解产物经简单浓缩结晶纯度可达 80%[6]。

此外，除了黄酮苷，斯替夫苷也被离子液体固体酸成功水解过。结构上来看斯替夫苷属于四环二萜类化合物，在其 C-19 位上以酯苷键连接一个葡萄糖基，在 C-13 位上以糖苷键连接两个葡萄糖基。斯替夫苷的水解产物主要有甜茶苷、甜菊醇双糖苷、甜菊醇和异甜菊醇，它们具有比斯替夫苷更广泛的生物活性。其中以甜菊醇和异甜菊醇作为研发新药物的中间体，已成功开发出具有良好疗效的抗肿瘤产品，成为当前的研究热点。两者的制备方法主要有化学水解法、酶法和生物发酵法。受前面报道的启发，研究人员将有机咪唑部分与无机磷钨酸结合（如图 7-4 所示），此类 Brønsted 无机-有机杂多固体酸催化剂的酸位活性较高，是一种多功能的新型催化剂。具体操作条件为：在 10mL 300g/L 的斯替夫苷（纯度 97%）水溶液中，加入 0.0075mol/L 的离子液体固体酸催化剂[HSO$_3$C$_3$mim]$_3$[PW$_{12}$O$_{40}$]，在 95℃下搅拌反应 20h，直至析出的白色沉淀不再增多，该白色固体产物经过抽滤-洗涤-干燥等处理，然后根据反应前后反应液的组成和产物的组成以计算底物斯替夫苷的转化率和产物的产率。在上述条件下最终斯替夫苷转化率为 99.7%，异甜菊醇产率达 73.1%，甜菊醇产率达 23.7%。而当固体酸结构甲基被长链烷基取代时，其催化活性降低，这可能是与离子液体中的阳离子的空间结构及取代烷基的电子效应和屏蔽效应有关。总体而言，其效果显著优于常见超强固体酸如 C-SO$_3$H、SO$_4^{2-}$/ZrO$_2$/TiO$_2$/Fe$_3$O$_4$、SO$_4^{2-}$/ZrO$_2$/Fe$_3$O$_4$ 及 SO$_3$H-PGMA-（Fe$_3$O$_4$-OA）；而在与 732 和 001×7.5（Ca/Na）这两种酸性树脂催化剂进行比较时发现，离子液体固体酸和树脂催化水解斯替夫苷对产物异甜菊醇的选择性高于甜菊醇，这点与盐酸均相水解的结果相反，提示该选择性与催化机制有关。[HSO$_3$C$_3$mim]$_3$[PW$_{12}$O$_{40}$]催化剂分子结构类似圆球状，分子内部具有很多管径，分子内部及分子表面连接有活性 H$^+$，催化反应过程中不会脱落；在 H$^+$ 浓度相同的条件下，由于酸性离子液体内部的 H$^+$ 催化活性密度要高于游离的盐酸催化活性密度，所以在离子液体催化水解斯替夫苷时相对酸性环境较强，提高了产物中异甜菊醇的选择性。当使用树脂水解时，溶液中的斯替夫苷水解生成异甜菊醇是一个吸附-反应-解吸组合过程，在反应过程中，水解生成的甜菊醇由于在树脂内部与 H$^+$ 接触时间较长，且树脂内部催化活性中心 H$^+$ 密度高，使得甜菊醇容易发生重排生成异甜菊醇，所以酸性树脂催化水解斯替夫苷的主要产物也是异甜菊醇。而从速度上来看，盐酸均相水解的速度最快（≤8h），离子液体固体酸居中，酸性树脂最慢（24h）[7]。此外，在水解完毕后离子液体催化剂的回收操作为：水解结束后调整溶液 pH=2，静置直至沉淀完全析出，抽滤，用去离子水洗涤。50℃真空干燥 4h，催化剂收率为 70.5%。

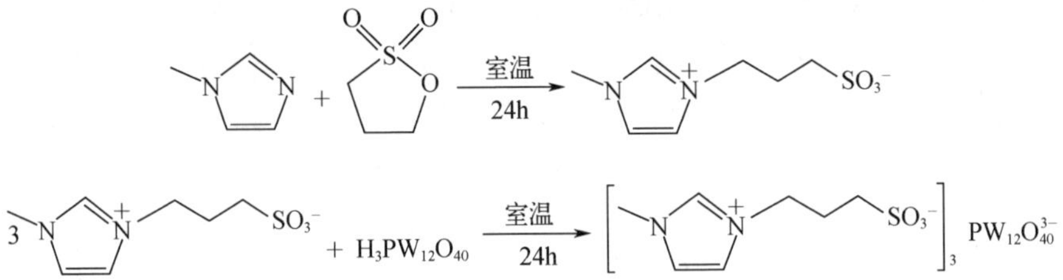

图 7-4　有机咪唑与无机磷钨酸结合反应

在上述均相和非均相水解过程反应机制的研究中，可以基于水解热、动学研究结果，通过离子液体及其键合在载体上形成的固体酸催化体系中 H$^+$ 浓度的比较来判断水解催化机制的活性中心主要是体系溶液中的游离 H$^+$ 还是离子液体的酸性基团。如果是前者则基本机制类同于已被广为接受的 H$^+$ 催化苷键水解机制，H$^+$ 进攻糖端基碳后与水分子发生作用的过程为速率控制步骤，进而以结构-酸/碱性-催化活性关系对离子液体结构、性质参数与水解效果相结合的机制进行研究。以酸性离子液体催化为例，可采用 Guassian03 软件以从头算法在 RHF/6-31（d，p）水平获得不同离子液体能量最小化构象后，将酸性基团上的 O$^{\cdots}$H$^+$ 键长（及键能）、酸度和被水解成分的半衰期（$t_{1/2}$）进行关联，以此解释不同离子液体的催化效果。如果是以固定化离子液体酸性基团为活性中心的表面催化则在催化反应发生之前存在表面活性中心对目标成分的吸附过程，该分子在催化剂表面的吸附过程可能为速率控制步骤（且吸附机制上多为化学吸附），吸附起到了降低反应活化能的关键作用。可在掌握吸附等温线和动力学的基础上，采用对接（docking）方法研究不同离子液体酸碱基团和目标成分之间的吸附作用，通过结合能以及热力学实验所测定的实际反应活化能的大小差异对离子液体的不同催化效果进行分析和诠释。

由于缺乏足够强的酸性，目前低共熔溶剂在水解天然苷类成分方面的引用非常少，这也体现出了离子液体的独特优势。目前离子液体基本用于在酶水解中发挥非水溶剂（共溶剂）的辅助作用，而离子液体在此领域的应用就足以用一篇专门的综述去介绍。曾新安团队较为关注使用微波和低共熔溶剂直接水解天然苷类成分的方法，他们先后采用氯化胆碱-苹果酸（1∶1～1.5∶1）和氯化胆碱-草酸（1.5∶1～2∶1）辅助300～400W 和 300～500W 微波成功将虎杖苷和地奥司明水解为白藜芦醇和香叶木素[8-9]。另外现有的酸水解黄芩苷的方法对黄芩苷的破坏大，污染环境；酶解法虽然克服了污染严重的缺点，但同样由于含水溶液对黄芩苷的溶解度小，反应时间长，水解效率较低。研究发现氯化胆碱和尿素形成的 DES 水溶液对黄芩苷的溶解度非常理想，适合做反应溶剂，且黄芩苷在两者以 1∶1 比例形成的 DES 中的溶解度是在柠檬酸缓冲液（pH=4.5）中的 4 倍。最后选定了含水量 80% 的氯化胆碱-尿素（1∶1）的低共熔溶剂作为溶解黄芩苷的溶剂，确定最优水解工艺条件为反应温度 50℃，黄芩苷浓度0.2mg/mL，加入黄芩自生酶 160 μL/mL，黄芩苷水解率达到 92%。反应开始时水解率随时间呈线性增长，在 60min 后增加趋于缓慢，并在 80min 时趋于稳定[10]。直到 2019年，受到离子液体水解应用启发的研究人员开始直接将 DES 同时作为活性苷类成分水解溶剂和催化剂，并首次发现氯化胆碱-苹果酸（Ch/App）体系既能很好溶解染料木苷又能高效转化生成对应苷元。水解温度高于 60℃时，染料木苷会转化为金雀异黄酮，且转化率随着温度升高而增大，同时随 Ch/App 体系中含水量的升高（5%～40%）而降低。含水量为 10% 和温度在 90℃时为苷元转化的最优条件。通过 ¹HNMR 和分子动力学模拟等多种方法相结合，可以发现组成 DES 的氯化胆碱和苹果酸之间存在大量氢键，水解目标物染料木苷和 Ch/App 之间也能形成氢键；但随着水含量的增加，体系内氯化胆碱和苹果酸之间的氢键减少，染料木苷的溶解度下降。因此低含水量有利于染料木苷的溶解。此外，含水量 20% 的氯化胆碱-柠檬酸（Ch/Ca）体系在固液比1∶30、100℃水浴加热 15min 的条件下可以转化为对应苷元，水解后所得苷元比例与未水解的花色苷母核所占比例相似。因此可以通过 Ch/Ca 体系提取蓝莓果渣中的花色苷并将其转化为花青素单体[11]。

7.2　动植物蛋白

7.2.1　动物蛋白

羊毛作为毛纺业主要原料之一，是四大天然纤维棉、麻、毛、丝之一，具备优异的性能：羊毛不易磨损、光泽轻柔舒适、吸湿性高、不易沾污等。我国的羊毛资源相对丰富，同时又是生产毛纺业大国，如果无法充分利用羊毛资源，将会是一笔巨大的损失，同时浪费的羊毛资源不可避免地会造成环境污染。事实上我国羊毛资源的浪费相对较大，大量的羊毛纤维副产品，短而粗的羊毛纤维很难纺丝，并被羊毛工业丢弃，主要是受纺织技术、羊毛品质等限制。丢弃的羊毛会给环境造成负担，同时又有大量的角蛋白得不到再生利用，导致资源的浪费，不符合我国可持续发展要求。羊毛主要组成物为角蛋白质，包含约82%的富含半胱氨酸的角蛋白、约17%的位于细胞膜中的半胱氨酸含量低的非角蛋白以及约1%的非蛋白质物质，由蜡状脂质和少量多糖组成。通过溶解后再生的方法可得到较纯净的蛋白质资源，这种再生角蛋白具有优良的生物相容性、生物活性以及可降解性能，在生物、医学、美容、保健和纺织等众多领域具有广泛应用。

为了实现可持续发展，保护我国的自然资源，必须有效利用废弃的羊毛资源，因此探索高效益的回收工艺具有显著的意义。羊毛纤维具有大分子结构，是由 20 多种 α-氨基酸通过酰胺键的联结构成，这种大分子空间结构主要靠离子键、氢键、疏水、范德华力等作用力维持，其中二硫键是最不易被破坏的基团。羊毛稳定的物理化学性质，限制了回收废弃羊毛工艺的发展。溶解废弃羊毛，回收其含有的丰富角蛋白，必须破坏蛋白质大分子中起联结作用的二硫键，同时还要打开氢键、离子键。目前羊毛纤维溶解的方法主要有机械法、酸碱法、氧化还原法、铜氨溶液法及金属盐法等。

(1) 机械法

机械法操作工艺简单，通过物理法（加压、加热等）破坏联结蛋白质大分子的二硫键，从而使得角蛋白具有可溶性，得以再回收。该方法虽然简单，成本低，但回收的角蛋白质分子质量偏低，无法有效以较高附加值产物得到二次利用。

(2) 酸碱法

酸碱法是通过选择合适的酸或碱，把联结蛋白质大分子的二硫键破坏掉，回收再生角蛋白。工艺中常用的酸或碱有三氯乙酸、H_2SO_4、NaOH、HCl、醋酸、三氟乙酸等。研究人员曾采用盐酸水解猪毛，获得盐酸浓度28%～30%、温度114℃和水解时间11h的最佳水解工艺条件[12]。

(3) 氧化还原法

氧化还原法是通过化学反应，相应地把羊毛角蛋白中的二硫键氧化成磺酸基团或还原成硫基，导致二硫键被破坏，从而得到可溶性角蛋白。具体而言，可采用还原剂-甲酸法溶解法获得分子量大且溶解率高的回收羊毛角蛋白溶液[13]。该方法中使用三羟基有机磷作为还原剂，使得二硫键断开。最终结果获得了稳定性较好的羊毛角蛋白溶液，该工艺羊毛纤维的溶解率为65%左右，获得的角蛋白质的分子量主要集中分布在 40～50kD、26kD 和 14.4kD 处。

(4) 金属盐法

金属盐法不能破坏二硫键，而是通过加入氯化锌、溴化锂等破坏蛋白质间氢键，从而使羊毛溶解，得到可溶性角蛋白。有研究将还原法与金属盐结合法溶解废弃羊毛并得到最佳反应体系——还原剂 $NaHSO_3$/金属盐 LiBr/表面活性剂 SDS，最终获得溶解率高达 94%的角蛋白溶液[14]。

（5）铜氨溶液法

该方法与金属盐法相似，因为铜氨溶液可以有效地分解分子间的氢键，从而获得羊毛溶解液，得到可溶性角蛋白。值得一提的是，蓬松的棉短绒等天然纤维素也可以溶化在氢氧化铜或碱性铜盐的浓氨溶液中，经过过滤与脱泡后，在水或稀碱溶液的纺丝浴中凝固成形；再在含 2%～3%硫酸溶液的第二浴液中使铜氨纤维素发生分解而成再生出纤维素，该产物经水清洗、稀酸液除去残留铜、二次清洗、上油和干燥，即可得到品质良好的铜氨纤维。

离子液体作为一种绿色环保的溶剂，不易挥发，结构及酸强度可调。室温下呈液态，可以作为溶解和水解羊毛的新型介质，目前少有研究。如图 7-5 为显微镜下观察羊毛溶胀效果图及离子液体对角蛋白的作用部位。废弃羊毛表层具有大量的杂质，为了得到更好的水解效果，水解前必须对羊毛原料进行预处理。首先需将羊毛剪碎为 2～5mm 长的小段，以适量水浸泡，同时加入与水的比例为 100∶3 的清洁剂进行洗涤；30min 后，用洁净水漂洗并过滤；然后用丙酮再一次洗涤过滤好的羊毛，浴比 1∶10。最后用洁净水清洗一遍，再用超纯水洗涤两遍，过滤后在 50℃的真空干燥箱中干燥4h。水解时称取一定量处理好的羊毛，以固液比 1∶10（g/mL）加入配制好的离子液体水溶液，再将整个体系放入微波反应器中，施加一定功率（300W）的微波辅助羊毛水解。

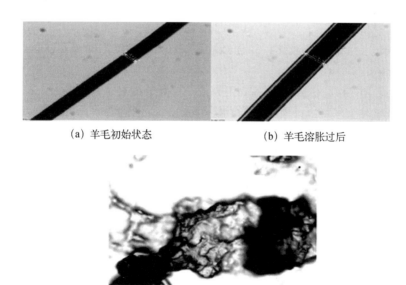

（a）羊毛初始状态　　　　　　　　（b）羊毛溶胀过后

（c）羊毛水解后

图 7-5

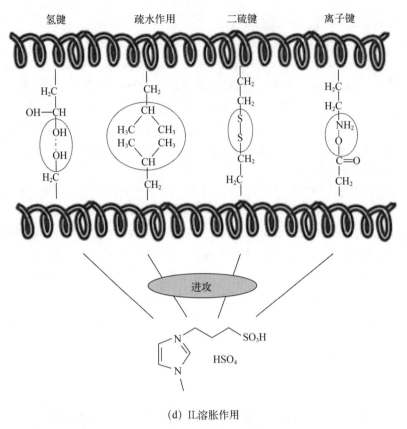

氢键　　　　疏水作用　　　　二硫键　　　　离子键

(d) IL溶胀作用

图 7-5　显微镜下观察羊毛溶胀效果图及离子液体对角蛋白的作用部位

在相同时间（4h）下，笔者发现待考察的四种离子液体中 1-(3-磺酸基) 丙基-3-甲基咪唑硫酸氢盐[HSO$_3$C$_3$mim][HSO$_4$]的水解率最高，达到 97.6%，另外三种离子液体[HSO$_3$C$_3$mim][H$_2$PO$_4$]，[Mim][HSO$_4$]，[Mim][H$_2$PO$_4$]水解率分别为 87.2%、80.4%、69.6%。可以看出[PSmim][HSO$_4$]离子液体水解效果最好。当阳离子相同、阴离子不同时，硫酸氢根的效果好于磷酸氢根；阴离子相同、阳离子不同时，功能化磺酸基水解效果更好，能与酸性阴离子在水解中发挥协同作用。与此同时，通过显微镜可以观察到，离子液体接触到羊毛后的几分钟内，溶胀速率非常快。当溶胀 2mim 时羊毛的直径溶胀倍速就高达 50.8%；10min 后，羊毛溶胀速率迅速下降，羊毛直径溶胀倍速缓慢增加；60min 后羊毛溶胀基本达到平衡，其直径溶胀倍速高达 71.9%。离子液体对羊毛的溶胀非常有利于后者的高效水解，故在后续对于羊毛水解研究中，都是提前用所配好浓度的离子液体先溶胀羊毛 10min，从而减少水解时间。相应的溶胀过程可用下面的动力学模型[式（7-2）]进行描述，其中 Y 为溶胀率，X 为时间，R^2=0.984。

$$Y = 91.1 - \frac{7243.3}{1 + \left(\dfrac{X}{1.1 \times 10^{-6}}\right)^{0.3}} \qquad (7\text{-}2)$$

在水解羊毛条件为微波功率 300W、固液比 1：10（g/mL）、水解时间 3h 时，考察了不同浓度的离子液体对于水解羊毛的影响，结果如图 7-6（a）所示。可以发现，羊毛的水解率随着离子液体[HSO₃C₃mim][HSO₄]浓度的增加呈现出先增加后趋于稳定，甚至略有下降的趋势。在离子液体浓度低于 1.5mol/L 时，羊毛的水解迅速进行，水解率相应快速增加，当离子液体浓度为 2mol/L 时，羊毛水解趋于平衡，此时的水解率高达 93.4%，之后随着离子液体浓度的增加，水解率基本不变，甚至略有下降。原因是在低浓度离子液体水溶液离子液体的黏度较小，对羊毛水解的影响小，有利于水解的发生和传质的进行，随着离子液体浓度的增加，羊毛水解率也快速增加。而当离子液体浓度过大时，因其黏度变大，反而会阻碍羊毛水解。

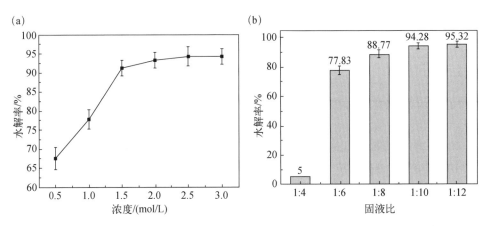

图 7-6 离子液体浓度对羊毛水解的影响（a）和固液比对于羊毛水解角蛋白的影响（b）

在羊毛水解条件为 2mol/L 的离子液体水溶液、微波功率为 300W、水解时间 3h 时，改变羊毛与离子液体固液比，研究固液比对羊毛水解的影响，所得实验结果如图 7-6（b）所示。可以看出固液比对羊毛水解具有显著的影响。当固液比低于一定值，离子液体水溶液对羊毛几乎不水解，固液比为 1：4 时，羊毛水解率仅有 5%。而当固液比从 1：6 增加到 1：10，羊毛的水解率不断增加。随着固液比的不断增加，羊毛在离子液体水溶液中浸润越完全，其溶胀效果更好，导致其水解率更高。当固液比增大到一定程度时，羊毛完全浸润，溶胀效果达到最佳，羊毛的水解率趋于稳定。

为了考察微波功率对羊毛水解的影响，水解其他条件设置相同，即离子液体浓度为 2mol/L、固液比为 1：10、水解时间为 3h，改变微波功率（150W、200W、250W、300W、350W），所得到的结果如图 7-7（a）所示。随着微波功率的增大，羊毛水解率也得到提升。一方面因为微波辐射改变了羊毛的结构，使其更容易水解；另一方面是改变了离子液体的扩散速率，导致水解率增高。当微波功率从150W增加到200W时，离子液体水解羊毛得到的水解率相应从67.7%增加到84.3%，增幅较大，证明微波辅助水解效果良好，进一步增加到300W时，水解率高达94.2%。而当微波功率过小时，离子液体在相同条件水解羊毛效果不佳。在微波功率50W时，羊毛水解率低至15%以下。

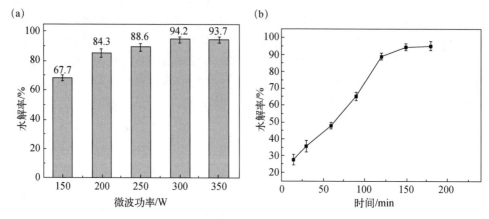

图7-7　微波功率对羊毛水解的影响（a）和水解时间对羊毛水解的影响（b）

离子液体[HSO₃C₃mim][HSO₄]浓度为2mol/L，微波功率300W，固液比选择1：10，改变离子液体水解羊毛的时间，研究水解时间对羊毛水解的影响，结果如图7-7（b）所示。理论上，水解时间越长，得到的羊毛水解率应更高。因为在羊毛水解过程中，水解时间越长羊毛中大分子结构交联键打开越充分，越容易被离子液体水解容易溶解。图7-7（b）所示结果在一定程度上印证了这一点。随着水解时间增加，羊毛水解率不断增加，3h后羊毛水解率高达94.28%。继续增加水解时间，羊毛水解率逐渐趋于缓和，即离子液体水解羊毛达到平衡。在最优水解条件下，对羊毛水解动力学过程进行一级动力学方程拟合，可得到曲线方程为$Y=-0.013X+1.912$，$R^2=0.950$；由二级动力学方程拟合，得到曲线方程为$Y=-0.875X+0.1773$，$R^2=0.997$。二级动力学拟合方程R^2大于一级动力学拟合方程，其相关性更好。根据拟合曲线和所得曲线方程可以判断羊毛水解过程更加符合二级动力学。最后采用凝胶色谱法测定离子液体水解羊毛产物与酸水解羊毛产物分子量。图7-8（a）是10%的盐酸溶液水解羊毛角蛋白凝胶色谱图，可以得出其产物主要是分子量为6252Da的多肽。图7-8（b）是离子液体水解羊毛角蛋白凝胶色谱图，可以得出其产物主要为分子量4363Da的多肽，以及少数分子量为17760Da的大分子。可见不同的水解方式，导致了肽键断裂位置及程度的不同。

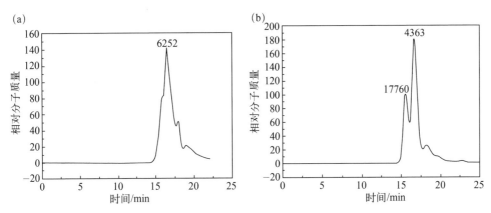

图 7-8 盐酸水解羊毛角蛋白凝胶色谱图（a）和离子液体水解羊毛角蛋白凝胶色谱图（b）

由色氨酸标准曲线测定羊毛水解液总氨基酸含量，结果如表 7-3 所示。可见离子液体水解羊毛液总氨基酸含量略高于 10% 盐酸水解液，说明离子液体对羊毛的水解程度更高，由实验结果水解率可以印证。离子液体水解率高达 95.3%，高于 10% 盐酸水解率 93.0%。此外从图 7-9 还可以明显看出离子液体水解产物性状更好，而酸水解产物色深而不透明，成分组成复杂，不利于进一步处理。表 7-3 还总结了不同方式的水解率，也是 IL 参与下的最高。

表 7-3 不同方式水解液氨基酸含量（其他条件相同）

项目	离子液体水解	10%盐酸	5%盐酸
总氨基酸量	0.43mg/mL	0.40mg/mL	0.31mg/mL
水解率	95.3%	93.0%	86.1%

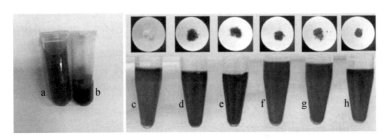

图 7-9 离子液体（a，棕色）与盐酸（b，黑色）水解羊毛角
蛋白产物与除羊毛外的六种毛和毛发及其水解液

从左至右：兔毛（c，浅棕）、鸡毛（d，深棕）、人发（e，深褐）、
鸭毛（f，棕色）、马毛（g，棕色）、猪鬃（h，墨绿）

除了酸性离子液体外，中性离子液体可以作为酶催化的助剂用于羊毛水解[15]。如采用离子液体 1-丁基-3-甲基咪唑氯盐（[C$_4$mim][Cl]）对羊毛先进行预处理，再用蛋白酶对羊毛进行水解。结果证明离子液体的预处理对蛋白酶处理后羊毛减量率、碱溶解度、蛋白质释放速率有明显促进作用。纤维减量率从 2.68% 提高到 4.47%，碱溶解度达到 11.6%，水解液中蛋白质浓度的变化显示[C$_4$mim][Cl]预处理使得蛋白质释放速率快速增加；羊毛纤维中低硫和部分高硫氨基酸百分比的降低进一步证实[C$_4$mim][Cl]预处理对蛋白酶水解起到了全面促进作用。预处理破坏了纤维鳞片层，增加了羊毛表面润湿性能，并且使得纤维结晶度下降，从而提高了蛋白酶对纤维的可及度，有利于酶解速率的提高。

此外，其他动物的毛发也可用中性离子液体辅助强酸进行水解。例如，鸡毛也是一种含有丰富角蛋白的固体废弃物，在常规加热下酸解出氨基酸的效率很低。采用微波法代替传统加热，以离子液体[C$_4$mim][BF$_4$]辅助催化 3mol/L 硫酸水解角蛋白，前者可通过协同作用萃取出水解后生成的复合氨基酸。在系统研究了微波功率、离子液体用量等对氨基酸转化率的影响后，最佳工艺条件被确定为：微波功率 800W，水解时间 25min，固液比 1∶5（g/mL），[C$_4$mim][BF$_4$]的用量 1.5g，最终氨基酸的转化率可达 78.9%[16]。

在绿色溶剂协同酶催化降解动物蛋白研究领域，笔者团队亦开展了相关有益探索。例如，蛋白酶在一定条件下不仅能够水解蛋白质中的肽键，也能够水解酰胺键和酯键，因此可用蛋白质或人工合成的酰胺及酯类化合物作为底物来测定蛋白酶的活力。本团队选用酪蛋白为底物，测定四种蛋白酶（α-糜蛋白酶、胰蛋白酶、风味蛋白酶以及木瓜蛋白酶）在不同 DES（氯化胆碱-丙三醇即 ChCl/Gly、氯化胆碱-尿素即 ChCl/Urea、氯化胆碱-乙二醇即 ChCl/EG，和甜菜碱-丙三醇即 Betaine/Gly，摩尔比均为 1∶2）加入反应体系后水解肽键的活力。结果表明 α-糜蛋白酶与 Betaine/Gly 的组合能够提高其催化活性，同时从 α-糜蛋白酶在其他 DES 中的相对活性均高于其他蛋白酶这个结果中可以得知该酶的稳定性相对较好，有利于对其进行进一步的研究。同时发现，当在该酶的催化体系中加入 Betaine/Gly 后，其米氏常数 K_m 出现了明显的增大，说明 Betaine/Gly 的加入降低了酶与底物之间的亲和力；其最大反应速度 V_{max} 也有提升，表明添加该 DES 能够加快 α-糜蛋白酶的水解速率，Betaine/Gly 对于酶催化水解过程发挥了正向作用。在此基础上，笔者团队将两者用于猪肉蛋白水解过程，发现其遵循单底物酶水解机制，主要因素对水解度的影响趋势如图 7-10 所示。

图 7-10（a）为在不同温度下，猪肉蛋白在 DES–糜蛋白酶组合体系中的水解度与水解时间的关系。从该图可知，在 8h 的水解时间中，猪肉蛋白的水解度随着温度的升高而增大，但在 60℃下，蛋白水解速率下降得最快，这可能是由于糜蛋白酶在长时间处于较高温度时，酶的空间结构发生了变化导致逐渐失活。此外，从该图还能发现，水解度随着时间的增加而不断增大，但在水解了一定的时间后，水解的速率会逐渐放缓。

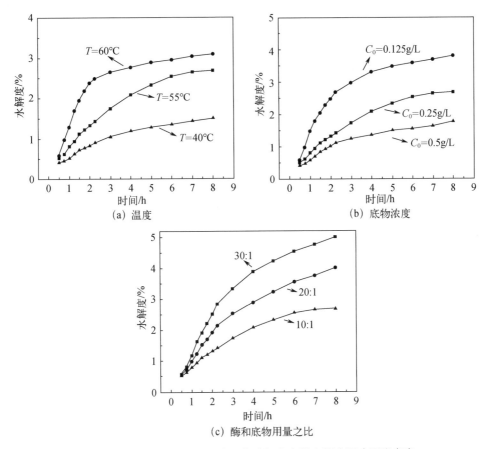

(a) 温度   (b) 底物浓度

(c) 酶和底物用量之比

图 7-10　猪肉蛋白在 DES-糜蛋白酶组合中的水解度影响因素考察

图 7-10（b）为在 T=55℃的条件下，不同底物浓度（猪肉蛋白浓度）对于水解度的影响情况。从图中趋势可知，水解度随着底物浓度的升高而明显减小，这说明在该浓度范围内存在一定的底物抑制现象。这时存在过量的底物分子结合聚集在蛋白酶上，形成不可逆的中间体络合物并且无法水解成产物，导致水解度的降低。

图 7-10（c）为在 T=55℃、C_0=0.25g/L 的条件下，不同酶用量和底物用量的比值对于水解度的影响情况。由该图可知，随着酶与底物比值的增大，相同水解时间内，猪肉蛋白水解度显著增大，一般来说，当底物的浓度远高于酶的浓度时，酶的浓度增加，酶促反应的速度也相应加快，且其速度增大的量与酶的浓度成正比。因为生成目标产物的速率取决于中间产物的浓度，当底物大量存在时，中间产物的生成量取决于酶的浓度，酶的分子越多，中间产物的浓度越高，底物转化为产物就越快。

通过对 DES-酶协同水解猪肉蛋白的产物进行氨基酸组成分析，结果如图 7-11 所示。可见在水解液中一共含有 17 种不同的氨基酸，总含量为 333.588μg/mL，其中谷氨酸的含量最高，占比为 25.56%。与现有文献用蛋白酶水解的猪肉水解液相比，本研究水解液中的谷氨酸含量约为其含量的 24 倍，而酪氨酸、苯丙氨酸则约为其含量的 1/4。该结果说明在本研究的水解体系中，能够获得更多的游离谷氨酸，并且产生更少的游离苦味氨基酸，这可能是由于 DES 的加入对于猪肉蛋白质氨基酸的暴露点位产生了影响，导致部分氨基酸更容易被水解成游离氨基酸，而另一部分氨基酸则更难以被水解。

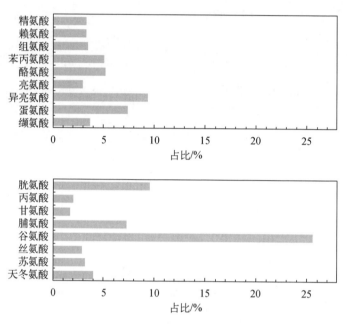

图 7-11 猪肉粉水解物的氨基酸分析结果

7.2.2 植物蛋白

天花粉蛋白（trichosanthin，TCS）是从天花粉中提取得到的一组单链核糖体失活蛋白，因其可以抑制细胞中蛋白质的生物合成，故具有很好的生物活性。早期人们将其应用于引产抗孕，达到了较好的效果，并未见不良反应。近年来，在对天花粉蛋白进行深入研究时发现，天花粉蛋白还具有很好的抑制肿瘤、抗 HIV 病毒和免疫抑制的功能。它的分子量约为 24kDa，等电点为 9.4，属于碱性蛋白质，基因序列分析结果显示由 289 个氨基酸残基组成。

开始水解研究前，先将药材市场购买的天花粉块根切成薄片，在 30℃下减压烘干。待样品充分干燥后，用多功能药材粉碎机将其粉碎，并层层过筛，最终得到 20～40 目、40～60 目、60～80 目、80～100 目的均匀颗粒。将所得到的四种不同粒径的颗粒分别在 40℃的真空干燥箱中干燥过夜，然后分装在密封袋内避光保存备用。此外，将开展比较的全部离子液体进行合成和纯度确认，室温干燥保存。表 7-4 提供了如下实验中涉及的 11 种 IL 的结构和 pH 值，以供读者对后续结果进行分析。

表 7-4　11 种咪唑类离子液体的结构和 pH 值

序号	离子液体	阳离子	阴离子	pH
A	[Mim][HSO$_4$]		HSO$_4^-$	2.07
B	[HSO$_3$C$_3$mim][HSO$_4$]		HSO$_4^-$	2.10
C	[HSO$_3$C$_3$mim][H$_2$PO$_4$]		H$_2$PO$_4^-$	2.14
D	[C$_4$mim][H$_2$PO$_4$]		H$_2$PO$_4^-$	3.12
E	[Mim][Cl]		Cl$^-$	5.54
F	[C$_4$mim][Cl]		Cl$^-$	6.96
G	[C$_4$mim][Br]		Br$^-$	7.02
H	[C$_2$mim][OH]		OH$^-$	13.71
I	[C$_2$mim][CH$_3$COO]		CH$_3$COO$^-$	8.91
J	[C$_2$mim][IM]			8.54
K	[C$_2$mim][PhCOO]		PhCOO$^-$	7.92

注：pH 值均在离子液体水溶液浓度为 5mmol/100g 时的测定（温度 30℃）。

通过前面动物蛋白水解研究可以发现，溶胀往往是水解的前奏，是获得良好水解率的保证。所以下面首先单独开展了离子液体对天花粉的溶胀研究，试图进一步探究溶胀与水解之间的联系。选择 60～80 目的天花粉颗粒 0.5g 在 30℃下溶胀 10h，依次考察四种不同浓度的酸性离子液体（[Mim][HSO$_4$]、[HSO$_3$C$_3$mim][H$_2$PO$_4$]、[C$_4$mim][H$_2$PO$_4$]和[Mim][Cl]）对天花粉颗粒的溶胀性能。图 7-12（a）所示结果提示，离子液体水溶液的酸性与天花粉颗粒的溶胀效果密切相关，酸性越强，饱和溶胀比越大。这是因为天花粉原料颗粒的细胞外壁非常坚硬，强酸性的环境有助于外壁的软化，更利于离子液体吸附于其表面并进行渗透，进而提高其饱和溶胀比。另外，饱和溶胀比随着离子液体的浓度增大而增大，主要是因为离子液体的浓度增加，离子液体水溶液的酸性增强，更易软化天花粉颗粒的细胞壁，促进两者的深度结合。

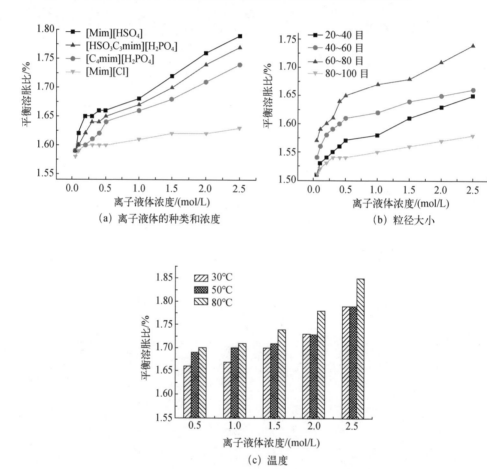

图 7-12　天花粉颗粒溶胀行为的影响因素考察

选择溶胀效果最好的[Mim][HSO$_4$]作为溶剂，在30℃下对0.5g不同粒径（20～40目、40～60目、60～80目和80～100目）的天花粉颗粒进行溶胀行为的研究，溶胀时间10h。颗粒粒径对溶胀效果的影响见图7-12（b）。结果表明，饱和溶胀比最大的颗粒粒径分布在60～80目的区间范围内，这主要是两方面因素综合影响的结果。一方面，随着颗粒直径的减小，离子液体进入颗粒内部的机会增加，饱和溶胀比增大，这也就是68～80目的天花粉颗粒饱和溶胀比相比20～40目、40～60目的颗粒饱和溶胀比大的原因；另一方面，颗粒直径继续减小，其比表面积随之增大，颗粒之间容易形成团聚的现象，离子液体更多的是接触颗粒的表面，导致离子液体进入颗粒内部的机会减少，在离心脱去自由水时，部分离子液体离开颗粒表面，最终导致饱和溶胀比的减小，这也就是80～100目颗粒饱和溶胀比出现明显降低的原因。

图7-12（c）所示是温度对天花粉颗粒溶胀行为的影响。选择溶胀效果最好的[Mim][HSO$_4$]作为溶剂，在30℃下对0.5g的60～80目天花粉颗粒进行溶胀行为的研究，溶胀时间定为10h。不难看出，随着温度的升高，天花粉颗粒的饱和溶胀比也在逐渐增大。对于低浓度的离子液体水溶液而言，这一增大趋势并不明显。当离子液体的浓度较高时，离子液体的黏度随之增大，不易进入颗粒内部。此时升高温度，有利于降低离子液体的黏度，增加离子液体进入颗粒内部的机会。此外，升高温度，对天花粉颗粒也会产生膨胀的作用，颗粒内部的空腔面积增加，使得饱和溶胀比增加。

对溶胀前后的天花粉颗粒进行切片制样，每个样品滴加等浓度的茚三酮溶液，并在彩色电子显微镜下进行观察。图7-13（a）是溶胀前的天花粉颗粒，图7-13（b）是溶胀初始阶段的天花粉颗粒，图7-13（c）是达到饱和溶胀时的天花粉颗粒。从图中可以直观地看到溶胀前后天花粉颗粒发生的变化。溶胀前的天花粉颗粒其内部结构致密，滴加茚三酮溶液后没有明显的显色反应，说明没有蛋白质溶出；而随着溶胀的进行，颗粒的内部结构开始出现膨胀的现象，此时，滴加茚三酮后可看到明显的显色反应；当溶胀达到饱和时，颗粒内部充分膨胀，茚三酮显色反应明显，说明仍有蛋白质溶出的现象。为了更清楚地显示天花粉颗粒溶胀发生的过程，采用扫描电子显微镜（SEM）对溶胀前后的表观变化进行了观察。可以看到，在溶胀发生前，天花粉颗粒无序地堆叠在一起；在溶胀的初始阶段，酸性的离子液体开始进攻天花粉颗粒，其表面被大量的离子液体所包裹；溶胀达到饱和时，离子液体水溶液进入颗粒内部，颗粒变大，溶胀完全。天花粉颗粒的表面由骨架和孔隙组成，离子液体可以引起天花粉颗粒表面骨架的收缩，使孔隙增大，表面的孔隙率增加，更有利于有效成分的溶出和提取。

对天花粉颗粒在离子液体[Mim][HSO$_4$]水溶液中溶胀前后的样品进行热重分析（TGA），结果见图7-14。可见溶胀前后的天花粉颗粒均发生了较大程度的重量损失。100℃以下的失重主要来源于样品中的结合水。在200～300℃间，样品中大量的有机物失重；溶胀前，它们的失重温度在300℃左右，而溶胀后，失重温度降低，在250℃左右即出现了失重的现象。这主要是因为溶胀前，天花粉颗粒表面骨架完整，内部结构致密；溶胀后，离子液体破坏了天花粉颗粒的骨架结构，使颗粒的内部结构变得疏松，在较低的温度时即出现了失重的现象。

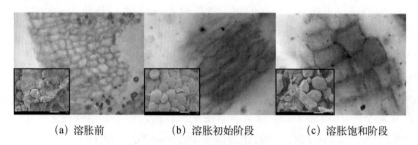

（a）溶胀前　　　　　（b）溶胀初始阶段　　　　　（c）溶胀饱和阶段

图 7-13　天花粉颗粒电子显微镜和扫描电镜图

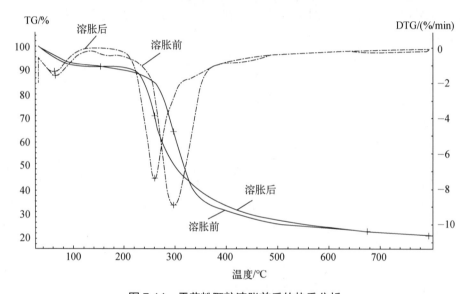

图 7-14　天花粉颗粒溶胀前后的热重分析

此外，红外光谱可从光谱分析的角度证明溶胀前后天花粉结构的变化，同时进一步证明离子液体在整个天花粉颗粒溶胀过程中所发挥的作用。图 7-15（a）所示是天花粉颗粒在离子液体[Mim][HSO$_4$]水溶液中溶胀前后的红外光谱图。3454cm^{-1} 处溶胀前后均有较强吸收峰，为天花粉颗粒内部的 O—H 的伸缩振动峰；2920cm^{-1} 处为 C—H 的伸缩振动峰；1670cm^{-1} 处为 C=O 双键的伸缩振动峰。对比溶胀前后的 IR 谱图可以发现，溶胀后 1535cm^{-1} 处出现了 C=N 的伸缩振动峰，而 C=N 是咪唑环特有的结构，这一特征峰的出现表明了天花粉颗粒在离子液体水溶液中发生了有效的溶胀，IL 进入了天花粉颗粒的骨架内部，不会随着离心而除去。

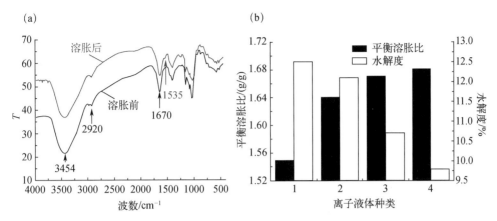

图 7-15　天花粉颗粒溶胀前后的红外光谱分析（a）和离子液体水溶液中天花粉颗粒的溶胀与
天花粉蛋白水解之间的关系（b）（1～4 号 IL 分别为[Mim][Cl]、[C₄mim][H₂PO₄]、
[HSO₃C₃mim][H₂PO₄]和[Mim][HSO₄]）

为了探索离子液体在天花粉颗粒溶胀过程中所起的作用，对 80℃溶胀实验后的离子液体水溶液中的氨基酸含量进行了测定，以此确定溶胀得到的天花粉蛋白是否会在高温的离子液体水溶液环境中发生水解的现象。结果见图 7-15（b）。结果表明，高温条件下，咪唑类离子液体作为催化剂可催化水解天花粉蛋白。这是因为温度较高时，离子液体水溶液在天花粉颗粒中的作用较为复杂，既包含了离子液体作为溶剂对天花粉颗粒的溶胀行为，也包含了离子液体作为催化剂对天花粉蛋白的催化水解作用。离子液体水溶液中天花粉颗粒的溶胀和天花粉蛋白的水解呈现出竞争性抑制的关系。高温有利于离子液体进入天花粉颗粒内部，且离子液体的酸性越强，饱和溶胀比越大，溶胀的效果越好，这与前面得出的结论一致。而进入天花粉颗粒内部充当溶剂作用的离子液体越多，留在溶液中的离子液体就越少，此时催化水解的效果反而是 4 种离子液体中酸性最弱的[Mim][Cl]最佳。

在紧随其后的水解研究中，对被比较的离子液体序列进行了拓展，从刚才溶胀的 4 种变为 11 种，力求从中找到更多水解效果与 IL 结构之间的关系。同时开展了高温回流水解和微波辅助水解的比较研究，除了加热条件不一样外，其他实验参数保持一致。天花粉蛋白水解度由水解前后的蛋白质含量计算求得，而蛋白含量采用水合茚三酮法检测。水解产物中氨基酸含量由氨基酸分析仪测定，检测限最低可至 3pmol，样品损耗率低于 2%。样品稀释剂组成：96%乙醇 80.0mL，100%甲酸 5.0mL，冰醋酸 10.0mL，50%正辛酸 0.1mL，超纯水定容至 1L，再以三氟乙酸调 pH 至 2.2 备用。

首先研究离子液体种类对天花粉蛋白 100℃下回流水解 15h 结果的影响，在其他条件相同时，11 种咪唑类离子液体的催化效果比较如图 7-17 所示。可以看出，酸性最强的[Mim][HSO₄]表现出较好的催化活性，与其酸性接近的[HSO₃C₃mim][HSO₄]、

[C$_4$mim][H$_2$PO$_4$]也表现出较好的催化性能。对于离子液体[HSO$_3$C$_3$mim][HSO$_4$]和[HSO$_3$C$_3$mim][H$_2$PO$_4$]而言，二者具有相同的阳离子结构，阴离子为[HSO$_4$]⁻的水解性能优于[H$_2$PO$_4$]⁻，酸性在水解的过程中起到了重要的作用，这是因为肽键在酸性环境中更易断链。对于[Mim][Cl]和[C$_4$mim][Cl]而言，二者具有相同的阴离子结构，阳离子结构中[C$_4$mim][Cl]比[Mim][Cl]多了一个正丁基的结构，空间位阻增加，水解性能减弱。对于同是中性离子液体的[C$_4$mim][Cl]和[C$_4$mim][Br]而言，二者结构相似，且均为中性离子液体，水解度的差别主要来自于Cl⁻对肽链结构的破坏作用，促进了H⁺的正向水解。碱性离子液体[C$_2$mim][OH]、[C$_2$mim][CH$_3$COO]、[C$_2$mim][IM]和[C$_2$mim][PhCOO]均具有相同的空间位阻较小的阳离子结构，四种离子液体也呈现出碱性越强，水解程度越大的趋势。但因碱性条件对天花粉蛋白肽键的破坏程度没有酸性显著，所以总体低于酸性条件下的水解程度。相比之下，同样的离子液体在300W微波辐射下水解3h的结果如图7-16（b）所示，与高温水解的图7-16（a）相比，很明显在水解时间从15h缩短到3h的情况下水解率反而有大幅提升，同时水解率排序未发生特别突出的变化，说明两种条件下的离子液体水解机制基本类似。微波辅助手段的引入不会从根本上改变催化剂的性能，而只是缩短了反应的时间、提高了产物的产率而已。酸性离子液体的催化效果大部分优于中性离子液体和碱性离子液体，主要是由于天花粉蛋白属于碱性蛋白质，分子结构中的氨基数量多于羧基，更易被H⁺进攻而断链。但[C$_4$mim][OH]这样的强碱性离子液体的催化效果仍要高于一般的弱酸性离子液体[Mim][Cl]。

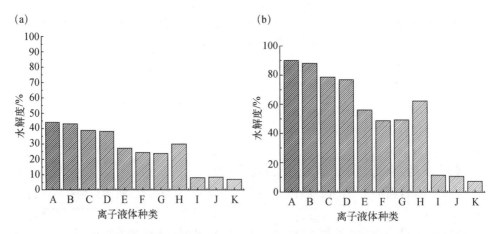

图7-16 不同离子液体高温水解效果的比较（a）和不同离子液体微波辅助催化水解效果的比较（b）（本图中离子液体英文编号同表7-4）

　　离子液体的浓度对天花粉蛋白的水解过程影响较为复杂，不仅与催化剂的催化性能有关，也与离子液体的自身性质有一定的关系。图7-17（a）所示为离子液体[Mim][HSO$_4$]在水溶液中的浓度对天花粉蛋白回流水解程度的影响。水解时间控制在

15h，反应温度控制在100℃。结果表明，离子液体的浓度对天花粉蛋白水解程度的影响呈现出一种复杂的趋势。离子液体的浓度较低时（<0.03mol/L），离子液体浓度的改变对天花粉蛋白的催化效果基本不产生影响。这主要是因为低浓度的离子液体对反应体系中H^+的贡献能力有限，反应仍在一个可逆的动态反应中保持平衡；当离子液体的浓度在0.03~0.06mol/L时，离子液体的供氢能力增强，对肽键的破坏作用增强，水解形成的氨基酸小分子难以重新键合成肽链。但当离子液体浓度进一步增强，达到0.07mol/L时，此时水解体系的黏度增加，传质存在较大的阻力，影响了H^+的催化效果，进而导致水解度开始下降。

微波辅助下离子液体的浓度对天花粉蛋白水解过程的影响与高温条件下的影响相似。图7-17（b）所示为微波辅助下离子液体[Mim][HSO$_4$]在水溶液中的浓度对天花粉蛋白水解程度的影响。水解时间控制在3h，微波功率保持300W。低浓度的离子液体对天花粉蛋白的催化效果仍然不显著，与高温条件下水解的区别之处在于微波能量更强，水解程度略有升高；在0.03~0.06mol/L时，IL的供氢能力增强，对肽键的破坏作用增强，水解形成的氨基酸小分子难以重新键合成肽链。而继续增大离子液体的浓度，一方面水解程度达到饱和，水解度很难继续增加；另一方面，高温下IL黏度的增加导致传质作用受到阻碍，本来会使得水解度有所降低[见图7-17（c）]，但微波的高能量又有助于溶液体系的分散，加快传质的进行，两方面的作用抵消后，在较高浓度的IL水溶液中，水解度保持平衡。

对于回流水解反应而言，温度是一个非常重要的影响因素。图7-17（c）为离子液体[Mim][HSO$_4$]水溶液中反应温度对天花粉蛋白水解程度的影响，水解温度分别为80℃、90℃、100℃、110℃、120℃和130℃，反应时间都控制在15h。由图7-17（c）可知，温度对天花粉蛋白的水解过程有着较大的影响。温度较低时，几乎不发生水解，预实验的结果表明低于70℃时，在天花粉蛋白的水解液中未检测到氨基酸的生成。而随着温度的升高，水解度迅速升高。一方面，随着温度升高，体系黏度降低，分子间的运动加剧，有利于H^+的传质作用；另一方面，升温也使得水的电离程度增强，电离得到的H^+也在一定程度上参与了水解，增强了离子液体的催化性能。温度达到100℃时，水解度达到最大值。此时，随着温度的继续升高，水解度出现略微下降的趋势。这是因为天花粉蛋白的水解是一个可逆的反应，当IL的水解能力达到饱和时，会出现轻微的逆反应趋势，这也与水解时间的影响规律一致。

而对于微波辅助水解而言，辐照功率的大小直接决定了水解反应的剧烈程度，是一个非常重要的影响因素。设定水解时间3h，离子液体[Mim][HSO$_4$]微波辅助催化，微波功率分别为100W、150W、200W、250W、300W、350W、400W、450W和500W，其他条件保持不变，此时水解度随微波功率变化的效果见图7-17（d）。结果表明，微波功率对水解效果的影响非常显著。微波功率较低时，水解效果较差。这是因为功率较低的微波释放的能量有限，对催化的促进作用较小；随着微波功率的增加，水解的程度出现先快速增长，后增速趋缓的趋势，这是因为微波功率的增加在一定程度上促进了肽键分子间的断链，不断有新的氨基酸生成；当微波功率达到 300W 后，继续增大功率，水解度出现持续降低的趋势，这主要与微波能量过大有关。在一定范围内，微波可释放巨大电磁能量，但当这一能量值过大时，对物质的破坏作用加强，氨基酸被分解为分子量更小的物质。

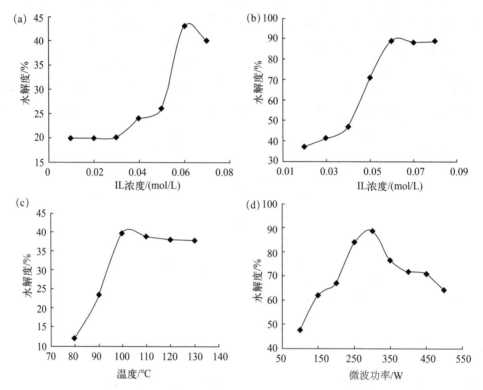

图 7-17 （a）离子液体浓度对水解效果的影响；（b）微波辅助催化下离子液体浓度
对水解效果的影响；（c）水解温度对水解效果的影响；
（d）微波功率对离子液体微波催化水解效果的影响

通过响应面法研究发现，相关因素对天花粉蛋白高温回流水解效果的影响最大的是离子液体浓度，其次是温度，最后是水解时间；而在微波辅助水解过程中，微波功率对水解效果的影响最为明显，其次是水解时间，离子液体浓度的影响相对最小，这证明了辅助催化方式在水解效果中扮演了极其重要的角色，其影响甚至超过水解试剂。两种模式相比之下，微波辅助更为理想，其最佳水解条件为：水解时间 3.50h，微波功率 344.34W，IL 浓度 0.06mol/L。在最优条件下水解度可达到 93.9%。此外，将高温水解和微波辅助水解得到的天花粉蛋白水解液进行氨基酸的组成和含量分析，比较不同的水解方式对离子液体水解天花粉蛋白的产物氨基酸组成和含量的变化,并与文献中[17]以HCl作为催化剂水解天花粉蛋白的氨基酸分析结果进行比较,结果见表7-5。可以发现,离子液体微波辅助催化水解可得到15种氨基酸,而离子液体高温水解由于断链的不完全,仅得到9种氨基酸,传统的盐酸水解可得到17种氨基酸。对比离子液体高温水解和微波辅助水解的氨基酸含量可以发现,较早出峰的4种氨基酸天冬氨酸(Asp)、苏氨酸(Thr)、丝氨酸(Ser)和谷氨酸(Glu)均无法通过离子液体高温水解得到,这主要是水解不完全导致;二者水解得到的亮氨酸(Leu)和异亮氨酸(Ile)的含量出现了非常有意思的结果,说明微波催化水解会对Ile的结构产生完全破坏,因此无法通过微波水解的方式对Ile进行定量分析,而高温水解得到的Ile明显高于正常值,这有可能是Leu和Ile出峰位置接近,二者重叠导致的结果。总的来说,离子液体微波催化水解得到的氨基酸种类丰富,含量较高,但对Ile有破坏作用;离子液体高温水解的水解度较低,得到的氨基酸种类较少,且Gly、Ile、Lys的含量占比较高。

表7-5 不同催化剂和水解方式得到的氨基酸含量比较

氨基酸	离子液体微波辅助水解/%	离子液体高温水解/%	盐酸高温水解/%
Asp	11.3	0	11.4
Thr	6.4	0	6.5
Ser	10.5	0	10.5
Glu	8.7	0	8.1
Gly	4.5	4.7	4.5
Ala	0	0	11.0
Cit	4.1	0.9	0
Val	3.0	1.9	6.1
Met	1.5	0	1.6
Ile	0	10.3	7.7
Leu	10.2	0	10.2
Tyr	8.1	0	5.3
Phe	3.0	3.7	3.6
His	0	0	0.4
Orn	0.7	2.8	0
Lys	8.9	13.1	4.1
Arg	0.7	2.8	5.3
Trp	0	0	0.4
Pro	7.4	2.8	3.3

对比离子液体微波催化水解与盐酸水解产物氨基酸的分析可以发现,盐酸水解得到的氨基酸种类略多于离子液体水解,但总的水解程度低于离子液体微波催化水解(盐酸水解的水解度约为40%)。且对比二者的氨基酸组成后发现,离子液体微波催化水解得到两种新的氨基酸瓜氨酸(Cit)和鸟氨酸(Orn),这主要是水解方式的不同导致肽键断链位置的不同引起。总体而言,离子液体作为天花粉蛋白水解过程中使用

的一种新型催化剂，在水解程度方面具有优势，水解可得到新的氨基酸，且水解方法简单易操作，可为蛋白质水解领域提供新的思路和方向。

最后，为了探究天花粉蛋白水解产物的抗氧化活性以及水解方式对该活性的影响，选择牛血清蛋白（bovine serum albumin，BSA）、牛血红蛋白（bovine hemoglobin，BHb）、鸡蛋白蛋白（chicken egg albumin，ACE）、天花粉蛋白（trichosanthin，TCS）及硫酸鱼精蛋白（protamine sulfate，PSS）在相同的水解条件下探索水解物抗氧化活性之差异。首先以离子液体[Mim][HSO$_4$]为催化剂，温度设定为100℃，离子液体的浓度为0.06mol/L，水解时间控制在24h，五种蛋白质的水解度和三种方法测定下的抗氧化活性见图7-18。结果表明，蛋白水解物的抗氧化活性和蛋白质的水解程度有关，五种蛋白水解物的抗氧化活性均随着水解度的升高而增强。水解达到饱和状态时，抗氧化活性也趋于平稳。五种蛋白质中牛血红蛋白的水解程度最高，因此其抗氧化活性也最强。硫酸鱼精蛋白为一种疏水性蛋白，微溶于水，因此其水解程度最低，抗氧化活性最弱。此外，三种测定抗氧化活性的方法——DPPH自由基清除能力、ABTS自由基清除能力和羟自由基清除能力得到的结果差别较大。五种蛋白质均表现出较强的羟自由基的清除能力，而对ABTS自由基的清除能力较弱。这也说明了对任意一种抗氧化剂而言，以一种测定方法对其抗氧化活性进行定量分析是不科学的。综合考虑五种蛋白水解物在三种测定方法下的抗氧化活性，离子液体催化水解后，各蛋白水解度的顺序为BHb>ACE>BSA>TCS>PSS，抗氧化活性顺序为BSA>BHb>ACE>TCS>PSS[三种测定方法得到的结果一致，清除率均取其在各自方法中的最大值，结果见图7-18（f）]。这说明蛋白水解物的抗氧化活性不仅与其水解程度相关，也与其水解得到的肽链结构有关，肽链结构中含酚羟基较多的蛋白水解物抗氧化程度较高，这也是BSA水解度低于BHb和ACE，但抗氧化活性却高于二者的原因。

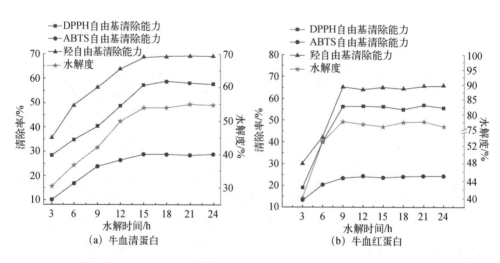

(a) 牛血清蛋白   (b) 牛血红蛋白

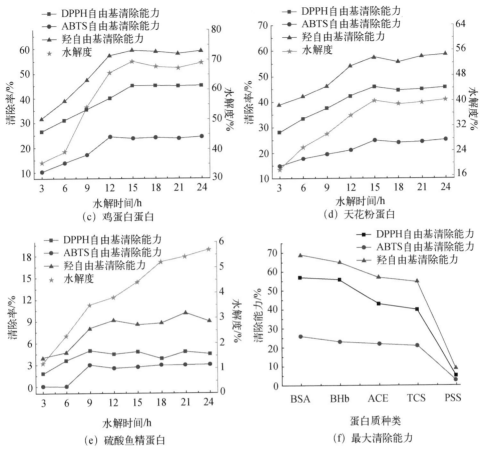

图 7-18　五种蛋白质的水解度与抗氧化活性之间的关系和五种蛋白水解物
在三种不同抗氧化测定方法下的最大清除能力

最后，以离子液体[Mim][HSO$_4$]为催化剂，微波功率设定为300W，离子液体的浓度为0.06mol/L，水解时间控制在0.5～4h，五种蛋白质的水解度和三种方法测定下的抗氧化活性见图7-19。从结果可以看出，离子液体微波催化水解与高温催化水解得到的结果有较大差别。首先，二者水解程度不同。这一点在天花粉蛋白的水解工艺研究中已有非常明显的表现。与TCS的水解相比，微波催化对BSA、BHb、ACE及PSS的水解提高程度有限，这主要是因为这四种蛋白质均属于动物蛋白，与天花粉蛋白（植物蛋白）在氨基酸的组成和构型方面都存在较大差异。其次，两种水解方式得到的蛋白水解物在抗氧化活性方面的表现也存在一定的差异。微波辅助IL催化后，水解程度都有所提高，因此，五种蛋白水解物的抗氧化活性也都出现了不同程度的提高。牛血清蛋白和牛血红蛋白中含有较多的酚类结构，因此抗氧化活性较高；而天花粉蛋白由

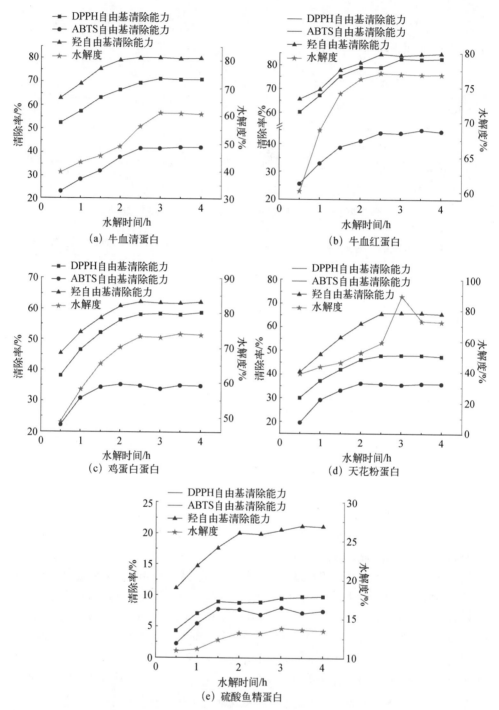

图 7-19　微波催化五种蛋白质的水解度与抗氧化活性之间的关系

于微波催化作用下水解度有了较大程度的提高，其水解物的抗氧化活性超过了鸡蛋白蛋白，进一步证明了水解程度的提高会增强水解物的抗氧化活性。三种自由基的清除能力顺序依次为：清除羟自由基的能力>清除 DPPH 自由基的能力>清除 ABTS 自由基的能力。五种蛋白水解物的抗氧化活性顺序为：BSA>BHb>TCS>ACE>PSS。

7.3　糖类化合物

　　本节所述的糖类既包含了多糖也包括了单糖的降解。其中，纤维素是自然界中最丰富的可再生资源，是许多化工产品不可替代的原料。它的衍生物产品被广泛地用于化纤、膜材料、造纸以及涂料等重要领域。纤维素由于特殊的结构而不溶于水以及绝大部分有机溶剂。早在 1934 年 Graenacher 就发现吡啶类离子液体可以溶解纤维素，但是这种离子液体的熔点很高在 118℃，因此并没有引起多少人的注意[18]。随后，Swatloski[19]等发现[C$_4$mim][Cl]离子液体能够很好地溶解纤维素，并通过微波加热可以提高溶解速率和溶解度。该课题组的负责人 Rogers 教授也由此获得了 2005 年美国总统绿色化学挑战奖的学术奖。将纤维素水解为单糖的传统手段有酸水解法和酶水解法，较晚出现的酶水解法克服了前者的很多不足，但是纤维素的复杂结构对直接酶水解有较强的抵抗作用，导致水解效率偏低。近几年来，离子液体在水解纤维素的研究中得到了很多成果。为了解决上述问题，Sheldrake 和 Schleck[20]使用双阳离子型离子液体[C$_4$(mim)$_2$][Cl]$_2$溶解纤维素，在较低的温度（180℃）和没有酸预处理的条件下直接得到了大部分为左旋葡萄糖的单糖。Li 等[21]发现酸性的[C$_4$mim][HSO$_4$]和 1-甲基-3-磺丙基咪唑硫酸氢盐[Sbmim][HSO$_4$]对纤维素具有较高的水解效率，含有配位型阴离子的离子液体[C$_4$mim][PF$_6$]和[C$_4$mim][BF$_4$]则因为不能溶解纤维素而不能实现纤维素的水解。由此可见，在水解中离子液体往往具有溶剂和催化剂的双重功能，与传统催化剂相比，它具有更高的选择性、催化活性和循环使用次数，可以有效地抑制副反应，缩短反应时间，并使反应在较为温和的条件下进行，成为真正的环境友好反应体系。离子液体除了可以直接以液态形式作为溶剂和催化剂应用于化学反应以外，还往往以一定手段将其键合在硅胶等载体上，以固相催化剂形式参与催化水解反应。Ren[22]等人发现 1-烯丙基-3-甲基咪唑氯盐[Amim][Cl]离子液体的水解效果更好，可以得到质量分数为 5%的纤维素溶液，而且在这种离子液体中纤维素不降解。也有其他研究者认为，离子液体溶解纤维素后，溶液中的纤维素聚合度下降，由此更容易被催化水解为单糖、低聚糖等。Sievers[23]等人用[C$_4$mim][Cl]离子液体水解催化火炬松木屑，催化条件比传统的方法要温和，温度大大低于在水相中进行的水解反应，但反应的选择性需要进一步提高。刘天赐[24]等人发现将酸加入到离子液体催化体系中能提高水解反应效率，并能得到较高的总还原糖收率。此外还可采用负载金属的酸性载体（如 Y 型分子筛）为催化剂（活性组分金属含量为 0.5%～5%），以离子液体（1-乙基/丁基-3-甲基咪唑氯盐）为溶剂，在加热和光照条件下，含有糖苷键的多糖可转化为葡萄糖以及5-羟甲基糠醛。与传统的液体酸水解方法相比，原料不需要预处理，催化剂易于回收，对设备腐蚀性弱。与直接加热过程相比，相同条件下，光热过程可以将纤维二糖水解反应的起始温度降低20℃。该方法为解决纤维素充分利用问题提供了新途径。

相比上述 IL 的应用报道，DES 在纤维素降解领域的研究较少，主要原因可能只有性能上差异，而鲜有本质上的区别。此时可以选择不同的降解转化方向。如将 40 质量份的柠檬酸、40～50 质量份的甜菜碱组成的 DES、5～10 质量份的蒸馏水及 5～10 质量份的硫酸构成的酸性低共熔体系催化水解 1～10 质量份的纤维素浆料；反应时间为 2～6h，反应温度为 50～65℃。该反应条件较温和，操作简单，可实现利用酸性低共熔溶剂一步制备纤维素纳米晶体，其中的催化体系也可换为氯化胆碱-二水合草酸（或马来酸）类 DES+金属（Fe-Al-Zn）氯盐体系[25, 26]。类似地，甲壳素与六水氯化铁-甜菜碱（1∶1）在质量比为 1∶20，温度为 100℃，时间为 1h 的超声反应条件下，也可降解得到甲壳素纳米晶体（产率 88.5%，结晶度 89.2%）[27]。此外选用氯化胆碱类低共熔溶剂作为催化剂，加入少量氯化物和硼酸为助催化剂，以 N, N-二甲基乙酰胺为溶剂，常压回流 60min 后可将甲壳素单体 N-乙酰氨基葡萄糖转化得到 3-乙酰氨基-5-乙酰基呋喃，该产物是生产含氮精细化学品的重要原料[28]。

在众多糖降解产物中，5-羟甲基糠醛（5-HMF）作为一种由天然生物质转化得到的重要的化学平台产品引起了广泛关注，可以通过氧化、氢化和缩合等反应制备多种衍生物，是重要的精细化工原料。利用酸催化果糖转化制 5-羟甲基糠醛是人们早期对生物质转化的研究，但由于原料昂贵，酸催化剂引起的如设备腐蚀等问题，使人们开始越来越多地围绕着更多改进方法进行研究探索。通过研究发现，$[C_4mim][Cl]$离子液体在较低温度下能有效地将糖催化转化为 5-HMF[29]，这个反应表现出了超高的选择性，收率达到 70% 以上。此外，以对甲苯磺酰基（Ts）为阴离子的双咪唑类聚乙二醇型离子液体$[PEG_n (mim)_2][Ts_2]$（n=200/400/600/800）是研究人员将具有温度敏感性的聚乙二醇长链与咪唑类离子液体相结合的产物，在金属氯化物 $AlCl_3·6H_2O$ 催化剂的协同下，可成功构建以葡萄糖作为原料催化转化获得 5-HMF 的绿色工艺。通过考察离子液体种类、金属氯化物种类及用量、反应时间和反应温度等对产物产率的影响，选择出最优的工艺条件为每降解 100mg 葡萄糖需要的$[PEG_{200} (mim)_2][Ts_2]/AlCl_3·6H_2O$为 1g/25mg，130℃下反应 25min，对应 5-HMF 最高产率为 65.40%。对所选用的反应体系$[PEG_n (mim)_2][Ts_2]/AlCl_3·6H_2O$进行重复性实验，验证了其具有较好的稳定性与重复性。其次该团队还探究了微晶纤维素催化转化制备 5-羟甲基糠醛的反应条件。在此沿用了同一反应体系$[PEG_{200} (mim)_2][Ts_2]/AlCl_3·6H_2O$，但需要加入盐酸强化水解，反应时间也更长，最终 5-HMF 的产率达到 44.63%。上述方法为生物质实现有效利用提供了有效的参考实施方法[30]。另有研究发现，当 $CrCl_n$ 和 $SnCl_n$ 作为主催化剂时，咪唑型离子液体在葡萄糖转化为 5-HMF 的反应中表现出有趣的奇偶效应，即离子液体支链碳原子数为偶数时 5-HMF 产率较高。而在果糖转化为 5-HMF 的反应中。离子液体的支链烷基长度越短，5-HMF 产率越高[31]。此外固体酸如离子交换树脂 NKC-9 等也可与离子液体联合发挥降解转化作用。曾有报道开展过系统比较，其选用的 Amberlyst-15 和 Diaion PK-216 为强酸型大孔树脂，Dowex-50wx8-100 为强酸型凝胶树脂。结果提示无论是在[C₄mim][Cl]中还是在 DMSO 中，大孔树脂的转化效果都优于凝胶树脂，而同一类型树脂则 5-HMF 的产量随着其粒度的减小而增加。

天然资源的回收利用及系统开发是笔者团队的主要研究方向之一，在以往的研究中曾经对以竹粉（来自建材产业）、玉米芯、甘蔗渣（来自食品产业）、酱油渣（来自酿造产业）、中草药渣（来自医药产业）为代表的一系列废弃产物中的木质纤维素进行了降解研究。其中发现蒸汽爆破或绿色溶剂预处理对整体工艺效果较为明显。前者主要是采用高温高压水蒸气，可以使半纤维素部分水解，同时使木质素软化易降解；进入细胞空隙中的水蒸气可使纤维细胞的横向联结强度下降，导致原料柔软且便于进一步处理。当已被充分软化的原料在汽爆设备的出口处遭遇骤然减压时，其细胞空隙中的水蒸气会出现剧烈膨胀，所产生爆破效果将柔软的原料撕裂成细碎的纤维素束状，纤维的表面属性随之发生变化，从而达到预处理效果。此外离子液体或低共熔溶剂在较低浓度和温和的预处理条件下就可破坏这些天然大分子的氢键网络，从而改变其聚集态结构及表面形貌，并使原料出现溶胀，细胞膜穿透性增强。对于甘蔗渣而言，[C₄mim][Cl]预处理效果优于[Amim][Cl]、[C₄mim][Br]、[C₂mim][Br]、[C₃mim][Br]等，且以 Cl⁻为阴离子的离子液体效果显著优于含 Br⁻的离子液体。总体而言，以上两种方式都非常有利于木质纤维素的深入降解和后续加工。

在上述原料所含纤维素的降解中，笔者团队系统开展了不同离子液体以均相（[C₄mim][Cl]预溶解纤维素后加入水解体系）和非均相（直接将纤维素原料加入水解体系）方式进行水解与醇解。在非均相水解方式中，不同离子液体种类对还原糖（TRS）的产率影响如图 7-20 所示。可以看出虽然离子液体 [HSO₃C₃mim][HSO₄]、[HSO₃C₃mim][Cl]、[HSO₃C₃mim][H₂PO₄]三者具有相同的阳离子结构，但[HSO₄]⁻表现出的水解性能优于 Cl⁻和[H₂PO₄]⁻。对于离子液体[HSO₃C₃mim][HSO₄]、[C₆mim][HSO₄]和[C₄mim][HSO₄]的比较，三者具有相同的阴离子结构，可以看出[HSO₃C₃mim][HSO₄]表现的水解性能优于后两者，因为离子液体[HSO₃C₃mim][HSO₄]阳离子上具有磺酸基团，在相同浓度下可以提供更多的 H⁺催化水解。对于[HSO₃C₃mim][Cl]，因其阴离子Cl⁻的存在对甘蔗纤维素的氢键起到了一定的破坏作用，从而促进了 H⁺对甘蔗纤维素的进一步渗透和降解。

在均相水解体系中，由于甘蔗纤维素经过预处理已完全或部分溶解于[C₄mim][Cl]中，故水解效率比非均相体系水解效率高。在两种水解体系中，反应温度对甘蔗纤维素水解反应有着较大的影响，反应温度的适当升高可以提高 TRS 的产率，但并非反应温度越高，水解得到的 TRS 产率就越高，随着温度的继续升高，不仅会加快甘蔗纤维

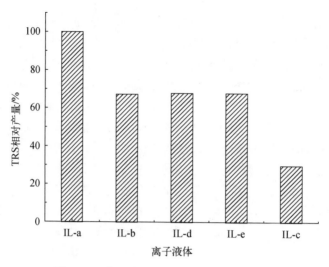

图 7-20　离子液体种类对 TRS 产率的影响

IL-a: [HSO$_3$C$_3$mim][HSO$_4$]; IL-b: [HSO$_3$C$_3$mim][Cl]; IL-c: [C$_6$mim][HSO$_4$];
IL-d: [HSO$_3$C$_3$mim][H$_2$PO$_4$]; IL-e: [C$_4$mim][HSO$_4$]

素水解反应速率，也会提高糖类的脱水反应速率，从而导致过高的温度下 TRS 的产率反而降低；同样地，反应时间对甘蔗纤维素水解反应也有着较大的影响，在短时间范围内，甘蔗纤维素水解产生的 TRS 含量随着时间的延长不断增加，但随着时间的持续延长，TRS 含量又开始降低。同时，在均相水解体系中，水含量会影响甘蔗纤维素在预处理离子液体中的溶解度，通过研究水量对甘蔗纤维素水解的影响，发现随着水量的不断增加，TRS 的产率先增大后降低。原因在于水量的增加会对 TRS 的脱水反应起到一定抑制作用，TRS 的产量得到积累，产率升高；但随着水量的继续增大，导致甘蔗纤维素从[C$_4$mim][Cl]慢慢开始析出，其溶解度降低，从而导致 TRS 产率出现下降。在一定范围内，可以改变水的用量来调控 TRS 的产率。

使用在第 6 章中被发现的、在醇中溶解度具有温度敏感性的[HBth][CH$_3$SO$_3$]为催化剂，低碳醇为溶剂，在 140℃下催化醇解甘蔗纤维素。称取一定质量的甘蔗纤维素粉末置于盛有低碳醇的聚四氟反应套中，加入离子液体后密封反应套进行加热水解，反应完成后，反应体系趁热过滤掉没有降解完全的原料，然后迅速放入冰浴中进行冷却，在此环境下离子液体可形成独立存在的固相而与水解产物分开。本技术路线仅通过温度调控即可实现催化剂的相态变化以及对甘蔗渣纤维素进行醇解降解。从图 7-21 (a) 可以看出，几种低碳醇对甘蔗纤维素醇解制备所得的 TRS 产率影响没有很大差异，但是随着温度的变化产率存在较为明显的区别，在甲醇、乙醇、异丙醇这三种介质中，TRS 产率随着温度的升高不断增大；但在正丙醇、异丁醇、正丁醇这三种介质中，随着温度的升高，TRS 产率呈现出先升高后降低的趋势。此外，在较低的温度范围内 TRS

产率很低，尤其是在温度低于醇的沸点时。另外通过对离子液体用量的比较发现[图 7-21（b）]，当用量处于较低水平时，TRS 产率会随之增加而上升，但当其用量进一步增加时，TRS 的产率却表现出很明显的下降趋势，表明过量的催化剂会抑制甘蔗纤维素的醇解或者促进 TRS 的二次转化，从而导致 TRS 产率的下降。可能的原因是过多的催化剂可能会带来更多的热传导阻力，进而在一定程度上抵消了催化剂的部分活性；其次离子液体酸催化剂的量越大，越会促使溶剂分子相互反应，如醇与醇之间会发生脱水生成醚导致醇损耗增多，还会催化潜在副反应的发生，这在其他学者的研究中也发现过同样的现象。图 7-22 全面反映了不同醇对甘蔗纤维素醇解制备 TRS 的影响。

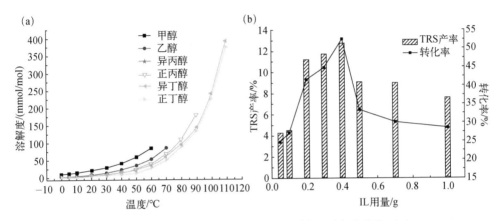

图 7-21　温敏性[HBth][CH$_3$SO$_3$]在低碳醇中的溶解度曲线（a）及其用量对甘蔗纤维素醇解的影响（b）

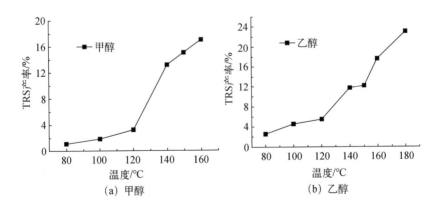

图 7-22

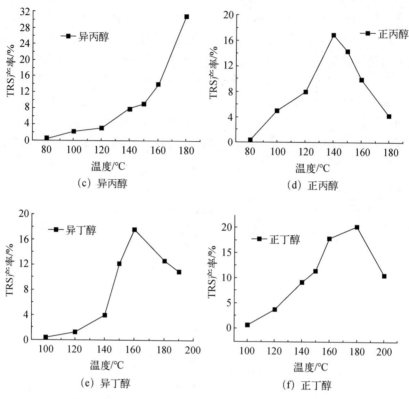

图 7-22 不同醇对甘蔗纤维素醇解制备 TRS 的影响

笔者对反应后液相产物进行了苯酚-硫酸法分析，证明了产物中有 TRS；此外通过 GC-MS 分析发现，液相体系中还有乙酸丙酯（6.942min）、5,6-二氢-2H-吡喃-2-酮（7.533min）、乙酰丙酸丙酯（9.758min）、左旋葡萄糖酮（9.092min）等小分子物质，这些小分子产物主要是来自甘蔗纤维素分子的 C—C、C—H 以及 C—O 键，经过断键、脱水、酯化等反应生成。其中的左旋葡萄糖酮（LGO）属于一种来源于生物质的高附加值化学品，具有独特的化学结构，是一种极具潜力的手性原料。但目前 LGO 几乎都是在高温下（一般为 300℃以上）对纤维素进行热解反应所生成的，本工艺可以在较为温和的条件下得到 LGO，这无疑为类似天然多聚物制备小分子提供了一种新的绿色方案。

图 7-23 描述了甘蔗纤维素的醇解途径。作为另一种绿色降解技术，纤维素酶作用下的酶解反应已得到广泛应用，但是由于纤维素分子间与分子内氢键的大量存在，结晶度较高，不溶于水和普通有机溶剂，限制了纤维素的基础研究和工业应用。因此将溶解性好的离子液体作为介质用于纤维素酶催化降解纤维素，可以解决传统工艺降解

困难的问题。例如在为克服木质纤维素生物质的难降解性而存在的预处理环节中，咪唑基离子液体可以使纤维素更容易被水解酶吸收，并产生可发酵糖，最终通过微生物发酵转化为乙醇。目前的预处理温度通常较高（80~160℃），但是已有课题组提出一种在45℃下用离子液体1-乙基-3-甲基醋酸盐（[C$_2$mim][OAc]）预处理的环保策略[32]。图7-24分析了长纤维纤维素、云杉锯末屑、橡树锯末屑三种底物在45℃下用离子液体[C$_2$mim][OAc]预处理溶解后的扫描电子显微照片，未经处理的长纤维纤维素[图7-24（a）]显示出特殊的由刚性显微组成的微纤维结构，云杉和橡树的锯末[图7-24（b）（c）]表现出了一个紧凑、更复杂和非常有序的木材大原纤维的形态。在45℃下用[C$_2$mim][OAc]预处理后三种再生的底物均表现出不同于未处理的形态。对于纤维素，纤维结构小消失[图7-24（d）]，表面看起来像一个光滑和膨胀的材料；云杉木屑[图7-24（e）]有一个非常多孔的宏观结构，呈现出许多小洞，而橡木木屑[图7-24（f）]显示出一个更爆炸和高度切割的纹理。因此，低温预处理并不能阻止[C$_2$mim][OAc]与（木质）纤维素材料的相互作用，其效果可与经典高温下观察到的效果相媲美，比如纤维素网络中氢键的破坏，孔隙率和比表面积的增加，木质素和半纤维素之间化学键的断裂导致木质纤维素结构的紊乱等。将低温离子液体预处理后的三种底物用纤维素酶水解后发现，经IL处理后乙醇产量提高了2.6~3.9倍。

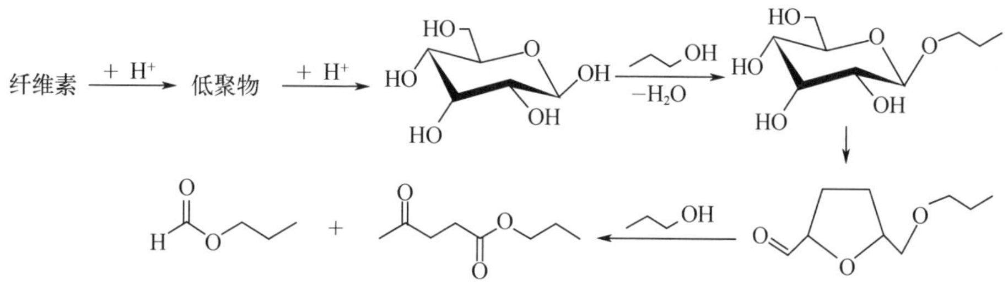

图7-23 甘蔗纤维素醇解的途径

最后，在上述原料所含半纤维素的降解中，聚戊糖一般通过两步脱水得到糠醛，第一步脱水生成戊糖的反应较快，且戊糖收率较高；第二步为获得高收率糠醛的关键。另一方面，糠醛的化学稳定性较差，容易被氧化生成糠酸，光、热、空气都可能导致氧化的发生。糠醛生成的体系为酸性，温度也较高，如不立刻将糠醛分离出来，会生成黑色副产物，这些都需要在半纤维素的降解中予以注意。笔者首先使用离子液体1-甲基咪唑硫酸氢盐[Mim][HSO$_4$]代替浓硫酸为催化剂，发现其具有较强的催化能力、稳定性好、可循环使用，且易与产物经水蒸气蒸馏法分离，糠醛收率接近硫酸作催化剂的结果。具体来看，该离子液体对甘蔗渣半纤维素的水解条件为：以[Mim][HSO$_4$]将体系pH调节至0.2，然后在反应釜中于120℃和一个大气压下加热水解20min，糠醛

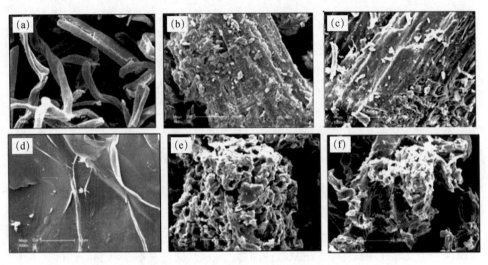

图 7-24　扫描电子显微镜图：未经处理的长纤维纤维素（a）、云杉锯末（b）、
橡树锯末（c）；和在 45℃ 下离子液体[C₂mim][OAc]处理后的长纤维
纤维素（d）、云杉锯末（e）和橡树锯末（f）

最终收率为 8.5%；该离子液体经 5 次循环使用后糠醛收率缓慢下降到 6.5%左右。此外还可使用酸性更强的 1-甲基-3-丙磺酸基咪唑硫酸氢盐、1-丁基磺酸-3-甲基咪唑硫酸氢盐或 N-磺酸丙基吡啶硫酸氢盐，降解效果更好。也有文献使用三乙胺硫酸氢盐或 3-（三乙胺基）丙磺酸硫酸氢盐，如将前者作为盐酸的助催化剂，在微波强化下将玉米芯中的木糖转化为糠醛；当温度为 110℃（影响力最强）、反应时间为 8min、功率为 300W、离子液体质量分数为 87%时，糠醛收率为 82.2%[33]。与笔者采用的水蒸气蒸馏法分离糠醛和离子液体不同的是，该研究在反应结束后，向体系中加入少量去离子水来降低其黏度，过滤剩余残渣后加两倍体积的 2-丁醇（沸点 99.5℃）萃取糠醛，回收率为 99.7%。

7.4　木质素

　　木质素是自然界储量仅次于纤维素的天然交叉连接而成的酚性聚合物，全球每年产量约 5000 万吨。其结构是由苯丙烷单体通过 C—C（微量）、C—O—C（大量）等化学键连接起来的芳香族大分子，其中 β-O-4′在总单元间连接键中占比最高。降解是实现木质素高值转化的途径之一，而高效解聚是生物质高值转化的难点也是重点。由于木质素的分子结构中存在着芳香基、酚羟基、醇羟基、碳基共轭双键等活性基团，因此可以进行氧化、还原、水解、醇解、酸解甲氧基、酶解、光解等反应。

　　笔者团队首先尝试合成了三种咪唑为阴离子的碱性离子液体 [C₄mim][Im]、[Ch][Im] 和 [N₄₂₂₂][Im]，发现同一浓度下碱度的大小为 [N₄₂₂₂][Im]>[Ch][Im]>

[C$_4$mim][Im]。再将三种离子液体用于木质素的降解。当考察离子液体浓度对木质素降解的影响时[如图 7-25 (a)]，称取 2g 木质素和离子液体加入 60mL 蒸馏水中，离子液体浓度为 0.01mol/L、0.05mol/L、0.10mol/L、0.15mol/L 和 0.20mol/L，加入 0.5mol/L H$_2$O$_2$ 溶液，反应温度为 80℃，反应 4h 后立即降温终止反应，使用 1mol/L HCl 溶液调节溶液的 pH=1，4000r/min 离心分离，50℃真空干燥至恒重，测定木质素降解产物的羟基度。从图 7-25 (a) 可以看出，总体趋势是先上升后下降，且三者均在浓度为 0.1mol/L 时出现醇羟基最大值；这是因为，一方面，发挥碱作用的离子液体剂量增大可以促使过氧化氢离子的生成，从而推动氧化过程；另一方面，碱用量过高会对氧化起到抑制作用。同时，三者对应的降解产物的醇羟基含量有所区别，[N$_{4222}$][Im]降解后含量最大，[Ch][Im]其次，[C$_4$mim][Im]最小，一方面可能原因在于过氧化氢在碱性条件下电离为 OOH$^-$，过氧根离子对亲电中心具有更高的反应活性，可以更有效地氧化木质素；另一方面碱性离子液体直接应用于木质素的降解中，由于阳离子的空间位阻及结构的不同，进攻木质素的亲电中心的能力不同，故降解的结果有所区别。总体来

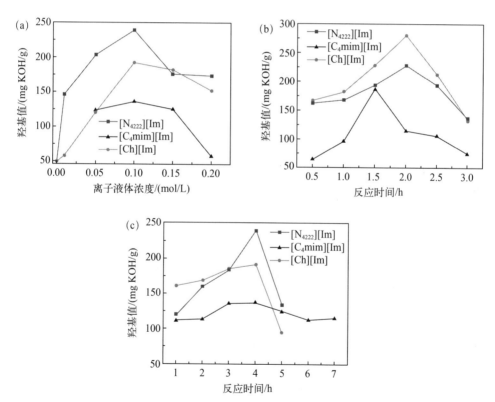

图 7-25　（a）离子液体浓度对木质素醇羟基含量的影响；（b）300W 微波强化下不同时间内离子液体的降解效果；（c）无微波强化下不同时间内离子液体的降解效果

看，在不同的考察条件下，三种离子液体中降解程度均为[N$_{4222}$][Im]>[Ch][Im]>[C$_4$mim][Im]。其中[N$_{4222}$][Im]降解后木质素表面醇羟基由原来的48.62mgKOH/g最大程度下可转化为170.45mgKOH/g；其次是[Ch][Im]，为137.05mgKOH/g；最次是[C$_4$mim][Im]，为98.09mgKOH/g。而酚羟基含量较木质素原料都没有明显增加的趋势，这体现了IL降解行为的高度选择性。

在上述碱性离子液体降解研究的基础上，笔者团队拟考虑引入微波进行强化。微波功率加速化学反应的机理一直存在争议，主要为微波非热效应和微波热效应观点。微波非热效应就是微波功率的增加主要源于反应体系中特殊分子、中间体或过渡态与微波电磁场发生稳定的相互作用，而不是宏观的反应温度的变化。而微波热效应则认为微波加热是无滞后性效应，加热均匀和速度快，但在化学反应中仅仅就是一种加热反应。在此我们先进行了300W微波强化效果的评估。通过图7-25（b）和图7-25（c）的比较发现，在相同时间内（3h），三种离子液体对应的降解产物的醇羟基含量均较无微波条件下更高，说明微波降解可以缩短反应时间，同时使降解效果更佳；同时有无微波辐照时变化趋势基本一致，都是先随时间的增加，醇羟值含量逐渐增加，但是达到一定的反应时间后产物的羟基降低。下降的原因可能是木质素发生解聚后重聚，反应时间越长反倒越不利于木质素的降解。最后还发现，微波强化下[Ch][Im]降解的木质素产物羟基含量最大，无微波条件下[N$_{4222}$][Im]离子液体降解的效果最佳，两者降解木质素的醇羟基结果都较为接近。一方面它们的碱度相近，另一方面两者的阳离子空间位阻都比较小。这也是它们降解效果优于[C$_4$mim][Im]的主要原因。基于产物的GC-MS分析，可以推断出微波辅助下相关离子液体降解木质素的机制（如图7-26所示）。

与离子液体降解方式相比，低共熔溶剂（DES）加热降解木质素也是一种优良的绿色降解方法，在此领域近年来的研究较离子液体更为活跃，文献数目更多。与其他降解方法相比，DES反应条件温和，可实现木质素的高效降解，这对于木质素资源的高效、高值化利用和可持续发展具有重要意义[34]。在研究解聚反应的前期，DES种类与配比的选择是控制木质素断键反应以及再聚合反应的重要因素，可以设计具有特定功能且可调控的DES体系。酸性的DES体系（大量的酸性HBD可用，弱酸型如氯化胆碱-乳酸、氯化胆碱-硼酸等，强酸型如氯化胆碱-对甲苯磺酸、氯化胆碱-草酸、氯化胆碱-对硝基苯磺酸等）对木质素解聚具有很好的促进作用，其主要断裂β-O-4'和C—C；以氯化胆碱-尿素为代表的碱性DES体系通常破坏C—O—C，而以氯化胆碱-甘油为代表的中性DES体系太过温和，只会轻微改变木质素结构。

如果弱酸DES体系对于断裂原料中C—C的作用力有限，可在130℃下采用氯化胆碱-对甲苯磺酸等强酸性DES体系降解碱木质素，对象平均分子量可由17680降至3000以下。降解产物以G型酚类和酮类化合物为主，另外也有少量的醛类。还可以加入杂多酸、金属氯盐等路易斯酸或其他氧化还原催化剂辅助定向降解木质素，以高效

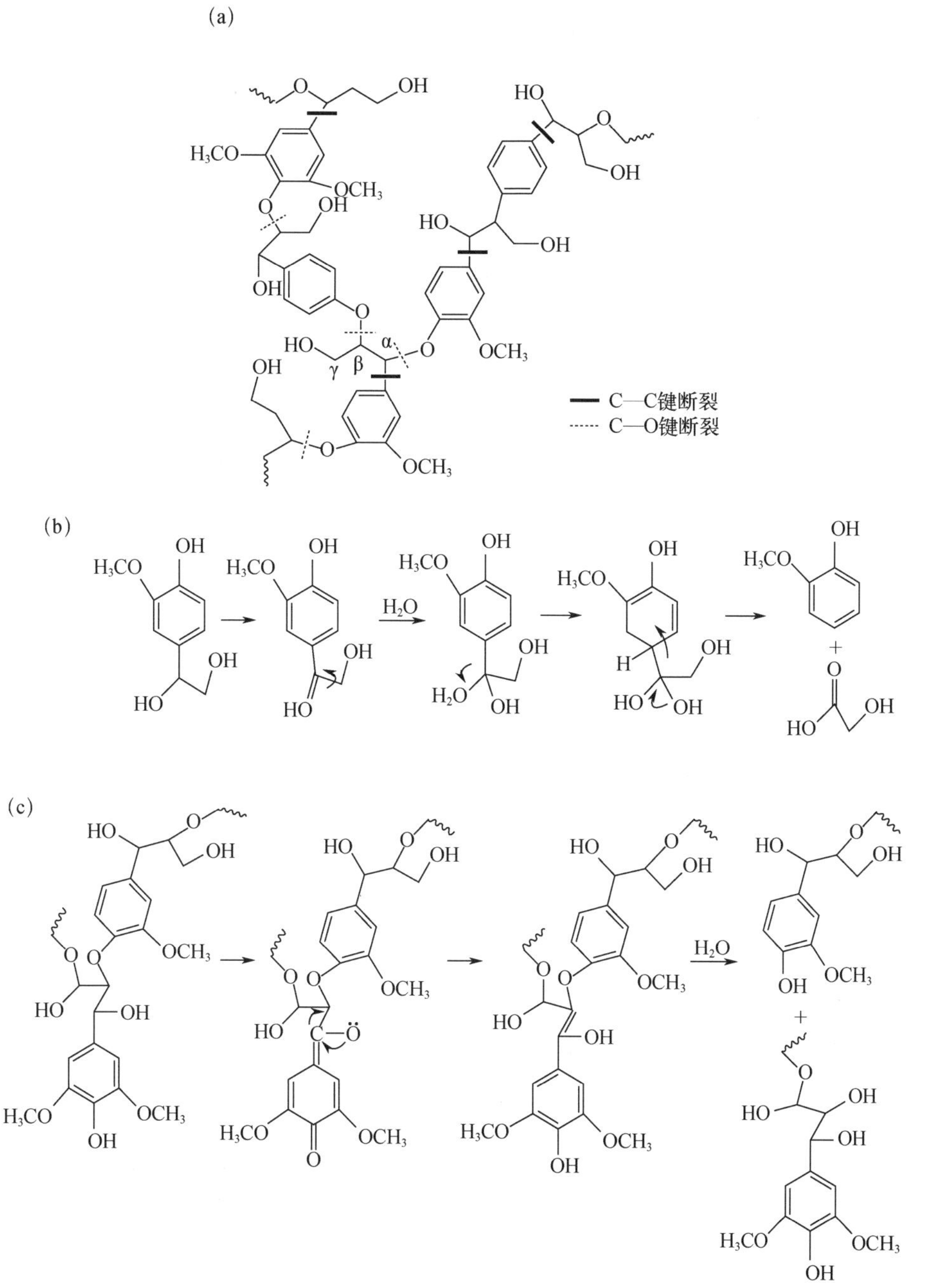

图 7-26 微波辅助离子液体降解木质素的可能途径分析

断裂 C—O—C 与 C—C，同时保护断键后形成的碳正离子或者产物醛，实现抑制缩合的效果。木质素中的 *β-O-4′* 连接单元在酸性 DES 催化体系的解聚机理如图 7-27（a）所示。

(a)

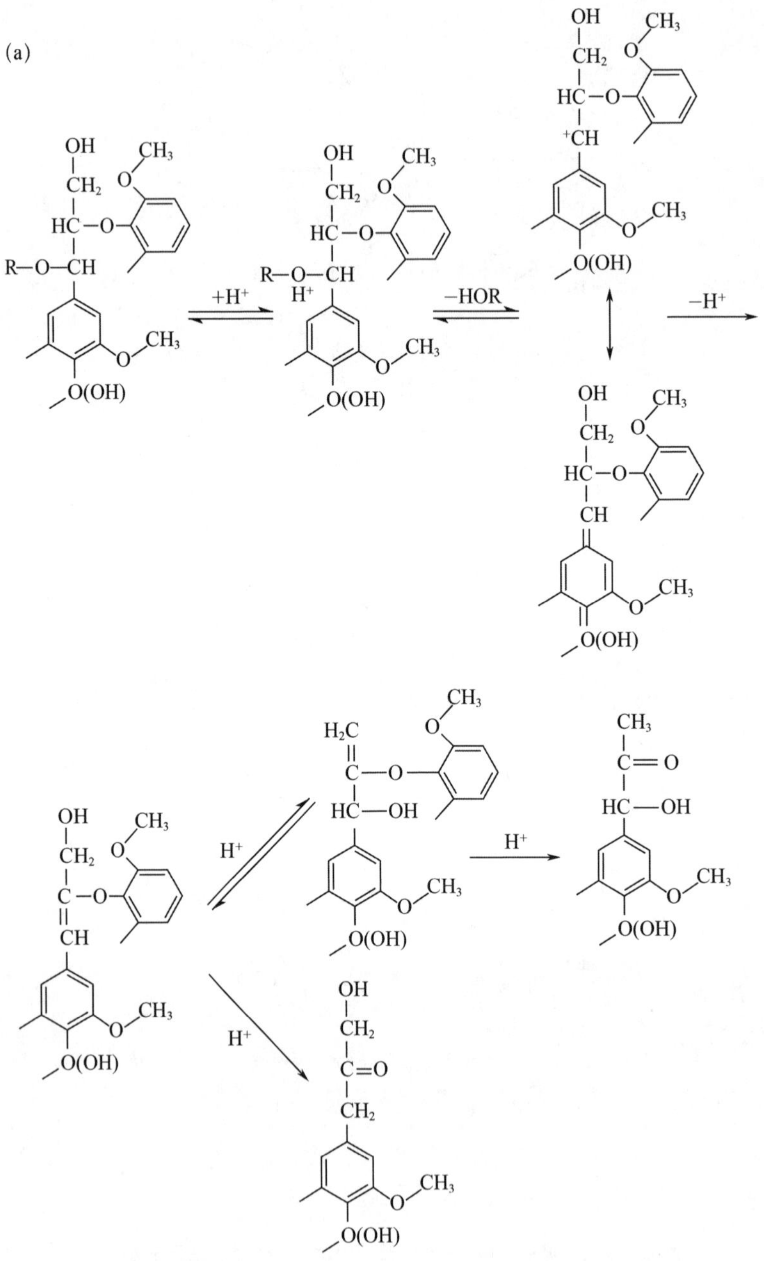

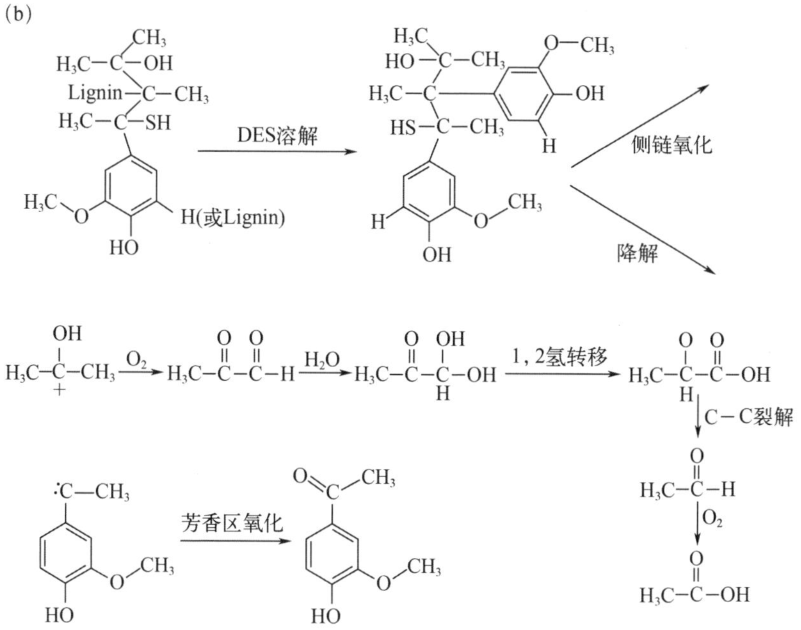

图 7-27　酸性 DES 解聚木质素的过程（a）和
氯化胆碱-甲醇体系中木质素氧化降解的可能机理（b）[35, 35]

　　基于该机制，木质素中的 *β-O-4'* 连接单元在酸性 DES 催化体系的解聚机理为：全过程始于酸性溶剂中质子攻击目标氧原子（苯环上 α 位羟基或 C—O—C），形成共轭酸后 α 型醚键很容易断裂，脱去一个水分子（或烷基醇）后得到镢离子和正碳离子的稳定共振结构；然后，*β*-碳上的氢和 α-碳上正电荷之间发生消去反应，生成 C=C 的同时重新生成氢离子；紧接着 C=C 发生水解，导致 C—O 的断裂，一种情况下生成 1-羟基-3-（4-羟基-3-甲氧基苯基）-2-丙酮，另一种情况下烯丙基（苯基上的）重排形成异构烯醇醚，最后在酸性条件下的 C=C 水解生成所谓的异构烯醇醚酮。通过烯醇异构化，α-碳、*β*-碳之间的双键可转变为 *β*-碳、*γ*-碳之间的双键，并且处于互变平衡状态。由于烯醇醚结构与碳正离子结构的存在，使再聚合反应易于发生，这也就解释了 DES 处理过程中可能有低聚物快速形成的情况。但有些酸性 DES 中的羧基可与木质素 *γ*-位羟基之间发生酯化反应从而抑制再聚合的发生，或采用含有硼酸 HBD 的 DES 通过保护羟基来阻碍此类反应[34]。此外，以 Cu（OAc）₂/1，10-邻菲咯啉为催化剂，在氯化胆碱-甲醇体系中对碱木质素氧化降解的反应机理如图 7-27（b）所示。在该 DES 体系中溶解碱木质素，催化剂会优先作用于侧链基团并将其氧化生成仲醇，随后生成丙酮；丙酮经过氧化和水加成又生成 1,1-二羟基丙酮。在 1,2-氢转移后，所得中间体的 C—C 断裂并产生乙醛，乙醛再被氧化生成乙酸。在充分氧化的条件下，芳香区反应生成乙酰香草酮，同时生成少量的香兰素、香草酸和二甲基亚砜等。此外，一些解聚的 C_β 和 C_γ 基团发生缩合反应，形成含氧杂环化合物。

　　总体来看，在现有研究基础上，还要不断完善降解后各种小分子物质的分离纯化，以期获得品种多、收率高的降解产物。在基础数据越来越充实的前提下。对于各种 DES 体系降解木质素要深入探究降解机理及溶剂本身性质（黏度、电导率、表面张力等）所带来的降解效果影响，为木质素高质、高效解聚提供理论依据。

参考文献

[1] Yang Q, Wei Z, Xing H, et al. Brønsted acidic ionic liquids as novel catalysts for the hydrolyzation of soybean isoflavone glycosides[J]. Catalysis Communications, 2008, 9（6）：1307-1311.

[2] Yang C, Zeng H, Song H. Hydrolysis of the Extract of *Rosa roxburghii* Tratt catalyzed by imidazolium ionic liquids[J]. Asian Journal of Chemistry, 2013, 25（13）：7327-7331.

[3] 黄勇, 魏作君, 刘迎新, 等. 离子液体催化大豆异黄酮醇解反应工艺研究[J].高校化学工程学报, 2008, 4：720-724.

[4] 孙国霞.微波离子液体强化酶促合成异槲皮苷[D].镇江：江苏科技大学, 2023.

[5] Yan W, Ji L, Hang S, et al. New ionic liquid-based preparative method for diosgenin from *Rhizoma dioscoreae* nipponicae[J]. Pharmacognosy Magazine, 2013, 9（35）:250-254.

[6] 魏作君, 李斐瑾. 一种采用固定化酸性离子液体催化异黄酮糖苷水解的方法：2008100601741[P]. 2020-12-29.

[7] 张宗英. 斯替夫苷的酸催化水解及甜菊糖苷的抗氧化性[D].无锡：江南大学, 2015.

[8] 曾新安, 李艺菲, 李坚, 等. 微波与低共熔试剂协同水解地奥司明制备香叶木素的方法：202211665308[P]. 2023-11-04.

[9] 曾新安, 杨俊, 李坚, 等. 一种微波与低共熔试剂协同水解虎杖苷制备白藜芦醇的方法：202211649201[P]. 2023-11-14.

[10] 王慧, 马晓娣, 程启斌, 等. 低共熔溶剂中酶催化水解黄芩苷的工艺条件研究[J].化学研究与应用, 2017, 29（05）：659-663.

[11] 张平静. 低共熔溶剂在黄酮类化合物苷元制备与分析中的应用[D].杭州：浙江工商大学, 2019.

[12] 庞兴军, 苏兴建, 曹丽伟, 等. 动物毛发酸水解工艺和生态环境保护剂的研究[J]. 广州化工, 2016, 44（22）：50-52, 83.

[13] 李博, 姚金波, 牛家嵘, 等. 采用还原剂-甲酸法溶解制备羊毛角蛋白质溶液[J]. 纺织学报, 2019, 40（03）：1-7.

[14] 曾春慧, 贾若琨, 郑胜, 等. 还原法与金属盐法结合溶解废旧羊毛的对比研究[J]. 毛纺科技, 2012, 40（11）：37-40.

[15] 袁久刚, 范雪荣, 王强, 等. 离子液体预处理对羊毛蛋白酶水解性能的影响[J]. 化学学报,2010,68（2）：187-193.

[16] 刘仁龙, 王玉珍, 刘作华, 等. 微波辅助离子液体水解羽毛制备复合氨基酸：第七届全国微波化学会议论文集[C].2008.

[17] Jin S W, Xiang B P, Cao B X, et al. Trichobitacin-a new ribosome-inactivating protein I. The isolation, physicochemical and biological properties of trichobitacin [J]. Chinese Journal of Chemistry, 1997, 15（2）：

160-168.

[18] Zhu S, Wu Y, Chen Q, et al. Dissolution of cellulose with ionic liquids and its application: a mini-review[J]. Green Chemistry, 2006, 8: 325-327.

[19] Swatloski R P, Spear S K, Holbrey J D et al. Dissolution of cellulose with ionic liquids[J]. Journal of the American Chemical Society, 2002, 18: 4974-4975.

[20] Sheldrake G N, Schleck D. Dicationic molten salts（ionic liquids）as re-usable media for the controlled pyrolysis of cellulose to anhydrosugars[J]. Green Chemistry, 2007, 9: 1044-1046.

[21] Li C Z, Wang Q, Zhao Z K. Acid in ionic liquid:an efficient system for hydrolysis of lignocelluloses[J]. Green Chemistry, 2008, 10: 177-182.

[22] Ren Q, Wu J, Zhang J, et al. Synthesisof1-allyl-3-methyl-imidazolium-based room temperature ionic liquid and preliminary study of itsdissolving cellulose[J]. Acta Polymerica Sinica, 2003, 3: 448-451.

[23] Sievers C, Valenzuela-Olarte M B, Marzialetti T, et al.Ionic-liquid-phasehydrolysis of pine wood[J]. Industrial Engineering Chemistry Research, 2009, 48: 1277-1286.

[24] 刘天赐, 杨倩, 宋佳慧, 等. 预水解协同低共熔溶剂制备芦苇纤维素纳米纤丝的研究[J]. 中国造纸学报, 2023, 2：43-51.

[25] 解洪祥, 司传领, 杨翔皓, 等. 一种金属盐催化酸性低共熔溶剂水解制备纤维素纳米晶体的方法: 201811177282.7[P]. 2020-04-17.

[26] Hong S, Yuan Y, Zhang K, et al. Efficient hydrolysis of chitin in a deep eutectic solvent synergism for production of chitin nanocrystals[J]. Nanomaterials, 2020, 10（5）: 869.

[27] 臧洪俊, 李焕新, 娄晶, 等. 氯化胆碱类低共熔溶剂降解甲壳素单体 N-乙酰氨基葡萄糖制备 3-乙酰氨基-5-乙酰基呋喃: 202011121278.6[P]. 2020-12-29.

[28] Hu S Q, Zhang Z F, Zhou Y X, et al. Conversion of fructose to 5-hydroxymethylfurfural using ionic liquids prepared from renewable materials[J]. Green Chemistry, 2008, 34（11）: 178-190.

[29] 张文芊.新型离子液体中葡萄糖催化水解制五羟甲基糠醛研究[D]. 北京：北京化工大学, 2016.

[30] 田玉奎, 邓晋, 潘涛, 等. 离子液体中 Lewis 酸催化葡萄糖和果糖脱水制备 5-羟甲基呋喃甲醛[J]. 催化学报, 2011, 32（6）: 997-1002.

[31] Alayoubi R, Mehmood N, Husson E, et al. Low temperature ionic liquid pretreatment of lignocellulosic biomass to enhance bioethanol yield[J]. Renewable Energy, 2019, 145:1808-1816.

[32] 何欧文, 孙长富, 于宏兵. 廉价离子液体体系中玉米芯生成糠醛优化[J]. 应用化学, 2022, 39（02）: 272-282.

[33] 李鹏辉, 任建鹏, 吴文娟. 木质素在低共熔溶剂中降解的研究进展[J]. 中国造纸, 2022, 41（01）: 78-85.

[34] Wang S Z, Li H L, Xiao L P, et al. Unraveling the structural transformation of wood lignin during deep eutectic solvent treatment[J]. Frontiers in Energy Research, 2020, 8: 48.

[35] Li Z M, Long J X, Zeng Q, et al. Production of methyl p-hydroxycinnamate by selective tailoring of herbaceous lignin using metal-based deep eutectic solvents（DES）as Catalyst[J]. Industrial & Engineering Chemistry Research, 2020, 59（39）: 17328-17337.

第 8 章

新型绿色溶剂的回收与后处理工艺

　　本书前面各章在提取、分离、合成、催化、分析、制备等工艺环节中不同程度地使用了绿色溶剂，而任何溶剂不经过有效回收和循环利用均不能体现其"绿色"特性，也不符合当前环境保护及建设资源节约型社会的要求，而且还会造成过程成本明显增加，甚至不具备规模化应用的可行性（关于新型绿色溶剂的使用成本自第366次香山科学会议起就被明确视为制约其发展的重要问题）。各国都已将溶剂所产生的公害认定及其限制视为世界性环保问题而加以重视，且相关要求日益严格。总体来看，对新型绿色溶剂进行回收处理的目的是降低工艺和工程成本，减少过程排放，改善作业环境，提高操作安全性，同时也可获得目标天然产物。常用的技术途径有吸收法、萃取法、相变法、吸附法（固定床、流化床）、电渗析、磁场吸引和膜分离法等等，对这些不同的回收方法主要是针对不同的体系特点及其产物性质、组成状态综合考量后选择最合适、最有效、最经济的途径来操作，专属性强，有时可能会采用两种或者两种以上的方法结合使用才更有效。

　　对于四种主要绿色溶剂，一般水的回收成本高于其使用成本，故没有回收循环使用，而是作为废液的主要组成统一处理排放；超临界二氧化碳在操作压力恢复常压后自然转为气态，脱除夹带剂并纯化后可循环使用，无常规溶剂回收过程，这也是其优势之一。而离子液体和低共熔溶剂由于制备成本较高，无论在实验室研究还是规模化应用中都应尽可能回收处理并循环使用；目前全世界为数不多的成功工业化的项目中，都有专门的离子液体回收工段、再生车间、大型配套装置及品质二次评价部门，3～5个月才更换一批全新的绿色溶剂。同时，离子液体和低共熔溶剂的有效回收，也有利于大幅降低这些高沸点组分在产物中的残留，这对于食品、药品、保健品、日化品等精细化学品的规模化制备具有重要意义，目前在这些领域对于能否使用两种新型绿色溶剂还存在较大争议。虽然现在还没有出台类似关于绿色溶剂残留的专门限定及统一标准，但随着其不断扩大使用的发展趋势，在将来也许是势在必行。回收及后处理工艺解决不好，必然制约学术界和产业界对绿色溶剂的接受程度，实质是重中之重的核心问题。同时，尽量减少相关过程中有机溶剂的使用，才能使离子液体成为一种真正"绿色"的溶剂。基于此，本章专门探讨与离子液体和低共熔溶剂回收处理相关的问题，以利于其在天然产物领域的进一步应用和推广。

8.1 离子液体回收方法

近年来，离子液体由于其自身独特的结构特点和性质在各领域都有广泛的应用，然而在应用中存在不易与高沸点物质分离及回收困难的问题，因此如何回收离子液体、降低成本、减少污染、减少产物损失成为了关键问题。回收所得离子液体的色泽从一定程度上可以提示其品质（一般色浅者优，在波长大于 300nm 处有最小吸收；吡啶盐比咪唑盐往往更易含有有色杂质）。回收的离子液体一般建议完成下面的质量分析后再投入循环使用：①基于核磁共振和离子色谱的组成全分析；②基于滴定法的卤离子含量测定；③基于卡尔·费休法的水分测定；④pH、拉曼光谱和原子吸收等补充测定。目前已有多种备选的回收方法（其中代表如图 8-1 所示），每种方法都具有其特性和适用方向，而且其中一些也可用于制备离子液体时的纯化环节；为达到最好的回收和重复利用效果，需根据离子液体及目标物性质和实际体系有针对性地选择合适的方法。下面各节将一一展开具体论述。

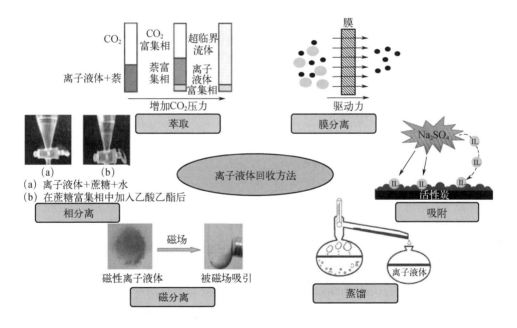

图 8-1 离子液体的回收方法

8.1.1 蒸馏

离子液体蒸气压低，不易挥发，利用蒸馏技术可分离出离子液体体系中的易挥发组分，从而达到纯化及回收离子液体的目的。也有极少数离子液体具有挥发性，如在第 3 章所介绍的用于提取单宁酸的 *N, N*-二甲基铵-*N, N*'-二甲基氨基甲酸酯（DIMCARB），可在 45℃时被馏出而得到回收[1]。目前本小节涉及的蒸馏方法主要包括减压蒸馏、分子蒸馏、塔式精馏等。

8.1.1.1 减压蒸馏

减压蒸馏是目前回收离子液体最常用、最简单的一种方法。利用对象蒸气压低、不易挥发的特点，采用减压蒸馏的方式可以有效移除其中低沸点、热稳定性好的杂质或提取物。例如，可采用常规减压蒸馏技术除去待回收液中的大部分水分，然后反复离心去除固体杂质，真空干燥后得到[Amim][Cl][2]。研究表明，采用此方法回收并循环使用五次的[Amim][Cl]仍可保持较为一致的结构和状态，体现了良好的处理能力。减压蒸馏具有操作简单、处理周期短的优势；同时也存在一定局限，如能耗大、成本高，且当溶质沸点较高时，回收得到离子液体的纯度不高，需要二次纯化，故更适用于较高浓度离子液体的回收。

为了克服传统减压蒸馏的不足，研究人员在此技术的基础上进一步改进，得到了更有效的回收方法。为了提高离子液体中共存水的蒸馏速度，可以在传统减压蒸馏的基础上，在亲水性离子液体溶液中加入少许挥发性的醇，即可利用水分别与离子液体和醇的竞争性结合，打破前者与水之间的强相互作用，这样在混合减压蒸馏时更便于水的馏出。此方法蒸馏效率更高，能耗更低，更加绿色高效。当离子液体混有的水量不高时（如质量比1:1），也可直接用微波辐照除去，辐照6min含水量可降到0.5%以下，但尽量不要用于稳定性欠佳的对象。此外，可将减压蒸馏与其他方法（如膜分离、萃取、吸附等）相耦合，降低传统蒸馏的能耗，提高处理过程的效率，使得减压蒸馏回收离子液体更加绿色、高效。

8.1.1.2 分子蒸馏

分子蒸馏的原理与传统蒸馏不同，后者利用体系中各组分沸点差实现分别回收，而分子蒸馏是一种特殊的液-液分离技术，基于在高真空中下的操作方式，可以通过对液体分子加热并借助不同物质分子运动平均自由程的差别来实现分离。例如，纤维素在[Amim][Cl]溶液中完成乙酰化反应之后，可以利用分子蒸馏法除去纤维素乙酰化溶液中的乙酸和水来回收[Amim][Cl]，相关装置如图 8-2 （a）所示。分子蒸馏的回收效率受到进料流速、进料温度、蒸馏温度、蒸馏压力、刮膜器转速等因素的影响。进料流速影响蒸发表面的停留时间，进料流速越慢，分离效率越高，回收得到的[Amim][Cl]纯度越高；但流速过慢会导致蒸馏效率大大降低，故进料流速最好控制在 1～3mL/min。[Amim][Cl]的纯度随蒸馏温度的升高而增加，当温度从 60℃增加到 80℃时，

[Amim][Cl]纯度线性增加，高于80℃时纯度的增加量随温度增加而下降；当温度超过100℃时，随着真空度的提高，[Amim][Cl]颜色开始变深，因此适宜的蒸馏温度为80~100℃。此外进料温度会影响料液的黏度，随着原料温度从30℃提高到90℃，回收得到的[Amim][Cl]纯度仅略有提高，对分离的影响不大；考虑到经济性，进料温度应维持在80℃。刮膜器转速影响着蒸发器内表面的传质传热效率，回收的[Amim][Cl]随刮膜器转速的增加而增加；但增加速率逐渐减小，且转速过高会导致离子液体的损失，最佳转速范围为385~440r/min。最后，混合体系中各组分的平均自由程与蒸馏压力成反比，蒸馏压力越小，回收得到[Amim][Cl]的纯度越高；当压力降低到133Pa时，纯度迅速增加到98.80%，压力进一步降低到13.3Pa，纯度仅略有提高，经考察发现最佳蒸馏压力范围为13.3~133Pa。这几种影响因素的影响力大小顺序为蒸馏压力>蒸馏温度>刮膜器转速>进料流速；在蒸馏压力13.3Pa，蒸馏温度95℃，进料流速1mL/min，刮膜器转速440r/min的条件下，[Amim][Cl]可回收再利用五次，第五次回收纯度仍高达99.56%。由于有0.363%~0.400%的乙酸和0.05%的水残留，相比新鲜的离子液体其密度和黏度略有下降，色泽稍有加深[如图8-2（b）]，但通过红外及核磁共振波谱测定发现其结构无明显改变[3]。此外，在5Pa、170℃的条件下通过分子蒸馏可以获得纯

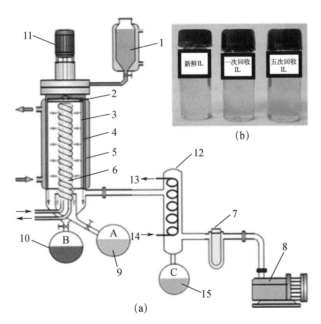

图8-2 （a）分子蒸馏装置和（b）新鲜离子液体、一次回收离子液体、五次回收离子液体的颜色比较（从左至右由无色透明渐变为浅黄）

1—进料口；2—分配盘；3—刮膜器；4—流体；5—加热套；6，12—冷凝器；7—冷阱；8—真空泵；9，15—馏出液；10—残余液；11—电机；13—冷凝水出口；14—冷凝水入口

度和回收率均超过 90%的 [C$_2$mim][OAc]，在 60～105℃、高真空以及 CO$_2$ 保护状态下，可以很容易蒸出二烷基氨基甲酸酯类 IL（回收率可达 85%）。综上所述，分子蒸馏为热敏型、易氧化 IL 提供了高效的回收方法，且效率高、能耗小。

8.1.2 萃取

萃取被认为是分离非挥发性或热敏产物的最常用方法。当待回收离子液体-天然产物体系中各组分的沸点相近时，传统蒸馏技术将不再适用，可考虑选择萃取技术进行分离回收，即采用和离子液体互不相溶的溶剂，以液-液萃取的形式将离子液体中含有的共存成分（包括产物）移除，剩下的萃余相即为较纯净的离子液体（少数情况下也可萃取离子液体而直接将其回收）。由于这一后处理过程常跟随于离子液体提（萃）取应用之后，故文献中有时也称之为反（回）萃法（back-extraction）。

8.1.2.1 水/有机溶剂萃取

由于离子液体-天然产物混合体系中各物质的溶解度不同，可以水或有机溶剂作为萃取剂，利用非挥发性物质或其他物质在萃取剂和离子液体体系中分配系数的不同，将其分离去除，实现后者的回收利用。离子液体可以分为疏水性和亲水性两类（详情见第二章，离子液体的主要性质之溶解性），其中疏水性离子液体的回收相对简单，通常选择利用极性溶剂从疏水离子液体溶液中除去水溶性化合物。在众多萃取剂中，水具有很高的极性，且绿色、安全、廉价，常作为此类体系首选萃取剂。例如，根据溶质的荷电状态或相对疏水性，用水从疏水性[C$_4$mim][PF$_6$]中脱除一些苯类衍生物（如邻苯二甲酸、苯胺、4-羟基苯甲酸、苯甲酸、水杨酸等）[4]，也有用四氯化碳直接萃取吡啶类 IL。对于亲水性离子液体，也可以选用适当的有机溶剂将其共存成分从混合体系中分离出来。如可以利用基于氯仿、二氯甲烷和丁醇的液-液萃取法从[C$_4$mim][Cl]-咖啡因水溶液中回收前者[5]，脱溶剂后亦可得到咖啡因，离子液体至少可稳定重复使用三次；还有用丙酮、丙醇以及水的混合溶剂从离子液体和木质素的混合物中萃取后者，相分离后大部分的亲脂溶质、短链糖类和木质素碎片会溶解到有机溶剂相中。此外，由 Triton X-100/二甲苯+正己醇或 AOT/异辛烷或 CTAB/异辛烷/正己醇反胶束体系可除去 1-甲基-3-甲基咪唑二乙基磷酸盐中的共存酶[6]，萃余液蒸馏得到离子液体。虽然使用有机溶剂进行萃取回收操作很简单，通常在常温常压下进行，能耗低，但所用有机溶剂可能会对环境和操作人员产生不友好影响，且在许多情况下会产生交叉污染，降低整个工艺的"绿色"特性；乳化现象也可能出现，导致分层不理想，离子液体损失较大。因此利用萃取技术回收离子液体的关键在于找到绿色、廉价且高效的萃取剂，这对工业化具有重要的实际意义。在大规模分离回收中，适于小样的分液漏斗反复振荡操作也可以被自动化程度高的离心萃取器、微通道萃取或动态逆流萃取所取代，这样离子液体回收效率更高。

8.1.2.2 超临界流体萃取

在 2.2.3.5 一节中曾经介绍过 IL 可以溶解 CO_2，其实后者也可以溶解前者。为避免有机溶剂对离子液体产生二次污染，人们开始利用超临界流体萃取回收离子液体，尤其是超临界 CO_2。研究发现[7]，超临界 CO_2 可以高度溶于离子液体 $[C_4mim][PF_6]$（见图 8-3）。8MPa 压力下 CO_2 在混合体系中的摩尔分数可达到 0.6，但两相并不是完全混溶；CO_2 富集相中基本为纯 CO_2。在 13.8MPa、40℃条件下用 55g CO_2 提取 $[C_4mim][PF_6]$，提取液中没有检测到离子液体的存在，说明此时 $[C_4mim][PF_6]$ 在 CO_2 中的溶解度小于 10^{-5}（摩尔分数）；相比之下，常规有机溶剂在 CO_2 富集相中具有更显著的溶解度。CO_2 在不同种类的 IL 中表现出不同的溶解性能，在高压条件下，溶解度变化趋势为 $[C_4mim][PF_6]>[C_8mim][PF_6]>[C_8mim][BF_4]>[C_4py][BF_4]>[C_4mim][NO_3]>[C_2mim][EtSO_4]$。$CO_2$ 与 IL 阴离子的相互作用为决定其溶解度的主因，含氟阴离子的 IL 普遍对 CO_2 具有更强的溶解性。阳离子的影响次之；咪唑环上取代烷基的碳链越长，CO_2 在其中的溶解度越大[8]。

通常，超临界 CO_2 可溶于离子液体中，而离子液体不溶于超临界 CO_2，且通过调节 CO_2 相的压力可改变两者之间的溶解度。利用此特性，也可以超临界 CO_2 为萃取剂提取溶于 IL 中的溶质，实现对离子液体的回收利用。目前，利用超临界 CO_2 已成功萃取出疏水性咪唑离子液体 $[C_4mim][PF_6]$ 中一系列芳香族和脂肪族有机溶质，分离效率高且 CO_2 用量少，得到的 $[C_4mim][PF_6]$ 较为纯净[9]。与水/有机溶剂萃取回收离子液体相比，利用超临界 CO_2 更加绿色环保且高效；但目前为止，此技术在回收离子液体的应用上还不够成熟，且存在规模小、成本高的局限，还需更进一步的研究和拓展。

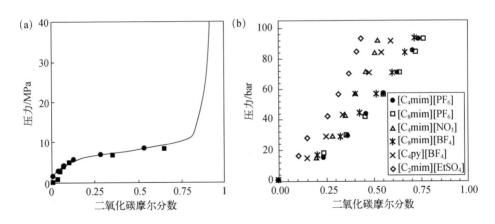

图 8-3 CO_2-$[C_4mim][PF_6]$体系相图（a）[8]（原点和方形点分别表示两组独立的、重复的实验）和 40℃时六种 IL-CO_2 体系的液相组成（b）

8.1.2.3 双水相萃取

双水相萃取技术（在有些体系中可称为盐析）具有条件温和、安全无毒、不挥发、易放大、可实现连续操作等优势，目前被广泛应用于分离富集天然产物或各类生物分子。离子液体双水相系统则多由亲水性离子液体和无机盐（钠、钾、铝盐等）、糖、聚合物（聚丙二醇、聚乙二醇等）在适当的浓度及特定的温度下混合于水中形成，与传统的双水相体系相比，具有黏度低、分相快、无乳化现象、生物相容、条件温和、萃取效率高等优点。研究发现亲水性[C$_4$mim][Cl]和无机盐可以形成双水相体系，上相富集离子液体（密度小），下相富集无机盐 K$_3$PO$_4$和相关产物（密度大），利用该双水相可将离子液体从混合体系中重新回收[10]。随着这一现象的发现，越来越多的离子液体/无机盐双水相体系被开发和研究，这类离子液体回收技术也逐渐得到关注。除了[C$_4$mim][Cl]之外，[C$_4$mim][BF$_4$]可以分别与五种钠盐 Na$_3$PO$_4$、Na$_2$CO$_3$、Na$_2$SO$_4$、NaH$_2$PO$_4$、NaCl 与形成双水相体系。当盐与水分子结合并溶解其中时，亲水性[C$_4$mim][BF$_4$]与水分离，形成离子液体富集相[11]。[C$_4$mim][BF$_4$]的回收效率与双水相体系中无机盐的质量分数相关；受盐析效应的影响，无机盐的质量分数越大，IL 的回收效率越高；当无机盐的质量分数相同时，受离子水化吉布斯能的影响，五种无机盐对 IL 的回收能力大小排序为 Na$_3$PO$_4$>Na$_2$CO$_3$>Na$_2$SO$_4$>NaH$_2$PO$_4$>NaCl（类似 Hofmeister/感胶离子序）；当 Na$_2$CO$_3$的质量分数为 0.1694 时，[C$_4$mim][BF$_4$]的回收率高达 98.77%。研究人员还构建了一种亲水性离子液体（[Amim][Cl]/[Amim][Br]/[C$_4$mim][BF$_4$]）和糖类（蔗糖/葡萄糖/木糖/果糖）形成的双水相体系；该体系上相富集离子液体，下相富集糖类，且降低温度能提高离子液体的回收率[12]。此外，聚丙二醇 400 最为人所知的就是它的温敏性，在由热转冷的过程中可以与离子液体由均相变为两相，故也可用来回收咪唑及胆碱类 IL，且聚合物分子量越小分离能力越强。总体上，与传统萃取技术相比，双水相萃取回收 IL 具有选择性强、效率高、不使用有机溶剂等优势。

笔者团队首次开发了一种由小分子有机物托品醇和有机/无机盐（K$_3$PO$_4$、K$_3$C$_6$H$_5$O$_7$、K$_2$HPO$_4$）水溶液组成的新型双水相体系[如图 8-4（a）所示]，并将其用于三种苯并噻唑类离子液体的回收。向 IL 和托品醇水溶液中加入盐溶液，然后置于恒温水浴即得到图 8-4（b）中的双水相体系；全过程是一个熵驱动过程，并且阴离子的摩尔熵越大，阴离子诱导体系成相的能力越强[13]。通过纳米激光粒度仪观测，上相中托品醇的浓度高于其临界胶束浓度，存在粒度在 2～8μm 大小不等的胶束。对于 IL 而言，当由不同的阴阳离子组成时分配行为区别明显，其中苯并噻唑三氟甲磺酸盐[HBth][CF$_3$SO$_3$]在两相中的分配系数最大，为 31 左右；当阳离子相同而阴离子碱性越弱时，其共轭酸越强，则更容易解离，导致离子液体更容易被萃取到上相。IL 在上下两相的分配是多种复杂的竞争作用的结果，包括范德华力、静电作用以及氢键等作用；同时盐析效应也是分离的一个主要的推动力。盐浓度的增加，会导致胶束大量形成，这些胶束会将苯并噻唑离子液体包围而富集于托品醇相[流程见图 8-4（c）]。

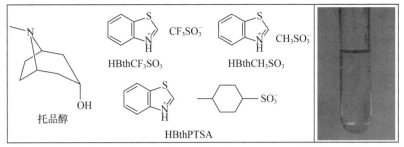

| (a) 托品醇和离子液体结构 | (b) 双水相体系外观 |

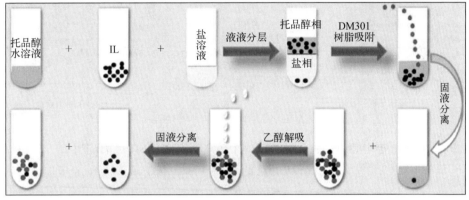

(c) 流程示意图

图 8-4　双水相体系回收离子液体[14]

8.1.3　洗涤

在第 7 章中介绍的 1-磺酸丙基-3-甲基咪唑硫酸氢盐离子液体超声提取-加热水解穿山龙中的薯蓣皂苷一例中，水解反应后，过滤得到紫红色的含有离子液体的反应溶液，如果用蒸馏水将其体积补充到反应前的预设体积，然后将所得溶液直接用于再次提取-水解薯蓣皂苷元，实验结果如图 8-5（a）所示。从该图可以看出在重复利用第 2 次时产率就出现明显下降。当超过 3 次时，离子液体被穿山龙药材颗粒吸附较多，导致其无法在溶液相中正常发挥催化作用，从而导致薯蓣皂苷元产率跌至 40% 以下。此时需使用离子交换树脂吸附-酸脱附等方法对离子液体进行纯化和再生。

为了进一步提高离子液体回收及重复利用的效果，笔者团队对上述后处理过程进行了改进，加入了对水解滤渣的洗涤环节，并首先考察了洗涤次数。将过滤后的药渣在 50mL 40℃蒸馏水中浸泡 10min，过滤并将洗涤液旋干，称重所得离子液体，如此重复 4 次；将所回收的离子液体用乙醇溶解，过滤后再旋干，称重；最后将其得到的离子液体加入第一步过滤所得滤液，用蒸馏水补足体积到 40mL，待重复使用。通过图 8-5（b）可以看出在洗涤 2 次以后，药渣中吸附的离子液体已经基本全部洗脱下来。

在此基础上，本团队又开展了引入洗涤环节后离子液体重复使用性能的比较研究，实验结果如图 8-5（c）所示，可以看出在增加了洗涤回收离子液体步骤以后，离子液体的重复利用效果得到了显著的提高；在重复利用 5 次后，薯蓣皂苷元的产率下降不到 20%。这表明回收情况得到了很好的改善。

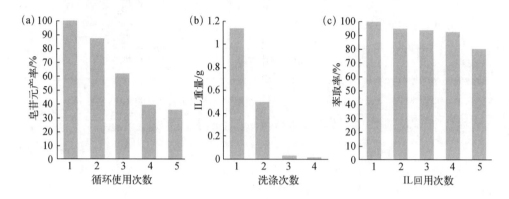

图 8-5 （a）重复利用离子液体次数对薯蓣皂苷元产率的影响；（b）洗涤液中离子液体重量随洗涤次数变化关系；（c）改进后重复利用离子液体次数对薯蓣皂苷元产率的影响

最后，本研究还考察了药材粒度对离子液体吸附的影响。使用 20 目、40 目、100 目的细筛，将打碎的穿山龙药材粉末分为以下四个粒度：大于 0.83mm、0.83～0.38mm、0.38～0.15mm 以及小于 0.15mm。分别取 2.0g 不同粒度的药材进行实验，并对其洗涤液中的离子液体的量和水溶性杂质的含量的分析。结果发现当颗粒粒度大于 0.83mm 时，药材吸附的离子液体量最大，高于其他颗粒吸附水平 2～3 倍（近 1.2g/g），而且共存的水溶性杂质含量最高。这表明该药材颗粒主要通过孔径效应吸附离子液体，而表面吸附发生较少，因此颗粒越小，表面积越大，吸附的离子液体量反而越少。

8.1.4 吸附

吸附作为一种常用的分离纯化手段，也常被应用于离子液体的回收。吸附法多指将待处理离子液体溶液通过吸附剂的表面或内部，将混合溶液中部分组分保留在吸附剂上，或者直接吸附离子液体，从而实现双方的分离和分别回收。在研究和生产过程中，常用的吸附剂有活性炭、蒙脱土、大孔树脂、离子交换树脂、正相/反相硅胶、Al_2O_3、TiO_2、黏土等。相对于前面两种途径，利用吸附法回收离子液体具有分离更彻底、便于连续操作等优点，受到众多科研工作者青睐。但解吸一般可能用到有机溶剂，应尽量避免造成人员及环境影响，同时需尽量平衡吸附剂的效率与经济性。

多孔活性炭作为最常用的吸附剂，主要用于除去混合体系中溶解的有机物质、微生物、病毒和一定量的重金属，对离子液体的回收效率主要取决于 IL 的种类以及吸附条件（如 pH 值、温度等）。不同阴、阳离子组成的离子液体在活性炭表面的具有不同的保留行为[14]，随着咪唑环上烷基碳链和疏水性的增加，离子液体的吸附量迅速上升。蒙脱土也是一种良好的吸附剂，是一种硅酸盐类天然矿物，依靠层间的静电作用而堆积而成，加水后体积膨胀并变成糊状，受热脱水后体积收缩，具有很强的吸附能力和阳离子交换性能。在以活性炭、蒙脱土、活性白土、人造沸石和水滑石五种吸附剂对[C$_4$mim][Cl]的吸附能力考察中发现，蒙脱土对离子液体的去除效果最好；而 25℃下蒙脱土对[C$_4$mim][Cl]、[C$_4$mim][BF$_4$]、[C$_4$mim][PF$_6$]、[C$_4$mim][DBP]、[C$_6$mim][Cl]和[C$_8$mim][Cl]六种离子液体的吸附行为表明，阳离子相同时，阴离子对离子液体的吸附影响不大；而阴离子相同时，其饱和吸附量随着阳离子链长的增加而减小[15]（该趋势与活性炭相反）。此外羟基铝柱撑膨润土和酸改性膨润土对[C$_4$mim][Cl]等离子液体具有良好的吸附作用，后者在中性环境（pH=7）中吸附率最为理想（接近 100%），可通过 M-H+[C$_4$mim]$^+$ $\rightleftharpoons$ M-[C$_4$mim]+H$^+$这样的交换过程来理解（M-H 代表具有活泼质子的酸性膨润土）：在酸性的环境下，溶液中的 H$^+$使得吸附平衡左移，吸附效果较差；在碱性条件下，溶液中的 Na$^+$与[C$_4$mim]$^+$竞争吸附，从而影响后者的效果[16]。

随着吸附技术的逐步发展，人们对该法回收离子液体的效果有了更高的期待，不少研究对常规吸附剂进行改性或将吸附方法与其他分离技术耦联以进一步提升回收效率。例如，在活性炭表面引入排列整齐的羟基基团后成功实现[C$_4$mim][Cl]从水溶液的回收[17]；经修饰后，其吸附性能大大提高，且能够多次有效再生并保持原有吸附能力基本不变。此外，连续色谱吸附也是一种回收离子液体的良好方法，即用合适的溶剂和吸附剂填充色谱柱，进而将待处理的离子液体混合液注入到连续流动的溶剂中，在色谱柱内进行吸附。因为吸附剂对杂质和离子液体的吸附强度不同，使得混合液中各物质在柱中的保留时间不同，最终实现离子液体的分离回收，最后除去溶剂得到高纯度离子液体[18]。在许多与天然产物相关实际应用中，需要从糖类和离子液体混合体系中回收得到离子液体。本课题组曾使用离子交换树脂从共存的葡萄糖溶液中回收了三种苯并噻唑离子液体[HBth][BF$_4$]、[HBth][CF$_3$SO$_3$]和[HBth][p-TSA]。在最佳条件下，[HBth][CF$_3$SO$_3$]的最大吸附率和最大解吸率为可达 98.58%和 98.6%[19]；此外，采用阳离子交换树脂对甘蔗纤维素水解体系中的离子液体进行静态吸附时发现，732H 树脂对离子液体[C$_4$mim][Cl]表现出优良的交换吸附能力，吸附率能达到 96%左右；而对于[HSO$_3$C$_3$mim][HSO$_4$]几乎没有吸附。在选择 6mol/L HClO$_4$ 为洗脱液的条件下，[C$_4$mim][PF$_6$]、[C$_4$mim][Cl]的回收率分别为 92.4%和 98.5%。此外，笔者团队还对提取完天然酚酸成分的[C$_4$mim][Cl]水溶液中离子液体进行了两种回收方法的比较，其中使用二氯甲烷进行液-液萃取法虽然能够萃取出离子液体，但是萃取量较低，亦无合适的溶剂将其中酚酸回萃出来，同时还使用了环境不友好的卤代烃类试剂；使用 C$_{18}$ 固相萃取柱则能牢牢吸附离子液体中的酚酸成分，而离子液体在该柱上无保留，最后用50%甲醇洗脱酚酸，两者都能达到满意的回收率。以上结果为 IL 用于不同任务后的分离回收提供了有效的解决方案。

笔者团队曾采用双水相技术以胆碱基离子液体[N$_{1152OH}$][TEMPO-OSO$_3$]萃取了黄连中盐酸小檗碱，经 HPLC 分析（见图 8-6）后发现上相含有 MIL、K$_3$PO$_4$、盐酸小檗碱和其他提取共存物，其中 MIL 和盐酸小檗碱具有相似的极性和溶解性，难以利用水和常规有机溶剂进行分离，故利用 D101 大孔树脂选择性吸附盐酸小檗碱和其他提取物，从而达到回用 MIL 的目的[20]。具体操作过程是将 0.1mL 离子液体富集相用水稀释至 10mL，并加入 0.1gD101 树脂置于水浴摇床（200r/min）中于室温下吸附 20min，吸附完成后 8000r/min 离心 3min，通过测定上清液中离子液体和盐酸小檗碱的含量并与吸附前进行对比，发现[N$_{1152OH}$][TEMPO-OSO$_3$]和 K$_3$PO$_4$ 均不会被该种树脂吸附。最终结果表明[N$_{1152OH}$][TEMPO-OSO$_3$]的回收率可达 99.8%，且至少可以回收循环使用四次，其后纯度才会缓慢降至 90%以下。而在本课题组采用托品类离子液体[C$_4$Tr][Br]-NaH$_2$PO$_4$ 双水相体系提取人参皂苷的研究中，前者的回收采用了离子交换静态吸附法，将双水相提取后的上层提取液用去离子水稀释 100 倍，按照固液比 3：50（g/mL）的比例加入树脂后在 15℃下吸附 12h；研究发现不同类型的树脂对[C$_4$Tr][Br]和人参皂苷展现出不同的吸附效果：N-丁基托品醇溴盐[C$_4$Tr][Br]和人参皂苷在 732H/Na 型、

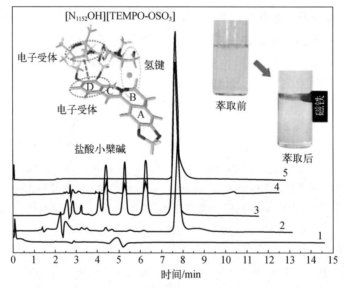

图 8-6　[N$_{1152OH}$][TEMPO-OSO$_3$]（1）、上相（2）、粗提物（3）、下相（4）和盐酸小檗碱标准溶液（5）的 HPLC 色谱图及分子间相互作用（分析条件：C$_{18}$色谱柱，0.1%磷酸水溶液和甲醇体积比=70：30，1.0mL/min，25℃，345nm）[20]

Amberjet®IMAC HP1110H/Na 型、Amberlite®IR-120H/Na 型三种钠型树脂上均不吸附；[C₄Tr][Br]和人参皂苷在 732H 型和 HP1110H 型树脂上均有不同程度的吸附；只有 Amberlite®IR-120H 型树脂能选择性吸附人参皂苷，同时其对[C₄Tr][Br]的吸附率小于 0.1%[21]。同样，笔者团队也利用 732H、732Na、D001H、D001Na、D113H 五种不同阳离子交换树脂对何首乌蒽醌提取液中的[HBth][p-TSA]进行回收，在固液比为 1∶10 (g/mL) 和吸附 20min 的条件下，IL 回收率依次为 732H（96.85%）>D001H（95.66%）> 732Na（91.33%）> D001Na（88.43%）> D113H（78.55%），其中强酸性阳离子交换树脂性能优于弱酸性阳离子交换树脂，且 H 型比 Na 型更理想[22]。也有报道采用大孔树脂和强酸离子交换树脂形成混合固相吸附剂，成功从五味子提取物中回收 [C₄mim][OAc][23]。

8.1.5　膜分离

膜分离具有分离效率高、操作和设备简单、无污染、低能耗、自动化程度高、产物容易回收以及无相变等优点，也被许多研究者应用于离子液体的回收中，主要方法包括渗透汽化、纳滤、反渗透、电渗析等，不足之处在于膜寿命有待提高。其适用范围分级见图 8-7。

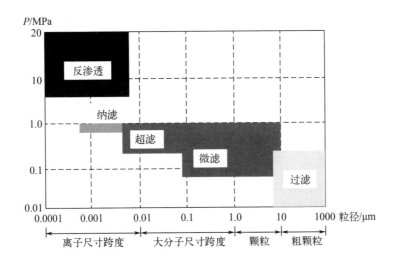

图 8-7　不同膜分离技术的适用范围

8.1.5.1　渗透汽化

在多种膜分离技术中，渗透气化最先被应用于分离回收离子液体。渗透汽化利用致密膜作为分离介质，以某组分在膜两侧的化学势梯度差为驱动力，根据吸附-溶解-

扩散机理，利用不同组分与膜的亲和性和传质阻力的差异，将混合体系中优先透过膜的组分汽化并富集，实现对目标组分的选择性分离[如图8-8（a）所示]。

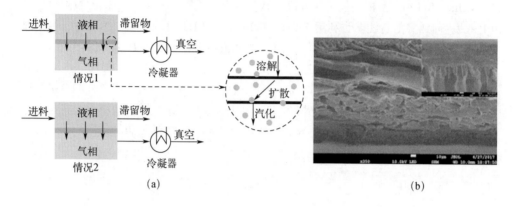

图 8-8　渗透汽化分离原理（a）和渗透汽化复合膜截面电镜照片（b）[25]

在离子液体的分离回收中，通常选用亲水性膜除去水和一些亲水性杂质，或选用疏水性膜除去混合体系中的疏水性组分。例如，利用亲水性聚乙烯醇（PVA）膜可以除去[C$_4$mim][BF$_6$]/水二元混合体系中的水，而聚辛基甲基硅烷（POMS）膜可以除去[C$_4$mim][BF$_6$]/氯丁烷、[C$_4$mim][BF$_6$]/乙酸乙酯两种二元混合体系中的脂溶性杂质，以达到回收[C$_4$mim][BF$_6$]的目的[24]；PVA膜对水、POMS膜对氯丁烷及乙酸乙酯的分离效率都能够达到99.2%以上；当操作温度（50℃）远低于难挥发组分的沸点时，利用聚醚酰胺（PEBA）膜也可以高效除去离子液体混合体系中的难挥发组分。研究人员还发现用全氟磺酸（Nafion 117）渗透汽化膜对[C$_2$mim][OAc]的脱水回收效果优于反渗透膜。此外，采用交联的聚乙烯醇作为致密层，涂敷于超滤膜（如常用的PVC、PVN、PS、PES）或无纺布（如PET）支撑层上，可以交联方式制得渗透汽化复合膜[其截面如图8-8（b）所示]；该膜可以装入渗透汽化膜组件用于分离与浓缩离子液体水溶液。此类复合膜在离子液体水溶液中有较高的稳定性和抗污染性能，并呈现出优异的性能，可处理质量分数为5%～80%的IL溶液，其中水通量可达4～15kg/（m^2·h），对[Amim][Cl]、[C$_4$mim][Cl]、[C$_4$mim][Br]、[C$_4$mim][BF$_6$]截留率达99.00%～99.99%[25]。

与传统的蒸馏和萃取相比，渗透汽化对混合体系中各组分的选择性更高，广泛适用于各类高沸点、热敏性物质，节能且高效。虽然渗透汽化技术可以高选择性地分离离子液体中的共存物，但适用的膜类型亟待拓展。为了获得理想的处理效率还需要较大的膜面积；而且离子液体的分子结构较为特殊，具有氢键网络结构，可能发生聚合而减短膜的使用寿命。因此，高性能渗透汽化膜的设计和开发在离子液体的分离回收应用中具有持续增长的需求。

8.1.5.2 纳滤及其与超滤的结合

纳滤膜具有良好的选择性和稳定性，适用于分离带电离子以及天然有机物等对象，对离子液体的回收效果受性能参数、离子液体和待除去组分的粒子大小、带电性、溶解度等因素的影响。采用纳滤技术分离回收离子液体有两种情况，一是透过纳滤膜后得到回收，二是被截留在膜表面而被回收。如可以采用 STARMEM^{TM}122 纳滤膜回收反应体系中的离子液体 CYHOSIL101 和 ECOENG500，回收率在 70% 左右；采用 Desal DVA00 或 Desal DVA032 膜进行 3～4 次截留后，$[C_4mim][BF_4]$ 回收率为 82%～93%；采用 NF90 和 NF270 纳滤膜回收 $[Amim][Cl]$/水、$[C_4mim][Cl]$/水、$[C_4mim][BF_4]$/水三种体系中的离子液体，NF90 对 $[C_4mim][Cl]$ 的回收率最高，可达 96% 以上[26]。在现有的纳滤膜中，无论是针对亲水性还是疏水性 IL，NF270 的使用频率均比较高。此外还发现：在一定离子液体浓度范围中，渗透通量随着压力的增加而增大；两种膜对离子液体的截留能力与后者在水中的扩散系数成反比关系，即截留顺序为 $[Amim][Cl] > [C_4mim][BF_4] > [C_4mim][Cl]$；离子液体的阳离子对纳滤膜的截留率具有更大的影响。

在离子液体作为溶剂溶解和再生纤维素的应用过程中，此类天然多聚物会发生降解从而生成葡萄糖等产物。为回收得到高纯度离子液体，往往需除去这些共存对象。在含有 0.2g/L 葡萄糖时，纳滤膜 NF270 在 20℃ 和 0.6MPa 条件下对质量分数为 1% 的 $[C_2mim][OAc]$ 分离性能良好。同时，可以利用纳滤膜 Desal DL 和 Desal DK 对分别含有葡萄糖、纤维二糖和棉子糖的 1, 3-二甲基咪唑磷酸二甲酯 $[Mmim][DMP]$-水体系对相关组分进行分离[27]。结果发现在一定的 $[Mmim][DMP]$ 浓度范围内，两种膜的渗透通量随其浓度的增加而快速降低；IL 浓度较高时，Desal 膜无法将 IL 从混合体系中分离回收出来，这主要由离子液体的低通透系数和高渗透压造成。为解决这一问题，可以向混合体系中加入一定甲醇或乙醇，用以稀释混合溶液和增加传质效率；此时体系黏度将大大降低，膜的渗透通量也会有所增加[28]。鉴于纳滤过程中当 IL 具有较高浓度时，纳滤膜对其截留率和渗透通量都很低，所以一般情况下该技术多用于难分离的亲水性体系中 IL 的预浓缩，进一步结合其他方法提高其纯度。

实际应用中当采用本技术对溶解了纤维素的预处理液进行超滤后，可得到浓度为 0.01%～5% 的离子液体水溶液；将分离后含有纤维素的水溶液返回到预处理液体中，或者通过进一步的超滤回收纤维素，可以实现无害化的排放。一个典型的超滤工艺可采用截留分子量为 6000～50000 的滤膜，操作压力为 0.01～0.5MPa，在此条件下得到质量分数为 5%～30% 的离子液体浓缩物；进而采用纳滤或反渗透工艺浓缩处理所得超滤溶液，浓缩除去的水分回用，纳滤膜脱盐率为 50%～98%，操作压力为 0.4～1.0MPa；反渗透膜脱盐率为 98%，操作压力为 1.0～15MPa；最后经 60～110℃ 下减压蒸馏处理 IL 浓缩液，即可得到纯度为 95%～99% 的 IL[29]。

8.1.5.3 反渗透

反渗透技术以膜两侧的压力差为推动力，其分离效果主要受渗透压影响。本技术和纳滤技术对离子液体的回收效果相似，都可在离子液体除杂和浓缩过程中发挥显著成效，大多情况下离子液体截留效果都比较好，但是其回收效果也都受到渗透压的限制。实验证明商品化的 Tec BW30XLE 和 Tec 102326 膜对离子液体的截留率分别为91.1%和90.5%，可见与纳滤技术相比，反渗透技术拥有更高的截留率，尤其是在处理分子量（体积）较小的离子液体时。同时，反渗透与纳滤都不适合单独应用于离子液体的回收；二者都只能将离子液体浓缩至浓度25%左右，无法将水全部除去，因此更适用于离子液体水溶液的预浓缩。

8.1.5.4 膜蒸馏

膜蒸馏是近年来出现的一种新的膜分离工艺，使用疏水的微孔膜，以膜两侧蒸汽压力差为传质驱动力对含非挥发溶质的水溶液进行分离。其主要优点之一就是可以在极高的浓度条件下运行，而且全过程几乎都是在常压下进行，设备简单、操作方便，在技术力量较薄弱的地区也有实现的可能性。当电渗析将离子液体浓缩至最大浓度时，即可切换至真空膜蒸馏过程深度浓缩。目前已有 PTFE 疏水膜、PVDF 疏水膜、等离子体（CF_4）改性聚丙烯（PAN）疏水膜用于离子液体回收，性能最优者可将[C_4mim][Cl]水溶液浓缩至 65.5%，回收率为 99.5%；同时膜截留率达到 90%以上[30]。膜污染是本回收方法最易出现的问题之一，主要源于 IL 的极性作用；以 PTFE 膜为例，污染难易程度为[C_6mim][Cl] > [C_4mim][$MeSO_3$] > [C_4mim][Cl]。

图 8-9 展示了一种值得推荐的膜集成技术回收离子液体工艺流程，它将前面所有手段进行了有序且系统地整合，在继续结合吸附（含脱色）、双水相、结晶等操作之后会具有更加理想的普适性和全面性，可视为适合工业化规模的有效方案。

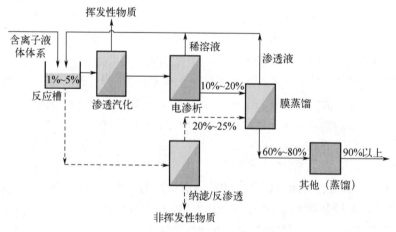

图 8-9　基于膜集成技术回收离子液体工艺

8.1.5.5 电渗析

电渗析是在外加直流电场的作用下，以电位差为推动力，利用离子交换膜的选择透过性使带电离子透过膜而定向迁移，从而达到对目标组分的分离或富集。该方法能耗低、选择性高，且不受渗透压限制，但对膜的要求较高。由于离子液体具有高导电这一特性，所以电渗析目前也被应用于离子液体/水混合体系、含纤维素降解产物的离子液体-水混合等体系，最适宜回收低质量分数（1%~5%）的离子液体。如使用含有20对离子交换膜的膜组件结合电渗析法回收水溶液中的[C₄mim][Cl]；总结其分离规律可以发现，当离子液体水溶液初始浓度越高时，总回收效率、回收比及浓度比都会出现下降趋势；外加电压增大，则总回收比和回收效率先快速增加而后下降，但浓度比基本不发生变化；随着稀溶液初始体积的增加，回收比和回收效率都将升至最高水平。但在稀溶液体积增加的同时，其与富集溶液的浓度差也越大，水的扩散和[C₄mim][Cl]的渗透也会更加明显[31]。还有用阴离子交换膜（DFG-210）和阳离子交换膜（PEG-001）对低浓度的咪唑氯盐及四氟硼酸盐-水混合物进行分离，总电流效率达80.9%，最高回收率为85.2%。整体上电渗析法较为高效节能，对从水中回收离子液体具有很大的应用前景，但对膜组件的优化设计及电渗析条件的精确控制也是一大难题。

8.1.6 特殊回收方法

8.1.6.1 磁分离

磁分离是一种特殊的离子液体回收方法，可利用简单的外加磁场（包括常见的磁铁）有针对性地回收磁场响应性较强的磁性离子液体，操作简单的同时有效解决了相分离难的问题，因此受到了人们的广泛关注。如前所述，离子液体的磁性主要来源于含有金属原子的阴离子部分，如[Fe$_x$Cl$_y$]⁻；金属原子携带的未配对电子越多，离子液体具有的磁性往往越强，在溶液环境中对外磁场的响应也就越灵敏。例如，使用条形磁铁可从含模型油、过氧化氢和温敏性 N-丁基-哌啶四氯化铁盐[C₄Py][FeCl₄]的体系中回收该磁性离子液体；达到冷却温度后，整体体系处于液-固共存状态[如图 8-10（a）]；通过外加磁场进行相分离可得到 MIL 富集相。在 -10000Oe 到 10000Oe 的外加磁场范围内，[C₄Py][FeCl₄]的磁化强度几乎呈线性变化，在油浴中蒸馏除去剩余的 H₂O₂，即可将其以高纯度回收，而且五次回用后[C₄Py][FeCl₄]的活性均没有出现明显下降[32]。此外，负载在 Fe₃O₄@SiO₂ 纳米颗粒等载体上的磁性离子液体也可以方便地通过磁分离进行回收[33]。

值得注意的是，当磁性离子液体和体系中的溶剂形成均相时，往往无法通过施加外磁场直接对其回收，如[C₄mim][FeCl₄]在水溶液中的体积分数至少大于 20%时才能形成异相；当此类离子液体在某些环境中无法较为彻底地通过磁分离实现富集和循环使用时，下面提供了两种解决方案。其一，在其水溶液中加入足够量的无机盐（如氯化钠、氯化钾等）并且剧烈震荡，随即可在容器内壁和底部观察到 MIL 的小液滴；然后置于1～5T的外加磁场中30min,从上到下可依次观察到水相和[C$_4$mim][FeCl$_4$]相的分层,利用分液漏斗将下相收集并干燥即可;此法可回收与溶剂体积比低至1%的MIL。其二,笔者团队曾经尝试从茶叶提取液中回收作为提取剂的磁性离子液体[C$_n$mim][FeCl$_4$][34],有关操作过程如图8-10(b)所示。为从组成复杂的均相体系中高效地回收该MIL,可在提取液中加入羰基铁粉(CIP)与前者有效结合,然后在0.1～0.3T的外加磁场下进行固液分离,得到MIL和CIP的固体混合物;最后加入40℃去离子水使MIL转溶,过滤除去不溶物CIP即可回收得到高纯度[C$_3$mim][FeCl$_4$](回收率99.8%),该方法操作简单、节能省时、选择性强,且磁分离助剂CIP亦可循环使用,经过六次回收后其性能下降不到10%。然而,以上这种特殊的分离方式主要对磁性离子液体有效,而此类离子液体只是整个家族中的一小部分。若想利用本技术回收无磁性的离子液体,一种可行的方法是将其固定于磁性载体(如氧化铁),利用该载体对外加磁场的响应来实现回收。

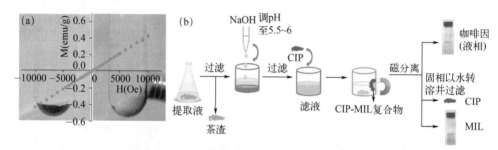

图8-10 [C$_4$Py][FeCl$_4$]的磁化强度与外磁场强度的函数关系(a)[32]
和[C$_3$mim][FeCl$_4$]的回收过程(b)[34]

8.1.6.2 温敏型离子液体的回收

在适宜溶剂环境中温敏型离子液体可在较窄的温度范围内产生较大的溶解度变化,因此可以通过控制温度来实现离子液体混合体系在均相和非均相之间的转变。一般在使用后可通过降温使其自动形成独立相,进而使工艺后处理过程变得更加简单快捷。比如,一种温敏型离子液体[BsIm(CH$_2$CH$_2$O)NCH$_3$][HSO$_4$][结构见图8-11(a)]可用作68℃下酯化反应制备生物柴油的催化剂,反应结束后,体系自然冷却至室温,而后形成两相;下相为生成的甲酯和油酸,上相为离子液体催化剂和过量甲醇,收集上相并蒸发除去甲醇即可回收得到离子液体,可以如此循环五次后催化活性基本不变[35]。值得注意的是,利用温敏型离子液体的相变化来回收离子液体,此过程不仅与其自身特性有关,也与适宜的温度窗口和外部溶剂有关。因此,在应用前需明确离子液体在各种溶剂中的基本溶解度。笔者团队率先在国内合成系列化的温敏性苯并噻唑类离子液体,其中具有强酸性阴离子的一类也可用于催化天然产物的酯化反应;笔者团队曾在多次回收中利用过该类 IL 相态的转变，如图 8-11（b）所示，反应前 IL 作为独立相存在，反应中在高温条件下则和反应溶液形成互溶的均相体系，反应完毕后随着温度逐渐下降又慢慢从体系中析出形成下相，而反应产物保留于反应后的液相（上相）中，这一特点给 IL 的回收带来极大便利，在十次循环使用后其性能无大幅下降[见图 8-11（c）]。

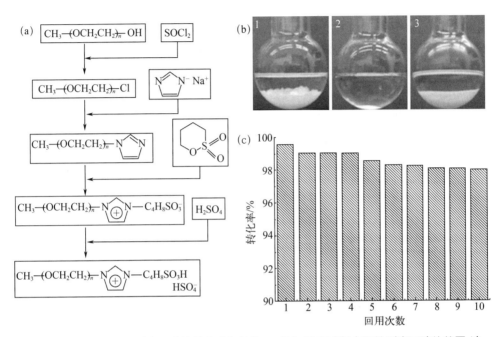

图 8-11（a）一种温敏型离子液体的合成与结构；（b）反应过程中温敏型离子液体的固-液-固状态转换；（c）离子液体回用次数与催化效率的关系

　　除了上述降低温度实现分相的情况，也有升高温度（超过最低临界溶解温度，即 LCST）完成相分离的例子，如 N-三氟甲磺酰基氨基酸类离子液体[36]、含 Fe（Ⅲ）离子液体[37]、导电聚合物类离子液体[38]和聚阳离子类离子液体[39]等少数特定类型。这一系列具有优良温敏性的功能化离子液体，仅通过温度调控即可由溶液或液态迅速转换为单一液态或固态的相变化，即只需要简单地进行温度调控即可从发挥高效提取、分离、催化作用的均相转为回收过程的凝聚相；高度温敏性离子液体在从溶液或液态转变为固体过程中还具有自身纯化的作用，能够有效减少或消除应用体系中不同杂质对于回收离子液体纯度的影响，尤其是应用于含有大量各种杂质的生物液体和天然产物的分离纯化过程，其效果会显著优于以液态形式回收利用的离子液体。对于突破 IL 在该类领域应用中回收利用的难题，可提供满意的解决途径。

8.1.6.3 共晶法

共晶体本质上是一种超分子自组装体系，是热力学、动力学和分子识别的平衡结果。在其形成过程中，分子之间的相互作用和空间效应影响网状结构的形成，网状结构的形成直接影响晶体的组成，不同分子之间的相互作用主要包括氢键、π-π 堆积、范德华力和卤素键作用等，而大多数共晶体是在氢键作用下形成的，如 N-H···O、O-H···O、N-H···N 和 O-H···N 等。

笔者团队在研究中发现，0.05 mol/L [C₃Tr][PF₆]水溶液对天然托品烷类生物碱具有理想的选择性提取能力，这是由于该离子液体与托品烷类生物碱存在化学结构上的相似性，它们具有相同结构母核，同时这也导致萃取结束时[C₃Tr][PF₆]和此类生物碱可经过简单的冷却在低温下形成独特的共晶体[40]。具体操作为：准确称取已粉碎、过筛的 60 目华山参样品 1.00g 置于 50mL 锥形瓶中，加入 35mL 的 0.05mol/L [C₃Tr][PF₆]水溶液，混合均匀，放置于水浴锅在 75℃下提取 55min。提取结束后，将样品溶液进行抽滤，滤液在 5℃的恒温水浴槽结晶 2h。过滤之后得到共晶和滤液；[C₃Tr][PF₆]–托品烷生物碱共晶体从形状上看属于典型的棱镜晶体，典型体积尺寸为 50μm×50μm×（75～100）μm[见图 8-12 （a）]；进一步采用基态法、DET 理论、B3LYP 函数和 6-31G 基团对分子进行优化后得到的两者复合物结构如图 8-12 （b）所示。此后经过滤分离得到共晶体，利用离子液体和托品烷生物碱的溶解度差异通过回萃法即

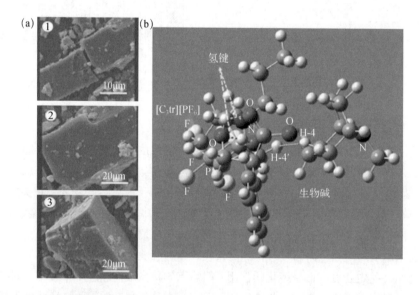

图 8-12　离子液体和生物碱共晶体的 SEM 照片（a）（2 和 3 为局部放大照片）和[C₃Tr][PF₆]和山莨菪碱之间的模拟相互作用（b）[40]

可将两者分离。即首先将 0.120g 的共晶溶解于 10mL 的水中，然后使用氯仿对具有较低极性的目标生物碱进行萃取，每次 10mL，萃取三次；氯仿在下层，水在上层，收集并合并氯仿相。因为[C$_3$Tr][PF$_6$]在氯仿中几乎不溶解，可以此实现[C$_3$Tr][PF$_6$]与莨菪烷类生物碱的分离，之后再向氯仿层逐滴加入丙酮直到莨菪烷类生物碱完全析出，过滤得到生物碱。

8.1.6.4　其他方法

加热含有离子液体的体系至高温（如 200～300℃），此时共存水和小分子可除去及分解，离子液体也形成了部分分解产物，将该产物与共存物分离开，然后再让其与反应试剂反应再生所述的离子液体；此外，微波也可以发挥类似的破坏分解作用。除了由双水相、萃取加减压蒸馏或吸附加减压浓缩组成的耦合过程，研究人员还采用下面的联合法回收离子液体溶剂，即首先经过粗滤除去悬浮物，再通过微孔陶瓷膜进一步精细过滤，然后采用带磺酸基团的聚苯乙烯大孔阳离子交换树脂去除溶液中的杂离子[41]；在 1～15MPa、20～60℃下，通过纳滤膜或者反渗透膜使离子液体浓缩；最后再进行减压蒸馏。这种方法结合了多种方法的优点，从而实现了对离子液体的高效回收。Birdwell 等[42]还发明了一种离心式萃取器并成功地分离出疏水性离子液体（[C$_4$mim][NTf$_2$]）溶液中的盐和（1-丁基-3-甲基咪唑双（全氟乙磺酰基）酰亚胺[C$_4$mim][BETI]）溶液中的水，操作过程中会有少量离子液体流失。此方法简单、能耗低，但处理效率有待进一步提高。

与无机盐相比，离子液体具有较弱的水合作用，同时其水溶液在临界胶束浓度下倾向于形成胶束化的聚集体。以此性质为基础，国内学者将饱和无机盐水溶液和离子液体水溶液作为汲取液和进料液，利用它们在半透膜的两侧形成巨大的渗透压差，并以此驱动水分子向无机盐侧渗透，从而实现对离子液体从水溶液中的回收。该方法能够在低能耗条件下将多种离子液体（咪唑类、吡啶类、季铵类和季膦类）的稀水溶液（1%）浓缩至 58%～78%，不仅普遍适用于现有的各类商品化半透膜，而且效果优于前面介绍的膜蒸馏、电渗析、纳滤、反渗透等。此后，同一团队以前期制备的直通孔膜为基底，利用贻贝仿生的单面漂浮改性技术构筑聚多巴胺/聚电解质亲水破乳层，制备出集成破乳功能的直通孔 Janus 膜，并将其成功用于从工业乳液中快捷地分离回收疏水离子液体；该法有效解决了普通 Janus 膜曲折孔道不利于高黏度离子液体传输的问题，可显著提升其单向传输速率，缩短传输时间，进而实现对各类高黏度离子液体乳液的高效分离回收，回收率达到 94%～98%。同时，低曲折度的直通孔道可以减少离子液体在膜内的残留，防止其堵塞孔道造成通量下降。经过 18 次循环后，直通孔 Janus 膜依旧保持了 80%的初始通量，而相应海绵状孔 Janus 膜的通量却下降超过了 50%[43]。

8.2　低共熔溶剂回收方法

为最大程度实现低共熔溶剂在工艺过程中的绿色性和经济性，其回收和循环使用也是必不可少的环节，尽管其制备成本较离子液体略低。由于低共熔溶剂和离子液体具有多方面的相似特性（包括极性、溶解性、黏度、熔沸点、蒸气压、相行为等），所以一些适用于后者的回收方法也适用于低共熔溶剂的回收，如萃取、减压蒸馏、吸附、膜分离、电渗析等，但具体选用什么方法以及采用什么条件，同样需要根据低共熔溶剂的理化特性、所处体系及共存物质等因素进行综合考量，而且由于 DES 是基于分子内氢键形成的多组分溶剂，化学组成较离子液体复杂，故回收难度更大；若处理不当其循环使用性能下降会较为明显。

8.2.1　减压蒸馏

减压蒸馏是目前常用的实验室回收此类绿色溶剂的有效方法。由于低共熔溶剂蒸气压低，不易挥发，利用杂质与其之间的沸点差，通过减压蒸馏可有效除去混合体系中易挥发性的杂质。该方法操作简单，但能耗大、成本高，不适用于大规模回收处理，且回收得到的 DES 纯度不高，更适合混合体系中低共熔溶剂浓度较高且共存物易挥发、热稳定好的情况。对于除去 DES 中的热敏性成分，短程或分子蒸馏（short-path or molecular distillation）则更有利。

氯化胆碱型 DES 氯化胆碱-尿素（ChCl/urea，1∶2）和 N-甲基咪唑型 DES1-羟乙基-3-甲基咪唑氯盐-尿素（[HOC$_2$mim][Cl]/urea，1∶2）共用后，可以利用乙酸乙酯和水萃取分离疏水性产物和低共熔溶剂；分液得到下层（水层）即低共熔溶剂富集相进行 DES 回收，可采用减压蒸馏的方法除去水，干燥后即可获得纯度较高的 ChCl/urea 和[HOC$_2$mim][Cl]/urea；通过红外光谱和热重分析可以发现回收前后低共熔溶剂结构和组成未发生明显变化（图 8-13），循环使用性能良好[44]。此外，以摩尔比为 1∶2 的氨基胍盐酸盐和甘油可制备得到低共熔溶剂 AhG DES，可用作双醛纤维素阳离子化的反应介质和试剂以制备纳米纤维素；反应完毕后收集滤液，其中含有 AhG DES 和阳离子化反应生成的乙醇。接下来在 50℃下减压蒸馏除去乙醇，再加热至 70℃即可实现该 DES 的回用[45]。DES 在重复使用五次后仍保持清澈的液体外观，随着加热回用次数的增加才逐渐变黄[图 8-13（e）]。在另一个利用对甲苯磺酸-氯化胆碱低共熔溶剂对木质素进行再生的研究实例中，反应结束后添加水作为抗溶剂在 130℃下处理 5h，使木质素充分沉淀出来；然后收集上清液并通过减压蒸馏除去混合体系中的水，充分干燥至恒重后便可回收得到低共熔溶剂；以此方法重复使用三次的低共熔溶剂对木质素的处理效果没有明显降低，但每次低共熔溶剂的回收率不高，均为 80%，这可能是因为 DES 制备过程中生成的盐酸产生了挥发，且回收中 DES 残留了小分子木质素降解产物和其他杂质，高温条件下它们发生氧化并使得 DES 颜色加深[46]。

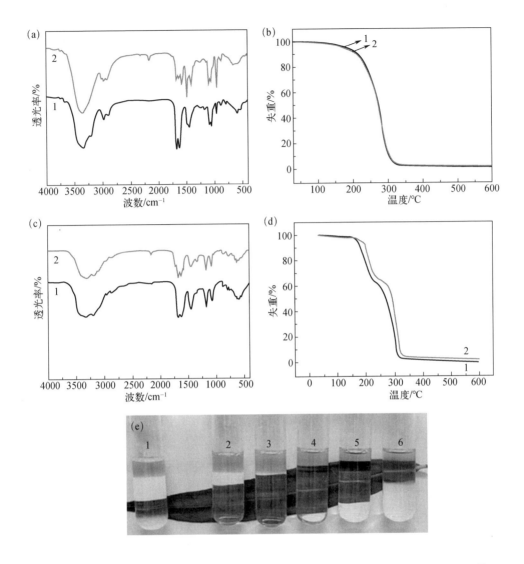

图 8-13 （a）回用前后 ChCl/urea 的红外谱图（1，初始；2，回用五次）；（b）回用前后 ChCl/urea 的热重谱图（1，初始；2，回用五次）；（c）回用前后[HOC$_2$mim][Cl]/urea 的红外谱图（1，初始；2，回用四次）；（d）回用前后[HOC$_2$mim][Cl]/urea 的热重谱图（1，初始；2，回用四次）[45]；（e）初始的 AhG DES 和室温下循环使用一到五次的 AhG DES[46]

8.2.2 萃取

当待处理的低共熔溶剂混合体系中各组分的沸点相近，利用减压蒸馏方法无法实现其有效回收时，此时可采用绿色溶剂常用回收方法——液-液或液-固萃取。该方法利用共存物在萃取剂和低共熔溶剂中的分配系数不同将其有效除去，使用前宜充分开展溶解度和相行为研究。该方法操作简便、设备简单、耗时短，且回收率和选择性可以通过改变萃取剂种类、用量、温度等灵活控制，但是萃取剂的加入也有可能造成乳化和交叉污染，萃取之后仍需要使用减压蒸馏、冷冻干燥等方法对萃取液进行二次处理，且该方法对低共熔溶剂的回收率有待通过多级萃取的方式进一步提高。

在现有的研究中，一种新型的低共熔离子液体$[C_4mim][Br]$–丙二酸可在使用完毕后，以石油醚为萃取剂对体系进行洗涤以回收低共熔离子液体[47]。结果发现$[C_4mim][Br]$–丙二酸在回用前后红外谱图基本一致，说明其结构没有发生明显改变；回收后的低共熔离子液体的^{1}H-NMR谱图也说明其氢含量和结构基本没有发生变化。此外，液-固萃取也是一个不错的选择，其回收率较液-液萃取更高，同时改善了乳化、选择性不强等常见问题。例如，将甘油、L-脯氨酸和蔗糖以9∶4∶1的比例制成三元低共熔溶剂，可用于从白参中提取人参皂苷[48]；提取完毕后选用亲水亲脂平衡吸附剂（Oasis HLB）以固相萃取法分离出低共熔溶剂中的人参皂苷——依次用5mL乙醇和5mL水平衡HLB固相萃取小柱，将DES提取液加水稀释三倍后上柱，后用6mL水洗脱并真空干燥，收集流出液即可获得稀释的DES水溶液。冻干除去多余水分，达到恒定重量时表明DES已成功再生，可回用于下一次提取过程；保留在柱上的皂苷单独洗脱后亦可得到回收。循环使用中的低共熔溶剂能保持相同的黏性液相外观，回收1次、2次和3次后的萃取效率分别可达到初始的91.9%（±2.9%）、85.4%（±2.3%）和82.6%（±4.7%）。此外，超临界流体亦是良好的萃取剂，其中超临界CO_2（10MPa，35℃，1h）被成功用于从橄榄叶的氯化胆碱-乙二醇提取物中回收目标化合物，剩下的DES投入到下一轮循环使用，但此法相对而言能耗较高、代价较大。

8.2.3　膜分离和电渗析

膜分离技术用于实现DES回收主要基于以下途径：一为压力驱动过程，如超滤；二为浓度梯度驱动过程，如透析；三为电势驱动过程，如电渗析。膜分离技术适用于在一定压差（如0.07～0.98MPa）和紊流流动的情况下处理DES与共存物的分子量差异明显的混合体系，进而利用膜对各类分子不同的截留能力来实现分离及对低共熔溶剂的回收。比如，当混合体系中待去除的成分都是大分子（如多酚、多糖、蛋白、木质素等）时，分子量小的DES一般容易通过500～1000Da的普通半透膜，但相关大分子不能透过，进而实现膜内外分别回收。该方法操作简单，能耗低，但是扩散过程耗时较长（多以小时计），回收率也较低；且DES大多为具有黏性的液体，这使分离的难度大大提升，对膜的要求也更高。大部分膜分离技术对待处理溶液的浓度也有一定限制，在高浓度下较难获得预期效果。可以利用压力差为动力，建立膜分离方法来回收氯化胆碱-乙二醇体系，利用纳米过滤与反渗透等手段除去水[49]。但对于浓缩后的DES来说，渗透压依然是膜分离纯化DES过程的主要限制因素。

电渗析已在工业领域被用于电解质化学物质的定向转移和浓缩，目前也有用于离子液体回收的实例。大多数 DES 也具有良好的电导率，故电渗析对于 DES 回收来说也是一个不错的选择。DES 的电解质成分（如氢键受体氯化胆碱）可以通过离子交换膜进行转移，而其他成分（如氢键供体多元醇）则由于不具有电解性质而被保留在原始区域中。已有成功的实例利用电渗析法对氯化胆碱-乙二醇（ChCl/EG）进行了有效回收[50]；作为比较，分别采用单次回收和半连续回收工艺处理该 DES 混合体系（如图 8-14 所示）。对于单次回收过程，当浓缩液中 ChCl 浓度变化小于每 2min 5mg/L 时即可结束操作，分别收集稀释部分和浓缩部分的溶液并蒸发除去溶剂，即可得到 EG 和 ChCl。对于半连续过程，当浓缩部分中的 ChCl 浓度达到 20g/L 时，暂停电渗析，将浓缩部分的溶液收集并蒸发得到 ChCl；同时，将超滤处理后的 DES 溶液加入稀释部分并稀释至 ChCl 浓度达到 40g/L，以用作下一次 DES 回收中的稀释部分溶液。半连续过程以单次回收过程的结束标准来判断结束时间，然后收集浓缩部分的溶液得到 ChCl，收集稀释部分的最终溶液得到 EG。最终结果提示，在单次电渗析处理后，ChCl 和 EG 的总回收率分别为 76.8%～86.1%和 92.7%～93.4%，而在半连续电渗析处理后，ChCl 和 EG 的总回收率分别为 87.9%～88.7%和 91.9%～92.3%。由于回收的 DES 组分纯度相对接近，而半连续回收工艺在能耗和回收率方面比单次回收工艺有明显优势，所以在实际操作中，可尽量考虑采用后者回收 DES。电渗析也可与超滤膜相结合，例如先用超滤深度去除用于降解天然木质纤维素的 DES 溶液中的较大分子（如木质素），此时残余降解产物浓度小于 0.1g/L，DES 中的 HBA 氯化胆碱含量在 40 g/L 左右。然后采用电渗析有效地分离回收氯化胆碱和作为 HBD 的乙二醇，其中前者被转移，后者被保留，两者的回收率分别接近 92%和 96%，纯度达到 98%～99%。类似的还可使用超滤-四室双极膜电渗析（BMED）联合法，后者在两个板之间依次固定一张双极膜（Neosepta BP-1，Tokuyama 公司，日本）、一张阴离子交换膜（Neosepta ACM，

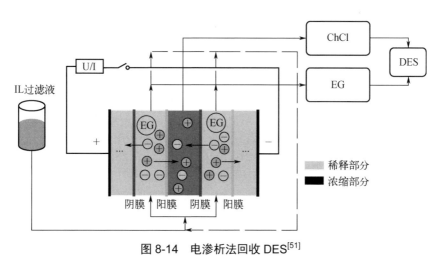

图 8-14 电渗析法回收 DES[51]

Tokuyama 公司，日本）、一张阳离子交换膜（Neosepta CMB，Tokuyama 公司，日本）和一张双极膜（Neosepta BP-1，Tokuyama 公司，日本）来建立 BMED 膜组，回收成本仅占氯化胆碱-尿素采购价格的 3.0%[51]；此研究中附有较为详细的经济性分析，感兴趣的读者可深入了解。

8.2.4　双水相

和 IL 一样，DES 和无机盐也可以形成双水相。受其启发，可将一定量低共熔溶剂和盐溶液以适宜浓度比例混合，在盐析作用下促使 DES 和盐形成两相，最后得到低共熔溶剂-盐双水相体系。根据此原理，可以通过向低共熔溶剂水溶液中加入适量的无机盐（比如 K_3PO_4、K_2HPO_4、K_2CO_3），充分混匀后静置，使低共熔溶剂和共存物分别处于两相之中，通过液-液分离即可方便地实现其在水溶液中的回收。该方法操作简单，能耗低，回收率高，但是需要消耗较多的无机盐，容易造成价差污染且对环境产生一定影响。例如，采用低共熔溶剂-水混合溶剂以联合球磨萃取技术从甘草中萃取甘草酸时[52]，其中 DES 的氢键受体为氯化胆碱、甜菜碱或左旋肉碱，氢键供体为葡萄糖、甘油、尿素、乳酸或水。具体操作为：将氢键受体与供体以 1：2 的摩尔比混合，于 80～100℃下加热 1～2h 制得 DES；将微波处理后的甘草超微细粉放入球磨机，加入 DES–水混合溶剂多次萃取，取上清液浓缩得到甘草提取液；再向此提取液中加入浓度为 0.25～0.5g/mL 的硫酸铵、硫酸钠、柠檬酸钠或磷酸二氢钾盐溶液，加入量为提取液体积的 35%～50%，涡旋离心 20s 即可形成 DES 双水相体系，上相为低共熔溶剂富集相，下相为甘草酸富集相；最后将上下相分离，下相减压除去乙醇后得到甘草酸，然后向上相中加入乙醇，使低共熔溶剂充分沉淀并回收。该方法操作简单，但对盐的消耗较大。

8.2.5　特殊回收方法

少数情况下 DES 与所得产物（液态或固态）密度不同，可以通过离心的方法实现迅速分离。向待回收的 DES 及共存天然产物混合体系中添加反溶剂是另一种简单的方法，可以根据两者的性质灵活选择，不是用来降低共存天然产物的溶解度（多数情况），就是降低 DES 的溶解度（少数情况），剩下只需要相分离即可。水（含不同 pH）、醇、酮及它们的混合物（如 1：1 的丙酮-水）都是常用的反溶剂，而且它们甚至还可以先后使用；这些反溶剂不仅可以用来除去共存于常见 DES 中的木质素、甲壳素、纤维素、半纤维素、蛋白质等大分子，水还可以促进黄酮类小分子（如芦丁）的析出，高浓度醇也可减少单糖在体系中的溶解度；相分离后收集的 DES 进一步用乙酸乙酯等洗涤可提升其纯度。与上述情况相反的是，少数 DES（如苹果酸-甘氨酸，1：1）可随着醇的加入析出，共存物则保留于原液中。

相比离子液体，低共熔溶剂的结晶回收法报道极少，有时只能以较高收率获得其中的一种组分，需与另一组分重新结合生成原来的 DES。例如，大豆油制备的生物柴油中含有一些未酯化的甘油，用氯化胆碱-乙二醇将其萃取后，DES 中的氢键受体可以被丙酮(质量体积比为 1g：2mL)降低溶解度而形成结晶，最终氯化胆碱回收率为 70% 左右，回收后再与乙二醇反应制备 DES。某些在高温下形成且就此应用的 DES（如氯化胆碱-甲酸–$SnCl_4$），在完成任务后且体系降低到室温时，其中的氯化胆碱会自然析出，回收率处于 70%～80% 之间[53]。

目前已发现的具有温度敏感性的 DES 主要包括：①氢键受体为乙醇胺、二乙醇胺、三乙醇胺中的一种，氢键供体为邻甲酚、间甲苯酚、对甲苯酚中的一种，两者摩尔比为 1：1；②氢键供体为正辛酸、正癸酸、月桂酸、十四酸中的一种；氢键受体为丁卡因、利多卡因、普鲁卡因中的一种，两者摩尔比为 1：1；③N 取代 1,3-丙二胺类化合物为氢键受体、对位取代苯酚类化合物为氢键供体，两者摩尔比为 1：1。在这三类 DES 中第一种通过降温、后两种通过升温即可改变极性，进而实现与水相的分离以及回收。另外由脂肪酸（辛酸/壬酸/癸酸/月桂酸等）两两组成的 NADES 具有可切换性，用于从南瓜中提取 β-胡萝卜素之后，可以使用 25%氢氧化铵与基于脂肪酸的 NADES 按 4：1 的摩尔比充分混合后，通过原位反应可实现切换并获得单一亲水相；再将该体系浸入冰水浴中 2min，进而置于黑暗中 48h，疏水的 β-胡萝卜素可从液相中分离沉淀出来，该 NADES 可回收备用[54]。

类似的相分离也可以通过制备 pH、光照、CO_2 等气体切换型的 DES 来实现，此类溶剂需要针对特定体系进行精心的设计，所谓的"切换"也是采用相应的物理及化学"开关"来启动，而这一特性是普通溶剂所不具备的，故具有新颖性[55-57]。如当提取结束后，改变这些条件能调节 DES 的理化性质（如亲/疏水性）及其在整个体系中的存在状态，这样就可为新型绿色溶剂的回收提供便利。相比其他调控手段，CO_2 廉价易得、无毒无害且易除去。以醇胺化合物为氢键受体、苯酚为氢键供体的 DES 为例，从机制上来分析，CO_2 与氢键受体反应生成了亲水性的铵盐，破坏了 DES 两个组分间的氢键，铵盐的盐析作用和氢键供体本身的疏水性使体系发生相分离，导致亲水性的铵盐富集到水相，富含氢键供体的相析出。

最后，各类大孔树脂（X-5、AB-8、NKA-9、D101、D3520-C、Sepabeads SP207、Sepabeads SP 825L、HLB Oasis 等）多以固-液吸附途径回收 DES；其中天然产物分子往往被吸附在树脂（柱）上继而被不同浓度的醇洗脱，而 DES 由于其较高极性会直接被水洗脱得到回收。其他的吸附剂较少报道。在被用于微波辅助提取完掌叶大黄中的蒽醌之后，水先被加入氯化胆碱/柠檬酸和蒽醌的混合物中以破坏其中的氢键，然后氨基/烷基/苯基硅胶（SIL）被分别用于吸附其中的蒽醌并回收 DES[58]。结果显示苯基 SIL 的吸附量最高，烷基 SIL 其次，最低为氨基 SIL。这是因为柠檬酸的酸性抑制酚羟基的电离，疏水性官能团可以提供强大的吸附力，苯基 SIL 对蒽醌的吸附能力还可以因 π-π 相互作用增强。但柠檬酸破坏蒽醌与氨基之间的相互作用，从而降低其在氨基 SIL

上的吸附量。此外，氯化胆碱/L-苹果酸、水和乙酸乙酯组成的高速逆流色谱溶剂体系（体积比1：1：1）可用于将菊花DES提取物中的目标化合物（包括黄酮和酚酸，处于流动相中）和DES（处于固定相中）分离回收，回收率高达95%以上[59]。DES可以重复使用三次，而不会出现可观察到的性能下降。

8.3　残余离子液体及低共熔溶剂的分析

从混合体系中回收得到高纯度离子液体和低共熔溶剂后，混合体系中仍有少量残余离子液体和低共熔溶剂，需要对其进行定量分析。尤其是以天然产物为对象的领域，往往涉及食品、医药等对安全性要求高的行业，潜在的溶剂残留将直接影响这些绿色介质在本领域的实际应用。以下方法可用于相关对象的纯度分析，可相互借鉴。

8.3.1　残余离子液体的分析

由于离子液体没有显著蒸气压，不易汽化挥发，所以它们的分析方法大多为液相色谱法，主要包括离子色谱法（IC）、高效液相色谱法（HPLC）和毛细管电色谱（CEC）等。此外还有紫外光谱法、荧光猝灭法等。离子液体是室温熔融盐，所以其分析方法主要是针对结构中阳离子和阴离子开展测定的，可分别进行检测，也可同时进行分析。

8.3.1.1　离子色谱法

该法是分析无机阴、阳离子的高效分离测试技术，利用离子交换树脂为固定相，以离子交换能力的差别为驱动力，将离子型化合物中各离子组分与固相表面的带电基团进行离子交换，进而实现前者的有效分离分析。该法具有操作简单快捷、选择性好、灵敏度高等优点；可分为离子交换色谱法、离子对色谱-间接紫外法、离子对色谱-梯度洗脱法、离子色谱-直接电导检测法等，均可用于残余离子液体的分析。

在以往的实例中，强阳离子交换吸附剂曾被用于对咪唑类和吡啶类离子液体的色谱分析中[60]。如使用Metasil SCX离子交换柱（250mm×4.6mm），以乙腈作为有机改性剂，检测过程在常温下进行，检测波长为220nm。此条件下发现离子液体阳离子的定量分析主要受到其在流动相中的保留特性、pH、缓冲溶液浓度的影响，且此法更适用于分析烷基侧链碳原子数低于4的离子液体阳离子。而对于多种离子液体混合液的分析测定，采用离子色谱-梯度洗脱法能达到较好的分离分析效果，例如，采用反相离子对色谱-紫外可见法分离并测定4种吡啶类离子液体阳离子（$[C_2py]^+$、$[C_4py]^+$、$[C_4C_1py]^+$、$[C_6py]^+$）[61]；全过程使用ZORBA Eclipse XDB-C18柱（4.6mm×150mm，5μm），流动相为经柠檬酸调节pH=4.0的1.0mmol/L 1-庚烷磺酸钠（A）和乙二醇（B），流速为1.0mL/min，柱温为30℃，紫外检测波长为260nm，以梯度洗脱法（0～3.5min，15% B；3.5～4.0min，15%～18% B；4.0～5.5min，18% B；5.5～6.0min，18%～25% B；6.0～9.5min，25% B；9.5～10min，25%～35% B）控制流动相中无机相与有机相的比例，改变流动相的组成和浓度可调节保留时间、改善峰形，在此条件下得到的谱图如图 8-15（a）所示。该方法检测限（$S/N=3$）为 $0.30\sim0.70\text{mg/L}$，峰面积的相对标准偏差为 $0.18\%\sim0.58\%$。值得注意的是，当分析对象为哌啶类等无紫外吸收的离子液体阳离子时，需要在流动相中添加背景紫外吸收剂辅助检测，相关峰出现负吸收。例如，利用离子对色谱-间接紫外检测法对 3 种哌啶类阳离子$[C_1C_2pi]^+$、$[C_1C_3pi]^+$、$[C_1C_4pi]^+$进行定量分析；选用对氨基苯酚盐酸盐作为背景紫外吸收剂，色谱柱为 Chromolith Speed ROD RP-18e 柱（100mm×4.6mm），流动相选择 0.5mmol/L 对氨基苯酚盐酸盐–0.1mmol/L 庚烷磺酸钠水溶液-甲醇（体积比 80∶20），间接紫外检测波长设为 210nm，流速为 1.0mL/min，柱温为 30℃。3 种实验室制得离子液体样品的色谱图如图 8-15（b）所示，可见三者可在 4min 内达到基线分离，检出限（$S/N=3$）为 $0.137\sim0.545\text{mg/L}$，峰面积和保留时间的相对标准偏差分别不高于 0.72% 和 0.37%[62]。

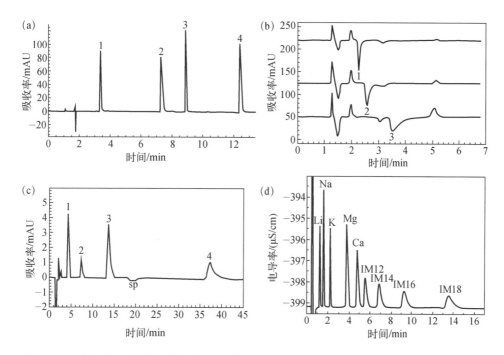

图 8-15　（a）离子液体标准溶液色谱图[60]（4 个峰依次为 20.0mg/L $[C_2py]^+$、50.0mg/L $[C_4py]^+$、50.0mg/L $[C_4C_1py]^+$、50.0mg/L $[C_6py]^+$）；（b）三种实验室合成离子液体样品的色谱图[61]（从上至下依次为$[C_1C_2pi][Br]$、$[C_1C_3pi]^+$、$[C_1C_4pi]^+$）；（c）4 种阴离子混合标准溶液的色谱图[62]（从左至右依次为 IO_3^-、BrO_3^-、Br^-、I^-）；（d）一系列不同烷基侧链取代的咪唑类离子液体和无机阳离子的样品色谱图[63]

离子色谱法也可用于离子液体中卤素离子、BF_4^-、PF_6^-、$Al_2Cl_7^-$、$FeCl_4^-$、NO_3^-等无机阴离子和$CF_3SO_3^-$、CF_3COO^-、$C_3F_7COO^-$等有机阴离子的定量分析，主要包括离子交换色谱法、离子对色谱法和离子排斥色谱法。其中离子交换色谱法是应用最早的一种离子液体阴离子常用分析方法，而离子色谱-直接电导检测法操作简单，无需特殊的离子色谱仪，在配有电导检测器的液相色谱仪上即可完成。至于离子色谱-紫外检测法，其检出限低、色谱峰形好，采用该法可同时分析IO_3^-、I^-、BrO_3^-和Br^-。研究人员使用季铵型阴离子交换柱，以柠檬酸-乙腈（体积比85：15，pH=5.0）为流动相，柱温40℃，紫外检测波长210nm，以此条件将四种阴离子完全分离并检测[如图 8-15（c）]，检出限为 0.07~0.16mg/L，峰面积和保留时间的相对标准偏差均在 1%以下[63]。对于$CF_3SO_3^-$、$C_7F_7SO_3^-$等分子量较大的离子液体阴离子进行分析测定，则可采用离子对色谱法。如采用离子对色谱结合紫外检测的方法分析对甲苯磺酸根（$C_7F_7SO_3^-$），在紫外检测波长为 230nm、流动相为 0.4mmol/L 氢氧化四丁基胺（TBA）–0.13mmol/L 柠檬酸–15%乙腈（体积分数，pH=5.5）、柱温为 40℃的条件下，对甲苯磺酸根的保留时间在 1.25min 内；在 0.7~100mg/L 范围内，峰面积的相对标准偏差为 1.0%，检出限（S/N=3）为 0.2mg/L，且测定过程不受 Cl^-、NO_3^-等常见阴离子的干扰[64]。此外，离子排斥色谱也是一种分析无机弱酸阴离子和相对低分子量有机羧酸阴离子的有效方法；当分离阴离子时用强酸性高交换容量的阳离子交换树脂，分离阳离子用强碱性高交换容量的阴离子交换树脂。以阴离子分离为例，离子排斥色谱的原理如下：强电解质 Cl^-形成 H^+Cl^-，因受排斥作用不能穿过半透膜进入树脂的微孔，会迅速通过色谱柱而无保留，弱电解质 CH_3COOH 则可穿过半透膜进入树脂微孔；电解质的离解度越小，受排斥作用也越小，在树脂中的保留也就越强。

离子色谱法还可同时测定离子液体的阴、阳离子。如利用离子色谱-电导检测法分析不同烷基侧链的咪唑类离子液体的阳离子（$[C_2mim]^+$、$[C_4mim]^+$、$[C_6mim]^+$、$[C_8mim]^+$）和亲疏水程度不一的 6 种离子液体阴离子（$[(CF_3SO_2)_2N]^-$、$[B(CN)_4]^-$、$[C(CN)_3]^-$、$[H(C_2F_4)SO_3]^-$、$[(C_2F_5)_3PF_3]^-$、$[N(CN)_2]^-$）。阳离子采用经羧基修饰的硅基 Metrosep C₄ 离子交换柱（50mm×4.0mm，5μm），流动相由不同浓度的硝酸水溶液（1~4mmol/L）和不同比例的有机改性剂乙腈组成。阴离子则使用 Metrosep A Supp 离子交换柱（50mm×4.0mm ID，5μm），流动相由不同比例的乙腈和含 3.2mmol/L Na_2CO_3 和 1.0mmol/L $NaHCO_3$ 水溶液组成。当流动相组成为 2mmol/L 硝酸和 30%乙腈时，几种无机和烷基咪唑阳离子混合物的图谱如图 8-15（d）所示；此方法检出限为 0.33~1.0 μmol/L，相对标准偏差为 0.58%~8.33%[65]。

8.3.1.2　高效液相色谱法

高效液相色谱（HPLC）具有灵敏度高、选择性好、应用范围广、载液流速快、分析速度快等优势，是分析离子液体的有效方法，其中反相 HPLC 和亲水相互作用色谱是常用的离子液体测定方法。一些典型的 IL 液相色谱分析条件见表 8-1。

表 8-1　高效液相色谱法分析离子液体的常见条件

离子液体	固定相	流动相	柱温	检测波长/nm	参考文献
$[A_{336}]^+$、$[PR_4]^+$	Gemini C$_{18}$ 柱	乙腈/水+0.1%三氟乙酸	25℃	250	[66]
$[C_4mim][PF_6]$	Hypseil ODS2 柱（4.6mm×250mm，5μm）	15%甲醇+85%缓冲溶液（缓冲溶液：25mmol/L 磷酸二氢钾，0.5%三乙胺，磷酸调 pH=3.0）	室温	215	[67]
$[C_4mim][BF_4]$				215	
$[C_4py][BF_4]$				260	
$[C_1C_2Pi]^+$、$[C_1C_3Pi]^+$、$[C_1C_4Pi]^+$	UF-C18 固相萃取柱	0.8mmol/L $[C_5mim][BF_4]$水溶液/乙腈（40:60，V/V）	35℃	210	[68]

如表 8-1 所示，反相高效液相色谱是快速测定离子液体的有效方法，该方法适用范围广泛且选择性高，适当调整流动相就可应用于多种离子液体的分析测定。几类无紫外吸收的以长链烷基季铵、季鏻型阳离子和芳香族阴离子组成的疏水性离子液体（$[A_{336}][BA]$、$[A_{336}][MTBA]$、$[A_{336}][TS]$、$[A_{336}][PTA]$、$[PR_4][TS]$、$[PR_4][MTBA]$）也成功使用本法进行了测定[66]，采用梯度洗脱分离模式，并在乙腈流动相中加入三氟乙酸离子对添加剂。蒸发光散射检测器、电雾式检测器可针对无紫外吸收的脂肪族阳离子进行检测，而二极管阵列检测器适合于对芳香族阴离子的检测，将二者与反相色谱联用，可实现离子液体阴阳离子的同时检测。研究人员以此建立了统一的校准函数来定量分析离子液体的季铵盐阳离子，其中$[A_{336}][TS]$和$[PR_4][TS]$的色谱图分别如图 8-16(a) 和图 8-16(b) 所示。此外，也有利用高效液相色谱测定$[C_4mim][PF_6]$、$[C_4mim][BF_4]$、$[C_4py][BF_4]$及其中的高沸点有机物萘、菲、联苯、二苯基二硫醚和二苯并噻吩的报道[70]，三种离子液体的测定以甲醇-磷酸二氢钾/三乙胺/磷酸缓冲溶液为流动相，$[C_4mim][PF_6]$、$[C_4mim][BF_4]$、$[C_4py][BF_4]$的检测波长分别为 215nm、215nm、260nm，所得图谱示于图 8-16(c)；三者线性范围 10~250mg/L，检出限为 2~4mg/L。

本法虽然灵敏度高、分离测定效果好，在实际中应用较多，但用于极性相对较大的离子液体的分析测定时，保留弱而导致出峰太快，分离效果不够理想。此时可选用亲水相互作用色谱，该色谱的固定相一般为亲水性较强的键合相、极性聚合物填料或离子交换吸附剂等亲水性物质，流动相一般为根据待检测物质配制的有机溶剂和缓冲溶液。此法可用于分析 3 种哌啶类离子液体阳离子$[C_1C_2pi]^+$、$[C_1C_3pi]^+$、$[C_1C_4pi]^+$，即以 0.8mmol/L 1-丙基-3-甲基四氟硼酸咪唑水溶液-乙腈（体积比 40:60）为流动相，采用间接紫外检测方法，哌啶阳离子检出限小于 0.4mg/L，相对标准差小于 0.6%[68]。利用这一色谱模式分析残余离子液体混合体系时，一般情况下极性越强的离子液体在柱中的保留时间越长，有些甚至可达 50~70min。如果要缩短分析时长，可使用超高效液相色谱，既能在 2~4min 内对 6 种咪唑类离子液体阳离子进行高效分离[69]，同时样品及试剂消耗少，灵敏度更高。

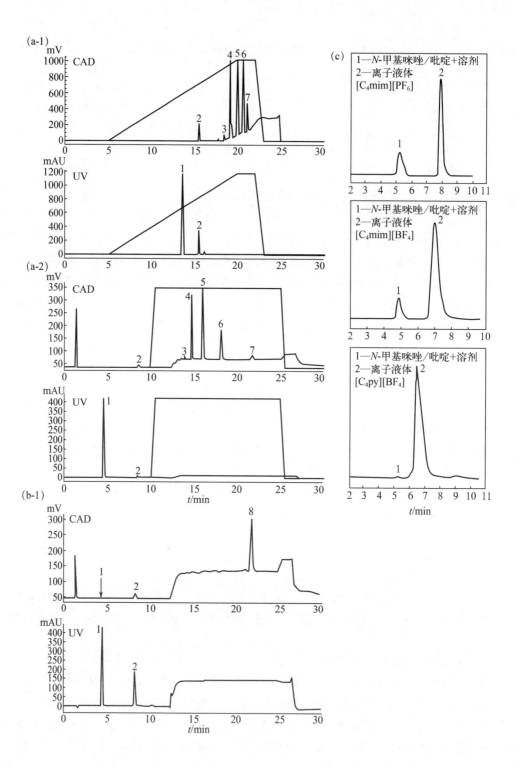

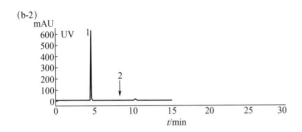

图 8-16　（a）线性梯度洗脱（a-1）和阶段梯度洗脱（a-2）条件下[A336][TS]的
CAD 和 UV 示踪的 RP-HPLC 图谱（峰标记：1—硫代水杨酸；2—硫代水杨酸二聚体；
3—A336$_{C23}^+$；4—A336$_{C25}^+$；5—A336$_{C27}^+$；6—A336$_{C29}^+$；7—A336$_{C31}^+$。样品浓度 1mg/mL）；
（b）[PR$_4$][TS]样品不使用 TCEP 处理（b-1）和样品经 TCEP 预处理（b-2）后进行二硫还原
的色谱图（峰标记：1—硫代水杨酸；2—硫代水杨酸二聚体；8—三己基十四烷基膦离子。样
品浓度 100 μg/mL）[70]；　（c）[C$_4$mim][PF$_6$]、[C$_4$mim][BF$_4$]、[C$_4$py][BF$_4$]色谱图[67]

8.3.1.3　液-质联用

液-质联用是集液相色谱高分离能力和质谱优分析能力于一体的技术手段,可以快速、微量、精准地同时实现定性与定量,既是在对样品组成了解很少时的首选分析检测手段,当样品组成已知时也是一种强大的纯度、结构分析方法。总体来看,液-质联用技术对具有高沸点、难挥发和热不稳定特性的化合物体现出高效的分离鉴定能力,是离子液体分析检测的优选技术。在以往的报道中已采用液-质联用技术对咪唑类功能化离子液体样品进行过检测和表征,色谱柱选用 Zorbax SB-C18 柱 （150mm×2.1mm）,流动相组成为 65%乙腈–35%水（乙酸调节 pH=3.0）,流速为 0.2mL/min,CID 电压为 60V,检测波长为 254nm[70]。在此检测条件下,首先对 1-氯乙基-3-甲基咪唑氯盐类离子液体[图 8-17 （a）]进行分析检测,得到图 8-17 （b）～（e）四种图谱。此型离子液体的分子量是 181,其中阳离子的分子量是 145.5,从四个质谱图可以看出体系中有该阳离子存在；但除了目标 IL 外,还共存其他物质,相关杂峰信号较多。图 8-18 （f）为 1-氯乙基-3-甲基咪唑氯盐与二乙烯三胺合成配位功能离子液体,该离子液体的分子量为 247.5,其中阳离子的分子量是 212,由质谱图 8-17 （g）可看出,该离子液体的纯度很高。

8.3.1.4　毛细管电色谱

毛细管电色谱法一种新型的微分析分离技术,将毛细管电泳法和高效液相色谱法有机结合在一起,其毛细管内可以通过填充、涂布、键合、交联等方式装入各类高效色谱填料（固定相）以满足不同特性物质的分离,进而利用电渗流或者电渗流结合压力流来驱动流动相,以混合体系中各组分间电泳速率的差异和各组分与固定相及流动

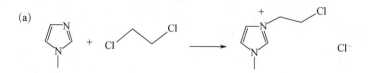

(a)

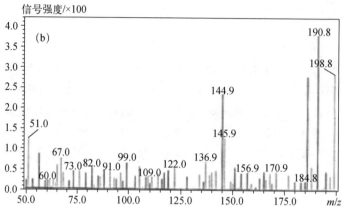

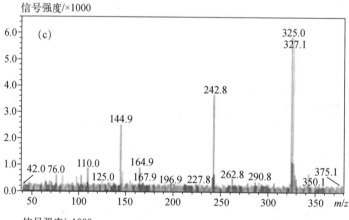

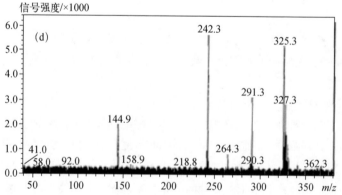

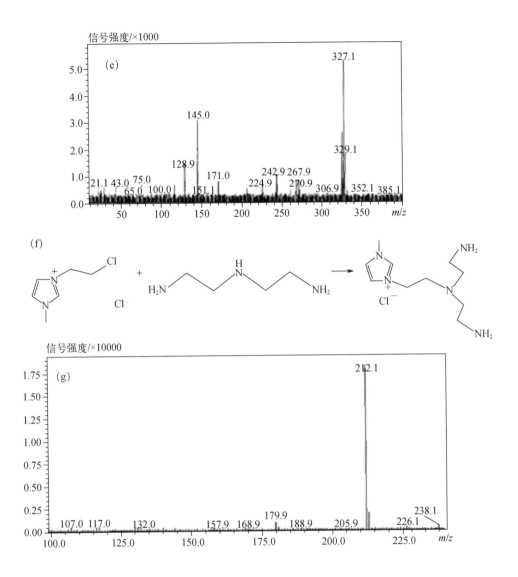

图 8-17　（a）1-氯乙基-3-甲基咪唑氯盐的制备；（b）～（e）含该类离子液体体系的质谱图；（f）由该类离子液体制备的配位功能离子液体；（g）配位功能离子液体体系的质谱图[71]

相间不同的吸附能力、分配常数的差异为机制实现不同组分的有效分离分析。毛细管电色谱兼具毛细管电泳和高效液相色谱的优势，具有高柱效、高选择性、高分辨率、快速分离等特点。

　　利用 α-环糊精修饰的毛细管区带电泳技术可对咪唑类离子液体衍生物、[C$_n$mim][R]及其异构体进行分离检测，采用外接聚酰亚胺涂层的裸二氧化硅毛细管（内径 50 μm，外径 360 μm），毛细管长度为 60.0cm/50.0cm（总长/有效长度）。样品溶液经 0.22 μm 微孔滤膜过滤后，从毛细管阳极侧引入毛细管中，测试温度维持在（25 ± 1）℃，电压+14kV，以 5.0mmol/L 三乙胺和 2.0mmol/L α-环糊精为流动相，用乙酸调节 pH 至 4.5，检测波长为 210nm，所有分析物可在 8min 内基线分离，检出限为（0.42～1.36）×10^{-6}mol/L，该方法线性度好，线性范围在检测限的 3～50 倍内；同时重现性好，峰面积的相对标准偏差小于 3%，适合离子液体的常规分析[72]；将该方法和检测条件用于[C_4mim][Cl]及其共存物的分析可得到如图 8-18（a）所示的电泳图谱。此外以柠檬酸-柠檬酸三钠缓冲液为流动相（pH=4），利用毛细管电泳法可测定多种咪唑类离子液体阳离子；毛细管温度为 20℃，分离电压为 12kV，注入时间 50s，检测所用紫外波长为 214nm。在该检测条件下，不论是咪唑环上 C-1 位是烷基取代还是芳基取代，迁移时间和阳离子质量间都存在良好的线性关系[如图 8-18（b）所示]，最终获得[C_2mim][R]的检测限为 0.01～0.1μg/mL。此方法不仅操作简单实用，定量分析性能良好，还可应用于示踪水溶液中典型离子液体的阳离子[72]。此外，可用毛细管区带

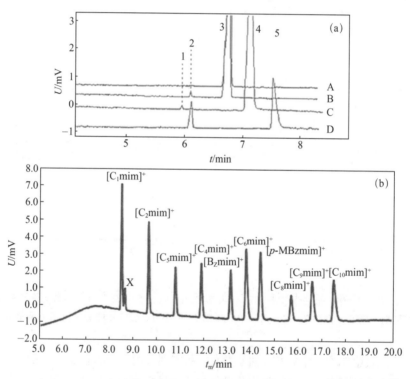

图 8-18 （a）[C_4mim][Cl]及其共存混合物的电泳谱图（样品：A 为处理过的[C_2mim][Cl]；B 为未经处理的[C_2mim][Cl]；C 为 2-乙基咪唑；D 为[C_2mim][Cl]和 1-甲基咪唑混合物；1—咪唑；2—1-甲基咪唑；3—[C_2mim]$^+$；4—2-乙基咪唑；5—[C_4mim]$^+$）；（b）咪唑类离子液体标准混合物的电泳图谱（X 为未识别峰）[72]

电泳以 NaH_2PO_4-Na_2HPO_4 缓冲溶液为流动相对 α-乳白蛋白与 $[C_2mim][Glu]$ 或 $[C_2mim][Br]$ 进行分析[73]，电泳进样压差为 1psi（1psi=6.89kPa），进样时间为 5s，进样和电泳温度为 25℃，检测波长 214nm，所用溶液和水均用 0.4 μm 滤膜过滤。

8.3.1.5 紫外光谱法

利用紫外光谱法测定溶液中残余的离子液体，前提是其中的有机阳离子或阴离子结构中具有紫外吸收特征基团（发色团），且吸光度与物质浓度成正比，进而根据吸光度大小确定样品溶液中残余离子液体的含量。本方法的理论基础是朗伯-比耳光吸收定律：

$$A=\varepsilon bc \tag{8-1}$$

式中，A 为离子液体吸光度；ε 为离子液体摩尔吸收系数；c 为离子液体摩尔浓度，mol/L；b 为光程，cm。

此法具有较高的灵敏度，在分析测定中一般不需要加入额外的试剂进行预处理，操作便捷，并且能够避免人为引入干扰杂质，同时设备普及率高，还可实现在线检测。

紫外光谱法已被用于测定水样中离子液体的含量[74]，如水样中 7 种离子液体（$[C_4mim][Cl]$、$[C_4mim][BF_4]$、$[C_4mim][PF_6]$、$[C_5mim][Cl]$、$[C_6mim][BF_4]$、$[C_8mim][Cl]$ 和 $[C_8mim][BF_4]$）的最大吸收波长均在 210nm 左右，且最大吸收波长附近没有其他明显吸收峰[见图 8-19（a）和图 8-19（b）]；此时在最大吸收波长下绘制校准曲线，线性关系良好，相关系数均大于 0.999，且加标回收率都在 97%～104%之间，说明该方法测定水中离子液体的含量简单快速、准确可靠。但如果样品中具有较多共存物，尤其是具有紫外吸收的天然产物时，则可能需要一/二阶紫外光谱、双波长测定等方法排除干扰。

疏水性离子液体难溶于水，其中的卤素离子难以利用常用的滴定等方法直接测定，而色谱法、电化学法也不易解决此类问题，且操作复杂。考虑到卤离子与卤分子之间可形成较强卤键，卤离子作为卤键受体的能力强弱是 $I^->Br^->Cl^->F^-$，同时双卤原子分子作为卤键供体的能力强弱是 I>Br>Cl>F，所以在离子液体阳离子存在的情况下，卤离子（F^-除外）可与单质碘产生较强的卤键作用，进而形成稳定的三卤离子$[Cl-I_2]^-$、$[Br-I_2]^-$，并且在紫外区有较高的摩尔吸光系数，可以通过紫外-可见分光光度法在非水体系中定量测定 Cl^-、Br^-的含量，从而对离子液体进行定量[75]。操作中以二氯甲烷为参比溶液，标准样为具有相同卤素单质浓度的$[C_4mim][X]$二氯甲烷溶液，得到如图 8-19（c）、图 8-19（d）所示的紫外吸收光谱图。该方法最低检测浓度达 1×10^{-6}mol/L，线性相关系数大于 0.998，加标平均回收率在 95.2%～102.4%之间，精确度高、灵敏性好，且对疏水性和亲水性离子液体均能准确测定。

8.3.1.6 平面色谱法

薄层色谱是一种出现较早的分析检测方法，和纸色谱一起属于常见的平面色谱法，可对非挥发性混合物进行分离分析和纯度测定，可选择的固定相包括普通薄层正

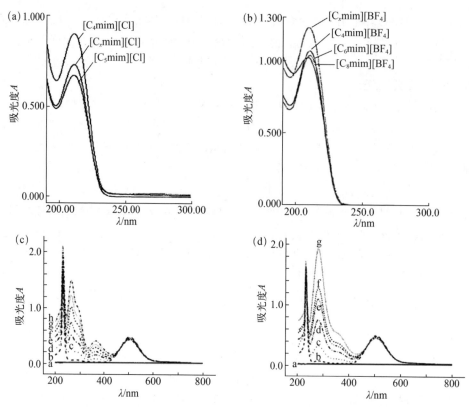

图 8-19 （a）三种离子液体的紫外光谱图及其最大吸收波长；（b）四种离子液体的
紫外光谱图及其最大吸收波长[74]；（c）含 I_2 的[C_4mim][Cl]二氯甲烷溶液紫外光谱图；
（d）含 I_2 的[C_4mim][Br]二氯甲烷溶液紫外光谱图[75]（其中 a 为二氯甲烷，
b、c、d、e、f、g、h 分别为[C_4mim][X]浓度为（0、1、2、3、4、5、6）×
10^{-5}mol/L 的 $5×10^{-4}$mol/L I_2 的二氯甲烷溶液）

相或反相色谱体系，也可使用在 254nm 或 365nm 下具有荧光吸收的相关填料。利用
薄层色谱技术可检测混合溶液体系中是否存在离子液体。例如在铝衬底的 65mm×
25mm×0.2mm 改进分辨率的硅胶板（Alugram®Sil G/UV254，Macherey-Nagel 公司，德
国）上进行的分析过程[76]，对于目标 *N*-甲基咪唑、6-溴-1-己醇、1-（6-羟己基）-3-甲
基咪唑溴盐以 90%乙酸乙酯-10%甲醇混合溶液为展开剂，展开完成后将薄层色谱板浸
入 $KMnO_4$ 中以便识别各成分对应的斑点，根据 TLC 结果计算出比移值（R_f）并展现
在图 8-20（b）中。可以看出，与 *N*-甲基咪唑相比，6-溴-1-己醇的极性较小，而离子
液体的极性最高。类似的，当离子液体具有较强极性/水溶性而在常见薄层色谱固定相
上无法获得满意的分离及检测效果时，在此可考虑将其替换为纸色谱（以负载了一定
量水的普通滤纸为固定相，原理属于分配色谱法），初始展开剂（流动相）可选用氨

基酸分析常用的以水饱和的正丁醇或正丁醇-乙酸-水（4：1：5，即 BAW 系统），而后基于实际分离和检测效果进行调整。两种平面色谱法既可以通过可见/紫外光观察进行定位，也可喷洒合适的显色剂（如上述高锰酸钾或碘为代表的氧化剂，以及茚三酮等）进行定位显影。

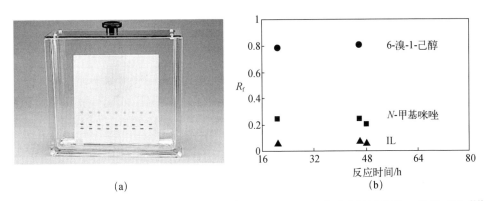

(a)   (b)

图 8-20　在铝箔衬底的 Alugram®Sil G 板上起始原料（a）和合成离子液体的 R_f 比较（b）[80]

8.3.1.7　荧光猝灭及探针法

部分离子液体对一些具有荧光特性的物质具有荧光猝灭作用，故可根据后者的荧光强度变化间接对离子液体进行定量分析。比如，烷基取代咪唑类离子液体能与荧光物质茜素红产生特异性反应；离子液体作为电子供体，茜素红作为电子受体，二者反应生成荷移络合物后茜素红会出现荧光猝灭现象（如图 8-21 所示）。研究发现，当此类离子液体的咪唑环上烷基碳链长度不同时，其对茜素红的荧光猝灭程度和方式也大有不同。长链烷基咪唑离子液体的荧光猝灭效果最显著，如十八和十六烷基咪唑盐；此时在荧光分光光度计的检测下，茜素红的荧光强度与离子液体的加入浓度呈现良好的线性关系，故可利用该化合物标定混合体系中这两种离子液体的残余量。随着烷基碳链变短，荧光猝灭的效果逐渐变弱；当烷基碳链继续变短至辛基咪唑盐及碳链更短的烷基咪唑盐时，其对茜素红基本没有荧光猝灭作用[77]。

笔者团队开发了一种用常见的天然产物作为荧光探针检测磁性离子液体的分析方法，系统开展了相关紫外光谱响应行为探索（包括响应时间实验和浓度滴定实验），并分析了槲皮素、大黄素、姜黄素、秦皮乙素（6，7-二羟基香豆素）对代表性含金属阴离子 IL（如[C_4mim][FeCl$_4$]）的荧光响应。结果发现秦皮乙素对[C_4mim][FeCl$_4$]具有最佳的检测性能，线性范围为 5～30 μmol/L（R^2=0.9957，如图 8-22 所示），相对标准偏差为 2.1%。标准加入法测定的回收率为 98.1%～102.5%。该探针具有良好的选择性、抗干扰性、重复性和稳定性，可轻松涂载于普通滤纸上，仅通过颜色变化即可实现可视化检测。

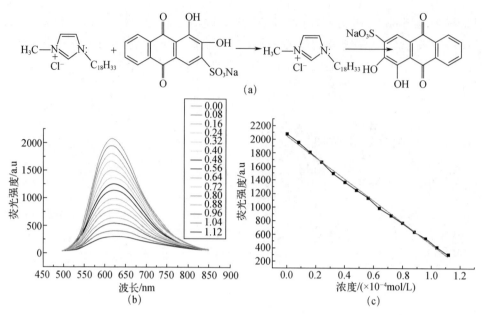

图 8-21 （a）IL 对探针产生猝灭现象的原理；（b）加入不同浓度的[C₁₈mim][Cl]后茜素红的
荧光发射光谱；（c）[C₁₈mim][Cl]的标准工作曲线[77]

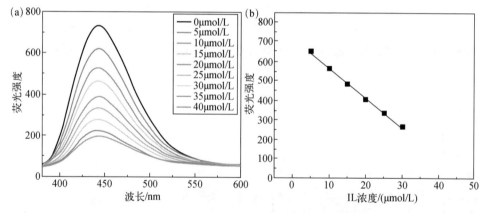

图 8-22 七叶内酯乙醇溶液加入不同浓度[C₄mim][FeCl₄]后的荧光发射光谱（a）和七叶内酯
在 443nm 处的荧光强度变化与[C₄mim][FeCl₄]浓度的关系（b）

8.3.2 残余低共熔溶剂的分析

目前对于 DES 定量分析方面的研究较少。从原理来看，既可以对溶液中残余 HBD
或 HBA 的单体组分分别检测，也可以对两者一起进行分析。下面对于常见方法进行
逐一介绍。

8.3.2.1 氯化胆碱的检测

氯化胆碱为常用的低共熔溶剂氢键受体，其在水溶液中的含量测定方法主要有非水滴定法、银量法、四苯硼钠定量法、凯式定氮法、雷氏盐重量法等。

(1) 非水滴定法

该方法为国标法，即向残余溶液中加入醋酸汞，醋酸汞与氯化胆碱反应生成难电离的氯化汞和乙酸酯，再在乙酸溶液中，用高氯酸标准溶液对乙酸酯进行滴定，直至溶液呈纯蓝色。同时以空白实验进行比对。氯化胆碱的质量 x （%）可以通过式 (8-2) 计算得出。

$$x \ (\%) \ =c \ (V-V_0) \ \times139.93\times100/m\times1000 \tag{8-2}$$

式中，c 为高氯酸标准溶液的摩尔浓度，mol/L；V 为滴定残余溶液时消耗高氯酸标准溶液的体积，mL；V_0 为滴定空白时消耗高氯酸标准溶液的体积，mL；m 为残余溶液的质量，g；139.93 为氯化胆碱的分子量。该方法准确度、重现性比较好，但有研究人员发现此方法测得的结果比实际含量要低 1.3%～4%。如果残余溶液中含有水溶性氯化物，测定结果可能偏高，无法得出氯化胆碱的真实含量。

(2) 银量法

该方法通过测定残余溶液中氯的含量来计算氯化胆碱的含量。操作中常以铬酸钾为指示剂，向残余溶液中加入硝酸银滴定氯离子；由于氯化银溶解度小于铬酸银，所以氯化银先沉淀出来。随着滴定进行，当有砖红色铬酸银沉淀析出时说明氯离子已完全沉淀，即为滴定终点。同时开展空白实验。利用滴定终点硝酸银溶液的用量按照非水滴定的计算方法即可计算出残余溶液中氯化胆碱的量。若残余溶液中有其他水溶性氯化物，测定也会受到干扰，导致结果偏高。

(3) 四苯硼钠定量法

当残余溶液中氯化胆碱以氯离子形式存在时，可加入四苯硼钠使其沉淀，在预先称好重量的古氏坩埚中过滤得到白色沉淀，并用蒸馏水多次洗涤、烘干，冷却后称重，根据式 (8-3) 计算氯化胆碱的含量。

$$x \ (\%) \ =m\times0.3298\times10\times100/m_0 \tag{8-3}$$

式中，m_0 为样品质量，g；m 为残渣质量，g；0.3298 为沉淀物换算为氯化胆碱的系数。

此方法精确度高，重复性好，而且操作简单，经济有效，测出来的氯化胆碱实际含量准确可靠。与前两种方法相比，当有水溶性氯化物干扰测定时，使用此法更为准确。

(4) 凯式定氮法

浓硫酸具有强氧化性，尤其是当有硫酸铜等催化剂存在时，可以将有机含氮化合物彻底氧化分解并产生 CO_2、H_2O、NH_3，而生成的氨气可以被浓硫酸吸收生成硫酸铵；浓硫酸吸收氨气产生重量变化，以此测出氮的含量，根据式（8-4）即可完成对后者的定量。

$$x\,(\%) = N \times 9.97 \times 100/m \tag{8-4}$$

式中，N 为氮含量，%；m_0 为样品质量，g；9.97 为氮转化成氯化胆碱的系数。

此方法简单易行，准确度也较高，可规避水溶性氯化物的干扰，但是若溶液中掺杂着含氮的化合物，也会导致测定结果偏高。

（5）雷氏盐重量法

雷氏盐即二氨基四硫代氰酸铬铵，可与氯化胆碱反应形成结晶沉淀，将沉淀洗涤干燥后称重，根据沉淀重量可计算氯化胆碱的含量，如式（8-5）所示。

$$x\,(\%) = (m_2 - m_1)/m \times 10 \times 0.33045 \times 100 \tag{8-5}$$

式中，m_2 为生成沉淀的质量，g；m_1 为空白实验生成沉淀的质量，g；m 为残余溶液的质量，g；0.33045 为氯化胆碱分子量与沉淀物分子量的比值。

由于该盐也可以与季铵型生物碱发生沉淀反应，所以测定时应引起注意。

8.3.2.2　乙二醇的检测

乙二醇是常用的低共熔溶剂氢键供体，无色无臭，目前主要通过气相色谱法和分光光度法进行分析。分光光度法是利用高碘酸将乙二醇氧化成甲醛，甲醛再与品红亚硫酸溶液反应产生紫红色化合物，最后通过比色分析得到乙二醇含量。该方法测得的标准曲线相关系数为 0.9993，检出限为 0.06 μg/mL，相对标准偏差小于 10%，回收率为 96.3%～104%[78]。此法操作简便，快速，经济实用，但当溶液中有其他醇类组分存在时，测定结果会受到干扰，可考虑换用气相色谱法。此时色谱柱常选用 VF-17ms（30m × 0.53mm，1.0 μm），固定相为苯基-聚二甲基硅氧烷（50：50），进样口温度为 270℃，检测器温度为 290℃，分流比为 10：1；当按内标法以峰面积进行定量时，乙二醇在 6～15 μg/mL 范围内线性关系良好（R^2=0.9997），进样精密度 RSD（$n=8$）为 3.3%，平均回收率为 99.05%，精密度和准确度良好[79]。此外还可利用高效的静态顶空气相色谱（HSGC）测定乙二醇[80]，如选择二甲亚砜作为样品稀释剂，以初始温度、最终温度和载气流量为重要影响因素进行优化，在初始温度为 30℃、最终温度为 158℃、载气流量为 1.90mL/min 时，可获得最佳分析分辨率和最短分析时间。HSGC 准确高效，线性范围宽，但对分析溶剂较为敏感。

8.3.2.3　尿素的检测

尿素测定方法主要有比色法、高效液相色谱-荧光法、高效液相色谱-质谱法、折射率法、脲酶法等分析法。其中比色法是测定尿素含量的常用方法，主要包括二乙酰肟-安替比林比色法（国标法）、对二甲氨基苯甲醛比色法、邻苯二甲醛比色法、丁二酮肟比色法、苯酚次氯酸盐比色法、酶解纳氏比色法等几种方法。二乙酰肟-安替比林比色法（国标法）线性范围较窄（0.1～1.5mg/L），反应时间较长且需煮沸，而且要在避光条件下进行反应。对二甲氨基苯甲醛比色法是利用尿素和对二甲氨基苯甲醛在酸性环境下可发生反应，生成物呈黄色，其吸光度与溶液中尿素含量成正比，检出限达 0.2mg/L，线性范围 0~70mg/L，测定 5mg/L 尿素样品的变异系数为 3.9%，标样回收率大于 99%，加标回收为 95%~110%，利用此方法测定残留尿素具有操作简单、检出限低、线性范围宽、精密度好、准确性高等优点[81]。邻苯二甲醛法和在线氨氮分析法（OPA）均是在酸性环境中，向待测溶液中加入一定物质使尿素与显色剂安替比林在 37℃下反应生成蓝色物质，通过颜色深浅或吸光度来标定尿素含量。但两种方法向待测溶液中加入的试剂有所不同，邻苯二甲醛法是加入邻苯二甲醛、表面活性剂 TRITIONX-100、催化剂偏钒铵，而 OPA 法是加入催化剂偏钒酸铵、苯甲醛。脲酶-Berthlot 法通过两步反应实现对尿素的定量分析，一是生物学的酶学反应，尿素在酶的催化作用下生成氨气，二是经典的酚盐法，具体的反应步骤方程式如图 8-23（a）。采用邻苯二甲醛法、OPA 法、脲酶-Berthlot 法均可测定水样中的微量尿素含量[82]，其中，邻苯二甲醛法在 0~6mg/L 范围内线性关系良好，平行测定 6 份样品的变异系数在 0.25%~0.5% 之间，精密度好，且抗干扰能力强，稳定性好，灵敏度高，最大优点为反应温度低（37℃）；OPA 法在待测溶液中尿素含量为 3.0~6.0mg/L 时才具有良好线性关系，低于 3.0mg/L 时线性差；脲酶-Berthlot 法在 0~6.0mg/L 范围内线性良好，但脲酶本质是蛋白质，易与重金属生成不溶性盐而使酶失活，故该方法不适用于测定含重金属离子的溶液。

随着分析仪器的发展，高效液相色谱仪在分离和测定小分子有机物方面也得到了广泛的应用，后处理后残余尿素也可用高效液相色谱进行测定。采用 C_{18} 色谱柱，以纯水为流动相，利用紫外检测器在室温下进行检测，测定波长为 190nm[83]；测定相对标准偏差最大不超过 5.2%，说明本法精密度高。除紫外检测器外，还可采用高效液相色谱-荧光检测器法对其进行定量分析；该方法在线性范围内相关系数 R^2=0.9999，检测限和定量限分别为 0.021mg/L 和 0.071mg/L，日内和日间精密度分别为 1.63% 和 1.98%[84]，通过对比可发现其精密度更好、灵敏度更高。考虑到超高效液相色谱正逐步替代普通液相色谱，也可采用 UPLC-MS 对其含量进行检测。在优化条件下，尿素的检出限、相对标准偏差和线性范围分别为 2.83 μg/L、3.75%~5.96% 和 0.01~10.0mg/L[85]，本方法简便、检出限低、选择性好，同时分析时间可比一般液相色谱节约 50%~75%，可用于尿素的快速高效分析。

最后，本团队也尝试使用液相色谱法对于 DES 的氢键供体及受体进行同时检测分析，此法更为全面可靠，同时可能存在的干扰物也能得到有效的分离，获得的结果更接近于实际情况，并具有通用性。下面的实例是对于植酸、甜菜碱及两者形成的 DES 植酸-甜菜碱（1∶1）开展的 HPLC 分析，具体条件为：普通的 150mm 长 C_{18} 色谱柱（粒径 5μm），流动相为乙腈-水（体积比 3∶97），流速 1.0mL/min，柱温 30℃，检测波长设定为 210nm；在此条件下植酸的出峰时间为 2.477min，甜菜碱的出峰时间为

2.568min，由两者形成的 DES 则在两者保留时间处均出现色谱峰[如图 8-23（b）所示]。

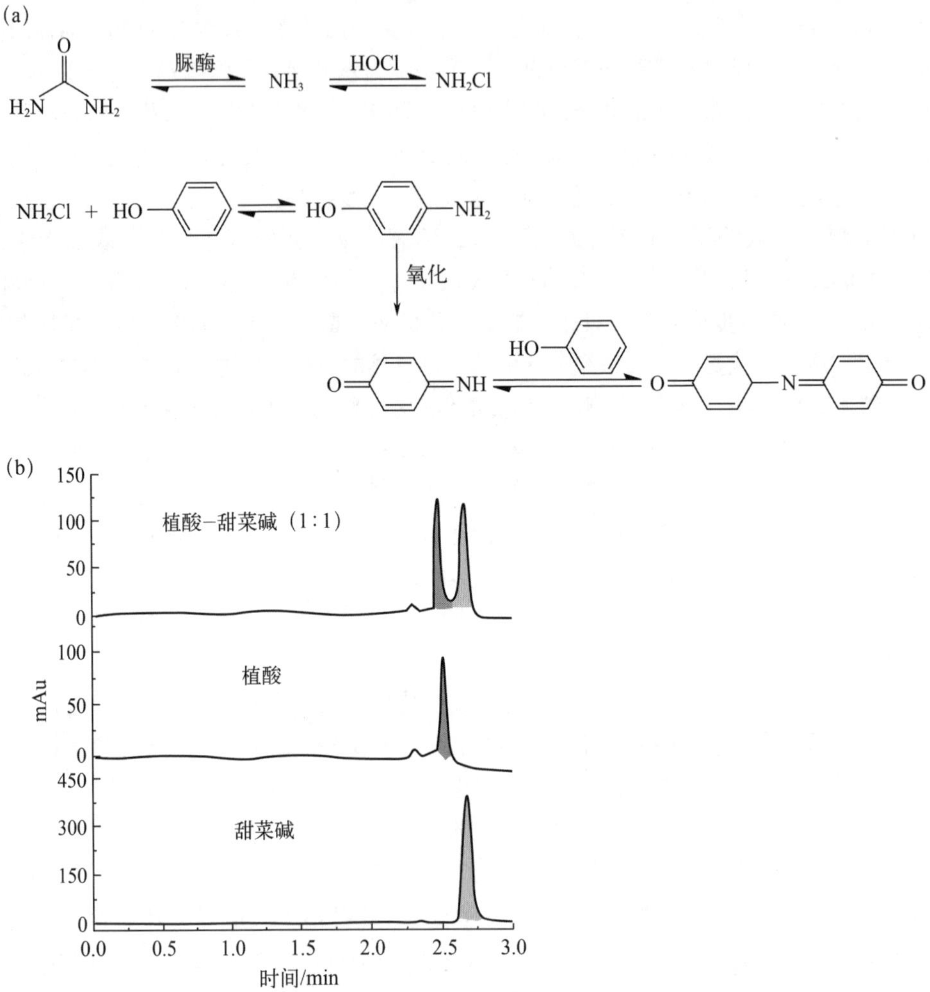

图 8-23　脲酶–Berthlot 法反应原理（a）和
植酸、甜菜碱及植酸-甜菜碱（1∶1）DES 检测色谱图（b）

8.4　新型绿色溶剂环境–健康–安全（EHS）分析与对策

随着新型绿色溶剂在各领域的广泛应用，它们对环境的影响也不容忽视。尽管其具有"绿色"性，蒸气压极低，不易挥发，对大气的污染影响较小，但在大规模应用中，不可避免地会在生产、回收等过程中释放到环境中，造成土壤和水环境的污染，对生物产生直接或间接的危害。所以这是一个在将其用于天然产物领域时不可忽视的问题。德国 Solvent Innovation 公司在其官方网站上公布了一系列新型绿色溶剂的 MSDS（material safety data sheet，化学品安全技术说明书），提供了它们的组成、组分含量、物化性能、危害性标记、接触后的急救操作、遇火后的消防措施、运输和储存注意事项、毒性和环境保护等信息，可通过网络方便地获取。

8.4.1 离子液体的EHS风险分析

离子液体可能带来的风险与其结构特性有密不可分的联系，虽然目前尚未总结出清晰、准确、稳定的规律，但其主要影响因素经过梳理有以下几方面：

① 阴阳离子本身的结构是最主要的因素，通常认为阳离子毒性大小为季铵阳离子<吡啶阳离子<咪唑阳离子，而阴离子的毒性来源往往是阴离子水解产生的新离子。

② 离子液体阳离子烷基侧链越长，亲脂性越强，细胞膜对离子液体的通透性越强，毒性也就越大。

③ 离子液体阳离子上的官能团对毒性没有特别的规律可循，不同官能团对离子液体阳离子毒性的影响不同。

④ 离子液体阴阳离子之间氢键、离子键作用力的强弱可影响离子液体在不同生理环境、对不同生物对象的毒性大小。此外，离子液体所处的外界环境特征也会对其毒性产生影响，如温度、盐度、pH 值、培养基成分等[86]。

笔者团队借助急性毒性指标 LT_{50} 和 LC_{50} 考察发现 8 种苯并噻唑离子液体 $[HBth][CH_3SO_3]$、$[HBth][p\text{-}TSA]$、$[HBth][BF_4]$、$[HBth][Br]$、$[C_2Bth][Br]$、$[C_3Bth][Br]$、$[C_4Bth][Br]$ 和 $[C_5Bth][Br]$ 对斑马鱼具有致死毒性[如图 8-24（a）]，同时具有相同阳离子结构但不同阴离子结构的离子液体呈现出相似的毒性等级，但阳离子结构对于离子液体的毒性强弱却有着重要的影响，这与上面总结的规律一致；随着烷基链的增长，毒性不断增强。组织器官切片观察发现苯并噻唑离子液体水溶液对鱼鳃、鱼鳍和鱼肠均有损伤，如图 8-24（b）～（d）所示，并体现了持续的毒性作用，明显的中毒行为和现象包括游动缓慢且失衡、鱼身出现血斑、鱼体发生畸形等。具有酸性结构片段的离子液体所造成的斑马鱼器官损伤现象更为明显，且通过跟踪其体内 SOD、CAT 酶活性变化发现，暴露在酸性苯并噻唑盐水溶液中的斑马鱼终点酶活性更低，抗氧化机制受损更为严重。

除上述斑马鱼外，IL 对不同生物种类（如藻类、微生物、植物、动物等）均会产生一定程度的毒性，并以不同方式影响各生物个体的生长。例如，IL 通过影响光合效率、细胞成分等引发其对藻类的毒性，其毒性效应与自身结构、藻类的细胞结构和生理生化特性等相关；不同藻类因其细胞壁成分、组成不同，对同种离子液体的敏感度也不同。对于微生物，IL 会抑制其正常生长代谢和代谢产物的产生，同时也会破坏其细胞壁、细胞膜的完整性。IL 对于植物的毒性主要来源于其对植物光合作用、生长代谢、遗传行为等的影响，导致光合色素、氨基酸等重要物质在植物体内的含量出现变

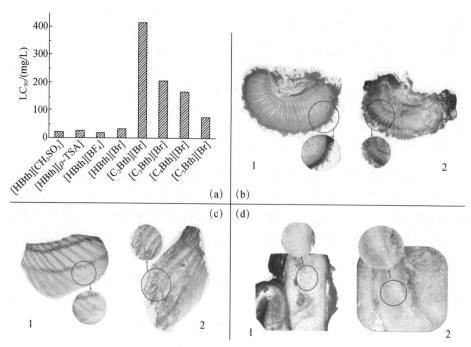

图 8-24　8 种苯并噻唑类离子液体对斑马鱼的半数致死浓度（a）和
显微镜下斑马鱼鱼鳃（b）、鱼鳍（c）、鱼肠（d）放大 40 倍图

1—空白组；2—20mg/L[HBth][Br]

化，也会改变细胞内酶活性和一些生化行为；同时也可能诱导植物基因结构发生突变或重排，从而导致其遗传多样性发生改变。更加严重的是，IL 对高等动物乃至人类健康也能产生影响，咪唑类离子液体如[C_2mim][Cl]、[C_4mim][Cl]、[C_{10}mim][Cl]对小鼠胎儿发育体现出一定潜在毒性。当小鼠母体在高暴露条件下受到高剂量离子液体处理后，小鼠胎儿的体重将显著下降，对生育产生不利影响，还可能出现明显的致畸作用[87]。此外，IL 在接触皮肤后可发生透皮吸收，并改变角质层通透性，还可与体表的酶及角蛋白发生一定的结合，这些改变在移除离子液体后可得到恢复。

在对人体的影响方面，由于离子液体的非挥发性，其影响人体途径主要是皮肤接触，此外也有经消化道吸附的可能。笔者团队对由咪唑、吡啶、季铵及季鏻阳离子和5 种常见阴离子组成的 12 种离子液体及其之间的特定组合进行了透皮行为和潜在的不良反应研究，为其生物相容性/安全风险评价提供了基础数据。同时根据分子量、正辛醇-水分配系数和氢键能力结合 5 种动力学模型从多角度分析其透皮机制和离子液体-皮肤相互作用。研究发现分子量小、氢键能力强以及中等正辛醇-水分配系数的离子液体更容易渗透皮肤。还采用一系列有效的表征手段和技术参数揭示了渗透能力较强的咪唑类离子液体对角质层结构和皮肤通透性的影响，包括红外光谱、扫描电镜、热重分析、水接触角、激光共聚焦显微镜、经皮水分散失率、活体皮肤刺激及苏木精-伊红染色法。其中1-丁基-3-甲基咪唑溴盐（[C₄mim][Br]）表现出了突出的皮肤渗透能力，而且在与难渗透的 N-丁基吡啶溴盐共存时能表现出对后者显著的促渗透效果。光谱分析发现，[C₄mim][Br]作用后的角质层的脂质流动性大大提高，α-螺旋损失较少，这与更强的促渗能力和较低的刺激电位有关。最后通过酶动力学实验和分子对接方法进一步探究了咪唑基离子液体对皮肤中起关键保护作用的酪氨酸酶的活性影响和作用机制。发现[C₄mim][Br]以可逆混合的方式抑制酪氨酸酶活性。此外酶活性实验表明[C₄mim][Br]与酪氨酸酶的 $k_{binding}$ 值为 $1.44×10^3$ L/mol，说明其亲和力相对较弱。总体上[C₄mim][Br]对皮肤的危害类别可归为皮肤刺激2类。

在通过消化道侵害人体的可能性方面（如误食或者残留于食品或药物中），本团队通过体外实验探究了阴离子种类、不同阳离子碳链长度以及从低到高的浓度水平下离子液体在新鲜动物胃黏膜上的渗透行为，并采用了5种动力学模型进行了拟合，对其渗透机理进行了全面探索。结果显示阴离子为 Br⁻ 时在胃膜上的渗透能力最强，且烷基链越短渗透能力越强；不同种类和不同浓度的离子液体的渗透机理也不一样，其中1-乙基-3-甲基咪唑溴盐（[C₂mim][Br]）的渗透能力最强，当以 1mg/mL 的浓度存在于胃膜上时其累积渗透量可达 0.72mg/cm²；相应的渗透动力学符合 Hixcon-Crowell 模型，表明渗透过程中存在溶蚀现象。最后通过筛选，采用临床常见药物蒙脱石对渗透能力最强的离子液体[C₂mim][Br]进行了吸附脱除研究，对 1mg/mL[C₂mim][Br]的吸附量为 11.63mg/g。吸附动力学研究结果表明，整个过程受离子液体内扩散和外部传质的共同影响，更符合二级动力学模型。吸附等温研究表明，蒙脱石对[C₂mim][Br]的吸附更加符合 Langmuir 模型，即吸附过程更符合单分子层吸附机理。考虑到仍有少数离子液体可能被吸收入血液的情况，本团队继续探索了几种常见阴离子、不同阳离子取代基碳链长度以及多种浓度水平下的咪唑类离子液体对血液凝血指数、溶血率、血红蛋白含量、电导率、血清蛋白含量等生化指标的影响。结果显示[PF₆]⁻对血液影响较为明显，且烷基链越长对血细胞作用越强，此外浓度越高对各项指标的影响也越明显。其中1-辛基-3-甲基咪唑六氟磷酸盐（[C₈mim][PF₆]）对血液的整体影响最大；在 1mg/mL 的浓度下，其凝血指数、溶血率、血红蛋白含量、电导率、血清白蛋白含量分别为97.85%、13.30%（空白组为100%）、801.53mg/mL（对照组为188.85mg/mL）、5.88mS/cm（对照组为6.04mS/cm）、5.8mg/L（对照组为6.0mg/L）。此外，本团队还比较了离子液体的体外溶栓效果，结果表明1-乙基-3-甲基咪唑六氟磷酸盐（[C₂mim][PF₆]）具有明显的溶栓作用，而[C₈mim][PF₆]溶栓效果最差，且存在[C₂mim][PF₆]浓度越高，溶栓率越低的情况。为从分子水平进行分析，还采用红外光谱、荧光光谱、紫外光谱和分子对接研究了 1-丁基-3-甲基咪唑四氟硼酸盐（[C₄mim][BF₄]）和兔血清白蛋白以及人血清白蛋白的相互结合情况，结果表明[C₄mim][BF₄]可通过疏水作用和范德华力和两种白蛋白结合。

基于前文的研究发现，离子液体以各种可能方式进入体内后，不可避免会造成的一定影响，则需从源头上尽可能避免和离子液体直接接触。如在实验操作和工业操作时应该注意防护，穿好工作服，戴好手套（考虑到离子液体良好的溶解能力及渗透性，推荐使用非透气性且不宜破损的浸胶耐酸碱手套、塑料耐酸碱手套、浸塑耐酸碱手套等）。尤其是面部、四肢或者其他地方有伤口存在时，则尤应注意隔离创面，加强防护。当皮肤和离子液体接触时，应该尽快脱去被污染的衣物。相比之下，纯离子液体往往黏度较大，渗透速度较慢，这为及时处置留有了较为充足的时间；而离子液体溶液则渗透较快，一旦接触需要迅速处理。常用的咪唑类离子液体 pH 为中性，且性质非常稳定，不会和酸碱发生反应，故不需要用碳酸氢钠或者醋酸这种具有酸碱性的溶液来冲洗皮肤，以免弱酸或弱碱性的洗液对机体造成二次伤害；当遇到酸性或碱性离子液体时则可适当考虑采用中和法。此外，当亲水性的离子液体和皮肤接触时，只需要先将多余的离子液体用清洁布擦除，然后立即用清水彻底冲洗干净即可（已发生渗透的情况可随即以浸泡法处置）；反之若是疏水性的离子液体和皮肤接触，则可使用食用油涂抹，使其充分溶解，然后再用洗手液彻底洗净。

8.4.2　低共熔溶剂的EHS风险分析

在众多报道中，低共熔溶剂是无毒、环保、可生物降解的良性溶剂，尤其是其中来源于天然化合物的一部分，其 EHS 影响相比离子液体更小，更易被接受和广泛应用。但与离子液体相比，由于起步较晚，低共熔溶剂在这些方面的报道较少，针对其毒性、生物降解性方面的探索不多。在有限的文献中，研究者曾利用两种革兰氏阳性菌（枯草芽孢杆菌和金黄色葡萄球菌）、两种革兰氏阴性菌（大肠杆菌和铜绿假单胞菌）以及盐水虾卵进行低共熔溶剂的毒性评价[88]，受测低共熔溶剂为氯化胆碱-甘油（ChCl/Gl）、氯化胆碱-乙二醇（ChCl/EG）、氯化胆碱-三甘醇（ChCl/TEG）、氯化胆碱-尿素（ChCl/U）。结果表明 4 种低共熔溶剂对所选菌均无抑制作用，但对盐水虾卵具有细胞毒性，且所研究的 DES 比其单独组分具有更高的细胞毒性，这可能是单独组分间通过氢键结合发生了性质改变，也有可能是低共熔溶剂的高黏性造成盐水虾缺氧或运动困难。又如，天然低共熔溶剂绿咖啡豆提取物（甜菜碱-甘油）富含酚类化合物，为开展急性毒性试验将其灌胃至大鼠体内；每个实验组为 6 只大鼠，共两组，每天 2 次灌胃，每次 3mL，灌胃 14 天，最后致 2 只大鼠死亡，而且存活大鼠出现过量饮水[图 8-25（a）]、膳食摄入量减少、体重减轻[图 8-25（b）]、肝肿大[图 8-25（c）]和血浆氧化应激等反应。此外，DES 在接触皮肤后也被发现存在透皮吸收现象，这也是此类非挥发性化学介质进入体内的主要途径。已有结论表明离子液体和低共熔溶剂可以绕过角质层的屏障特性，并通过破坏细胞完整性、在角质层中形成扩散途径和提取脂质成分等机制来增强透皮的跨细胞和细胞旁运输。笔者团队采用零级动力学方程、一级动力学方程、Higuchi 平面扩散方程、Hixcon-Crowell 溶蚀方程和 Retger-peppas 方程

5 种模型对 11 种代表性的 DES 透皮动力学进行拟合，发现 Retger-peppas 方程的拟合效果最好，进而采用 FT-IR 以及 SEM 等表征手段观察了 DES 对膜结构造成的影响。此外发现 DES 在透皮前后摩尔比基本没有发生变化，作用于人体皮肤表面时无刺激感、无红肿发炎现象，暂时加深的色泽等浅表变化可在 12～24h 恢复到正常状态，影响可逆。总体而言，使用低共熔溶剂的潜在风险取决于组成成分、组成比例、使用对象、使用剂量和作用时间等，目前尚不能对其无毒性一锤定音，还需对进行更全面、细致的研究和比较[89]，这点与离子液体是非常类似的。

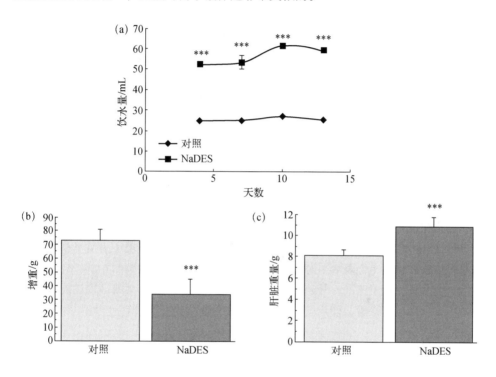

图 8-25　（a）研究过程中大鼠的饮水量；（b）研究结束时大鼠的体重增量；
（c）研究结束时大鼠的肝脏重量[89]

8.4.3　新型绿色溶剂及相关工艺生命周期分析

用于衡量工艺及产品绿色化程度的量化指标主要包括原子经济性、碳效率、反应质量效率、环境因子、环境商值、过程质量强度、生命周期评价、生命周期成本分析、绿色期望水平等。其中，生命周期评价（life cycle assessment，LCA）起源于 1969 年美国中西部研究所受可口可乐委托对饮料容器从原材料采掘到废弃物最终处理的全过程进行的跟踪与定量分析，已被纳入 ISO 14000 环境管理系列标准而成为国际上环境管理和产品设计的一个重要支持工具，从而助力整个社会系统的可持续发展。LCA 是一种用于评估产品（及工艺）在其整个生命周期中，即从原材料的获取、产品的生产直至产品使用后的处置，对环境影响的技术和方法。进行 LCA 时，首先辨识和量化整个生命周期阶段中能量和物质的消耗以及环境释放，然后评价这些消耗和释放对环境的影响，最后辨识和评价减少这些影响的机会；尤其要注重研究系统在生态健康、人类健康和资源消耗领域内的环境影响。

离子液体生命周期评价主要涉及离子液体产品设计、离子液体合成与生产、离子液体应用以及离子液体废弃处置。其中离子液体产品设计实际上就是按照目标客户的要求设计离子液体产品的过程，相关要求即包括客户对离子液体的基本用途要求（如催化、提取等），也包括客户对产品功能和性能的期望（如酸碱度、黏度和分解温度以及表面张力等）。LCA 作为量化绿色性的一种全面可靠的方法，包括编制相关能源/材料输入和环境排放（排放）在内的总清单，评估/权衡与确定的输入（材料和能源）和输出（排放）相关的环境效应，全过程包括目标和范围定义、清单分析、影响评估、诠释四个步骤。其中清单里各指标影响的相对重要性就显得十分重要，即要确定不同要素的"贡献系数"（权重系数）。以 LCA 中生态毒性评估为例，可细分为选取温室效应（GWP）、臭氧层损害（ODP）、人体毒性影响（HTP）、酸雨（AP）、富营养化（EP）、光氧化烟雾（POCP）和水生态毒性（ATP）以及陆生态毒性（TTP）这 8 个影响指标。下面将 N-甲基氧化吗啉（NMMO）这种已实现工业化的纤维素溶剂与 [C$_4$mim][Cl] 开展比较，表 8-2 和表 8-3 列举了两者生产过程环境影响清单和溶解纤维素过程环境影响清单，表 8-4 为具有相对权重的环境影响评价判断矩阵。总体结果可表明，仅从环境影响来看，使用 NMMO 较为理想；但如果从集成环境性能与经济性能的生命周期成本来看，使用[C$_4$mim][Cl]是较为理想的方案[90]。

表 8-2　[C$_4$mim][Cl]和 NMMO 生产过程环境影响清单（以 1t 计）

影响清单	[C$_4$mim][Cl]	NMMO	折合单位
GWP	6.4×10^1	3.3×10^3	kgCO$_2$-eq
ODP	1.3×10^{-4}	1.0×10^{-4}	kgCFC11-eq
HTP	1.3×10^2	2.2×10^2	kgDCB-eq
AP	1.6×10^1	5.6	kgSO$_2$-eq
EP	3.8	3.2	kgPO$_4^{3+}$-eq
POCP	7.0	8.1×10^{-1}	kgC$_2$H-eq
ATP	1.0×10^3	3.3×10^1	kgDCB-eq
TTP	8.2	4.6	kgDCB-eq

表 8-3 [C₄mim][Cl]和 NMMO 溶解纤维素过程环境影响清单（以 1t 计）

影响清单	[C₄mim][Cl]	NMMO	折合单位
GWP	3.70×10^3	3.50×10^3	kgCO$_2$-eq
ODP	7.70×10^{-5}	7.70×10^{-5}	kgCFC11-eq
HTP	2.20×10^2	2.30×10^2	kgDCB-eq
AP	9.40	8.70	kgSO$_2$-eq
EP	1.80	1.80	kgPO$_4^{3+}$-eq
POCP	1.10	7.60×10^{-1}	kgC$_2$H-eq
ATP	1.20×10^2	5.60×10^1	kgDCB-eq
TTP	5.60	5.50	kgDCB-eq

表 8-4 环境影响评价判断矩阵

环境影响	GWP	ODP	HTP	AP	EP	POCP	ATP	TTP	相对权重
GWP	1	1	1	3	3	1	1	1	0.15
ODP	1	1	1	3	3	1	1	1	0.15
HTP	1	1	1	3	3	1	1	1	0.15
AP	1/3	1/3	1/3	1	1	1/3	1/3	1/3	0.05
EP	1/3	1/3	1/3	1	1	1/3	1/3	1/3	0.05
POCP	1	1	1	3	3	1	1	1	0.15
ATP	1	1	1	3	3	1	1	1	0.15
TTP	1	1	1	3	3	1	1	1	0.15

在第 3 章所介绍的远红外光-热空气循环（FIR-HAC）辅助 DES 提取茯苓多糖（PCP）研究中，笔者团队最后完成了该方案（称为项目Ⅰ）的生命周期评价。传统水提取工艺被认为符合节能、化学安全等绿色化学原则，因此，将其作为 LCA 分析的参考系统（称为项目Ⅱ）。如图 8-26 所示，项目Ⅰ的 LCA 体系包括溶剂合成、提取、固-液分离、透析、醇沉淀、冻干六个单元流程，项目Ⅱ的流程除了缺少溶剂合成，与项目Ⅰ基本一致。

可见项目Ⅰ的能源消耗（主要是电力）和余热产生集中在合成 DES 和萃取辅助手段上。此外，项目Ⅱ提取醇沉过程中存在电力和原材料消耗，其中沉淀过程中消耗较多的乙醇来源于石油化工。乙醇的使用加剧了化石燃料的消耗潜力。其中项目Ⅰ和项目Ⅱ用电量分别为 0.464kW·h/g 和 0.462kW·h/g；乙醇消耗量分别为 12.6g/g PCP 和 38.7g/g PCP。而且，为了获得相同数量的 PCP，项目Ⅱ比项目Ⅰ需要更多的材料投入和更长的时间，因此，从技术经济角度来看，新的提取方法是最可行的选择。库存数据详见表 8-5。

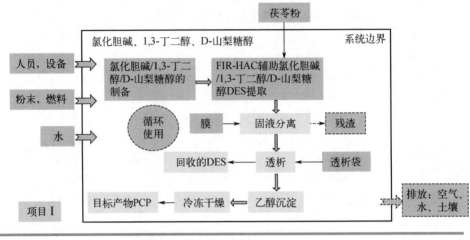

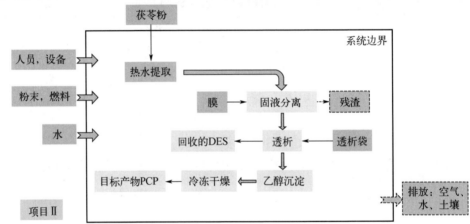

图 8-26　FIR-HAC 辅助 DES 提取工艺（项目 I）和传统热水提取茯苓多糖的工艺（项目 II）

表 8-5　项目 I 和项目 II 中茯苓多糖的生命清单（单位：生产 100g PCP 产品）

项目	关键因素	项目 I	项目 II
操作单元	DES 合成	90℃，3h	—
	提取	颗粒大小：300 目。液（DES）固比：30mL/g。FIR 强度：300W/m²。热空气温度：80℃。时间：0.5h	颗粒大小：300 目。液（水）固比：30mL/g。加热温度：80℃。时间：0.5h
	固液分离	抽滤，0.1h	抽滤，0.05h
	透析	每 4h 换一次水，24h	每 4h 换一次水，24h
	醇沉	加入四倍体积的乙醇，−4℃，12h	加入四倍体积的乙醇，−4℃，12h

项目	关键因素	项目 I	项目 II
操作单元	冻干	真空度 0.1 Pa，−40℃，24h （得到 PCP 为 0.43g/g 茯苓）	真空度 0.1 Pa，−40℃，24h （得到 PCP 为 0.041g/g 茯苓）
	溶剂回收	浓缩透析袋外的溶液	—
投入	原料（茯苓粉）/kg	2.50×10^{-1}	2.45
	氯化胆碱/kg	5.98×10^{-1}	0
	1, 3-丁二醇/kg	3.86×10^{-1}	0
	D-山梨醇/kg	7.80×10^{-1}	0
	水/kg	5.20	7.45×10
	乙醇/kg	1.26	3.87
	电力/kW·h	4.64×10	4.62×10
输出	茯苓多糖产品/kg	1.00×10^{-1}	1.00×10^{-1}
排放	残渣/kg	1.50×10^{-1}	2.35
	废水/kg	5.00	7.31×10
	废热/kJ	2.05	1.86
	乙醇/kg	1.06	3.50

利用国内 LCA 数据库 CLCD 3.0（由四川大学创建、成都亿科环境科技有限公司持续开发的中国生命周期基础数据库 Chinese reference life cycle database，CLCD）获取的工艺规范和参数，评估两种工艺的特征环境影响值，对五项环境指标的贡献如图 8-27 所示。根据项目 I 和项目 II 给出了 100g 茯苓多糖生产链的环境影响结果。结果表明，与项目 II 相比，新提取工艺每 100g PCP 的环境影响降低了 93.61% 的固体废弃物和 69.72% 的 CADP（化石燃料）。此外，项目 I 的 PED 和 GWP 贡献（2.46MJ，1.70kg CO_2）与项目 II（2.19MJ，1.56kg CO_2）相似。提取过程中物质和环境转化的计算结果也表明，这两种过程对常见的环境问题如非生物耗竭潜力、酸化、中国资源耗竭潜力、二氧化碳、化学氧、富营养化、工业用水、铵、氮氧化、呼吸无机物等的影响。通过已建立的回收方法，DES 作为提取剂也可以有效地重复使用。整体而言，新方法的环境风险不像传统方法环境影响类别那样大，其量级较低。

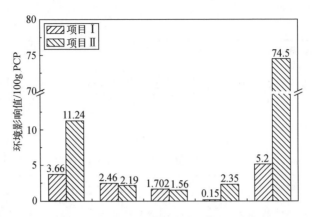

图 8-27　提取每 100g 茯苓多糖的生命周期影响评估（LCIA）

五项指标从左至右为：化石燃料枯竭潜力（CADP），一次能源需求（PED），全球变暖潜力（GWP），
固体废物（waste solids），水资源利用（water use）

8.4.4　残留绿色溶剂的降解与土壤吸附

　　由于低共熔溶剂具有相对较好的生物相容性和较低的环境影响性，所以此节主要针对离子液体进行讨论。化学降解对热稳定性和化学稳定性良好的离子液体体现出有效的降解作用，主要包括氧化降解、电化学降解和光化学降解等方式。类芬顿试剂是一种以羟基自由基的氧化作用为主的功能试剂，可以有效降解此类绿色溶剂。经研究发现咪唑类离子液体的烷基侧链长度与类芬顿试剂的降解效率呈负相关作用，而小体积的阴离子对降解效率并没有显著的影响。此外，作为由阴阳离子组成的良好电解质，也可以采用电化学方式对离子液体进行降解；电解过程中反应体系会产生氧原子、羟基自由基和 H_2O_2，均可有效促进离子液体降解[91]。光催化也是一种重要的离子液体降解手段，目前主要用到的手段有紫外-化学氧化（UV/H_2O_2）、UV/TiO_2、UV 等，当这三种体系用于降解水溶液中的咪唑类离子液体时，UV/H_2O_2 可达到最佳的降解效果，且待降解的离子液体烷基侧链越长，其降解难度越大[92]。本研究组通过实验证明，苯并噻唑类离子液体在 UV/TiO_2 体系的降解是准一级动力学反应，符合 Langmuir-Hinshelwood 模型，而在 UV/H_2O_2 体系中的降解反应则属一级动力学；在 Ag/TiO_2 催化作用下[C_4Bth][PF_6]光降解在 120min 时大于 99%，催化活性是 TiO_2 的 2.04 倍。

　　生物降解法主要利用微生物和生物酶降解离子液体得到毒性更弱的降解产物，与化学降解需要特定的催化剂相比，减少了二次污染的可能，对环境更友好，更具有发展前景。离子液体支链取代基和阳离子类型对离子液体的生物降解效率有显著影响，如带有酯基支链的离子液体更容易通过生物法实现降解，己基、辛基取代的吡啶类离子液体则可以完全生物降解，咪唑类只能部分降解。然而，生物降解法对目前大部分常用的咪唑、吡啶、季铵和季鏻离子液体的降解效果不佳，需要继续开发更为适用的方法。

由于环境具有自调节能力，所以残余离子液体在土壤和沉积物中会发生保留和迁移，这主要受到土壤基质各部分吸收倾向的强烈影响。离子液体在土壤中和矿物表面具有吸附现象，其吸附行为受土壤和矿物中有机质、阳离子交换量与粒度分布等因素的影响，吸附类型可分为图 8-28 中的三类[93]。对于咪唑类和吡啶类 IL，所处环境中

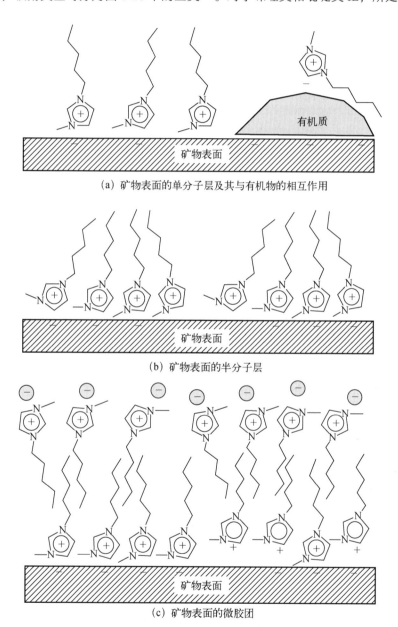

(a) 矿物表面的单分子层及其与有机物的相互作用

(b) 矿物表面的半分子层

(c) 矿物表面的微胶团

图 8-28　自然土壤中离子液体阳离子的假设吸附类型[93]

pH 的增加可促进带负电荷表面的去质化，增大阳离子交换量，所以土壤和矿物对 IL 的吸附系数随 pH 的增加而增加；这类 IL 更易被土壤和矿物中的有机质吸附，同时强烈吸水的黏性土壤对其吸附能力更强。

参考文献

[1] Chowdhury S A, Vijayaraghavan R, Macfarlane D R. Distillable ionic liquid extraction of tannins from plant materials[J]. Green Chemistry, 2010, 12（6）: 1023-1028.

[2] 巩桂芬，李莹莹，李威弘，等. 1-烯丙基-3-甲基咪唑氯盐[AMIM]Cl 的回收[J]. 化学与黏合, 2013, 35（1）: 12-14, 32.

[3] Kelin H, Rui W U, Yan C, et al. Recycling and reuse of ionic liquid in homogeneous cellulose acetylation[J].Chinese Journal of Chemical Engineering, 2013, 21（5）: 577-584.

[4] Huddleston J G, Rogers R D. Room temperature ionic liquids as novel media for "clean" liquid-liquid extraction[J]. Chemical Communications, 1998, 16: 1765-1766.

[5] Claudio A F M, Ferreira A M, Coutinho J A P, et al. Enhanced extraction of caffeine from guarana seeds using aqueous solutions of ionic liquids[J]. Green Chemistry, 2013, 15（7）: 2002-2010.

[6] 李强. 一种混合溶液中离子液体的回收纯化方法：CN10135785.9[P]. 2016-01-13.

[7] Blanchard L A, Hancu D, Beckman E J, et al. Green processing using ionic liquids and CO_2[J]. Nature, 1999, 399（6731）: 28-29.

[8] Blanchard L A, Gu Z Y, Brennecke, J F. High-pressure phase behavior of ionic liquid/CO_2 systems[J]. The Journal of Physical Chemistry B, 2001, 105（12）: 2437-2444.

[9] Blanchard L A, Brennecke J F. Recovery of organic products from ionic liquids using supercritical carbon dioxide[J]. Industrial & Engineering Chemistry Research, 2001, 40（1）: 287-292.

[10] Gutowski K E, Broker G A, Willauer H D, et al. Controlling the aqueous miscibility of ionic liquids: Aqueous biphasic systems of water-miscible ionic liquids and water-structuring salts for recycle, metathesis, and separations[J]. Journal of American Chemistry Society, 2003, 125: 6632-6633.

[11] Li C X, Han J, Yan Y S, et al. Phase behavior for the aqueous two-phase systems containing ionic liquid 1-butyl-3-methylimidazolium tetrafluoroborate and kosmotropic salts[J]. Journal of Chemical & Engineering Data, 2010, 55:1087-1092.

[12] Wu B, Liu W, Zhang Y, et al. Do we understand the recyclability of ionic liquids?[J].Chemistry, 2009, 15（8）:1804-1810.

[13] Wu H R, Yao S, Song H, et al. Development of tropine-salt aqueous two-phase systems and removal of hydrophilic ionic liquids from aqueous solution[J]. Journal of Chromatography A, 2016, 1461:1-9.

[14] Palomar J, Lemus J, Gilarranz M A, et al. Adsorption of ionic liquids from aqueous effluents by activated carbon[J]. Carbon, 2009, 47（7）: 1846-1856.

[15] 曲玉萍，陆颖舟，李春喜. 5 种吸附剂对水中离子液体的吸附性能[J]. 环境工程学报, 2012, 6（9）: 2969-2973.

[16] 李雪辉，李帅，王芙蓉，等. 酸改性膨润土对[BMIM]Cl 离子液体的吸附[J]. 化工学报, 2007, 58（6）: 1489-1493.

[17] Qi X H, Li L Y, Tan T F, et al. Adsorption of 1-butyl-3-methylimidazolium chloride ionic liquid by functional carbon microspheres from hydrothermal carbonization of cellulose[J]. Environmental Science & Technology,

2013, 47: 2792-2798.

[18] 巴斯夫股份公司. 通过吸附分离法纯化或处理离子液体的方法：CN10008854.0[P]. 2004-09-29.

[19] He A, Dong B, Feng X T, et al. Recovery of benzothiazolium ionic liquids from the coexisting glucose by ion-exchange resins[J]. Journal of Molecular Liquids, 2017, 227:178-183.

[20] Nie L R, Song H, Yao S, et al. Extraction in cholinium-based magnetic ionic liquid aqueous two-phase system for the determination of berberine hydrochloride in Rhizomacoptidis[J]. RSC Advance, 2018, 8: 25201-25209.

[21] He A, Dong B, Feng X T, et al. Extraction of bioactive ginseng saponins using aqueous two-phase systems of ionic liquids and salts[J]. Separation and Purification Technology, 2018, 196: 270-280.

[22] Feng X T, Song H, Dong B, et al. Sequential extraction and separation using ionic liquids for stilbene glycoside and anthraquinones in *Polygonum multiflorum*[J]. Journal of Molecular Liquids, 2017, 241: 27-36.

[23] Ma C H, Zu Y G, Yang L, et al. Two solid-phase recycling method for basic ionic liquid [C₄mim]Ac by macroporous resin and ion exchange resin from *Schisandra chinensis* fruits extract[J]. Journal of Chromatography B, 2015, 976-977: 1-5.

[24] Schfer T, Rodrigues C M, Afonso C A, et al. Selective recovery of solutes from ionic liquids by pervaporation- a novel approach for purification and green processing[J]. Chemical Communications, 2001, 17: 1622-1623.

[25] 北京化工大学. 一种采用渗透汽化法分离与浓缩离子液体的方法：CN10946697.5[P]. 2018-02-09.

[26] Wang J F, Luo J Q, Zhang X P, et al. Concentration of ionic liquids by nanofiltration for recycling: filtration behavior and modeling[J]. Separation and Purification Technology, 2016, 165: 18-26.

[27] Abels C, Redepenning C, Moll A, et al. Simple purification of ionic liquid solvents by nanofiltration in biorefining of lignocellulosic substrates[J]. Journal of Membrane Science, 2012, 405: 1-10.

[28] Gan Q, Xue M L, Rooney D. A study of fluid properties and microfiltration characteristics of room temperature ionic liquids [C₁₀mim][NTf₂] and N₈₈₈₁[NTf₂] and their polar solvent mixtures[J]. Separation and Purification Technology, 2006, 51（2）: 185-192.

[29] 王薇. 一种从纺丝废液中回收离子液体的方法：CN10052153.5[P]. 2008-07-16.

[30] 夏天天, 刘燕, 沈飞, 等. 膜分离技术在离子液体回收中的研究进展[J]. 现代化工, 2018, 38（10）: 48-52.

[31] Wang X L, Nie Y, Zhang X P, et al. Recovery of ionic liquids from dilute aqueous solutions by electrodialysis[J]. Desalination, 2012, 285: 205-212.

[32] Zhu W S, Wu P W, Yang L, et al. Pyridinium-based temperature-responsive magnetic ionic liquid for oxidative desulfurization of fuels[J]. Chemical Engineering Journal, 2013, 229:250-256.

[33] Azgomi N, Mokhtary M. Nano-Fe₃O₄@ SiO₂ supported ionic liquid as an efficient catalyst for the synthesis of 1, 3-thiazolidin-4-ones under solvent-free conditions[J]. Journal of Molecular Catalysis A: Chemical, 2015, 398: 58-64.

[34] Feng X T, Zhang W, Zhang T H, et al. Systematic investigation for extraction and separation of polyphenols in tea leaves by magnetic ionic liquids[J]. Journal of the Science of Food and Chemistry, 2018, 12: 4550-4560.

[35] Wu Q, Wan H L, Li H S, et al. Bifunctional temperature-sensitive amphiphilic acidic ionic liquids for preparation of biodiesel[J]. Catalysis Today, 2013, 200: 74-79.

[36] Fukumoto K, Ohno H. LCST-type phase changes of a mixture of water and ionic liquids derived from amino acids[J]. Angewandte Chemie International Edition, 2007, 46: 1852-1855.

[37] Xie Z L, Taubert A. Thermomorphic behavior of the ionic liquids [C₄mim][FeCl₄] and [C₁₂mim][FeCl₄][J]. Chemphyschem, 2011, 12（2）: 364-368.

[38] Kohno Y, Deguchi Y, Ohno H. Ionic liquid-derived charged polymers to show highly thermoresponsive LCST-

type transition with water at desired temperatures[J]. Chemical Communications, 2012, 48（97）:11883-11885.

[39] Men Y, Schlaad H, Yuan J. Cationic poly（ionic liquid）with tunable lower critical solution temperature-type phase transition[J]. ACS Macro Letters, 2013, 2（5）:456-459.

[40] Dong B, Tang J, Guo Z X, et al. Simultaneous recovery of ionic liquid and bioactive alkaloids withsame tropane nucleus through an unusual co-crystal after extraction[J]. Journal of Molecular Liquids, 2018, 269:287-297.

[41] 何春菊. 采用联合法从纤维素纺丝中回收离子液体溶剂的方法：CN10200367.2[P]. 2008-09-24.

[42] Birdwell J F, Mcfarlane J, Hunt R D, et al. Separation of ionic liquid dispersions in centrifugal solvent extraction contactors[J]. Separation Science & Technology, 2006, 41（10）:2205-2223.

[43] Yang J, Li H N, Zhang X, et al. Janus membranes for fast-mass-transfer separation of viscous ionic liquids from emulsions[J]. Journal of Membrane Science, 2021, 637:119643.

[44] 胡为阅. 聚碳酸酯材料在低共熔溶剂中化学解聚反应研究[D]. 青岛：青岛科技大学, 2019.

[45] Sirviö J A, Liimatainen H, Li Panpan, et al. Recyclable deep eutectic solvent for the production of cationic nanocelluloses[J]. Carbohydrate Polymers, 2018, 199:219-227.

[46] 李利芬. 基于氯化胆碱低共熔溶剂的木质素提取改性和降解研究[D]. 哈尔滨：东北林业大学, 2015.

[47] 刘洁. 功能化离子液体在油品脱氮中的应用及其机理研究[D]. 青岛：中国石油大学（华东）, 2017.

[48] Jeong K M, Lee M S, Nam M W, et al. Tailoring and recycling of deep eutectic solvents as sustainable and efficient extraction media[J]. Journal of Chromatography, 2015, 1424:10-17.

[49] Haerens K, Deuren S V, Matthijs E, et al. Challenges for recycling ionic liquids by using pressure driven membrane processes[J]. Green Chemistry, 2010, 12（12）: 2182-2188.

[50] Liang X C, Fu Y, Chang J. Effective separation, recovery and recycling of deep eutectic solvent after biomass fractionation with membrane-based methodology[J]. Separation and Purification Technology, 2019, 210:409-416.

[51] Liang X C, Zhang J Y, Huang Z K, et al. Sustainable recovery and recycling of natural deep eutectic solvent for biomass fractionation via industrial membrane-based technique[J]. Industrial Crops and Products, 2023, 194:116351.

[52] 唐雪平. 一种日化品用甘草酸提取物的制备方法：CN11357402.7[P]. 2018-03-30.

[53] Yu Q, Song Z L, Zhuang X S, et al. Catalytic conversion of herbal residue carbohydrates to furanic derivatives in a deep eutectic solvent accompanied by dissolution and recrystallisation of choline chloride[J]. Cellulose, 2019, 26（15）: 8263-8277.

[54] Stupar A, Eregelj V, Ribeiro B D, et al. Recovery of β-carotene from pumpkin using switchable natural deep eutectic solvents[J]. Ultrasonics Sonochemistry, 2021, 76:105638.

[55] Cai C, Chen X, Li F F, et al. Three-phase partitioning based on CO_2-responsive deep eutectic solvents for the green and sustainable extraction of lipid from Nannochloropsis sp[J]. Separation and Purification Technology, 2021, 279: 119685.

[56] Chen X Y, Wang R P, Tan Z J. Extraction and purification of grape seed polysaccharides using pH-switchable deep eutectic solvents-based three-phase partitioning[J]. Food Chemistry, 2023, 412: 135557.

[57] 万雯瑞. CO_2 和温度对低共熔溶剂-H_2O 体系相行为的调控[D]. 新乡：河南师范大学, 2023.

[58] Wang J, Jing W, Tian H, et al. Investigation of deep eutectic solvent-based microwave-assisted extraction and efficient recovery of natural products[J]. ACS Sustainable Chemistry & Engineering, 2020, 8（32）:12080-12088.

[59] Wang T, Wang Q, Li P, et al. High-speed countercurrent chromatography-based method for simultaneous recovery and separation of natural products from deep eutectic solvent extracts[J]. ACS Sustainable Chemistry

& Engineering, 2020, 8（4）: 2073-2080.

[60] Stepnowski P, Mrozik W. Analysis of selected ionic liquid cations by ion exchange chromatography and reversed-phase high performance liquid chromatography[J]. Journal of Separation Science, 2015, 28（2）:149-154.

[61] Meng L, Yu H, Liu Y.Determination of pyridinium ionic liquid cations by reversed phase ion-pair chromatography using gradient elution[J]. Chromatographia, 2011, 73: 367-371.

[62] 王淼煜, 于泓, 李萍, 等. 离子对色谱-间接紫外检测法分析哌啶离子液体阳离子[J]. 色谱, 2014, 32（7）: 773-778.

[63] 李朦, 于泓, 郑秀荣. 离子色谱-紫外检测法同时分析碘酸根、碘离子、溴酸根和溴离子[J]. 色谱, 2014, 32（3）: 299-303.

[64] 李红杏, 于泓, 张于. 整体柱离子对色谱-紫外检测法快速测定对甲苯磺酸根[J]. 化学研究与应用, 2014, 26（6）: 957-960.

[65] Stolte S, Steudte S, Markowska A, et al. Ion chromatographic determination of structurally varied ionic liquid cations and anions-a reliable analytical methodology applicable to technical and natural matrices[J]. Analytical Methods, 2011, 3（4）:919-926.

[66] Stojanovic A, Lämmerhofer M, Kogelnig D, et al. Analysis of quaternary ammonium and phosphonium ionic liquids by reversed-phase high-performance liquid chromatography with charged aerosol detection and unified calibration[J]. Journal of Chromatography A, 2008, 1209（1-2）: 179-187.

[67] 姜晓辉, 孙学文, 赵锁奇, 等. 反相高效液相色谱法测定离子液体及其中的高沸点有机物[J]. 分析测试技术与仪器, 2006, 12（4）: 195-198.

[68] Fan Z Q, Yu H. Determination of piperidinium ionic liquid cations in environmental water samples by solid phase extraction and hydrophilic interaction liquid chromatography[J]. Journal of Chromatography A, 2018, 1559: 136-140.

[69] Orentienė A, Olšauskaitė V, Vičkačkaitė V, et al. UPLC a powerful tool for the separation of imidazolium ionic liquid cations[J]. Chromatographia, 2011, 73: 17-24.

[70] 薛腾, 杜凯迪, 张美美, 等. 液相色谱/质谱联用在离子液体检测中应用//2014 第三届环渤海色谱质谱学术报告会论文集[C]. 2014: 43-46.

[71] Qin W D, Wei H P, Li S F. Separation of ionic liquid cations and related imidazole derivatives by α-cyclodextrin modified capillary zone electrophoresis[J]. Analyst, 2002, 127: 490-493.

[72] Markuszewski M J, Stepnowski P, Marszall M P. Capillary electrophoretic separation of cationic constituents of imidazolium ionic liquids[J]. Electrophoresis, 2004, 25（20）: 3450-3454.

[73] 贾娜尔·吐尔逊, 王晓娅, 谭瑞康, 等. 亲和毛细管电泳法和荧光猝灭法分析 α-乳白蛋白与离子液体相互作用[J]. 食品科学, 2017, 38（15）: 183-188.

[74] 于泳, 曾鹏, 杨兰英, 等. 紫外光谱法检测水中咪唑类离子液体的含量[J]. 光谱实验室, 2008, 25（2）: 114-117.

[75] 施沈一, 赵新华. 紫外分光光度法测定离子液体中卤离子含量[J]. 化学试剂, 2010, 32（5）: 427-430.

[76] Sardar J, Mäeorg U, Krasnou I, et al. Synthesis of polymerizable ionic liquid monomer and its characterization[C]//Baltic Polymer Symposium, 2015: 111.

[77] 林燕玲. 烷基咪唑离子液体定量分析方法的探讨[J]. 井冈山大学学报（自然科学版）, 2012（6）: 32-35.

[78] 杨明光, 方磊, 胡迪峰. 分光光度法测定空气中乙二醇[J]. 中国卫生检验杂志, 2009, 19（7）: 1502-1544.

[79] 雷雅娟, 熊晔蓉, 朱颜玥, 等. 气相色谱测定泊洛沙 188 中乙二醇、二甘醇和三甘醇含量[J]. 中国药

科大学学报, 2019, 50（6）：694-698.

[80] Teglia C M, Montemurro M, María M, et al. Multiple responses optimization in the development of a headspace gas chromatography method for the determination of residual solvents in pharmaceuticals[J]. Journal of Pharmaceutical Analysis, 2015, 5（5）:296-306.

[81] 李敏, 郑长立, 张勇. 对二甲氨基苯甲醛比色法测定解析废液中的微量尿素[J]. 化工技术与开发, 2005, 34（3）：42-43, 53.

[82] 陈国忠, 钟建, 刘天洁, 等. 邻苯二甲醛法, OPA 法, 脲酶-Berthlot 法测定游泳池水中尿素的研究[J]. 预防医学情报杂志, 2002, 18（3）：197-199.

[83] 华晓莹. 液相色谱法检测土壤中的尿素含量[J]. 实验科学与技术, 2008, 6（2）：43-45.

[84] 申世刚, 李国辉, 钟其顶, 等. 高效液相色谱-荧光检测器法测定白酒中尿素含量方法研究[J]. 酿酒科技, 2015,（3）：111-114.

[85] Lee G H, Bang D Y, Lim J H, et al. Simultaneous determination of ethyl carbamate and urea in Korean rice wine by ultra-performance liquid chromatography coupled with mass spectrometric detection[J]. Journal of Chromatography B, 2017, 1065-1066：44-49.

[86] Ranke J, Mölter K, Stock F, et al. Biological effects of imidazolium ionic liquids with varying chain lengths in acute *Vibrio fischeri* and WST-1cell viability assays[J]. Ecotoxicology & Environmental Safety, 2004, 58（3）：396-404.

[87] Bailey M M, Jernigan P L, Henson M B, et al. A comparison of the effects of prenatal exposure of CD-1mice to three imidazolium-based ionic liquids[J]. Birth Defects Research Part B-Developmental and Reproductive Toxicology, 2010, 89（3）：233-238.

[88] Hayyan M, Hashim M A, Hayyan A, et al. Are deep eutectic solvents benign or toxic?[J]. Chemosphere, 2013, 90（7）：2193-2195.

[89] Benlebna M, Ruesgas-Ramón M, Feillet-Coudray C, et al. Toxicity of natural deep eutectic solvent betaine: glycerol in rats[J]. Journal of Agricultural and Food Chemistry, 2018, 66（24）：6205-6212.

[90] 余雷. 离子液体产品生命周期评价体系设计研究[D]. 武汉：武汉工程大学, 2012.

[91] Siedlecka E M, Mrozik W, Kaczyński Z, et al. Degradation of 1-butyl-3-methylimidazolium chloride ionic liquid in a Fenton-like system[J]. Journalof Hazardous Materials, 2008, 154：893-900.

[92] Stepnowski P, Zaleska A. Comparison of different advanced oxidation processes for the degradation of room temperature ionic liquids[J]. Journal of Photochemistry & Photobiology A Chemistry, 2005, 170：45-50.

[93] Stepnowski P, Mrozik W, Nichthauser J. Adsorption of alkylimidazolium and alkylpyridinium ionic liquids onto natural soils[J]. Environmental Science & Technology, 2007, 41（2）：511-516.

第 9 章

新型绿色溶剂参与下的天然产物综合开发利用实例

9.1 概述

20 世纪中叶，科学技术在全球范围内进入了一个飞速发展的时期。与此同时，全球资源的掠夺性开发和伴随工业化发展而产生的大量"三废"排放，对人类的生存环境造成了严重的破坏，对生命和健康造成了极大的威胁，人们越来越清楚地认识到保护环境的重要性。2009 年我国正式实施了《中华人民共和国循环经济促进法》。该法案的颁布实施，对贯彻落实科学发展观、提高资源利用效率、保护生态环境、推动经济发展方式根本性转变、加快建设资源节约型和环境友好型社会具有重要的意义。利用化学原理从源头上消除环境污染，研发绿色化工技术以及对可再生资源进行系统、全面的开发利用势在必行。

绿色化工主要包括可生物降解材料和可再生资源的利用，其最大特点在于它是在始端就采用实现污染预防的科学手段，因而过程和终端均为零排放和零污染。可再生资源主要是植物/农作物基（或者统称生物基）资源，即农作物、林产品、食品、饲料、纤维加工副产物，此外还包括相当部分的动物资源。它们可以通过一年生的作物和树种、多年生植物和短期轮作树种等在较短时间内再生。当前所用的可再生资源大部分为碳水化合物、木质素和植物油，或动植物的新陈代谢产物，相关产品主要采用传统的压榨、浸渍和化学反应等途径制得，存在一定的局限性，也不利于可持续发展的要求，同时大量的非传统加工部位、低质原料或加工副产物被低效利用或直接焚毁填埋，反而给环境造成极大负担。化工、食品、制药工业中由生物发酵工艺（如酱油）产生的废渣，由化学溶剂提取工艺（如中药）产生的废渣和直接物理压榨工艺（如油料、甘蔗）产生的废渣是三种极具代表性的主要固废来源，而相关生产原料在上述产业中被利用的是少量成分（中药提取物含量一般不超过原料干重的 30%，甘蔗汁和植物油含量一般不超过 50%），被当作废渣处理（丢弃、供热、做低级饲料）的反而是大量成分。党的十九届五中全会通过的《中共中央关于制定国民经济和社会发展第十四个五年规划和二〇三五年远景目标的建议》提出，"十四五"时期要推动绿色发展，促进人与自然和谐共生，强调全面提高资源利用效率。这既是破解保护与发展突出矛盾的迫切需要、促进人与自然和谐共生的必然要求，更是事关中华民族永续发展和伟大复兴的重大战略问题。在此背景下，在天然产物领域的工作必须兼顾两个方面：一是尽量寻找和开发可再生、可降解、可循环、对环境友好的资源和配套技术，二是尽量利用现有废弃资源加以合理地科学利用。目前，我国在这两方面已经开始加大探索，并已取得了初步的成果。

目前关于天然产物的综合开发利用研究已有一些报道，其中一些项目也已在产业界成功得以投产。如天然韧皮纤维除了提取纺织纤维以外，秆芯可以制造粘胶或纸张，脱胶溶出的木质素提取后已成为混凝土的减水剂，并可以用于药物、增强复合材料的基材。杨梅是一个适合全方位开发利用的好对象，其果肉和果汁中含有丰富的氨基酸、多酚、多糖以及矿质元素，目前除了将杨梅果肉做成果脯、杨梅汁做成饮料外，还能对其中具有药用价值的黄酮和花青素等活性成分进行提取分离，这类物质都有着良好的抗氧化性能和清除自由基能力；从杨梅根皮中提取杨梅多酚，以杨梅多酚为主制成防溶灵胶囊，对治疗阵发性睡眠性血红蛋白尿（PNH）有较好效果，具有较好的防止溶血作用；杨梅树皮中富含单宁，可治疗心腹绞痛、食物中毒、皮肤湿疹、恶疮疥癣、跌打肿痛、刀伤出血、烧伤、烫伤、骨折等；杨梅的核仁中含维生素 B_{17}，这是一种抗癌物质。海藻（特别是海带）在提取碘（作为工业用碘的原料）之余还可提取海藻酸钠，取其中聚合度适当成分纺丝成具有较好抑菌作用的海藻酸钠纤维；此外大量的提碘副产物甘露醇和褐藻胶可用于制备石油破乳剂、农业乳化剂、食用乳化增稠剂、胃肠双重造影硫酸钡制剂、降糖素以及其他药物，如我国第一个海洋药物藻酸双酯钠（PSS）和国际首个靶向脑-肠轴的抗阿尔茨海默病（AD）新药甘露特钠胶囊（971）。由螃蟹壳、虾皮等组成的食品废弃物，可用于提取甲壳素或壳聚糖，进一步纺丝成甲壳素纤维或壳聚糖纤维，有较好的抑菌作用。诸如此类一系列项目的落地实施不仅能变废为宝提高资源利用率，实现原料成分的多用途、多方向、多品种开发，也减轻了现有产品制造过程的处理难度，有利于降低成本和保护环境，并且不会对现有工艺造成太大影响，还可能创造可观的经济效益和就业机会。下面对本团队采用新型绿色溶剂综合利用及全面开发天然产物的三个实例进行介绍，希望为读者提供一定的思路和借鉴。

9.2　甘蔗中的黄酮与花青素

甘蔗是禾本科甘蔗属植物，主要分为梢、叶、茎、根四个部位，其中仅有茎被利用。日常生活中人们摄入含有花青素的食物可以达到预防心脑血管疾病、抗动脉硬化、抗癌、预防糖尿病和保护视神经等效果，这主要是由于花青素具有较高的抗氧化活性，目前关于甘蔗中花青素成分的研究较少，只有早期对甘蔗皮的化学研究发现其中含有芍药素-半乳糖苷等化合物。相比之下，甘蔗黄酮成分的研究较多，主要以黄酮-O-苷和黄酮-C-苷的形式存在，含量较为丰富，亟待有效开发；其中代表性成分包括4,5,7-三羟黄烷酮、麦黄酮、芹菜素、荭草素、苜蓿素、牡荆素以及它们的衍生物等。制糖工业只以甘蔗茎为原料，而其中的梢、叶等部位被丢弃、填埋或焚烧，极少量用作动物饲料，这样导致大量的活性成分被浪费，没有得到充分利用。为了阐明甘蔗活性物质基础，并全面开发这一系列有益的天然资源，笔者团队首先采用高效液相色谱仪及液相色谱-质谱联用技术对甘蔗梢、叶、茎、根四个部位中的两类抗氧化活性成分进行了分析。

甘蔗梢、叶、茎、根样品采自四川省攀枝花市米易县农田，经米易华森糖业股份有限责任公司李玉德高级工程师鉴定为被子植物门单子叶植物纲禾本目禾本科甘蔗属植物，所有样品均于低温下运输及保藏。在分析前处理过程中，分别取10g梢、茎和根样品，适当粉碎后加入100mL甲醇-水溶液（体积比6：4）在25℃条件下超声提取1h，然后过滤、浓缩，避光保存；甘蔗叶则预先用石油醚进行索氏提取，除去叶中的色素等杂质，精密称取脱色后的甘蔗叶10g，在上述同样条件下提取、过滤、浓缩；最后分别向甘蔗梢、叶、茎、根提取物中加入2mL甲醇溶液溶解，用0.45μm滤膜过滤后进行HPLC分析，分析条件为：Waters C_{18}色谱柱（150mm×4.6mm，4.6μm），甲醇–0.1%甲酸为流动相，以0～60min甲醇从15%到70%进行等梯度洗脱，所使用流动相均经0.45μm滤膜过滤并超声脱气后使用；柱温25℃；流速为1.0mL/min；进样量10μL；经全部长扫描后选择520nm为花青素成分分析的检测波长，350nm为黄酮成分的检测波长；全部研究中选择矢车菊素-3-O-葡萄糖苷（cyanidin-3-O-glucoside，作为花青素代表）和地奥司明（diosmin，作为黄酮代表）的标准品为参比。液质联用分析基于Waters Quattro Premier XE三重四级杆质谱仪(配有电喷雾离子源)与Waters 2695高效液相色谱分离系统；采用正离子模式；超纯氮气，流量为600L/h；温度为300℃；毛细管电压为2.8kV；毛细管温度为100℃；扫描范围为100～800μ[1]。

9.2.1　各部位定性定量分析结果

所得甘蔗梢、叶、茎、根各部位花青素类成分的HPLC分析图谱如图9-1所示，黄酮类成分的相应图谱如图9-2所示。

随后对甘蔗梢、叶、茎、根各部位中总花青素和总黄酮的含量进行了测定，并加以比较。结果证明甘蔗根中花青素总量最高，其次是甘蔗叶，然后是甘蔗梢，总花青素含量最低的是甘蔗茎；对于黄酮总含量而言，含量由高到低的顺序依次是：甘蔗叶、甘蔗梢、甘蔗根和甘蔗茎。由此可以看出，日常使用和食用的甘蔗茎中两类成分反倒是含量最低，而甘蔗梢、叶、根等部位含有非常丰富的花青素和黄酮，具有非常可观

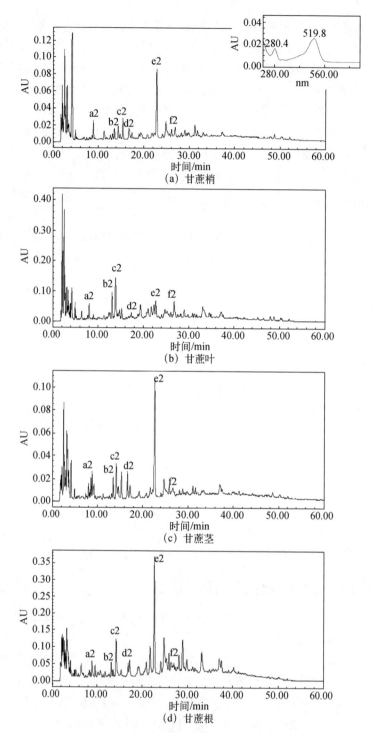

图 9-1　各部位花青素类成分高效液相色谱图

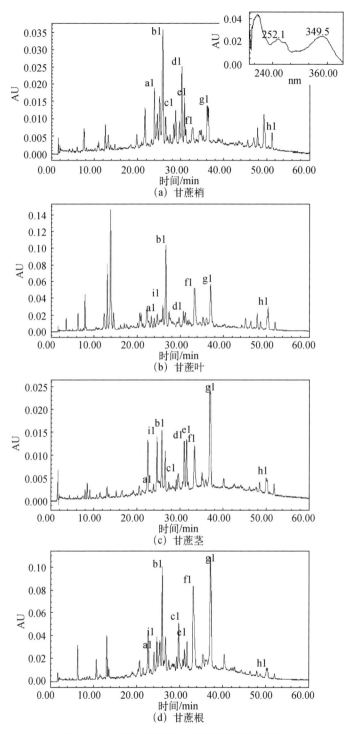

图 9-2　各部位黄酮类成分高效液相色谱图

的开发价值，目前这些部分基本都被直接丢弃。这样既浪费了大量资源，又增加了环境负担，如果能够将相关废弃部位加以利用，必将具有重要意义。表 9-1 提供了主要成分的 LC-DAD-MS 分析结果。

表 9-1　样品中花青素及黄酮主要成分的 LC-DAD-MS 分析数据

黄酮和花青素	甲醇溶液紫外-可见吸收波长/nm		准分子离子（m/z）
	吸收带 I	吸收带 II	
木犀草素-8-C-（鼠李糖基葡糖苷）	349	259	595　（[M+H]+）
苜蓿素-7-O-鼠李糖藻内酯	330	269	653　（[M+H]+）
香叶木苷	350	252	609　（[M+H]+）
牵牛花色素-3-O-（6"-琥珀酰）-鼠李糖苷	519	283	563　（[M]+）
矢车菊素-3-O-葡萄糖苷	520	280	449　（[M]+）

　　此外笔者团队还分别从甘蔗制糖工艺各物料段进行了取样分析（包括蔗汁、预灰样品、一次加热样品、二次加热样品、蒸发液、蔗糖产品、滤液、滤泥、糖蜜）。现有工艺多以蔗汁为原料，以石灰和二氧化碳为主要清净剂进行处理；混合汁经一次加热、预灰，然后在加入过量石灰乳的同时通入二氧化碳进行一次碳酸饱充，产生大量钙盐沉淀，随即加热、过滤得一碳清汁，再经第二次碳酸饱充，然后加热、过滤，得二碳清汁，又经硫熏、加热、蒸发成糖浆；然后进行硫漂使 pH 降至 5.8~6.4，供制备结晶蔗糖之用。各物料段样品按照上述分析条件进行含量测定，并对各样品中总花青素和总黄酮成分含量进行比较。通过研究证明作为原料的甘蔗汁中花青素总含量和黄酮总含量均是所有样品中最高的，当工艺经过预灰、一次加热工序后，花青素和黄酮含量有所下降，当经过二次加热、蒸发、结晶等工序后，花青素和黄酮的含量更是出现急剧下降；根据实验结果还可以看出，随着制糖工艺的进行，各物料段样品中花青素总含量和黄酮总含量逐渐降低，且下降的趋势是一致的。由此说明制糖工艺对于甘蔗花青素和黄酮造成了很大程度的影响，且随着温度和 pH 值的改变破坏严重，这些有益成分在蔗糖的纯化过程中大多被作为色素脱掉，亟待在制糖前就得到充分利用[2]。

9.2.2　综合利用开发研究

　　类似于分析前处理，采收下来的甘蔗叶粉碎后也需要用石油醚先脱除叶绿素等共存成分，回收石油醚后得到的竹叶绿素作为提取产物之一也可以得到利用。同样，甘蔗的梢、茎（带皮）和根分别收集后也用机械法粉碎，然后用 0.8mol/L 的离子液体水溶液分别超声浸提 1h，过滤，整个过程重复三次；随后合并全部的提取物，用等体积正丁醇萃取三次，萃取液减压回收溶剂，所得提取物冷冻干燥并避光密封保存。

在各部位提取所用的离子液体筛选过程中可以发现，其结构会极大地影响自身性质和提取效率。所比较的阴离子包括[BF$_4$]$^-$、[PF$_6$]$^-$、[Br]$^-$和[CH$_3$SO$_3$]$^-$；阳离子则包括[C$_4$mim]$^+$，[C$_2$mim]$^+$和[Mim]$^+$，同时以95%乙醇为对照。最终发现在所有离子液体中，[C$_4$mim][PF$_6$]的提取率最高；以甘蔗叶为例，可达14.5g/100g，这与95%乙醇的性能相当，但离子液体的用量及回收中的损失均远小于乙醇。更重要的是，离子液体提取的选择性更好，除黄酮和花青素之外的共存杂质更少。此外，[C$_4$mim][PF$_6$]的浓度对提取效率体现了显著影响，如图9-3（a）所示，在0.4~0.8mol/L的范围内，两者呈正相关。但是，如果离子液体摩尔浓度超过0.8mol/L，整个体系的高黏度会导致扩散性变差和传质能力下降，收率反而下降。

为了进一步明确综合开发的主次方向，笔者团队以DPPH自由基清除率对来自甘蔗梢、叶、茎、根的提取物进行了抗氧化活性的评价，结果显示它们的IC$_{50}$值依次为226mg/L、275mg/L、363mg/L和375mg/L，此外不同浓度提取物的抗氧化活性变化趋势如图9-3（b）所示，各部位提取物在1g/L的浓度附近达到最高自由基清除率同时变化趋缓。整体来看，来源于以上甘蔗样品的抗氧化活性在同类植物提取物中处于中上水平；从本活性角度而言，甘蔗根是较差的开发对象，为整株的后续生长可将其保留。相反，占植物总重和体积仅10%左右的蔗梢抗氧化性最高（目前每吨的收购价120~150元），总重占20%的甘蔗叶居第二（目前每吨的收购价220~250元）。前者即主要由香叶木苷、木犀草素-8-C-（鼠李糖基葡糖苷）、牵牛花色素-3-O-（6"-琥珀酰）-鼠李糖苷、矢车菊素-3-O-葡萄糖苷和苜蓿素-7-O-鼠李糖藻内酯等单体成分组成，这些成分也具有一定的单独开发价值；其中香叶木苷为临床上使用的地奥司明片的药效成分（即3',5,7-三羟基-4'-甲氧基黄酮），可用于治疗与静脉淋巴功能不全相关的各种症状（腿部沉重，疼痛，晨起酸胀不适感）以及痔疮急性发作。

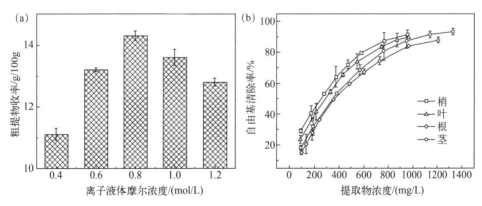

图9-3　离子液体[C$_4$mim][PF$_6$]不同浓度的提取效果（a）以及不同部位提取物抗氧化活性的比较（b）

在最后的活性成分及离子液体回收环节，通过反复试验和效果评估，选用商品化的 D141 型大孔树脂在自制的自动化控温柱色谱系统（20mm×400mm，柱体积 BV 为 125mL）上实现两者的分离。上样浓度范围为 1～5mg/mL，上样流量为 0.5～1BV/h。达到吸附平衡后，先用 5BV 的蒸馏水洗脱（此部分回收离子液体），然后再用乙醇-水（体积比 70∶30）溶液以 1BV/h 流速洗脱，此部分可回收黄酮和花青素。当洗脱体积达到 3BV 左右时，洗脱液内容物浓度达到最高，并在 5BV 时降低至零附近。此外，对洗脱和浓缩后的最终产物进行 DPPH 自由基清除实验发现，两者 IC_{50} 值可显著降低至 100mg/L（花青素）和 130mg/L（黄酮），说明其纯度在树脂吸附-解吸过程中有所提高，有利于获得高活性产品。

9.3 竹汁、竹叶绿素、竹粉和竹炭

竹是多年生禾本科竹亚科植物，广泛分布于热带、亚热带至暖温带地区，有"世界第二大森林"之称。而我国拥有"竹子王国"的美誉，现已发现 37 属约 500 种，主要分布在南方等地。竹叶是一种传统的中药材，在我国有着悠久的食用和药用历史。其性甘、味苦、微寒。据记载，具有止咳祛痰、退虚热烦躁不眠、生津液、利小水、安神止痉、良心健脾等功能，常用于治疗小便不利、咽喉肿痛、肺炎高烧和肠热下痢等病症。叶绿素、多糖、氨基酸、挥发性成分和黄酮为竹叶提取物中主要的活性成分，其中竹叶绿素（400～500mg/100g 竹叶）具有抗溃疡、抗紫外线等作用；以每株竹子再生竹叶 2kg 计，每年在竹叶中损失掉的叶绿素就在 20 万吨以上。而鲜竹汁（类似中药材竹沥）为本属数种植物的鲜秆经加热后自然沥出的液体，也具有多种功效与药用价值，其中以清热化痰为主，同时临床上也可治疗缓解气喘胸闷、肺热喘咳、中风舌强、痰热惊风等症；含丰富的氨基酸、酚类、多糖及无机元素。竹粉本身是造纸、建材、家具等行业的边角余料和废弃物，但利用价值也非常明显；其成分属于纤维素，既能用于材料领域，临床上还被用于治疗浅表型溃疡，并具有一定抑菌作用。竹炭目前主要作为工业及家用吸附剂使用，在医药领域则可发挥止血、止泻的功能。总体来看，目前对竹资源的开发利用研究较多，不少技术手段也得到了推广，在几个著名的主产区（如浙江、江西、四川、贵州等）也出现了一些较为成功的产业化实例，但以新型绿色溶剂为切入点的方案还不多见，相关产品类型也有待拓展。

9.3.1 主要产物的绿色制备工艺研究

基于上述背景，笔者团队首先将建材行业废弃的生鲜竹茎（含水量 25.8%，整株新伐鲜竹则为 30.2%～40.6%）余料清洁后切制成长约 1cm 小段，投入加液器（活塞打开），下连三颈瓶，上接冷凝器，三颈瓶另外两个瓶口一个加塞，一个插入温度计（图 9-4）。然后将整套装置放置于多功能反应器中以微波+超声波耦合干法制备竹沥。

通过所得竹沥质量和萃取前竹茎质量之比计算得率（%），并对萃取工艺条件进行考察和优化以得到竹沥的最高产率：微波功率考察范围为100～500W，超声波频率考察范围为50～500W，萃取时间考察范围为3～15min。作为一种无溶剂提取法，全过程高效、环保，且易于操作和工艺放大。提取后的竹茎在厢式电阻炉中以3～10℃/min的升温速率升温至500℃，并在此温度下保温40min制备炭化料；然后以3～10℃/min的速率升至900℃并持续保温4h；竹炭得率为22.71%。

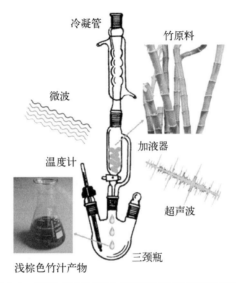

图 9-4　微波-超声波耦合无溶剂法萃取竹沥示意图

接着以低共熔溶剂提取竹叶叶绿素。将洁净竹叶切制成小片（长度小于1cm），杀酶后真空干燥3h，提取时装入烧瓶并接上冷凝管，将提取装置整体放置于电脑微波超声组合反应器中，加入质量体积比为1∶10（g/mL）的氯化胆碱-乙二醇（1∶4）充分混匀后进行微波-超声耦合法提取，将最终所得提取物加水混悬后过滤，所得滤饼冻干后取其质量与竹叶原料质量之比计算提取率（mg/g）。此外，对提取条件进行考察，微波功率考察范围为100～500W，超声波频率考察范围为50～500W，提取时间考察范围为5～20min，通过正交实验优化提取工艺发现，对于叶绿素产率，以上条件的影响力排序为微波功率＞超声功率＞提取时间，叶绿素在本竹叶原料中的最高得率为4.36mg/g。由图 9-5（a）可以看出，该产物在643nm和409nm左右有明显的吸收峰，分别对应叶绿素在可见光波段中的两个强吸收带，即波长为640～660nm的红光吸收带和波长为400～450nm的蓝光吸收带。其次，由图 9-5（b）可知，叶绿素分子中的镁原子处于卟啉环中心的平面上，除了能够与 N 原子配位外，还可在平面上、下与其他基团配位，因此在1665cm^{-1}附近出现了吸收峰，说明叶绿素分子与另一分子叶绿素的 C=O 基配位形成 C=O⋯Mg 的配位键，叶绿素之间形成了聚集体；1604cm⁻¹ 附近吸收峰为叶绿素分子的骨架 C=C 伸缩振动，1276cm⁻¹ 处吸收峰则为 C—N 的伸缩振动。

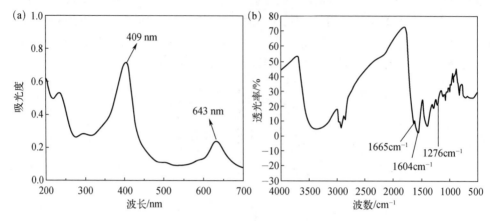

图 9-5 竹叶绿素提取物的紫外（a）和红外（b）图谱

9.3.2　整合相关竹产物的新型外用贴膜研发

本部分采用低共熔溶剂作为成膜助剂和促渗透剂，明胶为成膜剂，竹纤维粉为膜材料[3]。此处作为低共熔溶剂氢键受体的氯化胆碱既是一种常见的维生素 B 属临床药物，还是一种高效的营养增补剂、饲料添加剂及祛脂剂，因此作为药膜的基膜成分相较于离子液体是较为安全的；竹纤维粉则来源于竹加工产业的废弃物，经清洁和紫外灭菌后即可使用。

称取一定质量的竹纤维粉，将其分别溶解于等体积的三种候选 DES 和水中。竹纤维粉在水中几乎不溶，而在氯化胆碱-乙二醇（1 号 DES）中的溶解性略好于水，但仍未完全溶解。而对于另外两种 DES 即氯化胆碱-1, 3-丙二醇和丙三醇（2 号和 3 号 DES），竹粉能很好地溶解其中，二者均呈现颜色均一的溶液，优化氢键受体和配体比例为 1 : 2。对比三种 DES 的溶解性可知，1 号 DES 中的氢键供体更容易形成分子内氢键，而 2 号和 3 号 DES 中的氢键供体与竹纤维能更好的形成分子间氢键。考虑到3 号 DES（氯化胆碱-丙三醇）中的氢键供体常作为外用膜剂的保湿剂和溶剂，因此最终基膜组分确定为该低共熔溶剂、明胶和竹纤维粉。

在基膜的具体制备过程中，首先将氯化胆碱-丙三醇和竹纤维粉置于容器中混合，加热搅拌充分反应后，再将预先用热水完全溶解的明胶加入体系中，在较低温度下充分搅拌直至形成均一溶液，再将所含水分在真空条件下除去得到最终膜液，最后采用流延法趁热倾倒于白色聚四氟乙烯板上，室温冷却后揭膜即可得到基膜，其表面光滑平整，均质性好，在体表可以长时间贴附的同时还具有透气性，不影响皮肤正常生理功能。通过对其进行充分表征后发现，竹纤维粉含量的适当增加能显著改善膜的断裂应力，这是因为分散在 DES 和明胶分子间的竹纤维能够加强各组分之间的物理交联。当膜受到拉力时，分散其中的竹纤维分子可起到多向分散负荷的作用，从而使膜的断裂应力和断裂伸长率提高。同时，明胶质量分数不宜超过 25%，否则过饱和的明胶形成自聚集，在 DES 中的分散性变差，导致膜容易破碎。

在上述基础上制备添加有竹叶绿素或竹炭微粒的抗炎、抗紫外、止血功能性贴膜（如图 9-6 所示），将不同处方量的竹叶绿素/竹炭加入由明胶、竹粉、DES 组成的基质中搅拌均匀，然后按以下四步依次进行：

① 消泡环节，在真空干燥器中进行减压脱泡处理。

② 涂膜环节，把含药膜浆，倾倒在光滑、涂上脱膜剂的平板玻璃上，待其自然延流成膜。

③ 干燥与启膜环节，将制得膜剂静置 48h，待干燥后揭膜。

④ 分装环节，将制得药膜切成一定规格，紫外照射 60min 灭菌消毒，分装并密封保存。

(a) 基膜（无色透明）　　　(b) 负载叶绿素（绿色）　　　(c) 负载竹炭（灰色）

图 9-6　基膜和负载叶绿素及竹炭的功能性贴膜

通过对两种功能性贴膜的表征，可以发现随着竹叶绿素和竹炭的含量增加，它们抗紫外辐射的性能都在增强，这是由于竹叶绿素在 400～450nm 和 640～660nm 的两个波段对紫外光有吸收，竹炭中含有钾、镁、钙、铝、锰等金属元素及碳化物（以碳化钙为主），这些无机物对入射的紫外线有较大的反射作用，因此竹炭是一种优良的无机紫外线屏蔽剂，使负载竹炭的凝胶贴膜具有优异的防紫外性能。此外在相对湿度为 43% 和 81% 的环境中，两种功能贴膜都表现出了优异的吸湿和脱水性能，且负载竹炭微粒的贴膜更优，这是由于其结构细密多孔，在湿度较大的环境中与水分结合更为明显。吸湿速率均呈现先快后慢、48h 后基本不变的趋势，此时竹炭的孔隙结构和叶绿素的亲水基团与水分子间的快速结合均趋于饱和。

此外笔者团队还开展了竹叶绿素的药物释放研究。相应的载药贴膜的累积渗透量见表 9-2，由该表可知，随着时间的延长，竹叶绿素透过量显著增加，有利于其在患处持续发挥作用。为深入掌握动力学和释放机制，将叶绿素透皮释放所得数据分别用五种常用的体外药物释放曲线进行拟合，具体结果列于表 9-3 中。由各线性方程所得相关系数可知，体外释药行为更符合 Ritger-Peppas 方程，且 0.45<释放常数 k=0.4662<0.89 说明该过程为混合型机制，即溶蚀和扩散的双重机制。最后，贴膜的抗溃疡及愈创功能通过动物实验进行了验证，采用冰醋酸对家兔的脱毛背部皮肤进行造模，观察两种贴膜对创面的改善作用。结果显示未给药的自然痊愈时间相比之下要长 50%，在第一阶段（第 1~3 天），贴膜能够有效抑制溃疡面积的增大，明显缓解溃疡在其周围皮肤组织的形成与扩散；而在第二阶段（第 4~6 天），两种功能贴膜优良的透气吸湿性加速了创面的愈合和结痂；此外，凝胶贴膜外观透明、质地轻薄、对动物皮肤的刺激性低，还能在用药期间更好地观察溃疡愈合情况。除主要成分竹叶绿素/竹炭以外，基膜组成中的竹纤维也具有一定的消炎抗菌功效，如此一来不仅将源自竹的医用/药用成分功效全面发挥，还能实现相关资源有效利用的最大化。

表 9-2　载药凝胶贴膜经 PDMS 膜的累积渗透量

t/h	0.5	1	2	4	6
积累渗透量 / （mg/cm^2）	3.80 ± 0.22	5.50 ± 0.47	8.15 ± 0.39	10.67 ± 0.31	13.37 ± 0.25
t/h	8	10	12	24	
积累渗透量 / （mg/cm^2）	15.11 ± 0.33	16.76 ± 0.12	19.86 ± 0.38	22.35 ± 0.35	

表 9-3　五种体外释放模型拟合参数

拟合模型	释放常数	R^2
零级动力学	0.8378	0.8097
一级动力学	0.0275	0.6605
Higuchi 方程	0.0469	0.9832
Hixcon-Crowell 方程	0.2793	0.8097
Ritger-Peppas 方程	0.4662	0.9925

9.4　酿造产业废弃物中的纤维素、半纤维素和木质素

本节的开发利用策略不仅可用于食品酿造行业，也可供以木质纤维素为废弃物主体成分的其他产业参考（如中药制药、林产加工、生物炼制、清洁能源等）。在此以酱油为例，其酿造原料一般采用豆粕、小麦和麸皮，这些物质经发酵工艺生产制得酱

油，后经固液分离，残留物就是酱油渣。酱油渣的累积量非常大（中国大陆地区每年约 350 万吨），目前主要是作为饲料处理，利用价值低。从本质来看，它属于废弃物生物质，主要成分是油脂和木质纤维素。近几年，传统天然资源由于过度开采面临枯竭的危险，以甘蔗渣、秸秆和玉米芯等生物质废弃资源为原料制备高附加值产品的研究引起了人们的重视。而目前酱油渣尚未得到充分利用，本团队首先对其进行了脱脂处理，将酱油渣按固液比 1∶7 用石油醚–80%乙醇（体积比 3∶2）在 65℃下回流提取三次，每次 2h；然后对产物进行定量分析。脱脂酱油渣和油脂中各组分及含量如表 9-4 所示，具体产物状态如图 9-7 所示。

表 9-4　酱油渣油脂中脂肪酸的质量分数

油脂	软脂酸		硬脂酸	油酸	亚油酸
	46.90%		4.90%	14.87%	33.26%
脱脂酱油渣	纤维素酸		不溶木质素		半纤维素
	33.28%		8.66%		24.87%

图 9-7　油脂（左，褐色）和脱油酱油渣（右，棕色）

其中提取得到的油脂颜色较深，经测定其酸值为 60mgKOH/g，表明提取得到的油脂已经在酱油渣堆放过程中发生了酸败，如不经过精制不宜作为食用油，但可以用来制备润滑剂或生物柴油。同时发现酱油渣中油脂饱和脂肪酸含量达到 43.96%，不饱和脂肪酸含量为 48.13%。总体来看，酱油渣中软脂酸和亚油酸含量比较高，所以也可以作这两类对象的提取原料。而对于脱脂酱油渣，考虑到近 1/3 为纤维素，其次为约占 1/4 的半纤维素，于是将两者作为主要利用组分，进而确定了以碱性离子液体提取半纤维素、再将两种产物用酸性离子液体进行衍生化处理的基本策略（根据第 6 章的介绍，也可以将半纤维素用酸性离子液体降解为糠醛）。相关工艺过程流程图如图 9-8、图 9-9 所示。考虑到前面提及的案例多为实验室小试研究，为了兼顾内容上的全面性，以下两节将按照典型的工业化操作工序进行分步介绍，以期为大规模应用提供可能的参考。

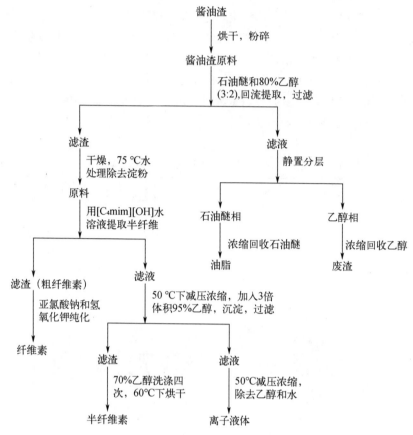

图 9-8　酱油渣中油脂、半纤维素和纤维素提取分离工艺流程

9.4.1　脱脂酱油渣中半纤维素和纤维素的提取分离纯化工序

9.4.1.1　干燥和粉碎工段

将脱脂后的湿酱油渣经离心脱水机除去大量水分后，在真空干燥机中进行干燥，然后称取 4.2t（每天预设处理 3 批左右的量）干燥酱油渣为原料在粉碎机上进行粉碎，然后用方形筛连续过筛。

9.4.1.2　提取与过滤工段

将过筛后的酱油渣晒干后，称取 1.5t（每天处理 4 批的量）通过螺旋输送机送入多功能提取罐中，加入 3.9×10^4 L 的[C_4mim][OH]水溶液和 2340L 的 30%过氧化氢为提取溶剂，提取温度为 90℃，提取时间为 4.1h，提取 1 次。提取完后，加压过滤，滤渣排出提取罐，用时 0.5h；提取完成后，得到提取液 4.01×10^4 L，滤渣 0.72t。

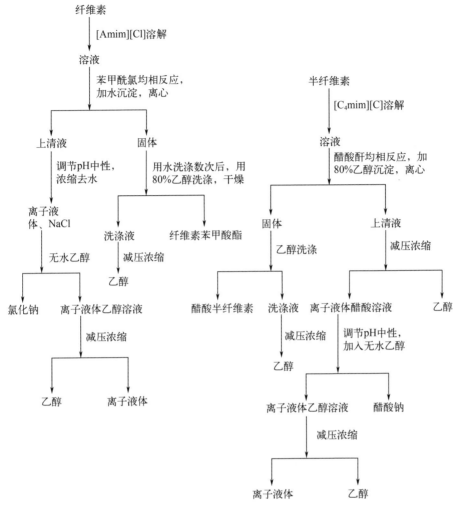

图 9-9　半纤维素和纤维素衍生化反应工艺流程

9.4.1.3　浓缩工段

将 4.01×10^4 L 提取液送入双效节能浓缩器中，浓缩至 300L。

9.4.1.4　乙醇沉淀工段

将 300L 浓缩液注入醇沉罐中，加入 1200L 90% 乙醇，静置 1h 后将上清液除去，然后再加入 600L 90% 乙醇洗涤 3 次，最后加压过滤得到半纤维。醇沉罐属于沉降式固液分离设备，浓缩液经沉淀后，用自吸泵将上清液抽出，液面的高低由浮球式出液器控制，液体抽完后，可打开出渣口，将沉淀产物放出并离心。如果一次处理量较多，一台醇沉罐的容量不足以完成相应的工作，那么可以配备一台或多台静置罐。在醇沉罐中将浓缩液和乙醇混合后，由自吸泵抽入静置罐中，静置罐内同样有夹套和浮球式出液器。

9.4.1.5　半纤维素干燥阶段

将半纤维素湿料送入真空干燥机中，蒸发操作的热源采用废热蒸汽，最终预期得到 780kg 半纤维素，暂存备用。

9.4.1.6　纤维素纯化工段

将 0.6t（每天处理 1 批的量）滤渣送入多功能提取罐中，加入 0.9×10^4L 的酸性溶液（用乙酸调节 pH 至 4.0）和 0.18t 的亚氯酸钠，在 75℃下处理 2h。提取完成后加压过滤，得到提取液 0.87×10^4L，然后加入 0.8×10^4L 10%的氢氧化钾，在 25℃下搅拌处理 16h，提取完成后，加压过滤，得到提取液 0.78×10^4L 和滤渣 0.4t。

9.4.1.7　纤维素干燥工段

将纤维素湿料送入真空干燥机中，蒸发操作的热源采用废热蒸汽，最终预期可得 300kg 纤维素。

9.4.2　半纤维素和纤维素的衍生化工序

9.4.2.1　半纤维素乙酰化反应工段

将 720kg（每天预计处理 4 批的量）的半纤维素和 27.6t 的[Amim][Cl]加入不锈钢反应釜中，90℃下搅拌溶解 2h，再加入乙酸酐 24.4t，在 100℃下搅拌反应 20min。反应过程中需要氮气保护，所以溶解完成后，需用机械泵将反应釜中的空气抽走使其处于真空状态，然后通入氮气，由管路上的微调阀调节氮气流量。

9.4.2.2　半纤维素衍生化产物沉淀及干燥工段

反应完成后，往反应釜中加入 5.6×10^4L 的 65%乙醇，搅拌均匀后将溶液送入醇沉罐中；静置 30min 后，将上清液抽出，然后注入相同体积的 80%乙醇进行洗涤，重复操作 3 次。洗涤完成后，打开出渣口，将沉淀产物放出并离心。再将产物湿料送入真空干燥机中，蒸发操作的热源采用废热蒸汽，最终预期可得 412kg 醋酸半纤维素。

9.4.2.3　纤维素苯甲酰化反应工段

将 300kg 的纤维素和 7.5t 的[Amim][Cl]加入不锈钢反应釜中，90 ℃下搅拌溶解 8h；然后加入苯甲酰氯 1296kg，在 80℃下通氮气反应 90min，以微调阀调节氮气流量。

9.4.2.4　纤维素衍生化产物沉淀及干燥工段

反应完成后，往反应釜中加入 7.5×10^4L 的蒸馏水，搅拌均匀后将溶液送入醇沉罐中静置 30min；再将上清液抽出，注入同样体积的蒸馏水进行洗涤，至洗涤液为中性；然后加入 22.5×10^4L 的 80%乙醇继续洗涤，直至乙醇层为无色。洗涤完成后，打开出渣口，将沉淀产物排出并离心。再将产物湿料送入真空干燥机中，蒸发操作的热源采用废热蒸汽，最终得到 49.5kg 纤维素苯甲酸酯。有关代表性产物如图 9-10 所示，此外对酱油渣、甘蔗渣、茶渣等样品中的木质纤维素综合开发利用感兴趣的读者还可以详细阅读笔者团队过往的专利（如中国专利 CN200910058998.X 等）与论文[4,5]。

（a）半纤维素产品：浅棕颗粒　　（b）纤维素产品：黄色颗粒　　（c）纤维素衍生物产品：褐色颗粒

图 9-10　脱脂酱油渣所得主要产物

9.5　开发策略与展望

总体看来，基于综合开发利用思想，以植物类天然产物为例，目前生物质产业框架和利用策略可总结如图 9-11 所示。

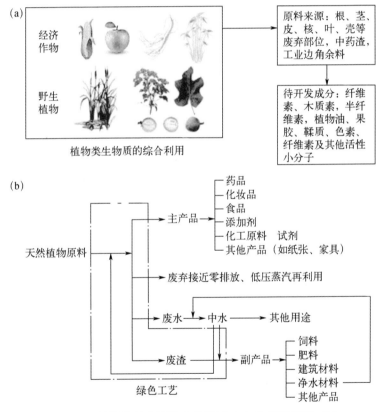

图 9-11　天然植物综合开发产业框架（a）和利用策略（b）

（1）采取资源综合利用策略，提高资源利用率，发展低碳环保工业

循环经济是一种以资源的高效利用和循环利用为核心，以减量化、再利用、资源化为原则，以低消耗、低排放、高效率为基本特征，符合可持续发展增长模式。就本行业而言，将大部分目标成分利用后，会产生大量废渣废液，现在大部分地方采取的处理方式是将其倒掉、烧毁或堆肥、发酵，要么污染环境，要么转化为廉价的产物。如果能采用现代科技手段，建立合理、高效、经济的方法和工艺，将其开发成源自天然的药品、保健品、药用辅料或化妆品添加剂等一系列市场前景良好的产品，既解决了工业废料处理的负担，又促进了可再生资源的高效、循环利用，还可以带动相关产业的发展，促进就业和改善、保障农民收入。通过这一途径不但可拓展天然资源利用空间，还可获得高附加值的各类制品以提高经济效益。

（2）提高多用途经济作物选育和种植技术研究

优质专用型品种是发展植物化工产业的基础，因此，要针对不同需求，以市场为导向，开发相应的优质专用型作物品种，适宜生产保健食品的药用品种，适宜食品加工的食用品种，适合用于生产淀粉、糖、酒精的工业原料型品种，适合简单加工的蔬菜型品种，适合鲜食的水果型品种等。相比而言，具有多用途特点的作物品种，综合利用空间大，对市场经济的适应能力强，经济效益高而稳定。此外，还应开展或加强不同品种的品质普查工作，充分发挥现有优质品种的作用。

（3）加大科技投入，拓宽和深化天然产物化工产品研究与开发

诚然，"吃干榨尽"是资源综合利用的价值取向和理想状态，然而循环经济绝不是单纯及低水平的"吃干榨尽"，这需要进一步加大科技投入与开发的力度，依靠科研单位的技术优势和加工企业的自主创新能力，开展各种产品加工工艺研究。在注重传统技术改良的同时，逐渐开发新用途，特别是开展药用、保健作用及其新产品加工工艺的研究开发，从而有效提高经济效益。政府对具有市场前景，可直接转化为产品的应用技术研究和开发，要开辟科技金融投资渠道，建立政府、企业、民间的多渠道、多层次投入的体制，大力增加企业、民营机构和社会的科技投入，利用相关企业的设备促成中试，实现规模化投产及成果真正的落地转化。

（4）绿色科技与天然产物的深度结合

其实天然产物原料本身就具有"绿色"的特质；而过去传统的开发方案以劳动密集型模式为主，并不重视整体的绿色友好性。另外，绿色溶剂用于实际工业生产的可行性一直备受关注，绿色溶剂是否真正"绿色"也在激烈的讨论中；尤其是绿色溶剂的成本问题，让产业界之前只能将其作为"精油"来使用，显示度不够高。通过前面八章的介绍，离子液体和低共熔溶剂正从"精油"走向多功能"万金油"的发展道路，越来越多成功的工业化案例（从初期的石油化工到目前的生物制药）也正在不断驱动其（包括相关技术、材料）全面地落地推广，实现其高效性能的同时经济性问题也得到了较好的解决，绿色科技与天然产物的深度结合值得期待。

（5）提升天然产物化工的产业化水平

以市场为引导，以企业为龙头，以科研院所为支撑，整合各方力量，实行生产、研发、加工、销售一体化经营，形成"企业（公司）+科研机构+基地（农民专业合作社）+农户"的产业化运作模式。政府要努力创造良好的投资环境，外引内联吸引各方资金投入天然植物综合利用产业的发展。引导消费，树立相关加工制品的品牌优势；要抓住天然原料纯天然、无污染的特点，打好绿色食品品牌的同时，搞好产品的包装设计和企业的形象策划，提升产品档次，以品牌优势促进产品销售，促进综合利用产业的可持续发展。

当前正值"十四五"期间，我国经济已由高速增长阶段转向高质量发展阶段，此时既是实现"换道超车"的历史契机，也是利用推动新工业革命的通用目的和技术改造提升已有产业的"机会窗口"[6]。高质量发展，就是能够很好满足人民日益增长的美好生活需要的发展，是体现新发展理念的发展。将绿色制造作为重要发展方向，充分体现了新发展理念要求，回应了新时代广大人民群众日益增长的优美生态环境的需要，更好统筹了经济社会发展和环境保护，加快实现传统制造业绿色转型。要想建成集约环保型社会的天然产物化工，成熟运作思路、体系和模式，整体实现产业化规模，全面缩小和世界发达国家差距，还有相当长的路要走；新型绿色溶剂必将在这一过程中发挥重要且持续的作用。同时，现阶段需要由企业提供主要资金支持，科研机构积极参与，提升开发利用的科技水平，加上国家制定合理的政策，培植国内市场，开拓国际贸易等诸多因素共同推动这一事业的前进。

参考文献

[1] Li X Y, Yao S, Tu B, et al.Determination and comparison of flavonoids and anthocyanins in Chinese sugarcane tips, stems, roots and leaves[J].Journal of Separation Science, 2015, 33（9）: 1216-1223.

[2] Li X Y, Song H, Yao S, et al.Quantitative analysis and recovery optimisation of flavonoids and anthocyanins in sugar-making process of sugarcane industry[J].Food Chemistry, 2011, 125（1）: 150-157.

[3] SuY D, Tang J Y, Chen Y, et al. Development and characterization of a bamboo cellulose-based multifunctional composite film by deep eutectic solvent and gelatin[J]. Industrial Crops and Products, 2023, 204: 117275.

[4] Yao S, Yang Y Y, Hang S, et al. Quantitative industrial analysis of lignocellulosic composition in typical agro-residues and extraction of inner hemicelluloses with ionic liquid[J]. Journal of Scientific & Industrial Research, 2015, 74: 58-63.

[5] Wang Y, Song H, Hou J P, et al. Systematic isolation and utilization of lignocellulosic components from *Sugarcane Bagasse*[J], Separation Science and Technology, 2013, 48（14）: 2217-2224.

[6] 赛迪智库. "十四五"产业格局与发展趋势[J]. 中国经济报告, 2021, 2: 33-39.